AF802312

LEHRBUCH

DER

DARSTELLENDEN GEOMETRIE

VON

DR. KARL ROHN,
PROFESSOR DER MATHEMATIK
AN DER K. S. TECHNISCHEN HOCHSCHULE
ZU DRESDEN,

UND DR. ERWIN PAPPERITZ,
PROFESSOR DER MATHEMATIK
UND DARSTELLENDEN GEOMETRIE AN DER
K. S. BERG-AKADEMIE ZU FREIBERG.

IN ZWEI BÄNDEN.

ZWEITER BAND.

MIT ZAHLREICHEN FIGUREN IM TEXT.

LEIPZIG,
VERLAG VON VEIT & COMP.
1896.

Druck von Metzger & Wittig in Leipzig.

Vorwort.

Der vorliegende zweite Band unseres Lehrbuches bringt zunächst die Theorie der Flächen und Kurven im Raume. Ihre Darstellung wird nach dem Grund- und Aufrißverfahren gegeben und durch die der Lichtgrenzen auf den Flächen sowie der Schlagschatten für schiefe Parallelbeleuchtung ergänzt. Der Stoff ist nach folgenden Gesichtspunkten ausgewählt worden. Es gilt natürlich möglichst alle die Gebilde zu behandeln, die in den technischen Anwendungen vorkommen oder zu ihnen in naher Beziehung stehen. Allein dies genügt nicht. Schon um die systematische Vollständigkeit zu wahren, wird man über das bezeichnete Gebiet hinausgehen und auch Gebilde von rein geometrischem Interesse in Betracht ziehen müssen. Unumgänglich aber wird die Erweiterung des Stoffes, wenn man, wie wir, das oberste Ziel der darstellenden Geometrie darin erblickt, die Raumanschauung zu entwickeln und zu vervollkommnen, also die Abhängigkeit der geometrischen Formen voneinander an der Hand der Konstruktion zu untersuchen. An das Vorstellungsvermögen des Lesers werden allmählich steigende Anforderungen gestellt; die Behandlung der einzelnen Probleme aber sucht durch Ausführlichkeit bei knapper Form dem Verständnis entgegenzukommen. Mit Rücksicht auf solche Leser, denen in erster Linie daran liegt, die technisch wichtigsten Ergebnisse der deskriptiven Geometrie kennen zu lernen, ist die Darstellung so eingerichtet, daß einzelne Abschnitte ohne Schaden überschlagen werden können. Zu diesen zählen mehrere Teile der Kapitel XI, XII, XIII. Im besonderen wird im XII. Kapitel der Techniker der Untersuchung der für ihn wichtigen Flächen folgen können, ohne die übrigen zu studieren. Die Einteilung der Flächen in große Gruppen erfolgt nach der Art ihrer Entstehung, weil eine gleichartige Erzeugung auch eine einheitliche Methode der Darstellung bedingt. Die Raumkurven werden im Zusammenhang mit den Flächen behandelt, an denen sie auftreten. Ein Kapitel über die Krümmung der Flächen beschließt diesen Teil.

Es folgt die Darlegung der schiefen und orthogonalen axonometrischen Projektion, der freien und angewandten Perspektive. Diese werden dem Verständnis des Lesers umsoweniger Schwierigkeit bieten, als im ersten Bande die Parallel- und Centralprojektion ebener Figuren bereits ausführlich behandelt worden ist. An die allgemeine Erörterung der Methode schließt sich jedesmal eine Reihe instruktiver Beispiele, die dem vorher in orthogonaler Projektion behandelten Stoffe entnommen sind. In der angewandten Perspektive kommt eine Auswahl einfacher architektonischer Objekte zur Darstellung. Anhangsweise wird der Centralkollineation räumlicher Figuren (der sog. Reliefperspektive) kurz Erwähnung gethan.

Das letzte Kapitel bezieht sich auf die Theorie der Beleuchtung gesetzmäßig gestalteter Oberflächen. Die Methode zur Bestimmung der Lichtgleichen auf den Flächen schließt sich in natürlicher Weise an die früheren Entwickelungen an, ohne analytisch-geometrische Prinzipien zu benutzen. Dieser Umstand und die hohe Bedeutung, welche die Darstellung der Beleuchtungsstufen auf einer Fläche für die Beurteilung ihrer Gestalt gewinnt, rechtfertigt zugleich die Aufnahme der Beleuchtungslehre in den Lehrstoff des Buches. Die Darstellung der Lichtgleichen wird an zahlreichen typischen Beispielen durchgeführt.

Wir haben darauf verzichtet, unserem Werke einen der historischen Entwickelung der darstellenden Geometrie gewidmeten Abschnitt hinzuzufügen. Eine kritische Behandlung der Frage, auf welche Autoren die Erfindung der einzelnen Sätze und die Ausbildung der Methoden zurückzuführen sei — an sich eine interessante und oft nicht leichte Aufgabe —, würde näheres Eingehen auf die reiche Litteratur erfordert und den Umfang des Buches, unserer Absicht entgegen, merklich vergrößert haben. Solche Fragen interessieren weniger den Lernenden, als den in der Sache bereits heimischen Leser; wir überlassen ihre Beurteiluug dem letzteren. Die Namen der Autoren sind nur an den wenigen Stellen genannt, wo es sich darum handelte, bereits üblich gewordene Benennungen zu erklären. Citate kommen nur äußerst selten vor; die vorhandenen bezwecken lediglich den Hinweis auf Arbeiten, in denen man Gegenstände ausführlich behandelt findet, die von uns entweder nur kurz oder gar nicht erörtert worden sind. Es ist selbstverständlich, daß wir die bedeutenden Arbeiten über die darstellende Geometrie gebührend berücksichtigt haben und ihnen gefolgt sind, insoweit als die Wahl des Stoffes und der Methode uns dies mit Rücksicht auf den Zweck unseres Buches angezeigt erscheinen ließ. Ebensowenig aber, wie hierbei der einzelnen Autoren Erwähnung gethan ist, ebensowenig sind in unserem Buche die zahlreichen Stellen hervorgehoben worden, an denen in Bezug auf Stoff, Darstellungsmethode oder Beweisführung etwas Neues oder Einfacheres geboten wird.

Im Mai 1896.

Karl Rohn. Erwin Papperitz.

Inhalt.

Seite

VIII. Kapitel. Rotationsflächen.

Allgemeines. Eigen- und Schlagschatten, ihr gegenseitiges Verhalten.

525. Entstehung der Rotationsfläche durch Rotation einer Kurve . 1
526. Die Rotationsfläche als Hüllfläche einer rotierenden Fläche . 2
527. Definition des Kegel-, Cylinder- und Kugelverfahrens bei der Bestimmung von Umriß oder Lichtgrenze 2
528. Die gemeinsamen Punkte der Eigen- und Schlagschattengrenze 3
529. Die Punkte der Lichtgrenze mit tangierendem Lichtstrahl . . 5
530. Wahrer und scheinbarer Umriß 6

Allgemeine Rotationsflächen, Schnitte, Durchdringung, Eigen- und Schlagschatten.

531. Tangentialebene und Schnittkurve 7
532. Durchdringung von Rotationsflächen 8
533. 534. Eigen- und Schlagschatten einer Rotationsfläche 9
535. Lichtgrenze bei Centralbeleuchtung 12

Die Ringfläche.

536. Parallel- und Meridiankreise 12
537. Die anderen Kreise auf der Fläche 13
538. Umriß bei geneigter Achse 14
539. Konstruktion der Lichtgrenze 16
540. Eigen- und Schlagschatten bei vertikaler Achse 17

Das Rotationshyperboloid und seine Anwendung.

541. Die beiden Scharen von Erzeugenden 19
542. Konstruktion aus gegebenen Elementen 21
543. Asymptotenkegel 23
544. Die Schnittpunkte einer Geraden mit der Fläche und ihrem Asymptotenkegel 23
545. 546. Die Schnittkurve der Fläche mit einer Ebene und ihre Konstruktion 25
547. Eigen- und Schlagschatten bei Parallelbeleuchtung 27
548. Tangentialkegel und Berührungskurve 29
549. Das Hyperboloid, das die Ringfläche längs eines Parallelkreises oskuliert 31

Seite
550. Die Haupttangenten einer beliebigen Rotationsfläche 31
551. Die Tangenten der Lichtgrenze einer Ringfläche 33
552. Die Krümmungskreise in den Scheitelpunkten der Lichtgrenze 34
553. Die Tangenten der Lichtgrenze einer Rotationsfläche bei Centralbeleuchtung 36
554. Die Punkte der Lichtgrenze einer Ringfläche mit tangierendem Lichtstrahl 38

Die Rotationsflächen 2. Grades.

555. 556. Schnitte, Tangentenkegel 39
557. Konjugierte oder harmonische Pole 42
558. Die beiden Tangentialebenen durch eine feste Gerade . . . 43

Rotationsflächen, die sich längs einer Kurve berühren.

559. Aus der Meridiankurve der einen Fläche die der anderen zu konstruieren 44
560. Die Hüllfläche des geraden Kreiscylinders 45
561. Zwei Hyperboloide, die sich längs einer Erzeugenden berühren 47

IX. Kapitel. Cyklische Linien und Schraubenlinien.

Rollkurven.

562—564. Erzeugung der Rollkurven in der Ebene. Normale und Tangente der Rollkurve. Momentancentrum (Pol). Bewegung einer starren Figur in der Ebene. Polbahn, Polkurve . . 50
565—567. Krümmungscentra einer Rollkurve. Spitzen, Wendepunkte . . 52
568. Hüllkurve einer rollenden Kurve 56

Cyklische Linien.

569. Entstehung der cyklischen Linien. Aufzählung der Arten . . 57
570. Radlinien, Sinuslinie, Spiralen. Ursprungspunkt, Gang, Windung 57
571. Gespitzte Cykloide 58
572. Gestreckte Cykloide 59
573. Verschlungene Cykloide 61
574—576. Epicykloiden 62
577. Hypocykloiden 64
578. Gespitzte Kreisevolvente 65
579. Gestreckte und verschlungene Kreisevolvente 66
580. Archimedische Spirale 67
581. 282. Sinuslinien 68

Die Schraubenlinie.

583—585. Schraubenlinie und Schraubenbewegung. Achse und Neigung der Schraubenlinie. Rechts- und linksgängige Windung. Ganghöhe, reduzierte Ganghöhe 70
586. Schmiegungsebene, Krümmungsradius. Reciproke Schraubenlinien 72
587. Tangenten der Schraubenlinie, ihre abwickelbare Fläche, Richtungskegel 73

Seite

588. Die verschiedenen Formen der Parallelprojektion einer Schraubenlinie 74
589. Die Schraubenlinie in orthogonaler Projektion 75
590. Tangenten und Schmiegungsebenen der Schraubenlinie . . . 77
591—594. Bestimmungsstücke einer Schraubenbewegung. Erklärung der Bewegung eines Körpers im Raume durch successive Verschraubungen. Momentanachse. Kongruente und affine Parallelprojektionen kongruenter Raumfiguren. Bedingung für die augenblicklichen Bewegungsrichtungen dreier Punkte eines Körpers 79

X. Kapitel. Schraubenflächen.

Allgemeines über Schraubenflächen.

595. Erzeugung einer Schraubenfläche als Bahn einer verschraubten Kurve. Achse, Erzeugende, Meridian- und Normalschnitte. Geschlossene und offene Schraubenflächen. Kehlschraubenlinie 84
596. Erzeugung einer Schraubenfläche als Hüllfläche einer verschraubten Fläche. Charakteristik. Rückkehrkante . . 84
597. Tangentialebenen und Normalen 85
598. Wahrer und scheinbarer Umriß der Schraubenfläche für orthogonale Projektion und bei vertikaler Achse 86
599—602. Methoden zur Bestimmung des wahren Umrisses bezw. der Lichtgrenze einer Schraubenfläche für eine beliebige Parallelprojektion. Pole und Polachsen einer Geraden in Bezug auf eine Verschraubung. Die Lichtgrenzpunkte auf den Schraubenlinien oder auf den Erzeugenden. Die Lichtgrenzpunkte auf den Normalschnitten und bei Regelflächen auf den erzeugenden Geraden 86

Allgemeines über Regelschraubenflächen.

603. Abwickelbare Regelflächen. Erzeugende, Tangentialebene, Rückkehrkurve. Hüllfläche einer bewegten Ebene. Richtungskegel 92
604. Windschiefe Regelflächen. Centralpunkt einer Erzeugenden, Striktionslinie. Tangential- und asymptotische Ebene. Asymptotische abwickelbare Fläche, Richtungskegel 92
605. Einteilung der Regelschraubenflächen 93
606. Verschraubung einer Ebene. Formen des Normalschnittes einer Regelschraubenfläche 94

Die abwickelbare Schraubenfläche.

607. Die abwiekelbare Schraubenfläche in orthogonaler Projektion 96
608. Meridianschnitt. Schnitt mit einer beliebigen Ebene 97
609. Gleiten und Rollen der erzeugenden Geraden als Tangente an der Rückkehrschraubenlinie. Schnittpunkte der Fläche mit einer Geraden 98

Seite

610. Abwickelung der Fläche und der Kurven auf ihr 100
611. Eigen- und Schlagschattengrenzen der Fläche bei Parallelbeleuchtung 102

Windschiefe Regelschraubenflächen.

612. Geschlossene gerade Schraubenfläche in orthogonaler Projektion. Schnittpunkte mit einer Geraden, Schnitt mit einer Ebene 105
613. 614. Eigen- und Schlagschattengrenzen derselben 106
615. Offene gerade Schraubenfläche. Entstehung und Darstellung 109
616. 617. Lichtgrenze und Schlagschattengrenzen derselben 109
618. Geschlossene schiefe Schraubenfläche. Richtungskegel . . . 113
619. Meridianschnitt, Doppelkurven, Normalschnitt. Tangentialebene 113
620. 621. Wahrer und scheinbarer Umriß der Fläche für die zweite Projektion 115
622. Eigen- und Schlagschattengrenzen derselben 118
623—626. Untersuchung der Kurven 4. Ordnung, die den Grundriß ihrer Lichtgrenze bilden 120
627. Offene schiefe Schraubenfläche. Richtungskegel, Kehlschraubenlinie. Normalschnitt, Doppelkurven, Meridianschnitt 126
628. Asymptotische abwickelbare Fläche. Striktionslinie 127
629. Wahrer und scheinbarer Umriß für die erste und zweite Projektion 128
630. Eigen- und Schlagschattengrenzen 129
631—633. Untersuchung der Kurven 4. Ordnung, die den Grundriß der Lichtgrenze bilden 131

Cyklische Schraubenflächen.

634. Die Schraubenfläche von kreisförmigem Normalschnitt. Eigen- und Schlagschatten 138
635. 636. Die Schlangenrohrfläche (Serpentine). Lichtgrenze und Schlagschatten 141

Schrauben.

637. Schraube und Schraubenmutter. Kern, Gewinde, Schraubenprofil. Scharfgängiges, flachgängiges und mehrfaches Gewinde 146
638. Flachgängige Schraube, Eigen- und Schlagschatten 146
639. Scharfgängige Schraube, Eigen- und Schlagschatten 148
640. Die Schraubenmutter einer scharfgängigen Schraube, Eigen- und Schlagschatten 151

XI. Kapitel. Die Flächen 2. Grades.

Pole und Polarebenen, Durchmesser und Diametralebenen; Achsen.

641. Definition. Jede Ebene schneidet die Fläche in einem Kegelschnitt 153
642—644. Konjugierte oder harmonische Pole. Pol und Polarebene . . 154

Seite

645. Konjugierte oder harmonische Polaren 157
646. Je zwei ebene Schnitte liegen zweifach perspektiv . . . 158
647. Konjugierte oder harmonische Polarebenen 159
648. Je zwei Tangentenkegel liegen zweifach perspektiv 159
649. Das Polartetraëder 160
650. 651. Durchmesser und konjugierte Diametralebenen; drei konjugierte Durchmesser 161
652. Flächen mit und Flächen ohne Mittelpunkt 164
653. Parallelschnitte 164
654. 655. Die drei rechtwinkligen Achsen 164
656. Konstruktion der Achsen 165
657—659. Dualität; reciproke Raumverwandtschaft; involutorische Kollineation; das geschart-involutorische System 166

Einteilung der Flächen 2. Grades; ihre Beziehung zu den Rotationsflächen; Kreisschnitte.

660—662. Ellipsoid, Paraboloide; das Hyperboloid und sein Asymptotenkegel 169
663. Die Regelflächen 172
664. Das Hyperboloid, von dem drei Erzeugende gegeben sind . 174
665. Das hyperbolische Paraboloid 174
666. Die Unterscheidung der Flächen nach ihren Hauptschnitten 175
667. Affinität zwischen den allgemeinen Flächen 2. Grades und den Rotationsflächen 177
668. 669. Die beiden Systeme von Parallelkreisen auf einer Fläche 2. Grades 177
670—672. Die Konstruktion der Kreisschnitte 177

Die Konstanten der Flächen 2. Grades. Die Flächen durch neun, acht und sieben Punkte.

673. Die Zahl der Konstanten ist = 9 182
674. 675. Existensbeweis der Fläche 2. Grades durch drei Kegelschnitte, die sich paarweise in je zwei Punkten schneiden 183
676. 677. Konstruktion der Fläche 2. Grades durch neun beliebige Punkte 186
678. Der Büschel von Flächen 2. Grades durch 8 Punkte; ihre Grundkurve 4. Ordnung 189
679. Zerfallende Schnittkurve zweier Flächen 2. Grades 191
680. 681. Die Raumkurve 3. Ordnung als teilweiser Schnitt zweier Hyperboloide 191
682. Die Schmiegungsebenen der Raumkurve 3. Ordnung 194
683. 684. Der Büschel von Flächen 2. Grades enthält vier Kegelflächen; ihre Scheitel bilden ein gemeinsames Polartetraëder aller Flächen 194
685. Die verschiedenen Arten der Flächenbüschel und ihrer Grundkurven 4. Ordnung 196
686. Die Doppelsekanten der Raumkurve 4. Ordnung 199
687. Konstruktion der Raumkurve 4. Ordnung durch acht gegebene Punkte 200

Seite

688. Alle Flächen 2. Grades durch sieben feste Punkte schneiden sich noch in einem weiteren festen Punkte; seine Konstruktion 201

Konstruktionsaufgaben bei den Flächen 2. Grades.

689. Den Umriß zu zeichnen, wenn eine Projektion dreier ebener Schnitte der Fläche bekannt ist 204
690. Drei konjugierte Durchmesser zu zeichnen 206
691. Den Umriß eines Ellipsoides zu zeichnen, wenn eine Projektion dreier konjugierter Durchmesser von ihm gegeben ist 208
692—694. Ähnlich und ähnlich liegende Kegelschnitte mit reellem und mit imaginärem Streckenverhältnis 209
695. Den Umriß eines ein- oder zweischaligen Hyperboloides zu zeichnen, wenn eine Projektion dreier konjugierter Durchmesser von ihm gegeben ist 213
696. Die Eigenschattengrenze eines Ellipsoides zu finden, wenn man seinen Umriß und den Schatten eines Punktes auf die Umrißebene kennt 215
697. Tangentenkegel und Berührungskurve beim zweischaligen Hyperboloid 217
698. Die Tangentialebene in einem Punkte des Ellipsoides . . . 219
699. Die beiden Tangentialebenen an ein einschaliges Hyperboloid durch eine feste Gerade 219
700. Durch drei Punkte einer Fläche 2. Grades einen auf ihr liegenden Kegelschnitt zu konstruieren 221
701—705. Einen Kegelschnitt durch drei Punkte zu legen, der einen anderen zweimal berührt. Verschiedene Fälle 222
706. Eigen- und Schlagschatten eines zweischaligen Hyperboloides zu zeichnen 229
707. Die gemeinsamen Sekanten von vier windschiefen Geraden . 231
708. Striktionslinien der Regelflächen 2. Grades 233
709. Die Striktionslinien des Paraboloides 234
710. Die Striktionslinien des Hyperboloides 236

XII. Kapitel. Verschiedene Flächen.

Abwickelbare Flächen.

711. 712. Entstehung der abwickelbaren Flächen 237
713. Die Schar von Flächen 2. Grades und die sie umhüllende abwickelbare Fläche 4. Klasse 239
714. Die verschiedenen Arten der abwickelbaren Fläche 4. Klasse 240
715. Die abwickelbare Fläche 3. Klasse 242
716. Die Beleuchtung einer Oberfläche durch eine leuchtende Fläche 242
717. Die Beleuchtung einer Kugel durch eine leuchtende kreisförmige Scheibe 243
718. Flächen von gleichförmiger Neigung 247
719. Die Fläche von gleichförmiger Neigung über der Ellipse . . 248

Seite

Regelflächen.

720. 721. Erzeugung. Das längs einer Erzeugenden oskulierende Hyperboloid und die Haupttangenten 251
722. Berührungspunkte und Tangentialebenen längs einer Erzeugenden; das Normalenparaboloid 253
723. Der Richtungskegel der Regelfläche; die Striktionslinie . . 254
724. Die Doppelkurve; ihre Kuspidalpunkte und die zugehörigen Torsallinien 254
725—727. Verschiedene Erzeugung von Regelflächen 255
728. Das Konoid, sein Umriß und Eigenschatten 259
729. 730. Das gerade Kreiskonoid; die oskulierenden Paraboloide; sein Eigenschatten 260
731. 732. Das schiefe Kreiskonoid; seine Striktionslinie; das System von Kegelschnitten auf ihm 264
733. 734. Das Plückersche Konoid; die Kegelschnitte auf ihm . . . 268
735. 736. Haupttangenten, oskulierende Paraboloide und Haupttangentenkurven des Plückerschen Konoides 271
737. 738. Eigen- und Schlagschatten des Plückerschen Konoides . . 273
739—741. Regelflächen 3. Grades und ihre Eigenschaften 276
742. Die Verbindungslinien projektiver Punktreihen auf einer Geraden und einem Kegelschnitt bilden eine Regelfläche 3. Grades 278
743. Doppel-, Leitgerade und fünf beliebige Erzeugende bestimmen eine Regelfläche 3. Grades 279
744—746. Definition der projektiven Beziehung zwischen einer einfachen Punktreihe und den Punktepaaren einer Involution. Sind die Träger der Reihen windschief, so bilden die Verbindungslinien entsprechender Punkte eine Regelfläche 3. Grades 280
747. Dualität der Eigenschaften der Regelfläche 3. Grades . . . 282
748. Die Cayley'sche Regelfläche 3. Grades 282
749. 750. Die oskulierenden Hyperboloide der Regelfläche 3. Grades 284
751—754. Die Verbindungslinien projektiver Punktreihen zweier Kegelschnitte bilden eine Regelfläche 4. Grades. Sie besitzt eine Doppelkurve 3. Ordnung 286
755. Regelfläche 4. Grades mit Doppelgerade und Doppelkegelschnitt; ihre Erzeugung 289
756. Regelfläche 4. Grades mit zwei Doppelgeraden und einer Doppelerzeugenden; ihre Erzeugung 291
757. Regelflächen 4. Grades mit zwei Doppelgeraden 292
758. Die Normalenflächen einer Fläche 2. Grades 294
759—762. Die Normalenfläche des Kegels 2. Ordnung in einem beliebigen Schnitt; ihre Eigenschaften 295
763. 764. Die Normalenfläche des Kegels 2. Ordnung für einen zu einer Hauptebene senkrechten Schnitt 299
765—767. Die Normalenfläche des Kegels 2. Ordnung für einen zu einer Achse normalen Schnitt 302
768. 769. Tangentialebenen und Haupttangenten der Normalenfläche . 305
770—772. Das Cylindroid; Umriß; Haupttangenten 306

Seite

773—775. Die Wölbfläche des schiefen Durchganges; Umriß; Haupttangenten . . . 311

Hüllflächen.

776. Erzeugung der Hüllflächen; Charakteristik, Rückkehrkante; Beispiele . . . 316
777. Ähnlichkeitscentren und Punkte gleicher Potenz bei zwei oder mehr Kugeln . . . 318
778. Die Kugeln, die drei feste Kugeln berühren . . . 320
779. 780. Die Dupin'sche Cyklide und ihre Kreise . . . 322

Topographische Flächen.

781. Definition, Niveaulinien . . . 324
782. Falllinien, Thalweg, Kammlinie . . . 326
783. Die Falllinien des Ellipsoides . . . 328
784. Die Falllinien des einschaligen Hyperboloides . . . 330
785. Linien von konstantem Gefälle . . . 330

XIII. Kapitel. Die Krümmung der Flächen.

786—787. Berührung und Oskulation von Flächen . . . 332
788—789. Die Involution konjugierter Tangenten bei Flächen 2. Grades und bei beliebigen Flächen . . . 334
790. Die Dupin'sche Indikatrix . . . 335
791. Punkte elliptischer und hyperbolischer Krümmung; ihre Hauptkrümmungsradien . . . 337
792. Punkte parabolischer Krümmung . . . 339
793. Satz von Meusnier über die Krümmung schiefer Schnitte . 339
794. Die Krümmung bei Rotations- und Regelflächen . . . 340
795. Die Tangenten der Schnittkurve einer Tangentialebene im Berührungspunkte . . . 340
796. Die Tangente der Lichtgrenze ist zum tangierenden Lichtstrahl konjugiert . . . 341
797. Die Involution der konjugierten Tangenten bei der Regelschraubenfläche . . . 341
798. Die Tangenten der Lichtgrenze der Regelschraubenfläche bei Parallelbeleuchtung . . . 342
799. Die Tangenten der Lichtgrenze der offenen, schiefen Regelschraubenfläche bei Centralbeleuchtung . . . 343
800. Die gleiche Aufgabe bei der offenen, geraden Schraubenfläche 344
801. Haupttangenten und Tangenten der Lichtgrenze der cyklischen Schraubenfläche . . . 345
802. Krümmungslinien und Haupttangentenkurven . . . 347

Die Krümmungslinien der Flächen 2. Grades.

803. Durch jeden Raumpunkt gehen drei konjugierte Normalen einer Fläche 2. Grades . . . 348

Seite

804. Zwei Flächen 2. Grades, die jeder Ebene die nämliche konjugierte Normale zuordnen, schneiden sich in einer Krümmungslinie . . . 349
805—807. Das System konfokaler Flächen 2. Grades; ihre Fokalkurven 350
808. Die drei Arten konfokaler Flächen . . . 352
809. 810. Die Projektionen der Krümmungslinien des Ellipsoides . . 354
811. Konfokale Kegelschnitte; ihre Achsen . . . 358
812. Die Schnittpunkte zweier konfokalen Kegelschnitte . . . 359
813. Die Projektionen der Krümmungslinien des einschaligen Hyperboloides . . . 361

XIV. Kapitel.
Schiefe und orthogonale axonometrische Projektion.

Allgemeines.

814. Begriff der Axonometrie. Beziehung des Objektes auf ein rechtwinkliges Koordinatensystem und gleichzeitige Abbildung beider in einer Bildebene durch Parallelprojektion. Koordinatenzug eines Punktes und seine Abbildung . . . 363
815. Vorteile der axonometrischen Projektion . . . 364
816. Bestimmungsstücke der axonometrischen Projektion. Ihre beiden Hauptarten: die schiefe Projektion und die (orthogonale) axonometrische Projektion im engeren Sinne . . . 365
817. Satz von Pohlke . . . 366

Das Verfahren der schiefen Projektion.

818. Bestimmungsstücke der schiefen Projektion. Der Aufriß als Bildebene. Sehstrahlen. Verkürzungsverhältnis . . . 367
819—821. Darstellung der Punkte, Geraden und Ebenen . . . 369
822. Affinität zwischen Bild und Grundrißbild einer ebenen Figur. Beispiele zur Lösung der Grundaufgaben über Verbindungs- und Schnittelemente . . . 371
823. Wahre Länge einer Strecke . . . 372
824. 825. Wahre Gestalt einer ebenen Figur . . . 374
826. Lot aus gegebenem Punkte auf eine Ebene . . . 376
827. Senkrechter Abstand eines Punktes von einer Geraden . . 376
828. Winkel zweier Geraden . . . 377
829. Kürzester Abstand zweier Geraden . . . 378
830. Schattenkonstruktion . . . 379

Anwendungen der schiefen Projektion.

831. Ebenflächige Gebilde, Eigen- und Schlagschatten (sechsseitige Pyramide und regelmäßiges Zwölfflach) . . . 380
832. Der gerade Kreiscylinder und sein ebener Schnitt . . . 382
833. Der gerade Kreiskegel, Lichtgrenze und Schlagschatten . . 383
834. Die Kugel, ihre Hauptschnitte, Lichtgrenze und Schlagschatten . . . 385

Seite
835. Das Ellipsoid 387
836. Das einschalige Hyperboloid 388
837. Das zweischalige Hyperboloid 389
838. Hilfssatz, betreffend die Konstruktion einer Parabel 390
839. Das elliptische Paraboloid 390
840. Das hyperbolische Paraboloid 391
841. Rotationskörper, Eigen- und Schlagschatten 393

Das Verfahren der orthogonalen axonometrischen Projektion.

842. Die Bestimmung der orthogonalen axonometrischen Projektion durch Bildebene und Koordinatensystem 396
843. Das Achsenkreuz und sein Bild. Verkürzungsverhältnisse. Verhältniszahlen. Spurendreieck 397
844. Bestimmung des Koordinatensystems aus dem Spurendreieck und der Verkürzungsverhältnisse aus den Richtungen der Achsenbilder 397
845. Bestimmung des Bildes vom Achsenkreuz aus den Verhältniszahlen 398
846. Natürlicher Maßstab. Maßstab des Bildes. Achsenmaßstäbe. Sinusmaßstab 400
847. Isometrische, dimetrische und trimetrische Projektion. Vergleichung der axonometrischen Projektionsarten in Bezug auf ihre Bildwirkung 401
848. Punkt, Gerade und Ebene in axonometrischer Projektion . . 402
849. Lot aus einem Punkte auf eine Gerade, wenn beide in einer Koordinatenebene liegen 402
850. Wahre Länge einer Strecke 403
851. Lot aus einem Punkte auf eine Ebene 404
852. Umlegung einer Ebene um ihre Bildspur in die Bildebene . 404
853. Winkel zweier Geraden 405
854. Krystallformen (Rhombendodekaëder und Trapezoëder) . . . 406
855. Die Kugel, Eigen- und Schlagschatten 407
856. Darstellung eines auf Π_1 stehenden Rotationskegels und eines liegenden Rotationscylinders mit Eigen- und Schlagschatten 409

XV. Kapitel. Freie Perspektive.

Perspektive Darstellung von Ebene, Gerade und Punkt.

857. 858. Augpunkt, Bildebene und Distanz; reelle und virtuelle Bilder 411
859. Darstellung der Ebene; Spur-, Flucht- und Verschwindungslinie 413
860. Darstellung der Geraden; Spur-, Flucht- und Verschwindungspunkt 414
861. Vereinigte Lage von Gerade und Ebene; Parallelismus . . 415
862. Umlegung einer Ebene in die Bildebene 415
863. Die wahre Gestalt eines Dreiecks 416
864. 865. Die wahre Länge einer Strecke; Teilungspunkt 417
866. Darstellung des Punktes durch Bild und orthogonale Projektion, oder Abstand 418

Seite

867. Schnittpunkt von Gerade und Ebene 419
868. Die Parallele zu einer Geraden durch einen gegebenen Punkt 419
869. Die gemeinsame Sekante zweier Geraden durch einen gegebenen Punkt; eine Gerade durch zwei Punkte 420
870. In einer Ebene die Geraden von gegebenem Neigungswinkel zu ziehen; Winkel zweier Geraden 421
871. Die Normale auf einer Ebene und die Normalebene zu einer Geraden 422
872. Durch eine Gerade die Normalebene zu einer gegebenen Ebene zu legen 423
873. Die Geraden einer Ebene, die mit einer bestimmten Geraden außerhalb der Ebene, einen gegebenen Winkel einschließen 424
874. Die gemeinsame Normale zweier Geraden 425
875. Die Geraden, die mit zwei windschiefen Geraden bestimmte Winkel einschließen 426

Perspektive Darstellung von Körpern und Flächen.

876. Zusammenhang zwischen orthogonaler und Centralprojektion; die Bildebene ist zugleich Aufrißebene 428
877. Die Aufrißebene ist gegen die Bildebene geneigt, die Grundrißebene zu ihr senkrecht 429
878. Beide Projektionsebenen sind gegen die Bildebene geneigt . 431
879. Das schiefe Prisma; sein Normalschnitt 431
880. Der schiefe Cylinder und sein Schnitt; seine Lichtgrenze . . 433
881. Der gerade Kreiskegel und seine Lichtgrenze 439
882. Die Kugel 439
883. Die Lichtgrenze auf der Kugel bei Centralbeleuchtung . . 441
884. Rotationsfläche mit zur Bildebene paralleler Achse 443
885. Rotationsfläche mit beliebig gerichteter Achse 445
886. 887. Der Umriß einer Fläche 2. Grades, von der die Bilder dreier konjugierter Durchmesser gegeben sind 446

XVI. Kapitel. Angewandte Perspektive.

Allgemeines.

888. Hauptaufgabe der angewandten Perspektive 448
889. Grundebene, vertikale Bildebene, Grundlinie, Auge, Verschwindungsebene, Hauptpunkt, Distanz, Horizont, Distanzkreis, Distanzpunkte. Lage des Objektes. Umgelegter Grund- und Aufriß. Umgelegtes Auge. Gerade und schräge Ansicht 449
890. Perspektive eines Punktes bei gerader oder schräger Ansicht 451
891. Abbildung von Geraden 452
892. Besondere Arten von Fluchtpunkten 453
893. Abbildung von Ebenen. Bestimmung der Fluchtlinien . . 453
894—896. Streckenteilung 454
897. Die reduzierten Elemente 455
898. Abbildung eines horizontalen Kreises 456
899. Abbildung einer Ellipse mit vertikaler Achse 458

Seite

900. Schattenkonstruktion. Central- und Parallelbeleuchtung, Sonnenbeleuchtung 458
901. Schatten von Punkten und Geraden 459

Anwendungen der Perspektive.

902. Perspektive eines Säulenganges in gerader Ansicht 460
903. Perspektive eines Obelisken mit Unterbau in schräger Ansicht 463
904. Schräge Ansicht einer gewölbten Halle 466
905. Schräge Ansicht einer Nische 469
906. Perspektive eines runden Säulenstumpfes 473

Centralkollineation räumlicher Figuren (Reliefperspektive).

907. 908. Grundgesetze der räumlichen Centralkollineation. Centrum, Kollineationsebene, Gegenebenen 475
909. 910. Reliefperspektive. Auge, Spurebene, Fluchtebene, Verschwindungsebene, Grundebene, Grundlinie, Hauptpunkt, Distanz, Tiefe des Reliefs 476
911. Reliefbild einer Geraden, eines Punktes, einer Ebene . . . 478
912. Beziehungen zwischen den Grund- und Aufrissen von Original und Reliefbild. Beispiel (Obelisk) 478
913. Affinität, Ähnlichkeit und Kongruenz räumlicher Figuren als Spezialfälle der Centralkollineation des Raumes. Anwendung der Kollinearverwandtschaft auf die Theorie der Flächen . 479

XVII. Kapitel. Beleuchtung von Flächen.

914—916. Allgemeines. Definition der Lichtgleichen 480
917. Der gerade Cylinder senkrecht zum Grundriß 484
918. Der gerade Cylinder in schiefer Lage 485
919. Der schiefe Cylinder, insbesondere der schiefe Kreiscylinder 487
920. Der Rotationskegel mit einer zum Grundriß normalen Achse 489
921. Der Rotationskegel in schiefer Lage 490
922. Der schiefe Kreiskegel 491
923. Die Kugel 493
924—926. Rotationsflächen; Kugel-, Kegel- und Cylinderverfahren . . 494
927. Die Ringfläche 498
928. Die Schraubenflächen; die Punkte ihrer Lichtgleichen auf den Schraubenlinien 499
929. Schraubenfläche mit kreisförmigem Meridianschnitt 502
930. Die Punkte der Lichtgleichen auf den Erzeugenden der Regelschraubenflächen 504
931. Die geschlossene schiefe Regelschraubenfläche 506
932. 933. Das Ellipsoid 510
934. Die Hyperboloide 514
935. 936. Die Paraboloide 516
937. Die Regelflächen 521
938. 939. Das Plückersche Konoid 523
940. Verschiedene Flächen 526

ACHTES KAPITEL.

Rotationsflächen.

Allgemeines. Eigen- und Schlagschatten, ihr gegenseitiges Verhalten.

525. Ist eine Kurve mit einer festen Geraden starr verbunden, und läßt man sie um diese rotieren, so beschreibt sie eine Rotationsfläche; die feste Gerade heißt die Rotationsachse. Jeder Kurvenpunkt beschreibt bei dieser Bewegung einen Kreis, dessen Mittelpunkt auf der Achse liegt und dessen Ebene senkrecht zur Achse steht. Alle Ebenen senkrecht zur Achse schneiden die Rotationsfläche in einem oder mehreren Kreisen, die man kurz als Parallelkreise bezeichnet. Alle Ebenen durch die Achse schneiden die Fläche in kongruenten Kurven; man nennt sie Meridiankurven und die sie enthaltenden Ebenen Meridianschnitte. Zieht man auf einer Rotationsfläche irgend eine ebene oder Raumkurve, die jeden Parallelkreis einmal schneidet, so kann die Fläche durch Rotation dieser Kurve um die feste Achse erzeugt werden; speziell kann man die Meridiankurve zur Erzeugung der Fläche verwenden.

Durch jeden Punkt der Rotationsfläche geht ein Parallelkreis und eine Meridiankurve; man kennt deshalb in jedem Flächenpunkte zwei Tangenten, nämlich eine an die bezügliche Meridiankurve, sie trifft die Achse, und eine an den bezüglichen Parallelkreis, sie ist senkrecht zur Richtung der Achse. Dieses lehrt uns, daß jede Tangentialebene der Rotationsfläche senkrecht steht zu der Meridianebene durch ihren Berührungspunkt. Wir erkennen also, daß die Tangentialebenen in allen Punkten einer Meridiankurve eine Cylinderfläche umhüllen, deren Leitkurve die Meridiankurve ist und deren Mantellinien senkrecht zur Ebene dieser Kurve sind. Alle Tangentialebenen in den Punkten eines Parallelkreises umhüllen einen geraden Kreiskegel, der diesen zum Grundkreis hat und dessen Spitze auf der Achse liegt. Die Mantellinien des Kreiskegels sind die Tangenten der Meridiankurven, deren Berührungspunkte auf jenem Parallelkreise liegen. Alle Normalen einer Rotationsfläche treffen ihre Achse.

526. Läßt man eine Fläche um eine mit ihr starr verbundene Gerade als Achse rotieren, so giebt es eine Hüllfläche, die alle Lagen der rotierenden Fläche einhüllt und die offenbar eine Rotationsfläche ist. Die Kreise, deren Mittelpunkte auf der Achse liegen und deren Ebenen zur Achse senkrecht stehen, verhalten sich nämlich gegen die rotierende Fläche verschieden, indem sie dieselbe entweder schneiden, oder nicht schneiden. Die Hüllfläche bildet die Grenze zwischen den beiden Arten von Kreisen; auf ihr liegen die Parallelkreise, die die rotierende Fläche in einer Lage — und somit in allen Lagen — berühren. Die hier als Hüllfläche definierte Rotationsfläche berührt jede der eingehüllten Flächen, d. h. jede Lage der rotierenden Fläche, längs einer Kurve; in den Punkten dieser Berührungskurve stimmen die Tangentialebenen der Hüllfläche und der eingehüllten Fläche überein. Hieraus folgt aber, daß alle Punkte der rotierenden Fläche, deren Normalen die Rotationsachse treffen, auf ihrer Berührungskurve mit der Hüllfläche und somit auf dieser selbst liegen. Hiermit ist auf der rotierenden Fläche die Berührungskurve definiert, durch deren Rotation die Hüllfläche entsteht. Jede zur Achse senkrechte Ebene schneidet die rotierende Fläche in einer Kurve; diese berührt die Hüllfläche in den Punkten, deren Normalen durch den Achsenschnittpunkt der Ebene gehen.

527. Bei allen Fragestellungen, die sich auf Rotationsflächen beziehen, spielen die Parallelkreise und Meridiankurven eine besondere Rolle; nur bisweilen finden andere einfache Kurven der Fläche Verwendung. So verwendet man Parallelkreise, um die Schnittkurve der Rotationsfläche mit einer Ebene oder mit einer anderen Fläche zu zeichnen. So kann man Parallelkreise bei der Bestimmung des wahren Umrisses der Rotationsfläche oder der Grenzkurve von Licht und Eigenschatten auf ihr mit größtem Vorteil benutzen. Auf einem Parallelkreise gehören die beiden Punkte dem wahren Umrisse an, deren Tangentialebenen die Projektionsrichtung enthalten; ebenso gehören zwei Punkte der Grenzkurve an; ihre Tangentialebenen sind dem Lichtstrahl parallel. Die Tangentialebenen in den Punkten eines Parallelkreises umhüllen aber einen geraden Kreiskegel, der diesen zum Basiskreise hat; auf ihm suchen wir die

Mantellinien, die den wahren Umriß resp. die Grenze von Licht und Schatten bilden, sie treffen den Parallelkreis in den Punktepaaren, die dem Umriß resp. der Grenzkurve auf der Rotationsfläche angehören. In der That sind die Tangentialebenen in diesen Punkten der Rotationsfläche zugleich Tangentialebenen des genannten Kegels und enthalten projizierende, resp. Lichtstrahlen. Diese Methode heißt das Kegelverfahren. In ähnlicher Weise kann man der Bestimmung des Umrisses sowie der Lichtgrenze die Meridiankurven zu Grunde legen. Da alle Tangentialebenen in den Punkten der Meridiankurve einen Cylinder umhüllen, heißt diese Methode das Cylinderverfahren. Die Mantellinien des Umrisses und der Lichtgrenze auf dem geraden Cylinder, der die Meridiankurve zur Basiskurve hat, treffen diese in Punkten, die dem Umrisse resp. der Lichtgrenze auf der Rotationsfläche angehören. Diesen beiden Methoden reiht sich noch ein drittes, ebenfalls stets verwendbares Verfahren, das Kugelverfahren an, das wir später kennen lernen werden. Bei einzelnen Flächen werden sich noch besondere Methoden darbieten.

Auch die Bestimmung des Schlagschattens auf eine Rotationsfläche, mag dieser von der Fläche selbst oder einem anderen Gegenstande herrühren, stützt sich auf die Parallelkreise. Die Schatten dieser Parallelkreise auf eine dazu parallele Ebene sind kongruente Kreise. Entwirft man nun den Schatten des Flächenteiles oder Körpers, dessen Schlagschatten auf der Rotationsfläche gesucht wird, auf die nämliche Ebene, so wird derselbe die Schatten der Parallelkreise teilweise überdecken; die entsprechenden Teile der Parallelkreise selbst werden dann in dem gesuchten Schlagschatten liegen.

528. Es soll hier noch das Verhalten des Eigen- und Schlagschattens in den Punkten untersucht werden, in denen beide aufeinander stoßen. Diese Untersuchung werden wir indessen nicht auf die Rotationsflächen beschränken, sondern ganz allgemein durchführen, die gefundenen Resultate haben dann für jede beliebige Fläche Gültigkeit. Zunächst gilt der Satz: Trifft die Kurve, die den auf eine Fläche fallenden Schlagschatten umschließt, die Kurve der Lichtgrenze, so sind in den Treffpunkten die Tangenten der Schlagschattenkurve dem Lichtstrahl parallel. Die Kurve des Schlagschattens erscheint nämlich als Schnitt der betreffenden Fläche mit einem Cylinder, dessen Mantellinien den Lichtstrahlen parallel sind. Die Tangente dieser Kurve in einem beliebigen Punkte liegt in den beiden Tangentialebenen, die daselbst die gegebene Fläche resp. den genannten Cylinder berühren. Die Tangentialebenen des Cylinders sind alle der Lichtrichtung parallel, und in den Punkten der Lichtgrenze thun dies auch die Tangentialebenen der gegebenen Fläche; es ist deshalb auch die gemeinte Tangente zur Lichtrichtung parallel.

Hat die gegebene Fläche eine Randkurve, die von der Lichtgrenze in zwei oder mehr Punkten getroffen wird, so geht der Schlagschatten der Randkurve auf die Fläche ebenfalls von diesen Punkten aus; dabei liegen in jedem solchen Punkte die Tangenten der Randkurve und ihres Schattens harmonisch zur Tangente der Lichtgrenze und dem Lichtstrahle. Das Gleiche gilt dann natürlich auch für die gleichartigen Projektionen dieser Geraden. Sei c der Rand und c^* sein Schatten auf die Fläche, sei ferner u die Lichtgrenze und P ein gemeinsamer Punkt von c und u, endlich bedeute l den durch P verlaufenden Lichtstrahl (Fig. 339a). Die Kurven c und c^* liegen auf einem Cylinder mit zu l parallelen Mantellinien; die Ebene, die den Cylinder längs l berührt, berührt auch die Fläche in P, da sie l und die Tangente von c im Punkte P enthält und beide die Fläche tangieren. Hiernach geht also die Kurve c^* in der That durch P. Nun betrachten wir eine zu l benachbarte Mantellinie des Cylinders, die c und c^* in den Punkten Q und Q^* schneidet; die Strecken PQ, PQ^*, QQ^* seien unendlich klein von der 1. Ordnung. Ist R der Mittelpunkt der Strecke QQ^*, so liegen die Strahlen PQ, PQ^*, l und PR harmonisch. Beim Grenzübergange werden aber PQ und PQ^* die Tangenten von c und c^*, so daß unser Satz bewiesen ist, sobald hierbei der Strahl PR in die Tangente von u übergeht. Um dies zu zeigen legen wir durch QQ^* eine Ebene senkrecht zur Ebene PQQ^*; in ihr befindet sich der unendlich kleine, unserer Fläche angehörige Kurvenbogen QQ^*, und auf diesem liegt ein Punkt S, dessen Tangente zu QQ^* oder l parallel ist. In der Figur ist der Bogen QQ^* mit dem Punkt S umgelegt. Der Punkt S gehört der Kurve u an und der Strahl PS wird beim Grenzübergange zur Tangente von u; schließen also PS und PR einen unendlich kleinen Winkel ein, d. h. ist RS unendlich klein von der 2. Ordnung, so fällt beim Grenzprozeß auch PR mit der

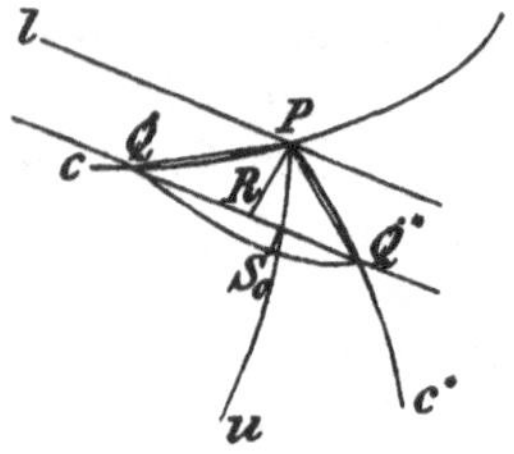

Fig. 339a.

Tangente von u zusammen. Bei jedem unendlich kleinen Bogen hat aber der Punkt T (Fig. 339*b*), der senkrecht über der Mitte der zugehörigen Sehne QQ^* liegt, eine Tangente t, die mit QQ^* einen unendlich kleinen Winkel zweiter Ordnung einschließt. Denn es ist $TQ = TQ^*$, nach 447 bildet also t mit TQ und TQ^* Winkel, die sich nur um eine unendlich kleine Größe 2. Ordnung unterscheiden, während QQ^* mit diesen Geraden gleiche Winkel bildet. Da nun hiernach die Tangenten in T und S einen unendlich kleinen Winkel 2. Ordnung einschließen, so ist TS unendlich klein von der 2. Ordnung, und da ferner TR von der 2. Ordnung unendlich klein ist, gilt Gleiches für RS (vergl. 480, 485 und 514).

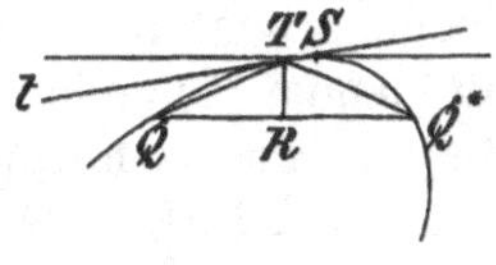

Fig. 339*b*.

529. Die Kurve der Lichtgrenze einer Fläche besitzt im allgemeinen einzelne Punkte, deren Tangenten Lichtstrahlen sind; von diesen Punkten geht tangential, d. h. in der Lichtstrahlrichtung, eine Schlagschattenkurve aus. Um die Richtigkeit des ersten Teiles dieses Satzes zu erweisen, lassen wir einen die Fläche berührenden Lichtstrahl l sich so parallel zu sich selbst bewegen, daß sein Berührungspunkt B die Kurve u der Lichtgrenze durchläuft, wobei er also die Fläche stets tangiert. Sei nun E irgend eine Ebene durch den Lichtstrahl l, die sich zugleich mit l parallel zu sich selbst fortbewegt; sie wird die Fläche in einer Kurve c schneiden. c berührt l in einem Punkte B und es kann der in B berührende Kurvenzweig den Strahl l noch in einem Punkte S schneiden, siehe Fig. 340. Es giebt dann zwischen S und B einen Punkt A auf c, dessen Tangente AT zu l parallel ist, der also ebenfalls der Lichtgrenze u angehört. Bei der Parallelverschiebung von E — nach der einen oder anderen Seite — wird sich S dem Punkte B nähern und es wird schließlich eine Lage von E geben, für die S mit B in einem Punkte C zusammenfällt. In dieser Lage wird C zum Wendepunkte und l zur Wendetangente der Kurve c; hier hat l mit c und folglich auch mit der Fläche drei unendlich nahe Punkte gemein, d. h. l ist eine **Haupttangente** der Fläche im Punkte C. Auch A fällt in dem letzteren

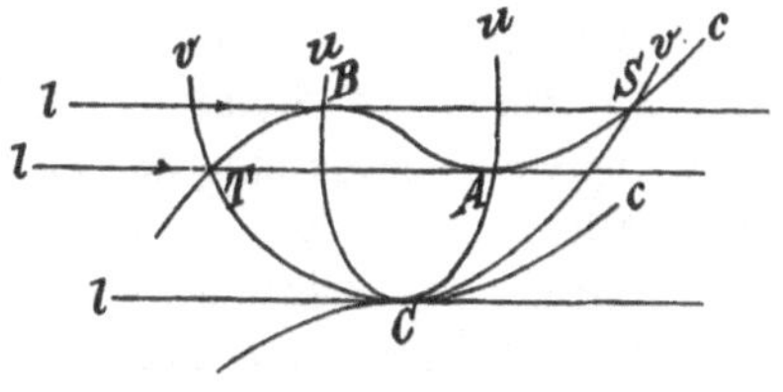

Fig. 340.

Falle mit C zusammen, so daß l hier die Kurve u der Lichtgrenze berührt. Der Punkt C gehört dem hyperbolisch gekrümmten Teile der Fläche an (vergl. 470). Während nun ein Punkt die Kurve u von B über C bis A durchläuft, beschreibt der zugehörige Lichtstrahl einen Cylinder, für den die Mantellinie durch C eine Rückkehrkante ist (vergl. 464). Der Schatten u_* von u auf eine beliebige Ebene besitzt in C_* eine Spitze, er bildet den Schnitt der Ebene mit jenem Cylinder. Der Cylinder berührt die gegebene Fläche längs u und schneidet sie überdies in einer Kurve v, die von S über C nach T verläuft. Die Kurve v berührt, ebenso wie u, die Rückkehrkante im Punkte C und sie geht hier, ebenso wie u, von dem einen Cylindermantel zu dem anderen über, der mit jenem in der Rückkehrkante zusammenhängt. Bei der in der Figur durch Pfeile markierten Lichtstrahlrichtung ist offenbar S der Schlagschatten von B und entsprechend bildet das Kurvenstück CS von v den Schlagschatten des Stückes CB der Lichtgrenze u. Spätere Beispiele lassen das noch besser erkennen.

530. Aus dem Gesagten lassen sich auch Schlüsse auf den wahren und den scheinbaren Umriß einer Fläche ziehen. Im allgemeinen giebt es auf dem wahren Umriß Punkte, deren Tangenten mit der Projektionsrichtung zusammenfallen, ihnen entsprechen Spitzen auf dem scheinbaren Umriß. Von den beiden Stücken des wahren Umrisses, die in einem solchen Punkte zusammenstoßen, ist in seiner nächsten Umgebung das eine unsichtbar und das andere sichtbar, falls nicht andere Hinderungsgründe auftreten. Es geht das unmittelbar aus der Fig. 340 hervor, denn wenn dort l die Projektionsrichtung bedeutet, so ist B sichtbar aber A unsichtbar. Deshalb ist auch beim scheinbaren Umriß von den beiden in einer Spitze zusammenstoßenden Kurvenzweigen einer unsichtbar, der andere sichtbar, wenn nicht andere Teile der Fläche das verhindern. Wir sehen also, daß sowohl beim wahren wie beim scheinbaren Umriß der sichtbare Teil in gewissen Punkten endigt; für den wahren Umriß sind es die Punkte, deren Tangenten der Projektionsrichtung parallel sind.

Die Punkte der Fläche, deren Tangentialebenen sowohl der Licht- wie der Projektionsrichtung parallel sind, gehören zugleich dem wahren Umriß wie der Kurve der Lichtgrenze an. Für die Projektion will das besagen, daß die Projektion der Lichtgrenze den bezüglichen scheinbaren Umriß in den Stellen berührt, deren Tangenten der Projektion des Lichtstrahles parallel sind.

Allgemeine Rotationsflächen, Schnitte, Durchdringung, Eigen- und Schlagschatten.

531. Die Achse einer Rotationsfläche sei senkrecht zum Grundriß und ihre Meridiankurve bekannt; in einem Punkte P der Fläche soll die Tangentialebene und in ihr die Schnittkurve bestimmt werden (Fig. 341).

Seien A und a'' die Projektionen der Achse und sei m die Meridiankurve in der zum Aufriß parallellen Ebene, die man kurz als Hauptmeridian bezeichnet, so ist m'' der scheinbare Umriß in Π_2, denn die Tangentialebenen in den Punkten von m sind zu Π_2 senkrecht. Der scheinbare Umriß in Π_1 wird von koncentrischen Kreisen um den Mittelpunkt A gebildet; in der Figur sind es die Kreise b' und c', die Kreise b und c auf der Fläche enthalten die Punkte der Meridiankurven, deren Tangenten zu a parallel sind. Ist P' gegeben, so ziehe man durch P den Parallelkreis d, der in Π_1 als Kreis durch P' in Π_2 als Gerade erscheint und findet so P''. Die Tangentialebene in P enthält die horizontale Tangente an d und die Tangente an die Meridiankurve durch P, ihre erste Spur enthält also den Spurpunkt der letzteren und ist zur ersteren parallel.

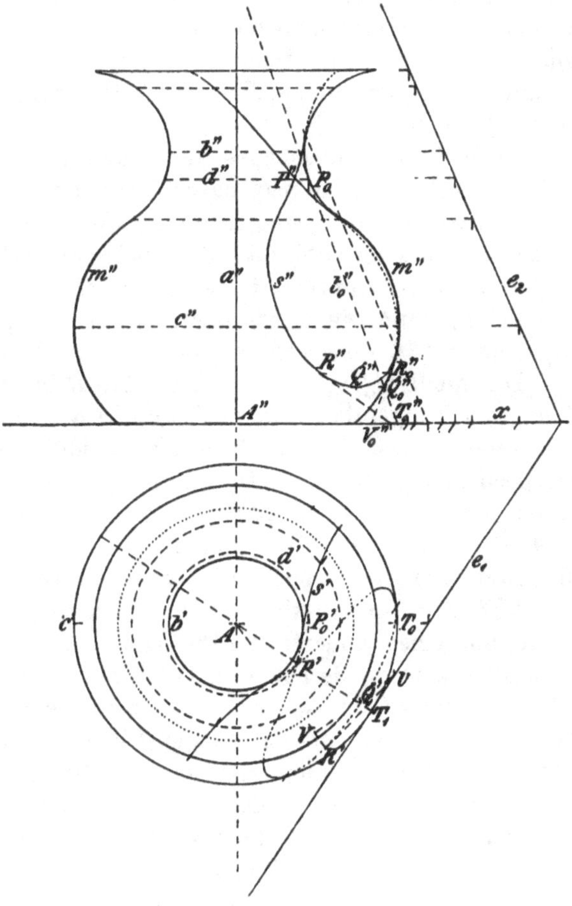

Fig. 341.

Durch Drehung um a kann die Meridiankurve durch P in m übergeführt werden, dabei geht P in P_0 und die zugehörige Tangente t in t_0 über; durch Zurückdrehen gewinnt man den Spurpunkt T_1' ($T_1A = T_0''A''$) und damit die Spurlinien e_1 und e_2 der gesuchten Tangentialebene. Um Punkte der Schnittkurve s zu zeichnen, ziehe man irgend eine Horizontalebene, die E in einer Hauptlinie und die Fläche in einem Parallelkreise schneidet, in Π_1 findet man dann direkt Punkte der Projektion der Schnittkurve, deren Aufriß dadurch ebenfalls bekannt ist. Die Projektionen von s berühren die bezüglichen Umrisse; der Punkt P ist ein Doppelpunkt von s. Die zu E senkrechte Meridianebene ist selbstverständlich Symmetrieebene von s, in ihr liegt der tiefste Punkt Q von s. Um Q auf t zu bestimmen, bedenke man, daß er durch Drehung in $Q_0 = t_0 \times m$ übergeht $\left(Q'A = (Q_0'' \dashv a'')\right)$.

Auch die Meridianebenen kann man zum Aufsuchen der Punkte von s benutzen, indem man durch Drehung um a die Meridiankurve in die Lage m bringt und zugleich die Schnittlinie von Meridianebene und von E mitdreht; ihre Schnittpunkte mit m sind dann wieder zurückzudrehen. Diese Konstruktion läßt sich auch noch verwenden, wenn die Achse der Rotationsfläche nur zu Π_2 parallel ist, ohne zu Π_1 senkrecht zu sein.

Um die Tangente von s im Punkte R zu zeichnen, bringen wir E mit der Tangentialebene im Punkte R unserer Fläche zum Schnitt, die ersten Spuren beider Ebenen schneiden sich im Spurpunkte U der gesuchten Tangente. Die erste Spur der Tangentialebene geht durch den Punkt V auf $R'A$ und ist zu $R'A$ senkrecht, dabei ist $V''A'' = V_0''A''$ und $R_0''V_0''$ eine Tangente von m'' ($R_0''R'' \parallel x$). Über die Tangenten im Doppelpunkte P von s vergl. 550.

532. Zur Konstruktion der Durchdringungskurve einer Rotationsfläche mit einer anderen Fläche läßt sich im allgemeinen nur das in 504 Gesagte wiederholen. Als Hilfsebenen wird man die Ebenen durch die Parallelkreise der Rotationsfläche wählen können. Diese Ebenen sind dann mit der zweiten Fläche zum Schnitte zu bringen und diese Schnittkurven mit den bezüglichen Parallelkreisen zu schneiden. Die ebenen Schnittkurven brauchen dabei nicht in ihrer ganzen Ausdehnung gezeichnet zu werden, sondern nur in der Nähe des schneidenden Parallelkreises.

Die Aufgabe, die Durchdringungskurve zweier Rotationsflächen mit sich schneidenden Achsen zu zeichnen, läßt sich einfach lösen, wenn man die Ebene der beiden Axen als Hilfsprojektionsebene benutzt. Jede Kugelfläche um den Schnittpunkt der beiden Achsen als Mittelpunkt schneidet beide Rotationsflächen in Parallelkreisen, deren Schnittpunkte der Durchdringung angehören. Die Parallelkreise projizieren sich auf die Ebene der beiden Achsen als Geraden; diese Ebene schneidet die beiden Flächen in Meridiankurven und die angenommene Kugel in einem größten Kreise; die Schnittpunkte dieser Kurven mit dem Kreise liegen aber auf jenen Parallelkreisen, die hiernach bestimmt sind. Die Durchdringungskurve ist zur Ebene der Achsen symmetrisch.

533. Eigen- und Schlagschatten einer Rotationsfläche, deren Achse senkrecht zum Grundrisse ist (Fig. 342). Die

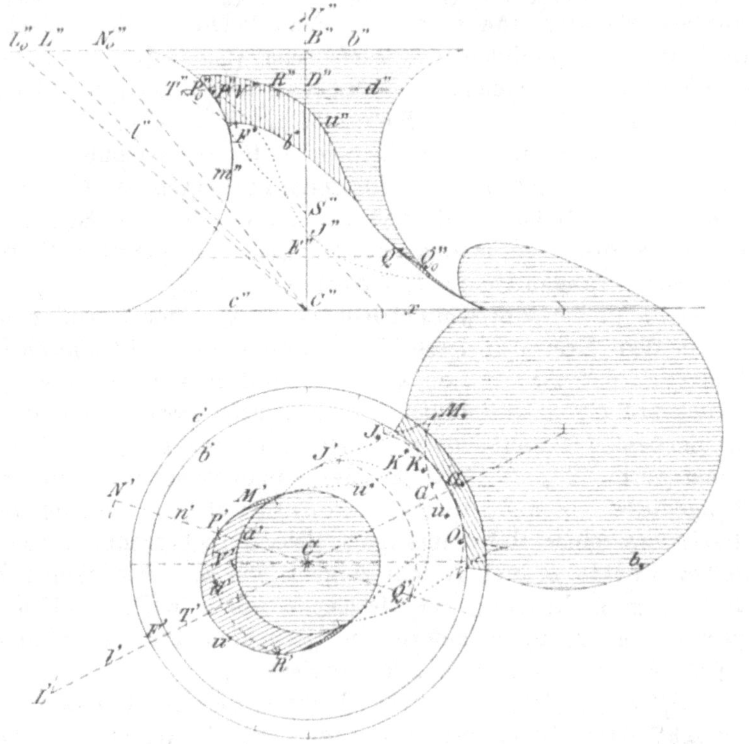

Fig. 342.

zu Π_2 parallele Meridiankurve sei m, also m'' der Umriß in Π_2, der Umriss in Π_1 wird von dem Kreise a' gebildet. Die Kreise b und c mögen die Fläche begrenzen, die wir uns hohl vorstellen wollen. Die Projektionen des Lichtstrahles seien l' und l''. Die Kurve u der Lichtgrenze auf der Fläche liegt symmetrisch zu der

Meridianebene, die dem Lichtstrahle parallel ist. Um nun auf einer beliebigen Meridiankurve n, deren Grundriss die Gerade n' bildet, die Punkte von u zu bestimmen, legen wir durch l eine Ebene senkrecht zur Meridianebene, die sie in NC schneidet ($L'N' \perp n'$ und $LN \parallel \Pi_1$). Nach 527 werden die Berührungspunkte der Tangenten von n, die zu NC parallel laufen, der Kurve u angehören. Durch Drehung der Ebene von n in die Ebene des Hauptmeridians, geht n in m und NC in N_0C über ($N_0''B'' = N'C$); sind dann P_0'' und Q_0'' zwei Punkte auf m'', deren Tangenten zu $N_0''C''$ parallel sind, so erhält man durch Zurückdrehen der genannten Ebene zwei Punkte P und Q von u ($P'C = P_0''D''$, $Q'C = Q_0''E''$, $P_0''P'' \parallel x \parallel Q_0''Q''$). Eine genügende Anzahl von Punkten von u gewinnt man leicht durch wiederholte Anwendung des geschilderten Verfahrens (Cylinderverfahren); dabei liefert die obengenannte Symmetrie von u zu jedem Punkte einen zweiten, z. B. P und R ($P'C = R'C$, $\angle P'CL' = \angle R'CL'$). Die Schnittpunkte von u und m erscheinen als Berührungspunkte von u'' und m'', daselbst sind die gemeinsamen Tangenten zu l'' parallel. Der höchste und tiefste Punkt der Kurve u liegen in der Symmetrieebene; sie gehören den beiden Parallelkreisen an, die m in Punkten treffen, deren Tangenten zu L_0C parallel sind ($L_0''B'' = L'C$). Die Punkte von u in der zur Symmetrieebene senkrechten Meridianebene liegen auf dem Kreise a, dessen Projektion a' den scheinbaren Umriß bildet, so daß sich u' und a' in diesen Punkten berühren.

Auch auf einem beliebigen Parallelkreise, etwa d, findet man leicht die beiden Punkte von u, indem man das Kegelverfahren anwendet (vergl. 527). Trifft d die Meridiankurve m in P_0 und trifft die Tangente von m in P_0 die Achse in S, so ist S der Scheitel und d die Basiskurve eines Rotationskegels, dessen Lichtgrenze durch die nämlichen Punkte P und R von d geht wie u. Wir ziehen also durch S einen Lichtstrahl, der die Ebene von d in T schneidet, die Tangenten von T an d liefern die gesuchten Punkte P und R ($S''T'' \parallel l''$, T' auf l', $T'P'$ und $T'R'$ tangieren d').

Ist $P_0''U'' \perp P_0''S''$, so ist der Punkt U der Rotationsachse der Mittelpunkt einer Kugel mit dem Radius $P_0''U''$, die unsere Fläche längs des Kreises d berührt. Da die Punkte der Lichtgrenze nur von den zugehörigen Tangentialebenen abhängen, die Kugel und die Rotationsfläche aber längs des gemeinsamen Kreises d gleiche Tangentialebenen aufweisen, so schneiden die Lichtgrenzen beider Flächen den Kreis in den nämlichen beiden Punkten P und R. Die Lichtgrenze der Kugel bildet aber einen grössten Kreis, dessen Ebene zu l senkrecht ist; diese Ebene trifft also d in den gesuchten

Punkten; sie liegen demnach auf der Schnittlinie jener Ebene mit der Ebene von d ($U'V'' \perp l'$, $U'V' = CV' \parallel x$, $P'R' \perp l$, V' auf $P'R'$). Dies ist das Kugelverfahren.

534. Die Schlagschattengrenze u_* unserer Fläche auf die Horizontalebene bestimmt sich punktweise aus den Projektionen der Punkte von u. Läßt man eine Anzahl von Parallelkreisen Schatten werfen, so erscheint u_* als gemeinsame Hüllkurve derselben. Die Berührungspunkte eines Schattenkreises d_* mit u_* und die Tangenten in diesen Punkten ergeben sich nach dem vorher Gesagten leicht. Ist nämlich S die Spitze des Kegels, der die Rotationsfläche längs d berührt, so sind die Tangenten aus S_* an d_* die gesuchten Tangenten und ihre Berührungspunkte zugleich die von d_* und u_*. Auf der Fläche freilich schneiden sich u und die als Lichtgrenze des genannten Kegels auftretenden Mantellinien; aber eine solche Mantellinie und die bezügliche Tangente von u liegen in einer zum Lichtstrahle parallelen Ebene, ihre Schatten decken sich also. Es decken sich demnach auch der Schatten der Tangente in einem Punkte von u mit dem Schatten der Tangente an den Parallelkreis durch diesen Punkt. Somit ist die Tangente in einem Punkte von u_*, etwa R_*, parallel zur Tangente von d' in R', oder senkrecht zu CR'.

Die Schatten der Parallelkreise berühren u_* in zwei zu l' symmetrischen Punkten. Für den tiefsten Punkt G von u (und ebenso für den höchsten) fallen diese Berührungspunkte zusammen; d. h. G_* ist ein Scheitelpunkt von u_* und der Schatten des durch G gehenden Parallelkreises ist der zugehörige Krümmungskreis.

Der Schlagschatten u_* auf Π_1 besitzt vier Spitzen, sie bilden nach 529 die Schatten derjenigen Punkte von u, deren Tangenten Haupttangenten der Rotationsfläche und dem Lichtstrahle parallel sind. Einen solchen Punkt findet man, indem man an u' und u'' Tangenten parallel l' resp. l'' zieht; zu jedem Berührungspunkte, auf u' etwa J', gehört senkrecht darüber liegend ein Punkt, auf u'' etwa J'', dessen Tangente zu l'' parallel ist. Die Bestimmung der Punkte J' und J'' kann nach 432 vorgenommen werden, sie müssen auf dem nämlichen Parallelkreise und auf einer Senkrechten zur x-Achse liegen, was als Kontrole benutzt werden kann. Die Tangente in einer Spitze von u_*, etwa J_*, ist senkrecht zu $J'C$.

Weitere Konstruktionen der Punkte von u mit zum Lichtstrahle parallelen Tangenten finden sich in 554.

In dem in der Figur dargestellten Falle besitzt u_* zwei Doppelpunkte K_* und O_* und die beiden sie verbindenden Kurvenbogen schließen ein beleuchtetes Stück von Π_1 ein, das allerdings nicht sichtbar ist. Von den Punkten M und J auf u — und ebenso von den dazu symmetrischen Punkten — gehen Schlagschatten aus, die daselbst u berühren. Einzelne Randpunkte dieser Schatten gewinnt man, indem man die Schatten einzelner Parallelkreise auf Π_1 mit u_* zum Schnitte bringt und von diesen Punkten in der Lichtstrahlrichtung bis zu den betreffenden Parallelkreisen auf der Fläche zurückgeht. Der von M ausgehende Schlagschatten u^* liegt auf der Innenseite der Fläche, d. h. auf der der Achse zugewendeten Seite; die Projektion seiner Begrenzung berührt den Umriß a' und trifft u' in K^*, wo seine Tangente parallel l' ist ($K_*K^* \parallel l'$). Der von J ausgehende Schatten liegt auf der Außenseite der Fläche und trifft c in dem gleichen Punkte wie J_*M_*.

Den Schlagschatten b^* des Randes b auf die Fläche findet man durch Aufsuchen des Schattens von b auf einzelne Parallelkreise; dabei benutzt man wieder die Schatten dieser Kreise und des Randes auf Π_1. Die Tangenten vou b^* in ihren Schnittpunkten mit u sind zu l parallel. Der höchste Punkt des Schattens b^* liegt in der zum Lichtstrahl parallelen Meridianebene, ist also der Schatten des Punktes F auf die bez. Meridiankurve. Durch Drehung dieser Ebene parallel zu Π_2 rücken F und der gesuchte Schatten auf m und der sie verbindende Lichtstrahl wird parallel L_0C.

Die Konstruktion der Tangenten in einem beliebigen Punkte der Lichtgrenze wird in 551 gegeben.

535. Ist die Lichtgrenze auf einer Rotationsfläche bei centraler Beleuchtung zu suchen, so erleiden die behandelten Methoden, Kegel-, Kugel- und Cylinderverfahren, kleine, leicht einzusehende Abänderungen. Diese mögen kurz skizziert werden im Hinblicke auf Fig. 342, ohne die Konstructionen in einer neuen Figur wirklich durchzuführen. Auf einer Meridiankurve erhält man die Punkte der Lichtgrenze u, indem man von dem leuchtenden Punkte L ein Lot auf die Meridianebene fällt und von seinem Fußpunkte die Tangenten an die Meridiankurve zieht, was wiederum durch Drehen ihrer Ebene parallel zu Π_2 geschieht.

Die Punkte der Lichtgrenze u auf einem Parallelkreise ergeben sich nach dem Kegelverfahren, indem man die Spitze des Kegels auf seine Basisebene Schatten werfen läßt; die Berührungspunkte der von ihm an den Basiskreis gelegten Tangenten sind die gesuchten Punkte.

Die Ringfläche.

536. Rotiert ein Kreis um eine in seiner Ebene liegende Gerade, so entsteht die Ringfläche. Schneidet die Achse der Fläche den

Meridiankreis nicht, so haben wir es mit der eigentlichen Ringfläche zu thun, im entgegengesetzten Falle aber mit der Wulstfläche. Halbiert man im ersten Falle den rotierenden Kreis durch einen zur Achse parallelen Durchmesser, so kehrt die eine Hälfte der Achse die konkave Seite zu, sie erzeugt bei der Rotation den elliptisch gekrümmten Teil der Fläche; die andere Hälfte kehrt der Achse die konvexe Seite zu und erzeugt den hyperbolisch gekrümmten Flächenteil. Beide Flächengebiete grenzen in zwei Kreisen, der parabolischen Kurve, aneinander (470, 471).

Wir wollen nun zunächst zeigen, daß es auf einer Ringfläche außer den beiden Systemen der Parallel- und Meridiankreise noch zwei weitere Kreissysteme giebt, so daß durch jeden Punkt der Fläche vier Kreise auf ihr gezogen werden können. Betrachten wir eine Ebene, die die Ringfläche in zwei Punkten berührt, so muß sie auf den Meridianebenen der beiden Punkte senkrecht stehen, was zu zwei Möglichkeiten führt. Entweder steht die Ebene auf der Rotationsachse senkrecht, dann berührt sie die Fläche längs eines Parallelkreises, dessen Radius offenbar gleich dem Abstande des rotierenden Kreismittelpunktes von der Achse ist; es giebt zwei solche Ebenen. Oder beide Berührungspunkte liegen in der nämlichen Meridianebene, ihre Verbindungslinie berührt also jeden der beiden in der Meridianebene liegenden Kreise; die gemeinte Tangentialebene steht dann in dieser Linie senkrecht zur Meridianebene.

537. Eine die Ringfläche doppelt berührende Ebene schneidet aus ihr zwei Kreise aus. Fig. 343 stellt eine Ringfläche mit vertikaler Achse dar; die Berührungspunkte J und K der Doppeltangentialebene E mögen in der zu Π_2 parallelen Meridianebene liegen, so daß also die Doppeltangentialebene auf Π_2 senkrecht steht. Eine beliebige Horizontalebene schneidet aus der Ringfläche zwei Parallelkreise r_1 und r_2 und aus E eine Hauptlinie h aus; die Kreise r_1 und r_2 treffen h in vier Punkten P_1, P_4 resp. P_2, P_3, die der Schnittkurve angehören. Ist H der Schnittpunkt von h mit der Ebene des Hauptmeridians k, und setzen wir $P_1H = y_1$, $P_2H = y_2$, $P_3H = y_3$, $P_4H = y_4$, so ist:

$$y_1 - y_2 = y_4 - y_3 = 2r,$$

wo $2r$ den Durchmesser von k bedeutet. Zum Beweise benutzen wir noch den Mittelpunkt M der Ringfläche, den Mittelpunkt N von k, die senkrecht über M resp. N in der genannten Horizontalebene liegenden Punkte U und V und die Schnittpunkte S und T von k mit r_1 resp. r_2. Es folgt dann einerseits aus der Figur:

$$y_1{}^2 = (P_1 U)^2 - (HU)^2 = (d + VS)^2 - (HU)^2, \text{ wo } : d = NM \text{ ist,}$$
$$y_2{}^2 = (d - VS)^2 - (HU)^2,$$
$$\tfrac{1}{2}(y_1{}^2 + y_2{}^2) = d^2 + r^2 - (MU)^2 - (HU)^2$$
$$= d^2 + r^2 - (HM)^2.$$

Andererseits ist das Produkt der Potenzen des Punktes H in Bezug auf die beiden Parallelkreise r_1 und r_2 gleich dem Produkt der

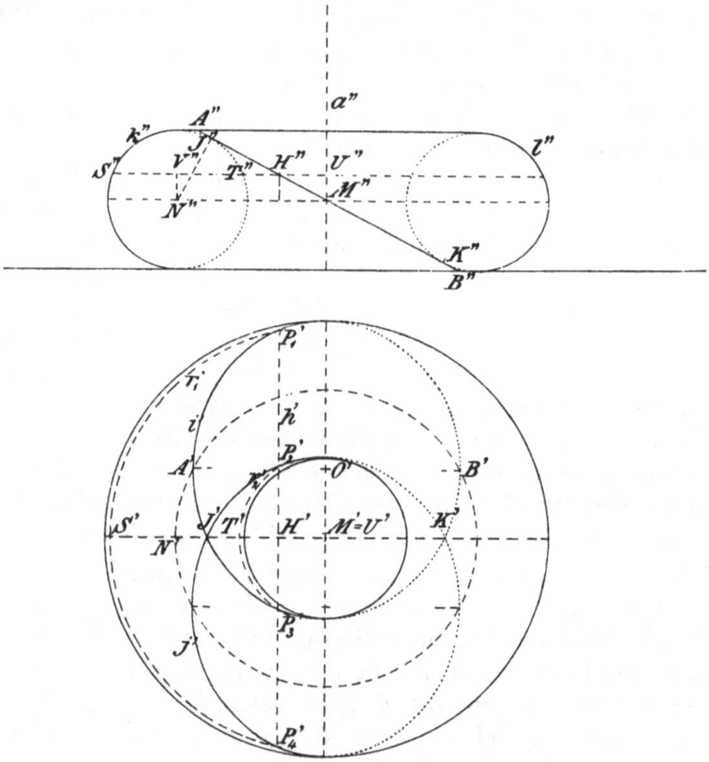

Fig. 343.

Potenzen von H in Bezug auf die Hauptmeridiankreise k und l, also:

$$y_1 y_2 = HJ \,.\, HK = (MJ)^2 - (MH)^2 = d^2 - r^2 - (MH)^2.$$

In Verbindung mit der ersten Gleichung kommt:

$$(y_1 - y_2)^2 = 4r^2, \quad \text{oder} \quad y_1 - y_2 = 2r.$$

Die Punkte P_1, P_3, J und K gehören einem Kreise i an, denn es ist: $HJ.HK = y_1 y_3$; sein Mittelpunkt liegt auf den Mittelsenkrechten der Sehnen JK und P_1P_3; d. h. in O, wenn $MO = M'O' = r$ ist. Dieser Kreis i ist durch J, K und seinen Mittelpunkt O bestimmt und ist demnach unabhängig von der Wahl der Geraden h und der Punkte P_1 und P_3 auf ihr. Daraus geht hervor, dass i den einen Teil der Schnittkurve der Ebene E mit der Ringfläche bildet; der zu i in Bezug auf die Hauptmeridianebene symmetrische Kreis j bildet den anderen Teil. Die Projektion i' des Kreises i ist eine Ellipse, deren große Achse $= 2d$ und deren kleine Achse $= A'B'$ $= 2MJ = 2\sqrt{d^2 - r^2}$ ist, und von der M' einen Brennpunkt darstellt; denn man hat: $M'P_1' + M'P_3' = M'S' + M'T' = 2d$.

Die Ringfläche kann hiernach auch durch Rotation eines Kreises um eine gegen seine Ebene geneigte Achse erzeugt werden; die Projektion des Kreises auf eine zur Achse senkrechte Ebene liefert dann eine Ellipse, deren einer Brennpunkt auf der Achse liegen muss.

538. Der Umriß einer Ringfläche ist zu bestimmen, wenn ihre Achse gegen die Projektionsebene geneigt ist (Fig. 344). Die Achse a sei gegen Π_1 geneigt, dann wählen wir $\Pi_2 \parallel a$, so daß der Umriß in Π_2 von zwei Kreisen und ihren gemeinsamen parallelen Tangenten gebildet wird. Der Umriß in Π_1 kann dann, wie bei jeder Rotationsfläche, durch das Kugelverfahren gefunden werden. Ist nämlich B ein Punkt des Hauptmeridians k und trifft die zugehörige Normale die Achse a in J, so berührt die Kugel mit dem Mittelpunkte J und dem Radius JB die Fläche längs des Parallelkreises durch B. Der zu Π_1 parallele größte Kreis der

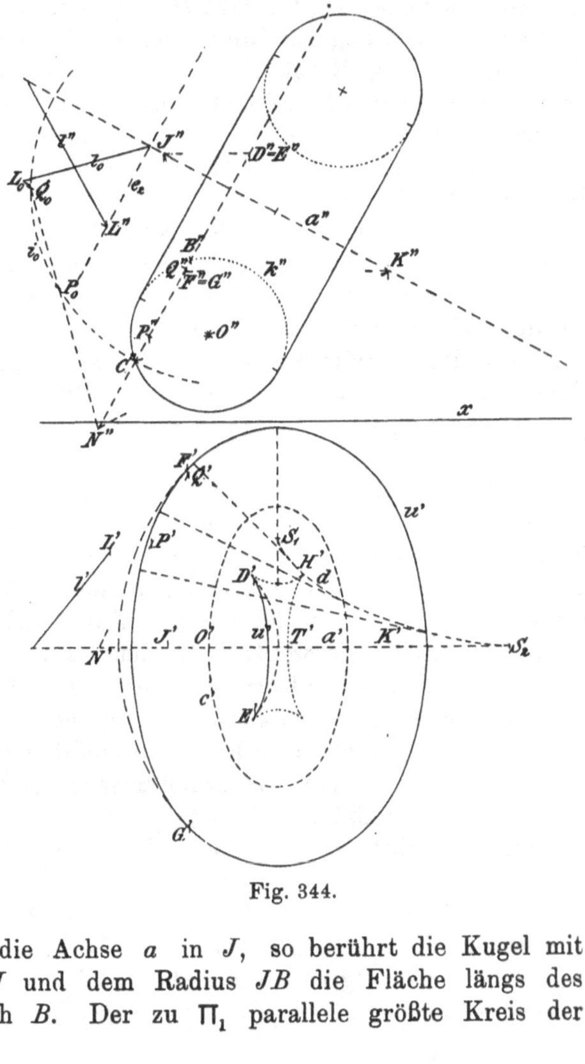

Fig. 344.

Kugel erscheint als ihr Umriß, er trifft den genannten Parallelkreis in zwei Punkten D und E, die dem gesuchten Umriss der Ringfläche angehören ($J''D'' \parallel x$, $J'D' = J'E' = J''B''$). Die Kugel mit dem Mittelpunkte K und dem Radius KC liefert analog die Punkte F und G ($F''K'' \parallel x$, $K'F' = K'G' = K''C''$). Die Kreise mit den Mittelpunkten J' resp. K' berühren den Umriss u' in den Punkten D', E' resp. F', G', die Geraden $J'D'$, $J'E'$, $K'F'$, $K'G'$ sind also Normalen der Kurve u'.

Dem soeben geschilderten Verfahren, das bei allen Rotationsflächen anwendbar bleibt, läßt sich speziell bei der Ringfläche die folgende Betrachtung zur Gewinnung des Umrisses gegenüberstellen. Die Normalen der Ringfläche in den Punkten eines Meridiankreises gehen durch dessen Mittelpunkt, der horizontale Durchmesser dieses Kreises trägt also seine beiden, dem Umrisse angehörigen Punkte, da die zugehörigen Tangentialebenen zu Π_1 senkrecht stehen. Der bei der Rotation um die Achse beschriebene Bahnkreis c des Mittelpunktes O von k wird von allen Normalen der Ringfläche getroffen, und zwar steht c auf den Normalen senkrecht. Da sich aber ein rechter Winkel mit einem zu Π_1 parallelen Schenkel wieder als rechter Winkel projiziert, so projiziert sich der horizontale Durchmesser jedes Meridiankreises auf Π_1 als Normale der Ellipse c'. Trägt man auf allen Normalen der Ellipse c' nach beiden Seiten die Strecke r gleich dem Radius von k auf, so erhält man den Umriss u'.

u' besteht aus zwei getrennten Teilen, die ebenso wie c' vierfach symmetrisch sind; man nennt u' eine zu c' parallele oder äquidistante Kurve. Eine Kurve und eine zugehörige äquidistante Kurve haben dasselbe Normalensystem und somit die gleiche Evolute; umgekehrt sind alle zu der gleichen Kurve gehörigen Evolventen parallele Kurven, sie werden von den Punkten einer Geraden beschrieben, die auf jener Kurve ohne zu gleiten abrollt. Die Evolute d der Ellipse c' besitzt den vier Scheitelpunkten von c' entsprechend vier Spitzen in den zugehörigen Krümmungsmittelpunkten (449). In der Figur ist nur einer der vier symmetrischen Teile von d verzeichnet, er endigt in den Spitzen S_1 und S_2. Wo die Evolvente u' auf die Evolute d auftrifft, besitzt sie eine Spitze und steht auf d senkrecht, so z. B. in H'; dieser Punkt bestimmt sich auf der Evolute, indem man den Kurvenbogen $H'S_2$ von d gleich $S_2T' = S_2O' - r$ macht. Aus H' ergiebt sich einfach der Punkt H auf der Fläche.

539. Die Lichtgrenze auf der Ringfläche kann ebenfalls vorteilhaft durch das Kugelverfahren gefunden werden (Fig. 344). Sind l' und l'' die

Projektionen eines Lichtstrahles, so bestimme man zunächst seine Projection l''' auf eine zu a senkrechte Ebene E — ihre zweite Spurlinie sei e_2 — und drehe diese um die zu e_2 parallele Gerade der Hauptmeridianebene parallel zu Π_2, so erhält man l_0 ($L = l \times E$, $L''L_0 \perp e_2$, $L''L_0 = (L' \dashv a')$). Betrachtet man nun die Kugel mit dem Mittelpunkte K und dem Radius KC, so bildet ihr größter Kreis in einer zu l senkrechten Ebene die Lichtgrenze auf ihr, und die Schnittpunkte dieser Ebene mit dem Parallelkreise durch C sind Punkte der Lichtgrenze auf der Ringfläche. Die Ebene der Lichtgrenze auf der Kugel schneidet die Hauptmeridianebene in einer zu l'' senkrechten Geraden KN, und die Ebene des Parallelkreises in einer zu l''' senkrechten Geraden durch N; letztere enthält die gesuchten Punkte. Durch Paralleldrehen dieser Ebene zu Π_2 geht der Parallelkreis in i_0 über und die Gerade wird senkrecht zu l_0 ($N''P_0Q_0 \perp l_0$); dreht man die Schnittpunkte P_0, Q_0 von Gerade und Kreis wieder zurück, so sind P'', Q'' die Aufrisse der gesuchten Punkte, deren Grundrisse daraus folgen ($(P' \dashv a') = P_0P''$, $(Q' \dashv a') = Q_0Q''$). In der Figur ist die Lichtgrenze nicht eingezeichnet.

Der Schlagschatten der Ringfläche auf die Horizontalebene ist hiernach punktweise zu bestimmen, indem man die Punkte der Lichtgrenze Schatten werfen läßt. Über die Form dieses Schlagschattens läßt sich folgendes bemerken. Der Schatten der Ringfläche auf eine zur Lichtrichtung senkrechte Ebene ist eine äquidistante Kurve zu der Schattenellipse des Bahnkreises c von O; es gelten dafür die gleichen Gründe wie bei u'. Der Schatten der Ringfläche auf eine beliebige Ebene ist also eine affine Kurve zu jener äquidistanten Kurve.

540. Eigen- und Schlagschatten einer Ringfläche mit vertikaler Achse (Fig. 345). Jede Kugel, die einen Meridiankreis der Ringfläche zum größten Kreise hat, berührt sie längs desselben, so daß die Ringfläche als Hüllfläche eines Systems von gleichen Kugeln erscheint, deren Mittelpunkte auf einem Kreise liegen. Nun wähle man eine Kugel K, deren Mittelpunkt M mit dem der Ringfläche zusammenfällt und deren Radius dem der Meridiane gleich ist. Eine beliebige Meridianebene schneidet alsdann Kugel und Ringfläche in drei gleichen Kreisen, deren Mittelpunkte M, B und C sein mögen ($MB = MC = d$, $CMB \perp a$). Durch Verschiebung des Kugelkreises in seiner Ebene in einer zur Achse a senkrechten Richtung um die Strecke d nach der einen oder anderen Seite hin geht derselbe in die bezüglichen Kreise auf der Ringfläche über. Nennen wir zwei Punkte, die hierbei zur Deckung kommen, kurz homologe

Punkte, so erkennen wir, daß es zu jedem Punkte der Kugel zwei homologe Punkte auf der Ringfläche giebt; in homologen Punkten auf Kugel und Ringfläche sind die Tangentialebenen parallel, ihre Verbindungslinie ist senkrecht zu a und ihre gegenseitige Entfernung

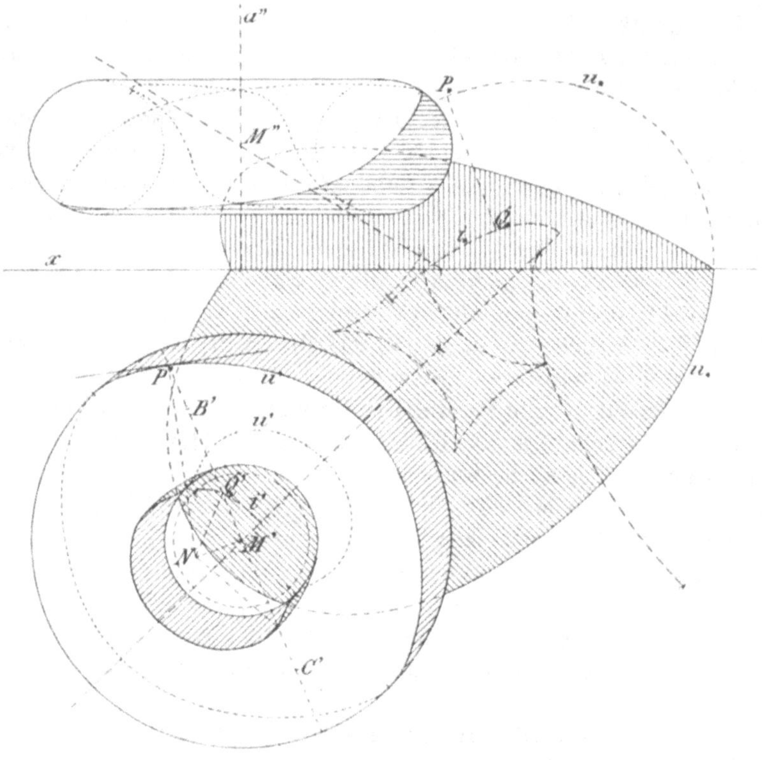

Fig. 345.

gleich d. Die Lichtgrenze auf der Kugel ist ein zum Lichtstrahle l normaler größter Kreis i; die Kurve u der homologen Punkte bildet demnach die Lichtgrenze der Ringfläche. Die Horizontalprojektionen homologer Punkte haben ebenfalls den Abstand d und ihre Verbindungslinie geht durch den Punkt M'. Wir können demnach die Kurve u' aus i' ableiten, indem wir auf den Durchmessern der Ellipse i' von ihren Endpunkten aus nach beiden Seiten die Strecke d auftragen. Die Tangente in einem Punkte P' von u' ergiebt sich aus der Tangente in dem homologen Punkte Q' von i'; wir benutzen dazu das gleiche Verfahren wie in 440 bei der Pascal'schen Schnecke. Die Normale im Punkte P' von u' findet man auch durch folgende

Überlegung. Sind P_1' und Q_1' homologe Punkte, die den Punkten P' resp. Q' unendlich nahe liegen, und fällt man von ihnen aus Lote $P_1'P_2$ resp. $Q_1'Q_2$ auf den Strahl $M'P'Q'$, so entstehen unendlich kleine rechtwinkelige Dreiecke und es ist: $P_1'P_2 : Q_1'Q_2 = M'P' : M'Q'$ und $P'P_2 = Q'Q_2$, da $P'Q' = P_1'Q_1' = d$ ist. Wählt man nun endliche Dreiecke, die zu diesen ähnlich sind, und macht eine Kathete gleich $M'P'$ resp. $M'Q'$, so werden die anderen Katheten einander gleich. Daraus folgt, daß die Normale von i' in Q' und die von u' in P' auf einer in M' zu $M'P'$ errichteten Senkrechten den nämlichen Punkt N ausschneiden.

Die Aufrisse P'' und Q'' liegen auf einer Parallelen zur x-Achse, was man zur Konstruktion von u'' verwerten kann, indem man zunächst die Höhe des Punktes Q'' über der durch M'' gezogenen Parallelen zur x-Achse aufsucht.

Den Schlagschatten u_* von u auf Π_1 leitet man aus dem Schatten i_* von i ab. Offenbar ist $P_*Q_* = P'Q' = d$ und $P_*Q_* \parallel P'Q'$, ferner ist die Tangente in Q_* an i_* senkrecht zu Q_*P_*. Denn PQ steht senkrecht auf der Tangente in Q an den zugehörigen Parallelkreis der Kugel, beide Geraden sind horizontal; ihre Schatten sind P_*Q_* und die Tangente von i_* in Q_*, sie sind also ebenfalls rechtwinkelig. Somit ist u_* eine äquidistante Kurve zur Ellipse i_*, und es kann im übrigen auf die in 538 geschilderten Verhältnisse hingewiesen werden. Bezüglich der Konstruktion von Krümmungskreisen in den Scheiteln von u' und u_*, der Spitzen von u_* und der entsprechenden Punkte auf u ist auf 552 und 554 zu verweisen.

Das Rotationshyperboloid und seine Anwendung.

541. Durch Rotation einer Geraden e um eine zu ihr windschiefe Achse a entsteht eine Fläche, die als Rotationshyperboloid bezeichnet wird; die Gerade e in ihren verschiedenen Lagen heißt Erzeugende der Fläche; alle Erzeugenden zusammen bilden eine Schar. Die gemeinsame Normale von e und a möge a in M und e in N treffen, dann beschreibt N von allen Punkten der Erzeugenden den kleinsten Parallelkreis k, der deshalb als Kehlkreis bezeichnet wird. Projizieren wir die Erzeugenden des Hyperboloids auf eine zur Achse senkrechte Ebene, so müssen sie die Tangenten eines Kreises k' mit dem Mittelpunkte M' und dem Radius MN bilden. Zwei Punkte von e, die gleich weit von N entfernt sind, liegen auf Parallelkreisen mit gleichem Radius, denn ihre Projektionen haben von N' und somit von M' gleichen Abstand. Das Hyperboloid erstreckt sich nach zwei Seiten ins Unendliche, da es die Erzeugende e thut; wir wollen dasselbe jedoch nicht in seiner ganzen Ausdehnung darstellen, sondern durch zwei gleiche Parallelkreise begrenzen. In Fig. 346 ist die Achse a zu Π_1 senkrecht gewählt; die Ebenen der die Fläche begrenzenden Parallelkreise b_1 und b_3 seien Π_1 resp. Π_3. Jede Erzeugende e ist dann durch ihre Spurpunkte in Π_1 und Π_3 bestimmt; ihre erste Projektion e' berührt k', ihr erster Spurpunkt E_1 liegt auf b_1, und die erste Projektion ihres dritten Spurpunktes E_3' auf $b_3' = b_1$. Daraus ergeben sich dann in einfachster Weise die Aufrisse der Erzeugenden und der Umriß, der sie alle berührt.

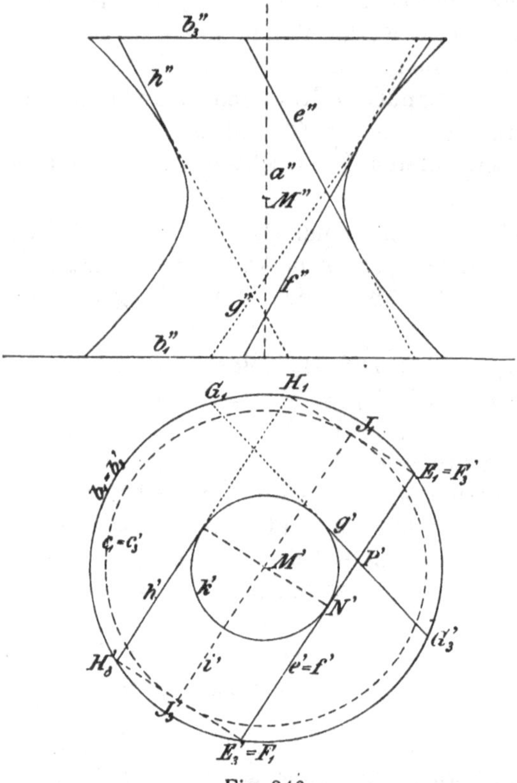

Fig. 346.

Auf dem Hyperboloid giebt es noch eine zweite Schar von Erzeugenden, die ebenfalls durch Rotation um die Achse a auseinander hervorgehen. Jede Erzeugende der ersten Schar wird von jeder Erzeugenden der zweiten Schar getroffen; je zwei Erzeugende der gleichen Schar sind windschief. Das zuletzt Gesagte ist selbstverständlich, da die Erzeugenden der gleichen Schar auf den Parallelkreisen Bogenstücke begrenzen, die gleiche Centriwinkel spannen. Betrachten wir nun die Gerade f, deren erster Spurpunkt F_1 mit E_3' identisch ist, während die Projektion ihres dritten Spurpunktes F_3' mit E_1 zusammenfällt, und irgend eine Gerade g, die mit e der gleichen Schar angehört. Dann ist: Bog $E_1 G_1$ = Bog $E_3' G_3'$ und folglich $F_1 G_1 \parallel F_3' G_3'$;

die Geraden F_1G_1 und F_3G_3 können also als erste und dritte Spur einer Ebene angesehen werden, der die Geraden f und g angehören; diese Geraden schneiden sich demnach.

Die Geraden beider Scharen haben die gleiche Neigung gegen Π_1 und somit auch gegen die Achse a, da ihre zwischen Π_1 und Π_3 gelegenen Stücke einander gleich sind, wie sich aus der Gleichheit ihrer ersten Projektionen ergiebt. Durch jeden Punkt P der Fläche giebt es zwei Erzeugende, ihre ersten Projektionen sind die von P' an k' gelegten Tangenten. Speziell giebt es zu jeder Erzeugenden der einen Schar, etwa e, eine parallele Erzeugende aus der zweiten Schar, etwa h; sie projizieren sich als parallele Tangenten von k', ihr Abstand ist gleich dem Durchmesser des Kehlkreises. Die Ebene des Kehlkreises ist Symmetrieebene des Hyperboloides, seinen Mittelpunkt nennt man den Mittelpunkt des Hyperboloides.

542. Im Anschlusse an diese doppelte Erzeugung des Hyperboloides wollen wir einige Konstruktionen desselben aus gegebenen Elementen angeben. Sind e und f zwei Erzeugende der einen Schar und ist l eine solche der anderen, so sind durch sie vier Rotationshyperboloide bestimmt. Ist $P = l \times e$ und $Q = l \times f$, dann konstruiere man zwei Ebenen, so daß l und e zur ersten und l und f zur zweiten symmetrisch liegen. Die Symmetrieebene für e und l muß offenbar eine der Geraden enthalten, die die $\angle\, e\, l$ halbieren, und auf der Ebene $e\, l$ senkrecht stehen; analog bestimmt sich die Symmetrieebene für f und l. Beide Symmetrieebenen schneiden sich in der Achse a eines Rotationshyperboloides, dem die drei Erzeugenden e, f, l angehören. Denn durch Rotation von l um a entsteht eine Rotationsfläche; für sie ist jede Ebene durch a Symmetrieebene, so die Ebenen Pa und Qa; die Fläche enthält also auch die Geraden e und f, die aus l durch Spiegelung an den Ebenen Pa resp. Qa hervorgehen. Sind ursprünglich e, f und ein Punkt L der Fläche gegeben, so ziehe man durch L die Gerade l, die sowohl e wie f trifft; dann verfahre man wie vorher.

Sind nur zwei Erzeugende e und f der nämlichen Schar bekannt, so giebt es noch unendlich viele Rotationshyperboloide mit diesen Erzeugenden. Die Achse einer jeden dieser Flächen hat die Eigenschaft, daß durch eine Drehbewegung um sie die Erzeugende e in die Lage f gebracht werden kann. Soll jedoch eine bestimmte Strecke E_1E_2 auf e durch Drehbewegung um eine Achse in eine bestimmte, gleichgroße Strecke F_1F_2 auf f übergeführt werden, so ist das nur auf eine Weise möglich. Die Achse a dieser Drehbewegung ergiebt sich als Schnittlinie zweier Ebenen, die auf den Strecken E_1F_1 resp. E_2F_2 in deren Mittelpunkten G resp. H senkrecht stehen. Fällt man nämlich von E_1 und F_1 Lote auf a, so treffen sie a in dem gleichen Punkte U, da nach der Konstruktion die Richtung von a zu E_1F_1 senkrecht ist; ebenso treffen die Lote aus E_2 und F_2 die Achse in dem nämlichen Punkte V ($E_1U = F_1U$, $E_2V = F_2V$). Projiziert man nun die ganze Figur in der Richtung der Achse auf eine zu ihr senkrechte Ebene Π_1 ($\Pi_1 \parallel E_1F_1U \parallel E_2F_2V$), so werden die Projektionen $E_1'E_2'$ und $F_1'F_2'$ einander gleich, denn $E_1E_2 = F_1F_2$ liegen zwischen den Parallelebenen E_1F_1U und E_2F_2V; haben also die gleiche Neigung gegen diese Ebenen und somit auch gegen Π_1. Ist $A = a \times \Pi_1$, so sind die Dreiecke $E_1'E_2'A$ und $F_1'F_2'A$ kongruent, da $E_1'A = F_1'A = E_1U = F_1U$ und $E_2'A = F_2'A = E_2V = F_2V$ ist; also ist $\angle E_1'AE_2' = \angle F_1'AF_2'$ und folglich $\angle E_1'AF_1' = \angle E_2'AF_2'$ oder $\angle E_1UF_1 = \angle E_2VF_2$. Dreht man demnach die Strecke E_1E_2 um diesen Winkel um die Achse a, so nimmt sie die Lage F_1F_2 an.

Sind zwei Erzeugende e und f der nämlichen Schar bekannt und soll der Punkt E von e auf dem Kehlkreise k liegen, so giebt es noch zwei zugehörige Rotationshyperboloide, die sich in folgender Weise konstruieren lassen. Sei F der Schnittpunkt von f mit dem Kehlkreise und seien e_1 und f_1 die zweiten Erzeugenden durch E und F, dann geht die Ebene, die auf EF in der Mitte senkrecht steht, einerseits durch die Achse a, andererseits durch die Punkte $J = e \times f_1$ und $K = e_1 \times f$; dabei liegen sowohl e und f_1, als auch e_1 und f symmetrisch zu ihr. Die Dreikante mit den Kanten EF, EJ, EK resp. FE, FJ, FK sind sonach symmetrisch und folglich ist $\angle FEJ = \angle FEK = \angle EFJ = \angle EFK$; d. h. EF bildet mit den Erzeugenden e und f gleiche Winkel. Demnach erhält man F, indem man durch E eine Gerade $g \parallel f$ zieht, die beiden Geraden p und q sucht, welche die Winkel von eg halbieren, und durch eine dieser Geraden etwa p eine Ebene $\perp eg$ legt; diese schneidet dann f in F. Die Ebene Fq ist die Ebene des Kehlkreises k; denn e und g bilden gleiche Winkel mit q und gleiche Winkel mit EF, wobei $q \perp EF$ ist, d. h. e und g bilden gleiche Winkel mit der Ebene Fq und ihre orthogonalen Projektionen e' und g' auf diese Ebene gleiche Winkel mit EF. Das Gleiche gilt auch für die Erzeugenden e, f, resp. deren Projektionen e', f'. Der Kreis k in Fq, der e' in E und f' in F berührt, ist der Kehlkreis, die in seinem Mittelpunkte auf seiner Ebene errichtete Normale die Achse a der Fläche. Rotiert e um a bis sich E mit F deckt, so fällt auch e' mit f' und e mit f zusammen, da $\angle ee' = \angle ff'$ ist.

543. Zieht man durch den Mittelpunkt M eines Hyperboloides eine Parallele i zu einer Erzeugenden e und läßt sie um die Achse a rotieren, so entsteht ein Rotationskegel, man nennt ihn den Asymptotenkegel des Hyperboloides. Die Erzeugenden des Hyperboloides sind paarweise parallel zu den Mantellinien des Asymptotenkegels; die drei Parallelen liegen in der nämlichen Ebene, die den Kegel längs der bezüglichen Mantellinie berührt (Fig. 346). In der That muß $J_1J_3' \# E_1E_3' \# H_1H_3'$ und $M'J_1 = M'J_3'$ sein; die letzteren Strecken sind aber die Radien des ersten und dritten Spurkreises (c_1 und c_3) des Asymptotenkegels und es wird $c_1 = c_3'$ von E_1H_1 und $E_3'H_3'$ in J_1 resp. J_3' berührt. Die Mantellinien des Asymptotenkegels schneiden das Hyperboloid nicht im Endlichen, so daß der Asymptotenkegel von dem Hyperboloid vollständig umschlossen wird. Denn ihre Parallelkreise in einer beliebigen, zur Achse normalen Ebene können nicht zusammenfallen, wie zwei parallele Erzeugende e und i zeigen, vielmehr sind ihre Radien $M'E_1$ und $M'J_1 = \sqrt{(M'E_1)^2 - (M'N')^2}$.

Man erkennt hieraus, daß die beiden in der nämlichen Ebene liegenden Parallelkreise von Hyperboloid und Asymptotenkegel einander um so näher rücken, je weiter diese Ebene sich von der des Kehlkreises entfernt.

544. Die Schnittpunkte einer Geraden mit einem Rotationshyperboloide und seinem Asymptotenkegel zu finden. Wir benutzen wieder zwei parallele Projektionsebenen Π_1 und Π_3, die das Hyperboloid in zwei kongruenten Kreisen c_1 und c_3 schneiden, so daß sich c_1 und c_3' decken. Ihr gemeinsamer Mittelpunkt M' ist zugleich Mittelpunkt von k', der Projektion des Kehlkreises k (Fig. 347).

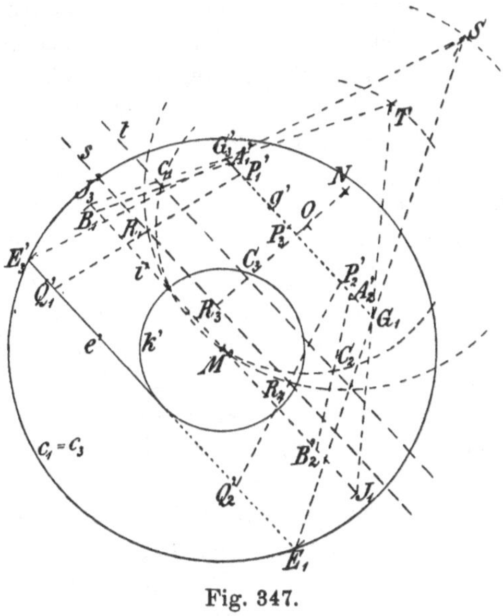

Fig. 347.

Die schneidende Gerade sei g, sie sei gegeben durch ihre Spurpunkte G_1 und G_3, ihre Projektion g' auf Π_1 verbindet G_1 mit G_3'. Wir verzeichnen nun eine Erzeugende e des Hyperboloides, deren

Projektion $e' \parallel g'$ ist. Lassen wir die Erzeugende e um die Achse des Hyperboloides rotieren, so wird sie in bestimmten Lagen die Gerade g schneiden, dabei vereinigen sich im Schnittpunkte ein Punkt Q von e mit einem Punkte P von g. Diese Punkte P_1 und Q_1 resp. P_2 und Q_2 — es giebt, wie sich zeigt, immer zwei Lösungen, die wir durch Indices unterscheiden — lassen sich indes durch eine einfache Überlegung gewinnen. Damit Q_1 auf e durch Drehung um die Achse mit P_1 auf g zur Deckung gebracht werden kann, muß $M'Q_1' = M'P_1'$ und $Q_1'E_1 : Q_1'E_3' = P_1'G_1 : P_1'G_3'$ sein. Es folgt das letztere daraus, daß die Spurlinien der Ebene zweier sich schneidenden Geraden in Π_1 und Π_3 parallel sind, so daß ähnliche Dreiecke entstehen. Schneiden sich nun E_1G_1 und $E_3'G_3'$ in S, so muß $P_1'Q_1'$ durch S gehen, damit jene Proportion erfüllt sei. Ferner ist $Q_1'P_1'$ die Sehne eines Kreises mit dem Mittelpunkte M'; das von M' auf sie gefällte Lot trifft sie in ihrem Mittelpunkte R_1. Demnach erscheint R_1 als Schnittpunkt eines Kreises mit dem Durchmesser $M'S$ und einer Geraden s, die von e' und g' gleich weit entfernt ist. SR_1 und SR_2 treffen dann g' in den gesuchten Punkten P_1' und P_2'.

Ganz in der gleichen Weise bestimmen sich die Schnittpunkte A_1 und A_2 von g mit dem Asymptotenkegel. Man zeichne die Mantellinie i, deren Projektion $i' \parallel g'$ ist, und ihre Spurpunkte J_1, J_3 ($J_1E_1 \perp e'$, $J_3'E_3' \perp e'$), bestimme dann $T = J_1G_1 \times J_3'G_3'$, schlage über TM' als Durchmesser einen Kreis und ziehe die Gerade t in gleichem Abstande von i' und g'; Gerade und Kreis treffen sich in den Punkten C_1 und C_2, deren Verbindungslinien mit T auf g' die Projektionen A_1' und A_2' der gesuchten Punkte ausschneiden.

Sehen wir nun g' als Affinitätsachse und E_1, J_1 als affine Punkte zweier affinen Systeme an ($E_1J_1 \perp g'$), so sind auch E_3', J_3' und folglich S, T affin ($ST \perp g'$). Endlich sind auch die Mittelpunkte R_3 und C_3 der Sehnen R_1R_2 resp. C_1C_2 affin; denn aus der Affinität von e' und i' ergiebt sich die Affinität von s und t und außerdem ist $R_3C_3 \perp g'$, da die Mittelpunkte N und O der beiden Hilfskreise auf einer Normalen zu g' liegen. Die affinen Geraden R_3S und C_3T treffen aber die Affinitätsachse g' in dem nämlichen Punkte P_3, so daß $P_3P_1' = P_3P_2'$ und zugleich $P_3A_1' = P_3A_2'$ wird. Daraus folgt die Gleichheit von $A_1'P_1'$ und $A_2'P_2'$ und natürlich auch von A_1P_1 und A_2P_2, was sich in den Sätzen ausspricht: Die beiden Strecken auf einer beliebigen Geraden, die einerseits von dem Rotationshyperboloid, andererseits von seinem Asymptotenkegel begrenzt werden, sind einander gleich. Oder: Rotationshyperboloid und Asymptotenkegel schneiden aus einer beliebigen Geraden Sehnen aus, deren Mittelpunkte zusammenfallen.[1]

545. Die Schnittkurve des Rotationshyperboloides mit einer Ebene ist zu untersuchen und zu zeichnen. Die soeben bewiesenen Sätze lassen uns weiter schließen, daß eine beliebige Ebene E das Hyperboloid Λ und seinen Asymptotenkegel K in ähnlichen und ähnlich liegenden, koncentrischen Kegelschnitten schneiden. Denn die Mittelpunkte eines Systems paralleler Sehnen der einen Kurve sind zugleich die Mittelpunkte der mit ihnen koincidierenden Sehnen der anderen; da aber die eine Kurve ein Kegelschnitt ist und je zwei konjugierte Durchmesser desselben auch konjugierte Durchmesser der anderen Kurve sind, so folgt die Richtigkeit unserer Behauptung (vergl. 555).

Die Mittelpunkte paralleler Schnitte eines Kegels liegen auf einer Geraden durch seine Spitze; in gleicher Weise liegen die Mittelpunkte paralleler Schnitte eines Hyperboloides auf einer Geraden durch den Mittelpunkt M seines Kehlkreises; diesen nennen wir kurz Mittelpunkt des Hyperboloides und die Geraden durch ihn seine Durchmesser. Durchmesser und Diametralebene, die in Bezug auf den Asymptotenkegel konjugiert sind, sind es auch in Bezug auf das Hyperboloid. Man bezeichnet nämlich jede Gerade durch die Spitze des Asymptotenkegels als Durchmesser und jede Ebene durch sie als Diametralebene und nennt Durchmesser und Diametralebene konjugiert in Bezug auf den Kegel resp. auf das Hyperboloid, wenn diese die zu dem Durchmesser parallelen Sehnen halbiert (vergl. 486). Aus dieser Definition erschließt man den voranstehenden Satz unmittelbar.

Da zwei parallele Ebenen den Kegel in ähnlichen und ähnlich liegenden Kurven schneiden, so schneiden sie auch das Hyperboloid in ähnlichen und ähnlich liegenden Kegelschnitten, d. h. je zwei parallele Durchmesser derselben stehen in dem nämlichen Verhältnisse. Verbindet man also die Endpunkte je zweier paralleler, gleichgerichteter Halbmesser, so treffen diese Verbindungslinien die Gerade durch die Mittelpunkte in dem nämlichen Punkte; Gleiches gilt, wenn man die Endpunkte paralleler, entgegengesetzt gerichteter

[1] Dieser Satz gilt auch noch, wenn die Schnittpunkte mit dem Hyperboloid oder dem Kegel, oder mit beiden imaginär werden, denn die Mittelpunkte bleiben dann immer noch reell; nur kann man hier unter Sehne keine reell begrenzte Strecke mehr verstehen.

Halbmesser verbindet. Durch je zwei parallele Schnitte des Hyperboloides kann man also zwei Kegel legen, die beide Schnitte enthalten und deren Spitzen auf dem Durchmesser durch die Mittelpunkte der Schnitte liegen. Rücken die beiden Parallelebenen einander unendlich nahe, so geht der eine Kegel in eine Ebene, der andere in einen Tangentialkegel über. Die Tangenten aus einem beliebigen Punkte an ein Hyperboloid gelegt berühren dasselbe in den Punkten eines Kegelschnittes; der Durchmesser durch jenen Punkt enthält seinen Mittelpunkt.

Die hier dargelegten Verhältnisse zeigen, daß die Meridiankurven des Hyperboloides Hyperbeln sind, deren Nebenachsen in die Rotationsachse fallen.

546. Bei der Konstruktion der Schnittkurve s des Hyperboloides Λ mit einer Ebene E gehen wir wieder von zwei parallelen Projektionsebenen Π_1 und Π_3 aus, die E in den parallelen Spuren e_1, e_3 und Λ in den Spurkreisen c_1, c_3 schneiden ($c_3' = c_1$) (Fig. 348). Um einzelne Punkte des Kegelschnittes s zu zeichnen, können wir die Durchstoßpunkte von E mit den einzelnen Erzeugenden aufsuchen. Sind G_1, G_3 die Spurpunkte einer Erzeugenden und ziehen wir durch sie in den Ebenen Π_1, Π_3 irgendwie zwei Parallelen, so treffen diese e_1 resp. e_3 in Punkten Q_1 resp. Q_3, und $P = G_1G_3 \times Q_1Q_3$ ist der gesuchte Punkt; denn G_1Q_1 und G_3Q_3 bilden die erste und dritte Spur einer durch die Erzeugende gelegten Hilfsebene.

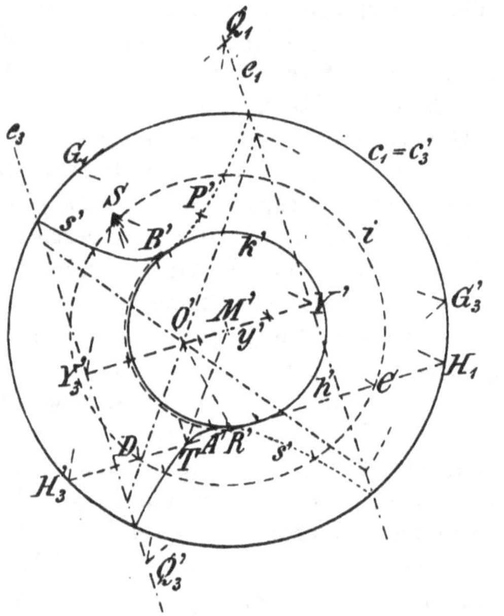

Fig. 348.

Die Achse von s liegt offenbar in der Ebene, die senkrecht zu E durch die Rotationsachse gelegt werden kann, da die Punkte von s paarweise symmetrisch zu dieser Ebene sind. Zieht man also durch M' eine senkrechte y' zu e_1, so ist $Y_1 = y' \times e_1$ der erste und

$Y_3' = y' \times e_3'$ die Projektion des dritten Spurpunktes der Achse y von s; natürlich ist auch y' eine Achse von s'. Die Endpunkte dieser Achse und den Mittelpunkt kann man nach 544 bestimmen; in dem in der Figur verzeichneten Falle sind die Endpunkte imaginär, während sich der Mittelpunkt unter Vereinfachung des Verfahrens von 544 folgendermaßen ergiebt. Man ziehe an k' eine Tangente $h' \parallel y'$, verbinde die Schnittpunkte H_1, H_3' von h' und c_1, c_3' mit Y_1 und Y_3' resp., fälle von $S = H_1Y_1 \times H_3'Y_3'$ ein Lot auf h', dessen Fußpunkt T sei; die Verbindungslinie von S mit dem Mittelpunkte der Strecke TM' trifft dann y' in dem gesuchten Mittelpunkte O' von s'. Die zweite Achse von s ist parallel zu e_1, ihre Endpunkte A, B liegen auf dem Parallelkreise, dessen Ebene durch O geht. Diese Ebene teilt aber Y_1Y_3 und die Erzeugende H_1H_3 in dem nämlichen Verhältnisse und der Teilpunkt R der letzteren gehört dem gesuchten Parallelkreise an ($SO' \times h' = R'$, $A'B' \parallel e_1$, $M'A' = M'B' = M'R'$).

In gleicher Weise kann man die Punkte von s auf einem beliebigen Parallelkreise finden. Man schlage um M' einen Kreis i — er stellt die Projektionen zweier Parallelkreise dar — schneide i mit h' in C und D und ziehe durch die Punkte $SC \times y'$ und $SD \times y'$ Parallelen zu e_1, so tragen diese die vier Schnittpunkte von s' und i. Hiernach liegt T auf s'. Analog sind auch die Berührungspunkte von s' und k' bestimmt.

Die Kurve s ist im vorliegenden Falle eine Hyperbel, ihre Asymptoten sind den beiden zu E parallelen Mantellinien des Asymptotenkegels parallel. Die zwischen Π_1 und Π_3 liegenden Stücke seiner Mantellinien sind alle gleich lang, nämlich gleich H_1H_3, und ihre Projektionen werden gleich H_1H_3'; demnach sind auch die zwischen e_1 und e_3' liegenden Stücke der Asymptoten von s' gleich H_1H_3', diese treffen also e_1 in den beiden Punkten, die von einem Kreise um O' mit dem Radius H_1R' ausgeschnitten werden. Will man die wahre Gestalt der Hyperbel s zeichnen, so muß man den Abstand der Ebenen Π_1, Π_3 kennen.

547. Auf einem Rotationshyperboloid sei Eigenschatten und Schlagschatten bei paralleler Beleuchtung zu bestimmen (Fig. 349). Das Hyperboloid mag wieder in der früheren Weise gegeben sein; L_1 und L_3 seien erster und dritter Spurpunkt des Lichtstrahles l durch M. Die Lichtgrenze u auf dem Hyperboloid ist eine ebene Kurve — in der Figur ist es eine Hyperbel — deren Ebene den Asymptotenkegel in zwei Mantellinien schneidet, die auf diesen ebenfalls die Lichtgrenze bilden. Legt man aber von L_1

Tangenten an den ersten Spurkreis d_1 des Asymptotenkegels und sind J und K ihre Berührungspunkte, so sind JM und KM seine Lichtgrenzen und zugleich die Asymptoten von u. M ist der Mittelpunkt und die Falllinie MH eine Achse von u, die andere Achse EF hat ihre Endpunkte auf dem Kehlkreise k; u trifft c_1 in den

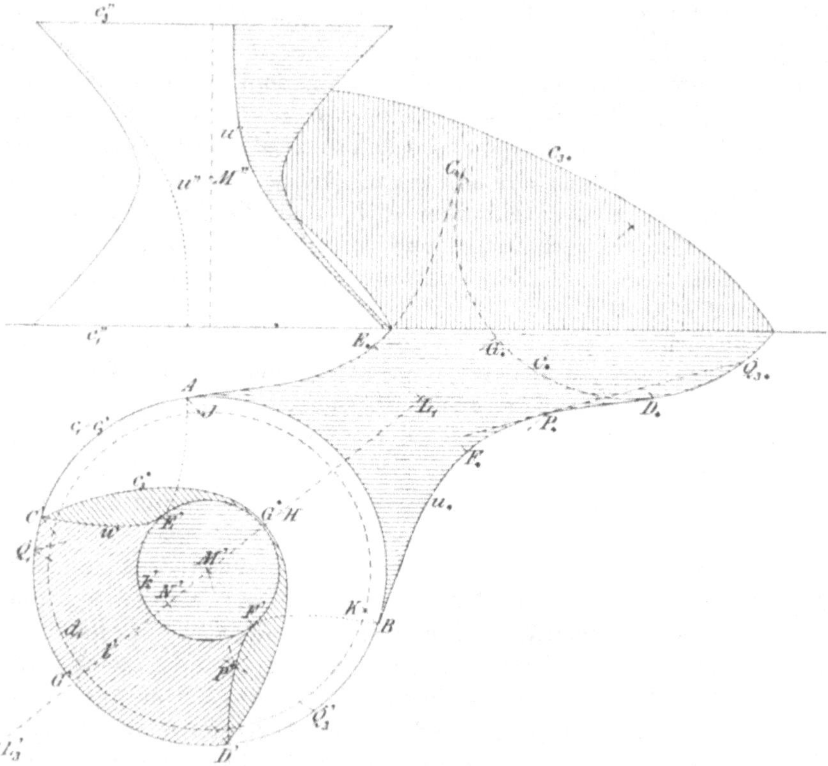

Fig. 349.

Schnittpunkten A und B von $JK \times c_1$ und c_3 in den entsprechenden Punkten C und D. Hiernach findet man die Projektionen u' und u'' ohne weiteres. Der Schlagschatten u_* von u auf Π_1 ist eine Hyperbel mit den Achsen l' und $E_*F_* \# EF$ und den Asymptoten JL_1, KL_1, da $L_1 = M_*$ der Schatten von M ist; u_* berührt c_1 resp. c_{3*} in den Punkten A, B resp. C_*, D_*. Über den Schatten des Randes c_3 auf Grund- und Aufrißebene ist nichts weiter zu bemerken, es bleibt nur noch sein Schatten $c_3{}^*$ auf das Hyperboloid zu besprechen.

Alle zu l parallelen, vom Hyperboloide begrenzten Sehnen werden von der Ebene durch u halbiert. Liegt der eine Endpunkt dieser Sehnen auf c_3, so gehört der andere c_3^* an, und da c_3 eine ebene Kurve ist, so muß es auch c_3^* sein. Durch CD gehen vier harmonische Ebenen; es werden nämlich die Ebenen durch c_3 und c_3^* harmonisch getrennt von der Ebene durch u und der zu l parallelen Ebene. Denn die Parallelen zu l schneiden die ersten drei Ebenen in äquidistanten Punkten, die letzte im Unendlichen. Die zu CD parallelen ersten Spuren jener vier Ebenen sind demnach ebenfalls harmonisch, und da die Ebene durch c_3 zu Π_1 parallel ist, so muß die erste Spur der Ebene durch c_3^* in der Mitte liegen zwischen AB und dem Schatten von CD auf Π_1, d. h. die erste Spur der Ebene durch c_3^* geht durch L_1. Man erhält nun c_3^*, indem man etwa nach 546 die Schnittkurve des Hyperboloides mit der Ebene zeichnet, deren erste Spur $E_* F_*$ und deren dritte Spur CD ist. Man kann indessen auch davon ausgehen, daß c_3 und c_3^* affine Kurven sind, CD ist die Affinitätsachse. Um ein Paar affiner Punkte zu erhalten, suche man den Schatten G^* des Punktes G, der die Mitte des Kreisbogens CD bildet. Trifft der Lichtstrahl durch G die Ebene durch u in N, so ist $G^*N' = N'G'$.

Legt man durch eine Erzeugende Q_1Q_3 die Ebene parallel zu l, so schneidet sie Π_1 in dem Schatten Q_1Q_{3*}; diese Ebene berührt das Hyperboloid in einem Punkte P von Q_1Q_3, der der Lichtgrenze u angehört. Bei jeder Rotationsfläche steht aber die Tangentialebene in einem Punkte P senkrecht auf der Meridianebene durch P, in unserem Falle ist also $M'P' \perp Q_1Q_{3*}$. Der Schatten P_* von P fällt in den Berührungspunkt von Q_1Q_{3*} mit u_*.

548. Auf einem Rotationshyperboloid sei die Berührungskurve u des von einem Punkte O aus an ihn gelegten Tangentenkegels zu zeichnen (Fig. 350). Das Hyberboloid mag von der Parallelebene durch O in dem Parallelkreise i geschnitten werden, dann ist die Lage von O durch seine erste Projektion O' bestimmt, wenn man i' kennt. Ist etwa O als Punkt einer Geraden mit den Spurpunkten G_1, G_3 gegeben, so teile man eine Erzeugende E_1E_3 in dem Verhältnisse $OG_1 : OG_3$, dann liegt dieser Teilpunkt auf i. Fragt man sich nun nach dem Schnittpunkte S von u mit einer beliebigen Erzeugenden E_1E_3, so ist dieser Punkt nichts anderes als der Berührungspunkt der Ebene OE_1E_3 mit dem Hyperboloid. Verbindet man den Schnittpunkt J von E_1E_3 und i mit O ($J'E_1 : J'E_3' = O'G_1 : O'G_3'$), so gehört JO jener Ebene an; ihre erste und dritte Spur sind zu JO parallel und gehen durch E_1 resp. E_3. Ihr Berührungspunkt S

liegt in der zu ihr senkrechten Meridianebene, das Lot von M' auf $O'J'$ trifft also E_1E_3' in S'. $F_1 = E_3'$ und $F_3' = E_1$ sind die Spurpunkte einer neuen Erzeugenden, deren Projektion sich mit der von E_1E_3' deckt; das Lot von M' auf $O'K'$, wo K' der andere Schnittpunkt von E_1E_3' und i' ist, trifft $E_1E_3' = F_1F_3'$ in einem zweiten Punkte G' von u'. In gleicher Weise kann man beliebig viele Punkte von u' konstruieren. Aus dieser Konstruktion folgt, daß die Berührungspunkte der Tangenten von O' an i' auf u' liegen und daß sich in den Berührungspunkten der Tangenten von O' an k' die Kurve u' und k' berühren. Beschreibt man also über $M'O'$ als Durchmesser einen Kreis, so schneidet dieser aus i' zwei Punkte von u' und aus k' seine Berührungspunkte mit u' aus.

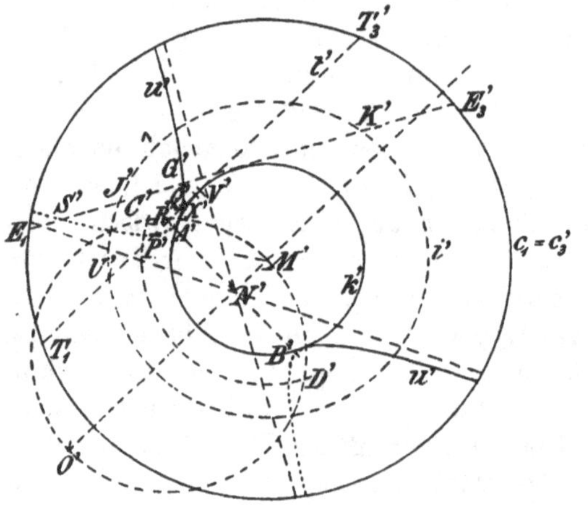

Fig. 350.

$O'M'$ ist die eine Achse von u', die andere Achse enthält die Mittelpunkte der zu $O'M'$ parallelen Sehnen von u'. Bestimmt man also auf einer Tangente t' von k', die zu $O'M'$ parallel ist, die beiden Punkte P', Q' von u' nach der soeben beschriebenen Methode, so liegt der Mittelpunkt R' von $P'Q'$ auf der zweiten Achse von u' und N' ist der Mittelpunkt von u' ($N'R' \perp O'M'$). Die Endpunkte A, B der Achse NR von u liegen auf einem Parallelkreise h, dessen Ebene den Mittelpunkt N von u enthält; N liegt aber nach 545 auf MO. Die Erzeugende $t = T_1T_3'$, die i in U und k in V schneidet, schneidet h im Punkte X, für den die Relation $X'U' : X'V' = N'O' : N'M'$ gilt; denn OU, MV und NX liegen in parallelen Ebenen. Durch diese Relation ergiebt sich X', indem sich $O'U'$, $M'V'$ und $N'X'$ in einem Punkte schneiden, und es ist $M'A' = M'B' = M'X'$.

Im vorliegenden Falle ist u eine Hyperbel und ihre Asymptoten sind parallel zu den Mantellinien des Asymptotenkegels, deren Tangentialebenen durch O gehen. Der Asymptotenkegel schneidet die Ebene des Parallelkreises i in einem Kreise mit dem Radius $U'V'$, die Tangenten von O an diesen Kreis berühren ihn in Punkten C, D jener Mantellinien, ihre Projektionen C', D' liegen demnach auch auf dem Kreise mit dem Durchmesser $O'M'$. Die Asymptoten von u' gehen durch N' und sind zu $M'C'$ resp. $M'D'$ parallel.

549. Ein Hyperboloid zu konstruieren, das eine Ringfläche längs eines Parallelkreises oskuliert (Fig. 351). Betrachten wir eine Meridianebene, die das Hyperboloid in einer Hyperbel h und die Ringfläche in einem Kreise k schneidet, so müssen sich h und k in einem Punkte P oskulieren, durch den jener Parallelkreis geht. Nach 406 erhält man den Mittelpunkt N von h, indem man P mit dem Mittelpunkte O von k verbindet, OP mit der Achse a in Q schneidet, in Q eine Normale auf OQ errichtet und diese mit der zu a senkrechten Geraden OM in R schneidet; dann enthält RP den gesuchten Mittelpunkt N von h. Die Asymptoten von h sind dadurch definiert, daß sie zur Achse a symmetrisch liegen und den Winkel der konjugierten Durchmesser NR und NS harmonisch teilen ($NS \perp OP$, $S = OM \times NS$). Bezeichnet man mit K den Schnittpunkt der einen Asymptote mit OM, so ist: $MR \cdot MS = (MK)^2$, was eine einfache Konstruktion der Asymptoten ergiebt, die in die Zeichnung nicht eingetragen ist.

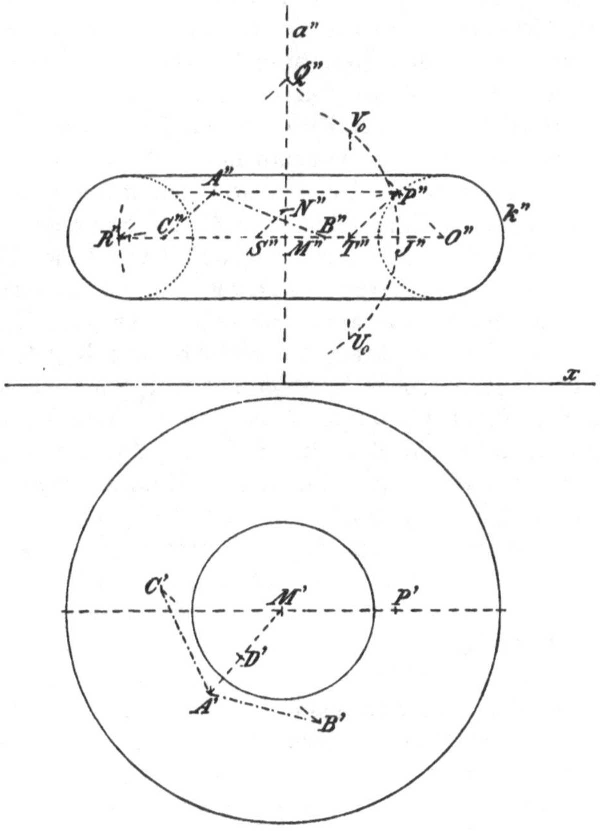

Fig. 351.

550. Die soeben behandelte Aufgabe kann nun verschiedenartige Anwendungen finden; wir wollen uns zunächst nach den Haupttangenten in einem beliebigen Punkte A einer Rotationsfläche fragen. Bestimmen wir das Hyperboloid Λ, das die Rotationsfläche längs des Parallelkreises i durch A oskuliert, so sind seine Erzeugenden durch A Haupttangenten der Rotationsfläche; denn sie treffen drei unendlich nahe Parallelkreise, haben also drei benachbarte Punkte mit der Rotationsfläche gemein. Um nun in der Hauptmeridianebene die Hyperbel zu zeichnen, die den Hauptmeridian der Rotationsfläche in dem Punkte P oskuliert, der mit A auf dem Parallelkreise i liegt, haben wir zunächst im Punkte P den Krümmungskreis k des Hauptmeridians zu suchen. Der Kreis k bildet dann den Hauptmeridian einer Ringfläche, welche unsere Rotationsfläche längs des Parallelkreises i oskuliert; das gesuchte Hyperboloid oskuliert dann sowohl Rotations- wie Ringfläche längs dieses Kreises, kann demnach nach voriger Nummer gefunden werden (Fig. 351). Die Haupttangenten im Punkte A sind parallel zu den beiden Mantellinien des Asymptotenkegels von Λ, die in einer zur Tangentialebene in A parallelen Ebene liegen; verschieben wir also den Asymptotenkegel parallel zu sich selbst bis sein Scheitel nach A gelangt, so enthält er jene Haupttangenten. Es gilt nun den Spurkreis des verschobenen Kegels und die Spurlinie der Tangentialebene in einer zur Achse a senkrechten Ebene, etwa in der Ebene Π_3 durch O zu finden. Wir führen diese Konstruktion zunächst für den Punkt P aus; durch Drehung um die Achse a erhalten wir dann die gesuchten Haupttangenten. Auf OM wählen wir die Punkte J und T so, daß $PJ \perp OM$ und $PT \perp OP$ ist, beschreiben in Π_3 über JR als Durchmesser einen Kreis und ziehen durch T die Normale zu OM, dann schneiden sich Kreis und Normale in den Spurpunkten U und V der Haupttangenten von P (in der Figur ist Π_3 um OM umgelegt). In der That ist nach der Konstruktion $(JU)^2 = (JV)^2 = JT \cdot JR$, wie es ja sein muß, da in der Ebene des Hauptmeridians PR, PT und die beiden Mantellinien des mit seinem Scheitel nach P verschobenen Asymptotenkegels harmonisch liegen.

Trägt man nun noch $MT = M''T''$ auf $M'A'$ als $M'D'$ auf, zieht in D' die Senkrechte zu $M'A'$ und macht $D'B' = D'C' = T''U_0$, so sind $A'B'$ und $A'C'$ die ersten Projektionen der Haupttangenten von A, deren zweite Projektionen daraus unmittelbar sich ergeben. Man gebraucht also nur die Strecken $T''M''$ und $T''U_0$, so daß man nur die folgenden Linien zu ziehen hat: $O''P''Q''$, $Q''R'' \parallel P''T'' \perp O''P''$, $P''J'' \parallel T''U_0 \parallel a''$ und den Kreis über $R''J''$.

Hiermit ist auch die Konstruktion der Tangenten im Doppelpunkte *P* der ebenen Schnittkurve *s* einer Rotationsfläche in 531 gegeben.

551. Es soll in einem Punkte *A* der Lichtgrenze *u* auf einer Ringfläche die Tangente von *u* gezeichnet werden (Fig. 352). Ist *i* der Parallelkreis durch *A*, so suchen wir, wie vorher, das längs *i* oskulierende Hyperboloid, seine Lichtgrenze

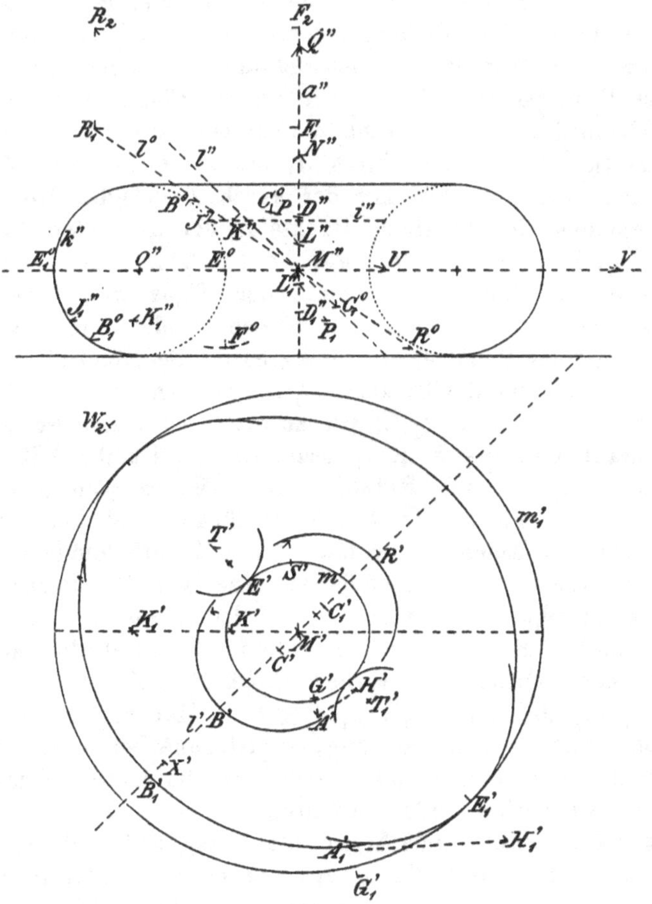

Fig. 352.

ist ein Kegelschnitt *v*, der *u* im Punkte *A* berührt. Denn *u* und *v* haben den Punkt *A* gemein, da sich beide Flächen längs *i* berühren. Da aber sogar Oskulation der Flächen längs *i* eintritt, kann man die Sache so auffassen, als ob sich die Flächen längs zweier unendlich naher Parallelkreise berühren, woraus dann die Behauptung folgt. Ist nun a die Achse dieser Ringfläche, M ihr Mittelpunkt, k ihr Hauptmeridian, O dessen Mittelpunkt, ist ferner l der Lichtstrahl durch M, so findet man mittels des Kugelverfahrens nach 533 auf dem Parallelkreise i den Punkt A ($i \times k = J$, $O''J'' \times a'' = N''$, $N''K'' \perp l''$, $K'A' \perp l'$) und nach dem Vorausgehenden den Mittelpunkt L des längs i oskulierenden Hyperboloides ($N''U \perp N''O''$, $J''U \times a'' = L''$). Die gesuchte Tangente der Kurve u in A liegt nun einerseits in der Tangentialebene der Ringfläche in diesem Punkte, andererseits in der zur Lichtrichtung konjugierten Diametralebene des Hyperboloides (545). Die erstere Ebene steht auf der Meridianebene durch A senkrecht, die letztere auf der zu l parallelen Meridianebene; beide gehen durch A, letztere auch durch L. Die Schnittlinien beider Ebenen mit der durch L gelegten Horizontalebene schneiden sich in einem Punkte H der gesuchten Tangente ($M'H' \perp l'$, $G'H' \perp M'A'$, $G'M' = J''P$, $L''P \perp O''J''$); der Aufriß der Tangente AH ist zur Vereinfachung der Figur weggelassen. In ganz analoger Weise ist auf dem Kreise i_1, der k im Punkte J_1 trifft, zunächst der Punkt A_1 der Lichtgrenze u bestimmt ($N''K_1'' \perp l''$, $K_1'A_1' \perp l'$) und dann die Tangente H_1A_1 gefunden worden. Freilich haben wir es hier mit einer Ellipse zu thun, deren eine Achse mit a zusammenfällt und die k in J_1 oskuliert, L_1 ist ihr Mittelpunkt ($J_1''U \times a'' = L_1''$); durch Rotation dieser Ellipse um a entsteht ein Rotationsellipsoid, das die Ringfläche längs i_1 oskuliert. Da das Ellipsoid ähnliche Eigenschaften hat wie das Hyperboloid (vergl. 556), so ist seine Lichtgrenze ebenfalls ein Kegelschnitt, dessen Ebene durch den Mittelpunkt L_1 geht und auf der Meridianebene durch l senkrecht steht. Es findet sich deshalb der Punkt H_1 der gesuchten Tangente ganz ebenso wie vorher H ($M'H_1' \perp l'$, $G_1'H_1' \perp M'A_1'$, $G_1'M' = J_1''P_1$, $L_1''P_1 \perp O''J_1''$, $J_1''P_1 \perp a''$). Hat man es mit einer beliebigen Rotationsfläche zu thun, so ist zunächst in dem bezüglichen Punkte der Krümmungskreis der Meridiankurve zu zeichnen, dann kann wie vorher weiter verfahren werden.

552. Das oskulierende Hyperboloid resp. Ellipsoid kann auch zur Konstruktion der Krümmungskreise in den Scheitelpunkten der Lichtgrenze u verwendet werden. Solche Scheitelpunkte von u liegen in der Meridianebene durch l und in der Ebene der Parallelkreise mit dem Mittelpunkte M. Die Scheitelpunkte B, B_1 in der Meridianebene durch l ergeben sich durch Drehung dieser Ebene um a parallel zu Π_2 ($B^0O''B_1^0 \perp l^0$, l^0 ist der $\parallel \Pi_2$ gedrehte Lichtstrahl). Ist b der Parallelkreis durch B, so hat das längs b oskulierende Hyperboloid seinen Mittelpunkt in D auf a ($O''B^0 \times a'' = Q''$,

$Q''V \perp O''B^0$, $V = O''M'' \times Q''V$, $D'' = B^0V \times a''$). Die Ebene, welche in BD senkrecht auf der bezüglichen Meridianebene steht, schneidet das Hyperboloid in seiner Lichtgrenze w, da diese B enthält. Die Ellipse w hat aber mit u in B vier unendlich nahe Punkte gemein; denn das in einem beliebigen Parallelkreise i oskulierende Hyperboloid besitzt eine Lichtgrenze v, die u in seinen beiden Schnittpunkten mit i berührt, diese beiden Berührungspunkte fallen für den Parallelkreis b zusammen.

Die Ebene von w ist zugleich die Schmiegungsebene von u im Punkte B und der Krümmungskreis in diesem Punkte, der für u und w der gleiche ist, liegt auf der Kugel mit dem Mittelpunkte Q, welche die Ringfläche längs b berührt. Denn in der That schneidet die Schmiegungsebene den Kreis b und den ihm unendlich nahen Parallelkreis in je zwei unendlich nahen Punkten; diese vier unendlich nahen Punkte gehören aber ebenso, wie die bezüglichen Parallelkreise, zugleich der Ringfläche, dem oskulierenden Hyperboloide und der soeben genannten Kugel an, so daß der in der Schmiegungsebene liegende Kugelkreis mit u in B vier unendlich nahe Punkte gemein hat. Der Mittelpunkt des Krümmungskreises ist also der Fußpunkt C des von Q auf BD gefällten Lotes; in der zum Aufrisse parallel gedrehten Ebene ist $Q''C^0 \perp B^0V$ und C^0B^0 der Radius des Krümmungskreises von u in B. Dieser Kreis projiziert sich in Π_1 als Ellipse mit der kleinen Achse $B'C'$, deren Krümmungsradius in B' zugleich der von u' ist.

Ganz in der gleichen Weise bestimmen sich die Radien der Krümmungskreise von u in B_1 und von u' in B_1', an Stelle des oskulierenden Hyperboloides tritt indessen hier ein oskulierendes Ellipsoid ($Q''C_1{}^0 \perp B_1{}^0V$).

Das Hyperboloid, das die Ringfläche längs des kleinsten Parallelkreises m oskuliert, hat vier unendlich nahe Kreise mit ihr gemein, seine Lichtgrenze — eine Hyperbel y — hat in ihrem Schnittpunkte E mit m drei benachbarte Punkte mit u gemein, y und u besitzen in E den gleichen Krümmungskreis ($E'M' \perp l'$). Die Schmiegungsebene von u in E, oder, was dasselbe ist, die Ebene von y, enthält die Mantellinien des Asymptotenkegels des Hyperboloides, deren Tangentialebenen durch l gehen. F^0M ist nun eine Mantellinie dieses Kegels in der Ebene des Hauptmeridians ($E^0 = k \times m$, $E^0F^0 \perp O''M''$, $F^0O'' \perp F^0M''$), denn es ist nach 413 F^0M'' eine Asymptote der Hyperbel, die E^0 zum Scheitel und k zum Krümmungskreise besitzt. Die Parallelebene durch F^0 schneidet den Asymptotenkegel in einem Kreise, dessen erste Projektion m' ist, und den Lichtstrahl l im Punkte R

($R^0F^0 \| O'M''$, $R^0 = l^0 \times F^0R^0$, $R'M' = (R^0 \dashv a'')$); die Projektion y' hat also $M'S'$ zur Asymptote, wenn $R'S'$ den Kreis m' in S' berührt. Der Krümmungsradius $T'E'$ für y' und zugleich für u' im Scheitel E' wird erhalten, indem man die Normale zu $E'M'$ in E' mit der Asymptote $M'S'$ schneidet und hier auf dieser eine Senkrechte errichtet, dieselbe geht dann durch T'.

Geht man von dem Ellipsoide aus, das die Ringfläche längs des größten Kreises m_1 oskuliert, so muß seine Lichtgrenze — eine Ellipse z — in ihrem Schnittpunkte E_1 mit m_1 drei benachbarte Punkte mit u gemein haben und also dort den gleichen Krümmungskreis aufweisen. Der Hauptmeridian des Ellipsoides ist eine Ellipse mit den Halbachsen $M''E_1{}^0$ und $M''F_1$, wenn $(M''F_1)^2 = E_1{}^0M'' \cdot E_1{}^0O''$ ist, denn sie hat k zum Krümmungskreise (vergl. 409). Die zu l konjugierte Diametralebene in Bezug auf das Ellipsoid enthält z und ist Schmiegungsebene von u in E_1, sie steht auf der Meridianebene durch l senkrecht und schneidet diese in dem Durchmesser der Meridianellipse, der zu l konjugiert ist. Diese Meridianebene dreht man parallel zu Π_2, und hat dann zu l^0 den konjugierten Durchmesser in Bezug auf die Ellipse mit den Halbachsen $M''E_1{}^0$ und $M''F_1$ zu suchen. Dazu benütze man den zur Ellipse affinen Kreis mit dem Radius $M''E_1{}^0$ und dem Mittelpunkte M'', dann ist F_2 affin zu F_1 ($M''F_2 = M''E_1{}^0$), R_2 affin zu R_1 auf l^0 ($R_1F_1 \| R_2F_2 \| O''M''$). Ist nun $W_2M'' \perp R_2M''$ und $W_2M'' = E_1{}^0M''$, so ist die affine Gerade W_1M'' der zu l konjugierte Durchmesser, sein Endpunkt W_1 liegt senkrecht über W_2. Die Halbachsen der Ellipse z' sind deshalb $M'E_1'$ und $M'X' = (W_2 \dashv a'')$, daraus folgt der Krümmungsradius $E_1'T_1' = (M'X')^2 : M'E_1'$ für u' in E_1'.

In der Fig. 352 ist u' nicht selbst eingezeichnet, man vergleiche hierzu Fig. 345, die eingezeichneten Krümmungskreise lassen den Verlauf von u' klar erkennen.

553. Es soll noch kurz die Tangente der Lichtgrenze u einer Rotationsfläche bei centraler Beleuchtung besprochen werden. In Fig. 353 sei a die Rotationsachse, i ein Parallelkreis der Fläche, J sein Schnittpunkt mit dem Hauptmeridian, k dessen Krümmungskreis in J, O der Mittelpunkt von k und L der leuchtende Punkt; als Aufrißebene benutzen wir die Hauptmeridianebene. Das längs i oskulierende Hyperboloid hat seinen Mittelpunkt in N ($OJ \times a = K$, $KU \perp OJ$, $UO \perp a$, $JU \times a = N$), seine Lichtgrenze v schneidet i in zwei Punkten A und B, in denen v die Kurve u berührt. Die Kurve v liegt in einer Ebene E; schneiden wir also E mit i, so erhalten wir zwei Punkte A und B von u; schneiden wir ferner E mit den Tangentialebenen der Rotationsfläche in A resp. B, so gewinnen wir die Tangenten von u in diesen Punkten.

Es kommt also alles darauf an E zu bestimmen. Wählen wir aber auf dem Durchmesser LN des Hyperboloides einen weiteren Punkt M und legen von ihm aus den Tangentenkegel an dasselbe, so liegt nach 545 sein Berührungskegelschnitt in einer zu E parallelen Ebene. Speziell erkennen wir, indem wir M unendlich fern rücken lassen, daß die Diametralebene Δ, die zu dem Durchmesser LN konjugiert ist, zu E parallel läuft. Nun enthält Δ alle Punkte des Hyperboloides, deren Tangentialebenen zu LN parallel sind. Auf i finden wir die beiden Punkte von Δ mit Hilfe der Kugel, die die Rotationsfläche längs i berührt, d. h. sie liegen in der zu LN senkrechten Ebene durch K. Ist y der in der Hauptmeridianebene liegende Durchmesser von i, so gehört also der Punkt R von y der Ebene Δ an, wenn $RK \perp L''N$ ist; die Ebene Δ hat somit RN zur zweiten Spur und steht auf der Meridianebene durch L senkrecht.

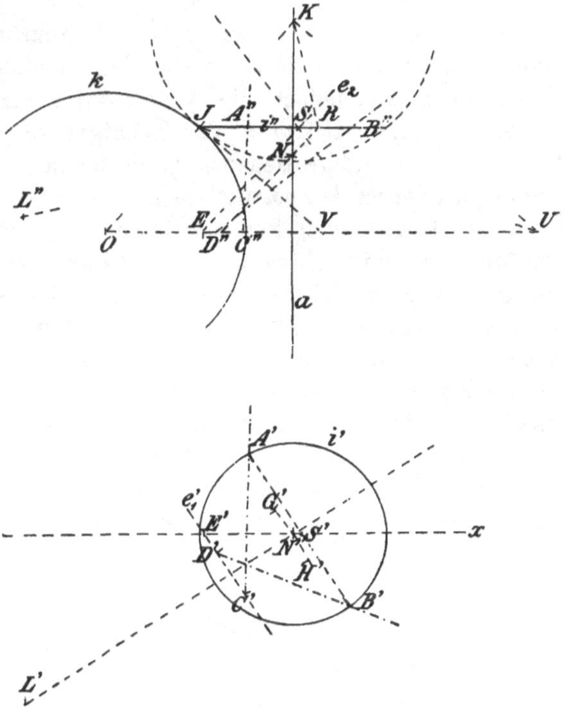

Fig. 353.

Die beiden Schnittpunkte A und B von E und i liegen auch auf einem Kreise der obengenannten Kugel, der die Berührungspunkte der von L an sie gelegten Tangenten enthält; der Punkt $S = AB \times y$ liegt demnach auf der Polaren des Punktes L'' in Bezug auf den Kreis um K mit dem Radius KJ. Hierdurch ist S und somit A und B bekannt ($A'B' \perp L'N'$, $A'B' \times x = S'$). AB ist die Spur von E in der Ebene von i. Die Spur e_2 von E geht durch S und ist zu RN parallel; wir verzeichnen außerdem die Spur e_1 von E in einer beliebigen Horizontalebene, etwa der Ebene durch O ($e_1' \parallel A'B'$). Die Tangentialebene in A besitzt in dieser Horizontalebene die Spur HC ($H'C' \perp A'N'H'$, $H'N' = (V \dashv a)$, JV Tangente von k in J), demnach ist $A'C'$ die Tangente von u' in A' ($C' = H'C' \times e_1'$), woraus auch die Tangente $A''C''$ von u'' folgt.

Gehört der Kreis i dem elliptisch gekrümmten Teile der Rotationsfläche an, so tritt an Stelle des oskulierenden Hyperboloides ein Ellipsoid, was jedoch die Konstruktion nirgends verändert.

554. Auf der Kurve der Lichtgrenze haben nach 529 die Punkte eine besondere Bedeutung, in denen die Tangente dem Lichtstrahle parallel ist bei parallelem Lichte, oder in denen die Tangente durch den leuchtenden Punkt geht bei centralem Lichte. Es soll nun bei der Ringfläche noch etwas näher auf die Punkte von u mit zum Lichtstrahle l parallelen Tangenten eingegangen werden. Ist P ein solcher Punkt und $t \parallel l$ eine Gerade durch ihn, so ist t eine Haupttangente der Ringfläche. Läßt man t um die Rotationsachse a sich drehen, so entsteht ein Rotationshyperboloid, das die Ringfläche längs des Parallelkreises i oskuliert, der den Punkt P trägt. Der Hauptmeridian des Hyperboloides sei die Hyperbel h, derjenige der Ringfläche der Kreis k, k oskuliert h im Punkte J von i. Der Asymptotenkegel des Hyperboloides wird erhalten, wenn man durch seinen Mittelpunkt N eine Parallele zu l zieht und diese um a rotieren läßt, die Asymptoten der Hyperbel h schließen also mit a den gleichen Winkel ein wie l. Um also einen Parallelkreis i zu finden, der zwei Punkte von der gesuchten Art trägt, haben wir folgende Aufgabe zu lösen. Es ist eine Hyperbel h zu suchen mit der Achse a, deren Asymptoten mit a einen bestimmten Winkel $\alpha = \angle\, la$ bilden, und die den Kreis k zum Krümmungskreise hat; i geht dann durch den Punkt J, in dem sich h und k oskulieren.

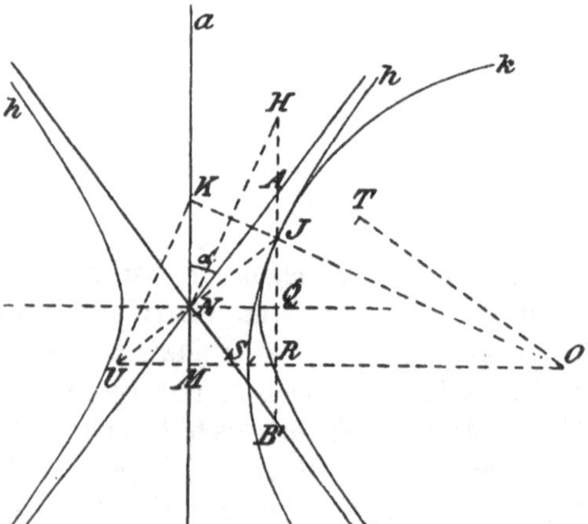

Fig. 354.

In Fig. 354 sei O der Mittelpunkt von k und M der Mittelpunkt der Ringfläche mit dem Hauptmeridian k ($OM \perp a$). Errichtet man in $K = OJ \times a$ eine Normale zu JO und schneidet diese mit OM in U, so geht UJ durch den Mittelpunkt N von h; die Geraden NA und NB, die mit a den $\angle \alpha$ einschließen, sind die Asymptoten von h. Der zu NJ konjugierte Durchmesser ist NH ($NH \perp OJ$); zieht man also durch J eine Parallele zu a, und schneidet diese NA, NB, NJ, NH resp. in A, B, J, H, so liegen diese Punkte harmonisch. Deshalb gilt für den Mittelpunkt Q von AB ($NQ \perp a$) die Relation: $(QA)^2 = QJ \cdot QH$, die nun noch weiter umzuformen ist. Zu diesem Zwecke setze man $OJ = r$, $OM = d$ und $OR = x$, wo $R = AB \times OM$ ist; dann ist: $\triangle QHN \sim \triangle ROJ$, also: $QH \cdot RJ = x \cdot QN$.

Ferner ist: $QJ : RJ = QN : RU$,

folglich: $(QA)^2 = (QN)^2 \cdot x : RU$, oder: $RU = x \operatorname{tg}^2 \alpha$,

und: $OU = RU + x = \dfrac{x}{\cos^2 \alpha}$.

Da $\triangle KOU \sim \triangle ROJ$ ist, ist aber auch:

$$OU = KO \cdot \frac{r}{x} = \frac{d r^2}{x^2},$$

also: $x^3 = d r^2 \cos^2 \alpha$, oder: $(OR)^3 = OM \cdot (OT)^2$,

wenn $S = OM \times k$, $ST \parallel NA$ und $OT \perp NA$ ist.

OR ergiebt sich hiernach als dritte Wurzel aus dem Werte $OM \cdot (OT)^2$, die man am besten durch Rechnung findet. Dann hat man unmittelbar J und den Parallelkreis i, auf dem sich die gesuchten Punkte wie früher finden lassen.

Die Rotationsflächen 2. Grades.

555. Läßt man einen Kegelschnitt — Ellipse, Hyperbel, Parabel — um eine seiner Achsen rotieren, so entsteht eine Fläche, die man als Rotationsfläche 2. Grades bezeichnet. Durch Rotation einer Ellipse um ihre große Achse wird das verlängerte Ellipsoid, durch Rotation um ihre kleine Achse das verkürzte Ellipsoid oder Sphäroid gewonnen. Die Rotation der Hyperbel um ihre Hauptachse ergiebt das zweischalige Hyperboloid, die Rotation um ihre Nebenachse das einschalige Hyperboloid; die Parabel bildet durch Rotation um ihre Achse das Paraboloid. Das einschalige Hyperboloid kann auch, wie wir schon gesehen haben, durch Rotation einer Geraden um eine dazu windschiefe Achse erzeugt werden. Wir werden weiterhin in Kapitel XI die allgemeinen Flächen 2. Grades kennen lernen, von denen die hier aufgezählten nur spezielle Fälle sind. Dort werden die Eigenschaften dieser Flächen eine ausgedehntere Behandlung finden, während hier nur einige wenige hervorgehoben werden sollen.

Jeder ebene Schnitt der Rotationsfläche 2. Grades ist ein Kegelschnitt, der mit einem beliebigen Parallelkreise in doppelter Weise auf einem Kegel liegt. Zum Beweise wählen wir die zur Schnittebene senkrechte Meridianebene als Zeichenebene, a sei die Rotationsachse, m die Meridiankurve in ihr und e die Spur der Schnittebene (Fig. 355). Es ist nun zu zeigen, daß die Schnittkurve s, die m in A und B trifft, mit dem Parallelkreise i, der m in C und D schneidet, einmal auf einem Kegel mit dem Scheitel $S = AC \times BD$ liegt und zum anderen auf einem Kegel mit dem Scheitel $T = AD \times BC$. Ein Punkt P von s und ein Punkt Q von i müssen auf einem Strahle durch S liegen, sobald die Projektion $P''Q''$ durch S geht, d. h. es muß $PP'' : QQ'' = P''S : Q''S$ sein. Ist nun p der Parallelkreis durch P und trifft er m in E und F, so ist: $(P''P)^2 = P''E \cdot P''F$; ganz ähnlich gilt für Q die Beziehung: $(Q''Q)^2 = Q''C \cdot Q''D$. Alle Kegelschnitte durch die vier festen Punkte A, B, C, D schneiden aber aus der Geraden p'' nach 364 Punktepaare einer Involution aus, so daß E und F,

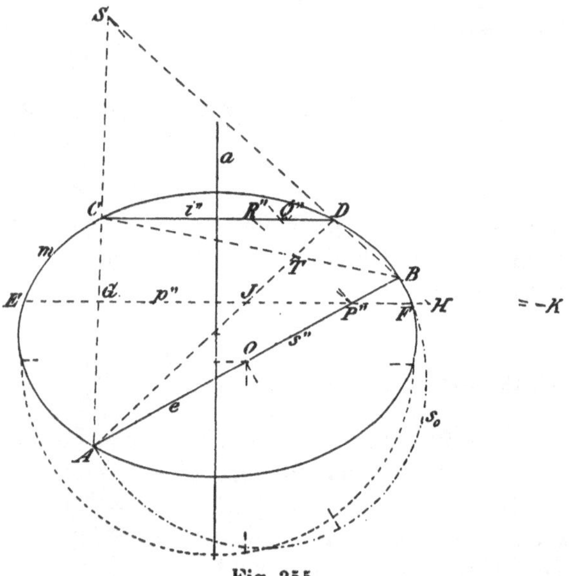

Fig. 355.

$G = AC \times p''$ und $H = BD \times p''$, $J = AD \times p''$ und $K = BC \times p''$, P'' und der unendlich ferne Punkt solche Punktepaare sind. Für den Mittelpunkt P'' dieser Involution haben wir: $P''E \cdot P''F = P''G \cdot P''H = P''J \cdot P''K$; demnach ist: $(P''P)^2 : (Q''Q)^2 = P''G \cdot P''H : Q''C \cdot Q''D = (P''S)^2 : (Q''S)^2$ und somit unsere Behauptung erwiesen.

Ganz ebenso liegen P von s und R von i auf einem Strahle durch T, wenn $P''R''$ durch T geht und $PP'' : RR'' = P''T : R''T$ ist.

Nun ist $(R''R)^2 = R''C \cdot R''D$, also auch: $(P'P)^2 : (R''R)^2 = P'E \cdot P'F : R''C \cdot R''D = P'K \cdot P'J : R''C \cdot R''D = (P'T)^2 : (R''T)^2$.

Die Konstruktion des Kegelschnittes s ist selbstverständlich; AB ist die eine Achse von ihm, ihre Mitte O sein Mittelpunkt, die andere Achse wird von dem Parallelkreise begrenzt, dessen Ebene durch O geht. Ist m eine Ellipse, so kann man zur Konstruktion den affinen Kreis benutzen, der mit m eine Achse gemein hat, ist m eine Hyperbel, so wird man ihre Asymptoten bei der Konstruktion zu verwenden haben.

556. Der von einem Punkte an eine Rotationsfläche 2. Grades gelegte Tangentenkegel berührt sie in einem Kegelschnitte. Ist L der Punkt, u der Kegelschnitt und Λ seine Ebene, so heißt L der Pol der Ebene Λ und umgekehrt Λ die Polarebene des Punktes L. Die Meridianebene durch L nehmen wir als Zeichenebene, die in ihr liegende Meridiankurve sei m; die Tangenten von L an m mögen in den Punkten A resp. B berühren (Fig. 356). Die Ebene Λ hat die Gerade AB zur Spur und steht auf der Zeichenebene senkrecht; die Projektion der Kurve u fällt mit AB zusammen. Wir haben nun zu zeigen, daß jeder Punkt der Fläche, dessen Projektion auf AB liegt, seine Tangentialebene durch L schickt. Ist P ein solcher Punkt, so daß P'' auf AB liegt, und ist p der zugehörige Parallelkreis, der m in J und K schneiden mag, so enthält die Tangentialebene in P die Tangente an den Parallelkreis p und die Tangente an die Meridiankurve durch P. Der Spurpunkt Q der ersten Tangente teilt mit P'' die Sehne JK harmonisch, denn Q ist offenbar der Pol von PP'' in Bezug auf p; Q und P'' sind demnach auch konjugierte Pole in Bezug auf m (284). Der Spurpunkt R der zweiten Tangente liegt auf der Rotationsachse a, durch ihn gehen auch die Tangenten von m in J und K; R ist der Pol von JK in Bezug auf m, es sind also auch R und P'' bezüglich m konjugierte Pole. Die Spur QR der Tangentialebene im Punkte P ist somit die Polare von P'' hinsichtlich m; da nun

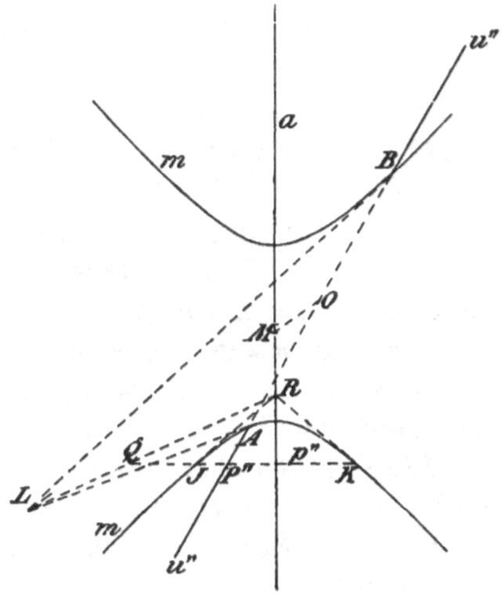

Fig. 356.

P'' auf AB liegt, so geht seine Polare QR durch den Pol L von AB, und die Tangentialebene in P enthält den Punkt L, was unseren Satz beweist.

Der Mittelpunkt M von m ist zugleich der Mittelpunkt der Rotationsfläche; die Gerade ML halbiert die Sehne AB — die Polare von L — im Punkte O (nach 294); AB ist eine Achse und O der Mittelpunkt von u. Da die Polaren aller Punkte des Durchmessers ML in Bezug auf m parallel sind, so können wir folgenden Satz erschließen. Die Tangentenkegel aus den Punkten eines Durchmessers an die Rotationsfläche 2. Grades berühren sie in Kegelschnitten, deren Ebenen parallel sind und auf der Meridianebene durch den Durchmesser senkrecht stehen; diese Kegelschnitte sind ähnlich und ihre Mittelpunkte liegen auf jenem Durchmesser. Die Ähnlichkeit folgt daraus, daß je zwei ebene Schnitte der Fläche auf einem Kegel liegen, was in der nächsten Nummer gezeigt werden soll.

557. Bilden die Punkte P und Q zwei konjugierte (harmonische) Pole in Bezug auf irgend einen Schnitt einer Rotationsfläche 2. Grades, in dessen Ebene sie liegen, so thun sie es auch für jeden Schnitt, dessen Ebene sie enthält. Sind nämlich u und v zwei Schnitte der Rotationsfläche, deren Ebenen durch PQ gehen, so haben wir zwei Fälle zu unterscheiden: Entweder PQ schneidet u und somit auch v in zwei Punkten A und B; P, Q teilen dann als konjugierte Pole von u die Sehne AB harmonisch, sie sind deshalb auch konjugierte Pole von v, da u und v die Sehne AB gemein haben. Oder PQ trifft die Kurven u und v nicht; sind dann P, Q konjugierte Pole für u, so kann man von P (ebenso auch von Q) zwei Tangenten an u legen, da beide Punkte außerhalb u liegen (288); die zugehörige Berührungssehne (Polare von P) geht durch Q. Die Berührungspunkte aller, von P an die Rotationsfläche gelegten Tangenten liegen auf einem Kegelschnitte, dessen Ebene jene Berührungssehne und somit Q enthält. Diese Ebene enthält auch die Berührungssehne der von P an v gelegten Tangenten, so daß diese Sehne ebenfalls durch Q geht; P, Q sind also auch konjugierte Pole für v. Die Punkte P, Q heißen wegen dieser Eigenschaft konjugierte Pole in Bezug auf die Rotationsfläche 2. Grades. Die Punkte jeder Geraden ordnen sich paarweise in konjugierte Pole an, die involutorische Reihen bilden.

Da die Kurven u und v auf der Schnittlinie ihrer Ebenen dieselbe Involution harmonischer (konjugierter) Pole bestimmen, so sind sie nach 356 in zweifacher Weise perspektiv. Zwar ist dieser

Satz in 356 nur für zwei Kegelschnitte in der nämlichen Ebene ausgesprochen, doch bleiben dieselben in perspektiver Lage (nach 173), wenn man einen von ihnen um die Achse der Perspektivität, d. h. um die Gerade der gemeinsamen harmonischen Pole dreht. Je zwei ebene Schnitte der Rotationsfläche 2. Grades liegen demnach gleichzeitig auf zwei Kegelflächen.

558. Durch eine Gerade *AB* sollen die beiden Tangentialebenen an eine Rotationsfläche 2. Grades gelegt werden. Die Polarebene A von *A* schneidet die Fläche in einer Kurve, deren Punkte ihre Tangentialebenen durch *A* schicken; analog gehen die Tangentialebenen in den Punkten der Fläche, die in der Polarebene B von *B* liegen, durch *B*. Die Schnittgerade *s* von A und B trifft also die Fläche in zwei Punkten *J* und *K*, deren Tangentialebenen die Gerade *AB* enthalten. Legt man durch *A* die Meridianebene und bestimmt seine Polare in Bezug auf die Meridiankurve, so steht A in dieser auf der Meridianebene senkrecht; in gleicher Weise findet man B und dadurch *s*, und es sind dann noch die Schnittpunkte von *s* mit der Rotationsfläche zu bestimmen.

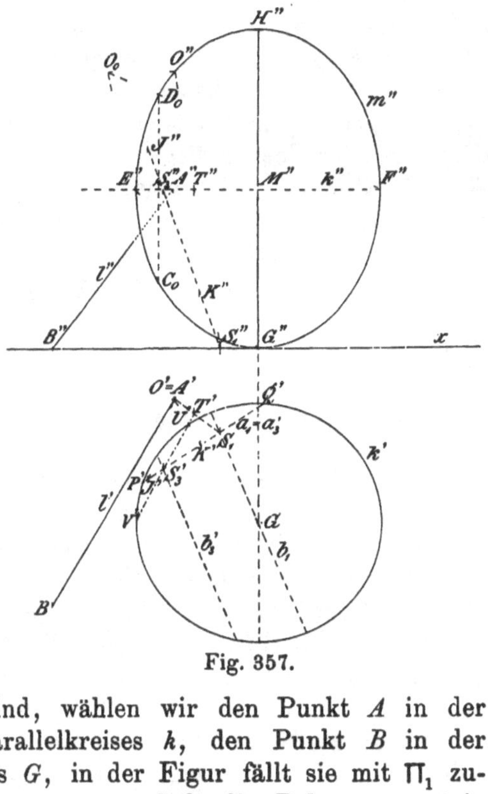

Fig. 357.

In Fig. 357 mag *EF* die kleine und *GH* die große Achse einer Ellipse *m* sein, die durch Rotation um ihre große Achse ein Ellipsoid erzeugt. Die Rotationsachse sei senkrecht zum Grundrisse, und die genannte Ellipse liege in einer zum Aufrisse parallelen Ebene. Auf der Geraden *l*, durch die die beiden Tangentialebenen an die Fläche zu legen sind, wählen wir den Punkt *A* in der Ebene Π_3 des größten Parallelkreises *k*, den Punkt *B* in der Tangentialebene des Punktes *G*, in der Figur fällt sie mit Π_1 zusammen. Die Polarebene A von *A* enthält die Polare von *A* in

Bezug auf k und ist zu Π_1 senkrecht; die Berührungssehne $P'Q'$ der von A' an k' gelegten Tangenten bildet also die erste Spur a_1 von A und die erste Projektion a_3' ihrer dritten Spur. Die Polarebene B von B geht durch G und enthält die beiden Punkte von k, deren Tangentialebenen durch B gehen; diese sind aber senkrecht zu Π_1. Die Projektion b_3' der dritten Spur von B ist demnach die Berührungssehne der von B an k' gelegten Tangenten, ihre erste Spur b_1 geht durch G ($b_1 \parallel b_3' \perp BG$). Hieraus ergeben sich die Spurpunkte S_1 und S_3 von $s = \mathsf{A} \times \mathsf{B}$ ($S_1 = a_1 \times b_1$, $S_3' = a_3' \times b_3'$).

Um die Schnittpunkte von s mit der Rotationsfläche zu gewinnen, lege man durch s eine Vertikalebene, die die Fläche in einer Ellipse c schneidet. Diese Ellipse c ist zu dem Kreise k perspektiv, das Perspektivitätscentrum O ergiebt sich dann in folgender Weise. Man drehe c, das zu m ähnlich ist, um die Achse GH, bis seine Ebene zu Π_2 senkrecht steht; das Centrum O_0 der Perspektivität von k und der gedrehten Kurve c_0 liegt dann in der Ebene des Hauptmeridians, erscheint also als Schnitt der Geraden EC_0 und FD_0, wo C_0D_0 die große Achse von c_0 ist ($C_0D_0 : P'Q' = G''H'' : E''F''$). Dreht man c_0 in seine ursprüngliche Lage c zurück, so geht O_0 in O über; dabei fällt O' mit A' zusammen, denn O muß in den Ebenen liegen, die die Fläche in P resp. Q berühren ($O' = A'$, $O_0O'' \parallel x$). Die Ebene aus O durch s schneidet Π_3 in der zu s perspektiven Geraden S_3T ($T'' = O''S_1'' \times E''F''$, T' auf $O'S_1$) und diese schneidet k in den Punkten U und V, die zu den gesuchten Berührungspunkten J und K perspektiv sind ($U' = k' \times S_3'T'$, $V' = k' \times S_3'T'$, $J' = O'V' \times S_1S_3'$, $K' = O'U' \times S_1'S_3'$, J'' und K'' auf $S_1''S_3''$).

Rotationsflächen, die sich längs einer Kurve berühren.

559. Berühren sich zwei Rotationsflächen A und B, deren Achsen a und b windschief zu einander sind, längs einer Kurve c, so sind in den Punkten dieser Kurve für beide Flächen die Tangentialebenen und damit auch die Normalen gleich. Die Normale einer Rotationsfläche trifft aber ihre Achse, so daß die gemeinsamen Normalen beider Flächen in den Punkten von c sowohl a wie b treffen. Ist somit eine Rotationsfläche A und die Achse b einer zweiten bekannt, die erstere längs einer Kurve berühren soll, so gehören dieser Berührungskurve alle Punkte von A an, deren Normalen die Achse b treffen. Durch Rotation dieser Kurve um b entsteht die Fläche B, und ganz ebenso erzeugt sie bei einer

Rotation um a die Fläche A. Die Flächen A und B können auch als Hüllflächen angesehen werden. Rotiert B um a, so ist A die Hüllfläche für alle Lagen von B; die Berührungskurven aller dieser Flächen gehen aus c durch Rotation hervor; ganz ebenso ist B die Hüllfläche für alle Lagen von A, wenn A um die Achse b rotiert.

Sind a und b die Achsen zweier Rotationsflächen A und B, die sich längs einer Kurve berühren, und ist die Meridiankurve m der Fläche A gegeben, so sei die Berührungskurve c und die Meridiankurve n von B zu konstruieren. Wir wählen Π_2 parallel zu a und b und Π_1 senkrecht zu a und bestimmen auf einem beliebigen Parallelkreise i von A die beiden Punkte P und Q von c (Fig. 358). Ist E der Schnittpunkt von i mit dem Hauptmeridian m, so zeichnen wir die Normale EJ im Punkte E von m, die a in J trifft; die Flächennormalen in den Punkten des Parallelkreises i bilden einen Kegel mit dem Scheitel J. Eine Ebene durch b und J schneidet aus dem Kegel die beiden Mantellinien aus, die die gesuchten Punkte P und Q tragen; diese Punkte liegen also auf der Schnittlinie GH der Ebene bJ mit der Ebene des Kreises i ($H'' = b'' \times i''$, H' auf b', $J''G'' \parallel b''$, $G'' = J''G'' \times i''$, K Mittelpunkt von i, $G'K' \parallel x$, $P' = G'H' \times i'$, $Q' = G'H' \times i'$). Drehen wir nun noch die Ebenen Pb resp. Qb um b parallel zu Π_2, so liefern P und Q die Punkte P_0 und Q_0 des Hauptmeridians n von B ($P_0''P'' \perp b''$, $(P_0'' \dashv b'') = (P \dashv b)$).

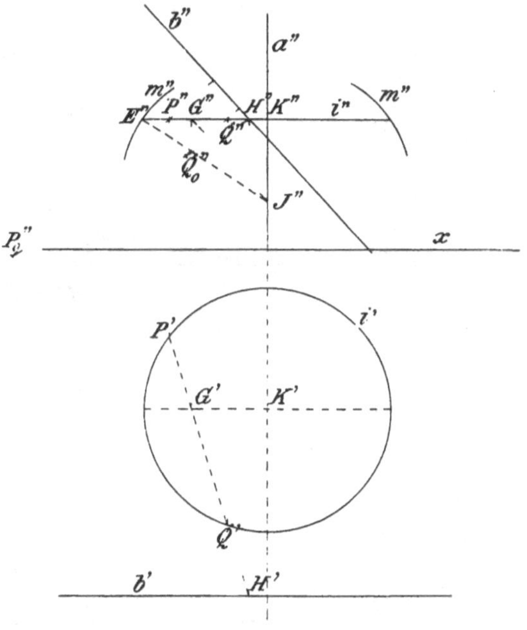

Fig. 358.

560. Ein gerader Kreiscylinder mit der Achse a rotiert um eine Achse b; seine Hüllfläche zu bestimmen. Π_1 werde zu a normal, Π_2 zu a und b parallel gewählt (Fig. 359); die Berührungskurve c des Cylinders in seiner Anfangslage mit der Hüllfläche ist dann leicht anzugeben. Da hier ihre erste Projektion c' mit dem Spurkreise k des Cylinders zusammenfällt und die Normalen dieses Cylinders horizontal sind, so können wir durch einen beliebigen Punkt R von b das Lot zu a mit dem Fußpunkte S zeichnen, das den Cylinder in zwei Punkten P und Q von c schneidet ($R''S'' \parallel x$, $R'S' \times k = P'$, $R'S' \times k = Q'$). Jede Mantellinie trägt im

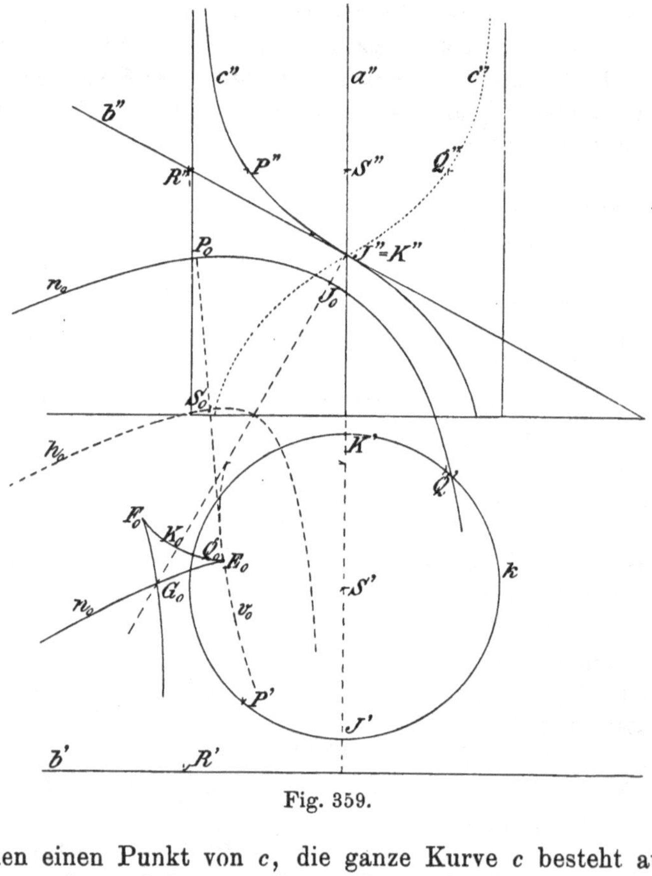

Fig. 359.

Endlichen einen Punkt von c, die ganze Kurve c besteht aus zwei Teilen, von denen jeder aus dem anderen durch eine Drehung von 180^0 um die Achse a hervorgeht. Die beiden Mantellinien, welche in der zu b parallelen Ebene durch a sich befinden, sind die Asymptoten von c. Auf der gemeinsamen Normalen von a und b liegen die Punkte J und K von c, deren Schmiegungsebenen zu Π_2 senkrecht sind; c'' hat also in $J'' = K''$ einen Doppelpunkt, der für die beiden Zweige zugleich Wendepunkt ist (b'' ist nicht Wendetangente).

Drehen wir die Gerade RS um b parallel zu Π_2 in die Lage RS_0 ($S''S_0 \perp b''$, $R''S_0 = RS = R'S'$), so gelangen P und Q nach P_0 und Q_0 auf $R''S_0$ ($P_0S_0 = S_0Q_0 = r$, dem Radius von k); diese Punkte P_0 und Q_0 gehören dem Hauptmeridian n_0 der Hüllfläche an. S_0 entsteht aus dem Punkte S von a durch Rotation um die Achse b; durch Rotation der Geraden a um die Achse b entsteht aber ein Rotationshyperboloid, dessen Hauptmeridian eine Hyperbel h_0 ist; sie trägt den Punkt S_0. Die Nebenachse von h_0 ist b'', ihre eine Asymptote fällt mit a'' zusammen. Die gerade $R''S_0$ ist die Normale der Hyperbel h_0 im Punkte S_0. Denn RS steht in S senkrecht zu a und trifft die Achse b des genannten Hyperboloides, d. h. RS ist die Normale dieser Fläche im Punkte S; deshalb ist RS auch eine Normale der Meridianhyperbel durch S, und in der gedrehten Lage ist RS_0 die Normale von h_0 in S_0. Tragen wir auf dieser Normalen nach beiden Seiten hin die gleiche Strecke r auf, so erhalten wir zwei Punkte P_0 und Q_0 von n_0. Der Hauptmeridian n_0 der Hüllfläche ist also eine Parallelkurve zu der Hyperbel h_0 im Abstande r. Die Kurve n_0 besteht aus zwei Teilen, von denen der eine außerhalb h_0, der andere im Innern von h_0 liegt; letzterer hat zwei Spitzen E_0 und F_0 auf der Evolute v_0 von h_0 und einen Doppelpunkt G_0 auf J_0K_0.

561. Zwei Hyperboloide können sich längs einer Erzeugenden berühren. Die Hyperboloide seien A und B, ihre Achsen a und b, die gemeinsame Erzeugende e. Wenn sich die Rotationsflächen längs e berühren sollen, so müssen die gemeinsamen Flächennormalen in den Punkten von e sowohl a wie b treffen. Alle diese Flächennormalen liegen in Ebenen, die zu e senkrecht stehen; sie müssen deshalb die Achsen a und b in ähnlichen Punktreihen schneiden, da sie in parallelen Ebenen liegen. Projizieren wir das Ganze auf eine Ebene Π_1, die auf e senkrecht steht, so erscheinen die Normalen als Geraden durch den Spurpunkt E_1 von e; soll aber das Strahlbüschel mit dem Scheitel E_1 auf a' und b' ähnliche Punktreihen ausschneiden, so muß $b' \parallel a'$ sein. Die Achsen a, b und die Erzeugende e sind somit zu einer und derselben Ebene parallel, die wir als Aufrißebene benutzen (Fig. 360).

Geht man nun von einem Hyperboloid A mit der Achse a aus, so giebt es noch unendlich viele Hyperboloide, die dasselbe längs der Erzeugenden e berühren. Sind nämlich A_1 und A_3 resp. E_1 und E_3 die Spurpunkte von a und e in zwei zu e senkrechten

Ebenen Π_1 und Π_3, so bildet jede Gerade b, deren Spurpunkte B_1 und B_3 resp. auf A_1E_1 und A_3E_3 liegen und für die $B_1B_3' \parallel A_1A_3'$ ist, die Achse eines Rotationshyperboloides B, das A längs e berührt. Denn ist A_2 irgend ein Punkt auf A_1A_3 und B_2 ein Punkt auf B_1B_3 derart, daß $B_2B_1 : B_2B_3 = A_2A_1 : A_2A_3$ ist, so geht $B_2'A_2'$ durch $E_1 = E_3'$, d. h. B_2A_2 trifft e, und es liegen A_1B_1, A_3B_3 und A_2B_2 in parallelen Ebenen, d. h. es ist $B_2A_2 \perp e$ und deshalb eine gemeinsame Normale von A und B.

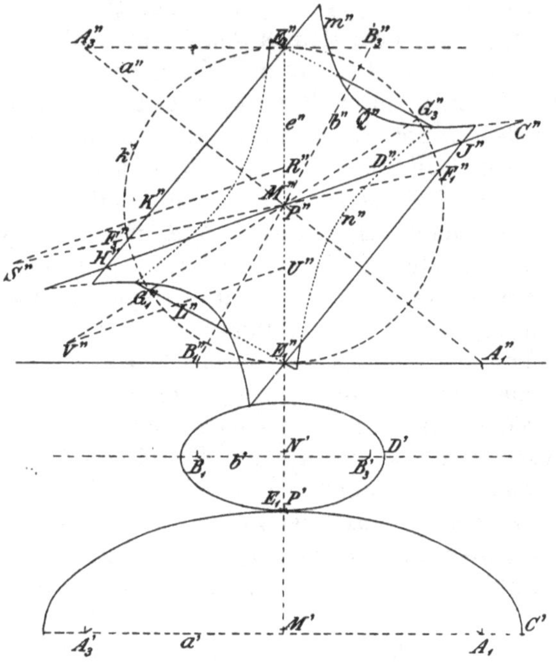

Fig. 360.

Sind wir nun über die gegenseitige Lage der Achsen a, b und der Erzeugenden e orientiert, so sind uns auch unmittelbar die Mittelpunkte M und N der Flächen A und B bekannt, denn MN ist die gemeinsame Normale von a, b und e. Ist $P = MN \times e$, so sind PM und PN die Radien der Kehlkreise unserer beiden Flächen. Eine Parallele zu e durch M liefert die zu Π_2 parallele Mantellinie des Asymptotenkegels von A, sie ist also eine Asymptote des Hauptmeridians m von A; e'' ist Asymptote der Hyperbel m'', M'' ihr Mittelpunkt, $M''Q'' = M'P'$ ihre halbe Hauptachse, a'' ihre Nebenachse. Ganz ebenso bestimmt sich der Hauptmeridian n von B; e'' ist Asymptote der Hyperbel n'', $N'' = M''$ ihr Mittelpunkt, die Länge ihrer halben Hauptachse ist gleich $N'P'$.

Die Erzeugenden von A, die mit e zusammen der gleichen Schar angehören, treffen e nicht, schneiden also B in zwei reellen oder konjugiert imaginären Punkten außerhalb e. Die Erzeugenden der anderen Schar von A berühren B je in einem Punkte von e. Daraus geht hervor, daß die Hyperboloide A und B außer der

Erzeugenden e, in der sie sich berühren, noch zwei weitere reelle, oder konjugiert imaginäre Erzeugende der anderen Schar gemein haben. Die Lage dieser Erzeugenden ergiebt sich aus der folgenden Betrachtung.

Die Mantellinien der Asymptotenkegel von A und B sind zu den Erzeugenden der bezüglichen Flächen parallel; haben demnach A und B eine Erzeugende gemein, so weisen ihre Asymptotenkegel ein Paar parallele Mantellinien auf. Verschieben wir nun beide Kegel parallel mit sich selbst, bis sie beide den Punkt P zum Scheitel haben, so berühren sie sich längs e und schneiden sich außerdem in zwei reellen, oder imaginären Mantellinien. Um diese zu zeichnen legen wir nach 113 um P als Mittelpunkt eine Kugel, und benutzen eine zu Π_2 parallele Hilfsebene durch P. Diese Hilfsebene schneide die Kugel in k und die Kegel in den Geraden E_1E_3, F_1F_3 resp. E_1E_3, G_1G_3. Sind dann E_1, E_3, F_1, F_3, G_1, G_3 die Schnittpunkte dieser Geraden mit k, und ist $H = E_1G_1 \times E_3F_3$ und $J = E_1F_1 \times E_3G_3$, so enthält die durch HJ senkrecht zu Π_2 gelegte Ebene Δ zwei gemeinsame Mantellinien der Kegel mit dem Scheitel P.

Sind diese Mantellinien reell, so schneidet jede Parallelebene zu Δ die Kegel mit dem Scheitel P in Hyperbeln mit parallelen Asymptoten, d. h. in ähnlichen und ähnlich liegenden Hyperbeln. Jede Parallelebene zu Δ schneidet also auch die Asymptotenkegel, und folglich die Hyperboloide A und B in ähnlichen und ähnlich liegenden Hyperbeln; diese letzteren berühren sich in dem auf e liegenden gemeinsamen Punkte, der deshalb das Ähnlichkeitscentrum für sie darstellt. Unter den Parallelebenen zu Δ giebt es zwei, die A berühren, also in Geradenpaaren schneiden; sie berühren gleichzeitig auch B und schneiden es in Geradenpaaren. Eine solche zu Δ parallele, gemeinsame Tangentialebene von A und B schneidet diese Flächen in einer, beiden gemeinsamen Erzeugenden und in zwei parallelen Erzeugenden. Es folgt das einfach daraus, daß die zu einem Geradenpaar ähnliche Kurve, falls das Ähnlichkeitscentrum auf einer der Geraden liegt, eben aus dieser Geraden und einer zur anderen parallelen Linie besteht. Die Hyperbeln m'' und n'' haben dann zwei zu $H''J''$ parallele gemeinsame Tangenten.

In unserer Figur schneidet die Ebene Δ die Kegel in imaginären Geraden; aber je zwei Geraden dieser Ebene, die in Bezug auf den einen Kegel konjugiert sind, sind es auch in Bezug auf den anderen, da die gemeinsame Potenzlinie der Basiskreise beider Kegel mit den Durchmessern E_3F_3 und E_1G_1 in Δ liegt. Jede Parallelebene zu Δ schneidet deshalb beide Kegel in Ellipsen, deren konjugierte Durchmesser paarweise parallel sind, die also ähnlich und in ähnlicher Lage sind. Es läßt sich indes auch leicht direkt zeigen, daß beide Kegel von den zu Δ parallelen Ebenen in Ellipsen geschnitten werden, deren Achsenverhältnisse einander gleich sind. Wird nämlich E_3F_3 durch H und K und E_1G_1 durch H und L harmonisch geteilt, so ist:

$$HF_3 : HE_3 = KF_3 : KE_3 ,$$

und

$$HG_1 : HE_1 = LG_1 : LE_1 .$$

Die Parallele zu HJ durch K schneide PE_3 und PF_3 in R und S, die Parallele zu HJ durch L schneide PE_1 und PG_1 in U und V; die Normale in K zu Π_2 treffe den Basiskreis des Kegels mit dem Durchmesser E_3F_3 in T, die Normale in L zu Π_2 den Basiskreis des zweiten Kegels mit dem Durchmesser E_1G_1 in W. Dann liegen auf den beiden Kegeln die Ellipsen mit den Mittelpunkten K resp. L und den Halbachsen $KR = KS$ und KT, resp. $LU = LV$ und LW. Nun ist:

$$KS : KF_3 = HP : HF_3 ,$$

und:

$$KR : KE_3 = HP : HE_3 ,$$

also:

$$(KR)^2 : KE_3 \cdot KF_3 = (HP)^2 : HE_3 \cdot HF_3 .$$

Ganz analog ergiebt sich:

$$(LU)^2 : LE_1 \cdot LG_1 = (HP)^2 : HE_1 \cdot HG_1 ,$$

und da $HE_3 \cdot HF_3 = HE_1 \cdot HG_1$ ist (als Potenz von H in Bezug auf k), so folgt: $(KR)^2 : (LU)^2 = KE_3 \cdot KF_3 : LE_1 \cdot LG_1 = (KT)^2 : (LW)^2$, was unsere Behauptung erweist. Die Parallelebenen zu Δ schneiden die beiden Hyperboloide in ähnlichen Ellipsen, die sich in einem Punkte von e berühren, der das Ähnlichkeitscentrum bildet. Die Ebene Δ selbst schneidet die Hyperboloide in Ellipsen, deren kleine Halbachsen PM resp. PN und deren große Halbachsen CM resp. DN sind ($C = HJ \times m$, $D = HJ \times n$, $PM : PN = CM : DN$). Auch die ersten Projektionen dieser Ellipsen, die in die Figur eingezeichnet sind, sind ähnlich.

NEUNTES KAPITEL.

Cyklische Linien und Schraubenlinien.

Rollkurven.

562. Bewegt sich eine ebene Kurve k in ihrer Ebene, indem sie sich auf eine zweite Kurve l stützt, d. h. so, daß sie diese fortwährend berührt und legt der Berührungspunkt (Stützpunkt) auf beiden Kurven gleiche Weglängen zurück, so sagt man: **die bewegliche Kurve k rollt auf der festen Kurve l.** Die Bahn irgend eines fest mit der rollenden Kurve k verbundenen Punktes heißt eine **Rolllinie.**

Für einen bestimmten Augenblick der Bewegung seien die Punkte K und L beider Kurven im Stützpunkte vereint und M sei die Lage des die Rolllinie m beschreibenden Punktes. Man erhält eine neue Lage M_1 desselben, wenn man auf k und l in gleichem Sinne gleiche Bogenlängen KK_1 und LL_1 abträgt, in ihren Endpunkten die Tangenten K_1K' und L_1L' zieht und $\angle L'L_1M_1 = \angle K'K_1M$, sowie $L_1M_1 = K_1M$ macht (Fig. 361).

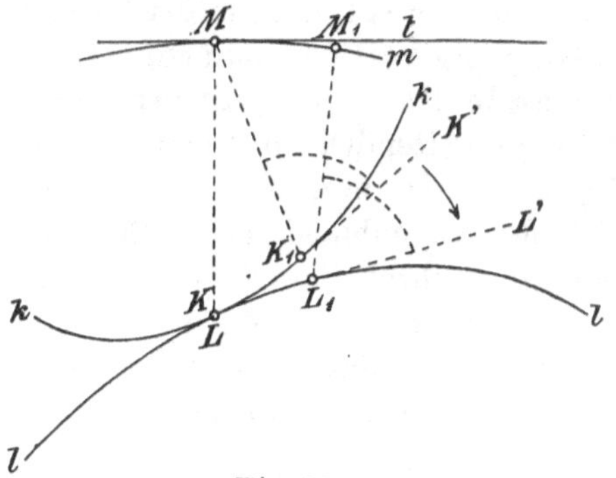

Fig. 361.

563. Ist MM_1 ein unendlich kleines Element der Rolllinie, so kann man den Übergang von M in M_1 als Drehung um den Stützpunkt L auffassen: L bildet **den augenblicklichen Drehpunkt (Momentancentrum, Pol)** der rollenden Bewegung. Man erkennt dies am leichtesten, indem man statt der Kurven vorläufig zwei Polygone $KK_1K_2\ldots$ und $LL_1L_2\ldots$ mit sehr kleinen geradlinigen Seiten $KK_1 = LL_1$, $K_1K_2 = L_1L_2, \ldots$ betrachtet (Fig. 362). Fällt zuerst K mit L zusammen, so wird darauf K_1 mit L_1 durch Drehung des beweglichen Polygones um L vereinigt, dann K_2 mit L_2 durch Drehung um L_1, u. s. f. Der Unterschied zwischen der geschilderten Bewegung und der zu untersuchenden verschwindet, wenn die Polygonseiten unendlich klein werden, wobei als Grenzgestalten der Polygone sich die Kurven k und l ergeben.

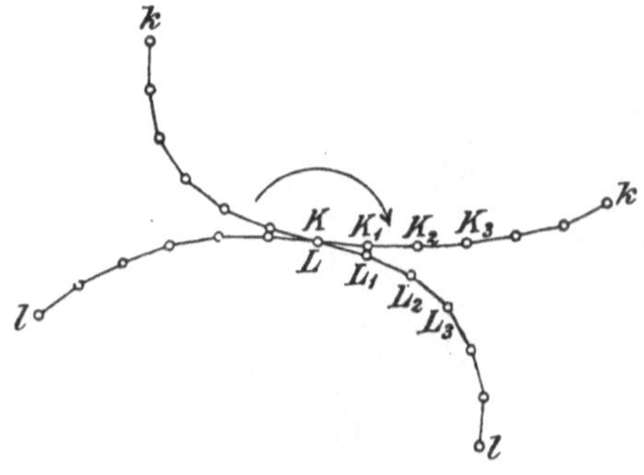

Fig. 362.

Die Gerade LM stellt die **Normale der Rolllinie** m im Punkte M dar, denn als Verbindungslinie des Drehpunktes mit dem beschreibenden Punkte steht sie senkrecht auf dessen augenblicklicher Bewegungsrichtung oder auf der Kurventangente. Hiernach kann die Tangente t der Rolllinie im Punkte M sofort gezeichnet werden.

564. Es verdient bemerkt zu werden, daß der Begriff des Momentancentrums in der Kinematik dazu dient, jede beliebige Bewegung einer starren Figur in der Ebene durch eine rollende Bewegung zu erklären. Aus den für einen bestimmten Moment geltenden Positionen P und Q zweier Punkte der bewegten Figur $\mathfrak{F}$ und ihren augenblicklichen Bewegungsrichtungen bestimmt sich der augenblickliche Drehpunkt als Schnitt der durch P und Q normal zu ihren Bewegungsrichtungen gezogenen Geraden. Er ändert im Laufe der Bewegung im allgemeinen seine Lage. Sein geometrischer Ort bildet demnach in der festen Ebene eine Kurve l, die Polbahn, in einer mit $\mathfrak{F}$ verbundenen beweglichen Ebene aber eine Kurve k, die Polkurve, deren Punkte successive mit den entsprechenden von l zusammenfallen. Man kann daher die Bewegung als durch das Rollen von k auf l hervorgebracht ansehen.

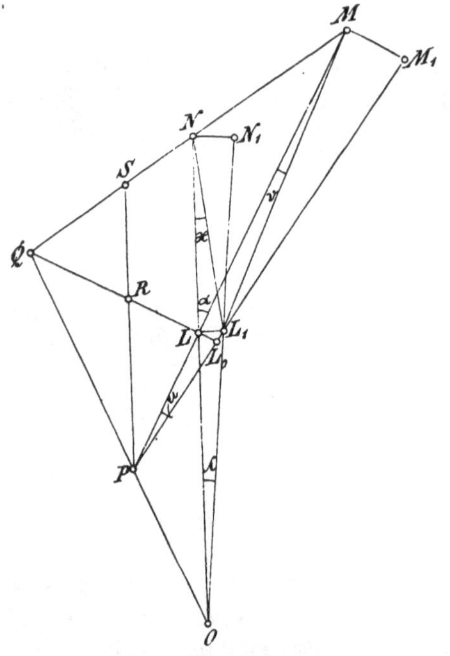

Fig. 363.

565. Haben die Kurven k und l das unendlich kleine Element LL_1 gemein (Fig. 363) und gehören zu ihm N und O als Krümmungscentren resp., so bilden $\varkappa = \angle LNL_1$ und $\lambda = \angle LOL_1$ die Kontingenzwinkel und es ist:

1) $LL_1 = LN \cdot \varkappa = OL \cdot \lambda$.

Schreitet aber die Berührungsstelle der Kurven um das Element LL_1 fort, so dreht sich die rollende Figur um den Winkel

$$\varkappa + \lambda = \angle NL_1N_1 = \angle ML_1M_1,$$

wo M_1 und N_1 die von M und N erreichten Nachbarlagen bedeuten. Dabei fällt N_1 auf die zu OL benachbarte Normale OL_1 der Leitkurve l, und die Normale LM der Rolllinie geht in die Nachbarnormale L_1M_1 über, die mit der vorigen das Krümmungscentrum P und den Kontingenzwinkel $\mu = \angle MPM_1$ bestimmt. Setzt man noch $\nu = \angle LML_1$, so folgt für die eingeführten unendlich kleinen Winkel die Beziehung:

2) $$\varkappa + \lambda = \mu + \nu\,.$$

Ist ferner L_0 die senkrechte Projektion von L_1 auf die durch L normal zu LM gezogene Gerade, so kann LL_0 als das gemeinsame Element der mit den Radien LM und PL um M und P geschlagenen Kreise betrachtet werden und man hat:

3) $$LL_0 = PL \cdot \mu = LM \cdot \nu = LL_1 \cdot \cos\alpha\,,$$

wenn $$\alpha = \angle L_0LL_1 = \angle MLN$$

gesetzt wird. — Aus der Verbindung der Relationen 1), 2) und 3) folgt:

4) $$\frac{1}{PL} + \frac{1}{LM} = \left(\frac{1}{OL} + \frac{1}{LN}\right) \cdot \frac{1}{\cos\alpha}\,.$$

Wird L_0L von MN in Q geschnitten, so trifft OQ die Gerade ML in dem durch diese Relation bestimmten Punkte P; denn zieht man durch ihn die Parallele zu ON, die auf LQ und NQ die Punkte R und S bestimmt, so folgt zuerst:

$$\frac{PR}{PL} = \frac{1}{\cos\alpha}$$

und aus ähnlichen Dreiecken:

$$\frac{PS}{PR} = \frac{OL + LN}{OL}\,,$$

$$\frac{PL + LM}{LM} = \frac{PS}{LN}\,.$$

Die Multiplikation der letzten drei Gleichungen ergiebt aber die Bedingung 4); daher die Konstruktion:

S i n d N u n d O d i e K r ü m m u n g s c e n t r a d e r K u r v e n k u n d l i m S t ü t z p u n k t e L, s o e r h ä l t m a n d a s K r ü m m u n g s c e n t r u m P d e r v o n M b e s c h r i e b e n e n R o l l l i n i e m, i n d e m m a n MN m i t d e r N o r m a l e n z u LM d u r c h L i m P u n k t e Q u n d OQ m i t LM i n P s c h n e i d e t.

Verändert M seine Lage auf LM, so bewegt sich Q auf LQ und P auf LM so, daß die Reihe der M mit der Reihe der Q aus dem Centrum N und diese mit der Reihe der P aus O perspektiv liegt. Also sind die Reihen der M und der P p r o j e k t i v.

566. Fällt der die Rolllinie beschreibende Punkt auf die Stützpunktnormale NO, z. B. nach M_0 (Fig. 364), so bedarf die

Konstruktion einer Abänderung. Der zu M_0 gehörige Krümmungsmittelpunkt P_0 ist (da hier $\alpha = 0$ zu nehmen ist) durch die Relation:

$$\frac{1}{P_0L} + \frac{1}{LM_0} = \frac{1}{OL} + \frac{1}{LN}$$

bestimmt und wird folgendermaßen indirekt gefunden. Ist M die senkrechte Projektion von M_0 auf eine durch L unter dem beliebigen Winkel α gegen NO gezogene Gerade und P der zu M gehörige Krümmungsmittelpunkt, so ist P die senkrechte Projektion von P_0. In der That geht die Bedingung 4) durch die Annahme:

$$LM = LM_0 \cdot \cos\alpha\,,$$
$$PL = P_0L \cdot \cos\alpha$$

in die zuletzt erwähnte Beziehung über.

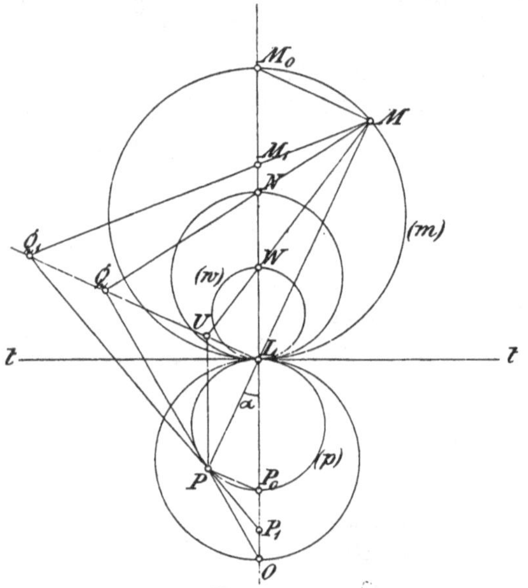

Fig. 364.

Zu irgend einem Punkte M_1 auf NO erhält man jetzt den Krümmungsmittelpunkt P_1 am einfachsten, wenn man MM_1 mit LQ in Q_1 und Q_1P mit NO in P_1 schneidet. Denn die Punktreihen LNM_0M_1 und LOP_0P_1 sind dann bezw. aus den Centren M und P zu einer und derselben Punktreihe LQQ_0Q_1 perspektiv, wobei Q_0 den unendlich fernen Punkt bezeichnet.

567. Die oben gemachte Bemerkung führt uns aber noch weiter; sie beweist nämlich den Satz:

Rollt die Kurve k auf der festen Kurve l und ist L der augenblickliche Stützpunkt, so beschreiben alle Punkte M eines Kreises (m), der l in L berührt, Rolllinien, deren Krümmungsmittelpunkte P auf einem zweiten solchen Kreise (p) liegen. Die Verbindungslinien zusammengehöriger Punkte M und P gehen durch den Stützpunkt L.

Im einzelnen zeigt sich folgendes:

α) Dem Kreise (m) durch N entspricht der Kreis (p) durch O.

β) Zieht sich der Kreis (m) auf den Punkt L zusammen, so geschieht das Gleiche mit dem Kreise (p).

γ) Der Kreis (p) artet in die gemeinsame Tangente t an k und l aus, wenn (m) in einen bestimmten Kreis (w), den Wendekreis, übergeht. Man bestimmt seinen Durchmesser LW, indem man die Parallele zu NO durch P mit LQ in U und UM mit der Geraden NO in W schneidet.

δ) Erweitert sich der Kreis (m) bis zur Koincidenz mit der Tangente t, so geht (p) in den zu (w) in Bezug auf t symmetrischen Kreis über.

Beachtet man, daß der Krümmungsradius der Rolllinie in dem Falle β) zu Null und in dem Falle γ) unendlich groß wird, so ergiebt sich:

Die Rolllinie besitzt im allgemeinen an allen den Stellen eine Spitze, wo der beschreibende Punkt M auf die feste Kurve l im Stützpunkte L auftrifft und einen Wendepunkt, so oft M dem zu L gehörigen Wendekreise (w) angehört.

Die vorstehenden Sätze können in besonderen Fällen Ausnahmen erleiden. So kann man sich z. B. denken, daß sich die Kurven k und l im Stützpunkte L oskulieren, daß sie sich also zugleich durchschneiden und ihre Krümmungscentra N und O zusammenfallen. Man erkennt leicht, daß in diesem Falle die rollende Bewegung in dem Augenblicke rückläufig werden müßte, wo die Berührungsstelle den Punkt L passiert und daß folglich die von irgend einem Punkte M beschriebene Rolllinie eine Spitze hat. In der That zeigt die obige Konstruktion, daß sich für $N = O$ auch $P = M$ ergiebt (Fig. 365). Nur wenn gleichzeitig $\angle MLN = R$ wird, also auch Q mit N und O zusammenfällt, läßt sich P auf die angegebene Art nicht ermitteln. Ohne auf diesen noch spezielleren Fall einzugehen, sei bemerkt, daß die Rolllinie dann eine Schnabelspitze

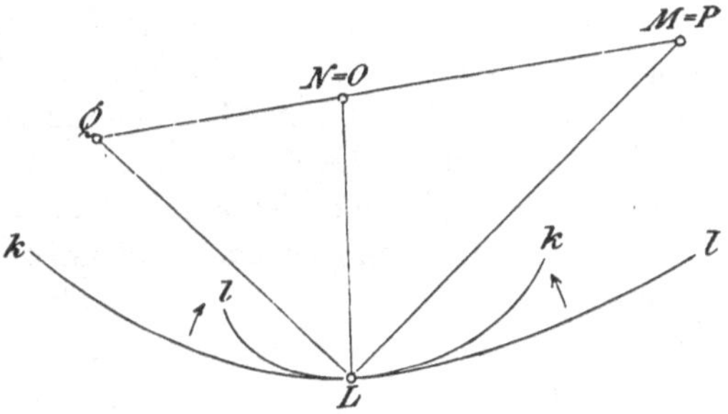

Fig. 365.

hat. In den folgenden Untersuchungen treten derartige Besonderheiten nicht auf.

568. Ist mit einer auf der festen Kurve l rollenden Kurve k eine Kurve i fest verbunden, so werden alle ihre Lagen von einer Hüllkurve (Enveloppe) h berührt. Das Momentancentrum der Bewegung sei L; schreitet dasselbe auf l um das unendlich kleine Element LL_1 fort, so beschreiben alle Punkte der Kurve i unendlich kleine Bahnelemente, die zur Verbindungslinie des beschreibenden Punktes mit dem Pole L senkrecht stehen und in der Nachbarkurve i_1 endigen. Ist nun J ein Berührungspunkt von i mit h, so stimmt das von ihm beschriebene Bahnelement (bis auf Abweichungen, die durch unendlich kleine Größen höherer Ordnung gemessen werden) mit den von J ausgehenden Nachbarelementen der Kurven i und h überein, und JL ist die gemeinsame Normale beider Kurven (Fig. 366). Daher der Satz:

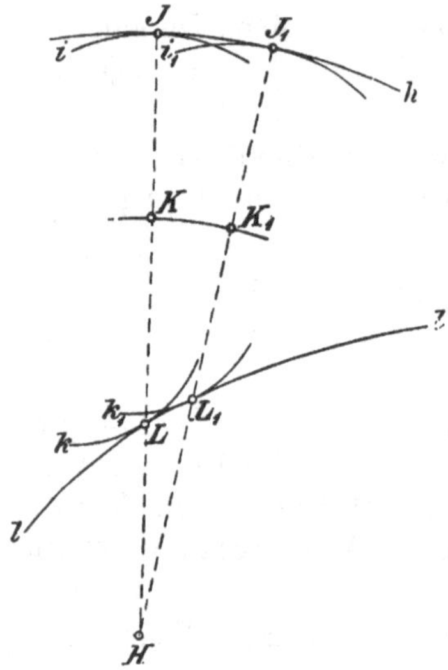

Fig. 366.

Die Berührungspunkte J einer bewegten Kurve i mit ihrer Hüllkurve h sind die Fußpunkte der vom augenblicklichen Drehpunkte L auf sie gefällten Normalen.

Ist K auf LJ das zu J gehörige Krümmungscentrum der Kurve i und K_1 seine zum Stützpunkte L_1 gehörige Nachbarlage, so schneiden sich KL und K_1L_1 in dem Krümmungscentrum H der von K beschriebenen Bahn. Die durch L_1 gezogene Normale L_1J_1 der Nachbarkurve i_1, welche mit LJ das Krümmungscentrum der Hüllkurve h bestimmt, ist (wenn wieder unendlich kleine Größen höherer Ordnung außer Betracht bleiben) als mit K_1L_1 identisch anzusehen, wie man am leichtesten erkennt, wenn man sich die Kurven i und i_1 in der Umgebung der zu betrachtenden Stellen durch ihre um K und K_1 beschriebenen Krümmungskreise ersetzt denkt. Hieraus folgt:

Die Hüllkurve h hat in ihrem Berührungspunkte J mit der beschreibenden Kurve i dasselbe Krümmungscentrum H wie die Bahnlinie des zugehörigen Krümmungscentrums K der letzteren.

Cyklische Linien.

569. Jede ebene Kurve kann als Rolllinie aufgefaßt werden. Hierdurch wird aber die Darstellung einer Kurve auf die zweier anderen zurückgeführt, das Problem also im allgemeinen nicht vereinfacht. Es empfiehlt sich daher nur dann, eine Kurve als Rolllinie zu erzeugen, wenn die hierbei verwendeten Kurven besonders einfache sind, wie z. B. bei den cyklischen Kurven.

Die cyklischen Linien[1] werden durch das Rollen eines Kreises auf einem anderen Kreise erzeugt (die Fälle eingeschlossen, wo einer der Kreise in eine Gerade übergegangen ist); man teilt sie folgendermaßen ein. Eine Cykloide entsteht, wenn ein Kreis auf einer Geraden abrollt, eine Epi- oder Hypotrochoide, wenn ein Kreis auf der Außen- oder Innenseite eines zweiten Kreises rollt, und eine Kreisevolvente beim Rollen einer Geraden auf einem Kreise. Jede dieser cyklischen Kurven kann gespitzt, gestreckt oder verschlungen sein, und zwar treten diese drei Formen auf, je nachdem der beschreibende Punkt auf der rollenden Linie selbst, oder durch diese vom Centrum der Bahnlinie getrennt, oder mit ihm auf einerlei Seite liegt. Die gespitzte Cykloide wird oft schlechthin Cykloide, die gespitzten Epi- und Hypotrochoiden werden Epi- und Hypocykloiden genannt.

570. Die Cykloiden, Epi- und Hypotrochoiden, die man auch unter dem Namen der Radlinien zusammenfassen kann, bestehen aus kongruenten Gängen, von denen ein jeder bei einer vollen Umdrehung des rollenden Kreises erzeugt wird. Als Ursprungspunkte bezeichnet man diejenigen Kurvenpunkte, deren Entfernung vom zugehörigen Stützpunkte ein Minimum ist und rechnet die Gänge von einem Ursprunge bis zum nächsten. Solcher Gänge erhält man, indem man die Kurve vor- oder rückwärts beschreiben läßt, im allgemeinen unendlich viele. Nur wenn das Verhältnis der Radien (und mithin der Umfänge) des rollenden und des festen Kreises dem zweier ganzer Zahlen, $\varkappa : \lambda$, gleich ist, wird sich die Radlinie nach λ Gängen und $\varkappa$ Umläufen (um den festen Kreis) schließen. Als geschlossene Epicykloiden ergeben sich z. B. bei gleichen Radien die Pascal'schen Linien (vergl. 440, 441).

Die Kreisevolventen gehören zu den Spiralen; sie bestehen aus Windungen, von denen eine jede einem vollen Umlauf der

[1] Ausführlicheres über die cyklischen Kurven findet man bei Burmester, Lehrb. d. Kinematik, I. Bd. II. Abschn. und bei Wiener, Lehrb. d. darstell. Geometrie, II. Bd. VIII. Abschn.

rollenden Geraden um den festen Kreis entspricht. Die Windungen erstrecken sich von einem Ursprunge aus mit beiderlei Umlaufssinn ins Unendliche. Besondere Beachtung verdient die verschlungene Kreisevolvente, deren Ursprung im Centrum des Kreises liegt; sie ist als Spirale des Archimedes bekannt.

Außer den wichtigeren cyklischen Kurven soll hier noch die Sinuslinie kurz besprochen werden, die nach ihrer Entstehungsweise mit ihnen verwandt ist.

571. Rollt der Kreis k auf der geraden Linie l, so beschreibt irgend ein Punkt M seiner Peripherie eine gespitzte Cykloide. Die Ursprungspunkte sind Spitzen und werden von den Punkten gebildet, in denen der beschreibende Punkt auf die Bahnlinie l trifft; sie folgen einander in Abständen gleich dem Umfange des rollenden Kreises. Jeder Gang ist symmetrisch zu der Normalen durch seinen höchsten, nach einer halben Umdrehung von k erreichten Punkt. — Es seien A und B auf l zwei aufeinander folgende Spitzen der

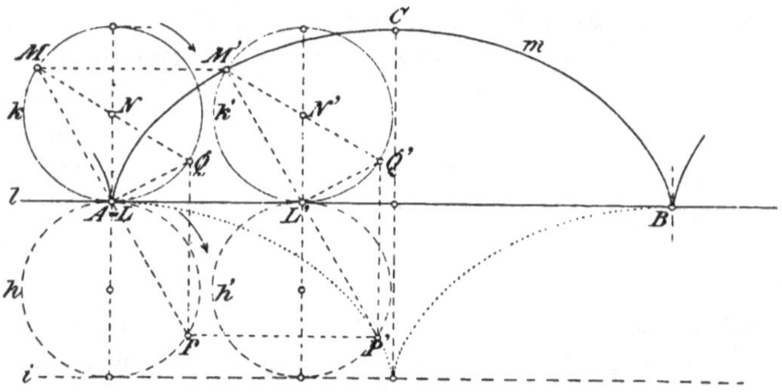

Fig. 367.

Cykloide (Fig. 367) und k der rollende Kreis in der Anfangslage, wo der Stützpunkt L mit A zusammenfällt. Die rollende Bewegung von k denke man sich zusammengesetzt aus einer Drehung um das Centrum N, wobei A in M übergehen mag, und einer Verschiebung in der Richtung der Bahnlinie l, deren Größe durch die Strecke $AL' =$ Bog AM gegeben ist. Um die Endlage M' des beschreibenden Punktes zu erhalten, ist $L'M' \# AM$ zu ziehen. — Zu M als beschreibendem Punkte findet man P als Krümmungscentrum, wenn man aus dem Endpunkte Q des Kreisdurchmessers MQ die Senkrechte zu l zieht und sie mit MA schneidet (vergl. 565, 566). P liegt auf einem zu k kongruenten Kreise h, der l in A von der entgegengesetzten Seite berührt. Aus P ergiebt sich der Krümmungsmittelpunkt P' der Cykloide im Punkte M' durch die Beziehung $PP' \# AL'$. Hieraus folgt: $M'L' = L'P'$, d. h. der Satz: Der Krümmungsradius der Cykloide im Punkte M ist gleich dem doppelten Abstande desselben vom Stützpunkte, oder gleich der doppelten Normalen. Zieht man parallel zu l die Tangente i des Kreises h und bemerkt, daß $PP' =$ Bog AP ist, so erkennt man, daß P' aus A hervorgeht, indem der Kreis h auf der Geraden i rollt. Daher gilt der Satz: Die Evolute einer Cykloide ist eine zu ihr kongruente Cykloide. Der höchste Punkt C des Cykloidenganges liegt mitten zwischen den beiden Spitzen A und B; seine Höhe über der Bahnlinie ist dem Durchmesser des rollenden Kreises gleich. Da diesem Punkte C eine Spitze der Evolute entspricht, so ist er ein Scheitelpunkt (vergl. 449). Die Scheitel der Evolute fallen mit den Spitzen der Cykloide zusammen. — Man konstruiert die Cykloide zweckmäßig unter Benutzung einiger Krümmungskreise, die sich nach dem Gesagten leicht finden lassen.

572. Ein Punkt M der Innenfläche des Kreises k beschreibt, wenn k auf der Geraden l rollt, eine gestreckte Cykloide. Man

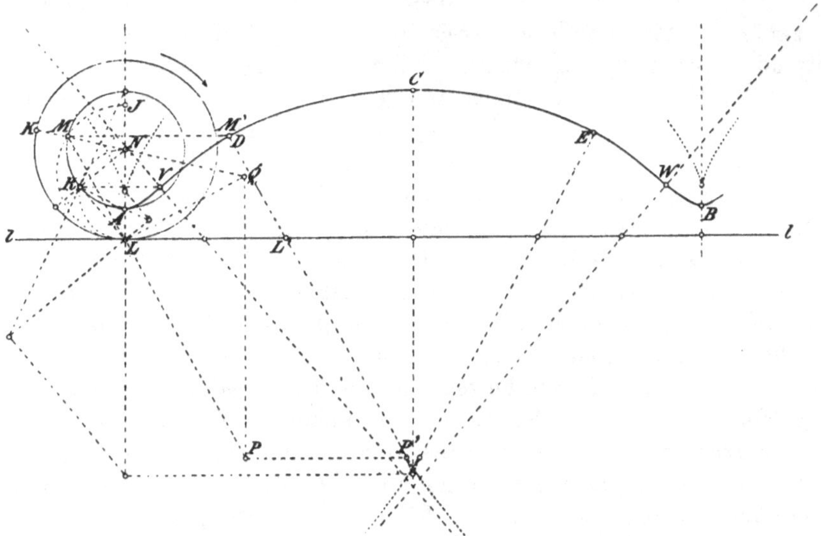

Fig. 368.

zeichne den Kreis in solcher Lage, daß der beschreibende Punkt seine tiefste Position A auf dem Radius des Stützpunktes L einnimmt. A ist ein Ursprungspunkt; sein Abstand vom nächsten Ursprungspunkte B ist dem Kreisumfange gleich. Durch A werde ein mit k koncentrischer Kreis m gelegt (Fig. 368). Nimmt man auf m einen Punkt M an, schneidet den Radius NM mit k in K, trägt auf der Bahnlinie l vom Stützpunkte L aus die Strecke $LL' = \text{Bog}\, LK$ ab und macht $L'M' \# LM$, so ist M' ein Punkt der Cykloide. Es ist zweckmäßig, alle weiteren Konstruktionen an den anfangs gezeichneten Kreisen k und m vorzunehmen, und die konstruierten Punkte erst nachträglich durch die entsprechende Verschiebung parallel zur Bahnlinie in ihre schließliche Lage überzuführen. — Zu dem beschreibenden Punkte M ergiebt sich (nach 565) der Krümmungsmittelpunkt P und aus P der Krümmungsmittelpunkt P' der Cykloide im Punkte M', wenn $PP' \# LL'$ gemacht wird.

Die Ursprungspunkte A und B, sowie der, nach einer halben Umdrehung des rollenden Kreises erreichte, höchste Punkt C sind Scheitel der gestreckten Cykloide. Jeder Gang ist gegen die Normale seines höchsten Punktes C symmetrisch. Im Punkte A oder B ist die Cykloide gegen die Bahnlinie l konvex, in C konkav; zwischen A und C wechselt sie daher die Krümmung in einem Wendepunkte V und ebenso zwischen C und B in W. Da der Mittelpunkt N des rollenden Kreises eine gerade Linie $\parallel l$ beschreibt, so gehört er stets dem Wendekreise w für den betreffenden Stützpunkt an und dieser ist speziell für L über dem Durchmesser LN zu schlagen. Ist R ein Schnittpunkt von w und m, so ergiebt sich ein Wendepunkt V, indem man auf R dieselbe Konstruktion anwendet, wie vorhin auf M. — Wie hier ohne Beweis mitgeteilt werden mag, besitzt die gestreckte Cykloide noch in jedem Gange zwei weitere Scheitelpunkte D und E.[1] Man findet einen derselben D, wenn man den Radius LN des Kreises k um seine halbe Länge bis J verlängert, den Kreis über dem Durchmesser JL mit m in M schneidet und M zum Ausgangspunkte der oben geschilderten Konstruktion macht.[2] — Um einen Gang der gestreckten Cykloide zu zeichnen, beschränkt man sich am besten auf die Bestimmung der Scheitel- und Wendepunkte und der zu ersteren gehörigen Krümmungskreise; die Centren derselben sind nach den in 565 gemachten Angaben leicht zu finden. Den vier Scheiteln A, D, C, E eines Ganges entsprechen Spitzen der (in der Figur punktierten) Evolute, die Kurvennormalen in den beiden Wendepunkten V und W bilden Asymptoten der Evolute.

[1] Vgl. Wiener, Lehrb. d. darstell. Geometrie II, 324.

[2] In der Figur ist, um sie nicht durch viele Linien unklar zu machen, die Konstruktion nur einmal durchgeführt, nämlich für den besonderen Punkt $M' = D$.

573. Ein Punkt der Außenfläche des Kreises *k* beschreibt beim Rollen desselben auf der Geraden *l* eine verschlungene Cykloide (Fig. 369). Es sei *k* der rollende Kreis in einer solchen Position, daß der beschreibende Punkt seine tiefste Lage *A* auf dem Radius *NL* einnimmt, und *m* der mit *k* koncentrische Kreis durch den Ursprungspunkt *A*. Trägt man vom Stützpunkte *L* auf *k* und *l* die gleiche Länge als Bogen *LK* und Strecke *LL'* auf,

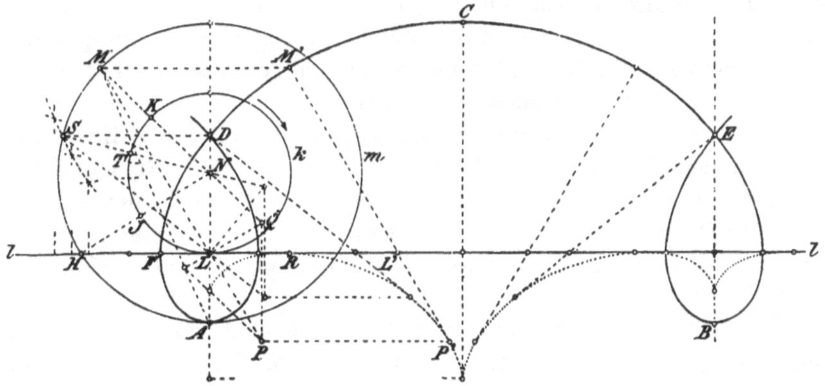

Fig. 369.

schneidet den Radius *NK* mit *m* in *M* und zieht *L'M'* ⧣ *LM*, so ist *M'* ein Punkt der Cykloide. Der zugehörige Krümmungsmittelpunkt *P'* wird gefunden, wenn man den verlängerten Radius *MN* mit der Normalen zu *ML* in *Q* und die Senkrechte zu *l* durch *Q* mit *ML* in *P* schneidet, hierauf aber *P* in der Richtung der Leitlinie um die Strecke *LL'* bis nach *P'* verschiebt.

Die verschlungene Cykloide schneidet in jedem Gange zweimal die Bahnlinie *l*. Man erhält einen dieser Schnittpunkte *F* aus dem Schnittpunkte *H* des Kreises *m* mit *l* durch eine Verschiebung auf der Bahnlinie; ihre Größe *HF* ist durch den Bogen *LJ* von *k* bestimmt, dessen Endpunkt *J* auf dem Radius *NH* liegt. Gleichzeitig erhält man den zu *F* gehörigen Krümmungsmittelpunkt *R* durch die Relation *FR* = *HL*. — Die Gänge der verschlungenen Cykloide überschneiden sich in Doppelpunkten, wie *D* und *E*; dieselben liegen auf den Normalen der Bahnlinie, welche die Ursprungspunkte enthalten. Der auf *NA* liegende Doppelpunkt *D* geht durch die mehrfach erwähnte Konstruktion aus dem Punkte *S* von *m* hervor, dessen senkrechter Abstand von *NA* gleich dem bis zum Radius *NS* gemessenen Bogen *LT* des rollenden Kreises ist. Man findet *S* durch eine Fehlerkurve, von der einige Punkte bestimmt werden, indem man von L aus resp. auf k und l gleiche Längen abträgt, durch die Endpunkte Radien bezw. Normalen zieht und sie miteinander schneidet. — Die tiefsten und höchsten Punkte der verschlungenen Cykloide sind wiederum Scheitel. Weitere Scheitelpunkte, sowie Wendepunkte treten nicht auf. Den Scheiteln A, C, B, ... entsprechen Spitzen der Evolute, die man nach 566 leicht konstruiert; den Schnittpunkten F, G, ... mit der Bahnlinie aber Punkte, in denen die Evolute die Bahnlinie l berührt. — Bei der Konstruktion der Kurve wird man sich zweckmäßig auf die Bestimmung ihrer ausgezeichneten Punkte und weniger Zwischenpunkte nebst den zugehörigen Krümmungskreisen beschränken.

574. Ein Kreis k rolle auf der Außenseite des festen Kreises l. Ein Punkt der Peripherie von k beschreibt hierbei eine Epicykloide, gleichviel ob der feste Kreis außerhalb oder innerhalb des beweglichen liegt und jede Epicykloide kann auf beide Arten erzeugt werden. Wir betrachten zuerst den Fall, wo k und l einander ausschließen.

In Fig. 370 sei A der anfänglich mit dem Stützpunkte des rollenden Kreises k zusammenfallende beschreibende Punkt, also

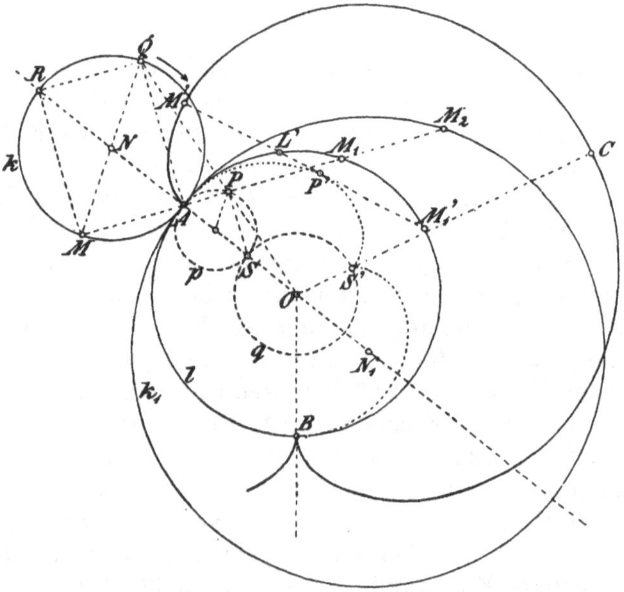

Fig. 370.

eine Spitze der Epicykloide. Die nächste Spitze B liegt auf l um einen Bogen gleich dem Umfange von k entfernt. — Man denke sich wieder das Rollen aus zwei Einzelbewegungen zusammengesetzt, nämlich aus einer Drehung von k um sein Centrum N, wobei der beschreibende Punkt von A nach M gelangen mag, und aus einer Drehung um das Centrum O von l, bei welcher der Stützpunkt in L' und gleichzeitig M in M' übergeht. Hierbei ist Bog AL' = Bog AM zu nehmen. Trifft die Gerade MA den Kreis l zum zweiten Male in M_1, so trage man, um den Punkt M' der Epicykloide zu finden, Bog $L'M_1'$ = Bog AM_1 und auf der Sehne $M_1'L'$ die Strecke $L'M' = AM$ ab. — Zu M selbst als beschreibendem Punkte wird der Krümmungsmittelpunkt P gefunden, wenn man den Endpunkt Q des Durchmessers MQ vom rollenden Kreise mit dem Centrum O des festen verbindet und MA mit QO schneidet. Hieraus findet sich der Krümmungsmittelpunkt P' der Epicykloide für den Punkt M' auf der Kurvennormale $M'L'$ durch die Relation $M'P' = MP$.

575. Der Durchmesser AR des rollenden Kreises liegt in der Verlängerung des Radius OA vom festen. Man ziehe $PS \parallel QA$ und $QR \parallel PA$, schlage über dem Durchmesser AS einen Kreis p, der P enthält, und um O einen Kreis q vom Radius OS. Dann bestehen die Beziehungen:

$$OS : SA = OP : PQ = OA : AR,$$

aus denen zu schließen ist, daß die beiden Kreise p und q eine zu k und l ähnliche und ähnlichliegende Figur bilden (Ähnlichkeitscentrum O). Es bildet aber p den geometrischen Ort der Punkte P für k als Ort der Punkte M und indem k auf l rollt, rollt p auf q. Daher folgt der Satz:

Die Evolute einer Epicykloide ist eine ähnliche Epicykloide. Den Spitzen der Evolute entsprechen Scheitel der Epicykloide, z. B. der nach einer halben Umdrehung von k erreichte Scheitel C; umgekehrt bilden die Spitzen der Epicykloide die Scheitel der Evolute.

Nach vorstehenden Angaben ist es leicht, die Epicykloide zu konstruieren. Sie schließt sich, wie schon oben erwähnt, wenn die Radien von k und l ein rationales Verhältnis $\varkappa : \lambda$ haben, nach λ Gängen und $\varkappa$ Umläufen. Bei gleichen Radien ergiebt sich eine nur aus einem Gange bestehende Pascal'sche Linie, die den Namen Kardioide führt.

576. Neben k mag noch ein zweiter rollender Kreis k_1 mit dem Radius $AN_1 = NA + AO$ betrachtet werden, der den festen Kreis l einschließt. Sein Berührungspunkt falle anfänglich mit A zusammen und die Gerade MA treffe ihn in M_2. A ist gemeinsames Ähnlichkeitscentrum für die drei Kreise l, k und k_1. Hieraus folgt erstens, daß die Tangenten von l in M_1 und M_1' mit den gleichen Sehnen M_1A und $M_1'L'$ denselben Winkel bilden, wie die Tangente von k_1 in M_2 mit M_2A; zweitens folgt:

$$AM_2 = MA + AM_1 = M'M_1'$$

und $$\text{Bog}\, AM_2 = \text{Bog}\, MA + \text{Bog}\, AM_1 = \text{Bog}\, AM_1'.$$

Beim Rollen von k_1 auf l fällt daher einmal der Punkt M_2 mit M_1' und gleichzeitig der ursprünglich in A gelegene beschreibende Punkt mit M' zusammen. Es besteht also der Satz:

Wenn von zwei Kreisen k und k_1 der kleinere den Kreis l ausschließt, der größere einschließt und die Differenz ihrer Radien dem Radius von l gleich ist, so erzeugen beide beim Rollen auf l die nämlichen Epicykloiden.

Damit ein Gang der Epicykloide beschrieben werde, muß der Stützpunkt des größeren Kreises einen vollen Umlauf mehr zurücklegen als der des kleineren.

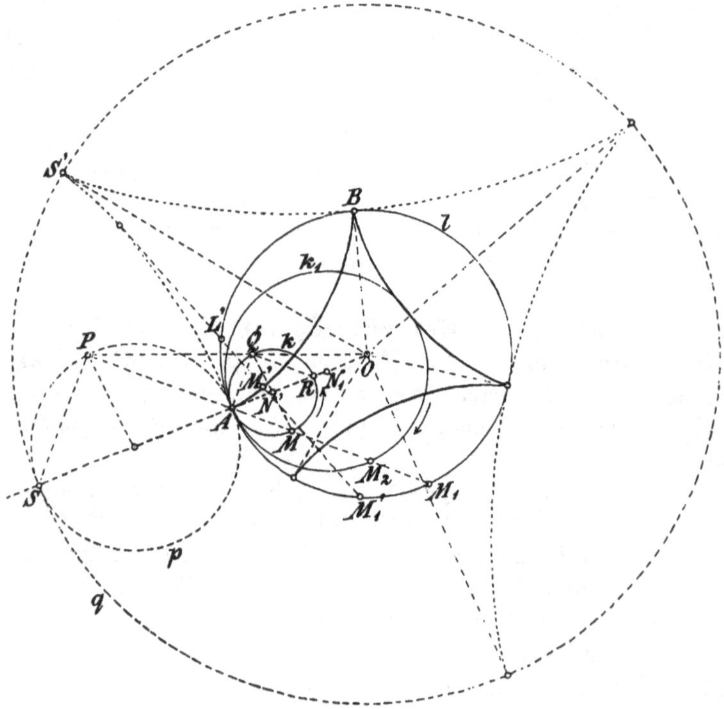

Fig. 371.

577. Rollt ein Kreis k in einem festen Kreise l, so beschreibt ein Punkt seiner Peripherie eine Hypocykloide. Diese Kurve wird durch genau dieselben Operationen konstruiert, wie vorhin die Epicykloide in 574. In der Fig. 371 sind daher die einzelnen Elemente mit den gleichen Buchstaben bezeichnet wie in Fig. 369. Es besteht namentlich aus analogen Gründen, wie dort, der Satz:

Die Evolute einer Hypocykloide ist eine ähnliche Hypocykloide. Die Spitzen der Hypocykloide bilden die Scheitel der Evolute und den Spitzen dieser entsprechen die Scheitel jener Kurve.

Um die Hypocykloide auf eine zweite Art zu erzeugen, hat man hier den rollenden Kreis k_1 mit dem Radius $N_1A = OA - NA$ zu betrachten. Läßt man seinen Berührungspunkt mit l wieder zu Anfang nach A fallen und nimmt an, daß er im entgegengesetzten Sinne rollt, wie k, so folgt wie oben die Gleichheit der Winkel an den Scheiteln M_1, M_1' und M_2, weiter hat man:

$$AM_2 = AM_1 - AM = M'M_1'$$

und $$\text{Bog}\, AM_2 = \text{Bog}\, AM_1 - \text{Bog}\, AM = \text{Bog}\, AM_1'.$$

Daher fällt im Laufe der rollenden Bewegung von k_1 der Punkt M_2 mit M_1' und zugleich der beschreibende Punkt mit M' zusammen und es gilt der Satz:

Rollen zwei Kreise k und k_1 in dem festen Kreise l und ist die Summe ihrer Radien dem Radius von l gleich, so erzeugen sie die nämlichen Hypocykloiden.

578. Indem eine Gerade k als Tangente an einem Kreise l abrollt, beschreibt ein mit ihr verbundener Punkt M eine Kreisevolvente. Diese ist gespitzt, wenn sich M auf k selbst befindet, verschlungen wenn M mit dem Centrum O des Kreises auf derselben Seite von k liegt und gestreckt, wenn M und O auf entgegengesetzten Seiten liegen.

Wir betrachten zuerst die gespitzte Kreisevolvente näher. Der Ursprung A ist dadurch bestimmt, daß der beschreibende Punkt mit dem Berührungspunkte der rollenden Geraden zusammenfällt. Die Kurve, die man sich von A aus vor- und rückwärts beschrieben zu denken hat, bildet in A eine Spitze und verläuft mit sich erweiternden Spiralenwindungen von beiderlei Umlaufssinn ins Unendliche. Sie überschneidet sich selbst in unendlich vielen Doppelpunkten, wie z. B. in D (Fig. 372), die sämtlich auf dem verlängerten Durchmesser AO des Kreises liegen. Für jeden Punkt M der gespitzten Kreisevolvente ist der zugehörige Stützpunkt L der rollenden Geraden der Krümmungsmittelpunkt und der Krümmungshalbmesser MP gleich dem vom Stützpunkte durchlaufenen Bogen AP des Kreises. Zur Konstruktion dient die Rektifikation des Kreises mittels einer Teilung in eine hinreichend große Anzahl gleicher, als geradlinig aufzufassender Teile, die auf den Kreistangenten in den Teilpunkten abzutragen sind. Ist u gleich

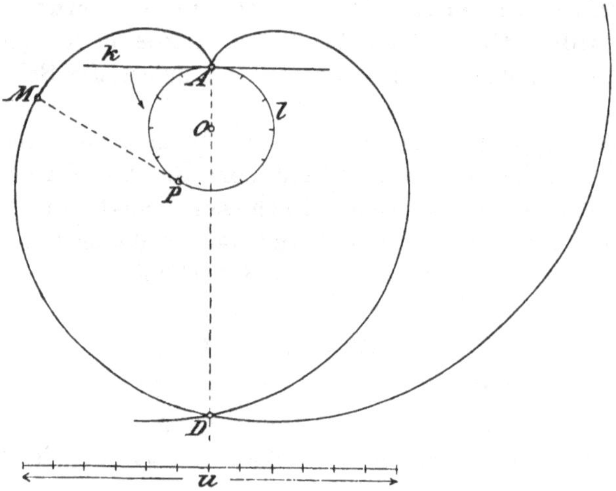

Fig. 372.

dem Umfange des Kreises, so gelangt man durch Weitertragen der Strecke u auf jeder seiner Tangenten von Punkten der ersten Windung zu solchen der zweiten, u. s. f.

579. Zur Konstruktion der allgemeinen Kreisevolvente gelangt man durch folgende Überlegung (Fig. 373). Die auf dem Kreise l (Centrum O) rollende Gerade k berühre ihn in L. Ihre Anfangslage sei so gewählt, daß der mit k verbundene beschreibende Punkt A auf OL fällt.

Schreitet der Stützpunkt von k auf l bis nach L' fort, so geht L in die Lage L'' über. Ist ferner $L''M' = LA$ und $\perp L'L''$, so giebt M' die gleichzeitig vom Punkte A erreichte Lage an. Zieht man durch M' die Parallele zu $L'L''$, so berührt sie den um O durch A beschriebenen Kreis i in dem Punkte M, der auf OL' liegt. Mithin steht die Tangentenstrecke MM' zu dem Kreisbogen AM für jeden Punkt M' der Evolvente in einem unveränderlichen Verhältnisse:

$$\varkappa = \frac{\text{Bog } MA}{MM'} = \frac{OA}{OL}.$$

Man erhält alle Evolventen des Kreises l, indem man dem beschreibenden Punkte A alle möglichen Lagen auf OL erteilt. Dabei durchläuft $\varkappa$ alle Werte von $+\infty$ bis $+1$ und von $+1$ bis $-\infty$, wenn der Punkt A die Gerade LO vom Unendlichen bis zu L und von da über O bis wieder ins Unendliche durchläuft. Daher gilt der Satz:

Bewegt sich eine Gerade als Tangente eines Kreises und auf ihr ein Punkt derart, daß sein Abstand MM' vom Berührungspunkte M dem von diesem zurückgelegten Kreisbogen AM (oder dem zugehörigen Centriwinkel φ) proportional wächst, so beschreibt er eine allgemeine Kreisevolvente. Diese ist gestreckt, gespitzt oder verschlungen, je nachdem das Verhältnis $\varkappa \gtreqless 1$ ist (wo $\varkappa = MA : MM'$).

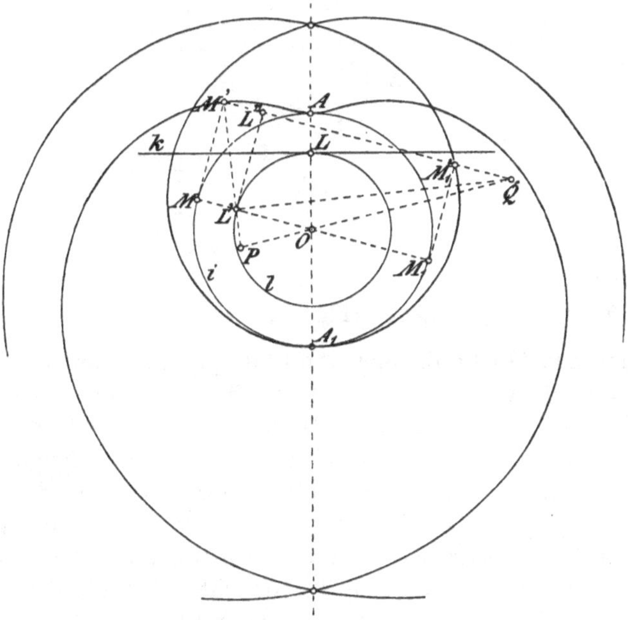

Fig. 373.

In Fig. 373 sind eine gestreckte und eine verschlungene Kreisevolvente dargestellt. Erstere besitzt außer dem Ursprunge A noch zwei weitere Scheitelpunkte und zwei Wendepunkte. Bei der letzteren bildet der Ursprung A_1 den einzigen Scheitel; Wendepunkte treten nicht auf. Die Doppelpunkte beider Kurven liegen auf der Geraden AO oder A_1O. Den Krümmungsmittelpunkt P zu einem allgemeinen Punkte M' der Kreisevolvente findet man leicht nach der in 565 gegebenen Vorschrift.

580. Die verschlungene Kreisevolvente geht für den speziellen Fall $\varkappa = o$ in eine Archimedische Spirale über. Für diese ergiebt sich folgende Entstehung. Dreht sich ein Strahl um einen seiner Punkte O, während auf ihm der Punkt M so fortschreitet, daß der Radiusvektor $r = OM$ proportional dem Drehwinkel φ wächst, so beschreibt M eine Archimedische Spirale.

Setzt man $r = p \cdot \varphi$, so heißt p der Parameter der Spirale und diese kann als Evolvente eines um O mit dem Radius $OL = p$ geschlagenen Kreises, des Parameterkreises, erhalten werden,

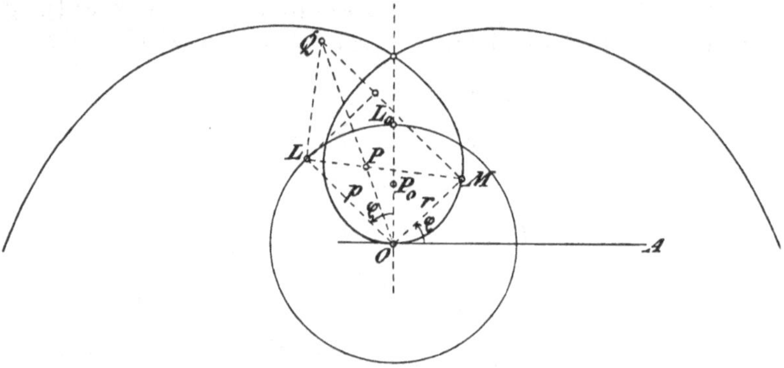

Fig. 374.

indem man den beschreibenden Punkt ursprünglich mit dem Centrum O zusammenfallen läßt. Die rollende Tangente liegt dem Radiusvector anfänglich parallel, ihr Berührungspunkt L_0 also auf der Normalen OL_0 zu dem Anfangsstrahle OA, von welchem aus die Drehwinkel φ gemessen werden. Indem der Stützpunkt der Tangente den Bogen L_0L zurücklegt, wächst der Radius OM auf die gleiche Größe. Der zu M gehörige Krümmungsmittelpunkt P wird gefunden, indem man in L die Normale zu ML errichtet und mit der Parallelen zu OL durch M schneidet; die Verbindungslinie des Schnittpunktes Q mit O schneidet auf LM den Punkt P aus. Die Spirale berührt den Anfangsstrahl in dem Ursprungs- und Scheitelpunkte O. Den Krümmungsradius P_0O desselben findet man $= \frac{1}{2}p$, indem man sich zwei unendlich kleine Bogenelemente $OM = L_0L$ und P_0 als Schnittpunkt von OL_0 mit ML bestimmt denkt.

581. Im Zusammenhange mit den cyklischen Kurven ist die Sinuslinie zu besprechen. Die allgemeine Sinuslinie bildet die Abgewickelte der Schnittkurve eines Rotationscylinders mit einer Ebene (vergl. 495). Es sei (Fig. 375) $AB = 2a$ ein Durchmesser des Grundkreises mit dem Centrum C'. Wir betrachten eine Ellipse, die aus dem Cylinder von einer durch AB

gelegten Ebene ausgeschnitten wird. C sei ihr oberer Scheitel, E seine senkrechte Projektion auf die Grundkreisebene und $EC = b$. Ferner sei S ein beliebiger Ellipsenpunkt, R und S' seine Projektionen auf den Grundkreis, bezw. auf AB und $\angle AC'R = \varphi$. Man findet dann:

$$\text{Bog}\, AR = a \cdot \varphi, \quad RS = \frac{b}{a} \cdot RS' = b \cdot \sin \varphi .$$

Nimmt man daher — wie es bei der Abwickelung des Cylindermantels geschieht — den Bogen AR als Abscisse x und die Strecke RS als Ordinate y eines rechtwinkligen Koordinatensystems in der Ebene, so ist:

$$x = a \cdot \varphi, \quad y = b \cdot \sin \varphi .$$

Hieraus folgt die Gleichung:

$$\frac{y}{b} = \sin \frac{x}{a},$$

nach welcher die Kurve den Namen Sinuslinie führt. Wählt man den Cylinderradius gleich der Längeneinheit und die Neigung der Schnittebene gegen die Grundkreisebene $= 45^0$ (also $a = b = 1$), so ergiebt sich die Sinuslinie im engeren Sinne mit der Gleichung: $y = \sin x$.

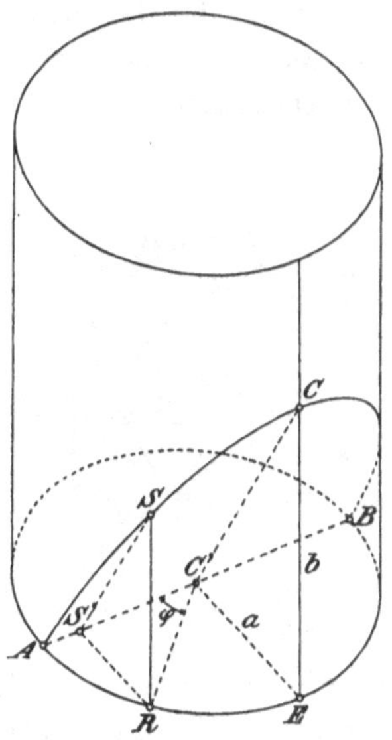

Fig. 375.

582. Die Sinuslinie wird aus den gegebenen Parametern a und b folgendermaßen konstruiert. Die Lage des Koordinatensystemes sei durch den rechten Winkel XAY festgelegt und etwa $a < b$ angenommen (Fig. 376). Man schlage um einen Punkt O der Abscissenachse AX ($OA = b$) zwei Kreise k und l mit den Radien a und b. Ein beliebiger Radius OP von l bilde mit der Abscissenachse den Winkel φ, seine senkrechte Projektion auf diese Achse sei ON und LM der zum Centriwinkel φ gehörige Bogen des Kreises k. Man findet:

$$\text{Bog}\, LM = a \cdot \varphi, \quad NP = b \cdot \sin \varphi .$$

Trägt man daher auf der x-Achse die Strecke $AR = \text{Bog}\, LM$ und parallel zur y-Achse die Strecke $RS = NP$ auf, so ist S ein Punkt der Sinuslinie. Aus der Konstruktion folgt:

Dreht sich der Punkt P auf dem Kreise l um das Centrum O, so ergiebt sich für seine senkrechte Projektion Q auf eine Gerade g derselben Ebene eine oscillierende Bewegung. Erfährt aber gleichzeitig g eine dem Drehwinkel φ von P proportionale Parallelverschiebung in einer zu g normalen Richtung, so beschreibt Q eine Sinuslinie.

Näheres über die Konstruktion der Sinuslinie ist bereits in 495 enthalten; es genügt daher an dieser Stelle die Aufzählung

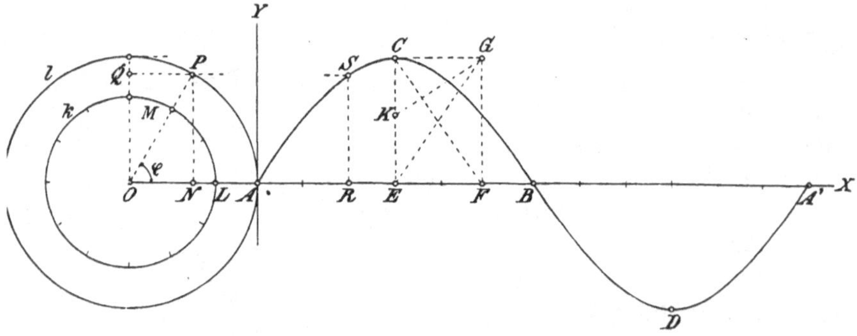

Fig. 376.

ihrer hauptsächlichen Eigenschaften. Die Kurve verläuft wellenförmig und bildet unendlich viele unter sich kongruente Gänge; die Länge eines solchen Ganges (in der Abscissenrichtung gemessen) ist dem Umfange $2a\pi$ des Kreises k gleich. Die höchsten und tiefsten Kurvenpunkte, wie C, D, . . . , deren Ordinaten dem Radius b des Kreises l gleich sind, sind Scheitelpunkte; die zwischen ihnen liegenden Schnittpunkte mit der x-Achse sind Wendepunkte der Sinuslinie. Durch die Scheitel- und Wendepunkte wird die Kurve in kongruente und symmetrische Viertelgänge zerlegt. Konstruiert man ein Rechteck (z. B. $CEFG$), dessen Seiten den Koordinatenachsen parallel und den Parametern a und b bezw. gleich sind, so ergeben seine Diagonalen die Richtungen der Wendetangenten. Zieht man noch aus der Ecke G des Rechteckes das Lot auf die Diagonale CF und schneidet es mit CE in K, so giebt KC den Krümmungsradius für die Scheitel an. Außer den besonderen Punkten und den zugehörigen Tangenten bezw. Krümmungskreisen braucht man nur wenige Kurvenpunkte zu bestimmen.

Die Schraubenlinie.

583. Die geodätische Linie auf dem geraden Kreiscylinder heißt Schraubenlinie. Der sie tragende Cylinder wird Schraubencylinder, seine Achse die Schraubenachse genannt.

Die Schraubenlinie geht also (461) bei der Abwickelung des Cylinders in eine Gerade über und umgekehrt entsteht bei der Aufwickelung einer Ebene auf einen Rotationscylinder aus jeder ihrer Geraden eine Schraubenlinie. Auf gegebenem Cylinder ist unsere Kurve durch zwei Punkte bestimmt, wenn der Sinn und die Anzahl ihrer Windungen (585) zwischen den Punkten gegeben ist, weil deren Abwickelungen eine Gerade als ihre Verwandelte bestimmen.

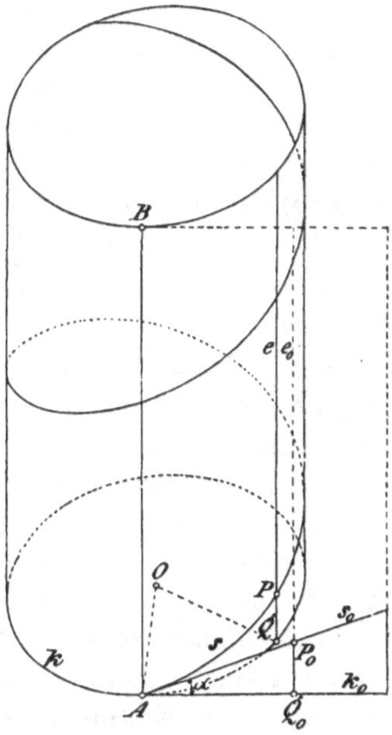

Fig. 377.

Es sollen zuerst die Haupteigenschaften der Schraubenlinie aus ihrer Entstehungsweise erklärt werden.

Man denke sich eine Tangentialebene E des Rotationscylinders; die Erzeugende, längs der sie berührt, sei durch AB dargestellt (Fig. 377). Die Normalebene zur Cylinderachse durch A schneidet den Cylinder in dem Grundkreise k, die Ebene E in seiner Tangente k_0, die bei der Aufwickelung von E in k übergeht. In E werde durch A eine Gerade s_0 unter dem Winkel α gegen k_0 gezogen; diese wird aufgewickelt die Schraubenlinie s ergeben. Der Strahl s_0 schneidet alle Parallelen zu k_0 unter dem Winkel α und alle Parallelen zu AB unter dem Winkel $\mathrm{R} - \alpha$. Da letztere in die Erzeugenden des Cylinders, erstere in seine Kreisschnitte übergehen, so folgt: Die Schraubenlinie schneidet alle Erzeugenden des Schraubencylinders unter gleichen Winkeln und ebenso alle Kreisschnitte. Der Winkel α gegen einen Kreisschnitt (oder gegen die ihn enthaltende Normalebene) heißt die Neigung der Schraubenlinie.

584. Um den Punkt P der Schraubenlinie s zu bestimmen, der aus dem auf der Geraden s_0 angenommenen Punkte P_0 hervorgeht, ziehe man durch P_0 in E die Parallele e_0 zu AB, die in eine Mantellinie e_0 des Cylinders übergeht; e_0 treffe k_0 in Q_0. Ist nun auf dem Grundkreise k der Bogen $AQ = AQ_0$ und auf der durch Q gezogenen Erzeugenden e die Strecke $QP = Q_0P_0$, so ist P der gesuchte Punkt und man hat:

$$QP = AQ \cdot \operatorname{tang} \alpha .$$

Ist ferner r der Radius des Kreises k, φ der zu seinem Bogen AQ gehörige Centriwinkel AOQ (also $AQ = r \cdot \varphi$), endlich z die Höhe QP des Punktes P über der Grundkreisebene, so ergiebt sich:

$$z = r \cdot \varphi \cdot \operatorname{tang} \alpha .$$

Da diese Gleichung für alle zusammengehörigen Werte von z und φ gilt, so erkennt man den Satz:

Die Schraubenlinie wird von einem Punkte beschrieben, der sich um eine feste Achse (die Schraubenachse) dreht und gleichzeitig eine dem Drehwinkel φ proportionale Verschiebung z in der Richtung der Achse erfährt.

Eine solche Bewegung des Punktes heißt daher Schraubenbewegung.

585. Es giebt zwei Arten Schraubenlinien, rechts- und linksgängige. Um sie zu unterscheiden, denke man sich den Beschauer seiner Länge nach in die Schraubenachse gestellt (gleichviel ob aufrecht oder verkehrt); geht für ihn die Schraubenlinie nach rechts abwärts, so heißt sie rechtsgängig, anderenfalls linksgängig.

Offenbar schneidet eine Schraubenlinie jede Erzeugende des Schraubencylinders unendlich oft. Ein Teil der Kurve, der zwischen zwei aufeinanderfolgenden Schnittpunkten mit der nämlichen Erzeugenden liegt, heißt Schraubengang (Schraubenwindung). Die zwischen seinen Endpunkten liegende Strecke der Erzeugenden heißt die Ganghöhe h. Sie giebt die Größe der Verschiebung in der Achsenrichtung an, die zu einem vollen Umlaufe des beschreibenden Punktes um die Achse gehört; es ist also:

$$h = 2 r \pi \cdot \operatorname{tang} \alpha .$$

Als reduzierte Ganghöhe wird die Strecke

$$h_0 = r \cdot \operatorname{tang} \alpha = \frac{h}{2 \pi}$$

bezeichnet, d. i. die Verschiebung in der Achsenrichtung, die einem Drehungsbogen gleich dem Radius r des Grundkreises entspricht.

Je zwei gleich lange Stücke einer Schraubenlinie sind kongruent, d. h. die Schraubenlinie ist in sich selbst verschiebbar. Diese Eigenschaft kommt außer ihr nur der geraden Linie und dem Kreise zu, die übrigens als Ausartungen der Schraubenlinie gelten können (nämlich für den Fall, daß $\operatorname{tang} \alpha$ oder $\frac{h_0}{r}$ unendlich groß wird, bezw. verschwindet).

586. Die Schmiegungsebene in einem Punkte P der Schraubenlinie liegt normal zur zugehörigen Tangentialebene des Schraubencylinders (461); die in ihr liegende Hauptnormale (454) ist das von P auf die Achse gefällte Lot und trägt den Mittelpunkt des Krümmungskreises. Aus der Kongruenz gleicher Stücke der Kurve folgt, daß der Krümmungsradius ϱ (455) in jedem Punkte gleich groß ist. Die Krümmungscentra der Schraubenlinie s erzeugen daher eine zweite gleichsinnig gewundene Schraubenlinie s_1 mit derselben Achse und Ganghöhe und dem Grundkreisradius $\varrho - r$; in je zwei entsprechenden Punkten haben beide Schraubenlinien die nämliche Hauptnormale. Da die Schmiegungsebene der Kurve s den Schraubencylinder in einer Ellipse mit den Halbachsen $a = \frac{r}{\cos\alpha}$, $b = r$ schneidet und ϱ zugleich ihren Krümmungsradius im Scheitel P bildet, so folgt nach 409:

$$\varrho = \frac{r}{\cos^2\alpha}.$$

Hiernach ist der Krümmungsradius leicht konstruierbar. Ist α_1 die Neigung der neuen Schraubenlinie s_1 und ϱ_1 ihr Krümmungsradius, so folgt zuerst:

$$r \cdot \operatorname{tang}\alpha = h_0 = (\varrho - r) \cdot \operatorname{tang}\alpha_1$$

und mit Benutzung der vorigen Relation:

$$\operatorname{tang}\alpha = \operatorname{cotg}\alpha_1 \quad \text{oder} \quad \alpha + \alpha_1 = \mathrm{R},$$

Zur Bestimmung von ϱ_1 hat man aber die Gleichung

$$\varrho_1 = \frac{\varrho - r}{\cos^2\alpha_1}$$

anzuwenden, woraus sich schließlich

$$\varrho_1 = \varrho$$

ergiebt. Die beiden Schraubenlinien s und s_1 sind daher insofern als reciprok zu bezeichnen, als jede die Krümmungscentra der anderen trägt.

587. Die Tangenten der Schraubenlinie haben sämtlich die gleiche Neigung α gegen die Grundkreisebene. Daher ist der Richtungskegel der von ihnen erzeugten abwickelbaren Fläche der Kurve (462) ein Rotationskegel. Läßt man seine Achse mit der Schraubenachse und seinen Grundkreis mit dem des Schraubencylinders zusammenfallen, so wird die Kegelhöhe der reduzierten Ganghöhe h_0 gleich.

Durch einen Punkt A der Schraubenlinie werde der Kreisschnitt k und die Tangentialebene E des Schraubencylinders gelegt (Fig. 378). Letztere bildet die rektifizierende Ebene der Kurve im Punkte A, weil sie auf seiner Hauptnormale senkrecht steht (454). Läßt man sie auf dem Cylinder ohne Gleiten wälzen, so beschreibt jeder ihrer Punkte eine gespitzte Kreisevolvente und der Cylinder bildet umgekehrt von diesen allen die Evolutenfläche. Der anfänglich mit A vereinte Punkt beschreibt in der Ebene des des Kreises k diejenige Evolvente u desselben, welche A zum Ursprungs- und Rückkehrpunkte hat (579). Ist der beschreibende Punkt auf u nach T und zugleich der Berührungspunkt der wälzenden Ebene mit der Schraubenlinie s nach P gelangt, so bildet die gerade Verbindungslinie TP die Abwickelung des Bogens AP der Kurve und zugleich deren Tangente im Punkte P. Die Kurve u ist daher eine Evolvente jeder auf dem nämlichen Cylinder durch A gezogenen Schraubenlinie; sie bildet den Schnitt der abwickelbaren Flächen aller dieser Schraubenlinien mit der durch A gelegten Normalebene zur gemeinsamen Achse.

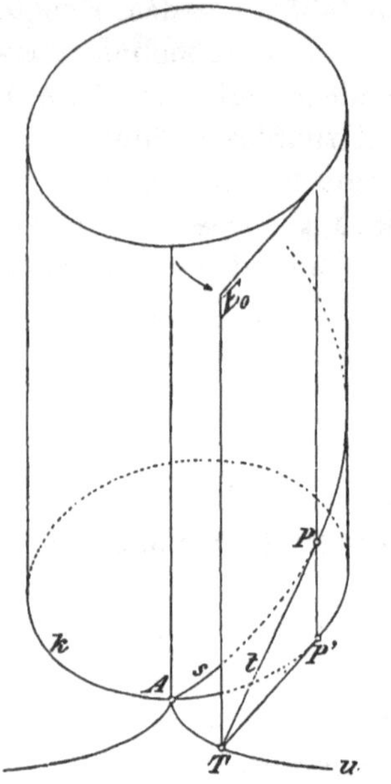

Fig. 378.

588. Über die Abbildung der Schraubenlinie läßt sich folgendes im voraus feststellen:

α) Die senkrechte Projektion auf eine Normalebene zur Achse ist der bezügliche Spurkreis des Schraubencylinders.

β) Die senkrechte Projektion auf eine zur Schraubenachse parallele Ebene ist eine Sinuslinie.

Letzteres schließt man direkt aus der in 583 resp. 585 angegebenen Erzeugungsweise der Sinuslinie und Schraubenlinie. — Für Parallelprojektionen, bei denen die projizierenden Strahlen weder parallel, noch normal zur Schraubenachse liegen, gilt folgendes:

γ) Die schiefe Parallelprojektion der Schraubenlinie (ihr Schlagschatten für parallele Lichtstrahlen) auf eine Normalebene zur Achse ist eine Cykloide, und zwar ist letztere verschlungen, gespitzt oder gestreckt, je nachdem die Neigung φ der projizierenden Strahlen gegen die Projektionsebene Π größer als die Neigung α der Schraubenlinie, ihr gleich oder kleiner ist.

Man denke sich nämlich die Schraubenlinie von einem Punkte P beschrieben, der sich auf einem Kreise k um die Schraubenachse a dreht, während k selbst, beständig der Projektionsebene Π parallel, in der Richtung von a eine Verschiebung, proportional dem Drehungsbogen, erfährt. Die Projektion P_1 des Punktes P legt dann auf der Projektion von k, d. i. auf einem kongruenten Kreise k_1, denselben Bogen wie P auf k zurück, während k_1 zugleich in Π längs der Projektion a_1 der Achse eine Parallelverschiebung erfährt, die wiederum dem Drehungsbogen proportional ist. Die Bahn des Punktes P_1 wird also nach früherem eine Cykloide. Je nachdem die einem Umlaufe von P_1 entsprechende Verschiebungsgröße (d. h. der Umfang des mit k_1 koncentrischen, rollenden Kreises) kleiner als die Peripherie von k, ihr gleich oder größer ist, wird die Cykloide verschlungen, gespitzt oder gestreckt. Jene Verschiebungsgröße ist aber gleich der Projektion der Schraubenganghöhe h, also $= h \cdot \operatorname{cotg} \varphi$. Die Peripherie von k ist dagegen $2r\pi = h \cdot \operatorname{cotg} \alpha$, so daß die obigen Unterscheidungen den Annahmen:

$$\operatorname{cotg} \varphi \lesseqgtr \operatorname{cotg} \alpha$$

oder (da bei spitzen Winkeln dem größeren die kleinere Cotangente zugehört) den Annahmen:

$$\varphi \gtreqless \alpha$$

äquivalent sind. Ist $\varphi = \alpha$, so giebt es in jedem Schraubengange einen Punkt, dessen Tangente zugleich ein projizierender Strahl ist; seine Projektion liefert eine Spitze der Cykloide.

Erteilt man schließlich der Projektionsebene Π eine beliebige Stellung, so folgt aus dem vorigen:

δ) Die Parallelprojektion einer Schraubenlinie auf eine zur Achse beliebig geneigte Ebene ist eine affine Kurve einer Cykloide.

589. Wir geben jetzt die Darstellung einer Schraubenlinie in orthogonaler Projektion, wobei wir die Schraubenachse a senkrecht zur Grundrißebene Π_1 wählen wollen.

Die Schraubenlinie s sei rechtsgängig. Der in Π_1 liegende Grundkreis des Schraubencylinders sei s'; er bildet die erste Projektion der Kurve (Fig. 379). Die Achse sei in zweiter Projektion durch die Vertikale a'', die scheinbaren Umrißlinien des Cylinders durch l'' und m'' dargestellt. Der Spurpunkt der Kurve s in Π_1 sei A auf s', $A''E'' = h$ die Ganghöhe. Teilt man den Grundkreis s' von A anfangend in n gleiche Teile und ebenso die Ganghöhe, zieht durch den m^{ten} Teilpunkt P' die Vertikale aufwärts und giebt ihr von der x-Achse aus die Länge $= m \cdot \frac{h}{n}$, so endigt sie in einem Punkte P'' der zweiten Projektion s'' der Schraubenlinie.

Da der Aufriß s'' eine Sinuslinie ist, so kann man die in 582 gegebenen Konstruktionen anwenden. Der Radius des dort benützten

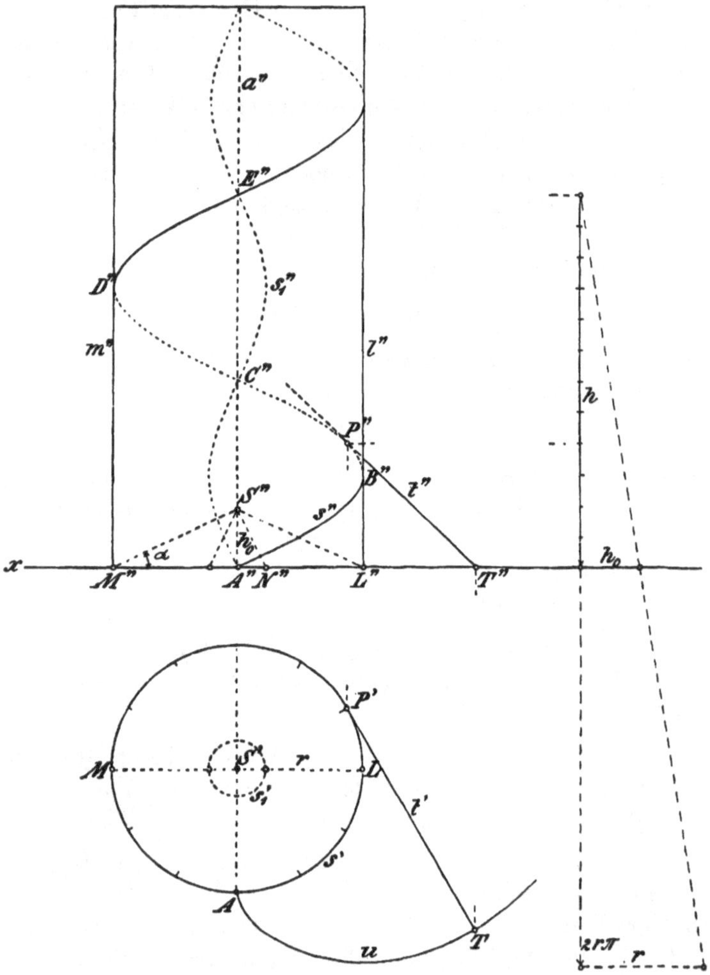

Fig. 379.

Parameterkreises ist hier die reduzierte Ganghöhe h_0. Dieselbe ist nach Rektifikation des Grundkreisumfanges gemäß der Proportion: $2r\pi : r = h : h_0$ konstruiert (Nebenfigur). Trägt man h_0 als $A''S''$ auf a'' ab und verbindet S'' mit den Endpunkten L'' und M'' von

l'' und m'' auf der x-Achse, so ergiebt sich der Aufriß des über dem Grundkreise stehenden Richtungskegels der abwickelbaren Fläche und es ist $\angle S''M''A'' = \alpha$ die Neigung der Schraubenlinie. Den Umrißlinien $M''S''$ und $L''S''$ des Kegels sind die Tangenten der Sinuslinie s'' in ihren auf a'' gelegenen Wendepunkten A'', C'', E'', ... bezw. parallel. — Die Krümmungscentra der Sinuslinie in den auf l'' und m'' liegenden Scheitelpunkten B'', D'', ... findet man (582), indem man die aus S'' gezogene Normale zu $M''S''$ mit der x-Achse in N'' schneidet. $A''N''$ ist der Krümmungsradius; zugleich ist $M''N'' = \frac{r}{\cos^2 \alpha}$ der Krümmungsradius ϱ der Schraubenlinie selbst.

In die Figur ist die reciproke Schraubenlinie s_1, die den Ort der Krümmungscentra der gegebenen s bildet, eingetragen. Die Ganghöhe ist dieselbe, die Neigung α_1 durch $\angle S''N''A'' = \mathrm{R} - \alpha$, der Grundkreisradius durch $A''N''$ gegeben. Die Krümmungscentra für die Scheitel der Sinuslinie s_1'' fallen mit denen der vorigen s'' zusammen, weil der zugehörige Krümmungsradius als $A''M'' = r$ gefunden wird.

590. Die Tangente t der Schraubenlinie in einem ihrer Punkte P wird konstruiert (Fig. 379), indem man auf der Grundkreistangente t' in P' im gehörigen Sinne $P'T = \mathrm{Bog}\, P'A$ abträgt und T'' auf x mit P'' durch die Gerade t'' verbindet. T ist ein Punkt der Grundkreisevolvente u mit dem Ursprunge A.

Um die zu einer gegebenen Ebene parallelen Tangenten der Schraubenlinie s zu finden, schneide man den über s' stehenden Richtungskegel mit einer durch seine Spitze S gelegten Ebene E von der vorgeschriebenen Stellung; zu jeder der beiden Schnittlinien gehört in jedem Schraubengange eine Paralleltangente t. Ist z. B. Q ein Schnittpunkt der Spurlinien e_1 und s', so ist an den Kreis s' diejenige Tangente $t' \parallel S'Q$ zu ziehen, welche in dem Punkte T' von s'' die Tangente $t'' \parallel S''Q''$ liefert (Fig. 380).

Die Schmiegungsebenen der Schraubenlinie durch einen gegebenen Punkt R des Raumes (mit den Projektionen R', R'') konstruiert man als gemeinsame Tangentialebenen der abwickelbaren Fläche der Kurve und ihres aus R als Spitze konstruierten Richtungskegels. Die Spurlinie der abwickelbaren Fläche in Π_1 ist die Kreisevolvente u (Fig. 380) mit dem Ursprunge A, die Spurlinie des gedachten Kegels ist ein um R' beschriebener Kreis v, der aus dem Kegelaufriß leicht bestimmt wird. Die gemeinsamen Tangenten der

Kurven u und v sind die ersten Spuren der gesuchten Schmiegungsebenen. Ist z. B. d_1 die erste Spur einer Schmiegungsebene Δ durch den Punkt R und zieht man parallel zu ihr den Radius $S'W'$ des Grundkreises s', so ist die Tangente w' in seinem Endpunkte der Grundriß der Erzeugenden w der abwickelbaren Fläche, längs der sie von der Ebene Δ berührt wird und W' der Grundriß des Berührungspunktes dieser Erzeugenden mit der Schraubenlinie. Der Schnittpunkt W_1 von w' und u ($w' \perp u$) ist der erste Spurpunkt der Schraubenlinientangente w. Sucht man noch W'' und W_1'' auf, so kann der Aufriß w'' gezogen und der zweite Spurpunkt W_2 angegeben werden; durch letzteren ist schließlich auch die zweite Spur d_2 von Δ bestimmt.

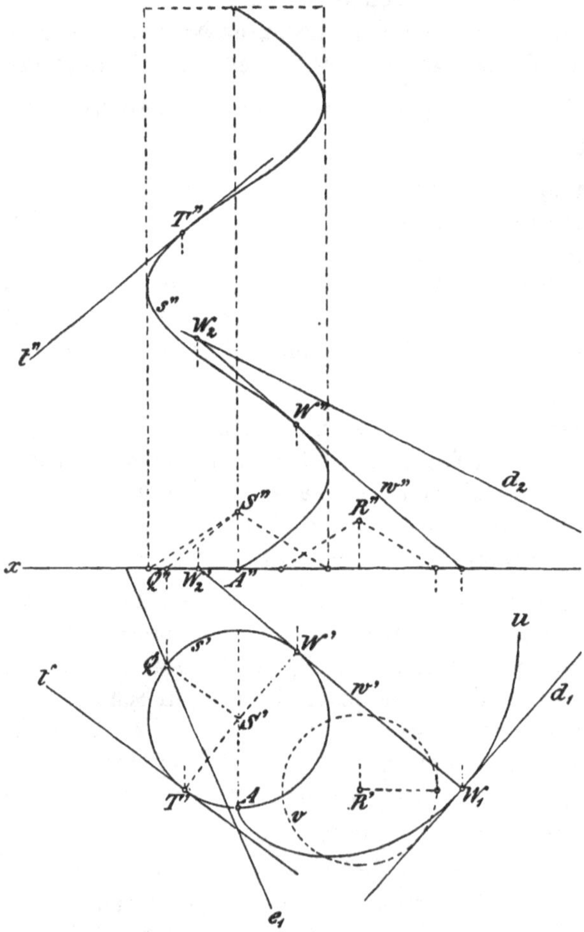

Fig. 380.

Um die zu einer gegebenen Geraden g parallelen Schmiegungsebenen der Schraubenlinie zu finden, denke man sich g durch die Spitze S des Richtungskegels über dem Grundkreise s' gezogen und durch g die Tangentialebenen dieses Kegels gelegt. Die zu ihnen parallelen Tangentialebenen der abwickelbaren Fläche bilden die Lösungen der Aufgabe. Man benutzt die aus der ersten Spur G_1 von g an s' gelegten Tangenten und die zu ihnen parallelen Tangenten der Kreisevolvente u. Die Konstruktion ist in die Figur nicht eingetragen.

591. Die Schraubenbewegung oder Verschraubung eines geometrischen Gebildes um eine gegebene Achse a ist durch ihren Sinn (rechts- oder linksgängig) und einen Parameter bestimmt, der die zu einem bestimmten Drehwinkel φ gehörige Verschiebung z in der Achsenrichtung angiebt. Man wählt als Parameter entweder die Ganghöhe h, die einer vollen Umdrehung $\varphi = 2\pi$, oder die reduzierte Ganghöhe h_0, die dem Drehwinkel $\varphi = 1$ entspricht. Die bewegte Figur hat man sich mit der Schraubenachse fest verbunden zu denken; die Schraubenbewegung setzt sich dann zusammen aus einer Verschiebung der Achse in sich und aus einer mit dieser proportionalen Drehung um die Achse im vorgeschriebenen Sinne. Die Verschraubung ist auch der Größe nach bestimmt, wenn von den beiden Größen φ und z, die durch die Gleichung

$$z = h_0 \cdot \varphi$$

zusammenhängen, eine gegeben ist. Bei der Verschraubung einer Figur beschreiben alle Punkte derselben koaxiale Schraubenlinien von der nämlichen Ganghöhe.

592. Die Schraubenbewegung wird in der Kinematik benutzt, um beliebige Bewegungen eines geometrischen Körpers im Raume der Untersuchung zugänglich zu machen. Jede gegebene Bewegung wird aufgelöst in eine Folge von unendlich vielen, unendlich kleinen Verschraubungen um eine Achse, die ihre Lage selbst gesetzmäßig ändert. Die zu einer bestimmten Position des Körpers gehörige Lage der letzteren, heißt die augenblickliche Schraubenachse (Momentanachse).

Da jede Lage eines bewegten Körpers (in Bezug auf einen anderen festen) durch die Lage dreier seiner Punkte bestimmt ist, die nicht in einer Geraden liegen, so kann man sich darauf beschränken, die Bewegung eines Dreiecks ABC im Raume zu untersuchen. Zuerst gilt der Satz:

Ein Dreieck ABC kann in jedes kongruente Dreieck $A_1B_1C_1$ von gegebener Lage durch eine bestimmte Schraubenbewegung übergeführt werden.

Um diese Verschraubung zu bestimmen, denke man sie sich in eine Verschiebung entlang einer Achse und in eine Drehung um dieselbe zerlegt.

Es werden also gesucht: die Achse a, die Verschiebungsgröße z und der Drehwinkel φ. Zuerst erkennt man, daß die senkrechten Projektionen der Strecken AA_1, BB_1, CC_1 auf die Achse einander gleich sein müssen. Zieht man daher aus irgend einem Punkte P des Raumes drei Strecken, die jenen resp. gleich und parallel sind, so liegt die Verbindungsebene N ihrer Endpunkte A_2, B_2, C_2 zur Achse a normal und das von P auf N gefällte Lot giebt die Größe z der Schiebung an. Aber auch je zwei entsprechende Seiten der Dreiecke ABC und $A_1B_1C_1$ ergeben, senkrecht auf a projiziert, gleiche Strecken; sie sind also gegen die Achse und gegen ihre Normalebene gleichgeneigt. Mithin sind die senkrechten Projektionen $A'B'C'$ und $A_1'B_1'C_1'$ dieser Dreiecke auf N kongruent und lassen sich durch Drehung um einen Punkt O dieser Ebene in einander überführen (vergl. 561). O ist durch irgend zwei von den Mittelsenkrechten der Strecken $A'A_1'$, $B'B_1'$, $C'C_1'$ bestimmt. Durch O ist die Achse a zu ziehen. Endlich findet man den Drehwinkel $\varphi = \angle A'OA_1'$ (Fig. 381).

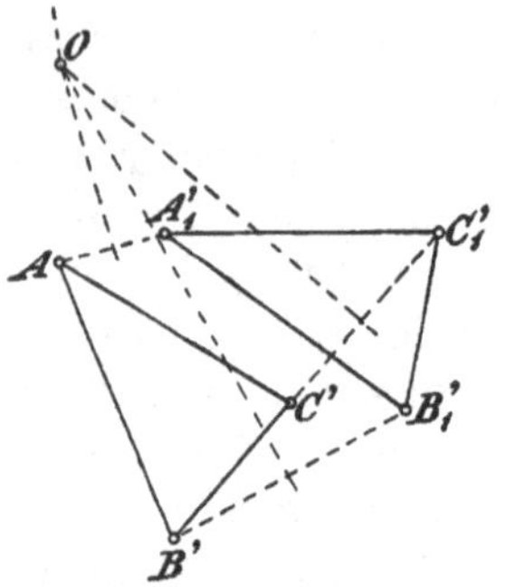

Fig. 381.

Will man die Konstruktion für zwei gegebene kongruente Dreiecke wirklich ausführen, so wähle man die Ebene des einen Dreiecks $A_1B_1C_1$ als Grundriß Π_1 und lege Π_2 senkrecht zur Ebene E des anderen Dreiecks ABC. Letzteres ist dann durch seine Umlegung $A_0B_0C_0$ in Π_1 um die Spurlinie e_1 und die Lage von e_2 gegeben ($e_1 \perp x$, $A_0B_0C_0 \cong A_1B_1C_1$). Ist die Richtung der Achse a gefunden, so projiziere man das Dreieck ABC in dieser Richtung auf Π_1; das entstehende Bild sei $A^1B^1C^1$. Durch dieselbe Projektion mag O^1 in Π_1 dem Punkte O in N entsprechen. Da die Figuren $OA'B'C'$ und $OA_1'B_1'C_1'$ in N kongruent sind, so sind die Figuren $O^1A^1B^1C^1$ und $O^1A_1B_1C_1$ in Π_1 affin. An Stelle von O genügt es, den ebenfalls der Achse a angehörigen Punkt O^1 zu suchen. Man findet ihn leicht als den sich selbst entsprechenden Punkt der affinen Dreiecke $A^1B^1C^1$ und $A_1B_1C_1$ (vergl. 22).

Aus dieser Überlegung folgt der Satz:

Je zwei kongruente Raumfiguren $\mathfrak{F}$ und $\mathfrak{F}_1$ liefern, in einer bestimmten Richtung a projiziert, in jeder Normalebene zu a kongruente, in jeder anderen Ebene affine Bilder. Die Projektionsrichtung ist die der Achse, um welche $\mathfrak{F}$ in $\mathfrak{F}_1$ verschraubt wird. Diese Achse geht durch den sich selbst entsprechenden Punkt der affinen Projektionen.

593. Denkt man sich das Dreieck ABC in einer gegebenen Bewegung begriffen und sind die Geraden f, g, h resp. die Tangenten der von A, B, C beschriebenen Bahnkurven in diesen Punkten selbst, so ist, um die Bewegung als eine Folge unendlich kleiner Verschraubungen erklären zu können, eine Verschraubung zu untersuchen, bei der ABC in ein benachbartes kongruentes Dreieck $A_1B_1C_1$ übergeht, dessen Ecken resp. auf f, g, h, liegen.

Aus der Kongruenz der Dreiecke folgt, daß die Richtungen der Geraden f, g, h, auf denen die Ecken um die unendlich kleinen Größen 1. Ordnung AA_1, BB_1, CC_1 verschoben werden sollen, nicht völlig willkürlich angenommen werden dürfen, sondern einer Bedingung genügen müssen. Jede Seite von $A_1B_1C_1$ schließt mit ihrer senkrechten Projektion auf die Ebene ABC einen Winkel ein, der von der 1. Ordnung unendlich klein ist. Folglich ist die Differenz zwischen einer Seite von $A_1B_1C_1$ und ihrer senkrechten Projektion auf ABC von der 2. Ordnung unendlich klein (426). Das projizierte Dreieck $A_1'B_1'C_1'$ ist mit ABC kongruent und geht aus diesem durch eine unendlich kleine Rotation um einen Punkt O der Ebene ABC hervor (Fig. 382). Die Strahlen OA, OB, OC stehen resp. auf AA_1', BB_1', CC_1' und folglich auf AA_1, BB_1, CC_1 senkrecht. Hiernach gilt der Satz:

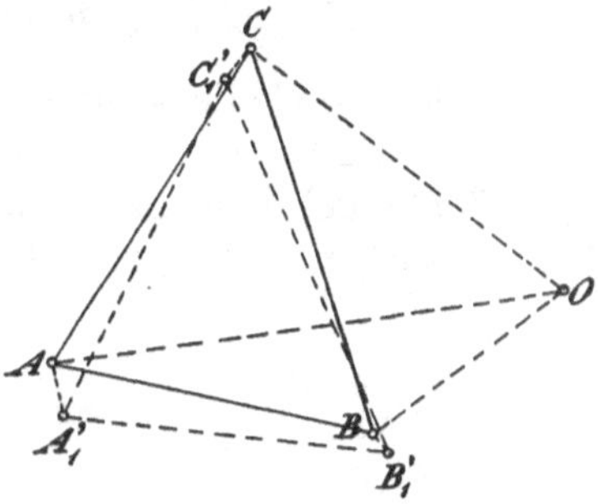

Fig. 382.

S i n d f, g, h d i e a u g e n b l i c k l i c h e n B e w e g u n g s r i c h t u n g e n d r e i e r P u n k t e A, B, C e i n e s s t a r r e n K ö r p e r s, s o g e h e n i h r e d r e i i n d e r E b e n e ABC g e z o g e n e n N o r m a l e n d u r c h e i n e n P u n k t O.

Ferner gelangt man zu folgendem Satze:

L i e g e n d i e P u n k t e A, B, C r e s p. a u f d r e i G e r a d e n f, g, h d e s R a u m e s u n d g e h e n d i e i n d e r E b e n e ABC k o n s t r u i e r t e n N o r m a l e n d e r s e l b e n d u r c h e i n e n P u n k t, s o s i n d f, g, h d i e T a n g e n t e n d r e i e r k o a x i a l e n S c h r a u b e n l i n i e n v o n g l e i c h e r G a n g h ö h e.

Man findet nämlich eine bestimmte Schraubenbewegung, bei welcher die Punkte A, B, C resp. auf f, g, h unendlich kleine Verschiebungen erfahren, auf die folgende Art.

Sind f', g' die senkrechten Projektionen der Geraden f, g auf die Ebene ABC und schneiden sich ihre durch A resp. B gezogenen Normalen in O, so darf h nur in der Ebene gewählt werden, die in C auf OC senkrecht steht. Ist dies geschehen, so ziehe man durch den Punkt O Parallelen zu f, g, h und bestimme auf ihnen Punkte P, Q, R so, daß

$$OP' : OQ' : OR' = OA : OB : OC$$

ist; dann steht die Ebene PQR normal zur Achse a der gesuchten unendlich kleinen Verschraubung. Denn ist M der Fußpunkt des von O auf die Ebene PQR gefällten Lotes, so bildet OM die gemeinsame Projektion von OP, OQ und OR auf dieses Lot. Ferner ist:

$$AA_1' : BB_1' : CC_1' = OA : OB : OC$$

und folglich sind die senkrechten Projektionen von AA_1, BB_1, CC_1 auf OM einander gleich, weil diese Strecken zu den Strecken OP, OQ, OR parallel und ihnen proportional sind. Die Achse a muß also parallel zu OM sein. Die Ebenen durch A, B, C, die resp. zu MP, MQ, MR normal stehen, schneiden sich in der Schraubenachse a selbst. Endlich erhält man die reduzierte Ganghöhe h_0 aus der Proportion:

$$h_0 : (A \dashv a) = OM : MP.$$

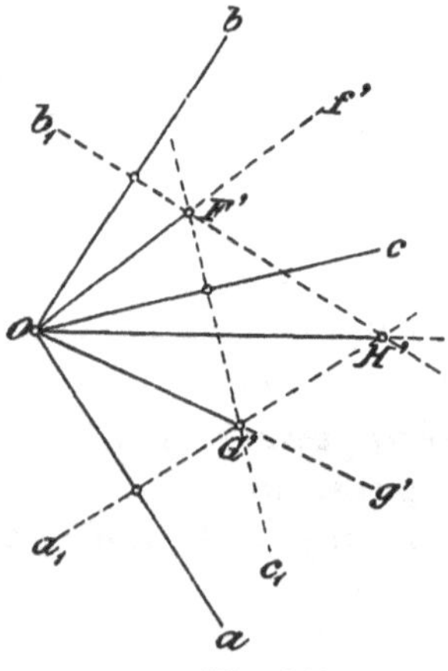

Fig. 383.

594. Man kann der oben ausgesprochenen Bedingung zwischen den Geraden f, g, h noch einen anderen Ausdruck geben, indem man beachtet, daß die Seiten $a = BC$, $b = CA$, $c = AB$ des gegebenen Dreiecks auch mit den entsprechenden Seiten a_1, b_1, c_1 des verschobenen Dreiecks $A_1B_1C_1$ unendlich kleine Winkel 1. Ordnung bilden. Demnach stimmen (426) die senkrechten Projektionen von a_1, b_1, c_1 auf a, b, c resp. mit diesen selbst bis auf unendlich kleine Größen 2. Ordnung überein. Hieraus folgt:

$$BB_1 \cdot \cos ag = CC_1 \cdot \cos ah,$$
$$CC_1 \cdot \cos bh = AA_1 \cdot \cos bf,$$
$$AA_1 \cdot \cos cf = BB_1 \cdot \cos cg$$

und durch Multiplikation dieser Gleichungen erhält man den Satz:

Bei der Bewegung eines Dreiecks ABC (mit den Seiten a, b, c) erfüllen die augenblicklichen Bewegungsrichtungen f, g, h seiner Ecken die Bedingung:

$$\cos ag \cdot \cos bh \cdot \cos cf = \cos ah \cdot \cos bf \cdot \cos cg\,.$$

Hieraus ergiebt sich eine zweite Lösung der obigen Aufgabe. Man ziehe durch irgend einen Punkt O die Geraden a, b, c parallel zu den Seiten des Dreiecks ABC; ihre Ebene wählen wir als Grundriß Π_1. Ferner ziehe man durch O die Strahlen f, g parallel zu den gegebenen Bewegungsrichtungen von A und B und wähle auf f einen Punkt F. Durch F lege man die Ebenen B und Γ, die zu b und c normal stehen; ferner lege man durch $G = \Gamma \times g$ die Normalebene A zu a. Jede durch O gezogene Gerade h, welche die Schnittlinie m der Ebenen A und B trifft, giebt eine zulässige Richtung für die Verschiebung der dritten Ecke C an. Trifft h die Schnittlinie m in H, so sind OF, OG, OH den unendlich kleinen Verschiebungen der Dreiecksecken proportional, denn sie erfüllen offenbar die Gleichungen

$$OG \cdot \cos ag = OH \cdot \cos ah\,,$$
$$OH \cdot \cos bh = OF \cdot \cos bf\,,$$
$$OF \cdot \cos cf = OG \cdot \cos cg\,.$$

Die Ebene FGH ist daher normal zur gesuchten Schraubenachse und der Rest der Konstruktion kann wie in 592 durchgeführt werden. In Fig. 383 ist nur der erste Teil der Konstruktion im Grundriß ausgeführt; die Ebenen A, B, Γ werden durch ihre Spurlinien a_1, b_1, c_1 vertreten.

ZEHNTES KAPITEL.

Schraubenflächen.

Allgemeines über Schraubenflächen.

595. Eine Schraubenfläche entsteht durch Schraubenbewegung einer Kurve; diese Kurve heißt eine Erzeugende der Fläche. Jede Schraubenfläche ist in sich selbst verschiebbar. Sie teilt diese Eigenschaft nur mit den Rotations- und Cylinderflächen. Als Erzeugende kann jede Kurve dienen, die alle auf der Fläche gezogenen koaxialen Schraubenlinien trifft. Die ebenen Schnitte der Fläche, welche deren Achse enthalten, heißen Meridianschnitte, die, deren Ebenen normal zur Achse stehen, Normalschnitte. Die Meridiankurven sowohl als auch die Normalkurven müssen bei der Schraubenbewegung ineinander übergehen, sie sind also unter sich kongruent und können als Erzeugende dienen, weil sie alle Schraubenlinien treffen.

Die Schraubenfläche heißt geschlossen oder offen, je nachdem die Achse auf ihr liegt oder nicht, d. h. je nachdem die Erzeugende die Achse trifft oder nicht trifft. Im letzteren Falle besitzt sie eine Kehlschraubenlinie, beschrieben von demjenigen Punkte der Erzeugenden, welcher die kürzeste Entfernung von der Achse hat. Bei der geschlossenen Fläche wird die Kehlschraubenlinie durch die Achse selbst vertreten. Die Kehlschraubenlinie bildet in gewissen Fällen eine Rückkehrkante der Fläche.

596. Eine Schraubenfläche kann andererseits auch als Hüllfläche durch Schraubenbewegung einer gegebenen Fläche $\mathfrak{F}$ erzeugt werden. Sie berührt dann die bewegte Fläche in allen ihren Lagen längs einer bestimmten Kurve c, die man als Charakteristik der Hüllfläche bezeichnet. Diese Kurve bildet den Durchschnitt zweier unendlich benachbarter Lagen der erzeugenden Fläche und kann selbst als Erzeugende benutzt werden.

Seien $\mathfrak{F}$ und $\mathfrak{F}_1$ zwei unendlich benachbarte Lagen der erzeugenden Fläche und c die Schnittkurve von $\mathfrak{F}$ und $\mathfrak{F}_1$. Geht $\mathfrak{F}$ in $\mathfrak{F}_1$ über, so geht gleichzeitig $\mathfrak{F}_1$ in eine neue Nachbarlage $\mathfrak{F}_2$ und c in eine benachbarte Kurve c_1 über. Sei ferner P ein Punkt auf c, t die zugehörige Kurventangente und P_1 die folgende Lage von P auf c_1. Dann hat die von c erzeugte Schraubenfläche mit $\mathfrak{F}_1$ sowohl die Tangente t als auch die durch das Linienelement PP_1 bestimmte Tangente gemein. Beide Flächen haben also in P eine gemeinsame Tangentialebene, d. h. sie berühren sich in P. Dies gilt für alle Punkte auf c.

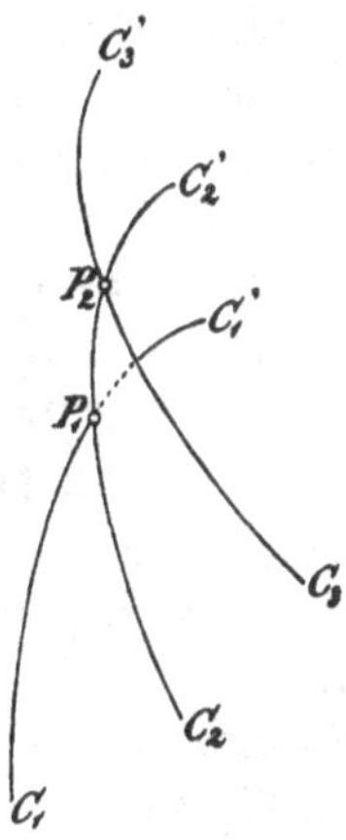

Fig. 384.

Haben zwei unendlich nahe Lagen der erzeugenden Kurve c und folglich je zwei benachbarte Erzeugende auf der Schraubenfläche einen Punkt gemein, so beschreibt dieser eine Rückkehrkante der Fläche. Seien nämlich C_1C_1', C_2C_2', C_3C_3' Kurvenstücke benachbarter Erzeugenden, von denen sich die beiden ersten in P_1, die beiden letzten in P_2 treffen (Fig. 384), so stoßen die Flächenelemente $C_2P_2C_3$ und $C_1'P_1C_2'$ längs des Kurvenelementes P_1P_2 von der nämlichen Seite kommend unter unendlich kleinem Winkel zusammen. Daher darf man sagen: Umhüllen die Erzeugenden auf der Schraubenfläche eine Kurve (Schraubenlinie) so bildet diese eine Rückkehrkante der Fläche.

597. Die Tangentialebene der Schraubenfläche in einem ihrer Punkte P enthält die Tangente der von P beschriebenen Schraubenlinie und die Tangente der durch P gezogenen Erzeugenden (bezw. wenn diese eine Gerade ist, die Erzeugende selbst). Hierdurch ist sie bestimmt, sofern nicht die genannten beiden Tangenten zusammenfallen, wie es längs einer etwa vorhandenen Rückkehrkante eintritt. In letzterem Falle ist die Tangentialebene mit der Schmiegungsebene der Rückkehrkurve identisch. In den Punkten der Kehlschraubenlinie ist die Tangentialebene der Fläche der Schraubenachse parallel; denn die Tangente der durch den betrachteten Punkt gezogenen Meridiankurve liegt parallel zur Achse, weil anderenfalls ein Nachbarpunkt derselben eine kürzere Entfernung von der Achse haben würde, als der Berührungspunkt. Da die fragliche Tangentialebene zugleich die Tangente der Kehlschraubenlinie enthält, so ist sie mit der rektifizierenden Ebene der letzteren identisch. Hieraus folgt nach 587: Die Normalen einer Schraubenfläche entlang ihrer Kehlschraubenlinie schneiden die Schraubenachse senkrecht. Der Fall der Rückkehrkurve bildet eine Ausnahme.

598. Bezüglich der Konstruktion der wahren und scheinbaren Umrisse einer Schraubenfläche, sowie ihrer Eigen- und Schlagschattengrenzen für parallele projizierende, bezw. Lichtstrahlen ist zunächst auf die allgemeinen Sätze in 528—530 zu verweisen. Punkte des wahren Umrisses oder der Eigenschattengrenze sind aus der Bedingung zu bestimmen, daß ihre Tangentialebenen dem projizierenden Strahl oder dem Lichtstrahl parallel sein müssen. Eine Rückkehrkurve oder eine Randkurve der Fläche wird jedenfalls dem wahren Umrisse bezw. der Eigenschattengrenze zuzurechnen sein.

Für die Darstellung einer Schraubenfläche in orthogonaler Projektion bei vertikaler Stellung ihrer Achse läßt sich im allgemeinen der Normalschnitt oder der Meridianschnitt mit Vorteil verwenden. Ersteren stellt man in Π_1 als Spurkurve der Fläche dar, letzteren als Hauptmeridiankurve (in der zu Π_2 parallelen Meridianebene), so daß der Aufriß seine wahre Gestalt ergiebt. — Der Umriß der ersten Projektion der Fläche besteht aus konzentrischen Kreisen um den Achsenspurpunkt, welche den in Π_1 gelegenen Normalschnitt n berühren. Punkte dieser Kreise werden auch als erste Spuren der vertikalen Tangenten an die Meridiankurve m gewonnen. Die Berührungspunkte der Umrißkreise mit der Kurve n beschreiben auf der Fläche Schraubenlinien, die den wahren Umriß für die erste Projektion bilden. Namentlich gehört zu letzterem die Kehlschraubenlinie. — Der wahre Umriß für die zweite Projektion ist der Ort derjenigen Punkte des verschraubten Normalschnittes, deren Tangenten senkrecht zu Π_2, oder deren Normalen parallel zu Π_2 liegen. Hieraus ergiebt sich auch der Umriß der zweiten Projektion. Derselbe wird oft, dafern sich eine einfache Erzeugende für die Fläche angeben läßt, als Hüllkurve der Projektionen dieser Erzeugenden bestimmt.

599. Auf einer Schraubenfläche kann die Lichtgrenze u für Parallelbeleuchtung (oder der wahre Umriß für eine beliebige Parallelprojektion) durch verschiedene Methoden gefunden werden, von denen namentlich zwei bemerkenswert sind. Man bestimmt entweder die Punkte der Lichtgrenze auf den einzelnen (koaxialen) Schraubenlinien der Fläche oder auf den einzelnen erzeugenden Kurven. Ersteres — das Schraubenlinienverfahren — ist stets anwendbar und erlangt später für die Theorie der Beleuchtung der Schraubenflächen noch besondere Wichtigkeit, letzteres — das Erzeugendenverfahren — ist zwar von geringerer Allgemeinheit, aber in vielen Einzelfällen noch einfacher.

Die Schraubenfläche entstehe durch (rechtsgängige) Verschraubung der Raumkurve c um die Achse a; h_0 sei die reduzierte Ganghöhe. Zur Vereinfachung legen wir die Grundrißebene $\Pi_1 \perp a$ und die Aufrißebene Π_2 durch a selbst (Fig. 385). Auf die Achse a tragen wir vom Grundriß aufwärts die Strecke h_0 ab; ihr Endpunkt sei S und S_* sein Grundrißschatten. Hierdurch ist der Lichtstrahl $l = SS_*$ festgelegt; seine erste Tafelneigung werde durch λ bezeichnet.

Wir werden im folgenden wiederholt dem Lichtstrahle l oder irgend einer gegebenen Geraden einen bestimmten Punkt der Grundrißebene zuzuordnen haben, den wir kurz ihren Pol (in Bezug auf die Schraubenbewegung) nennen wollen. Man findet den Pol E einer Geraden e, indem man durch S die Parallele zu e zieht und ihrem ersten Spurpunkte E_1 im Sinne der aufwärtsgehenden Schraubenbewegung eine Viertelumdrehung um die Achse erteilt. Analog findet man in jeder Normalebene zu a einen Pol von e. Alle diese Pole liegen auf der Parallelen zu a durch E, die als Polachse der Geraden e bezeichnet werden mag.

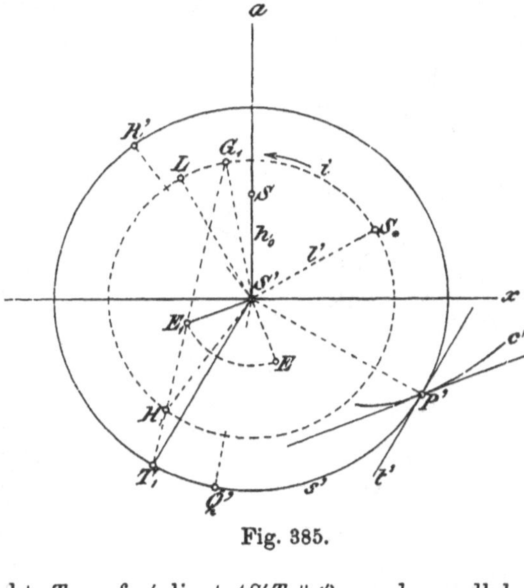

Fig. 385.

600. Sei P ein Punkt der erzeugenden Kurve c und e die zugehörige Tangente, ferner s die auf der Fläche durch P gezogene Schraubenlinie und t ihre Tangente (Fig. 385). Wir ziehen parallel zu t den Strahl ST_1, dessen erster Spurpunkt T_1 auf s' liegt ($S'T_1 \parallel t'$), und parallel zu e den Strahl SE_1; sein Spurpunkt sei E_1 ($S'E_1 \parallel e'$). Die Ebene SE_1T_1 ist dann parallel zur Tangentialebene et der Schraubenfläche im Punkte P. Rotiert diese Ebene um die Achse a bis ihre Spur durch S_* geht, so wird sie zum Lichtstrahle parallel. Dies tritt aber ein bei einer Rotation um $\angle G_1S'S_*$ oder um $\angle H_1S'S_*$, wenn G_1 und H_1 die Schnittpunkte von E_1T_1' mit dem um S' durch S_* geschlagenen Kreise i bedeuten. Wird der Punkt P um die Achse a um eben diese Winkel verschraubt, so nimmt er zwei neue Lagen Q resp. R auf der Fläche ein, in denen er jedesmal der Lichtgrenze u angehört ($\angle P'S'Q' = \angle G_1S'S_*$ und $\angle P'S'R' = \angle H_1S'S_*$). Hieraus folgt:

Auf jedem Gange einer Schraubenlinie s der Fläche liegen zwei reelle (getrennte oder vereinte) oder imaginäre Punkte der Lichtgrenze u.

Um die Konstruktion der Kurve u durchzuführen, muß man den Punkt P die Erzeugende c durchlaufen lassen. Dabei bleibt, falls c eine Gerade ist, also eine Regelschraubenfläche vorliegt (602), der Punkt E_1 ungeändert.

Eine Vereinfachung tritt ein, wenn man den Punkten S_*, E_1 und T_1' eine Viertelumdrehung um S' im Sinne der aufwärtsgehenden Schraubenbewegung (also bei rechtsgängiger Fläche linksum) erteilt (Fig. 386). Hierbei geht T_1' in P' über, S_* in den Pol L des Lichtstrahles l und E_1 in den Pol E der Geraden e ($S'L \perp l'$, $S'E \perp e'$). Hieraus folgt die Konstruktion:

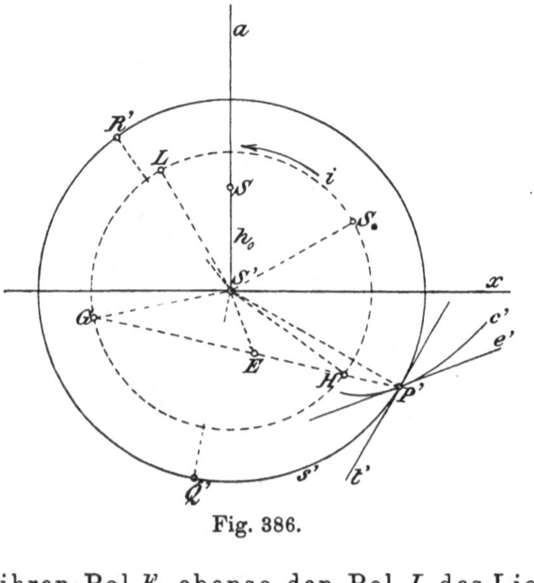

Fig. 386.

Um auf einer Schraubenlinie s der Fläche die Punkte der Lichtgrenze zu finden, ziehe man in einem beliebigen Punkte P von s die Tangente e der erzeugenden Kurve und bestimme in Π_1 ihren Pol E, ebenso den Pol L des Lichtstrahles l. Ferner zeichne man in Π_1 den mit s' koncentrischen Kreis i durch L. Schneidet die Gerade $P'E$ den Kreis i in G und H, so geht P durch Verschraubung um $\angle GS'L$ oder $\angle HS'L$ in die

Punkte Q oder R der Lichtgrenze über. Bei einer Regelschraubenfläche bleibt E unverändert.

601. Aus der ersten Methode folgt, wenn man der Konstruktion eine spezielle Erzeugungsweise der Schraubenfläche zu Grunde legt, die zweite, bei der die Punkte der Lichtgrenze auf den einzelnen Erzeugenden bestimmt werden.

Gelten wieder die vorigen Bezeichnungen, bedeutet aber jetzt c einen Normalschnitt der Schraubenfläche (etwa den in Π_1 gelegenen), so liegt der Pol E von e unendlich weit auf dem von S' auf e gefällten Lote; mithin ist auch $PE \perp e$ (Fig. 387). Verschraubt man daher P um $\angle\, GS'L$ oder $\angle\, HS'L$, so erhält man Punkte Q und R der Lichtgrenze. Sucht man aber auf c selbst die Lichtgrenzpunkte, so darf keine Verschraubung mehr stattfinden, weil dabei c in einen anderen Normalschnitt übergehen würde. Daher folgt: Alle Punkte des Normalschnittes c einer Schraubenfläche, deren Normalen durch den Pol L des Lichtstrahles l gehen, gehören der Lichtgrenze u an. Da dies für jeden Normalschnitt gilt, können wir auch sagen: Die Lichtgrenze u auf der Schraubenfläche ist der Ort der Punkte auf dem verschraubten Normalschnitte, deren Normalen die Polachse des Lichtstrahles treffen. Die fraglichen Normalen bilden eine Regelfläche und die Lichtgrenze bildet deren Durchschnittskurve mit der gegebenen Schraubenfläche (oder einen Teil davon).

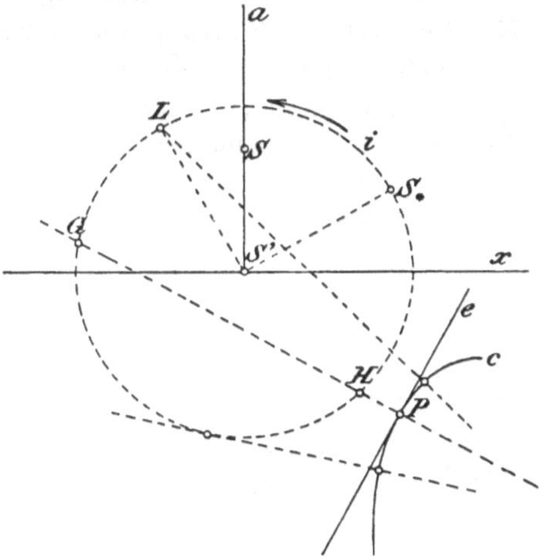

Fig. 387.

Bei der Ausführung der Konstruktion beschränkt man sich meist auf die Zeichnung des in Π_1 gelegenen Normalschnittes c. Bestimmt man dann alle Punkte von c, deren Normalen durch irgend einen festen Punkt M des Kreises i gehen und verschraubt diese Punkte um $\angle\, MS'L$, so bilden sie die Lichtgrenzpunkte auf dem verschraubten Normalschnitte. Die Punkte von c, deren Normalen den Kreis i berühren, bestimmen Schraubenlinien der Fläche, die

die Lichtgrenze berühren. Die Berührungspunkte werden hieraus leicht gefunden. — Im allgemeinen wird es leichter sein, Normalen der Kurve c in einzelnen Punkten derselben zu zeichnen, als ihre Normalen aus einem gegebenen Punkte zu ziehen. Man geht dann besser von ersteren aus und bestimmt ihre Schnittpunkte M mit i, um schließlich wieder die erforderliche Verschraubung eintreten zu lassen.

602. Besonders einfache Konstruktionen ergeben sich bei den Regelschraubenflächen (560). Indem die Gerade e durch ihre Verschraubung die Fläche erzeugt (Fig. 388), führt ihr Grundriß e' in Π_1 eine Rotation um den Punkt S' aus und bildet stets eine Tangente der kreisförmigen Projektion k' der Kehlschraubenlinie (bei geschlossenen Flächen reduziert sich k' auf den Punkt S' selbst). Ferner liegt der Pol E der Erzeugenden e stets auf dem durch S' gezogenen Lote von e' in konstanter Entfernung von S', beschreibt also einen Kreis um S'; sein Radius ist $h_0 \cdot \operatorname{cotg} \varphi$, wenn φ die erste Tafelneigung der Erzeugenden bedeutet.

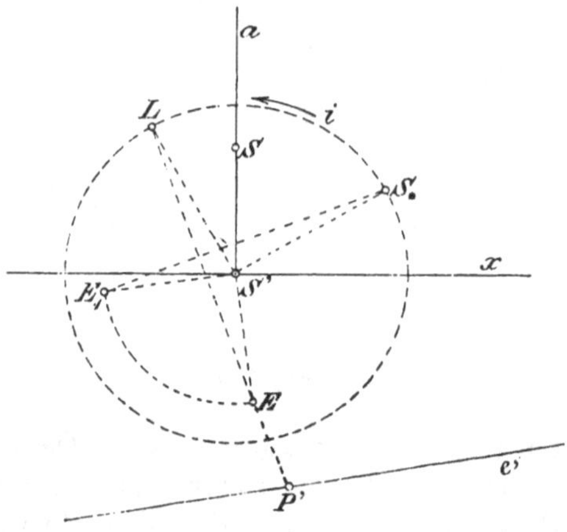

Fig. 388.

Ist P ein Punkt auf e und trifft $P'E$ den Kreis i in einem von L verschiedenen Punkte G, so geht P durch Verschraubung um $\angle GS'L$ in einen Punkt der Lichtgrenze u auf einer anderen Erzeugenden über. Sucht man aber die Lichtgrenze auf e selbst, so darf keine Verschraubung stattfinden, d. h. LE schneidet e' im Grundrisse P' des gesuchten Punktes. Daher gilt für die Lichtgrenze bei Parallelbeleuchtung oder für den wahren Umriß bei beliebiger Parallelprojektion der Satz:

Auf jeder erzeugenden Geraden e der Regelschraubenfläche liegt ein Punkt P ihrer Lichtgrenze u. Man findet seinen Grundriß P' aus dem Pol L des Lichtstrahles und dem Pol E der Erzeugenden, indem man LE mit dem Grundrisse e' schneidet.

Man kann auch sagen:

Der Lichtgrenzpunkt P einer Erzeugenden e der Regelschraubenfläche wird im Grundrisse bestimmt, indem man das vom Pole L des Lichstrahles auf ihren Schatten e_* gefällte Lot mit e' schneidet.

Denn, da LE aus S_*E_1 durch Drehung um 90^0 hervorgeht (596) und S_*E_1 zum Grundrißschatten e_* parallel ist, so ist $LP' \perp e_*$.

Man denke sich jetzt den allgemeinsten Fall: die Gerade e beschreibe um die Achse a eine beliebige Regelschraubenfläche und es handle sich um die Bestimmung des wahren Umrisses u für irgend eine gegebene Parallelprojektion. Diese Bestimmung wird ausgeführt mittels der senkrechten Projektion auf eine Normalebene Π zur Achse a. In Π seien A der Achsenspurpunkt, L der Pol des projizierenden Strahles, E der irgend einer Erzeugenden e und e' ihre Projektion ($AE \perp e'$). A und L sind feste Punkte; E und e' dagegen führen, wenn e die Fläche durchläuft, miteinander fest verbunden eine Rotation um A aus. Hierbei beschreibt der Schnittpunkt $e' \times LE$ in einem ununterbrochenen Zuge die Projektion u' von u. Von der entstehenden Kurve aber gilt der nachstehende Satz, dessen Einzelheiten erst in den folgenden Abschnitten erörtert werden:

Für jede Parallelprojektion ergiebt der wahre Umriß einer Regelschraubenfläche, senkrecht auf eine Normalebene Π projiziert, eine unikursale Kurve u' 4. Ordnung. Sie entsteht, wenn um den festen Punkt A ein Punkt E und eine zu AE senkrechte Gerade e' rotieren, als Ort der Schnittpunkte von e' mit den Strahlen, die E mit einem zweiten festen Punkte L verbinden. Die Kurve zerfällt eventuell in mehrere Kurven niederer Ordnung.

Betrachtet man im besonderen projizierende Strahlen senkrecht zu Π (oder $\parallel a$), so liegt L mit A vereint. Werden die projizierenden Strahlen parallel zu Π (oder $\perp a$) angenommen, so liegt L in Π unendlich fern in der zum projizierenden Strahle normalen Richtung und die Strahlen LE werden alle parallel. Sind die projizierenden Strahlen beliebig gegen Π geneigt, so befindet sich L in endlichem Abstande von A. — Offenbar ist die Kurve u' gegen die Gerade AL symmetrisch. Da ferner die Gerade e' bei ihrer Rotation um A den Punkt L im allgemeinen zweimal überschreitet, ist L ein Doppelpunkt der Kurve. Sie besitzt aber außerdem noch zwei weitere Doppelpunkte (symmetrisch zu AL), die reell getrennt, vereint oder konjugiert imaginär sein können. Die Gestalt der Kurve ist sehr verschieden; sie hängt ab von den Verhältnissen der drei Strecken AE, AK und AL, wo AK den kürzesten Abstand der Geraden e' von A bedeutet (vergl. 627, 628).

Allgemeines über Regelschraubenflächen.

603. Wir schicken unserer Betrachtung einige allgemeine Bemerkungen über Regelflächen voraus, die zum Teil auf früher Entwickeltes zurückgreifen.

Eine Regelfläche ist die Bahn einer nach irgend welchem Gesetze im Raume bewegten Geraden; letztere wird als Erzeugende bezeichnet. Man teilt die Regelflächen ein in abwickelbare (developpable) und windschiefe.

Liegen je zwei benachbarte Erzeugende in einer und derselben Ebene, so ist die Regelfläche abwickelbar. Die Verbindungsebene der Nachbarerzeugenden ist eine Tangentialebene der Fläche und diese wird umgekehrt in allen Punkten einer Erzeugenden von einer und derselben Ebene berührt. Je zwei Nachbarerzeugende haben dann einen Punkt gemein; der Ort dieser Punkte ist eine Raumkurve, die die Erzeugenden der Fläche zu Tangenten, ihre Tangentialebenen zu Schmiegungsebenen hat und eine Rückkehrkante der Fläche bildet. Man erkennt leicht, daß die abwickelbare Regelfläche auch als Hüllfläche einer bewegten Ebene aufgefaßt werden kann, die sie in jeder ihrer Lagen berührt. Die Rückkehrkante liefert in jedem ebenen Schnitte der Fläche einen Rückkehrpunkt und bildet für jede Projektion einen Teil des wahren Umrisses. Zieht man durch einen festen Punkt des Raumes Parallelen zu den Erzeugenden, so bilden dieselben einen Richtungskegel der Fläche; die Tangentialebenen der letzteren liegen zu denen des Richtungskegels parallel. Ist der Winkel zweier Erzeugenden unendlich klein von der 1. Ordnung, so ist ihr kürzester Abstand von der 3. Ordnung unendlich klein (vergl. 456—462).

604. Wenn benachbarte Erzeugende einer Regelfläche (von einzelnen Ausnahmen abgesehen) nicht in derselben Ebene liegen, so heißt die Fläche windschief und ist nicht abwickelbar. Es steht dann der kürzeste Abstand der Nachbarerzeugenden zu ihrem Neigungswinkel in endlichem Verhältnisse, d. h. sie schneiden einander nicht. Auf jeder Erzeugenden g giebt es einen Punkt C, ihren Centralpunkt, welcher von der Nachbarerzeugenden g_1 den kürzesten Abstand hat. Der Ort der Centralpunkte aller Erzeugenden der Fläche heißt ihre Striktionslinie. Läßt man einen Punkt P eine Erzeugende g der windschiefen Regelfläche durchlaufen, so dreht sich die zu ihm gehörige Tangentialebene um g und nähert sich, indem sich P ins Unendliche entfernt, einer bestimmten Grenzlage, der zu g gehörigen asymptotischen Ebene. Diese liegt, weil sie den unendlich fernen Punkt der Nachbarerzeugenden g_1 enthält, zu g_1 parallel und folglich normal zum kürzesten Abstand beider Erzeugenden. Letzterer liegt in der zum Centralpunkte von g gehörigen Tangentialebene. Man darf daher sagen: Die asymptotische Ebene einer Erzeugenden der windschiefen Regelfläche steht senkrecht auf der Tangentialebene im Centralpunkte derselben Erzeugenden. Alle asymptotischen Ebenen umhüllen die asymptotische abwickelbare Fläche, welche die gegebene Regelfläche längs ihrer Schnittkurve mit der unendlich fernen Ebene berührt. — Zieht man durch einen Punkt des Raumes die Parallelen zu allen Erzeugenden der windschiefen Regelfläche, so liegen dieselben auf einem Richtungskegel. Dieser ist aber hier von beschränkterer Bedeutung, als bei der abwickelbaren Regelfläche, denn seine Tangentialebenen bestimmen nur die Stellungen der asymptotischen Ebenen und nicht mehr die aller Tangentialebenen der Regelfläche.

605. Eine Gerade g, die eine Schraubenbewegung ausführt, beschreibt eine Regelschraubenfläche, alle ihre Punkte beschreiben Schraubenlinien der Fläche von einerlei Achse a und einerlei Ganghöhe h. Die Gerade g heißt wiederum die Erzeugende. — Die Regelschraubenfläche ist nach dem Vorigen abwickelbar, wenn zwei unendlich benachbarte Erzeugende als in derselben Ebene befindlich angesehen werden dürfen; im allgemeinen ist sie windschief. Man macht nun folgende weitere Unterscheidungen. Je nachdem die Erzeugende rechtwinklig zur Achse gerichtet ist, oder einen spitzen Winkel mit ihr einschließt, heißt die Fläche gerade (normal) oder schief. Je nachdem die Erzeugende die Achse schneidet oder nicht, heißt die Fläche geschlossen (axial) oder offen. Ist sie im besonderen abwickelbar, so bilden ihre Erzeugenden die Tangenten ihrer Rückkehrkurve, d. i. einer Schraubenlinie. Abwickelbar kann daher nur eine offene schiefe Regelschraubenfläche sein.

Bezeichnet man mit r den kürzesten Abstand der Erzeugenden g von der Achse a, also den Radius der Kehlschraubenlinie (593), mit α deren Neigung, so daß $r \cdot \operatorname{tang} \alpha = h_0$ die reduzierte Ganghöhe wird, mit φ die Neigung der Erzeugenden gegen eine Normalebene zur Achse und setzt noch: $p = h_0 \cdot \operatorname{cotang} \varphi$, so gelangt man zu folgender Übersicht der möglichen Arten:

1) $r = 0$, $\varphi = 0$, geschlossene gerade
2) $r > 0$, $\varphi = 0$, offene gerade
3) $r = 0$, $\varphi > 0$, geschlossene schiefe
4) $r > 0$, $\varphi > 0$, offene schiefe

} Regelschraubenfläche.

Die letzte Art ist abwickelbar, wenn $\varphi = \alpha$, $r = p$ ist.

606. Wenn eine Ebene E eine durch ihren Sinn und den Parameter h_0 bestimmte Schraubenbewegung um eine feste Achse a ausführt, so umhüllt sie eine abwickelbare Schraubenfläche und bildet bei jeder Lage die Schmiegungsebene einer Schraubenlinie s, der Rückkehrkurve dieser Fläche. Es ist für das Folgende nützlich, ihre Bewegung näher zu untersuchen.

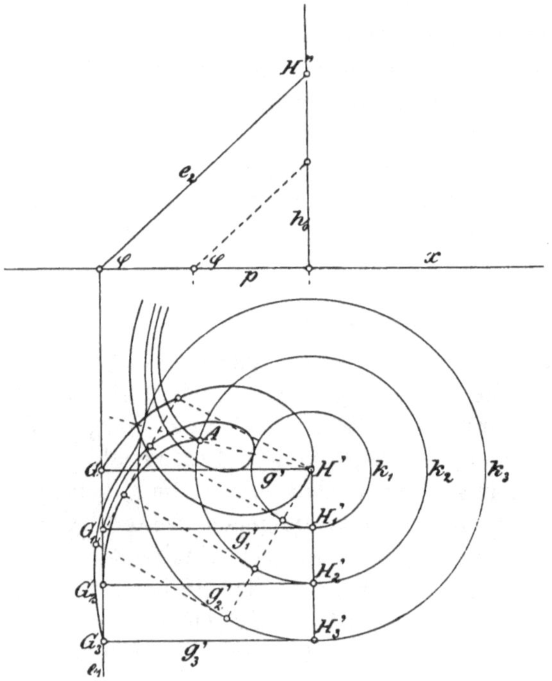

Fig. 389.

Wir wählen eine Normalebene zu a als Grundrißebene Π_1; e_1 ($\perp x$) und e_2 seien zu Anfang die Spurlinien von E, φ ihre Neigung gegen Π_1 und H ihr Schnittpunkt mit a (Fig. 389); endlich werde $p = h_0 \cdot \operatorname{cotg} \varphi$ gemacht. Wir denken uns in der Ebene E eine Falllinie g durch H, sowie noch drei weitere Falllinien g_1, g_2, g_3 gezogen, für deren kürzesten Abstände r_1, r_2, r_3 von der Schraubenachse a die Annahmen

$$r_1 < p, \quad r_2 = p, \quad r_3 > p$$

gelten mögen. Die ersten Spurpunkte G, G_1, G_2, G_3 liegen auf e_1, die Spurpunkte H_1, H_2, H_3 in einer durch H gelegten Horizontalebene auf einer Parallelen h zu e_1. In Π_1 zeichne man um H' die Kreise k_1, k_2, k_3, welche die Geraden g_1', g_2' g_3' resp. in H_1', H_2', H_3' berühren. — Bei der Schraubenbewegung von E verschiebt sich H in der Achse a und es beschreiben H_1, H_2, H_3 koaxiale Schraubenlinien, deren Grundrisse die Kreise k_1, k_2, k_3 sind und für welche die Gerade h stets gemeinsame Hauptnormale bleibt. Gleichzeitig beschreiben die Geraden g, g_1, g_2, g_3 schiefe Regelschraubenflächen, nämlich g eine geschlossene, die anderen offene und speziell g_2 eine abwickelbare. Es ist nämlich φ die Neigung der von H_2 beschriebenen Schraubenlinie, also g_2 ihre Tangente. Die genannte Fläche besteht also aus allen Tangenten dieser Schraubenlinie, die sie zur Rückkehrkante hat; sie ist abwickelbar und bildet die Hüllfläche aller Lagen von E. Der Spurpunkt G_2 beschreibt demnach eine gespitzte Evolvente des Kreises k_2, deren Anfangspunkt A durch Aufwickelung der Strecke G_2H_2' gefunden wird. Die Spur e_1 der bewegten Ebene E umhüllt diese Kreisevolvente und der Grundriß h' der Geraden h bleibt zu e_1 parallel, indem er sich um H' dreht. Von den zu e_1 senkrechten Projektionen g', g_1', g_2', g_3' der vier Falllinien geht g' stets durch H', die anderen bilden die Tangenten der Kreise k_1, k_2, k_3 und speziell g_2' rollt auf dem Kreise k_2 ohne Gleiten. Demnach sind die vier Spurpunkte G, G_1, G_2, G_3 mit einer auf dem Kreise k_2 rollenden Tangente fest verbunden und man erkennt (vergl. 579—581) den Satz:

Ist r der kürzeste Abstand der Geraden g und a, $R-\varphi$ ihr Neigungswinkel und erfährt g um die feste Achse a eine Schraubenbewegung vom Parameter h_0, so beschreibt der Spurpunkt von g in einer Normalebene zu a eine Evolvente des Kreises vom Radius $p = h_0 \cdot \operatorname{cotg} \varphi$ um den Achsenspurpunkt. Die Kreisevolvente ist verschlungen, gespitzt oder gestreckt für $r \gtreqless p$ und wird für $r = 0$ (d. h. wenn g und a sich schneiden) eine Archimedische Spirale.

Man kann diesem Satze auch folgende Fassung geben:

Der Normalschnitt einer schiefen Regelschraubenfläche ist eine Kreisevolvente und zwar bei einer offenen Fläche verschlungen, gespitzt oder gestreckt, je nachdem die Neigung α der Kehlschraubenlinie größer als die Neigung φ der Erzeugenden, ihr gleich (abwickelbare Fläche) oder kleiner ist. Bei einer geschlossenen Fläche wird der Normalschnitt eine Archimedische Spirale.

Die abwickelbare Schraubenfläche.

607. Die abwickelbare Schraubenfläche wird (wie bereits erwähnt) von einer Geraden erzeugt, die sich als Tangente an einer Schraubenlinie fortbewegt. Die letztere ist die Rückkehrkante und zugleich Kehlschraubenlinie der Fläche. Aus der Definition folgt nach 587, daß der Normalschnitt eine gespitzte Kreisevolvente ist. Die erzeugenden Geraden sind Falllinien der Fläche, d. h. sie schneiden jede Normalkurve rechtwinklig; sie haben sämtlich die gleiche Neigung gegen die Normalebene. Man hat es daher mit einer abwickelbaren Fläche von konstantem Fallen zu thun.

Wir wollen einen Gang dieser Schraubenfläche in orthogonaler Projektion darstellen, indem wir ihre Achse senkrecht zum Grundrisse Π_1 voraussetzen. Der Gang werde von der Ebene Π_1 und einer im Abstand h (Ganghöhe) oberhalb befindlichen Parallelebene Π_3 begrenzt (Fig. 390). Der Grundkreis des Cylinders, welcher die Rückkehrkurve s trägt, sei s' in Π_1 (Centrum S', Radius r). Die zweite Projektion der Schraubenlinie s (Neigung α) wird dann, wie in 589, als Sinuslinie s'' dargestellt. Der erste Spurpunkt von s sei A auf s'; er bildet zugleich den Grundriß des Spurpunktes dieser Kurve in Π_3. Bei rechtsgängiger Windung wird die Grundspurlinie (in Π_1) durch eine volle Windung f_1 der aus dem Ursprunge A gezogenen Evolvente des Kreises s', der Grundriß der Deckspurlinie (in Π_3) durch die ebenfalls in A beginnende rückläufig beschriebene Evolventenwindung f_3' dargestellt. Der Grundriß g' einer Erzeugenden g ist stets eine Tangente des Kreises s', ihre erste Spur G_1 findet sich auf f_1, die Projektion G_3' der dritten Spur auf f_3', woraus der Aufriß g'', der s'' berührt, leicht gefunden wird. Den wahren Umriß für die erste Projektion bilden die Rückkehrkante s und die als Berandungen des Flächenganges auftretenden Kreisevolventen f_1 und f_3 nebst den ihre Endpunkte verbindenden Erzeugenden h und k. Der Umriß der ersten Projektion wird von den Linien f_1, k', f_3', h' und s' gebildet. Den wahren Umriß für die zweite Projektion bildet s in Verbindung mit f_1, f_3 und den zu Π_2 parallelen Erzeugenden h, i, k. Der Umriß der zweiten Projektion besteht also aus f_1'', k'', f_3'', h'', i'' und s''.

Die vollständige Fläche besteht aus unendlich vielen Gängen, von denen wiederum ein jeder sich ins Unendliche erstreckt; ihre Grundspur ist eine vollständige Kreisevolvente mit ihren beiderlei von A ausgehenden Windungen, die sich in unendlich vielen auf dem Kreisdurchmesser AS' liegenden Doppelpunkten überkreuzen. Da man sich die Fläche durch Schraubenbewegung der Evolvente erzeugt denken kann, so wird ersichtlich, daß jeder Doppelpunkt der letzteren, z. B. D, eine Schraubenlinie d als Doppelkurve erzeugt, in welcher sich zwei Gänge der Fläche schneiden. In der

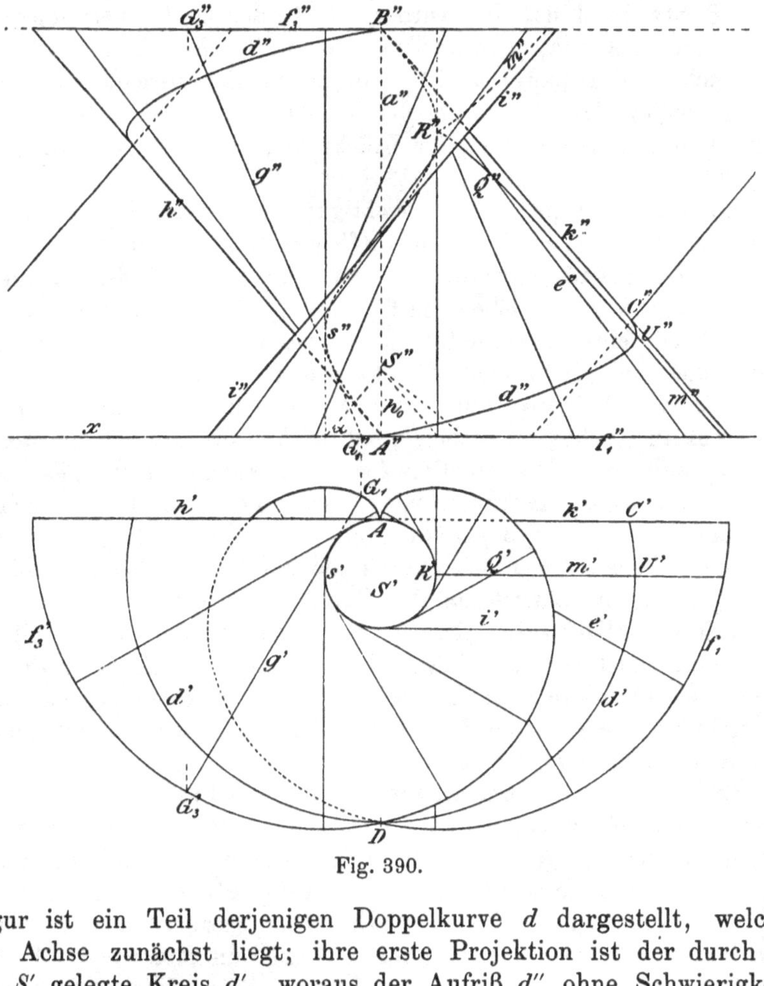

Fig. 390.

Figur ist ein Teil derjenigen Doppelkurve d dargestellt, welche der Achse zunächst liegt; ihre erste Projektion ist der durch D um S' gelegte Kreis d', woraus der Aufriß d'' ohne Schwierigkeit bestimmt werden kann.

608. Um die Meridiankurve m der abwickelbaren Schraubenfläche zu zeichnen, denke man sich letztere mit der Hauptmeridianebene M geschnitten, die durch die Achse parallel zu Π_2 geht. Die erste Spur m' derselben ist durch S' parallel zur x-Achse zu ziehen. Hieraus ergeben sich sofort die Grundrisse ihrer Durchschnittspunkte mit den Erzeugenden e der Fläche, wie Q' auf e', und daraus die Aufrisse, wie Q'' auf e''. Die von den letzteren gebildete Kurve m'' zeigt die wahre Gestalt des Meridianschnittes; sie bildet in R'' eine (auf der Rückkehrkante befindliche) Spitze und hat die Aufrisse i'', k'' der zu Π_2 parallelen Erzeugenden zu Asymptoten. Die vollständige Meridiankurve besitzt unendlich viele Doppelpunkte, in denen sich ihre den verschiedenen Gängen der Fläche entsprechenden Zweige schneiden und die zugleich den Doppelkurven der Fläche angehören, z. B. $U = m \times d$ (Fig. 390).

Mit fast ebenso großer Leichtigkeit kann die Schnittkurve der abwickelbaren Schraubenfläche mit einer beliebigen Ebene Ω konstruiert werden. Man benutzt dabei die parallelen Spuren o_1 und o_3 der Ebene in Π_1 und Π_3. Um dann ihren Schnittpunkt V mit einer bestimmten Erzeugenden e zu finden, lege man durch diese als Hilfsebene die Tangentialebene T der Fläche, deren erste und dritte Spur t_1 und t_3 auf e in ihren gleichnamigen Spurpunkten senkrecht stehen (und mithin die Kreisevolventen f_1 bezw. f_3 berühren). Die Hilfslinie $l = \mathsf{T} \times \mathsf{E}$, welche durch $L_1 = t_1 \times o_1$ und $L'_3 = t'_3 \times o'_3$ bestimmt wird, schneidet e in dem gesuchten Punkte V. Die Asymptoten der Schnittkurve liegen in den Tangentialebenen der Fläche durch die zur Schnittebene parallelen Erzeugenden; sie besitzt auf der Rückkehrkante Spitzen, auf den Doppelkurven Doppelpunkte. Die Hilfslinien l bilden, weil sie auf Tangentialebenen der Fläche liegen, zugleich Tangenten der Schnittkurve. In die Figur ist, um sie nicht zu komplizieren, keine Darstellung eines solchen ebenen Schnittes der abwickelbaren Schraubenfläche eingetragen.

609. Wir sind, um die abwickelbare Schraubenfläche zu erzeugen, von einer bestimmten Schraubenbewegung einer ihrer Erzeugenden ausgegangen, die man auch dadurch vollständig definieren kann, daß man sagt: die Erzeugende g gleitet ohne Rollen als Tangente an der Rückkehrkurve. Hierbei beschreiben alle ihre Punkte koaxiale Schraubenlinien, welche die Schnitte der Fläche mit koaxialen Rotationscylindern bilden. Die Fläche wird aber auch von der Erzeugenden g beschrieben, wenn diese auf der Rückkehrkurve ohne Gleiten rollt und dann beschreiben alle ihre Punkte (wie aus 587 hervorgeht) gespitzte Kreisevolventen, welche die Schnitte der Fläche mit den Normalebenen bilden.

Im Anschluß an diese Betrachtung kann die Aufgabe gelöst werden: die Schnittpunkte einer gegebenen Geraden g mit einem Gange einer abwickelbaren Schraubenfläche zu konstruieren; oder auch: an einen Gang einer Schraubenlinie

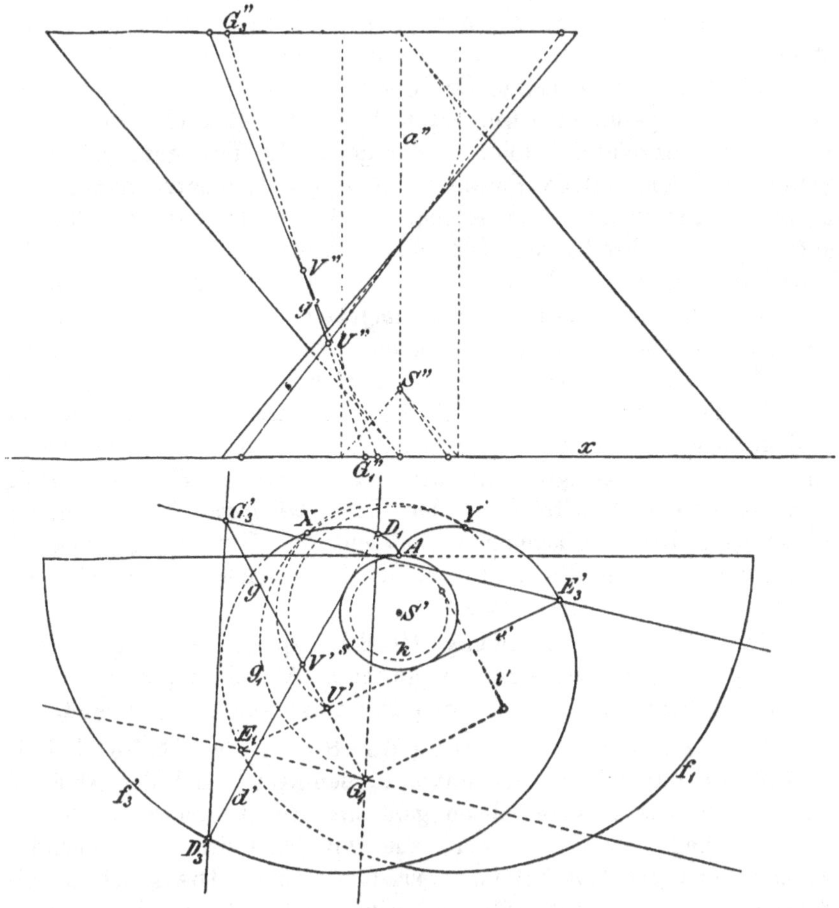

Fig. 391.

die Tangenten zu ziehen, die eine gegebene Gerade g schneiden (Fig. 391).

Die Gerade g sei durch ihre Spurpunkte G_1 und G_3 in Π_1 und Π_3 bestimmt. Ist U ein Schnittpunkt derselben mit der Fläche, so geht durch ihn eine Erzeugende e, deren Spurpunkte E_1 und E_3 resp. auf den Spurkurven f_1 und f_3 der Fläche liegen.

Indem man den Punkt U zugleich mit g und e die zur Erzeugung der Fläche dienende Schraubenbewegung in geeignetem Sinne (abwärts) ausführen läßt, wird e die Fläche selbst und U auf ihr eine Schraubenlinie u beschreiben, deren Spurpunkt in Π_1 durch X bezeichnet werden mag. X gehört dann zugleich den beiden Spurkurven an, welche die bewegten Geraden e und g in Π_1 bestimmen. Von diesen ist die eine die gespitzte Kreisevolvente f_1, die andere eine (allgemeine) Kreisevolvente g_1 durch den Punkt G_1, die nach 606 gefunden wird. Man bestimme nämlich den Kreis k als Horizontalprojektion aller zu der genannten Bewegung gehörigen Schraubenlinien, welche Parallelen zu g als Tangenten haben und ziehe als Projektion einer solchen an k die Tangente t'. Rollt t' auf k, so beschreibt der fest mit t' verbundene Punkt G_1 die Kurve g_1. Demnach kann X als einer der Schnittpunkte von f_1 und g_1 gefunden werden. Da umgekehrt X durch Schraubenbewegung (aufwärts) in den gesuchten Punkt U übergehen muß, so findet man dessen Grundriß U' auf g' mittels eines durch X um den Achsenspurpunkt S' geschlagenen Kreises. Die Horizontalprojektion e' der durch U gehenden Erzeugenden e ist eine aus U' an den Kreis s' gelegte Tangente. Die Geraden E_1G_1 und E_3G_3 sind als erste und dritte Spur der Ebene eg parallel. Der in der Figur gezeichnete Flächengang hat mit der Geraden g außer U noch einen weiteren Punkt V (auf der Erzeugenden d) gemein, der in analoger Weise bestimmt ist.

Das hier zur Bestimmung der Schnittpunkte einer gegebenen Geraden Gesagte läßt sich mit geringen Abänderungen bei allen Schraubenflächen anwenden, deren Normalkurven bekannt sind.

610. Für die Abwickelung der Schraubenfläche sind die in 458 bis 460 entwickelten Sätze zu benutzen. Bei der Ausbreitung der Fläche in eine Ebene geht die Rückkehrschraubenlinie s in eine ebene Kurve s_0 über, die mit jener in entsprechenden Punkten den gleichen Krümmungsradius ϱ hat. Dieser ist für die Schraubenlinie konstant (586) und wird (nach 589) aus dem Grundkreisradius r und der Neigung α gemäß der Formel $\varrho = \frac{r}{\cos^2 \alpha}$ leicht gefunden (Fig. 392a). Man zeichnet nämlich ein rechtwinkliges Dreieck QRS mit r und h_0 als Katheten und dem Winkel α bei Q und zieht $ST \perp QS$, so ist $QT = \varrho$. Demnach ist hier die Verwandelte s_0 der Rückkehrkurve s ein Kreis vom Radius ϱ. Die Erzeugenden der Fläche werden als Tangenten von s in die Tangenten von s_0 übergeführt. Die beiden längs s zusammenstoßenden Mäntel der Fläche werden daher in der Abwickelung die Außenfläche des Kreises s_0 doppelt überdecken. Wir stellen die zu dem in Fig. 390 gezeichneten Flächengange gehörigen Flächenteile mit der dort angegebenen Berandung dar. Die Länge l eines Ganges der Schraubenlinie s wird durch Abwickelung des Schraubencylinders gefunden, nämlich als Hypotenuse eines rechtwinkligen Dreiecks QUV, dessen Katheten resp. die Peripherie $2r\pi$ des Grundkreises und die Ganghöhe h bilden (Fig. 392a); l bildet zugleich die wahre Länge der zur Berandung gehörigen Erzeugenden h und k. Man zeichne daher zuerst (Fig. 392b) einen Kreisbogen vom Radius ϱ und der Länge l, ziehe in den Endpunkten A_0, B_0 seine Tangenten h_0 und k_0 und gebe ihnen dieselbe Länge. Die Randkurven f_1 und f_3 der Fläche sind (587) Evolventen der Schraubenlinie s und geben daher in der Abwickelung Evolventen des Kreises s_0, deren Ursprungspunkte A_0 und B_0 sind. Man teilt daher zweckmäßig den Kreisbogen A_0B_0 in eine hinreichende Anzahl n (= 16) gleicher Teile, zieht in den Teilpunkten die Tangenten und trägt auf ihnen vom m^{ten} Teilpunkt aus nach der einen Seite die Strecke $\frac{m}{n}\cdot l$, nach der anderen $\frac{n-m}{n}\cdot l$ auf. Diese Teilstrecken werden aus der Hilfsfigur 392a entnommen.

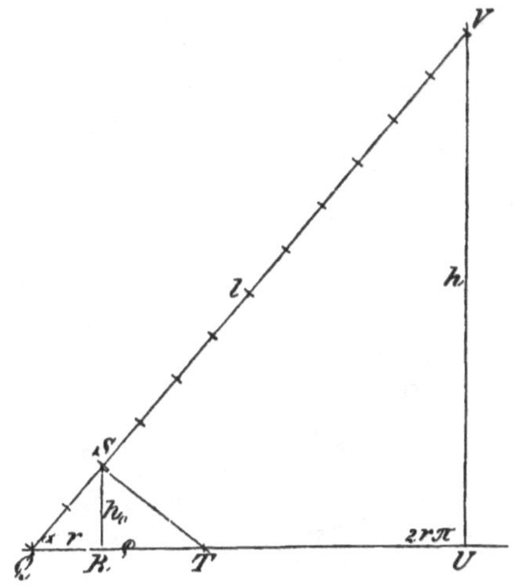

Fig. 392a.

Die so gefundenen Endpunkte liegen auf den verwandelten Kreisevolventen f_1^0 und f_3^0. Um eine auf der Schraubenfläche gezogene Schraubenlinie, also ihren Schnitt mit einem koaxialen Cylinder in die Abwickelung zu übertragen, hat man auf irgend einer Erzeugenden die Strecke zwischen jener Schraubenlinie und dem Berührungspunkte auf der Rückkehrkurve in wahrer Länge abzutragen. Es ergiebt sich hieraus, daß die Verwandelten aller Schraubenlinien der Fläche koncentrische Kreise bilden. So ist die zu s_0 koncentrische Kreislinie d_0 als Verwandelte der Doppelkurve durch Abtragen der Strecke $B_0C_0 = B''C''$ (vergl. Fig. 390) auf der Erzeugenden k_0 bestimmt.

Um schließlich in die Abwickelung die Verwandelte m_0 der Meridiankurve m einzutragen, bestimme man zuerst ihre Spitze R_0 auf s_0, indem man den Bogen B_0R_0 dem vierten Teile des Bogens B_0A_0 gleichmacht. Ferner übertrage man die Schnittpunkte

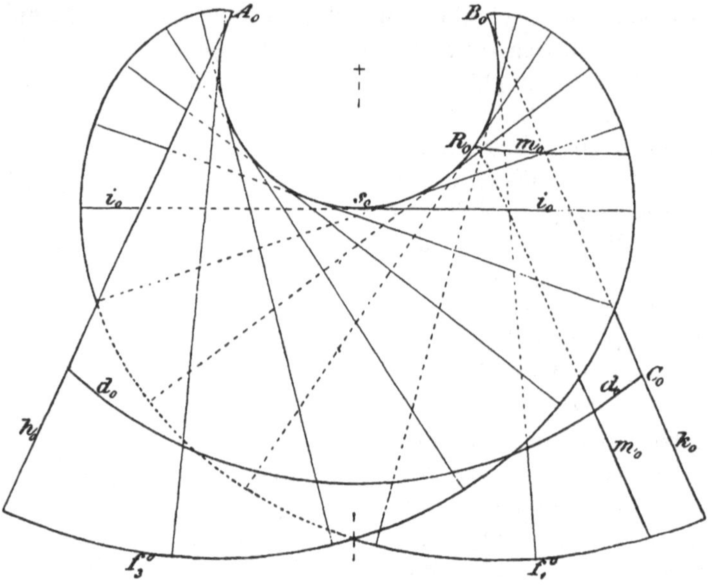

Fig. 392*b*.

der Kurve m mit einzelnen Erzeugenden der Fläche und insbesondere ihre Endpunkte auf den Randkurven f_1 und f_3. Ersteres geschieht, indem man den wahren Abstand des gesuchten Punktes von einem bekannten Punkte der durch ihn gehenden Erzeugenden mißt, letzteres durch Übertragung von Bögen der Randkurven. Die in der Abwickelung verzeichneten Erzeugenden i_0 und k_0 bilden die Asymptoten der Kurve m_0.

611. Die Eigenschatten- und Schlagschattengrenzen der abwickelbaren Schraubenfläche bei Parallelbeleuchtung. — Die Grenzkurve u zwischen Licht und Eigenschatten wird auf der Fläche durch die Berührungspunkte aller der Tangentialebenen gebildet, welche Lichtstrahlen enthalten. Da jede solche Ebene die Fläche in allen Punkten einer Erzeugenden berührt, so folgt: die Lichtgrenze u auf der abwickelbaren Schraubenfläche besteht aus erzeugenden Geraden; dieselben sind den Mantellinien des Richtungskegels parallel, welche dessen Lichtgrenze bilden. Hiernach gestaltet sich die Schattenkonstruktion für die in Rede stehende Fläche besonders einfach; wir wollen sie für einen in bestimmter Weise begrenzten Teil unserer

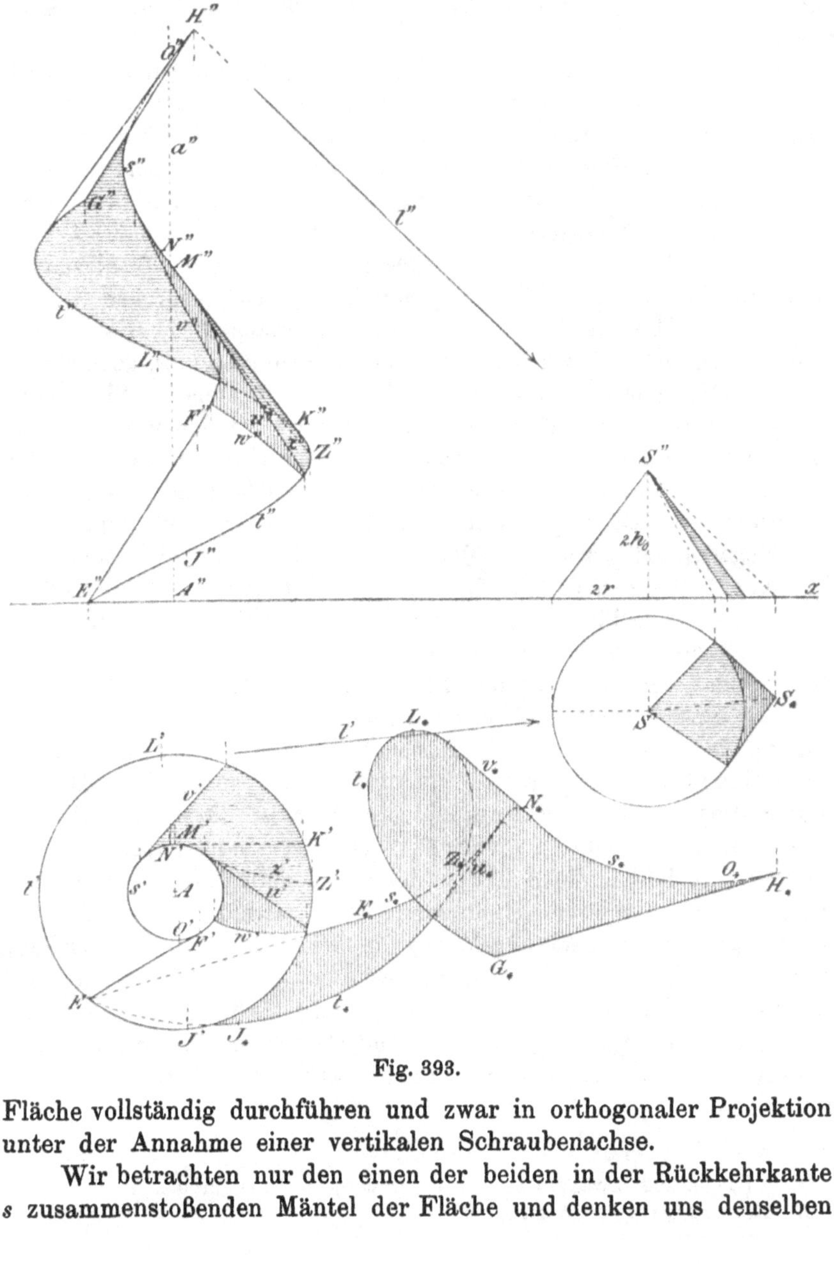

Fig. 393.

Fläche vollständig durchführen und zwar in orthogonaler Projektion unter der Annahme einer vertikalen Schraubenachse.

Wir betrachten nur den einen der beiden in der Rückkehrkante s zusammenstoßenden Mäntel der Fläche und denken uns denselben durch zwei parallele Erzeugende *EF* und *GH*, durch den zwischen ihnen liegenden Gang *FMNOH* von *s* und den Gang *EJKLG* einer zweiten mit *s* koaxialen Schraubenlinie *t* begrenzt. Die Richtung eines Lichtstrahles *l* sei durch seine Projektionen l' und l'' festgelegt (Fig. 393).

Die Berandung unserer (rechtsgängigen) Schraubenfläche wird im Grundriß durch die koncentrischen Kreise s' und t' mit der Tangente $E'F'$ des ersteren, im Aufriß durch die Sinuslinien s'' und t'' und die Tangenten $E''F''$ und $G''H''$ von s'' dargestellt ($G' = E'$, $H' = F'$), zu denen noch als Umrißlinie $M''K''$ kommt ($M'K' \parallel x$). Irgend ein Punkt *S* (etwa mit dem ersten Tafelabstand $= 2h_0$) werde als Spitze eines Richtungskegels gewählt und für diesen in bekannter Weise (483) die Eigen- und Schlagschattengrenze (in Π_1) konstruiert. Hierauf sind parallel zu den ersten Projektionen der Mantellinien, die auf dem Kegel die Lichtgrenze bilden, in geeignetem Sinne die Tangenten u' und v' des Kreises s' zu ziehen. Sie bilden die Grundrisse zweier Erzeugenden *u* und *v*, aus denen in Verbindung mit *s* die Lichtgrenze auf der Schraubenfläche besteht;[1] ihre Aufrisse u'' und v'', die unter Benutzung der Randpunkte leicht konstruiert werden, liegen wieder zu den Aufrissen der entsprechenden Kegelkanten parallel. Man zeichne jetzt die Schatten der Schraubenlinien *s* und *t* in Π_1 als Cykloiden (588). In der Figur ist s_* eine gestreckte, t_* eine verschlungene Cykloide; die beschreibenden Kreise sind s' und t', der rollende Kreis ist dadurch bestimmt, daß sein Umfang der Länge des Schattens der Ganghöhe $h = FH$ gleichkommt und seine Bahnlinie ist parallel zu l'. Die Scheitel der Cykloiden sind die Schatten der Punkte *N*, *O*, *J*, *L*, deren Grundrisse auf s' resp. t' und einem zu l' senkrechten Durchmesser liegen. Begrenzt werden die Kurven durch die Punkte $E_* = E$ und G_*, bezw. F_* und H_*. Die Verbindungslinien dieser Punktepaare bilden die Schatten der Erzeugenden *EF* und *GH*, die zur Berandung gehören. Schließlich sind parallel zu den Schlagschattengrenzen des Richtungskegels die Geraden u_* und v_* zu ziehen, welche die Kurven s_* und t_* in den Punkten berühren, die den Endpunkten der Geraden *u* und *v* auf *s* und *t* als Schatten zugehören. Aus den Linien s_*, t_*, u_*, v_*, EF_* und G_*H_* setzt sich die Grenze des Schlagschattens der Fläche auf die Grundrißebene zusammen.

[1] Die in 602 erwähnte Kurve 4. Ordnung ist hier in den Kreis s' und seine Tangenten u' und v' zerfallen.

Den Punkten, in denen der Randschatten t_* sich selbst und die Kurve s_* überschneidet, entsprechen Punkte der Linien t und s, die von der Randlinie t Schatten empfangen. Man findet sie, indem man die zu den Überschneidungspunkten gehörigen Lichtstrahlen rückwärts bis zu den fraglichen Kurven verfolgt. Die gefundenen Punkte liegen auf einer ersten Grenzlinie w des Schlagschattens der Fläche auf sich selbst. Will man eine größere Anzahl von Punkten der Grenzlinie w konstruieren, so hat man die Überschneidungspunkte von t_* mit den Schatten geeigneter Erzeugenden der Fläche in analoger Weise zu benutzen. Ferner entspricht dem Punkte Z_*, in welchem s_* die Kurve t_* überschneidet, ein Punkt Z des Randes t, der von dem Rande s Schatten erhält. In Z endigt eine zweite Grenzkurve z des Schlagschattens der Fläche auf sich selbst. Dieselbe berührt s in demselben Punkte wie u. Der von v aufsteigende Teil der Fläche wirft Schatten auf ihre Oberseite zwischen w und u, auf ihre Unterseite zwischen z und v. Der von u absteigende Teil beschattet die Unterseite zwischen u und z.

Windschiefe Regelschraubenflächen.

612. Wir betrachten zuerst die geschlossene gerade Schraubenfläche. Ihre die Achse a senkrecht schneidenden Erzeugenden bilden gleichzeitig die Normal- und Meridiankurven. Wir denken uns die Fläche rechtsgängig. Um eine einfache Darstellung zu geben, sei ein Gang derselben durch zwei Erzeugende g und h, die in den Normalebenen Π_1 und Π_3 senkrecht zu Π_2 liegen sollen, und durch zwei einem koaxialen Cylinder (Grundkreis s') angehörige Schraubenlinien s und t begrenzt.

Der Umriß der ersten Projektion besteht dann aus dem Kreise s' ($= t'$) und der Geraden g ($= h'$), der Umriß der zweiten Projektion aus zwei kongruenten Sinuslinien s'' und t'', die sich in den Punkten A'', B'', C'' auf a'' schneiden (Fig. 394). Die Striktionslinie der Fläche wird von ihrer Achse a gebildet. Die Tangentialebene in einem Punkte der Achse verbindet diese mit der durch ihn gezogenen Erzeugenden, ist also eine Meridianebene; schreitet der Berührungspunkt auf der Erzeugenden fort, so dreht sich die Tangentialebene um diese und geht schließlich (als asymptotische Ebene) in die zugehörige Normalebene über. Man konstruiert eine Tangentialebene mittels der Tangente der durch den Berührungspunkt gezogenen koaxialen Schraubenlinie.

Die Durchstoßpunkte einer gegebenen Geraden mit

einem Flächengange können nach der in 607 angegebenen Methode gefunden werden. Zur Konstruktion eines ebenen Schnittes der Fläche teile man die auf der Achse abgetragene Ganghöhe $h = AC$ in eine hinreichende Anzahl gleicher Teile und denke sich durch die Teilpunkte Normalebenen gelegt, welche auf der schneidenden Ebene E Streichlinien $\parallel e_1$ und e_3 bestimmen. Jede solche Streichlinie schneide man mit der in der zugehörigen Normalebene liegenden Erzeugenden. Die so gefundenen Punkte liegen auf der gesuchten Schnittkurve. Letztere besitzt in jedem Flächengange zwei Asymptoten. Dieselben werden durch Normalebenen bestimmt, welche die beiden zur Ebene E parallelen (eine Ganghälfte begrenzenden) Erzeugenden enthalten. Die angedeutete Konstruktion ist zuerst im Grundrisse auszuführen und hieraus der Aufriß der Schnittkurve abzuleiten.

613. Die Schattengrenzen der geschlossenen geraden Schraubenfläche werden nach 601 dargestellt. Wird von Π_1 aus auf die Achse a die reduzierte Ganghöhe bis nach S abgetragen ($A''S'' = h_0 = \frac{h}{2\pi}$) und der Schatten S_* des Punktes S in Π_1 nach links um 90^0 bis in die Lage L gedreht, so ist L der Pol des Lichtstrahles, die Neigung von l gegen Π_1 heiße λ. In Fig. 394 sind die Projektionen l' und l'' des Lichtstrahles l beide gegen die x-Achse unter 45^0 gezogen.

Von dem Pole L aus fälle man die Lote auf die um A sich drehende Gerade g. Der geometrische Ort ihrer Fußpunkte ist der Kreis über dem Durchmesser AL und bildet den Grundriß u' der Lichtgrenze u. Diese wird auf der Fläche durch den über u' stehenden Rotationscylinder ausgeschnitten und bildet eine Schraubenlinie von der Ganghöhe $= \frac{h}{2}$. Durchläuft ein Punkt die Lichtgrenze eines Flächenganges, so beschreibt sein Grundriß den Kreis u' doppelt. Ist nämlich U auf der Erzeugenden g der erste Spurpunkt der Lichtgrenze u, U_1 ein höherer Punkt derselben und M der Achsenspurpunkt jenes Cylinders, so ist $\angle\ UMU_1' = 2\varphi$, wenn $\angle\ UAU_1' = \varphi$ ist. Die Höhe des Punktes U_1 über Π_1 ist $= h_0 \cdot \varphi$, sie wächst proportional dem Winkel $\angle\ UMU_1'$. Hieraus folgt: Jeder Rotationscylinder, der die Achse der geschlossenen geraden Schraubenfläche zur Mantellinie hat, schneidet auf ihr eine Schraubenlinie von der Ganghöhe $\frac{h}{2}$ aus. Demnach ergiebt sich der Aufriß u'' der Lichtgrenze als eine Sinuslinie, welche die Punkte A'', B'', C'' auf a'' enthält. Da die Neigung dieser

Schraubenlinie u mit λ übereinstimmt ($\tang \lambda = \frac{1}{2}h_0 : LM = h_0 : LA$), so hat sie Lichtstrahlen zu Tangenten und ihr Schatten u_* in Π_1 wird

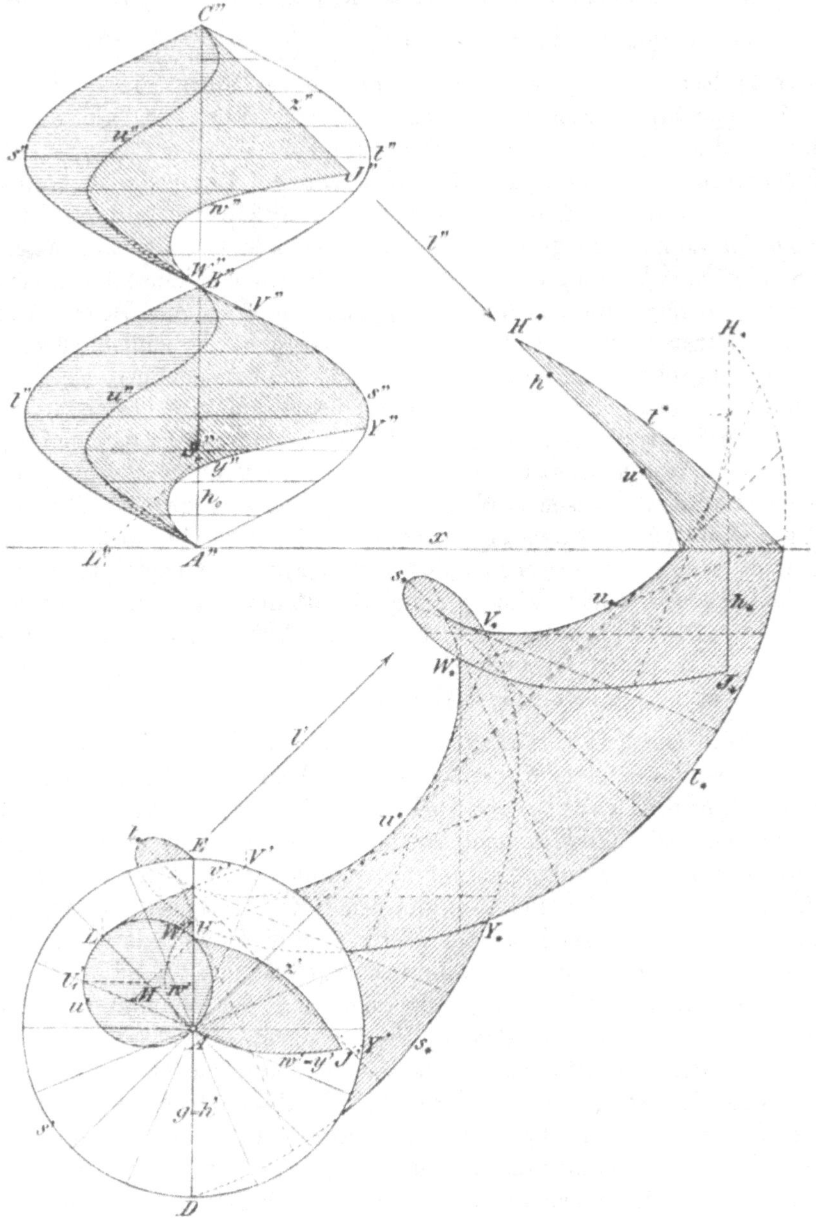

Fig. 394.

eine gespitzte Cykloide. Letztere entsteht, wenn der Kreis u' auf der durch L gezogenen Lichtstrahlenprojektion l' abrollt als Bahnlinie des Punktes U, den u' mit der tiefsten Erzeugenden g gemein hat. Die Spitzen folgen einander im Abstande $\frac{h}{2} \cdot \operatorname{cotg} \lambda$. — Die beiden Randschraubenlinien s und t ergeben als Schatten s_* und t_* in Π_1 ebenfalls Cykloiden. Diese entstehen, wenn der um A mit dem Radius AL beschriebene Kreis auf der Geraden l' abrollt, als Bahnkurven der Endpunkte D und E von g. Unter der Annahme $AD = AE > AL$ sind es verschlungene Cykloiden; ihre Ganglänge ist doppelt so groß, als die der Cykloide u_*; sie sind gegeneinander um ihre halbe Ganglänge verschoben und umschließen mit ihren Schleifen abwechselnd die Spitzen von u_*. Zur Begrenzung des Schlagschattens auf die Grundrißebene gehören schließlich noch die Erzeugende g und der Schatten h_* der Erzeugenden h. Man erhält die zu u_*, s_*, t_* gehörigen Elemente am einfachsten, wenn man von einer hinreichenden Anzahl äquidistanter Erzeugenden der Fläche die Schlagschatten in Π_1 zeichnet, weil diese ohnehin noch benutzt werden müssen. Wenn, wie in unserer Figur, ein Teil des Schlagschattens nicht in Π_1, sondern in Π_2 sichtbar wird, so erscheint er an der x-Achse gebrochen. Man konstruiert dann mit Hilfe der Affinität zwischen den Schattenprojektionen in beiden Tafeln. Die Affinitätsachse ist x, die Affinitätsstrahlen werden durch die Schatten H_* und H^* eines Punktes H der Erzeugenden h leicht bestimmt (bei unserer Annahme liegen sie $\parallel x$).

614. Der Schlagschatten der Schraubenfläche auf sich selbst wird von den Kurven v, w, y, z begrenzt, die auf ihr als Schatten der Lichtgrenze u, sowie der Randlinien s, t und h entstehen. Die Kurve v geht tangential von der Lichtgrenze u aus und zwar in den Punkten, deren Tangenten die Richtung der Lichtstrahlen haben. Der Pol L bildet den Grundriß dieser Punkte. In dem dargestellten Flächengange besitzt v zwei Zweige, deren Grundrisse zusammenfallen; der untere endigt auf der Randlinie g in ihrem Schnittpunkte mit u_*, der obere auf der Randlinie s in V ($V_* = u_* \times s_*$). Man bestimmt Punkte ihres Grundrisses, indem man zu den Schnittpunkten von u_* mit den Schatten erzeugender Geraden die entsprechenden Punkte auf ihren Grundrissen sucht. Um den Randschatten auf der Fläche zu finden, denke man sich durch die Schnittpunkte von s_*, t_*, und h_* mit den Grundrißschatten der Erzeugenden Lichtstrahlen gezogen und verfolge dieselben in beiden Projektionen zurück bis zu den betreffenden Erzeugenden selbst. Auf diese Weise ergeben sich Punkte der Grenzlinien w, y, x. Die Kurven w und y schneiden die Achse a, ihre Grundrisse sind identisch. Die Kurve w beginnt auf u in dem Punkte W, dessen Schatten $W_* = u_* \times s_*$ ist, und endigt in dem zu $J_* = s_* \times h_*$ gehörigen Punkte J. Der Anfangspunkt der (im Grundriß völlig verdeckten) Kurve y liegt senkrecht unter W auf u, ihr Endpunkt Y auf s entspricht dem Schnittpunkte $Y_* = s_* \times t_*$. Die Kurve z beginnt in dem vertikal über U auf h gelegenen Punkte und endigt in J; ihr Aufriß fällt mit der durch C'' gezogenen Lichtstrahlprojektion l'' zusammen.

615. Die offene gerade Schraubenfläche mit ihren Schattengrenzen soll unter den bisherigen Annahmen über die Richtung der Achse a und der Lichtstrahlen dargestellt werden, also für $a \perp \Pi_1$ und $\angle l' x = \angle l'' x = 45^0$. Ein rechtsgewundener Flächengang sei begrenzt durch die Erzeugenden FG (in Π_1) und HJ (in Π_3) und die auf einem koaxialen Rotationscylinder liegenden Schraubenlinien s und t, deren Endpunkte resp. F, H und G, J sind. Die Kehlschraubenlinie k hat das vom Achsenspurpunkte A auf FG gefällte Lot AQ zum Radius; der in Π_1 um A mit diesem Radius beschriebene Kreis k' ist ihr Grundriß, ihr Aufriß eine Sinuslinie k''. Ebenso bildet der mit dem Halbmesser AF beschriebene Kreis s' zugleich den Grundriß von s und t, während die Aufrisse dieser Kurven zwei kongruente Sinuslinien s'' und t'' sind, die sich in den Scheitelpunkten B'' und D'' der Kurve k'' überschneiden. Es ist zweckmäßig, am Aufrisse a'' der Achse die Ganghöhe $h = A''E''$ in eine hinreichende Anzahl (16) gleicher Teile zu teilen und durch die Teilpunkte Parallelen zu x als Aufrisse von Erzeugenden zu ziehen, die man numerieren mag. Die Grundrisse derselben berühren den Kreis k'; ihre Berührungspunkte werden durch entsprechende Teilung der Peripherie, die im Berührungspunkte Q von FG beginnt, erhalten. Schließlich bestimme man noch, wie vorher (596) aus der reduzierten Ganghöhe $h_0 = \frac{h}{2\pi}$ den Pol L des Lichtstrahles in Π_1 ($AL = h_0 \cdot \sqrt{2}$, $\angle AL, x = 45^0$).

616. Der Grundriß u' der Lichtgrenze u wird von den Fußpunkten der Lote aus dem Pole L auf die Tangenten des Kreises k' gebildet. Diese Kurve 4. Ordnung u' (deren Konstruktion in Fig. 396 wiederholt ist) heißt daher eine Fußpunktkurve des Kreises k' und L ihr Pol. Sind e' und f' zwei parallele Tangenten von k', J und K ihre Berührungspunkte, X und Y die auf ihnen liegenden Fußpunkte des gemeinsamen Lotes aus L und schneidet letzteres den über dem Durchmesser AL geschlagenen Kreis m in M, so hat man: $AJ = AK = MX = MY$. Daher zeigt sich, daß die

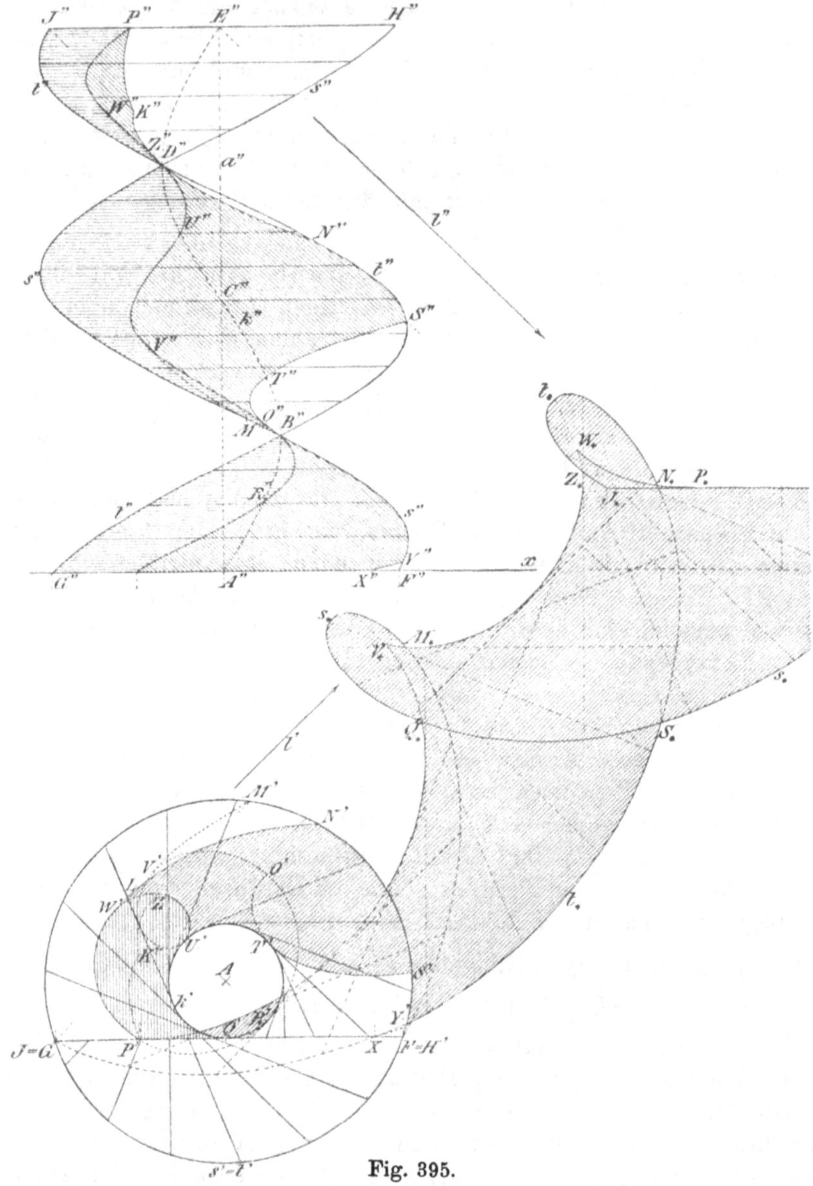

Fig. 395.

Kurve u' eine Pascal'sche Schnecke (Konchoide) ist (vergl. 440). L ist ihr reeller Doppelpunkt.

Der Abstand der Erzeugenden e von ihrem Grundrisse e' ist $= h_0 \cdot \varphi$, wenn $\angle\, QAJ = \varphi$ und Q der Berührungspunkt der in Π_1 liegenden Erzeugenden e_0 mit k', J der von e' mit k' ist. Der Grundrißschatten e_* geht aus e' durch eine Parallelverschiebung in der Richtung von l' hervor, deren Größe für $\lambda = \angle\, ll'$ (Neigung des Lichtstrahles gegen Π_1) durch $h_0 \cdot \varphi \cdot \operatorname{cotg} \lambda$ gemessen wird. Schneiden AQ und AJ den mit dem Radius $AL = h_0 \cdot \operatorname{cotg} \lambda$ beschriebenen Kreis n resp. in Q_1 und J_1, so ist der Bogen Q_1J_1 der Verschiebungsgröße gleich. Die Linie e_* ergiebt sich als Endlage der mit dem Kreise n fest verbundenen Geraden e_0, wenn n auf der durch L parallel zu l' gezogenen Geraden i um die Bogenlänge $= Q_1J_1$ fortrollt. Oder: Die Schattengrenze u_* in Π_1 ist die Hüllkurve der Geraden e_0, die mit dem auf i rollenden Kreise n fest verbunden bleibt. Der Berührungspunkt X_* von u_* mit e_* wird nach 568 als Fußpunkt des aus dem augenblicklichen Drehpunkte L_* auf e_* gefällten Lotes bestimmt. Ist P der Fußpunkt des Lotes von L auf e_0, so begrenzen die Schenkel des Winkels PLX auf dem Kreise m einen Bogen $NM = \text{Bogen}\, Q_1J_1 = LL_*$. Rollt daher m ebenfalls auf i, so gelangt der Punkt N, indem er eine gespitzte Cykloide c beschreibt, in die Lage M_* auf L_*X_*. Letztere Gerade ist die Normale der Cykloide und $M_*X_* = MX$ dem Radius von k, gleich. Hieraus folgt: **Der Schlagschatten der offenen geraden Schraubenfläche auf eine Normalebene Π_1 wird durch die Parallelkurve (Äquidistante) u_* einer gespitzten Cykloide**

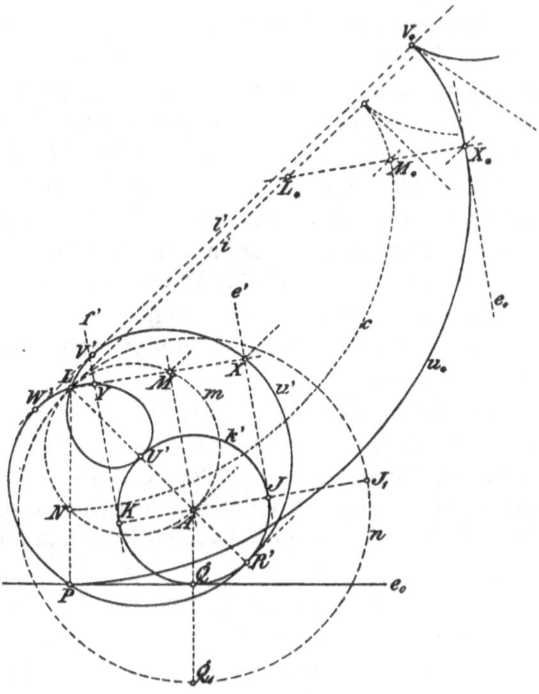

Fig. 396.

c begrenzt. Die Cykloide c entsteht beim Rollen eines Kreises m vom Radius $= \frac{1}{2} h_0 \cdot \operatorname{cotg} \lambda$ auf dem Grundrisse i eines Lichtstrahles; die auf ihren Normalen abzutragende konstante Strecke ist dem kürzesten Abstande AQ einer Erzeugenden von der Achse der Fläche gleich. — Die ersten Spurpunkte der die Lichtgrenze u berührenden Lichtstrahlen sind Spitzen von u_*; sie liegen auf der Doppeltangente l' der Kurve u'. Die erste Spitze V_* entspricht dem Berührungspunkte V', die zweite W_* dem Berührungspunkte W', u. s. f. Die Spitzentangenten von c liegen rechtwinklig zu l', die der Parallelkurve u_* abwechselnd rechtwinklig zu LV' und LW'.

617. Der Aufriß u'' der Lichtgrenze auf der Schraubenfläche wird von einer wellenförmigen Kurve gebildet, die den Aufriß k'' der Kehlschraubenlinie in den Punkten R'', U'', B'', D'' schneidet, deren Grundrisse auf k' die Endpunkte der $\perp l'$ und $\parallel x$ gezogenen Durchmesser bilden. Der Schnittpunkt von u'' mit dem Aufrisse einer Erzeugenden liegt senkrecht über dem Schnittpunkte ihres Grundrisses mit u'.

Die durch den Pol L parallel zur Achse a gezogene Gerade b bildet die Polachse der Schraubenfläche. Die gemeinsamen Normalen der Polachse b und der Erzeugenden erzeugen ihrerseits eine zweite gerade Schraubenfläche; dieselbe ist geschlossen und hat denselben Windungssinn und dieselbe Ganghöhe wie die gegebene. Die Lichtgrenze u ist der Durchschnitt dieser Polarschraubenfläche mit der gegebenen (601). Die Schlagschattengrenze der Polarschraubenfläche in Π_1 ist eine gespitzte Cykloide und bildet die gemeinsame Evolute der Kurven u_* und c; sie ist also mit letzterer kongruent (571) und trägt die Spitzen V_*, W_*, ... der ersteren (450).

Die Schlagschatten der Randkurven s und t unserer Fläche in Π_1 sind die verschlungenen Cykloiden s_* und t_*. Sie gehen auseinander durch eine Verschiebung in der Richtung l' hervor, deren Größe sich zu AL verhält, wie der Bogen FG des Grundkreises s' zu seinem Radius. Zu ihnen tritt noch der Grundrißschatten J_*H_* der obersten Erzeugenden JH.

Der Schlagschatten der Fläche auf sich selbst ist nach der schon in 614 angewandten Methode bestimmt. Zu seiner Begrenzung gehören zunächst zwei Zweige VM und WN des Schattens der Lichtgrenze u auf die Fläche. Diese setzen tangential an u in den Berührungspunkten V und W der Lichtstrahlen an und endigen auf den Randlinien s und t. Sodann gehören hierzu die Schatten der Randkurven auf die Fläche. Diese sind aus den Schnittpunkten der Randschatten in Π_1 mit den Schatten der Erzeugenden abgeleitet und bilden die Kurvenzüge *PK*, *XY*, *ZK* und *STO*. Ersterer rührt von dem Stücke *PJ* der obersten Erzeugenden her, die beiden folgenden von *t* und der letzte von *s*.

618. Wir gehen zur Darstellung einer geschlossenen schiefen Schraubenfläche in orthogonaler Projektion über (Fig. 397). Die Achse *a* der rechtsgängigen Fläche sei vertikal gestellt, *A* ihr Spurpunkt in Π_1; sie teilt die Fläche in einen oberen und unteren Teil. Wir stellen nur den unteren Teil dar; er wird von dem Teile einer Erzeugenden *e* beschrieben, der von der Achse abwärts geht. Als Berandung desselben diene eine (auf koaxialem Rotationscylinder mit dem Grundkreis *s'* liegende) Schraubenlinie *s* in Verbindung mit *a* und zwei einen Flächengang begrenzenden Erzeugenden *BC* und *GH*, beide $\| \Pi_2$. Der Randpunkt *B* der untersten Erzeugenden e_0 liege in Π_1. Durch den Aufriß e_0'' ist der Neigungswinkel ε der Erzeugenden gegen die Normalebenen bestimmt. Die Strecke $C''H''$ auf a'' giebt die Ganghöhe *h* an, aus welcher h_0 bestimmt und als $A''S''$ aufgetragen wird. $RS \| e_0$ ist eine Mantellinie des Richtungskegels der Fläche mit der Spitze *S* und der mit dem Radius *AR* in Π_1 beschriebene Kreis *p* sein Grundkreis. Nach diesen Festsetzungen können die beiderlei Projektionen aller Randlinien der Fläche in bekannter Weise konstruiert werden.

Es ist zweckmäßig, eine hinreichend große Anzahl von Erzeugenden in Grund- und Aufriß zu zeichnen. Zu diesem Zwecke teile man etwa den Kreis *s'* von *B* anfangend in 16 gleiche Teile und ebenso die Ganghöhe $C''H''$. Die in den Teilpunkten von *s'* endigenden Radien bilden die Grundrisse äquidistanter Erzeugenden. Projiziert man ihre Endpunkte auf die *x*-Achse und zieht Strahlen durch die successiven Teilpunkte von $C''H''$ parallel und gleich den Verbindungslinien der Punkte auf *x* mit C'', so bilden diese die zugehörigen Aufrisse. Letztere umhüllen den Umriß u'' der zweiten Projektion; u'' berührt a'' in den Punkten J'' und K'', die von C'' resp. H'' je um $\frac{1}{4}h$ entfernt sind.

619. Die Meridiankurve der vollständigen Schraubenfläche wird von zwei Scharen paralleler Erzeugenden *BC*, *GH*, ... und *EF*, ... gebildet, die gegen die Achse *a* abwechselnd nach links und rechts unter dem Winkel $R - \varepsilon$ geneigt, sie in Punkten von der gegenseitigen Entfernung $= \frac{1}{2}h$ schneiden. Sie schneiden einander in unendlich vielen Doppelpunkten (z. B. *D*), die bei der Schraubenbewegung die Doppelkurven (*d*) der Fläche beschreiben, in denen sich der obere und untere Flächenteil durchsetzen.

Die Normalkurve der Fläche ist nach 606 eine Archimedische Spirale, deren Parameterkreis (580) der mit dem Radius

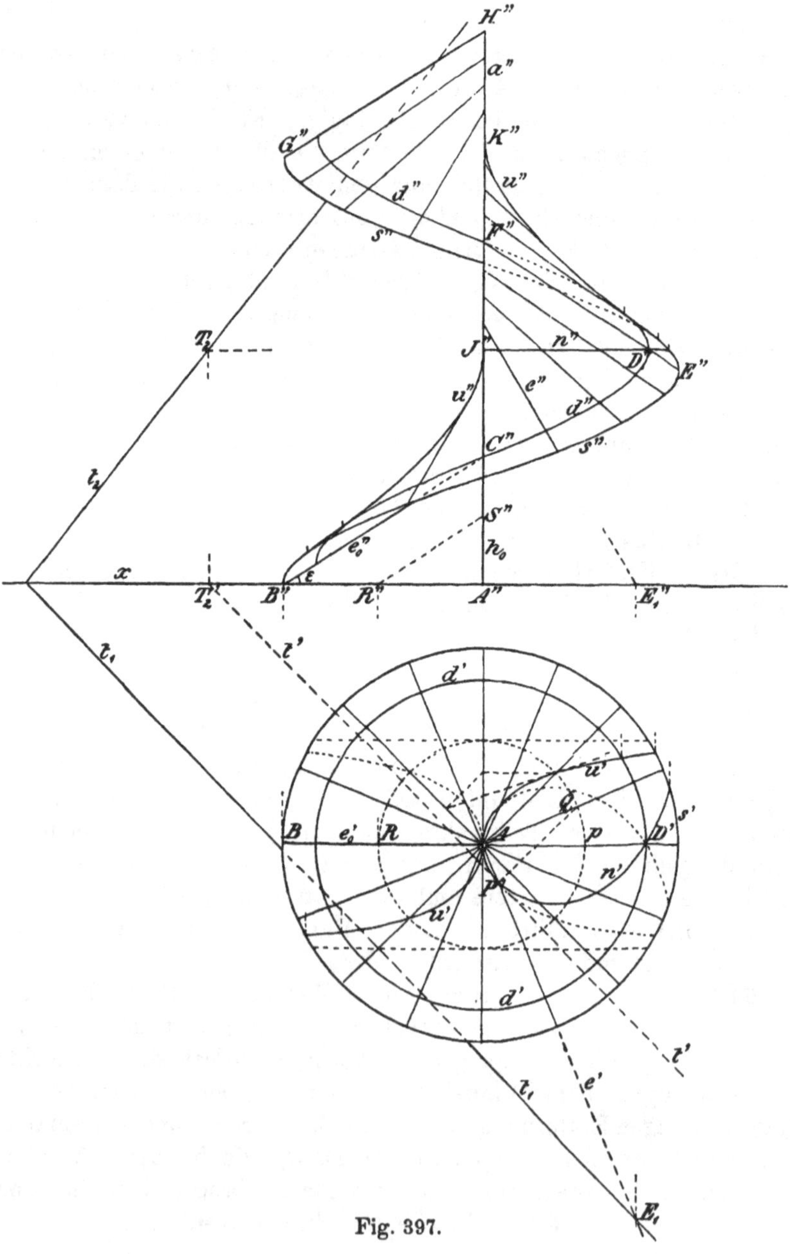

Fig. 397.

$h_0 \cdot \operatorname{cotg} \varepsilon$ um A beschriebene Kreis p ist. Wir konstruieren die Normalkurve n in einer durch den Punkt J der Achse gelegten Normalebene. Ihr Grundriß n' hat dann den vertikalen Durchmesser des Parameterkreises zur Tangente im Scheitelpunkte A. Der zu A gehörige Krümmungsradius der Spirale ist $\frac{1}{2} h_0 \cdot \operatorname{cotg} \varepsilon$. Man findet weitere Punkte derselben, wenn man von A aus auf die rechts von der genannten Scheiteltangente liegenden Radien die successiven Vielfachen eines Sechszehntels der Peripherie von p aufträgt. Der erste Doppelpunkt D' der Spirale ist der Grundriß von $D = BC \times EF$ und liegt auf der Doppelkurve d. Die Normale der Kurve n' in einem Punkte P' geht durch den Endpunkt Q des zu $P'A$ senkrechten Radius von p.

Die Tangentialebene T in einem Punkte P der Erzeugenden e enthält außer e auch die Tangente t der durch P gelegten Normalkurve n. Ihre erste Spur t_1 geht durch den ersten Spurpunkt E_1 von e parallel zum Grundrisse t', also senkrecht zu $P'Q$, ihre zweite Spur t_2 geht durch den zweiten Spurpunkt T_2 von t. Man schließt hieraus den Satz:

Einer Reihe von Punkten P auf der Erzeugenden e entspricht ein zu ihr projektives Büschel von Tangentialebenen mit der Achse e.

Denn die Reihe der P ist zu der Reihe der P', diese zu dem Büschel der Strahlen $P'Q$, dieser zu dem der Normalen t_1 (der Spurlinien) und der letzte endlich zu dem Büschel der Tangentialebenen projektiv.

Zur Konstruktion der Durchstoßpunkte einer Geraden und der Schnittkurve einer Ebene mit der Fläche können die in 609 und 608 gegebenen Methoden dienen.

620. Um den wahren Umriß u der Schraubenfläche für die zweite Projektion zu finden, benutzt man die in 602 angegebene allgemeine Konstruktion, indem man in Π_1 den Pol L der projizierenden Strahlen in der Richtung der x-Achse unendlich fern annimmt. Ist daher (Fig. 398) $g' = AW$ der Grundriß einer Erzeugenden g und V der Endpunkt des zu g' normalen Radius von p, so schneide man g' mit der Parallelen zu x durch V in U'. U' ist der Grundriß des Punktes U der Umrißkurve, sein Aufriß U'' findet sich senkrecht darüber auf g''.

Die Horizontalprojektion u' des wahren Umrisses u besteht aus zwei Zweigen, die sich in dem gemeinsamen Scheitelpunkte A berühren und die zur x-Achse parallelen Tangenten des

Kreises p zu Asymptoten haben. Auf den Radien AW und AW_1 des Kreises p seien die Nachbarpunkte U' und U'_1 der Kurve u' nach obigem Verfahren bestimmt. Ferner sei $AX \perp U'V$, $XZ \# U'A$, $WW_2 \parallel U'V$ und $\angle U'AX = \omega$. Das durch die Hilfslinien gebildete

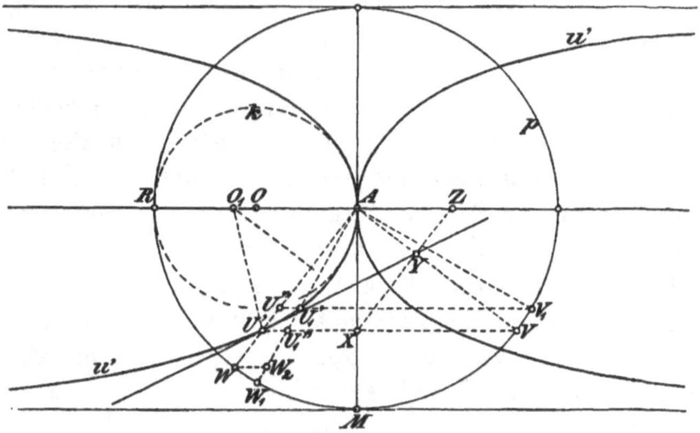

Fig. 398.

Viereck $U'U''U_1'U_1''$ nähert sich der Parallelogrammform, wenn das mit seiner Diagonale zusammenfallende Kurvenelement $U'U_1'$ unendlich klein wird. Daher wird (436) die Kurventangente in U' als $U'Y$ erhalten, wenn man Y auf XZ so bestimmt, daß das Verhältnis $XY : U'X$ dem Grenzwerte von $U'U'' : U'U_1''$ gleich wird. Für den Grenzübergang darf man setzen:

$$U'U'' = VV_1 = WW_1$$

und findet daher, wenn Y den Schnittpunkt $XZ \times AV$ bedeutet:

$$\frac{U'U''}{U'U_1''} = \frac{WW_1}{U'U_1''} = \frac{WW_2 \cdot \cos\omega}{U'U''_1} = \frac{AW \cdot \cos\omega}{AU'} = \frac{XV}{AU'} = \frac{XY}{U'X}.$$

Hierin liegt eine einfache Tangentenkonstruktion. Ist U' der gegebene Kurvenpunkt auf u', so zeichne man das rechtwinklige Dreieck $U'AV$, schneide seine Hypotenuse $U'V$ mit AM in X und projiziere X senkrecht auf die Kathete AV nach Y so ist YU' die gesuchte Tangente.

Der Kreis um O_1, welcher u' in A berührt und außerdem in U' schneidet, geht in den Krümmungskreis k des Scheitels A über, wenn U' sich unbegrenzt A nähert. Dabei ist stets $\angle WAM = \frac{1}{2} \angle U'O_1A$, während der zum Centriwinkel WAM gehörige Bogen WM des Kreises p der Konstruktion zufolge dem Kurvenelemente $U'A$, also auch dem zum Centriwinkel $U'O_1A$ gehörigen Bogen des Kreises k gleich wird. Folglich ist $AO = \frac{1}{2} AR$ der Krümmungsradius im Scheitel der Kurve u'.

621. Der Umriß u'' der zweiten Projektion der Schraubenfläche wurde bereits als Hüllkurve der Aufrisse ihrer Erzeugenden bestimmt. Die zugehörigen Berührungspunkte ergeben sich aus dem Grundrisse. Er besteht aus zwei Scharen hyperbelartig verlaufender Zweige, die den Achsenaufriß a'' abwechselnd von links und rechts berühren und die Aufrisse der zu Π_2 parallelen Erzeugenden zu Asymptoten haben. Die Erzeugenden, deren Aufrisse sich mit a'' decken, treffen a in Punkten, deren zweite Projektionen die Berührungspunkte von a'' und u'' bilden. Jeder solche Punkt ist ein Scheitel von u'', weil irgend zwei gleich weit von ihm entfernte Erzeugende sich als Gerade projizieren, die zur Normalen von a'' symmetrisch liegen.

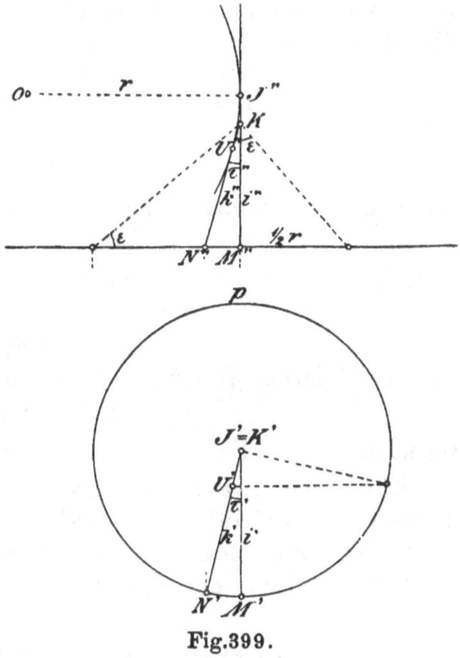

Fig. 399.

Es soll noch der Krümmungsradius von u'' in einem Scheitel konstruiert werden. Sei i eine Erzeugende der Fläche, deren Aufriß i'' mit a'' zusammenfällt und $J = i \times a$, so ist J'' ein Scheitel von u''. Sei ferner k eine benachbarte Erzeugende, $K = k \times a$ und U der auf k gelegene Punkt des wahren Umrisses u, setzt man endlich:

$$\tau' = \angle\, i'k', \quad \tau'' = \angle\, i''k'',$$

so gehören zu den Bogenelementen $U''J''$ und $U'J'$ der Kurven u'' und u' resp. die Kontingenzwinkel τ'' und $2\tau'$ (620). Auf der Achse a werde von K aus abwärts die reduzierte Ganghöhe h_0 abgetragen und durch ihren Endpunkt eine Parallelebene zum Grundrisse gelegt, die k in N und die Parallele zu i durch K in M schneiden mag. Dann ist:

$$K'M' = K'N' = h_0 \cdot \operatorname{cotg} \varepsilon .$$

und man findet (Fig. 399):

$$M'N' = \tau' \cdot h_0 \cdot \operatorname{cotg} \varepsilon , \quad M''N'' = h_0 \cdot \operatorname{tang} \tau'' ,$$

also:

$$\frac{M'N'}{M''N''} = \frac{\tau'}{\operatorname{tang} \tau''} \cdot \operatorname{cotg} \varepsilon .$$

Indem τ' und τ'' gleichzeitig unendlich klein werden, nähert sich $M'N':M''N''$ dem Werte 1, man darf $\operatorname{tang}\tau''$ durch τ'' selbst ersetzen und findet den Grenzwert:

$$\alpha)\qquad \frac{\tau'}{\tau''} = \operatorname{tang}\varepsilon\,.$$

Sofern man beim Grenzübergange von unendlich kleinen Größen höherer Ordnung absehen kann, wird:

$$\beta)\qquad \frac{U''K''}{U'K'} = \frac{N''K''}{N'K'} = \frac{M''K''}{M'K'} = \operatorname{tang}\varepsilon$$

und

$$\gamma)\qquad U''J'' = 2\cdot U''K''.$$

Für r als Krümmungsradius von u'' in J'' folgt aus γ):

$$U''K'' = \tfrac{1}{2}\,U''J'' = \tfrac{1}{2}r\cdot\tau'',$$

ebenso, weil die Kurve u' in J' den Krümmungsradius $\frac{1}{2}h_0\cdot\operatorname{cotg}\varepsilon$ hat (620):

$$U'K' = h_0\cdot\operatorname{cotg}\varepsilon\cdot\tau'.$$

Aus der Relation β) erhält man endlich mit Benutzung von α):

$$\delta)\qquad r = 2\,h_0\cdot\operatorname{tang}\varepsilon\,.$$

Hiernach ist der Krümmungsradius r leicht konstruierbar.

622. Die Eigen- und Schlagschattengrenzen der geschlossenen schiefen Schraubenfläche bei Parallelbeleuchtung (Fig. 400). Ein Gang des unteren Flächenteiles sei wie vorher dargestellt. Unter der Annahme:

$$\angle\, l'x = \angle\, l''x = 45^0$$

bezüglich der Richtung der Lichtstrahlen l werde zuerst von dem Punkte S der Achse a, dessen erster Tafelabstand der reduzierten Ganghöhe h_0 gleich ist, der Grundrißschatten S_* und aus diesem der Pol L der Lichtstrahlen bestimmt. Über dem Grundkreise s' denke man sich einen Richtungskegel der Fläche konstruiert. Seine Spitze ist C, ihr Grundrißschatten C_*, seine Mantellinien haben die erste Tafelneigung ε.

Der Grundriß u' der Lichtgrenze u wird erhalten, indem man von L aus Lote auf die Schatten der Erzeugenden in Π_1 (oder auf die parallelen Schatten der Mantellinien eines Richtungskegels) fällt, und dieselben mit den Grundrissen der Erzeugenden schneidet (602). Wird z. B. der Punkt U der Lichtgrenze auf der Erzeugenden $e = DE$ gesucht, so ist E' der erste Spurpunkt der zu e parallelen Mantellinie des Richtungskegels und $E'C_*$ deren Schatten; man findet also U' auf e' durch die Normale LU' zu $E'C_*$. — Die Kurve u' kann, wie in der Folge noch erörtert wird, verschiedene Gestalten annehmen. Sie besitzt stets in L einen Doppelpunkt und in A einen Selbstberührungspunkt. Wenn sich aus dem Punkte L an den

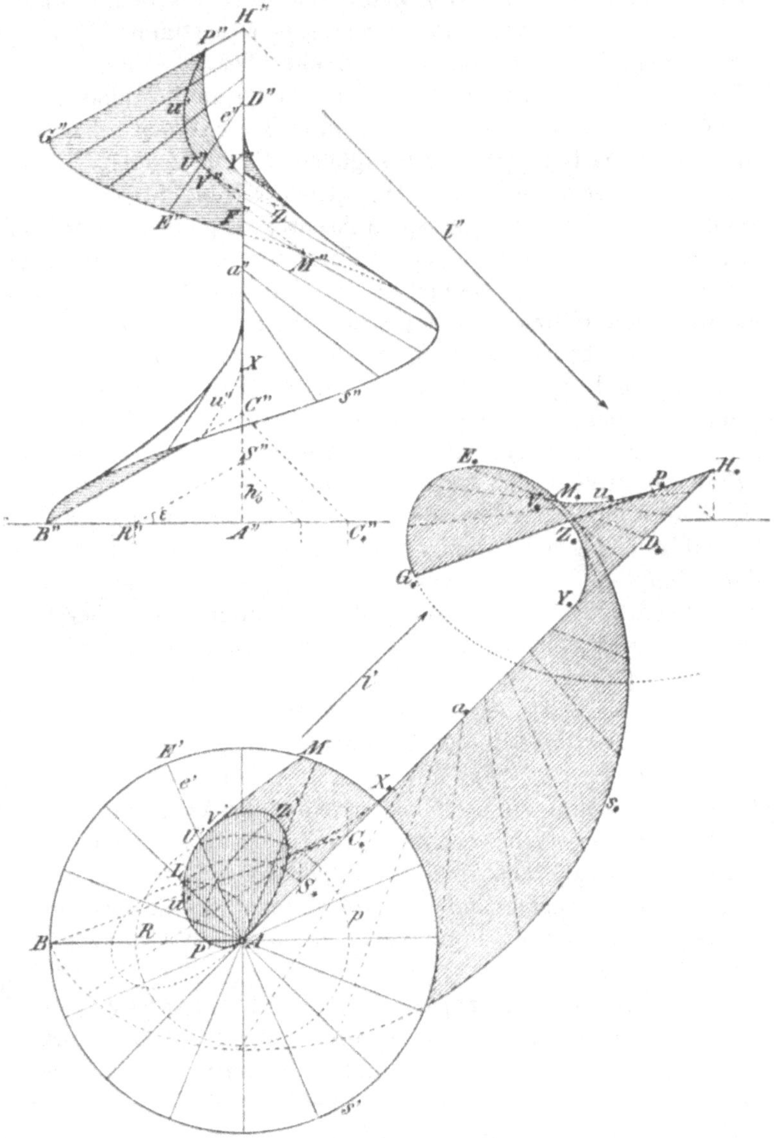

Fig. 400.

um A mit dem Radius $= h_0 \cdot \operatorname{cotg} \varepsilon$ geschlagenen Kreis p Tangenten ziehen lassen, so hat u' diese zu Asymptoten. Für die Bestimmung der Lichtgrenze auf dem unteren Flächenteile kommt nur die eine Hälfte der Kurve u' in Betracht.

Der Aufriß u'' der Lichtgrenze u wird aus dem Grundrisse u' mit Hilfe beider Risse der Erzeugenden bestimmt. So findet sich z. B. der Punkt U'' auf e'' senkrecht über $U' = u' \times e'$.

Um den Grundrißschatten der Fläche zu bestimmen, ist es zweckmäßig, zuerst den Schatten a_* der Schraubenachse a und auf ihm den Schatten C_*H_* der Ganghöhe CH zu suchen. Letzteren teile man in ebensoviel (z. B. 16) gleiche Teile, wie $C''H''$. Die Teilpunkte sind die Schatten der Achsenschnittpunkte äquidistanter Erzeugenden. Durch einen jeden Teilpunkt ziehe man den Schatten e_* der betreffenden Erzeugenden e parallel zum Schatten der entsprechenden Mantellinie des Richtungskegels und erteile ihm auch die Länge desselben (z. B. $D_*E_* \# C_*E'$). Die Endpunkte E_* liegen auf einer Cykloide s_*, dem Schatten der Randschraubenlinie s. Die Schatten der Erzeugenden selbst umhüllen die Kurve u_*, den Schatten der Lichtgrenze u. Diese Linie u_* berührt a_* in den Punkten, welche den Schnittpunkten von u mit a entsprechen; solche sind X und Y. Den Punkten von u, deren Tangenten die Lichtstrahlrichtung haben, entsprechen Spitzen von u_*; so entspricht V_* dem Punkte V. — Die Kurven u_* und s_*, der Achsenschatten a_* und die Schatten BC_* resp. G_*H_* der untersten resp. obersten Erzeugenden des Flächenganges begrenzen zusammen den Grundrißschatten der Fläche. Um seine Form deutlicher erkennen zu lassen, ist seine Fortsetzung über die x-Achse hinweg in den vom Aufrisse eigentlich verdeckten Teil der Grundrißebene gezeichnet worden.

Der Schlagschatten der Fläche auf sich selbst wird analog dem Früheren aus den Uberschneidungen der Grundrißschatten ermittelt. Zu seiner Begrenzung gehören die Linienzüge VM, PZ und die aus dem Achsenpunkte Y gezogene Erzeugende, deren Grundriß mit a_* zusammenfällt. Sie bilden auf der Fläche resp. die Schlagschatten der Lichtgrenze u, der obersten Erzeugenden GH und der Achse a.

623. Untersuchung der Kurven 4. Ordnung, die den Grundriß der Lichtgrenze einer geschlossenen schiefen Schraubenfläche bilden. Benutzt man statt des früheren den aus der Spitze S beschriebenen Richtungskegel der Fläche, der über dem Grundkreise p vom Radius $= h_0 \cdot \operatorname{cotg} \varepsilon$ steht, so erhält man die Punkte der ersten Projektion der Lichtgrenze, wenn man den Grundriß einer Mantellinie dieses Kegels mit dem Lote aus L auf ihren Grundrißschatten schneidet. — Der Achsenspurpunkt A, der Pol L

der Lichtstrahlen, und der Schatten S_* der Kegelspitze S bilden in der Grundebene Π_1 ein gleichschenklig-rechtwinkliges Dreieck. Der Grundriß jeder Erzeugenden ist ein Durchmesser des um A beschriebenen Kreises p und ihr Schatten verbindet einen seiner Endpunkte mit S_*. Das Entstehungsgesetz der hier zu untersuchenden Kurve c läßt sich daher unabhängig von ihrer Beziehung zu der Schraubenfläche folgendermaßen aussprechen.

Sind die Schenkel AB und AC eines rechten Winkels einander gleich, so wird jeder Durchmesser MN eines um seinen Scheitel A beschriebenen Kreises p von den Loten aus B auf MC und NC in zwei Punkten P und Q der Kurve c getroffen.

Die beiden Lote fallen zusammen, wenn sich der Durchmesser MN mit AC oder AB deckt; daher sind A und B Doppelpunkte der Kurve und zwar charakterisiert sich ersterer als Selbstberührungspunkt (d. h. als Vereinigung zweier Doppelpunkte). Die Gerade AB bildet eine Symmetrieachse der Kurve; denn liegt ein Kreisdurchmesser M_1N_1 mit MN zu AB und folglich auch zu AC symmetrisch, so schließen die Geraden NC und M_1C, sowie ihre Lote mit AB gleiche Winkel ein. — Weil die durch A gezogenen Strahlen außer diesem doppelt zählenden Punkte noch je zwei weitere Punkte der Kurve tragen, schließt man, daß die Kurve c von der 4. Ordnung ist (denn als Ordnung einer ebenen Kurve bezeichnet man die Anzahl ihrer Schnittpunkte mit irgend einer Geraden der Ebene).

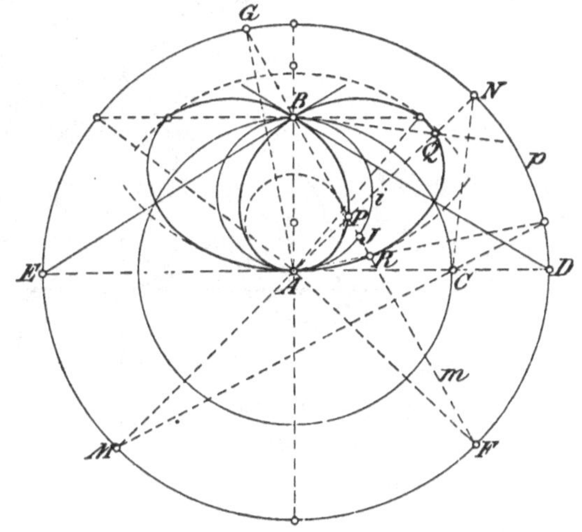

Fig. 401.

Den drei Annahmen, daß B innerhalb des Kreises p, auf demselben oder außerhalb liegt, entsprechen die drei verschiedenen in Fig. 401, 402 und 403 dargestellten Formen der Kurve c. Im zweiten Falle besitzt sie unendliche Zweige; sie zerfällt nämlich in die gerade Linie AC und eine Kurve 3. Ordnung, die sog. Strophoide. Im letzten Falle verläuft die Kurve wiederum durchs Unendliche.

624. Die obige Konstruktion läßt offenbar folgende Umkehrung zu:

Schneidet ein durch B gezogener Strahl m den Kreis p in F und G, so treffen ihn die zu AF und AG normalen Durchmesser in Punkten P und R der Kurve c.

Hieraus ist für den Fall, daß B außerhalb p liegt, zu schließen, daß die aus B an den Kreis p gelegten Tangenten $BT = t$ und

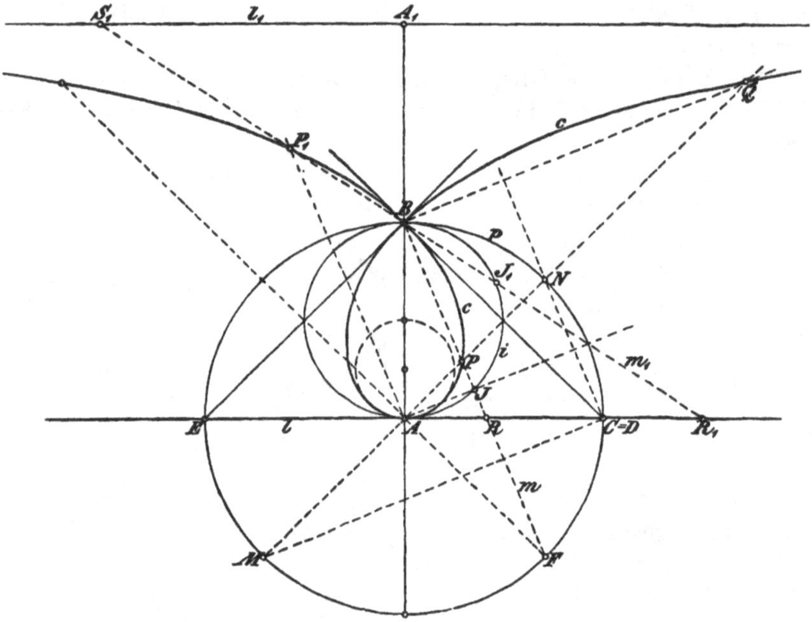

Fig. 402.

$BU = u$ Asymptoten der Kurve c bilden. Denn für eine solche Tangente t fallen die beiden Durchmesser, die ihre Schnittpunkte mit c bestimmen in den Parallelstrahl zu t durch A zusammen. Für den zweiten der obigen Fälle folgt, daß alle Punkte R der zu AB normalen Geraden CE der Kurve c angehören, weil stets der eine Endpunkt G der durch B gezogenen Sehne des Kreises p mit B selbst zusammenfällt.

Die Halbierungslinie des Winkels NAC steht auf der Strecke PR in ihrem Mittelpunkte J senkrecht. Daher gehören diese Mittelpunkte J dem Kreise i an, der über dem Durchmesser AB beschrieben ist. Diese Bemerkung ergiebt, auf den zweiten Fall angewendet, eine neue Konstruktion der Strophoide:

Sei B ein fester Punkt, A seine senkrechte Projektion auf die feste Gerade l und der Kreis i über dem Durchmesser AB beschrieben; schneidet ein um B sich drehender Strahl m den Kreis i in J und die Gerade l in R, so beschreibt derjenige Punkt P desselben, für welchen stets $PJ = JR$ ist, eine Strophoide.

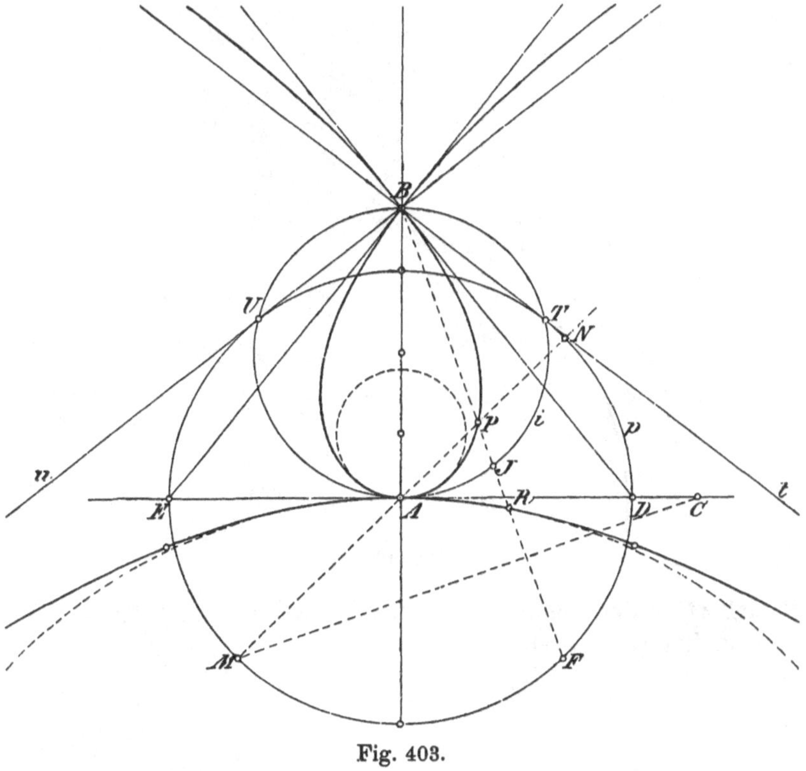

Fig. 403.

Hieraus schließt man weiter: Die im Abstande $BA_1 = AB$ von B gezogene Parallele l_1 zu l ist Asymptote der Strophoide. Es besteht nämlich für den Strahl m_1 durch B die Relation:

$$S_1P_1 = S_1J_1 - P_1J_1 = S_1J_1 - R_1J_1,$$

wenn J_1, P_1, R_1, S_1 seine Schnittpunkte mit i, c, l, l_1 resp. bedeuten. Nähert sich nun m_1 der Parallelen zu l durch B, so nähert sich S_1P_1 der Grenze Null.

625. Um für die Tangenten der Kurve 4. Ordnung c eine einfache Konstruktion abzuleiten, gehen wir von der zweiten Erzeugungsweise derselben (624) aus. Auf dem Strahle m durch B sei F ein Punkt des Kreises p und P ein Punkt von c, also FAP ein rechter Winkel. Wir setzen $\angle AFB = \alpha$. Dreht sich m um einen unendlich kleinen Winkel $FBG = \psi$ in die Lage m_1, so dreht sich

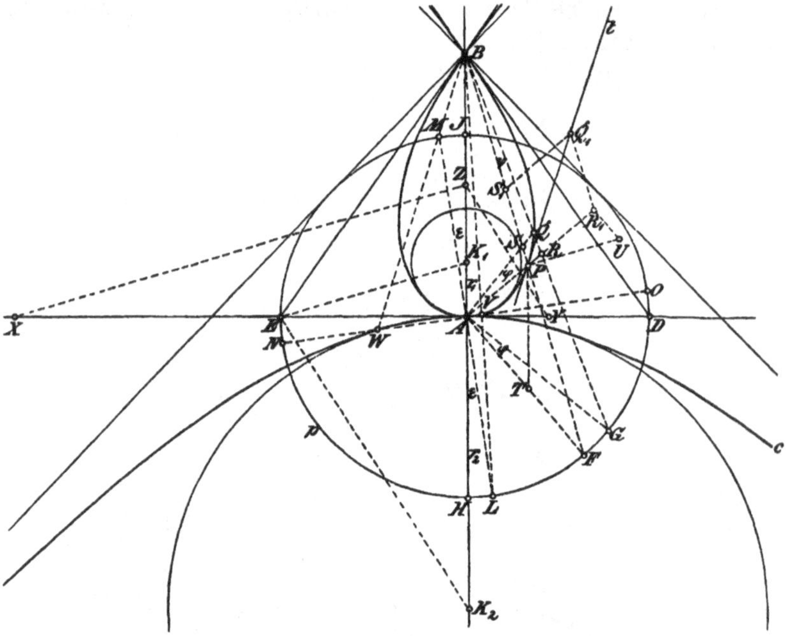

Fig. 404.

AP nach AQ um den unendlich kleinen Winkel $\varphi = \angle PAQ = \angle FAG$ und man hat (Fig. 404):

$$FG = AF \cdot \varphi = \frac{BF \cdot \psi}{\cos \alpha},$$

also:

$$\frac{\psi}{\varphi} = \frac{AF \cdot \cos \alpha}{BF}.$$

Die Schenkel der an den Scheiteln A und B liegenden Winkel φ und ψ bilden das unendlich kleine Viereck $PRQS$, welches als ein Parallelogramm anzusehen ist, und seine Diagonale PQ fällt mit der Tangente der Kurve c im Punkte P zusammen. Nach 436 hat man ein zu ihm ähnliches Parallelogramm $PR_1Q_1S_1$ zu zeichnen, so daß für seine auf AP und BP gelegenen Seiten

$$PR_1 : PS_1 = PR : PS$$

wird; seine Diagonale PQ_1 ist die gesuchte Tangente t. Es ergiebt sich aber aus der Figur:

$$PR = \frac{BP \cdot \psi}{\cos \alpha}, \quad PS = \frac{AP \cdot \varphi}{\cos \alpha},$$

folglich:

$$\frac{PR}{PS} = \frac{BP}{AP} \cdot \frac{\psi}{\varphi} = \frac{BP \cdot AF}{AP \cdot BF} \cdot \cos \alpha.$$

Zieht man $PT \parallel AB$, so hat man:

$$BP : BF = AT : AF$$

und mithin:

$$PR : PS = AT \cdot \cos \alpha : AP.$$

Hiernach hat man schließlich $PS_1 = PA$, und $PU = AT$ senkrecht zu m, sowie UR_1 senkrecht zu AP zu ziehen; man findetdar aus das Parallelogramm $PR_1Q_1S_1$ und als seine Diagonale die Tangente t.

Aus dieser Konstruktion erkennt man leicht, daß die Tangenten der Kurve c in ihrem Doppelpunkte B durch die Endpunkte D und E des zu AB senkrechten Durchmessers von p gehen.

626. Für eine genaue Zeichnung der Kurve empfiehlt es sich noch, die Krümmungsradien ihrer beiden Zweige in dem gemeinsamen Scheitelpunkte A derselben zu ermitteln. Sei (Fig. 404) HJ der auf AB liegende Durchmesser des Kreises p und LM ein benachbarter Durchmesser, der mit dem vorigen den unendlich kleinen Winkel ε einschließt. Der zu LM normale Durchmesser NO schneidet auf BL und BM zwei Nachbarpunkte V und W von A auf beiden Kurvenzweigen aus. AV und AW sind also unendlich kleine Sehnen der Kurvenzweige, bezw. ihrer Krümmungskreise und da die Tangenten eines Kreises in den Endpunkten einer Sehne einen doppelt so großen Winkel einschließen als die Sehne mit einer von ihnen, so ist 2ε als der zu den Elementen AV und AW gehörige Kontingenzwinkel zu nehmen. Sind r_1 und r_2 die zugehörigen Krümmungsradien, so ist:

$$2r_1 \cdot \varepsilon = AV, \quad 2r_2 \cdot \varepsilon = AW.$$

Andererseits ist

$$HL = JM = AH \cdot \varepsilon = AJ \cdot \varepsilon,$$

und

$$HL : AV = BH : BA, \quad JM : AW = BJ : BA$$

also schließlich:

$$r_1 = \frac{AB}{2} \cdot \frac{AH}{BH}, \quad r_2 = \frac{AB}{2} \cdot \frac{AJ}{BJ}.$$

Halbiert man die Strecke AB in Z und trägt auf einen Durchmesser des Kreises p von seinem Endpunkte E aus nach beiden Seiten die

Strecke AB als EX und EY auf, so treffen die durch E geführten Parallelen zu XZ resp. YZ die Gerade AB in den gesuchten Krümmungscentren K_1 resp. K_2. Speziell für die Strophoide (Fig. 402) wird $r_1 = \frac{1}{4} AB$ und $r_2 = \infty$. —

627. Die offene schiefe Schraubenfläche von rechtsgängiger Windung soll mit Eigen- und Schlagschattengrenzen in orthogonaler Projektion dargestellt werden. Die Achse a sei wieder vertikal gestellt, A ihr Spurpunkt in Π_1. Als Berandung dienen die Schraubenlinien s und t, in denen die Fläche von einem koaxialen Rotationscylinder geschnitten wird, sowie zwei einen Flächengang begrenzende Erzeugende BC und DE, beide $\parallel \Pi_2$. Der Randpunkt B der untersten Erzeugenden e_0 liegt auf dem Grundkreise $s' = t'$ des Cylinders in Π_1. Ist S auf a die Spitze eines Richtungskegels von der Höhe $= h_0$, $RS \parallel e_0$ eine Mantellinie desselben und ε deren Neigung gegen Π_1, so ist in Π_1 der Kreis p mit dem Radius $AR = h_0 \operatorname{cotg} \varepsilon$ zu schlagen. Endlich schlage man um A den Kreis k' mit dem Radius $r = AQ' = (A \dashv e_0)$, der den Grundriß der Kehlschraubenlinie k bildet. Hierauf werden die Schraubenlinien k, s, t im Aufrisse als Sinuslinien in bekannter Weise verzeichnet und ebenso beliebig viele (etwa äquidistante) Erzeugende der Fläche, deren Grundrisse die auf $s' = t'$ endigenden Tangenten von k' bilden (Fig. 405).

Der Normalschnitt der Fläche ist nach 606 eine Kreisevolvente und zwar verschlungen, gespitzt, oder gestreckt, je nachdem $r \mathrm{M} h_0 \cdot \operatorname{cotg} \varepsilon$ ist. Die Doppelpunkte der Kreisevolvente erzeugen die Doppelkurven der Fläche. Der Meridianschnitt m der Fläche wird zweckmäßig im Hauptmeridian $\parallel \Pi_2$ dargestellt, so daß der Aufriß m'' die wahre Gestalt zeigt. Er besteht aus unendlich vielen Zweigen, deren Aufrisse die Sinuslinie k'' abwechselnd von rechts und links in ihren Scheiteln berühren und die sich in Punkten der Doppelkurven überschneiden. Den schon beim Normalschnitt unterschiedenen Eventualitäten $r \lesseqgtr h_0 \operatorname{cotg} \varepsilon$ entsprechend besitzt der einzelne Zweig der Meridiankurve einen Doppelpunkt (wie F in der Figur) oder eine Spitze oder keines von beiden, so daß man ihn ebenfalls als verschlungen, gespitzt, bezw. gestreckt bezeichnen kann. Dem Doppelpunkte entspricht eine weitere Doppelkurve, der Spitze einer Rückkehrkurve der Fläche, die alsdann abwickelbar ist. Die Kurve m'' wird einfach konstruiert, indem man die Schnittpunkte der Grundrisse von Erzeugenden mit der Hauptmeridianspur m' auf die Aufrisse überträgt. Die Aufrisse der zu Π_2 parallelen Erzeugenden (z. B. e_0'') bilden Asymptoten von m''.

628. Zur Bestimmung der asymptotischen abwickelbaren

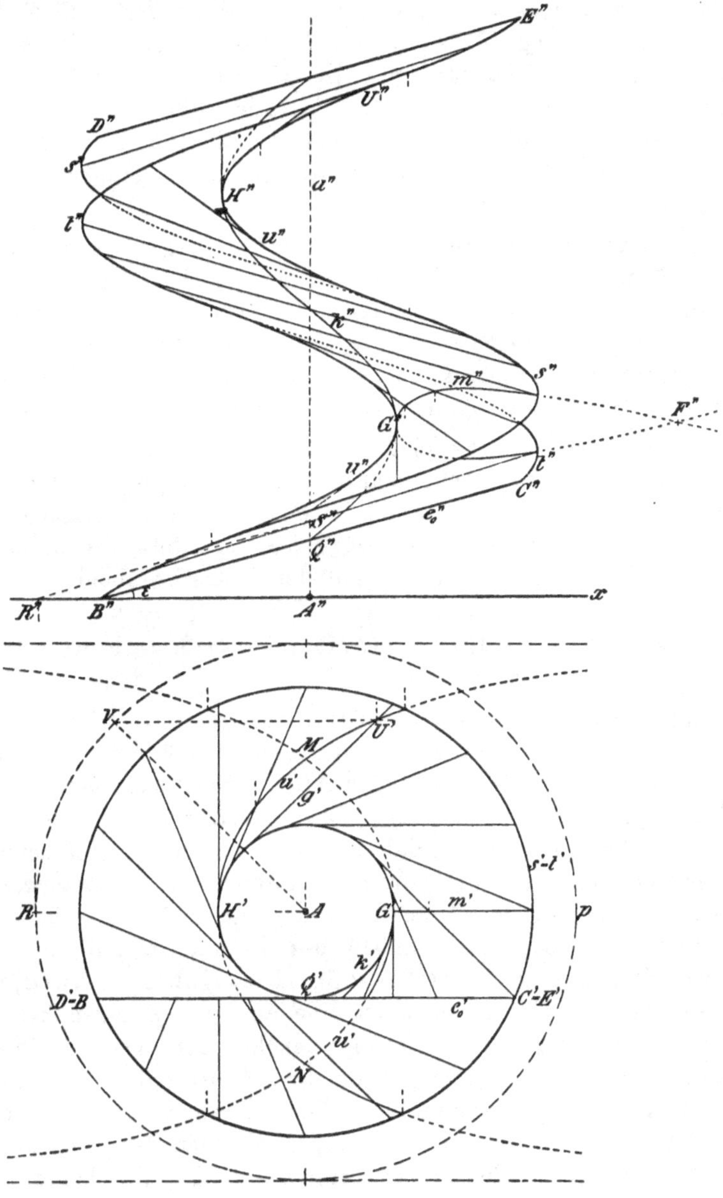

Fig. 405.

Fläche und der Striktionslinie der offenen schiefen Schraubenfläche dient die Betrachtung ihres Richtungskegels mit der Spitze

$S(AS = h_0)$, dessen Grundkreis in Π_1 der mit dem Radius $h_0 \cdot \text{cotg}\, \varepsilon$ um A beschriebene Parameterkreis p ist. Wir greifen die zu Π_2 parallele Erzeugende e_0 der Fläche heraus; die zu ihr parallele Mantellinie des Richtungskegels ist SR und die zu SR gehörige Tangentialebene des Kegels liegt parallel zur asymptotischen Ebene von e_0 (vergl. 604). Letztere enthält e_0 selbst und erzeugt, indem sie zugleich mit e_0 verschraubt wird, die asymptotische Fläche als Hüllfläche aller ihrer Lagen. Daher folgt (606):

Die asymptotische Fläche der allgemeinen Regelschraubenfläche ist die abwickelbare Fläche derjenigen Schraubenlinie, die über dem Parameterkreis p mit der Ganghöhe und im Sinne der gegebenen Fläche beschrieben ist. Denn ihre Tangentialebenen sind denen des Richtungskegels über dem Grundkreise p und von der Höhe h_0 parallel.

Im Centralpunkte einer Erzeugenden steht die Tangentialebene der gegebenen Fläche senkrecht auf der asymptotischen Ebene (604), mithin auf einer Tangentialebene des Richtungskegels und folglich parallel zur Achse a (104), also liegt (597) ihr Berührungspunkt, d. h. der Centralpunkt, auf der Kehlschraubenlinie. Daher der Satz:

Die Striktionslinie einer Regelschraubenfläche ist deren Kehlschraubenlinie.

629. Der wahre Umriß für die erste Projektion wird bei unserer Fläche von der Kehlschraubenlinie gebildet. Der wahre Umriß u für die zweite Projektion ergiebt sich nach 602. Der Pol der projizierenden Strahlen liegt in Π_1 unendlich fern in der Richtung der x-Achse. Ist daher g' der Grundriß einer Erzeugenden, V der Endpunkt des zu g' normalen Radius des Parameterkreises p, so ziehe man durch V die Parallele zur x-Achse, die g' in U' schneidet. U' ist der Grundriß des Punktes U auf g, der dem wahren Umriß angehört (Fig. 405). Die Horizontalprojektion u' des wahren Umrisses u ist eine aus zwei Zweigen bestehende Kurve 4. Ordnung. Jeder Zweig berührt den Kreis k' in einem Scheitelpunkte (G', H') und hat die zur x-Achse parallelen Tangenten des Kreises p zu Asymptoten. Die Kurve u' hat die durch A parallel und senkrecht zu x gezogenen Geraden zu Symmetrieachsen und besitzt drei reelle Doppelpunkte M, N, L. Die beiden ersten, M und N, liegen im Endlichen symmetrisch zu AL auf der zu x senkrechten Achse, der letzte L ist der unendlich ferne Schnittpunkt ihrer Asymptoten. —

Der Umriß u'' der zweiten Projektion bildet die Hüllkurve der Aufrisse der Erzeugenden. Einzelne Punkte desselben (wie U'') können mit Hilfe der letzteren aus den Punkten (U') von u' abgeleitet werden. Die Kurve u'' besteht aus zwei Scharen hyperbelartig verlaufender Zweige, die k'' abwechselnd von links und rechts berühren und die Aufrisse der zu Π_2 parallelen Erzeugenden zu Asymptoten haben. Die Erzeugenden, deren Aufrisse parallel zu a'' liegen, treffen die Kehlschraubenlinie k in Punkten (G, H), denen die Berührungspunkte von u' mit k' und von u'' mit k'' entsprechen. Dieselben bilden Scheitelpunkte von u' und u'' wegen der Symmetrie dieser Kurven gegen ihre bezüglichen Normalen.

630. Die Eigen- und Schlagschattengrenzen der offenen schiefen Schraubenfläche bei Parallelbeleuchtung. In Fig. 406 sind von dem unteren zwischen der Kehlschraubenlinie k und der Randschraubenlinie s sich erstreckenden Flächenteil drei Viertelgänge dargestellt, die von den Erzeugenden BC und DE begrenzt werden. Letztere liegen in einer Normal- resp. Parallelebene zu Π_2 und speziell der Punkt B in Π_1. Der Lichtstrahl l sei durch seine Projektionen gegeben ($\angle l'x = 45^0$, $\angle l''x = 30^0$) und L sei sein Pol in Π_1, endlich p der Parameterkreis mit dem Radius $AR = h_0 \cdot \operatorname{cotg} \varepsilon$, wo h_0 die reduzierte Ganghöhe und ε die erste Tafelneigung der Erzeugenden bedeutet.

Der Grundriß u' der Lichtgrenze u wird konstruiert (602), indem man den Grundriß g' einer Erzeugenden als Tangente an k' und den zu ihr normalen Radius des Kreises p zieht; die Verbindungslinie seines Endpunktes auf p mit L schneidet g' in einem Punkte der Kurve u'. Von dieser Kurve, deren Formen im folgenden genauer betrachtet werden, kommen in der Figur die beiden Zweige $T'U'$ und $V'W'$ zur Erscheinung. Der Aufriß u'' der Lichtgrenze u wird aus ihrem Grundriß u' mit Hilfe der Erzeugenden ermittelt.

Der Grundrißschatten der Fläche ist in der Figur über die x-Achse hinweg ungebrochen fortgesetzt worden. Er wird begrenzt von den Cykloiden k_* und s_*, die als Schlagschatten der Randschraubenlinien k und s auftreten, von zwei Zweigen T_*U_* und V_*W_* des Schattens u_* der Lichtgrenze u und von den Schatten BC_*, D_*E_* der untersten und obersten Erzeugenden des dargestellten Flächenteiles. Für die graphische Ausführung bedarf es der Darstellung einer Anzahl äquidistanter Erzeugenden der Fläche in Grund- und Aufriß und ihrer Schatten auf Π_1. Die Grundrißschatten umhüllen die Kurve u_*.

Der Schlagschatten der Fläche auf sich selbst wird aus den Überschneidungen der Grundrißschatten der Randkurven mit denen der Erzeugenden, sowie ersterer unter sich konstruiert. Als Begrenzungen treten in der Figur die Linien *TX* und *VY* auf, die

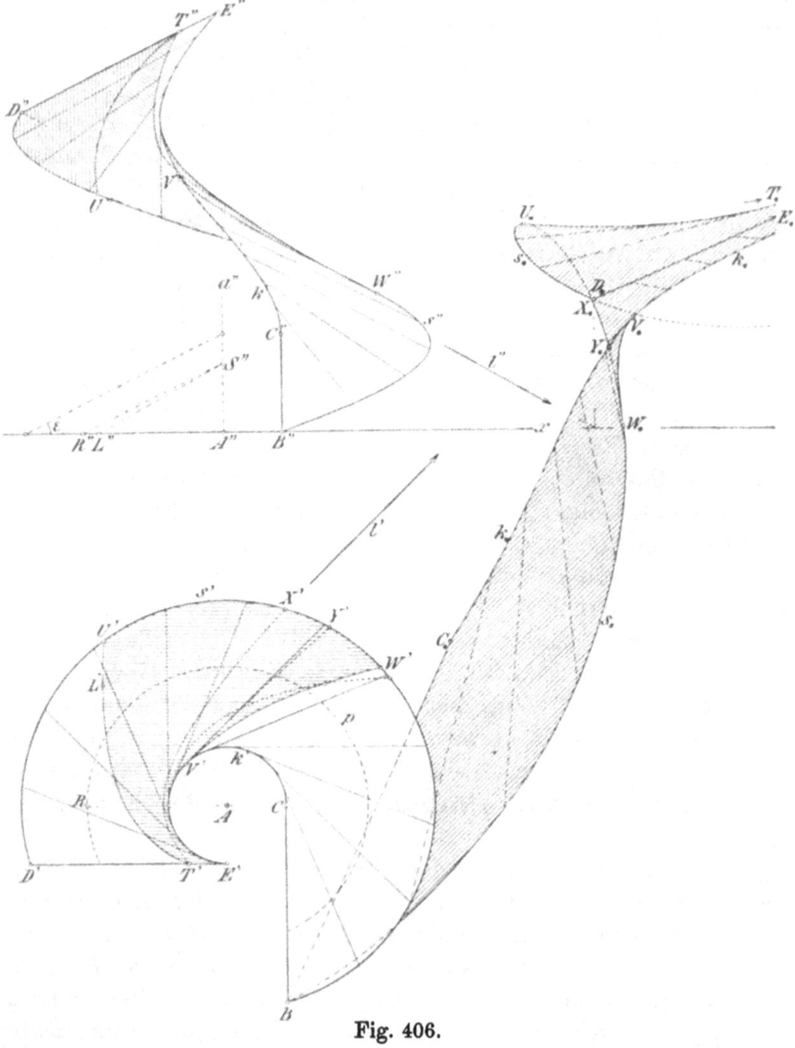

Fig. 406.

beide auf der unteren Seite der Fläche liegen und von denen nur die erstere teilweise im Aufriß sichtbar ist. Sie bilden resp. die Schatten der obersten Erzeugenden *DE* und der Kehlschraubenlinie *k* auf der Fläche.

631. Untersuchung der Kurven vierter Ordnung, die den Grundriß der Lichtgrenze einer offenen schiefen Schraubenfläche bilden (Fig. 407—414).

Wir betrachten eine zur Achse der Schraubenfläche normale Ebene und bezeichnen in ihr mit A den Achsenspurpunkt, mit L den Pol der Lichtstrahlen, mit k den Grundkreis der Kehlschraubenlinie und mit r seinen Radius. Den Parameterkreis, d. h. den Grundkreis des Richtungskegels von der Höhe h_0 dürfen wir, ohne Verwechselungen befürchten zu müssen, mit demselben Buchstaben p benennen, der bereits früher (605) für seinen Radius $p = h_0 \operatorname{cotg} \varphi$ gebraucht wurde. Endlich werde $q = AL = h_0 \operatorname{cotg} \lambda$ gesetzt (φ und λ bedeuten die erste Tafelneigung der Erzeugenden und des Lichtstrahles). Das Entstehungsgesetz der zu untersuchenden Kurven ist schon in 602 angegeben und lautet jetzt:

Beschreiben die Punkte E und G eines um A rotierenden Halbstrahles die Kreise p und k, so trifft die Verbindungslinie von E mit dem festen Punkte L die zu G gehörige Tangente des Kreises k in einem beweglichen Punkte P. Dieser durchläuft eine unikursale, zu AL symmetrische Kurve 4. Ordnung c.

Wir zeigen zuerst, daß die entstehende Kurve c in L einen reellen Doppelpunkt hat. Nimmt man vorerst an, L liege außerhalb k, so überschreitet die Tangente des Kreise k bei einem vollen Umlauf um k zweimal den Punkt L, nämlich in den Lagen LJ und LK (Fig. 407); dabei fällt jedesmal der Punkt P mit L zusammen, es verläuft also auch die Kurve c zweimal durch L. Freilich werden, wenn L innerhalb k liegt, die Tangenten LJ und LK konjugiert imaginär (347) und folglich auch die durch J und K verlaufenden Radien AB und AC des Kreises p samt den Strahlen LB und LC.

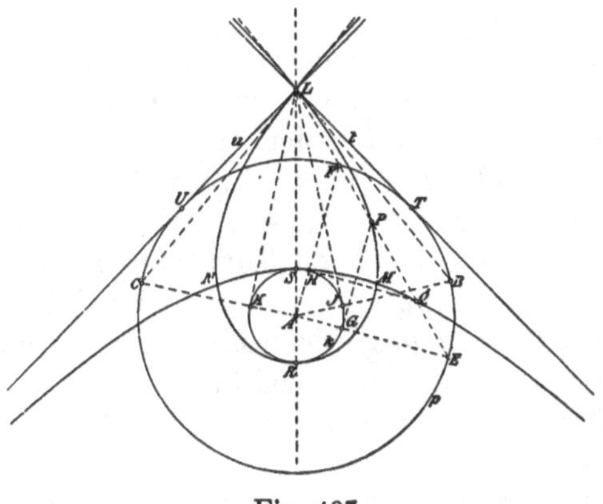

Fig. 407.

Es schneiden sich dann in L nicht mehr zwei reelle Äste der Kurve c und man hat L als einen isolierten Doppelpunkt zu betrachten (vergl. 430).

Wir zeigen zweitens, daß ein beliebig durch den Doppelpunkt L gezogener Strahl noch zwei weitere Kurvenpunkte trägt, die reell getrennt, vereint oder konjugiert imaginär sein können. Hieraus folgt dann, daß die Kurve c von der 4. Ordnung ist, wie oben behauptet wurde.[1] In der That, schneidet der gedachte Strahl den Kreis p in den Punkten E und F und treffen die Radien AE und AF den Kreis k in G, resp. H, so bestimmen die zu G und H gehörigen Tangenten auf unserem Strahle die beiden Kurvenpunkte P und Q, die von dem doppeltzählenden Punkte L im allgemeinen verschieden sind.

Aus ihrer Entstehungsweise ist unmittelbar klar, daß die Kurve c unikursal ist, d. h. daß sie stetig in einem geschlossenen Zuge beschrieben werden kann. Von isolierten Punkten wird natürlich hierbei abgesehen und man hat sich die Kurve, falls sie sich nicht im Endlichen schließt, im Unendlichen geschlossen zu denken (vergl. 169 und 279). Die allgemeine Theorie der algebraischen Kurven zeigt — worauf hier nicht näher eingegangen werden kann —, daß eine unikursale Kurve 4. Ordnung stets drei Doppelpunkte besitzt. Einer derselben ist in unserem Falle L, er ist stets reell; die beiden anderen, M und N, können reell und getrennt sein oder sich in einem besonderen Punkte der Kurve miteinander vereinen, oder sie sind konjugiert imaginär. Überdies können sie auch unendlich fern liegen.

Wir werden gewöhnliche Doppelpunkte der Kurve, in denen sich zwei reelle Äste schneiden, kurz als Knotenpunkte bezeichnen. Als Berührungsknoten dagegen bezeichnen wir einen Doppelpunkt, in dem sich zwei Kurvenäste in der 1. Ordnung berühren. Man kann sich diese Singularität durch Vereinigung zweier Knotenpunkte entstanden denken.

632. Die Linie AL bildet offenbar stets eine Symmetrieachse unserer Kurve c. Falls L außerhalb des Kreises p liegt, lassen sich aus L die Tangenten LT und LU an p ziehen, sie bilden Asymptoten der Kurve c. Es fallen nämlich die auf LT und LU nach der obigen Konstruktion zu bestimmenden, von L verschiedenen, Kurvenpunkte jedesmal im unendlich fernen Punkte des betreffenden Strahles zusammen, weil die sie ausschneidenden Tangenten des

[1] Eine einfache analytische Untersuchung bestätigt dieses Resultat, indem sie zeigt, daß unsere Kurve durch eine algebraische Gleichung 4. Grades zwischen den rechtwinkligen Koordinaten x, y ihrer Punkte dargestellt wird. Macht man A zum Koordinatenanfang und legt die y-Achse durch L, so lautet diese Gleichung:

$$p^2(x^2 + y^2 - qy)^2 - x^2(qy - pr)^2 - (qx^2 + pry - pqr)^2 = 0.$$

Kreises k in eine zu diesem Strahle parallele Tangente zusammenfallen. Sind ferner die vom Punkte L aus an den Kreis k gezogenen Tangenten LJ und LK reell und schneiden die Radien AJ und AK ihrer Berührungspunkte den Parameterkreis p in B und C, so sind LB und LC die Tangenten im Doppelpunkte L der Kurve c; denn von den beiden auf LB und LC noch zu bestimmenden Kurvenpunkten fällt jedesmal einer mit L zusammen. Fallen insbesondere die Tangenten LB und LC im Doppelpunkte L zusammen, was für $q^2 = pr$ eintritt, so wird L ein sog. Oskulationsknoten, d. h. ein Doppelpunkt, in dem sich zwei Kurvenäste oskulieren (in der 2. Ordnung berühren). Es fallen in ihm die drei Doppelpunkte L, M, N zusammen. Die Endpunkte S und R des auf AL liegenden Durchmessers des Kreises k gehören der Kurve c an und bilden wegen der Symmetrie gegen AL Scheitelpunkte derselben. Fällt insbesondere L mit einem dieser Punkte S zusammen, so wird er zur Spitze, weil alsdann die aus L an k gezogenen Tangenten und folglich auch die Tangenten an c im Doppelpunkte L koincidieren. Fällt der Pol L des Lichtstrahles auf den Grundkreis p des Richtungskegels der Fläche, so giebt es eine Erzeugende derselben, die die Richtung des Lichtstrahles besitzt und folglich in ihrer ganzen Ausdehnung zur Lichtgrenze gehört. Der Grundriß dieser Erzeugenden

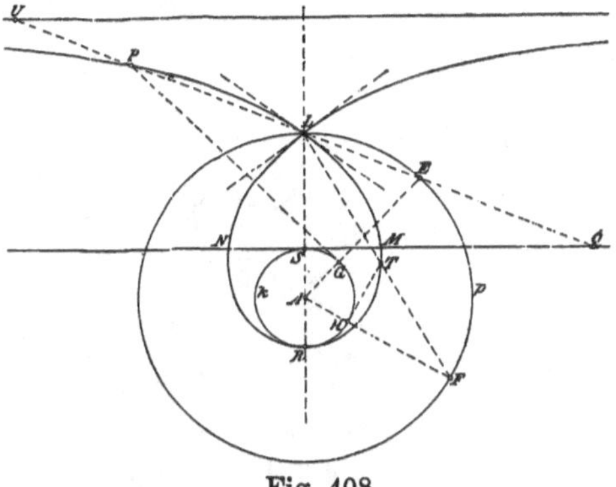

Fig. 408.

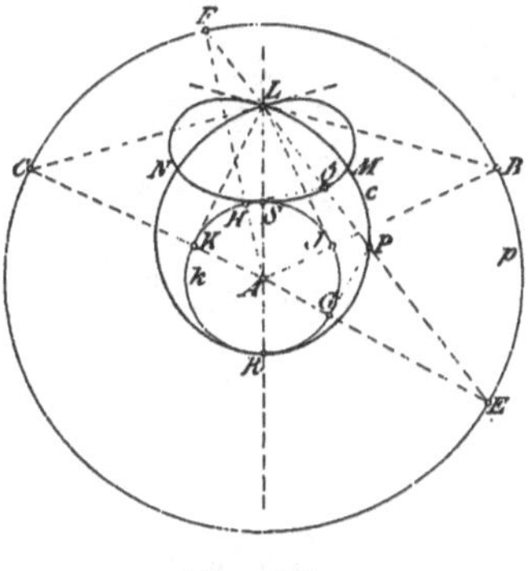

Fig. 409.

bildet daher einen Bestandteil der Kurve c und diese zerfällt in eine Gerade (Tangente des Kreises k) und eine Kurve 3. Ordnung.

Wir geben im folgenden eine allgemeine Übersicht der verschiedenen Formen der Kurve c. Die Einteilung erfolgt nach den Werten der Größen p, q, r und zwar dürfen wir den Radius r der Kehlschraubenlinie stets als endlich, sowie p und q als von Null verschieden betrachten. Letzteres sagt aus, daß die Erzeugenden der Regelschraubenfläche und die Lichtstrahlen zur Schraubenachse geneigt liegen. Als Hauptfälle trennen wir: I. der Lichtstrahl bildet mit der Achse einen spitzen Winkel oder die Lichtgrenze ist der wahre Umriß einer schiefen Parallelprojektion; II. der Licht-

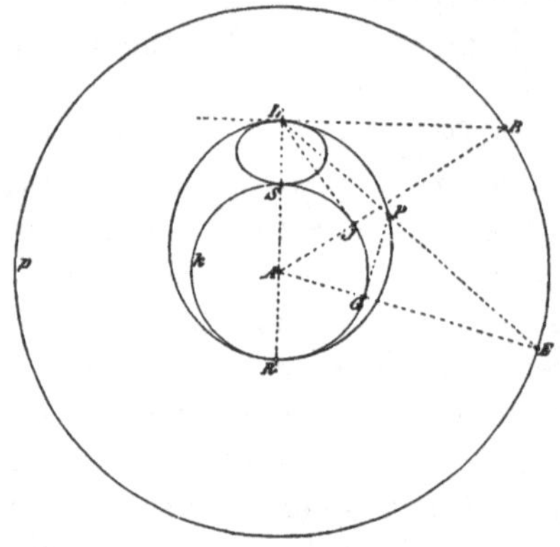

Fig. 410.

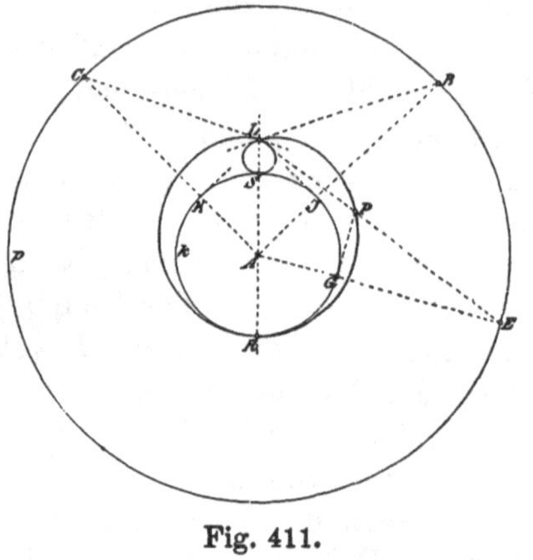

Fig. 411.

strahl liegt senkrecht zur Achse und die Lichtgrenze ist mit dem wahren Umrisse der zweiten orthogonalen Projektion identisch.

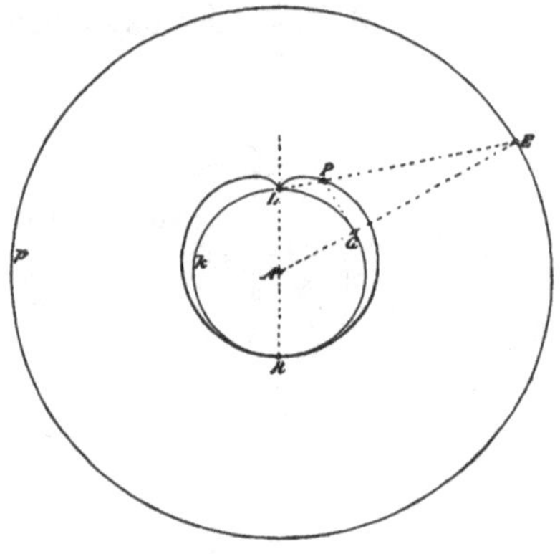

Fig. 412.

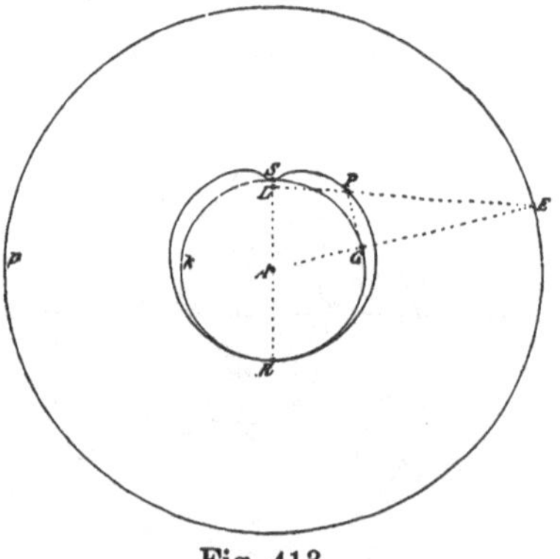

Fig. 413.

633. Gestalten der unikursalen symmetrischen Kurve 4. Ordnung c, die bei Parallelbeleuchtung als Grundriß der Lichtgrenze einer Regelschraubenfläche auftritt.

I. Schiefe Projektion (q = endlich).

1. Geschlossene gerade Schraubenfläche:

$r = 0$, $p = \infty$. Doppeltzählender Kreis über dem Durchmesser AL (Fig. 394).

2. Offene gerade Schraubenfläche:

$r > 0$, $p = \infty$. Konchoiden. M und N imaginäre Doppelpunkte; c schließt sich im Endlichen.

α) $q > r$. L Knotenpunkt (Verschlungene Konchoide, Fig. 395).

β) $q = r$. L Spitze (Kardioide).

γ) $q < r$. L isolierter Doppelpunkt (Gestreckte Konchoide).

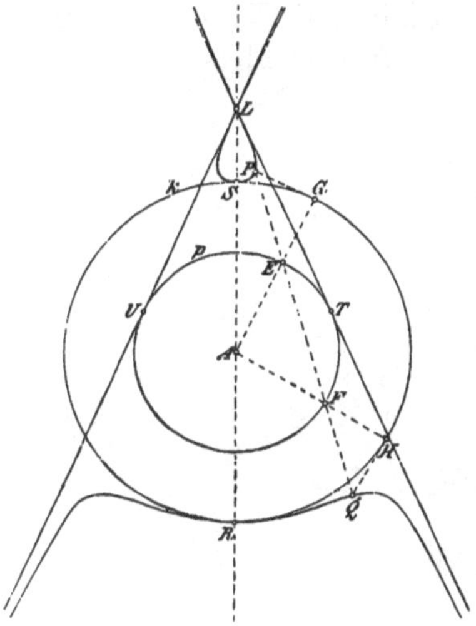

Fig. 414.

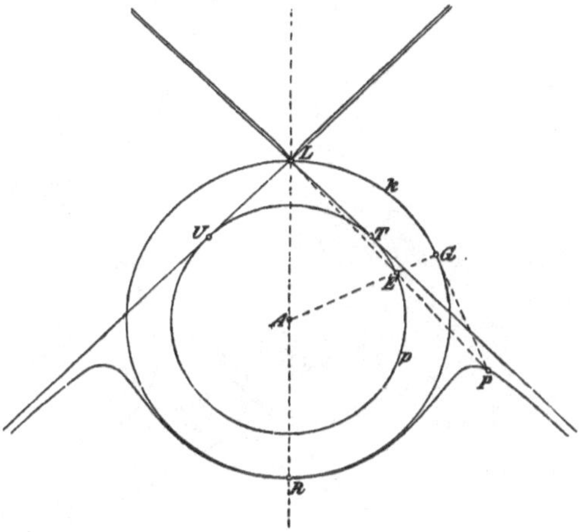

Fig. 415.

3. Geschlossene schiefe Schraubenfläche.

$r = 0$, p endlich. L Knotenpunkt, M und N erzeugen durch Koincidenz einen Berührungsknoten A.

α) $q > p$. c verläuft durch das Unendliche mit zwei reellen Asymptoten (Fig. 403).

β) $q = p$. c zerfällt in eine Kurve 3. Ordnung (Strophoide) mit L als Knotenpunkt und eine sie in A berührende Gerade (Fig. 402).

γ) $q < p$. c schließt sich im Endlichen (Fig. 401).

4. Abwickelbare Schraubenfläche:

$r > 0$, $p = r$. c zerfällt in den Kreis k und die an ihn aus L gelegten beiden Tangenten (Fig. 393).

5. Offene schiefe Schraubenfläche mit verschlungener Meridiankurve:

$r > 0, \quad p > r.$ Der Kreis k liegt innerhalb des Kreises p.

α) $q > p$. L liegt außerhalb beider Kreise. c verläuft durch das Unendliche mit zwei reellen Asymptoten; L, M, N Knotenpunkte (Fig. 407).

β) $q = p$. L liegt auf dem Kreise p. c zerfällt in eine Kurve 3. Ordnung mit L als Knotenpunkt und eine sie in M und N schneidende Gerade (Fig. 408).

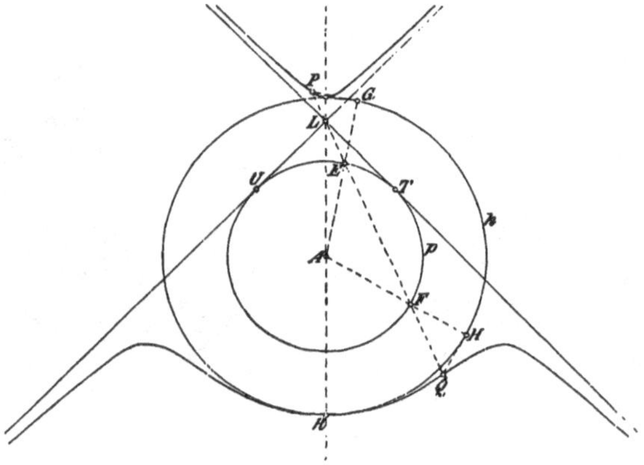

Fig. 416.

γ) $p > q > r$. L liegt zwischen beiden Kreisen. c schließt sich im Endlichen.

$q > \sqrt{pr}$. L, M, N Knotenpunkte (Fig. 409).

$q = \sqrt{pr}$. M und N fallen mit L zusammen und erzeugen einen Oskulationsknoten (Fig. 410).

$q < \sqrt{pr}$. M und N imaginäre Doppelpunkte, L Knotenpunkt (Fig. 411).

δ) $q = r$. L liegt auf dem Kreise k und bildet eine Spitze (Fig. 412).

ε) $q < r$. L liegt innerhalb des Kreises k und bildet einen isolierten Doppelpunkt (Fig. 413).

6. Offene schiefe Schraubenfläche mit gestreckter Meridiankurve:

$r > 0$, $p < r$. Der Kreis p liegt innerhalb des Kreises k.

α) $q > r$. L liegt außerhalb beider Kreise. c verläuft durch das Unendliche mit zwei reellen Asymptoten. L Knotenpunkt, M und N imaginäre Doppelpunkte (Fig. 414).

β) $q = r$. L liegt auf dem Kreise k und bildet eine Spitze. c verläuft durch das Unendliche mit zwei Asymptoten (Fig. 415).

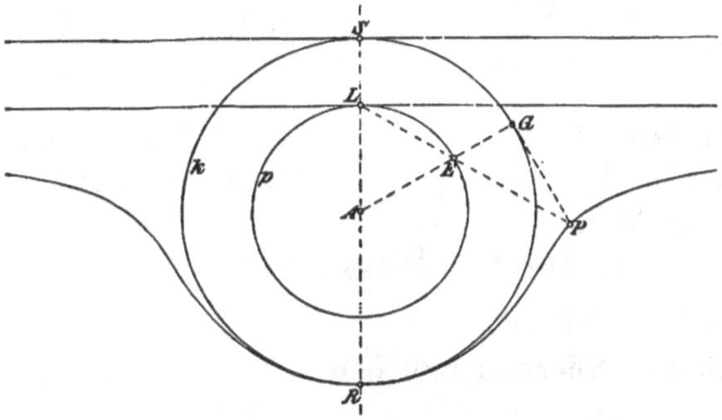

Fig. 417.

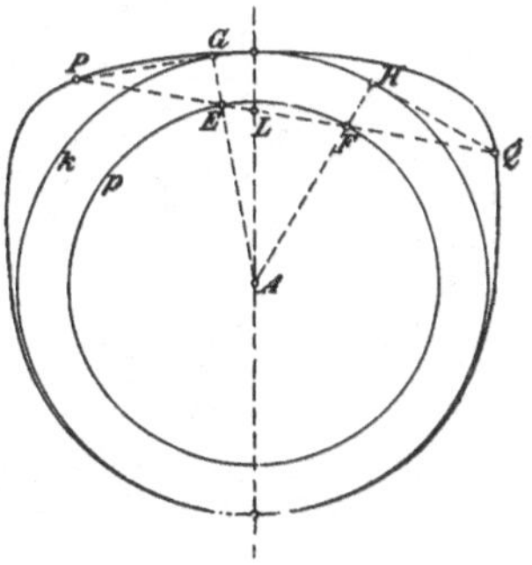

Fig. 418.

γ) $p < q < r$. L liegt zwischen beiden Kreisen und bildet einen isolierten Doppelpunkt. c verläuft durch das Unendliche mit zwei Asymptoten (Fig. 416).

δ) $q = p$. L liegt auf dem Kreise p. c zerfällt in eine Kurve 3. Ordnung mit L als isoliertem Doppelpunkt und eine Gerade (Fig. 417).

ε) $q < p$. L liegt innerhalb des Kreises p und bildet einen isolierten Doppelpunkt. c schließt sich im Endlichen (Fig. 418).

II. Orthogonale Projektion ($q = \infty$).

Der unendlich ferne Punkt L ist ein Knotenpunkt, c hat zwei parallele Asymptoten.

1. Geschlossene schiefe Schraubenfläche ($r = 0$):

Die Punkte M und N fallen in einem Berührungsknoten A zusammen (Fig. 398).

2. Offene schiefe Schraubenfläche ($r > 0$):

α) $p > r$. M und N Knotenpunkte (Fig. 405).

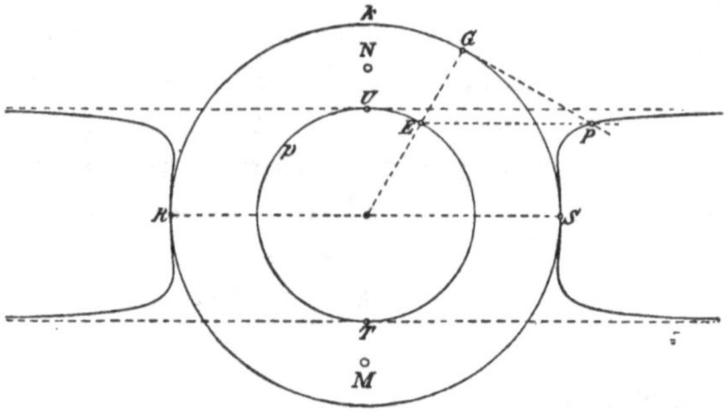

Fig. 419.

β) $p = r$. (Abwickelbare Fläche) c zerfällt in den Kreis k mit zwei parallelen Tangenten (Fig. 390).

γ) $p < r$. M und N isolierte Doppelpunkte (Fig. 419).

Cyklische Schraubenflächen.

634. Die Schraubenfläche von kreisförmigem Normalschnitt (Fig. 420). Die Fläche entstehe durch rechtsgängige Verschraubung des anfänglich in Π_1 gelegenen Kreises n vom Radius r um eine vertikale Achse a. Auf letzterer sei A der Spurpunkt in Π_1 und $AS = h_0$ die reduzierte Ganghöhe. Die vom Mittelpunkte N des erzeugenden Kreises n beschriebene Schraubenlinie sei s. Die Punkte J und K seiner Peripherie, die von A resp. den größten und kleinsten Abstand haben, beschreiben die Schraubenlinien i und k, die den wahren Umriß für die erste Projektion zusammensetzen; letztere ist die Kehlschraubenlinie der Fläche. Die erste Projektion der Fläche besteht daher aus den koncentrischen Kreisen i' und k'. Den wahren Umriß für die zweite Projektion bestimmen wir nach 601 als geometrischen Ort der Endpunkte derjenigen Durchmesser des verschraubten Kreises n, die zur x-Achse parallel liegen. Er besteht demnach aus zwei mit s kongruenten Schraubenlinien f und g, die aus s hervorgehen, wenn man diese Linie parallel zur x-Achse nach links oder rechts um die Strecke r verschiebt. In Fig. 420 ist ein zwischen Π_1 und einer dazu parallelen Ebene enthaltener Gang der Fläche dargestellt.

Die Konstruktion der Lichtgrenze für Parallelbeleuchtung erfolgt ebenfalls nach 601. Man hat nach Annahme eines Lichtstrahles l ($\angle l'x = \angle l''x = 45^0$) den Pol L desselben in Π_1 zu

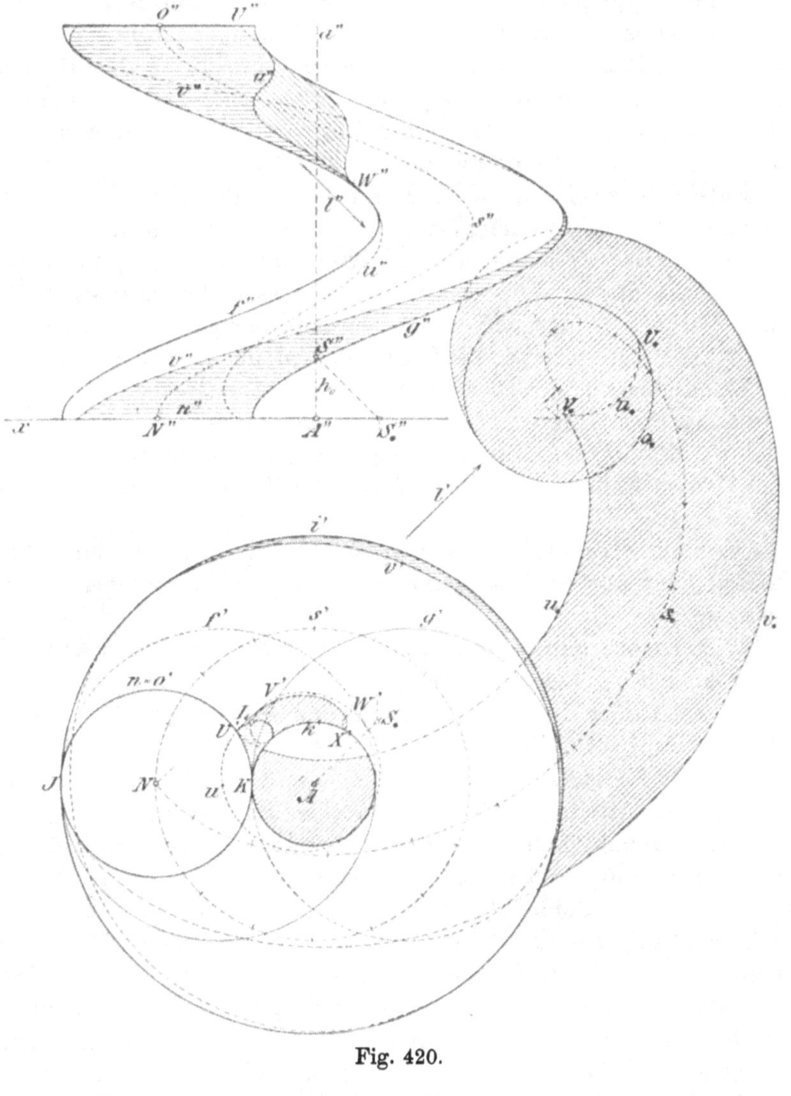

Fig. 420.

suchen. Die durch ihn gezogene Vertikale bildet die Polachse und die Endpunkte der durch diese gezogenen Durchmesser des verschraubten Kreises n erzeugen die Lichtgrenze. Letztere besteht aus zwei Zweigen u und v. Man findet zuerst den Grundriß, indem man auf allen durch L gezogenen Strahlen von ihren Schnittpunkten mit dem Kreise s' aus nach beiden Seiten den Radius des Kreises n abträgt. Diese Grundrißkurve der Lichtgrenze hat den Pol L zum Doppelpunkt. Trifft der um L mit dem Radius r beschriebene Kreis den Kreis s' in reellen Punkten, so schneiden sich in L zwei reelle Kurvenzweige. Da ferner jeder durch den Doppelpunkt L gezogene Strahl im allgemeinen und höchstens vier weitere Punkte der Kurve trägt, so ist dieselbe von der 6. Ordnung. Sie wird — wie die in 440 betrachtete Pascal'sche Linie, mit der sie ihrer Entstehungsweise nach verwandt ist — als eine Konchoide bezeichnet. Ihre Form hängt wesentlich von der Lage des Poles L gegen die Kreise s', i' und k' ab. Jedenfalls ist sie symmetrisch in Bezug auf den zu l' normalen Durchmesser des Kreises s' und berührt i' resp. k' in den auf diesem Durchmesser gelegenen Punkten. Fällt L auf s', so zerfällt die Kurve in den um L mit dem Radius $= r$ beschriebenen Kreis und in eine Pascal'sche Konchoide (4. Ordnung). In unserer Figur besteht die Kurve aus den Zweigen u' und v'; der innere Zweig u' zeigt den gestaltlichen Typus der Pascal'schen Schnecke und hat L zum Knotenpunkt; der äußere v' bildet ein Oval.

Aus dem Grundriß leitet man leicht den Aufriß der Lichtgrenze ab, der aus zwei wellenförmig verlaufenden Zweigen u'' und v'' besteht.

Der Grundrißschatten der Fläche wird von zwei Parallelkurven u_* und v_* einer Cykloide s_* begrenzt; sie bilden zusammen die Hüllkurve aller Lagen des Kreises n, wenn dessen Centrum N die Cykloide s_* beschreibt. Letztere ist der Schatten der Schraubenlinie s und die successiven Lagen des Kreises n bilden die Schatten der Normalschnitte der Fläche. Einzelne Punkte der Kurven u_* und v_* werden mittels der Schatten solcher Durchmesser der Normalschnitte bestimmt, welche die Polachse treffen; sie ergeben die Normalen der Cykloide s_*, auf denen beiderseits die konstante Strecke r abzutragen ist. Die Kurve u_* zeigt in jedem Gange zwei Spitzen U_* und V_*; die durch sie gehenden Lichtstrahlen berühren die Lichtgrenze u und von den Berührungspunkten U und V gehen Grenzlinien des Schlagschattens der Fläche auf sich selbst aus. Dieser Schlagschatten kommt zum Teil auf der Außenseite der Schraubenfläche zustande, zum Teil liegt er auf der hohlen Innenseite. Der zuletzt erwähnte Teil kommt nicht in Betracht, wenn der von der Fläche umschlossene Raum von einem Schraubenkörper erfüllt ist, wie hier angenommen werden mag. In der Figur bildet die Spitze U_* den Schatten eines Punktes U, der dem obersten Normalschnitt o angehört. Die von U ausgehende Grenzlinie UW des außen sichtbaren Schlagschattens rührt von dem Kreise o her und wird aus den Überschneidungen von o_* mit den Grundrißschatten tiefer liegender Normalschnittkreise mittels rückwärts gezogener Lichtstrahlen konstruiert. Die Linie UW überschreitet die Kehlschraubenlinie k in einem Punkte X, welchem im Grundrisse ein Berührungspunkt X' mit dem Kreise k' entspricht; sie endigt auf u mit einer zum Lichtstrahl parallelen Tangente; ihr Grundriß bildet überdies eine Schleife.

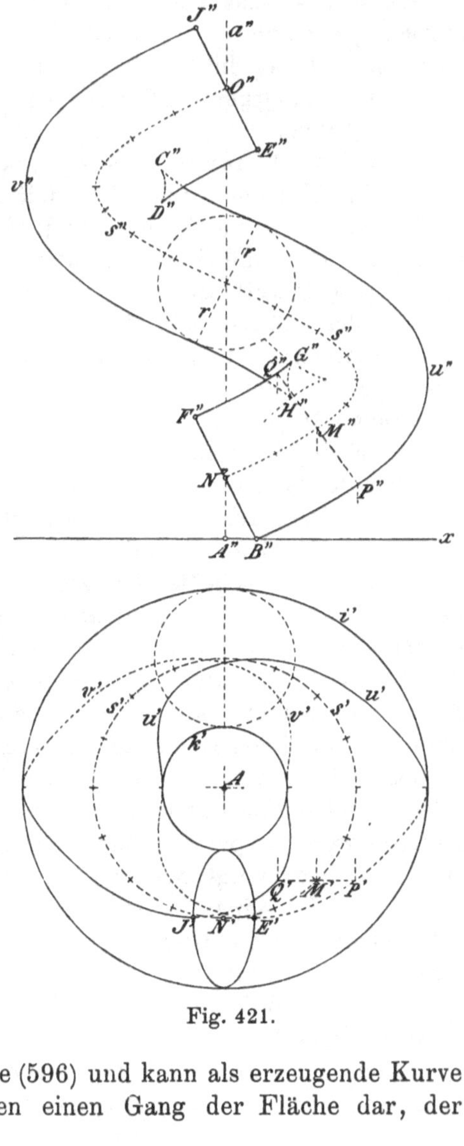

Fig. 421.

635. Die Schlangenrohrfläche (Serpentine) entsteht als Hüllfläche einer verschraubten Kugel. Der Radius dieser Kugel K sei r, der Abstand ihres Centrums M von der vertikal gestellten Schraubenachse a sei $d > r$. Die Verschraubung sei rechtsgängig und h_0 die reduzierte Ganghöhe. Die vom Punkte M beschriebene Schraubenlinie wird durch s bezeichnet (Fig. 421); ihre Projektionen sind in Π_1 ein um den Achsenspurpunkt A mit dem Radius d beschriebener Kreis s' und in Π_2 eine Sinuslinie s''. Eine Normalebene der Schraubenlinie s, durch den Punkt M gelegt, schneidet auf der um M beschriebenen Kugel $\mathfrak{K}$ ihren Berührungskreis c mit der Schraubenfläche aus. Dieser bildet die Charakteristik der Hüllfläche (596) und kann als erzeugende Kurve derselben dienen. Wir stellen einen Gang der Fläche dar, der zwischen den parallelen Ebenen zweier erzeugender Kreise enthalten sein mag und legen die Aufrißebene Π_2 senkrecht zu diesen beiden Ebenen, die Grundrißebene Π_1 aber durch den tiefsten Punkt B des unteren Kreises. Die beiden Endkreise der Fläche projizieren sich in Π_2 als die Geraden $B''F''$ und $E''J''$, die in den Endpunkten N'' und O'' der Sinuslinie s'' auf dieser normal stehen. Die Grundrisse fallen in eine Ellipse zusammen, deren Centrum $N' = O'$ dem Kreise s' angehört; ihre kleine Achse ist $B'F' = E'J'$, ihre große Achse geht durch A und hat die Länge $2r$. Die Grundrisse aller erzeugenden Kreise sind kongruente Ellipsen, weil ihre Ebenen gegen Π_1 einerlei Neigung haben.

Der Umriß der ersten Projektion unserer Fläche wird von den beiden Kreisen i' und k' gebildet, die um A mit den Radien $d + r$ resp. $d - r$ beschrieben sind. Die zugehörigen wahren Umrisse, i und k, sind Schraubenlinien und speziell ist k die Kehllinie. Der Umriß der zweiten Projektion umhüllt die Aufrisse der von der Fläche umhüllten Kugeln und besteht daher aus zwei Parallelkurven u'' und v'' der Sinuslinie s'', die erhalten werden, wenn man auf den Normalen von s'' nach beiden Seiten die Strecke r abträgt. In jedem Gange zeigen die beiden (kongruenten) Kurven u'' und v'' je zwei Spitzen (C'', D'' und G'', H''), in denen sie auf die Evolute der Sinuslinie s'' auftreffen. Die erste Projektion der wahren Umrisse u und v besteht aus zwei herzförmigen, geschlossenen Zweigen u' und v', die sich gegenseitig auf der Linie AA'' kreuzen und beide den zur x-Achse parallelen Durchmesser des Kreises s' zur Symmetrieachse haben. Sie berühren die Kreise i' und k' in ihren Schnittpunkten mit dieser Geraden. Man findet beliebig viele Punkte der Kurven u' und v' auf folgendem Wege. Sei M ein Punkt der Schraubenlinie s und PQ der zum Aufriß parallele Durchmesser des um M beschriebenen erzeugenden Kreises, so liegen P'' und Q'' auf dem Umriß der zweiten Projektion und $P''Q''$ ist eine Normale von s''. Die erste Projektion $P'Q'$ desselben Durchmessers ist parallel zur x-Achse durch den Punkt M' von s' zu ziehen und endigt resp. auf den Kurven u' und v'.

636. Ist eine Schlangenrohrfläche nach dem Vorausgeschickten in Grund- und Aufriß dargestellt, so soll jetzt die Konstruktion der Lichtgrenze auf ihr, des Schlagschattens auf der Grundrißebene und auf der Fläche selbst hinzugefügt werden (Fig. 422).

Sucht man auf jeder der Fläche einbeschriebenen Kugel den Lichtgrenzkreis w und den erzeugenden Kreis c (die Charakteristik), so schneiden sich diese in Gegenpunkten P und Q der Kugel, welche zugleich der Lichtgrenze auf der Schraubenfläche angehören.

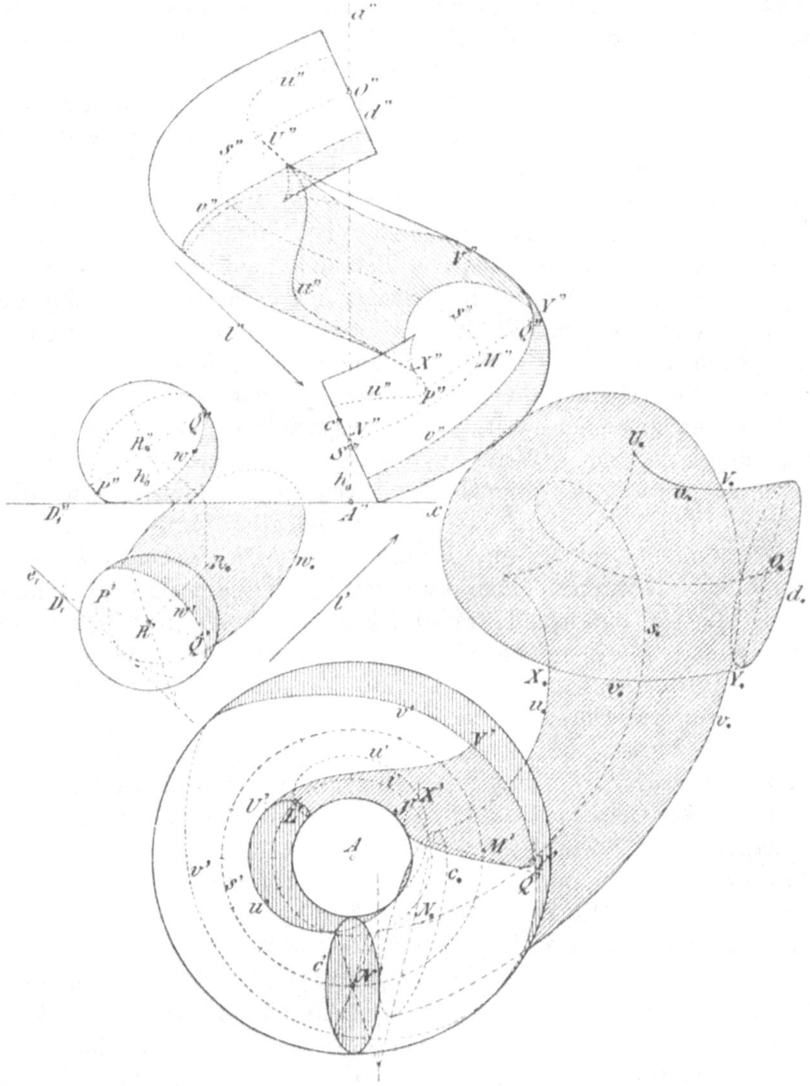

Fig. 422.

Die Ebene von c steht senkrecht zur Tangente der Schraubenlinie s, die vom Kugelcentrum M beschrieben wird, die Ebene von w normal zum Lichtstrahl l. Hieraus kann ihre Schnittlinie, d. i. der Durchmesser PQ in Grund- und Aufriß gefunden werden. Die Konstruktion nimmt man zweckmäßig an einer Hilfskugel vor, die mit dem gegebenen Radius r um irgend einen Punkt R des Raumes beschrieben ist, und überträgt dann die Resultate in die Hauptfigur (in Fig. 422 ist $RR' = h_0$ angenommen). Die Konstruktion läßt sich aber noch bedeutend vereinfachen, indem man den Pol L des Lichtstrahles in Π_1 benützt (599). Sind nämlich P' und Q' die Grundrisse der gesuchten Lichtgrenzpunkte, so gehen (nach 600) ihre Verbindungslinien $P'L$ und $Q'L$ mit dem Pole L resp. durch die Pole der Tangenten des erzeugenden Kreises c in P und Q. Da aber diese parallel sind, haben sie einerlei Pol und die Linien $P'L$ und $Q'L$ fallen zusammen in den durch L gezogenen Durchmesser der Ellipse c', die den Grundriß von c bildet. Alle diese Ellipsen sind kongruent und gehen auseinander durch Drehung um den Achsenspurpunkt A hervor. Wir zeichnen eine derselben c' mit dem Centrum N' auf s' und denken uns eine zweite um M' beschrieben, deren Durchmesser $P'Q'$ durch L geht. Wird letztere durch Drehung um A mit c' vereinigt, so geht der mitgedrehte Durchmesser nunmehr durch denjenigen Punkt J des um A durch L gelegten Kreises i, der bei der erwähnten Drehung aus L hervorgeht. Hierdurch ist auch die Länge $P'Q'$ bestimmt. Man teilt zweckmäßig die Kreise i und s', von L und N' anfangend, in dieselbe Anzahl gleicher Teile; sind dann J und M' entsprechende Teilpunkte, so ziehe man JN' und LM' und trage auf der zweiten Linie den auf der ersten gefundenen Halbmesser der Ellipse c' von M' aus bis nach P' und Q' ab. Man erhält so Punkte des Grundrisses der Lichtgrenze. Um Punkte ihres Aufrisses zu bestimmen, benützen wir die Hilfskugel mit dem Centrum R. Die Ebene ihres Lichtgrenzkreises w habe e_1 zur ersten Spurlinie; liegt parallel zu PQ der gleichbezeichnete Kugeldurchmesser, so findet man seinen ersten Spurpunkt D_1, aus ihm aber nach Größe und Richtung den Aufriß $P''Q''$, der in die Hauptfigur zu übertragen ist. Das Ergebnis dieser Konstruktionen ist folgendes. Die Lichtgrenze auf der Schlangenrohrfläche besteht aus zwei Kurvenzweigen u und v. Die Grundrisse u' und v' sind geschlossen; der innere Zweig u' berührt den inneren Umrißkreis der Fläche in den Endpunkten des zu l' normalen Durchmessers, hat den Pol L zum Knotenpunkt und zeigt den gestaltlichen Typus der Pascal'schen Schnecke; der äußere Zweig v' bildet ein Oval und berührt den äußeren Umrißkreis in den Endpunkten des zu l' normalen Durchmessers, der für beide Zweige Symmetrieachse ist. Im Aufriß berühren die beiden Zweige u'' und v'' der Lichtgrenze in jedem Gange die Umrißkurven je zweimal in Punkten, die den Durchschnitten von u' und v' mit den ersten Projektionen jener Umrisse entsprechen.

Der Grundrißschatten der Schraubenlinie s ist eine verschlungene Cykloide s_*, von der ein im Punkte N_* beginnender, in O_* endigender Gang gezeichnet ist. Der Grundrißschatten der Schraubenfläche wird einesteils begrenzt durch die Schatten c_* und d_* der beiden als Berandung eines Ganges auftretenden erzeugenden Kreise c und d mit den Mittelpunkten N und O, andernteils durch zwei Kurven u_* und v_*, die zusammen die Hüllkurve der Schatten der verschraubten Kugel bilden. Die Ellipsen c_* und d_* sind kongruent und ihre Achsen parallel; man bestimmt sie als affine Kurven zu c' aus konjugierten Durchmessern. Hat man ferner für die Hilfskugel mit dem Centrum R den Grundrißschatten als die Ellipse w_* konstruiert (476) und denkt man sich eine mit w_* kongruente Ellipse so bewegt, daß ihr Centrum die Cykloide s_* beschreibt, während ihre große Achse beständig die Richtung von l' behält, so bilden u_* und v_* zusammen die Hüllkurve aller ihrer Lagen. Einzelne Punkte findet man als Schatten der vorher bestimmten Lichtgrenzpunkte, wie P und Q. Die Kurven u_* und v_* zeigen den gestaltlichen Typus der Parallelkurven der verschlungenen Cykloide; erstere hat in jedem Gange zwei Spitzen, letztere ist verschlungen. Durch die Spitzen von u_* führen Lichtstrahlen, welche die Lichtgrenze u berühren, und in jedem solchen Berührungspunkte beginnt die Grenzlinie eines Schlagschattens der Fläche auf sich selbst. In unserer Figur wird nur ein solcher Schatten sichtbar, während ein zweiter, im Inneren der Fläche gelegen, nicht zur Erscheinung kommt. Der äußere Schatten wird einerseits durch die Linie UV begrenzt, die in dem der Spitze U_* entsprechenden Punkte U tangential von u ausgeht und auf v in dem Punkte V endigt, der dem Schnittpunkte V_* von u_* und v_* entspricht. Andererseits bildet die Grenze die Linie XY, deren Endpunkte auf u und v aus den Kreuzungspunkten X_* und Y_* von v_* mit u_* und v_* ermittelt werden. Um die Kurven UV und XY mit genügender Sicherheit zeichnen zu können, müssen noch einige Zwischenpunkte derselben konstruiert werden. Zu diesem Ende hat man von geeigneten erzeugenden Kreisen der Fläche Grund- und Aufriß, sowie den Grundrißschatten zu suchen, was am leichtesten mit Benutzung konjugierter Durchmesserpaare der betreffenden Ellipsen geschieht. Da die gesuchten Kurven Schatten der Linien u und v bilden, so hat man aus den Schnittpunkten von u_* und v_* mit den Grundrißschatten der erzeugenden Kreise Lichtstrahlen rückwärts bis zu diesen selbst zu verfolgen.

Schrauben.

637. Eine allseitig begrenzte ebene Fläche erzeugt bei einer Verschraubung um eine zu ihr senkrechte Achse einen Körper, der Schraube heißt. Wir nehmen an, daß der erzeugende Querschnitt der Schraube von einer geschlossenen sich selbst nicht schneidenden Linie umgrenzt sei. Zu jeder Schraube gehört eine Schraubenmutter; es ist dies ein Körper mit einem schraubenförmigen Hohlraume, den die zugehörige Schraube ausfüllt, so daß Schraubenmutter und Schraube von der nämlichen Schraubenfläche begrenzt werden. Die Schraube kann in der Schraubenmutter eine Schraubenbewegung ausführen, indem die Oberflächen beider Körper aufeinander gleiten. Die Einteilung der Schrauben erfolgt nach den geometrischen Eigenschaften dieser Gleitflächen. Der Schraubenkörper selbst wird im Gegensatz zur Schraubenmutter öfters als Schraubenspindel bezeichnet.

Die technisch verwendeten Schrauben besitzen meist einen massiven Kern, der von einem um ihre Achse beschriebenen Rotationscylinder begrenzt wird. Der außerhalb des Kernes befindliche Teil des Schraubenkörpers heißt das Gewinde. Zur Charakterisierung der Schraube genügt die Angabe eines Meridianschnittes, dessen Höhe in der Achsenrichtung der Ganghöhe h gleich ist; er werde begrenzt auf einer Seite von der Achse a, unten und oben von zwei Radien des Kerncylinders und auf der anderen Seite von dem sog. Schraubenprofil. Die gebräuchlichsten Profile sind geradlinig und werden von gleichschenkligen Dreiecken oder von Rechtecken gebildet, deren Grundlinien auf der Kernmantellinie liegend sich in gleichen Abständen folgen (bei Dreiecken können die Grundlinien unmittelbar aneinander stoßen). Schrauben mit dreieckigem Gewindeschnitt heißen scharfgängig, mit rechteckigem flachgängig. Enthält das Profil auf eine Ganghöhe h mehrere Dreiecke oder Rechtecke, so sagt man, die Schraube habe mehrfaches Gewinde.

638. Darstellung einer flachgängigen Schraube mit Eigen- und Schlagschattengrenzen (Fig. 423). Die Schraubenspindel habe einen quadratischen Gewindeschnitt, die Entfernung der Gewindegänge voneinander sei der Quadratseite gleich; ferner sei der Spindel ein sechsseitiger prismatischer Schraubenkopf aufgesetzt. Wir legen die Grundrißebene normal zur Schraubenachse. Das Gewinde wird von dem Kerncylinder, von einem koaxialen

Rotationscylinder und zwei geschlossenen geraden Regelschraubenflächen begrenzt, deren Durchschnitte mit den Cylinderflächen die Gewindekanten bilden. Letztere werden im Grundriß durch die Kreise *i* und *k*, im Aufriß durch Sinuslinien dargestellt; in der zweiten Projektion sind die Umrißlinien der Cylinder hinzuzufügen, soweit sie auf dem Gewinde liegen, resp. sichtbar sind; endlich

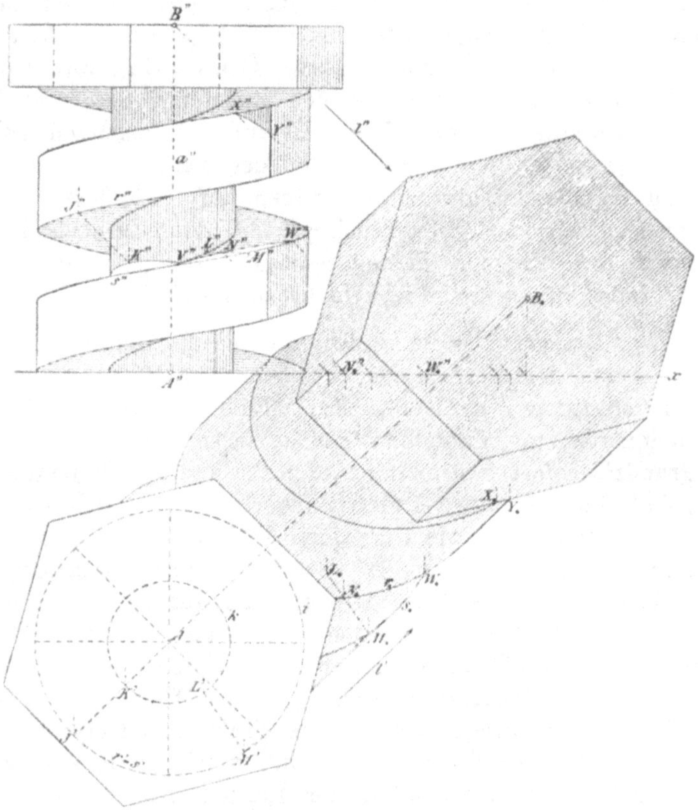

Fig. 423.

zeichne man noch die Kanten des Schraubenkopfes und konstruiere von allen den genannten Linien die **Grundrißschatten** unter der Annahme paralleler Lichtstrahlen (l', l''). Der Grundrißschatten ist über die x-Achse fortgesetzt. Allenthalben sind nur die in der betreffenden Projektionsrichtung sichtbar werdenden Elemente verzeichnet. Diese Konstruktionen bedürfen nach dem Vorausgegangenen keiner Erläuterung mehr.

Die Lichtgrenze auf der Schraube setzt sich zusammen aus je zwei Mantellinien der beiden Cylinder über den Kreisen i und k und der Lichtgrenze auf den geraden Regelschraubenflächen, die das Gewinde begrenzen. Letztere kommt für unsere Figur nicht in Betracht; es würde von jedem Gewindegang, wenn man ihn für sich allein betrachtet, die Oberseite ganz im Lichte, die Unterseite ganz im Schatten liegen. Von den Lichtgrenzlinien auf dem äußeren und auf dem Kerncylinder liegen die ersten Spurpunkte auf i und k in dem zu l' senkrechten Durchmesser. Der Schlagschatten auf der Schraube wird begrenzt von den Schatten der äußeren Randlinien des Gewindes auf den Kern und auf den folgenden (tieferen) Gewindegang, ferner von den Schatten der Kanten des Schraubenkopfes auf die Oberseite des Gewindes resp. auf den äußeren Cylinder. Es können ferner der Schraubenkopf auf den Kerncylinder und dieser auf das Gewinde Schlagschatten werfen; diese Schatten kommen indes in unserer Figur nicht zu stande.

Um von einem Punkte J des äußeren Gewinderandes r den Schatten K auf den Kerncylinder zu finden, beachte man, daß der Schatten der durch J gezogenen Mantellinie des äußeren Cylinders auf den inneren eine Mantellinie des letzteren wird, die man aus dem Grundriß sofort bestimmt. Auf ihrer zweiten Projektion liegt K'' so, daß $J''K'' \parallel l''$ wird. Durch Wiederholung dieser Konstruktion findet man Kurvenzüge, wie UV, deren Endpunkte auf dem inneren Gewinderand liegen (U ist in der Figur nicht sichtbar). An diese schließen sich Schlagschattengrenzen auf der Oberseite des Gewindes an, z. B. VW, die auf dem Außenrande endigen. Man bestimmt zuerst diese Endpunkte, z. B. W, aus den Überschneidungen (W_*) der Grundrißschatten r_* und s_* zweier Randschraubenlinien. Um auf einer Erzeugenden LM der Regelschraubenfläche den Punkt N der Kurve VW zu finden, geht man von $N_* = r_* \times L_*M_*$ aus. Analog sind die Schlagschatten der Kanten des Schraubenkopfes ermittelt; in der Figur ist die Linie XY auf dem äußeren Cylinder ein solcher.

639. Darstellung einer scharfgängigen Schraube mit Eigen- und Schlagschattengrenzen (Fig. 424). Die Dreiecke des Gewindeschnittes mögen mit ihren Grundlinien aneinander stoßen; die Ganghöhe sei der Grundlinie gleich, das Gewinde also einfach. Auf der Spindel mag wieder ein sechsseitiger prismatischer Kopf sitzen. Das Gewinde wird von zwei schiefen, geschlossenen Regelschraubenflächen begrenzt, die sich in zwei Schraubenlinien, der äußeren und inneren Gewindekante *r* und *s* treffen; letztere liegt auf dem Kerncylinder.

Stellen wir wie vorher die Grundrißebene normal zur Schraubenachse *a*, so werden die beiden Gewindekanten in Π_1 durch koncentrische Kreise um *A*, in Π_2 durch Sinuslinien in bekannter Weise

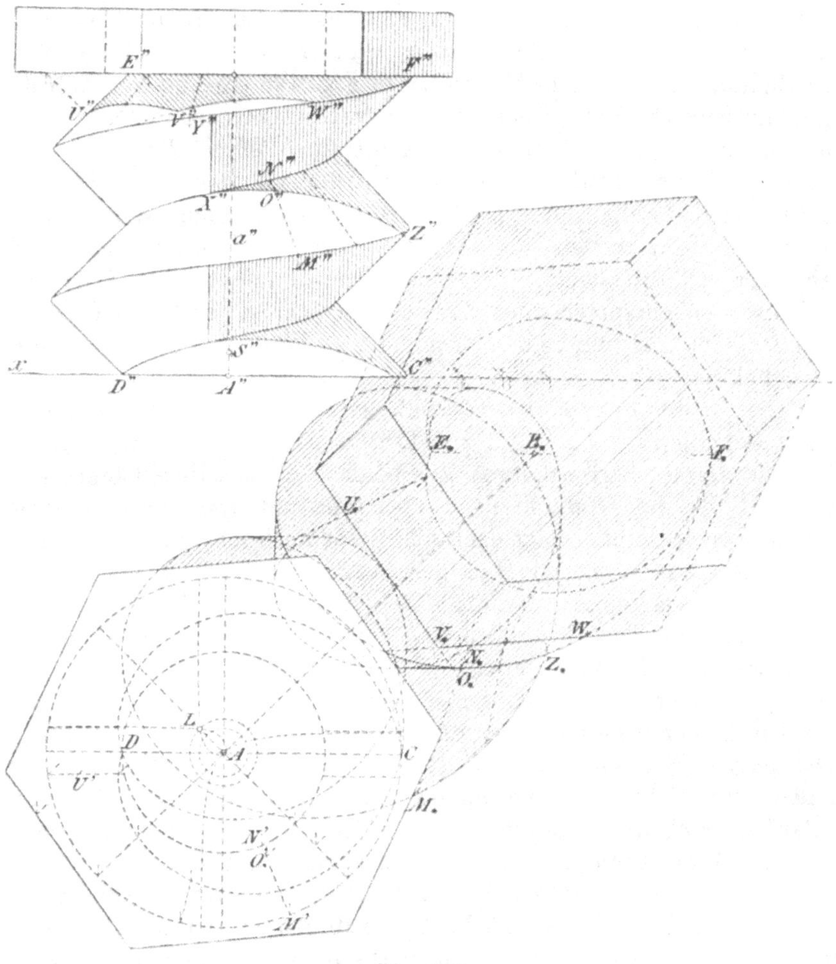

Fig. 424.

dargestellt. Der Umriß der zweiten Projektion ist für die oben genannten beiden Regelschraubenflächen nach 621 genau bestimmbar. Da aber im vorliegenden Falle die beiderlei Projektionen der Umrißkurven, soweit sie in Erscheinung treten, nahezu geradlinig verlaufen, so genügt eine angenäherte Konstruktion. Man bestimme nämlich nach dem in 600 gegebenen Verfahren auf den Gewindekanten r und s (und zwar im Grundriß) die Punkte des Umrisses für die zweite Projektion, übertrage sie in den Aufriß und verbinde je zwei zusammengehörige Punkte durch gerade Linien. Im Aufriß fallen diese geraden Linien annähernd mit den gemeinsamen Tangenten der beiden Sinuslinien r'' und s'' zusammen, die die Gewindekanten repräsentieren. Zu besserer Verdeutlichung der Lage und der Sichtbarkeit der Umrißlinien ist in Fig. 426 ein Teil der Aufrißfigur in beträchtlicher Vergrößerung gezeichnet; für die Scheitel der Linien r'' und s'' sind die Krümmungscentra J und K angegeben; durch gestrichelte Linien ist der im Hauptmeridian gedachte Gewindeschnitt dargestellt. In derselben Figur sind gleichzeitig die Einzelheiten des Aufrisses der zu unserer Schraube gehörigen Schraubenmutter gezeichnet. Die zu ihr gehörigen Elemente sind von den entsprechenden der Schraube selbst durch den Index 1 unterschieden und, um beide auseinander zu halten, ist die eine Figur ein Stück seitwärts geschoben.

Die Lichtgrenze auf der Schraube (die unter der gewöhnlichen Annahme: $\angle l'x = \angle l''x = 45^0$ konstruiert werden mag) setzt sich aus den Lichtgrenzkurven der beiden schiefen Regelflächen zusammen, die das Gewinde nach oben und unten begrenzen. Ihre genaue Konstruktion erfolgt nach 622; aber auch hier genügt eine angenäherte Konstruktion mit Hilfe gerader Linien, die die Kurven selbst ersetzen können. Man bestimme also wiederum nur die Punkte der Lichtgrenze auf den Gewindekanten r und s nach 600, und verbinde die zusammengehörigen Punkte, z. B. X'' und Y'', geradlinig. Die Lichtgrenzlinien auf der oberen Gewindefläche fallen sehr nahe an den Umriß der zweiten Projektion und liegen außerdem im Schlagschatten der Schraube auf sich selbst, so daß es zweckmäßig erschien, sie nicht besonders anzugeben. Im Hinblick auf Fig. 424 bedarf es nach dem Gesagten keiner Erläuterung mehr, um den Grundrißschatten der Schraube entwerfen zu können.

Der Schlagschatten der Schraube auf sich selbst wird begrenzt von den Schatten der Lichtgrenzlinien der unteren Gewindefläche auf die obere des folgenden (tieferen) Ganges und von den Schatten der äußeren Gewindekante r. Dazu treten die Schatten der Kanten des Schraubenkopfes auf die Oberseite des Gewindes.

Um auf einer Erzeugenden MN der oberen Gewindefläche den Punkt O der Schlagschattengrenze zu ermitteln, zeichne man $M'N'$, $M''N''$ und M_*N_*, gehe von dem Überschneidungspunkte O_* der

Geraden $M_* N_*$ mit dem Grundrißschatten der schattengebenden Linie aus und verfolge den zugehörigen Lichtstrahl in seinen beiden Projektionen bis zur Erzeugenden MN zurück. Auf diese Art findet man alle Kurvenzüge, wie XZ und UVW, die zur Begrenzung des Schlagschattens gehören. Man hat sein Augenmerk vornehmlich auf die Anfangs- und Endpunkte dieser Linien zu richten. Die Linie XZ rührt als Schatten von der Lichtgrenze XY und einem

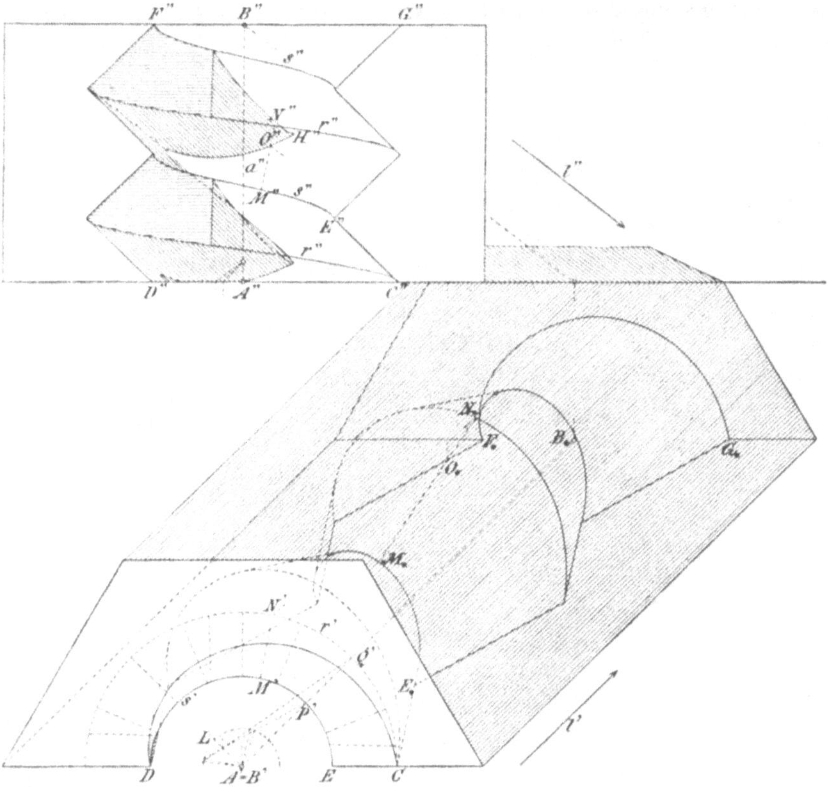

Fig. 425.

Teile der äußeren Gewindekante her, die gebrochene Linie UVW bildet den Schatten zweier Unterkanten des Schraubenkopfes, speziell V den einer Ecke desselben.

640. Darstellung der Schraubenmutter einer scharfgängigen Schraube mit Eigen- und Schlagschatten (Fig. 425). Für die Schraube und ihre Lage gegen die Projektionsebenen mögen ebenso wie für die Lichtstrahlen dieselben Annahmen gelten, wie vorhin. Die Schraubenmutter aber denken wir uns durch die Hauptmeridianebene ($\parallel \Pi_2$) gehälftet und zeichnen nur ihre hintere, nach dem Beschauer zu geöffnete Hälfte mit zwei Gängen; den Körper, aus welchem sie ausgehöhlt ist, denken wir uns durch die Ebene Π_1 und eine parallele Ebene, sowie durch ein regelmäßiges sechsseitiges Prisma begrenzt, dessen eine Seitenfläche $\parallel \Pi_2$ liegen mag.

Da das darzustellende Gebilde in seinen wesentlichen Teilen mit dem vorhin betrachteten übereinstimmt, so ist in Bezug auf die Konstruktion des Grund- und Aufrisses, sowie des Grundrißschattens nichts neues zu bemerken. Wegen der Details im Aufriß ist auf Fig. 426 zu verweisen. Die Randlinien bestehen aus den archimedischen Spiralen *CD* und *FG* und den sie verbindenden vierfach gebrochenen Linien von *C* bis *G* und *D* bis *F*, die den Hauptmeridianschnitt des Gewindes bilden. Die Lichtgrenze auf der Gewindefläche im Inneren besteht aus den beiden Teilkurven, die der oberen und unteren Gewindefläche entsprechen und wird wie vorher bestimmt; sie wird nur auf der unteren Seite sichtbar. Auch die Verzeichnung der Schlagschattengrenzen auf der

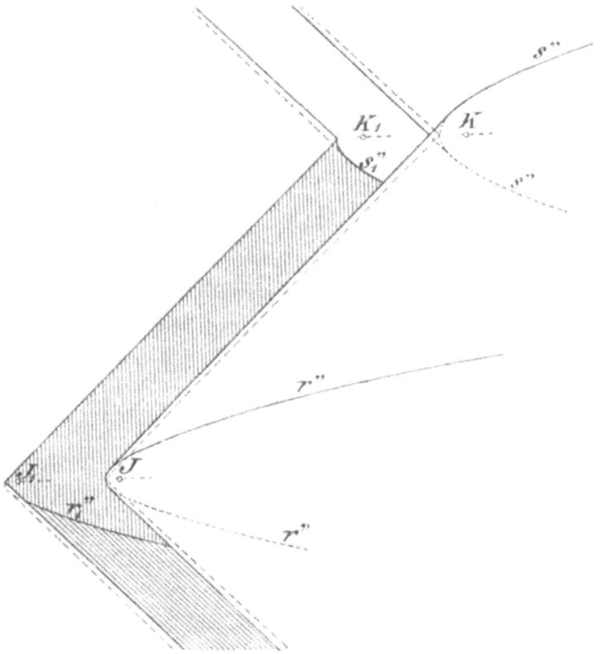

Fig. 426.

Innenfläche erfolgt ganz analog dem früheren. Diese Grenzkurven sind teils Schatten der inneren Gewindekante *s*, teils Schatten der Kanten des Gewindeschnittes im Hauptmeridian. Ihre Punkte werden auf Erzeugenden (z. B. *MN*) der betreffenden Schraubenflächen gefunden, indem man ihre Grundrißschatten mit denen der schattenwerfenden Kurven schneidet (z. B. in O_*) und den zugehörigen Lichtstrahl zurück verfolgt.

ELFTES KAPITEL.

Die Flächen zweiten Grades.

Pole und Polarebenen, Durchmesser und Diametralebenen; Achsen.

641. Unseren Ausgangspunkt bildet die Definition: eine Fläche 2. Grades wird von jeder Ebene in einem Kegelschnitte (Ellipse, Parabel, Hyperbel, Geradenpaar) geschnitten, falls diese Ebene mit der Fläche überhaupt eine reelle Kurve gemein hat. Sehen wir von Kegel- und Cylinderflächen ab, so haben wir in der Kugel und in den Rotationsflächen 2. Grades spezielle Beispiele unserer Flächen. Aus der Definition können wir unmittelbar folgern, daß jede Gerade die Fläche in zwei Punkten trifft, falls sie überhaupt reelle Punkte mit ihr gemein hat. Denn eine Ebene durch diese Gerade schneidet die Fläche in einem Kegelschnitte, auf dem auch die Schnittpunkte der Geraden mit der Fläche liegen müssen. Die beiden reellen Schnittpunkte einer Geraden mit einer Fläche 2. Grades können auch zusammenfallen, dann wird die Gerade zur Tangente und der Punkt zum Berührungspunkte.

Die Eigenschaft, daß eine Fläche 2. Grades von jeder Geraden in zwei reellen oder konjugiert imaginären Punkten getroffen wird, wird meistens bei der Definition und Behandlung der Flächen 2. Grades an die Spitze gestellt; es bleibt dann immer zu zeigen, daß jede ebene Kurve ein Kegelschnitt ist, wenn sie von jeder Geraden in zwei reellen oder konjugiert imaginären Punkten geschnitten wird. Wir wollen die imaginären Punkte nicht direkt in die Definition der Flächen 2. Grades aufnehmen, umsoweniger, als wir erst im Anschlusse an die Kegelschnitte, allerdings unabhängig davon, die Definition der konjugiert imaginären Punkte gegeben haben (348).

642. Durch einen Ebenenbüschel wird auf einer Fläche 2. Grades ein System von Kegelschnitten bestimmt; trifft die Achse dieses Büschels die Fläche in zwei reellen Punkten P und Q, so gehen alle Kegelschnitte durch diese Punkte hindurch. Zwei Punkte der Geraden PQ, welche die Sehne PQ harmonisch teilen, sind (nach 284) konjugiert in Bezug auf alle Kegelschnitte der Fläche 2. Grades, die durch PQ gehen. Man nennt deshalb zwei Punkte kurzerhand konjugierte oder harmonische Pole der Fläche 2. Grades, wenn sie zu den Schnittpunkten ihrer Verbindungslinie mit der Fläche harmonisch liegen. Diese Definition bezieht sich zunächst nur auf Punktepaare, deren Verbindungslinie die Fläche in reellen Punkten schneidet; sie muß indes in analoger Weise wie bei den Kegelschnitten verallgemeinert werden (vergl. 288).

Die Polaren eines Punktes A in Bezug auf zwei Kegelschnitte k und l unserer Fläche, deren Ebenen A enthalten, schneiden sich in einem Punkte B. Treffen sich k und l in zwei reellen Punkten B_1 und B_2, so gehen die Polaren von A durch den Punkt B, der mit A zusammen die Sehne $B_1 B_2$ harmonisch teilt. Treffen sich k und l nicht, d. h. schneiden sich ihre Ebenen in einer Geraden s, die mit unserer Fläche keine reellen Punkte gemein hat, so machen wir folgende Überlegung. Sei (in Fig. 427) C_1 ein Punkt von k und D_1 ein Punkt von l, so schneidet die Ebene AC_1D_1 die Fläche in einem Kegelschnitte m und die Kurven k und l in je einem weiteren Punkte C_2 resp. D_2, die auf m liegen. Sind die Punkte C_1C_2AC harmonisch und ebenso auch die Punkte D_1D_2AD, so ist CD die Polare von A in Bezug auf m. Wir legen nun weiter durch A einen Strahl der m in E_1 und E_2 trifft und durch ihn eine Ebene, die mit unserer Fläche einen Kegelschnitt n gemein hat. Diese Ebene kann aber stets so gewählt werden, daß sie sowohl l in zwei reellen Punkten F_1 und F_2, als auch k in zwei reellen Punkten G_1 und G_2 schneidet. Es ist das z. B. der Fall, wenn die Ebene durch

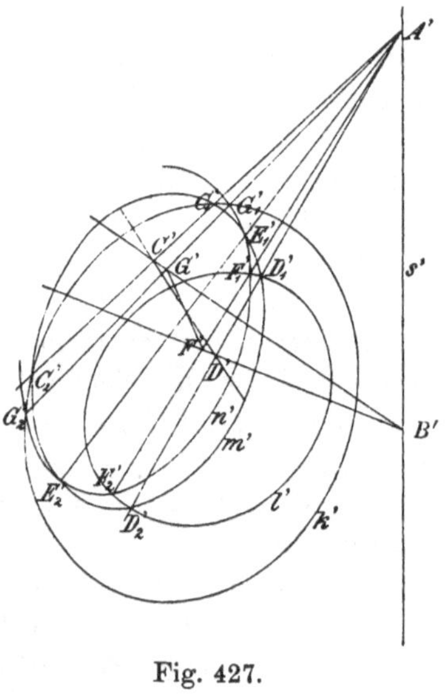

Fig. 427.

n mit der Ebene durch m einen sehr kleinen Winkel einschließt, weil sie dann aus den Ebenen von k und l Geraden ausschneidet, die sehr nahe bei C_1C_2 resp. D_1D_2 liegen, also k resp. l in reellen Punkten treffen. Sind F_1F_2AF und ebenso G_1G_2AG harmonisch, so ist FG die Polare von A in Bezug auf n, und es treffen sich die Polaren CD und FG von A in Bezug auf m und n, da sich m und n in E_1 und E_2 schneiden. Schneiden sich aber CD und FG, so thun dies auch die Geraden CF und DG, d. h. die Polaren von A in Bezug auf k und l, und damit ist unsere Behauptung erwiesen.

Hieraus folgt unmittelbar: Die Polaren eines Punktes A in Bezug auf alle Kegelschnitte der Fläche 2. Grades, deren Ebenen durch ihn hindurchgehen, liegen in einer Ebene A. Man nennt A den Pol der Ebene A, und A die Polarebene des Punktes A in Bezug auf die Fläche. Je zwei Punkte der Fläche, deren Verbindungslinie durch A geht, werden durch A und A harmonisch getrennt. Die Berührungspunkte aller von A an die Fläche gelegten Tangenten liegen — falls es überhaupt solche Tangenten giebt — auf dem Kegelschnitte, in dem seine Polarebene A die Fläche schneidet. Schneidet umgekehrt A die Fläche in einem Kegelschnitte, so geht die Tangentialebene in jedem seiner Punkte durch A hindurch.

Liegt der Punkt A auf der Fläche, so ist seine Polarebene A nichts anderes als die Tangentialebene im Punkte A. Liegt der Punkt A beliebig, so erhält man seine Polarebene, indem man drei Strahlen durch A zieht, die die Fläche in den Punktepaaren C_1C_2, D_1D_2, E_1E_2 resp. schneiden; dann liegen $C_1D_1 \times C_2D_2$, $C_1D_2 \times C_2D_1$, $C_1E_1 \times C_2E_2$, $C_1E_2 \times C_2E_1$, $D_1E_1 \times D_2E_2$, und $D_1E_2 \times D_2E_1$ auf der gesuchten Polarebene von A.

643. Ein Punkt A und ein beliebiger Punkt B seiner Polarebene A heißen konjugierte oder harmonische Pole in Bezug auf die Fläche 2. Grades; sie sind harmonische Pole in Bezug auf jeden Kegelschnitt der Fläche, dessen Ebene AB enthält, denn die Polaren von A in Bezug auf diese Kegelschnitte gehen durch B, da sie alle in der Polarebene A von A liegen, wie soeben bewiesen wurde. Hierbei ist es gleichgültig, ob AB die Fläche schneidet oder nicht.

Die Punkte einer beliebigen Geraden ordnen sich in Bezug auf eine Fläche 2. Grades paarweise zu harmonischen Polen an. Die auf einer Geraden g liegenden Paare harmonischer Pole bilden zwei involutorische Reihen. Denn legt man durch die Gerade g eine Ebene, die die Fläche in einem Kegelschnitte k schneidet, so sind jene Paare auch harmonische Pole in Bezug auf k, woraus nach 289 folgt, daß sie zwei involutorische Reihen bilden. Schneidet die Gerade g die Fläche, so gehören die Paare harmonischer Pole auf ihr ungleich laufenden involutorischen Reihen an, deren Doppelpunkte die Schnittpunkte von g mit der Fläche sind. Schneidet die Gerade g die Fläche nicht in reellen Punkten, so bilden die Paare harmonischer Pole auf ihr gleichlaufende involutorische Reihen, deren Doppelpunkte konjugiert imaginär sind (vergl. 348); sie stellen die konjugiert imaginären Schnittpunkte von g mit der Fläche dar. Jede Gerade schneidet somit die Fläche 2. Grades in zwei reellen oder konjugiert imaginären Punkten.

Geht die Polarebene A des Punktes A durch den Punkt B, so geht auch dessen Polarebene B durch A. Denn da B in A liegt, sind A und B harmonische Pole und es muß auch A in der Polarebene von B liegen.

644. Beschreibt ein Punkt A eine Gerade g_1, so dreht sich seine Polarebene A um eine Gerade g_2; beschreibt umgekehrt ein Punkt B die Gerade g_2, so dreht sich seine Polarebene B um g_1. Sind nämlich Γ und Δ zwei Ebenen durch g_1 und C und D ihre Pole, so geht die Polarebene A eines beliebigen Punktes A von g_1 durch $CD = g_2$. Denn da die Polarebenen Γ von C und Δ von D durch A gehen, muß auch die Polarebene A von A durch C und D gehen. Daraus folgt dann weiter, daß auch die Polarebene B eines Punktes B von CD den beliebigen Punkt A von g_1 enthält, da B in A liegt.

Die Punktreihe auf g_1 ist projektiv zu dem Büschel der zugehörigen Polarebenen durch g_2 und die Punktreihe auf g_2 ebenso zu dem Büschel der entsprechenden Polarebenen durch g_1. Denn die Ebenen durch g_2 schneiden g_1 in Punkten, die mit den Polen der bezüglichen Ebenen Paare harmonischer Pole bilden; diese Punktepaare aber gehören involutorischen, also projektiven Punktreihen an. Dieser Beweis ist natürlich nur dann richtig, wenn g_1 und g_2 sich nicht schneiden; schneiden sich dagegen g_1 und g_2 in einem Punkte S, so schließen wir in folgender Weise. Auf einer beliebigen Geraden h_1 schneidet der Ebenenbüschel mit der Achse g_2 eine zu ihm projektive Punktreihe aus; die zu den Punkten dieser Reihe gehörigen Polarebenen bilden einen dazu projektiven Ebenenbüschel mit der Achse h_2. Die Ebenen des letzteren Büschels schneiden aber g_1 in den zu den Ebenen des ersteren Büschels gehörigen Polen, die ja auf g_1 liegen müssen; der Büschel der Ebenen durch g_2 ist somit projektiv zu der Punktreihe ihrer Pole auf g_1.

645. Zwei Geraden g_1 und g_2 heißen konjugierte oder harmonische Polaren in Bezug auf eine Fläche 2. Grades, wenn jede von ihnen die Achse eines Büschels von Ebenen bildet, deren Pole auf der anderen liegen. Schneidet also die Gerade g_1 die Fläche in zwei Punkten, so gehen die Tangentialebenen in diesen Punkten durch g_2. Zu jeder Geraden giebt es eine harmonische Polare; zwei beliebige Punkte dieser Geraden bilden ein Paar harmonischer Pole. Sind g_1 und g_2 zwei harmonische Polaren, so ordnen sich die Punkte der Fläche paarweise derart zusammen, daß ihre Verbindungslinie sowohl g_1 wie g_2 schneidet; außerdem werden solche Punktepaare durch g_1 und g_2 harmonisch getrennt.

Schneiden sich zwei harmonische Polaren g_1 und g_2 in einem Punkte S, so ist ihre Ebene Σ eine Tangentialebene der Fläche 2. Grades und ihr Schnittpunkt S der Berührungspunkt. Denn S liegt sowohl auf g_1 wie auf g_2, seine Polarebene Σ enthält also g_2 und g_1. Legen wir also durch S eine beliebige Ebene, die Σ in t und die Fläche in k schneidet, so ist S der Pol von t in Bezug auf k, und da S auf t liegt, so ist t eine Tangente von k und S ihr Berührungspunkt; t berührt somit auch die Fläche in S.

Beschreibt g_1 einen Büschel mit dem Scheitel S, so beschreibt ihre harmonische Polare g_2 einen dazu projektiven Büschel mit dem Scheitel T; die Ebene T des ersteren Büschels ist die Polarebene von T, die Ebene Σ des zweiten Büschels die Polarebene von S. In der That gehört zu jeder Geraden durch S eine harmonische Polare, die in der Polarebene Σ von S liegt, und zu jeder Geraden der Ebene T eine harmonische Polare, die den Pol T von T enthält. Ferner wird eine Gerade in der Ebene T von dem Strahlbüschel mit dem Scheitel S in den Punkten einer Reihe geschnitten, deren Polarebenen einen dazu projektiven Büschel bilden und aus Σ die harmonischen Polaren zu den Strahlen des erstgenannten Büschels ausschneiden, was unsere Behauptung beweist.

Liegen zwei Strahlbüschel, deren entsprechende Strahlen harmonische Polaren in Bezug auf die Fläche 2. Grades sind, in der nämlichen Ebene, so müssen auch ihre Scheitel zusammenfallen, denn für $\Sigma = \mathsf{T}$ wird auch $S = T$. Wir erkennen daraus, daß die

Tangenten in einem Punkte der Fläche sich in Paare harmonischer Polaren anordnen, die zwei involutorische Strahlbüschel bilden. Giebt es hier zwei Doppelstrahlen — also solche, die mit ihren harmonischen Polaren zusammenfallen — so müssen dieselben ganz auf der Fläche liegen. Sind dagegen die involutorischen Strahlbüschel gleichlaufend, so definieren sie zwei konjugiert imaginäre Doppelstrahlen, die als auf der Fläche liegend anzusehen sind. Eine Fläche 2. Grades wird also von jeder Tangentialebene in zwei reellen oder konjugiert imaginären Geraden geschnitten; im letzteren Falle hat die Tangentialebene nur einen reellen Punkt, den Berührungspunkt, mit der Fläche gemein. Diese Punkte sind von elliptischer, jene von hyperbolischer Krümmung.

646. Je zwei beliebige ebene Schnitte k und l einer Fläche 2. Grades liegen in doppelter Weise perspektiv; die Schnittlinie beider Ebenen und die Verbindungslinie der beiden Perspektivitätscentra sind harmonische Polaren.

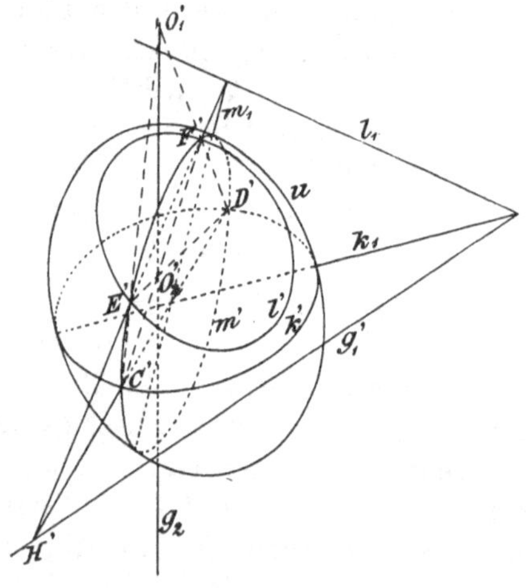

Fig. 428.

Ist g_1 die Schnittlinie der Ebenen von k und l, und dreht man die Ebene von l um g_1 bis sie mit der anderen sich deckt, so liegen k und l_0, die gedrehte Kurve l, nach 356 in zweifacher Art perspektiv, denn sie bestimmen auf g_1 die nämliche Involution harmonischer Pole. Daraus folgt aber, daß auch k und l zweifach perspektiv liegen und es mögen in Fig. 428 die Punkte O_1 und O_2 die Centren für die beiden Lagen sein. Eine beliebige Ebene durch $O_1O_2 = g_2$ schneide k in C und D, l in E und F, g_1 in H und die Fläche 2. Grades in der Kurve m. Dann bilden die Punkte $H = CD \times EF$, $O_1 = CE \times DF$, $O_2 = CF \times DE$ ein Polardreieck des Kegelschnittes m; H ist also der Pol von O_1O_2 in Bezug auf m, d. h. die Polarebene von H in Bezug auf die Fläche geht durch O_1O_2. Da Gleiches für jeden Punkt von g_1 gilt, so sind g_1 und g_2 harmonische Polaren; zugleich sind die Centra O_1 und O_2 harmonische Pole unserer Fläche.

In der Figur sind der Umriß u der Fläche und in der Umrißebene die Spuren k_1, l_1, m_1 der Ebenen durch k, l, m hinzugefügt.

Legt man umgekehrt durch einen Kegelschnitt k auf der Fläche 2. Grades eine Kegelfläche mit dem beliebigen Scheitel O_1, so durchdringt sie die Fläche noch in einem zweiten Kegelschnitte l. Denn ist Ω_1 die Polarebene von O_1 und C ein Punkt von k, ist ferner $O_1C \times \Omega_1 = Q$ und liegen O_1QCE harmonisch, so ist E ein Punkt von l. Daraus ersieht man, daß die ganze Kurve l in derjenigen Ebene liegt, die mit der Ebene von k zusammen O_1 und Ω_1 harmonisch trennt, d. h. jeder Strahl durch O_1 trifft die Ebenen von k und l in Punkten, die von O_1 und Ω_1 harmonisch getrennt werden.

647. Zwei Ebenen, von denen jede den Pol der anderen bezüglich der Fläche 2. Grades enthält, heißen konjugierte oder harmonische Polarebenen dieser Fläche. Sie sind auch harmonische Polarebenen in Bezug auf jeden Tangentenkegel der Fläche, dessen Scheitel auf ihrer Schnittlinie liegt. Sind nämlich A und B die Ebenen, A und B ihre Pole, so sind: $\mathsf{A} \times \mathsf{B} = g_1$ und $AB = g_2$ harmonische Polaren in Bezug auf die Fläche. Ist ferner O auf g_1 der Scheitel eines Tangentenkegels, so liegt seine Berührungskurve k in der Polarebene Ω von O, die auch $AB = g_2$ enthält. Da nun A und A Pol und Polarebene in Bezug auf die Fläche sind, so sind auch A und und $\mathsf{A} \times \Omega$ Pol und Polare in Bezug auf k. OA und A sind demnach Polstrahl und Polarebene in Bezug auf den Tangentenkegel, und ebenso verhält es sich mit OB und B; A und B sind harmonische Polarebenen für diesen Kegel, da jede den Polstrahl der anderen enthält (vergl. 486).

Die durch eine Gerade g gehenden Paare harmonischer Polarebenen bilden zwei involutorische Ebenenbüschel. Denn sie schneiden auf der harmonischen Polaren von g involutorische Punktreihen aus, deren Paare harmonische Pole der Fläche sind.

648. Je zwei beliebige Tangentenkegel K und Λ einer Fläche 2. Grades liegen in doppelter Weise perspektiv. Dabei soll die perspektive Lage von K und Λ bedeuten, daß sich ihre Tangentialebenen einander so zuordnen lassen, daß sie sich in Geraden einer Ebene schneiden, die wir als Perspektivitätsebene bezeichnen. Es kann dieses Resultat leicht aus 646 abgleitet werden. Sind nämlich K und L die Scheitel und k und l die Berührungskurven der Kegel K und Λ und ist O_1 ein Perspektivitätscentrum für k und l, so liegt jeder Punkt von k mit einem Punkte von l auf einem Strahle durch O_1. Trifft nun ein solcher Strahl durch O_1

die Kurven k und l in den Punkten C und E, so schneiden sich die zugehörigen Tangentialebenen unserer Fläche in der harmonischen Polaren zu CE, die in der Polarebene Ω_1 von O_1 liegt. Diese Tangentialebenen sind aber zugleich Tangentialebenen der Kegel K und Λ respektive; sie berühren diese Kegel längs der Mantellinien KC resp. LE, die in der nämlichen Ebene durch KL liegen. Denn KL und CE schneiden sich, da ihre konjugierten Polaren beide in Ω_1 liegen. Bezeichnen wir also je zwei sich schneidende Mantellinien von K und Λ als entsprechend, und ebenso die Tangentialebenen in ihnen, sowie ihre Punkte auf k und l respektive, so können wir folgendes Resultat aussprechen. Die Verbindungslinien entsprechender Punkte von k und l bilden zwei Kegelflächen mit den Scheiteln O_1 und O_2 respektive, die Schnittlinien entsprechender Tangentialebenen von K und Λ umhüllen zwei Kegelschnitte, die in den Polarebenen von O_1 und O_2 respektive liegen. Denn die Tangentialebenen von K schneiden Ω_1 in den Tangenten des Kegelschnittes u, in dem sich K und Ω_1 schneiden; die Tangentialebenen von Λ gehen ebenfalls durch die Tangenten von u, so daß u auch auf Λ liegt.

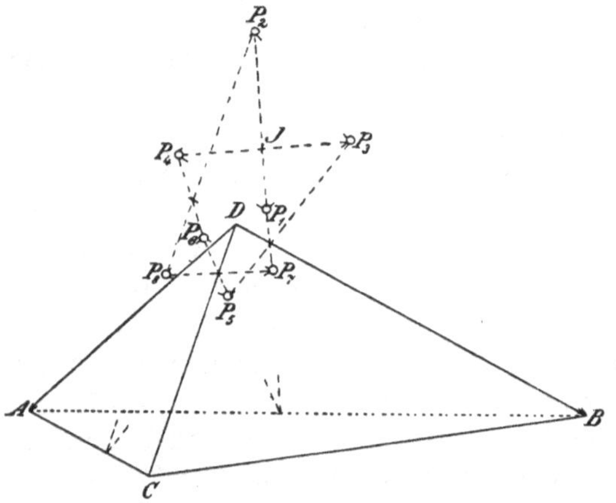

Fig. 429.

649. Wählt man einen beliebigen Punkt A und in seiner Polarebene A einen beliebigen Punkt B, so daß seine Polarebene B durch A geht, und endlich auf der Schnittlinie von A und B einen beliebigen Punkt C, dessen Polarebene Γ natürlich A und B enthält, so ist der Schnittpunkt D der drei Ebenen A, B, Γ der Pol der Ebene $ABC = \Delta$. Die vier Punkte A, B, C, D sind die Ecken und die vier Ebenen A, B, Γ, Δ die Seitenflächen eines Tetraëders, das wir ein Polartetraëder unserer Fläche nennen. In einem Polartetraëder sind die Ecken die Pole der Gegenseiten und die Seiten die Polarebenen der Gegenecken, je zwei gegenüberliegende Kanten sind harmonische Polaren. Es giebt sechsfach unendlich viele Polartetraëder zu einer Fläche 2. Grades.

Ist P_1 ein Punkt der Fläche und treffen AP_1 und BP_1 die Fläche noch in P_3 resp. P_4, so ist auch $AP_4 \times BP_3 = P_2$ ein Punkt der Fläche (Fig. 429); er liegt nämlich auf der Kurve, die die Ebene ABP_1 aus der Fläche ausschneidet. Es folgt dies sofort daraus, daß A, B und $J = CD \times ABP_1$ die Ecken eines Polardreiecks dieser Kurve sind; zugleich ersehen wir, daß P_1P_2 und P_3P_4 die Gegenkanten AB und CD treffen, denn sie schneiden sich in dem Pole J von AB. Die Strahlen CP_1, CP_2, CP_3 und CP_4 treffen die Fläche noch in den vier weiteren Punkten P_5, P_6, P_7 und P_8 respektive. Es ergeben sich nun für diese acht Punkte folgende Beziehungen zu dem Polartetraëder:

P_1P_3, P_2P_4, P_5P_7, P_6P_8 gehen durch A und liegen harmonisch zu A und A,

P_1P_4, P_2P_3, P_5P_8, P_6P_7 „ „ B „ „ „ „ B „ B,

P_1P_5, P_2P_6, P_3P_7, P_4P_8 „ „ C „ „ „ „ C „ Γ,

P_1P_6, P_2P_5, P_3P_8, P_4P_7 „ „ D „ „ „ „ D „ Δ.

P_1P_2, P_3P_4, P_5P_6, P_7P_8 werden durch AB und CD harmonisch getrennt,

P_1P_7, P_2P_8, P_3P_5, P_4P_6 „ „ AC „ BD „ „

P_1P_8, P_2P_7, P_3P_6, P_4P_5 „ „ AD „ BC „ „

Auch für die Tangentialebenen in diesen acht Punkten finden ähnliche Beziehungen zu dem Polartetraëder statt. Geht P_iP_k durch eine Ecke des Tetraëders, so liegt die Schnittlinie der zugehörigen Tangentialebenen Π_i und Π_k auf der Gegenseite. Trifft P_iP_k zwei Gegenkanten, so trifft auch die Schnittlinie von Π_i und Π_k diese Gegenkanten.

650. Jede Sehne der Fläche 2. Grades wird durch ihren Mittelpunkt und den unendlich fernen Punkt harmonisch geteilt. Die Mittelpunkte aller parallelen Sehnen der Fläche 2. Grades liegen in einer Ebene, der Polarebene ihres gemeinsamen unendlich fernen Punktes (ihrer Richtung); sie heißt Diametralebene der Fläche. Auf ihr liegen auch die Berührungspunkte aller, zu den genannten Sehnen parallelen Tangenten der Fläche. Es folgt das einfach aus der Beziehung zwischen Pol und Polarebene.

Der Mittelpunkt eines Kegelschnittes ist der Pol der unendlich fernen Geraden seiner Ebene. Die Mittelpunkte aller parallelen Schnitte der Fläche 2. Grades liegen auf einer Geraden, der harmonischen Polaren zu der den parallelen Ebenen gemeinsamen unendlich fernen Geraden (ihrer Stellung); sie heißt Durchmesser der Fläche. Auf ihr liegen auch die Berührungspunkte der beiden Tangentialebenen, die zu jenen Schnitten parallel sind. Sind nämlich g_1 und g_2 zwei harmonische Polaren unserer

Fläche, so schneidet jede Ebene durch g_1 die Gerade g_2 in dem Pole von g_1 in Bezug auf den in ihr liegenden Kegelschnitt der Fläche.

Ist in Fig. 430 E eine beliebige Ebene, v ihre Schnittkurve mit der Fläche und sind p und q ein Paar konjugierte Durchmesser von v, so bestimmen wir die Diametralebenen A und B, von denen erstere alle zu p, letztere alle zu q parallelen Sehnen halbiert, also geht A durch q und B durch p. Die Gerade $c = A \times B$ ist ein Durchmesser der Kurven l und k, in denen die Fläche von A resp. B geschnitten wird; denn sie halbiert sowohl die zu p wie die zu q parallelen Sehnen. Ist nun a der konjugierte Durchmesser zu c in Bezug auf k $(a \parallel p)$ und b der konjugierte Durchmesser zu c in Bezug auf l $(b \parallel q)$, so halbiert die Ebene $\Gamma = ab$ die zu c parallelen Sehnen der Fläche, denn a und b halbieren die zu c parallelen Sehnen, die sie treffen; Γ ist also eine Diametralebene. Die Geraden a, b und c sind aber Durchmesser unserer Fläche, indem sie die Mittelpunkte der Parallelschnitte zu A resp. B, resp. Γ tragen. Denn ist z. B. Q ein Punkt von a, so halbiert er die beiden Sehnen, die man durch ihn parallel zu b resp. c legen kann; diese Sehnen sind also konjugierte Durchmesser eines zu A parallelen Schnittes und Q ist sein Mittelpunkt. Wir können hiernach die folgenden Sätze aussprechen, wenn wir a und A, b und B, c und Γ als konjugiert bezeichnen.

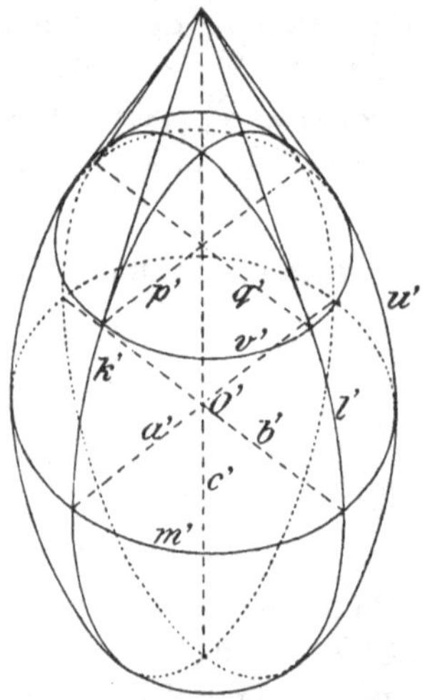

Fig. 430.

Ein Durchmesser d und eine Diametralebene Δ heißen konjugiert, wenn Δ die zu d parallelen Sehnen halbiert, oder wenn d die Mittelpunkte der zu Δ parallelen Schnitte trägt; die eine Eigenschaft ist eine notwendige Folge der anderen. Zwei Durchmesser heißen konjugiert, wenn jeder in der dem anderen konjugierten Diametralebene liegt. Es giebt dreifach unendlich viele Dreikante von der Beschaffenheit, daß ihre Kanten Durchmesser und ihre Seiten Diametralebenen sind und daß jede Kante zur Gegenseite konjugiert ist; drei solche Durchmesser heißen kurzweg konjugiert. Alle Durchmesser und Diametralebenen schneiden sich in einem Punkte, dem Mittelpunkte der

Fläche; er ist zugleich Mittelpunkt aller Diametralschnitte und der von der Fläche begrenzten Durchmesser. Ist nämlich a ein Durchmesser der Fläche, A die ihm konjugierte Diametralebene und l ihre Schnittkurve mit der Fläche, sind ferner b und c zwei beliebige konjugierte Durchmesser von l, so ist $\Gamma = ab$ die zum Durchmesser c konjugierte Diametralebene. Die Ebene Γ kann nun so gewählt werden, daß sie eine beliebige Gerade d durch $O = a \times \mathsf{A}$ enthält, da b irgend ein Durchmesser von l sein kann. Bestimmt man aber zu d den konjugierten Durchmesser e in Bezug auf die in Γ liegende Kurve der Fläche, so ist ce diejenige Diametralebene, welche die zu d parallelen Sehnen halbiert, während d der zu ihr konjugierte Durchmesser ist, q. e. d. Da zu jedem Punkte eine Polarebene gehört, spricht man von einer unendlich fernen Ebene, der Polarebene des Mittelpunktes.

651. Die Beziehungen zwischen den Durchmessern und Diametralebenen einer Fläche 2. Grades ergeben sich auch durch Spezialisierung des Polartetraëders. Wird eine seiner Seitenflächen unendlich fern, so wird die Gegenecke zum Flächenmittelpunkte, der als Pol der unendlich fernen Ebene erscheint. Zugleich rücken drei Kanten ins Unendliche, während die drei übrigen zu Durchmessern werden und jeder enthält die Mittelpunkte der Schnitte, deren Ebenen den beiden anderen parallel laufen. Auch hier gruppieren sich die Punkte der Fläche wieder zu je acht zusammen; sie liegen zu je zwei auf vier Durchmessern der Fläche und bilden die Ecken eines Parallelepipedons, dessen Kanten jenen drei Durchmessern parallel sind (649).

652. Bei den voranstehenden Betrachtungen gingen wir von einem beliebigen Kegelschnitte v unserer Fläche und zwei konjugierten Durchmessern p und q desselben aus. Die zu p parallelen Sehnen werden dabei von einer Diametralebene A, die zu q parallelen Sehnen von einer Diametralebene B halbiert; die Schnittkurven von A und B mit der Fläche waren l resp. k. Die weiteren Schlüsse basierten dann darauf, daß zu $c = \mathsf{A} \times \mathsf{B}$ konjugierte Durchmesser in Bezug auf k resp. l existierten; sie werden hinfällig, wenn k und l Parabeln sind. Offenbar ist auch hier c ein Durchmesser, indem er die Mittelpunkte aller Parallelschnitte zu v trägt; alle Ebenen durch c schneiden die Fläche in Parabeln. In diesem Falle kann die Fläche einen Mittelpunkt im Endlichen nicht haben, da sonst alle Diametralebenen durch ihn gehen und die Diametralschnitte ihn zum Mittelpunkte haben müßten. Deshalb werden hier alle Durchmesser und alle Diametralebenen zu c parallel; zu jeder

Diametralebene giebt es eine konjugierte Richtung, die Richtung der von ihr halbierten Sehnen, zu jedem Durchmesser giebt es eine konjugierte Stellung, die Stellung der Ebenen der Schnitte, deren Mittelpunkte er trägt. Diese Fläche berührt die unendlich ferne Ebene im unendlich fernen Punkte von c, der als Pol dieser Ebene zugleich Flächenmittelpunkt ist.

Die Flächen 2. Grades können demnach eingeteilt werden in solche mit Mittelpunkt und solche ohne Mittelpunkt. Im ersten Falle gehen die Durchmesser und Diametralebenen durch den Mittelpunkt; jedem Durchmesser ist eine Diametralebene konjugiert und umgekehrt. Im letzteren Falle sind alle Durchmesser und alle Diametralebenen zu einer Richtung parallel. Alle Diametralebenen schneiden diese Flächen in Parabeln, man bezeichnet sie deshalb als Paraboloide.

653. Die Mittelpunkte paralleler Schnitte liegen, wie wir gesehen haben, auf einem Durchmesser. Auf ihm liegen auch die Scheitel aller Tangentenkegel, deren Berührungskurven diese Parallelschnitte sind (vergl. Fig. 430); ferner liegen auf ihm die Scheitel der Kegel, die man durch je zwei Parallelschnitte legen kann. Je zwei Parallelschnitte sind deshalb ähnlich gelegene Kurven. Der Beweis für diese Sätze liegt darin, daß die unendlich ferne Gerade der Parallelebenen den bezüglichen Durchmesser zur harmonischen Polaren hat (646).

654. Halbiert eine Ebene die zu ihr normalen Sehnen, so heißt sie Hauptebene; trägt ein Durchmesser die Mittelpunkte der zu ihm normalen Schnitte, so heißt er Achse.

Bei den Paraboloiden giebt es offenbar nur eine Achse, sie trägt die Mittelpunkte aller Schnitte, deren Ebenen zur gemeinsamen Richtung aller Durchmesser normal sind. Durch diese Achse giebt es zwei Hauptebenen, die die Achsen jener Normalschnitte enthalten. Denn jede dieser beiden Ebenen halbiert die Sehnen, die auf ihr senkrecht stehen. Andere Hauptebenen kann es im allgemeinen nicht geben, da jede die genannten Normalschnitte in Achsen schneiden müßte. Eine Ausnahme tritt nur ein, wenn die zur Achse normalen Schnitte Kreise sind, die Fläche also eine Rotationsfläche ist; hier ist jede Ebene durch die Achse eine Hauptebene.

655. Bei den Flächen mit Mittelpunkt giebt es drei zu einander senkrechte Achsen, je zwei Achsen liegen in einer Hauptebene. Der Beweis hierfür, sowie die Konstruktion der Achsen erfolgt ganz wie beim Kegel (vergl. 486 ff.). Zu jedem Durchmesser giebt es einen konjugierten rechtwinkligen Durchmesser, er erscheint als Schnitt der zu ersterem Durchmesser konjugierten Diametralebene mit der bezüglichen Normalebene. Beschreibt ein Durchmesser einen Büschel, so beschreibt der ihm konjugierte rechtwinklige Durchmesser eine Kegelfläche 2. Grades. Denn zu jenem Büschel von Durchmessern ist der Büschel konjugierter Diametralebenen, sowie der Büschel der Normalebenen projektiv. Einem zweiten Büschel von Durchmessern gehört eine zweite Kegelfläche zu, deren Mantellinien zu jenen konjugiert und rechtwinklig sind. Beide Büschel haben einen Durchmesser gemein, dem eine gemeinsame Mantellinie beider Kegelflächen entspricht. Die Kegelflächen haben deshalb noch mindestens eine weitere Mantellinie gemein, zu dieser giebt es in jedem Büschel einen konjugierten rechtwinkligen Durchmesser. Die Ebene dieser beiden Durchmesser ist deshalb die konjugierte Diametralebene zu dem Durchmesser, der als gemeinsame Mantellinie beider Kegelflächen auftritt; d. h. diese Mantellinie ist eine Achse und jene Ebene eine Hauptebene unserer Fläche. Die konjugierten rechtwinkligen Durchmesser in dieser Hauptebene bilden die beiden anderen Achsen, und die Ebenen durch je zwei Achsen die Hauptebenen, was unmittelbar klar ist. Die vorher bestimmten Kegelflächen 2. Grades haben — abgesehen von der Mantellinie, der nur ein konjugierter rechtwinkliger Durchmesser entspricht — noch drei zu einander rechtwinklige Strahlen gemein, es sind die drei Achsen der Fläche 2. Grades.

656. Die Konstruktion der Achsen einer Fläche 2. Grades wird genau wie beim Kegel ausgeführt (vergl. 488 ff.) In einer beliebigen Ebene Π_1 erhält man die Spurpunkte X_1, Y_1, Z_1 der drei Achsen genau wie beim Kegel als Schnittpunkte einer gleichseitigen Hyperbel mit einem Kreise. Der einzige Unterschied besteht in folgendem. In der Ebene Π_1 erhält man bei der Kegelfläche den Spurpunkt eines Durchmessers (Polstrahls) und die Spurlinie seiner konjugierten Diametralebene (Polarebene) als Pol und Polare der Spurkurve u des Kegels in Π_1. Bei der Fläche 2. Grades ist dieses nicht mehr der Fall; um hier Spurpunkt und Spurlinie eines Durchmessers und seiner konjugierten Diametralebene zu finden verfährt man in folgender Weise (Fig. 431). Man bestimme zu einem beliebigen zu Π_1 parallelen Durchmesser die konjugierte Diametralebene, deren Spur a_1 sei, und zu dem zu a_1 parallelen Durchmesser die konjugierte Diametralebene mit der Spur b_1, außerdem suche man zu einem beliebigen Durchmesser mit dem Spurpunkte D_1 die konjugierte Diametralebene mit der Spur d_1. Dann gehört jedem Punkte von Π_1 eine bestimmte Gerade in Π_1 in der Weise zu, daß sie Spuren eines Durchmessers und seiner konjugierten Diametralebene sind. So gehört dem unendlich fernen Punkte von b_1 die Gerade a_1, dem unendlich fernen Punkte von a_1 die Gerade b_1, dem Punkte $O_1 = a_1 \times b_1$ die unendlich ferne Gerade und dem Punkte D_1 die Gerade d_1 zu. Man kann nun zu jedem Punkte von Π_1 die zugehörige Gerade finden, wenn man bedenkt, daß der Verbindungslinie zweier Punkte derjenige Punkt zugehört, in dem sich ihre zugehörigen Geraden schneiden, und daß dem Schnittpunkte zweier Geraden diejenige Gerade zugehört, die durch ihre zugehörigen Punkte geht. Zu den Strahlen durch O_1 gehören die unendlich fernen Punkte; diese Strahlen ordnen sich in Paare einer Involution, indem zu jedem Strahle eines Paares der unendlich ferne Punkt des anderen gehört. So bilden $a_1 b_1$ ein Strahlenpaar der Involution und ebenso $O_1 D_1$ und die Parallele zu d_1 durch O_1. Der Scheitel O_1 und die Rechtwinkelstrahlen dieser Involution spielen hier die gleiche Rolle wie in Fig. 318 der Mittelpunkt und die Achsen der Spurkurve u des Kegels.

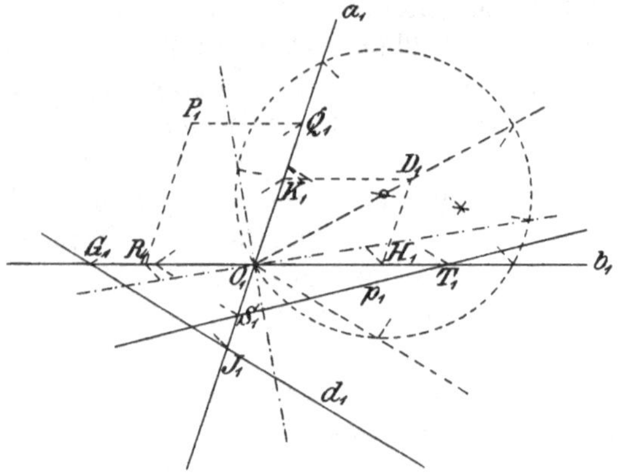

Fig. 431.

Den Parallelen zu b_1 gehören die Punkte von a_1 zu; diese ordnen sich in Paare einer Involution, indem zu jedem Punkte eines Paares eine Gerade durch den anderen gehört. O_1 ist der Mittelpunkt dieser Involution, $a_1 \times d_1 = J_1$ und K_1, wo $D_1 K_1 \parallel b_1$ ist, bilden ein Punktepaar derselben. Ganz in gleicher Weise existiert auf b_1 eine Involution, O_1 ist wieder der Mittelpunkt, $b_1 \times d_1 = G_1$ und H_1, wo $D_1 H_1 \parallel a_1$ ist, bilden ein Punktepaar. Zu einem Punkte P_1 erhält man also die zugehörige Gerade p_1, indem man Q_1 auf a_1 und R_1 auf b_1 sucht ($P_1 Q_1 \parallel b_1$, $P_1 R_1 \parallel a_1$), S_1 auf a_1 nach der Relation $O_1 J_1 \cdot O_1 K_1 = O_1 Q_1 \cdot O_1 S_1$ und T_1 auf b_1 nach der Relation: $O_1 G_1 \cdot O_1 H_1 = O_1 R_1 \cdot O_1 T_1$ bestimmt, dann ist $p_1 = S_1 T_1$.

657. Die Polareigenschaften der Flächen 2. Grades geben uns

Veranlassung, einige Beziehungen des Raumes auf sich selbst kennen zu lernen. Indem man bei allen geometrischen Beziehungen räumlicher Figuren, die sich nur auf Lageverhältnisse stützen, die Begriffe Punkt und Ebene, und infolgedessen Punktreihe und Ebenenbüschel sowie Gerade und Gerade, miteinander vertauscht, erhält man zu der ursprünglichen Figur die duale Figur, die duale Eigenschaften zu jener aufweist (vergl. 341). So stellt sich jedem Satze, der sich über Lagebeziehungen ausspricht, ein dualer gegenüber. Dem Gesetze der Dualität sind insbesondere die Pole und Polarebenen jeder Fläche 2. Grades unterworfen, und diese besondere Beziehung heißt Reciprocität oder reciproke Raumverwandtschaft in Bezug auf die Fläche 2. Grades als Leitfläche. Zu jeder Figur $\mathfrak{F}_1$ kann eine reciproke Figur $\mathfrak{F}_2$ entworfen werden, indem man die Punkte, Ebenen und Geraden der einen durch Polarebenen, Pole und konjugierte Geraden in der anderen ersetzt. Vereinigte Elemente — Punkt auf einer Geraden oder einer Ebene, sowie Gerade in einer Ebene — gehen dabei wieder in vereinigte Elemente über.

Den Punkten der Leitfläche 2. Grades entsprechen bei dieser Reciprocität die Tangentialebenen in den betreffenden Punkten, so dass diese Fläche — als Ort von Punkten — zu sich selbst reciprok ist — als Hüllfläche von Ebenen. Zu jedem Satze über Flächen 2. Grades, bei dem Lagebeziehungen maßgebend sind, giebt es also einen dualen Satz, wie auch die vorangehenden Sätze zeigen. Jeder Fläche 2. Grades entspricht eine andere Fläche 2. Grades als Reciprokalfläche; einem ebenen Schnitte der ersteren entspricht ein Tangentialkegel der zweiten und umgekehrt, den beiden Schnittpunkten mit einer Geraden entsprechen die beiden Tangentialebenen durch die reciproke Gerade. Den Tangenten der einen Fläche entsprechen also die Tangenten der anderen Fläche; umhüllen die Tangenten bei der einen Fläche einen Kegelschnitt, so beschreiben sie bei der anderen einen Kegel. Als Reciprokalfläche einer Kugel in Bezug auf eine zweite als Leitfläche erhält man eine Rotationsfläche.

658. Wir haben in der Ebene die Centralprojektion kennen gelernt, bei der die Verbindungslinien entsprechender Punkte durch ein festes Centrum gehen und die Schnittpunkte entsprechender Geraden auf einer festen Achse liegen. Speziell konnte die Beziehung zwischen den sich entsprechenden Figuren vertauschbar sein, indem je zwei entsprechende Punkte durch das Centrum und die Achse harmonisch getrennt werden (vergl. 244). Ganz ebenso können wir im Raume die Punkte sich wechselseitig entsprechen lassen, indem wir je zwei Punkte einander zuordnen, deren Verbindungslinie durch einen festen Punkt, das Centrum, geht und durch dieses und eine feste Ebene harmonisch geteilt wird. Diese Beziehung führt den Namen: involutorische Centralprojektion oder involutorische Kollineation des Raumes. Eine Fläche 2. Grades entspricht sich selbst in Bezug auf jede involutorische Centralprojektion, deren Centrum ein beliebiger Punkt und deren feste Ebene seine Polarebene ist; dabei entsprechen sich die Punkte der Fläche und ebenso ihre Ebenen paarweise, die Verbindungslinie jener geht durchs Centrum, die Schnittlinie dieser liegt in der festen Ebene. Im allgemeinen entspricht bei der genannten Beziehung jeder Fläche zweiten Grades wieder eine solche.

659. Ist O_1 das Centrum und E_1 die feste Ebene einer involutorischen Centralprojektion und spielen O_2 und E_2 die gleiche Rolle für eine zweite derartige Projektion, wobei zugleich O_1 in E_2 und O_2 in E_1 liegen soll, so können wir jedem Punkte des Raumes denjenigen entsprechen lassen, der aus ihm hervorgeht, wenn wir beide Projektionen hintereinander auf ihn anwenden. Dabei wird sich zeigen, daß die Reihenfolge, in der wir diese Projektionen anwenden, gleichgültig ist. Sei in Fig. 432 P ein beliebiger Punkt, und schneidet die Ebene O_1O_2P die Gerade $\mathsf{E}_1 \times \mathsf{E}_2 = s$ im Punkte J, so geht aus P durch die erste Projektion P_1 hervor, wenn PP_1O_1K harmonisch liegen und $K = PO_1 \times O_2J$ ist, und aus P_1 geht durch die zweite Projektion P' hervor, wenn $P_1P'O_2L$ harmonisch liegen und $L = P_1O_2 \times O_1J$ ist. Die Punkte O_1KP_1P projizieren wir von J auf die Gerade LO_2P_1 und erhalten vier harmonische Punkte, von denen drei mit L, O_2, P_1 resp. sich decken, so daß P' als vierter harmonischer Punkt zu ihnen auf JP liegt. Ist $M = O_1O_2 \times PP'$, so liegen auch $PP'JM$ harmonisch, denn sie liegen auf den harmonischen Strahlen O_1P_1, O_1P', O_1L, O_1O_2. Der entsprechende Punkt P' zu P wird also gefunden, indem man durch P eine gemeinsame Sekante zu s und O_1O_2 zieht (sie ist die Schnittlinie der Ebene O_1O_2P und sP) und auf ihr den Punkt P' sucht, der mit P in Bezug auf s und O_1O_2 harmonisch liegt. Offenbar gelangt man zu demselben Punkte, wenn man erst den Punkt P_2

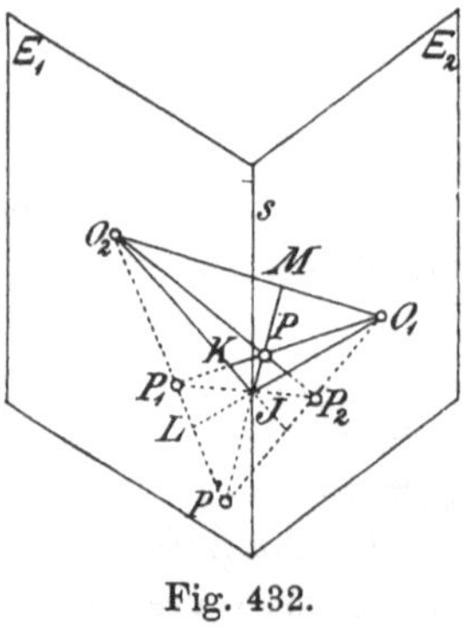

Fig. 432.

konstruiert, der mit P harmonisch zu O_2 und E_2 liegt, und dann den Punkt P', der mit P_2 harmonisch zu O_1 und E_1 liegt. Wir erhalten also das Resultat: Sind a und b zwei feste Achsen und läßt man je zwei Punkte sich gegenseitig entsprechen, die durch die Achsen harmonisch getrennt werden, deren Verbindungslinie also die Achsen schneidet, so entsteht das geschart-involutorische System. Die hier definierte Zuordnung der Punktepaare läßt sich auch durch Anwendung zweier involutorischer Centralprojektionen hintereinander erzielen. Die Centren dieser Projektionen liegen dabei auf einer der Achsen, ihre festen Ebenen gehen durch die andere, und zwar muß die feste Ebene jeder Projektion das Centrum der anderen enthalten.

Entsprechende Ebenen im geschart-involutorischen System werden durch die Achsen a und b harmonisch getrennt, d. h. ihre Schnittlinie trifft beide Achsen und bestimmt mit ihnen Ebenen, die zu jenen Ebenen harmonisch liegen. Denn verbindet man einen Punkt der einen Ebene mit dem entsprechenden Punkte der entsprechenden Ebene, so wird diese Verbindungslinie durch die Achsen harmonisch geteilt. Je zwei konjugierte Polaren einer Fläche 2. Grades bilden die Achsen eines geschart-involutorischen Systems, in dem sich die Fläche selbst entspricht. Die Punkte der Fläche, wie ihre Tangentialebenen, liegen paarweise harmonisch zu den konjugierten Polaren und entsprechen sich im System. Einer Fläche 2. Grades entspricht in dem genannten System stets wieder eine Fläche 2. Grades.

Einteilung der Flächen zweiten Grades; ihre Beziehung zu den Rotationsflächen; Kreisschnitte.

660. Wir haben bereits eine Einteilung der Flächen in solche mit und solche ohne Mittelpunkt getroffen und haben den letzteren den Namen: Paraboloide beigelegt. Das Verhalten der Flächen mit Mittelpunkt gegen die unendlich ferne Ebene gestattet uns diese noch weiter einzuteilen, ganz wie das bei den Kegelschnitten der Fall war. Eine Ebene durch den Mittelpunkt der Fläche schneidet sie entweder gar nicht oder in einem Kegelschnitte, dessen Mittelpunkt mit dem der Fläche zusammenfällt. Sind alle solche Schnitte Ellipsen, so liegt die Fläche ganz im Endlichen und führt den Namen: Ellipsoid. Sind Hyperbeln unter den Diametralschnitten, so verläuft die Fläche ins Unendliche und wir haben es mit Flächen zu thun, die den Namen: Hyperboloide führen. Das Verhalten dieser Flächen gegen das unendlich Ferne ist nun noch näher zu ergründen.

Seien a, b, c drei konjugierte Durchmesser der Fläche, so daß a zur Diametralebene $\mathsf{A} = bc$, b zu $\mathsf{B} = ac$ und c zu $\Gamma = ab$ konjugiert ist, sei ferner dem Durchmesser d die Diametralebene Δ konjugiert, so kann man zu jedem weiteren Durchmesser e die konjugierte Diametralebene E konstruieren. Den vier Ebenen B, Γ, ad, ae durch a gehören ja als konjugierte Durchmesser vier Strahlen in A zu, nämlich b, c, $\mathsf{A} \times \Delta$ und $\mathsf{A} \times \mathsf{E}$; die ersten drei sind bekannt und der vierte bestimmt sich durch das Doppelverhältnis dieser vier Strahlen, das demjenigen der vier Ebenen gleich ist. Damit ist die Schnittlinie von E mit A gefunden und analog finden sich die Schnittlinien von E mit B resp. Γ. Zwei konjugierte Durchmesser der Fläche sind auch konjugierte Durchmesser der in ihrer Ebene liegenden Schnittkurve. Die konjugierten Durchmesser eines Diametralschnittes bilden die Strahlenpaare einer Involution, deren Doppelstrahlen seine Asymptoten sind; die Asymptoten der Diametralschnitte (Hyperbeln) sind auch Asymptoten der Fläche 2. Grades, d. h. sie berühren sie im Unendlichen. Alle von dem Mittelpunkte O einer Fläche 2. Grades an sie gelegten Tangenten sind Asymptoten, d. h. sie berühren sie im Unendlichen; denn es ist das für alle Diametralschnitte der Fall. Es kann dies auch daraus gefolgert werden, daß alle zu O konjugierten Punkte unendlich fern liegen.

661. Die Asymptoten aller Diametralschnitte bilden einen Kegel, den Asymptotenkegel der Fläche. Es ergiebt sich dies schon daraus, daß die Flächentangenten aus einem beliebigen Raumpunkte einen Kegel bilden, wir wollen indes die Sache noch etwas weiter verfolgen. Schneiden wir die Durchmesser a, b, c, d und ihre konjugierten Diametralebenen A, B, Γ, Δ mit einer beliebigen Ebene Π, und sind A_1, B_1, C_1, D_1 die zugehörigen Spurpunkte und a_1, b_1, c_1, d_1 die zugehörigen Spurlinien (Fig. 433), so läßt sich, analog wie vorher, zum Spurpunkte E_1 von e die Spurlinie e_1 der konjugierten Diametralebene E finden. Es existiert nun in Π ein Kegelschnitt u, für den der Spurpunkt eines jeden Durchmessers der Fläche der Pol der Spurlinie seiner konjugierten Diametralebene ist; es braucht das nur für A_1, B_1, C_1, D_1, E_1 und a_1, b_1, c_1, d_1, e_1 gezeigt zu werden, da E_1 beliebig angenommen worden ist. Um nun den Kegelschnitt u zu konstruieren, für den $A_1B_1C_1$ ein Polardreieck und D_1 der Pol von d_1 ist, bedenke man, daß A_1 und $A_2 = a_1 \times A_1D_1$ und ebenso D_1 und $D_2 = d_1 \times A_1D_1$ harmonische

Pole von u sind; die Doppelpunkte J und K der Involution, der die Punktepaare D_1, D_2 und A_1, A_2 angehören, sind also Punkte von u, und S_1J, S_1K sind die zugehörigen Tangenten, wenn $S_1 = a_1 \times d_1$ ist. Der Kegelschnitt u kann also auch definiert werden durch einen Punkt J, die zugehörige Tangente S_1J und das Polardreieck; durch ein Polardreieck und zwei Punkte ist aber ein Kegelschnitt eindeutig bestimmt. Den Geraden b_1, c_1, A_1D_1 und A_1E_1 gehören als Pole von u vier Punkte von a_1 zu, nämlich B_1, C_1, S_1, T_1, wobei das Doppelverhältnis dieser vier Punkte gleich dem der Geraden ist. Die Polare von E_1 geht also durch den Punkt T_1 von a_1, ebenso findet man ihre Punkte auf b_1 und c_1; diese Gerade ist aber nach der vorangehenden Definition nichts anderes als e_1. u ist somit die Spurkurve des Asymptotenkegels in Π. Offenbar existiert keine Kurve u, und damit auch kein Asymptotenkegel, wenn die Involutionen harmonischer Pole auf den drei Geraden A_1D_1, B_1D_1 und C_1D_1 gleichlaufend, d. h. ohne Doppelpunkte sind. Denn eine Ecke des Polardreiecks $A_1B_1C_1$ muß im Innern von u liegen, falls u reell ist, und eine jener drei Geraden muß dann u in zwei reellen Punkten treffen.

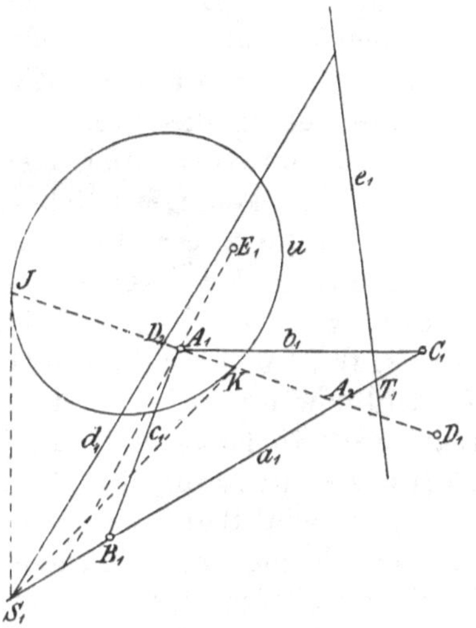

Fig. 433.

662. Ein Hyperboloid und sein Asymptotenkegel werden von jeder Ebene in koncentrischen, ähnlichen und ähnlich gelegenen Kegelschnitten geschnitten. Denn jeder Durchmesser und seine ihm in Bezug auf die Fläche konjugierte Diametralebene sind auch hinsichtlich des Kegels konjugiert. Daraus folgt, daß eine zu einer Diametralebene parallele Ebene Fläche und Kegel in Kurven schneidet, deren gemeinsamer Mittelpunkt auf dem konjugierten Durchmesser liegt, und daß zwei Durchmesser dieser Kurven, die zu zwei konjugierten Durchmessern in der Diametralebene parallel sind, für beide Kurven konjugiert sind, woraus sich die Ähnlichkeit ergiebt. Unmittelbar fließt hieraus der weitere Satz: Auf jeder Geraden liegen zwei gleiche Strecken, die einerseits von dem Hyperboloid, andererseits von seinem

Asymptotenkegel begrenzt werden. Die Achsen des Hyperboloides sind zugleich die Achsen seines Asymptotenkegels.

663. Die Einteilung der Flächen 2. Grades in Ellipsoide, Paraboloide und Hyperboloide basiert auf ihrem Verhalten gegen die unendlich ferne Ebene. Einen zweiten Einteilungsgrund bildet ihr Verhalten gegen die Tangentialebenen, denn sie hat nach 645 mit denselben entweder zwei reelle Geraden oder nur einen reellen Punkt (zwei konjugiert imaginäre Geraden) gemein. Liegt auf einer Fläche 2. Grades eine reelle Gerade, so gehen durch jeden ihrer Punkte zwei Gerade oder Erzeugende; sie bilden zwei Scharen, deren Geraden sich gegenseitig schneiden, während die Geraden der nämlichen Schar zu einander windschief sind. Solche Flächen nennt man Regelflächen; die Erzeugenden jeder Schar können als Schnittlinien entsprechender Ebenen zweier projektiver Ebenenbüschel erhalten werden. In der That ist g_1 eine Gerade unserer Fläche, so schneiden die Ebenen durch g_1 die Fläche je in einer weiteren Geraden, etwa $h_1, h_2, h_3, h_4, \ldots$, alle diese Geraden treffen g_1. Die Ebenen durch h_1 schneiden unsere Fläche auch in je einer weiteren Geraden, etwa $g_1, g_2, g_3, g_4, \ldots$, die alle die Gerade h_1 treffen. Aber jede dieser Geraden g schneidet jede der Geraden h, so schneiden sich g_i und h_k; denn $g_i h_1$ und $h_k g_1$ sind zwei ebene Schnittkurven der Fläche, beide müssen sich in zwei Punkten schneiden, das sind offenbar die Punkte $g_1 \times h_1$ und $g_i \times h_k$, da g_1, g_i und ebenso h_1, h_k sich nicht treffen. Legt man nun sowohl durch g_1 wie durch g_2 Ebenen, die der Reihe nach die Erzeugenden $h_1, h_2, h_3, h_4 \ldots$ enthalten, und läßt je zwei Ebenen durch die nämliche Gerade h_i sich entsprechen, so sind die beiden Ebenenbüschel projektiv, denn sie schneiden die Gerade g_3 in der nämlichen Punktreihe. Da diese Ebenenbüschel projektiv sind, schneiden sie alle Geraden g in projektiven Punktreihen, d. h. die Erzeugenden jeder Schar treffen die der anderen Schar in projektiven Punktreihen.

Der Berührungspunkt einer Ebene durch g mit dem Hyperboloid ist der Schnittpunkt von g mit der in ihr liegenden Erzeugenden der anderen Schar. Deshalb gilt der Satz: Die Ebenen durch eine Erzeugende eines Hyperboloides berühren dasselbe in Punkten dieser Erzeugenden, dabei ist der Büschel der Ebenen zu der Reihe der Berührungspunkte projektiv.

664. Eine Regelfläche 2. Grades ist durch drei Erzeugende $g_1 g_2 g_3$ einer Schar völlig bestimmt. Denn legt man durch g_1 und g_2 Ebenenbüschel und läßt man je zwei Ebenen dieser Büschel durch den nämlichen Punkt von g_3 sich entsprechen, so schneiden sie sich in Erzeugenden der Regelfläche. Jede dieser Geraden trifft ja g_1, g_2 und g_3, hat also mit der Fläche drei Punkte gemein und liegt ganz auf ihr. Jede Ebene schneidet die projektiven Ebenenbüschel durch g_1 und g_2 in projektiven Strahlbüscheln, deren entsprechende Strahlen sich in den Punkten eines Kegelschnittes treffen; dieser ist die Schnittkurve der Ebene mit der Regelfläche. Die gemeinsamen Sekanten dreier beliebiger Geraden bilden eine Schar von Erzeugenden einer Regelfläche 2. Grades.

Die Regelflächen verlaufen ins Unendliche, gehören also zu den Paraboloiden und Hyperboloiden. Um nun zu unterscheiden, welcher von beiden Flächengattungen eine Regelfläche angehört, bedenken wir, daß die Durchmesser eines Hyperboloides sich in seinem Mittelpunkte schneiden und daß die Durchmesser eines Paraboloides zu einander parallel laufen. Sind g_1, g_2, g_3 drei Erzeugende, die nicht der nämlichen Ebene parallel laufen, so giebt es zu jeder von ihnen eine parallele Erzeugende der anderen Schar, $h_1 \parallel g_1$, $h_2 \parallel g_2$, $h_3 \parallel g_3$. Die Erzeugenden h schneiden ja die g in projektiven Punktreihen, h_1 verbindet also die Punkte von g_2 und g_3, die hierbei dem unendlich fernen Punkte von g_1 entsprechen; analog finden sich h_2 und h_3. In Fig. 434 sind die ersten Projektionen dieser Geraden dargestellt, G_1, G_2, G_3, H_1, H_2, H_3 seien ihre ersten Spurpunkte und G^1, G^2, G^3, H^1, H^2, H^3, ihre Spurpunkte in einer Parallelebene. Macht man $G^1 J \# G^2 G_2$, so ist $G_1 J$ die erste Spur einer Ebene durch g_1, die parallel zu g_2 liegt, ebenso ist $G^3 K$ ($G^3 K \# G^2 G_2$) die erste Spur einer Ebene durch g_3, die parallel zu g_2 liegt. $G_1 J \times G_3 K = H_2$ ist also der erste Spurpunkt der gesuchten Geraden h_2 ($H_2 H^2 \# G_2 G^2$). Die sechs Punkte G_i, H_i liegen auf der ersten Spurkurve c_1 der Fläche, ebenso liegen die sechs Punkte G^i, H^i auf der Spurkurve c^1 in der Parallelebene, die sechs Geraden g_i, h_i berühren den scheinbaren Umriß u der Fläche. In der Figur sind die Striche, als Zeichen der ersten Projektion, weggelassen.

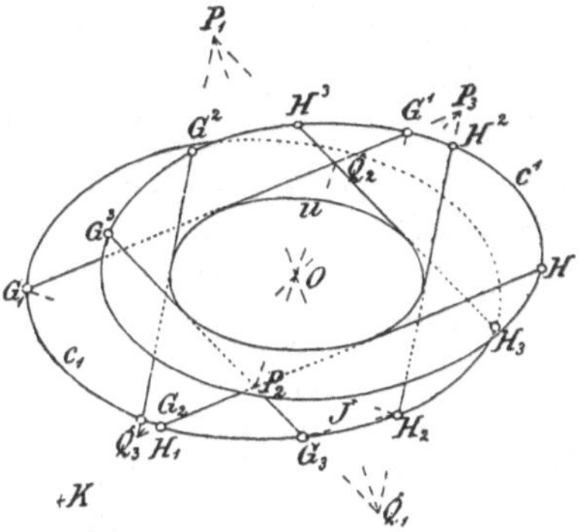

Fig. 434.

Die Ebenen $g_1 h_2$ und $h_1 g_2$ sind dann parallele Tangentialebenen und die Verbindungslinie $P_3 Q_3$ ihrer Berührungspunkte $P_3 = g_1 \times h_2$ und $Q_3 = h_1 \times g_2$ ist ein Durchmesser der Fläche. Ganz ebenso sind $P_1 Q_1$ und $P_2 Q_2$ Durchmesser dieser Fläche, wo $P_1 = g_2 \times h_3$, $Q_1 = h_2 \times g_3$, $P_2 = g_3 \times h_1$ und $Q_2 = h_3 \times g_1$ sind. $P_1 P_2 Q_1 Q_2$ ist ein Parallelogramm, denn die Seiten $P_2 Q_1$ und $Q_2 P_1$ liegen auf den parallelen Geraden g_3 und h_3 und die Seiten $P_1 P_2$ und $Q_1 Q_2$ werden aus der Ebene $g_3 h_3$ durch die parallelen Ebenen $g_2 h_1$ und $h_2 g_1$ ausgeschnitten. Die Durchmesser $P_1 Q_1$ und $P_2 Q_2$ schneiden sich im Mittelpunkte O des Parallelogramms $P_1 P_2 Q_1 Q_2$, der zugleich Mittelpunkt der Fläche ist; die Fläche ist ein Hyperboloid. Beim Hyperboloid giebt es zu jeder Erzeugenden der einen Schar eine parallele Erzeugende der anderen Schar; zwei Paare paralleler Erzeugenden schneiden sich in den Endpunkten eines Durchmessers, dessen Mittelpunkt der Flächenmittelpunkt ist. Jede Ebene, die das Hyperboloid in zwei parallelen Erzeugenden schneidet, berührt seinen Asymptotenkegel längs einer Mantellinie, die in der Mitte zwischen den beiden Erzeugenden liegt.

665. Sind g_1, g_2, g_3 drei Erzeugende einer Regelfläche, und sind diese einer Ebene Γ parallel, so sind ihre gemeinsamen Sekanten h_1, h_2, h_3 . . . einer zweiten Ebene H parallel. Denn die Erzeugenden h treffen die Geraden g_1, g_2, g_3 in ähnlichen Punktreihen, da sie projektiv sind und ihre unendlich fernen Punkte sich gegenseitig entsprechen. Es kann nämlich keine Erzeugende h geben, die zu g_1 parallel ist, da dann h zu Γ parallel wäre und g_2 und g_3 treffen müßte, die in zwei verschiedenen, zu Γ parallelen Ebenen liegen. Die ähnlichen Punktreihen auf den Geraden g werden aber durch parallele Ebenen ausgeschnitten; denn enthält h_1 entsprechende Punkte der Reihen, und enthält auch h_2 entsprechende Punkte, so schneidet jede Ebene, die zu h_1 und h_2 parallel ist, die Geraden g in entsprechenden Punkten der ähnlichen Reihen. Jede zu Γ parallele Ebene schneidet die Fläche in einer Erzeugenden g, aber in keiner im Endlichen liegenden Erzeugenden h; diese müßte ja die Schnittpunkte aller Erzeugenden g mit Γ enthalten, die alle unendlich fern sind. Ebenso schneidet jede zu H parallele Ebene die Fläche in einer Erzeugenden h und in einer unendlich fernen Geraden, die zur Schar der Erzeugenden g gehört. Auf unserer Fläche liegen demnach zwei unendlich ferne Erzeugende, aus jeder Schar eine.

Jede zur Schnittlinie von Γ und H parallele Gerade ist ein

Durchmesser unserer Fläche. Sei P ein beliebiger Punkt der Fläche, und d die Parallele zu $\Gamma \times H$ durch ihn, seien ferner g_i und h_k die Erzeugenden durch P, dann projizieren wir alle Erzeugenden durch Parallelstrahlen zu d auf die Ebene $g_i h_k$. Die Projektionen $g_1', g_2', \ldots$ von $g_1, g_2, \ldots$ werden zu g_i, die Projektionen h_1' $h_2' \ldots$ von $h_1, h_2 \ldots$ werden zu h_k parallel. Es mag nun $A'B'C'D'$ ein Parallelogramm mit dem Mittelpunkte P sein (Fig. 435), und zwar sei $A'B' \parallel C'D' \parallel g_i$ und $B'C' \parallel D'A' \parallel h_k$; auf der Fläche liegt dann ein windschiefes Viereck $ABCD$, dessen Seiten Erzeugende sind und dessen Parallelprojektion $A'B'C'D'$ ist. $A'B'$ wird von h_k halbiert, die Punkte A und B haben deshalb gleichen Abstand von der Ebene $g_i h_k$ und liegen zu verschiedenen Seiten dieser Ebene. Durch analoge Schlüsse finden wir, daß die Geraden AC und BD zu der Ebene $g_i h_k$ parallel sind und die Gerade d in Punkten treffen die von P gleich weit abstehen. Zugleich ersehen wir, daß AC und BD von d halbiert werden, da $PA' = PC'$ und $PB' = PD'$ ist. AC und BD sind harmonische Polaren unserer Fläche, so daß d außer P nur noch einen unendlich fernen Punkt mit ihr gemein hat, wie das auch aus dem weiter oben Gesagten folgt. Da A' und damit A völlig willkürlich ist, so schließen wir, daß d alle zur Ebene $g_i h_k$ parallelen Sehnen, die d treffen, halbiert; d ist somit ein Durchmesser der Fläche.

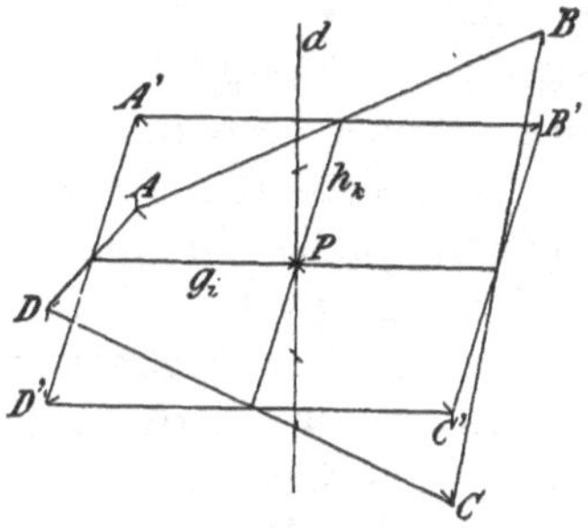

Fig. 435.

Beim Paraboloid sind die Erzeugenden der einen Schar einer Ebene Γ parallel und die der anderen Schar einer zweiten Ebene H. In jeder Schar giebt es eine unendlich ferne Erzeugende, so daß jede Schar die Erzeugenden der anderen in ähnlichen Punktreihen trifft. Die Durchmesser der Fläche sind alle zu $\Gamma \times H$ parallel; jede zu $\Gamma \times H$ parallele Ebene ist eine Diametralebene und schneidet die Fläche in einer Parabel.

666. Zu den aufgezählten Flächen gelangen wir auch in einfachster Weise, wenn wir ihre Hauptschnitte in Betracht ziehen. Jede Fläche mit Mittelpunkt hat drei Achsen, die zugleich Achsen der Hauptschnitte sind. Treffen alle drei Achsen die Fläche in reellen Punkten, so sind die Hauptschnitte Ellipsen, die Fläche heißt Ellipsoid.

Schneidet die Fläche nur zwei Achsen in reellen, die dritte aber in imaginären Punkten, so sind die beiden Hauptschnitte durch die dritte Achse Hyperbeln, der andere Hauptschnitt ist eine Ellipse Im Endpunkte einer reellen Achse ist die Tangentialebene parallel zum Hauptschnitte durch die beiden anderen Achsen, der eine Hyperbel bildet; die Tangentialebene schneidet diese Hyperbel in ihren beiden unendlich fernen Punkten, d. h. durch ihren Berührungspunkt gehen zwei Erzeugende, die den Asymptoten der Hyperbel parallel laufen. Die vorliegende Fläche ist eine Regelfläche und heißt einschaliges Hyperboloid, da die ganze Fläche nur aus einem Stück besteht.

Schneidet die Fläche nur eine Achse in reellen Punkten, so sind die beiden Hauptschnitte durch diese Achse Hyperbeln, während der dritte Hauptschnitt ganz imaginär ist. Die Fläche besteht also aus zwei symmetrischen Teilen, die nicht miteinander zusammenhängen; die zur dritten Hauptebene parallelen Schnitte sind Ellipsen. Die Fläche heißt zweischaliges Hyperboloid.

Bei den Flächen ohne Mittelpunkt sind die Durchmesser parallel, es existiert nur eine Achse, und durch sie gehen zwei Hauptebenen, die die Fläche in Parabeln schneiden. Die Achse trifft die Fläche nur in einem im Endlichen liegenden Punkte, dem Scheitel der Fläche; er ist zugleich Scheitel jener beiden Parabeln, deren Achse die Flächenachse ist. Liegen die beiden Hauptparabeln auf der nämlichen Seite der Tangentialebene im Scheitelpunkte, so ist jeder zur Achse senkrechte Schnitt der Fläche eine Ellipse, deren Achsen von den Parabeln begrenzt werden. Die Fläche heißt elliptisches Paraboloid.

Liegen dagegen die beiden Hauptparabeln zu verschiedenen Seiten der Tangentialebene im Scheitelpunkte, so ist jeder zur Achse senkrechte Schnitt eine Hyperbel. Denn jede solche Ebene schneidet immer nur die eine Parabel in reellen Punkten, die dann die Endpunkte der Hauptachse der Hyperbel bilden, während ihre Nebenachse die Fläche nicht trifft. Die zur Achse normalen Hyperbelschnitte haben ihre Hauptachse in der einen oder anderen Hauptebene, je nachdem sie auf der einen oder anderen Seite der Tangentialebene im Scheitelpunkte liegen. In dieser Tangentialebene liegen zwei Erzeugende der Fläche, die den Asymptoten sämtlicher zur Achse normalen Hyperbelschnitte parallel sind; denn alle diese Parallelschnitte haben dieselben beiden unendlich fernen Punkte gemein. Die Fläche ist eine Regelfläche und heißt hyperbolisches Paraboloid.

Im XIV. Kapitel bringen wir die Abbildungen der genannten Flächen in schiefer Parallelprojektion; es sind dort jedesmal die Hauptschnitte und die Umrisse dargestellt, und es ermöglicht diese Art der Projektion eine bessere räumliche Vorstellung der Flächen als die Orthogonalprojektion.

667. Ein Mittel, um uns die allgemeinen Flächen 2. Grades vorzustellen, liefern uns auch die Rotationsflächen 2. Grades. Aus dem Rotationsellipsoid leitet man das allgemeine ab, indem man einen Hauptschnitt des letzteren als Meridianschnitt des ersteren wählt und alle zu dieser Meridianebene senkrechten Sehnen der Fläche in dem gleichen Verhältnisse vergrössert, oder verkleinert; natürlich bleiben dabei die Mittelpunkte der Sehnen ungeändert. Zwei Flächen, die in dieser Beziehung stehen, heißen affin. In gleicher Weise ist das einschalige Hyperboloid affin zu der Fläche, die durch Rotation einer Hyperbel um ihre Nebenachse entsteht, während das zweischalige Hyperboloid affin zu der Fläche ist, welche eine Hyperbel durch Rotation um ihre Hauptachse erzeugt. Zum Rotationsparaboloid ist das elliptische Paraboloid affin. Zum hyperbolischen Paraboloid giebt es keine affine Rotationsfläche. Denn jede Ebene schneidet die Fläche in einer Hyperbel, deren unendlich ferne Punkte auf den beiden unendlich fernen Erzeugenden der Fläche liegen, nur die der Achse parallelen Ebenen schneiden in Parabeln; keine dieser Kurven aber kann durch Affinität in einen Kreis übergehen.

668. Wir wollen nun zeigen, daß auf den allgemeinen Flächen 2. Grades — abgesehen vom hyperbolischen Paraboloid — Kreise liegen, und daß man infolgedessen noch in einer zweiten, höchst einfachen Weise von den Rotationsflächen 2. Grades zu den allgemeinen gelangen kann. Nach früheren Darlegungen sind alle Parallelschnitte einer Fläche 2. Grades ähnliche Kegelschnitte, deren Mittelpunkte auf einem Durchmesser liegen; existiert also auf der Fläche ein Kreis, so sind alle Parallelschnitte auch Kreise, deren Mittelpunkte auf einem Durchmesser d liegen. Durch einen Punkt C von d ziehen wir eine Gerade a senkrecht zu den Ebenen der Parallelkreise und verschieben diese Kreise in ihren Ebenen so, daß ihre Mittelpunkte auf a rücken; dann bilden die Kreise in der neuen Lage eine Rotationsfläche. Aus einem ebenen Schnitte der ursprünglichen Fläche durch d wird dabei ein ebener Schnitt der neuen Fläche durch a; denn die in den Parallelebenen liegenden Sehnen der ersten Kurve gehen bei der Verschiebung in parallele Sehnen der letzteren Kurve über, die natürlich a treffen. Da die

Punkte der neuen Kurve aus denen der ursprünglichen durch eine Parallelverschiebung, nämlich parallel zu den Schnittgeraden der Ebene ad mit den Parallelebenen, hervorgehen, so erscheint jene als Parallelprojektion von dieser und ist somit ein Kegelschnitt. Die Rotationsfläche ist also vom 2. Grade.

Die Beziehung der allgemeinen Fläche 2. Grades zu der aus ihr abgeleiteten Rotationsfläche läßt sich auch in der folgenden Weise auffassen. Beide Flächen haben den Parallelkreis gemein, dessen Mittelpunkt in $C = a \times d$ liegt, seine Ebene sei Γ. Wir ordnen nun jedem Punkte P des Raumes einen Punkt P_1 derart zu, daß die Parallele zu d durch P und die Parallele zu a durch P_1 sich auf Γ schneiden, und daß PP_1 parallel zur Schnittlinie von ad und Γ ist. Eine solche Beziehung der Punkte eines räumlichen Gebildes auf die Punkte eines anderen heißt Affinität; die beiden Gebilde sind affin und in affiner Lage. Die Verbindungslinien entsprechender Punkte sind parallel; die Schnittlinien entsprechender Ebenen liegen in Γ, ebenso die Schnittpunkte entsprechender Geraden.

669. Auf jeder Fläche 2. Grades liegen zwei Systeme von Parallelkreisen; ihre Konstruktion für die einzelnen Flächen gestaltet sich in der folgenden Weise. Ist k ein Kreisschnitt und d der Flächendurchmesser durch seinen Mittelpunkt, so ist die Ebene durch d senkrecht zur Kreisebene eine Hauptebene A unserer Fläche. Denn ein Durchmesser jenes Kreises steht auf A senkrecht und alle zu ihm parallelen Kreissehnen werden durch A halbiert; Gleiches gilt aber auch für die parallelen Sehnen der Parallelkreise. Jeder Kreisschnitt steht demnach auf einer Hauptebene senkrecht. Fällt man von den Mittelpunkten zweier Kreischnitte, deren Ebenen sich schneiden, Lote auf die Schnittgerade, so treffen sie dieselbe in dem nämlichen Punkte, liegen also in einer zu ihr normalen Ebene. Diese Ebene ist eine Hauptebene, da sie die zur Schnittgeraden parallelen Sehnen beider Kreise halbiert. Zugleich ersieht man, daß durch je zwei Kreise der Fläche 2. Grades, deren Ebenen nicht parallel sind, eine Kugelfläche gelegt werden kann. Diese kann mit der Fläche keine weiteren Punkte gemein haben, denn sonst würden alle Kugelkreise, die mit jenen Kreisen je zwei Punkte und mit der Fläche noch einen weiteren Punkt gemein haben, ganz auf der Fläche liegen. Daraus folgt weiter, daß es auf einer Fläche 2. Grades nicht drei Kreise geben kann, ohne daß zwei von ihnen Parallelschnitte sind. Denn im anderen Falle würden die drei Kreise auf einer Kugelfläche liegen, und die Fläche 2. Grades müßte mit ihr identisch sein. Die beiden Systeme von Parallelkreisen sind zu einer Hauptebene normal und in Bezug auf die anderen symmetrisch.

670. Beim Ellipsoid giebt es drei verschieden lange Achsen — abgesehen von Rotationsflächen — und durch die mittlere Achse giebt es zwei Kreisschnitte. Sind $A_1A_2 > B_1B_2 > C_1C_2$ die drei Achsen, so gehen zwei Kreisschnitte durch B_1B_2 und treffen die Ellipse mit den Achsen A_1A_2, C_1C_2 in den vier Punkten, deren Abstände von ihrem Mittelpunkte O gleich $\frac{1}{2}B_1B_2$ sind. Es sind also die Schnittpunkte dieser Ellipse mit einem koncentrischen Kreise vom Radius $OB_1 = OB_2$ zu suchen, was nach 29 oder 376 bewerkstelligt werden kann.

Beim einschaligen und zweischaligen Hyperboloid wird gleichzeitig die Fläche und ihr Asymptotenkegel in Kreisen geschnitten; es ist also die Aufgabe zu lösen: bei einem Kegel die Kreisschnitte zu bestimmen, wenn seine Achsen und seine Mantellinien in den Hauptebenen bekannt sind. Sei x die Kegelachse im Inneren des Kegelmantels, seien ferner a_1, a_2 resp. b_1, b_2 die Mantellinien in den beiden Hauptebenen durch x, und sei $\angle a_1a_2 > \angle b_1b_2$, dann wird eine Kugel, deren Mittelpunkt auf x liegt und die a_1 und folglich auch a_2 berührt, die Kegelfläche in zwei Kreisen schneiden. Ist in Fig. 436 M der Mittelpunkt der Kugel, so sind ihre Berührungspunkte T_1 und T_2 mit a_1 und a_2 die Fußpunkte der von M auf a_1 resp. a_2 gefällten Lote; in der Figur ist die Ebene a_1a_2 um x in die Ebene b_1b_2 umgelegt ($MT_1{}^0 \perp a_1{}^0$, $T_1{}^0T_1{}' \perp x$). Die Kugel schneidet die Mantellinien b_1 und b_2 resp. in den Punkten D_1, E_1 und D_2, E_2; die Kugelkreise mit den Durchmessern D_1E_2 resp. D_2E_1, deren Ebenen also auf der Ebene b_1b_2 senkrecht stehen, liegen nun auf der Kegelfläche. Ein solcher Kreis hat nämlich mit dieser fünf Punkte gemein, liegt also ganz auf ihr; denn beide Kreise enthalten die Punkte T_1, T_2 der Kegelfläche und berühren sie noch in je zwei weiteren Punkten, der eine in D_1 und E_2, der andere in D_2 und E_1. Daß die genannten Kreise durch T_1 gehen, folgt aus der Relation: $(T_1T_1{}') \cdot (T_2T_1{}') = T_1{}'D_1 \cdot T_1{}'E_2 = T_1{}'D_2 \cdot T_1{}'E_1$.

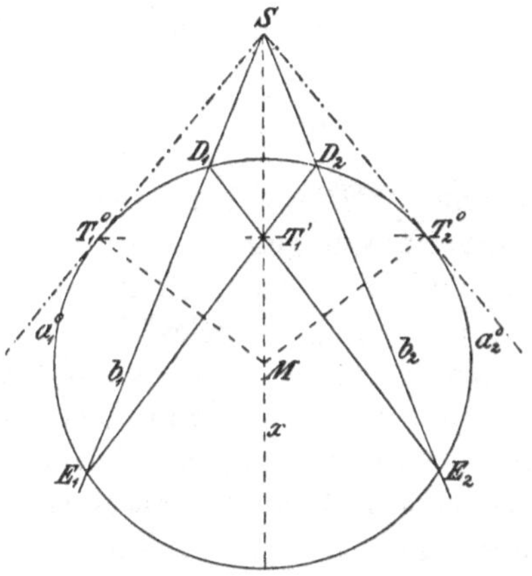

Fig. 436.

671. Für alle Flächen 2. Grades lassen sich die Kreisschnitte durch folgende Überlegung gewinnen. Die Hauptebene, die auf den Ebenen der Kreisschnitte senkrecht steht, schneidet die Fläche in einem Kegelschnitte c; x sei eine Achse von c und A einer ihrer Endpunkte (Fig. 437). Die Kreisschnitte k_1 und k_2 durch A treffen c außerdem noch in je einem der beiden Punkte K_1 und K_2, die zu x symmetrisch liegen; beide Kreise gehören einer Kugel an, für die der Kreis durch A, K_1, K_2 ein größter Kreis ist. Jeder Kreis dieser Kugel trifft die Fläche in vier Punkten, die paarweise auf k_1 und k_2 liegen. Insbesondere schneidet der Kugelkreis l, dessen Ebene in x auf der Ebene von c senkrecht steht und den Hauptschnitt b enthält, die Fläche in vier zusammenfallenden Punkten, denn er berührt in A die beiden Kreise k_1 und k_2. Dieser Kugelkreis l hat mithin auch mit b vier unendlich nahe Punkte gemein, er ist also der Krümmungskreis von b im Scheitel A. In der Figur sind b und l um x in die Ebene von c als b_0 und l_0 umgelegt; l_0 deckt sich aber mit dem Kugelkreise durch A, K_1, K_2, so daß K_1 und K_2 sich als Schnittpunkte von l_0 und c bestimmen. Nun sind für die Kurven l_0 und c die Gerade K_1K_2 und die Tangente t in A gemeinsame Sehnen; demnach bilden sie nach 377 die Doppelstrahlen einer Involution, ihre Strahlenpaare gehen durch die Punktepaare, die in Bezug auf beide Kurven konjugiert sind. Als ein Paar konjugierter Punkte wählen wir einen unendlich fernen Punkt (eine bestimmte Richtung), etwa J_∞, und den Punkt J, in dem sich die zu der gewählten Richtung konjugierten Durchmesser von l_0 und c schneiden. Diese beiden Punkte werden von t und K_1K_2 harmonisch getrennt, d. h. J hat von t und K_1K_2 gleichen Abstand.

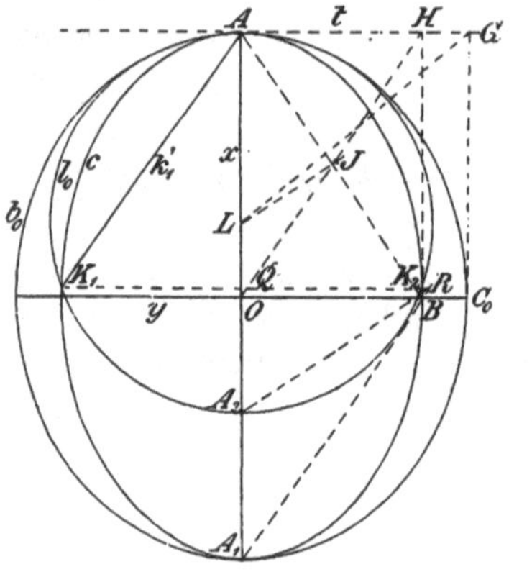

Fig. 437.

672. Ist die Fläche ein Ellipsoid mit dem Mittelpunkte O, so sind b_0 und c Ellipsen mit der gleichen Halbachse OA und den weiteren Halbachsen OC_0 resp. OB, wobei $OC_0 > OB$ ist (Fig. 437). Der Mittelpunkt L von l_0 ergiebt sich nach 411 ($GA \parallel C_0O$, $GC_0 \parallel AO$, $GL \perp AC_0$); der Punkt J, der dem unendlich fernen Punkt von AB konjugiert ist, liegt auf dem Durchmesser JL von l_0 ($JL \perp AB$)

und auf dem Durchmesser HO von c ($HA \parallel BO$, $HB \parallel AO$). K_1K_2 trifft HO in Q, wobei $QJ = JH$ ist. Schneidet x die Kurven c und l_0 noch in A_1 resp. A_2, so liegt offenbar der Schnittpunkt R von A_1B mit A_2R ($\perp AB$) auf K_1K_2.

Ist die Fläche ein elliptisches Paraboloid, so sind b_0 und c Parabeln mit der gleichen Achse x und dem gleichen Scheitel A, und es schließt b_0 die Parabel c ein (Fig. 438). Ist P ein Punkt von c und L bekannt, so ist dem unendlich fernen Punkte von PA in Bezug auf beide Kurven der Punkt J konjugiert, in dem sich die Geraden JL ($\perp PA$) und JM ($\parallel x$) schneiden, wenn $MP = MA$ ist. J steht von K_1K_2 und t gleich weit ab, ändert sich also J, so ändert sich K_1K_2 und damit der Kreis l_0; liegt speziell J auf t, so wird der Kreis zum Krümmungskreise von c in A. Demnach bestimmt sich L als Mittelpunkt des Krümmungskreises l_0 von b_0 in A, indem man die Sehne AB_0 in N halbiert (B_0 ist ein beliebiger Punkt von b_0), von N das Lot auf t fällt und durch seinen Fußpunkt N' die Gerade $N'L \perp AB_0$ zieht. Einfacher noch bestimmt sich der Punkt A_2, der Schnittpunkt von l_0 und x, indem man von dem beliebigen Punkte B_0 von b_0 auf t ein Lot fällt und durch seinen Fußpunkt B' die Gerade $B'A_2 \perp AB_0$ zieht. Offenbar liegt jetzt der Punkt $R = PR \times A_2R$ auf K_1K_2, wenn $PR \parallel x$ und $A_2R \perp AP$ ist.

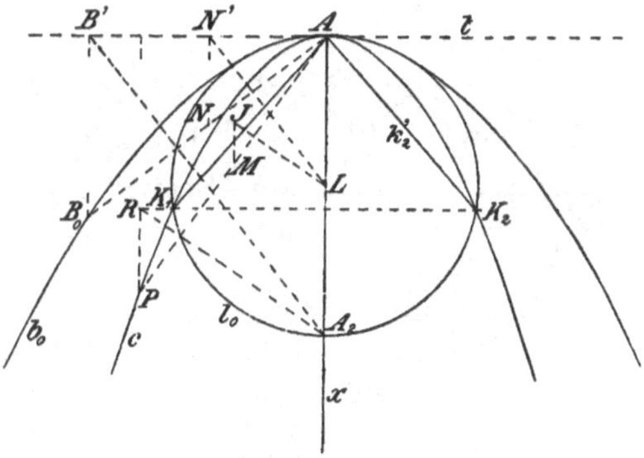

Fig. 438.

Ist die Fläche ein zweischaliges Hyperboloid mit dem Mittelpunkte O, so sind b_0 und c Hyperbeln mit der gleichen Halbachse OA und den Asymptoten OC_0 resp. OB, wobei $OC_0 > OB$ ist (Fig. 439), wenn man unter C_0 und B die Schnittpunkte der bezüglichen Asymptoten mit der Tangente t in A versteht. Der Mittelpunkt L des Krümmungskreises von b_0 in A liegt auf der Geraden LC_0 ($\perp C_0O$). Dem unendlich fernen Punkte von OB gehört die Asymptote OB als Polare in Bezug auf b und LJ als Polare in Bezug auf l zu; der ihm konjugierte Punkt J ist also der Fußpunkt des von L auf OB gefällten Lotes. K_1K_2 trifft OB in Q, wobei $QJ = JB$ ist. Für das einschalige Hyperboloid ist die Konstruktion analog, an Stelle der Hyperbel b_0 tritt nur eine

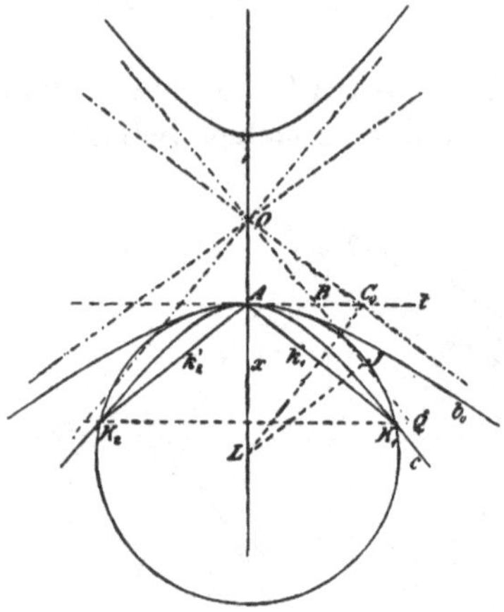

Fig. 439.

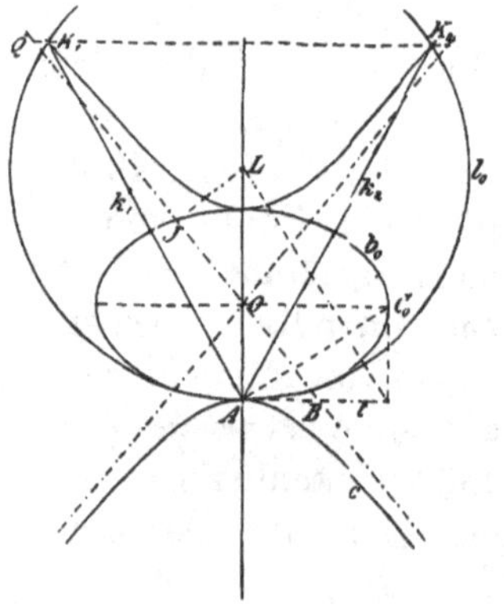

Fig. 440.

Ellipse b_0 mit der Halbachse AO und der weiteren Achse C_0O, wobei $C_0O > AO$ ist (Fig. 440).

Die Konstanten der Flächen zweiten Grades. Die Flächen durch neun, acht und sieben Punkte.

673. Kennt man von einer Fläche 2. Grades drei ebene Schnitte k, l und m, so ist ihre Schnittkurve u mit jeder anderen Ebene bestimmt, denn u enthält die sechs Punkte, in denen k, l und m von dieser Ebene geschnitten werden. Auch wenn die sechs Punkte teilweise oder insgesamt imaginär werden, ist nach 349 u. f. die Kurve u bestimmt. Wählt man die drei Kegelschnitte k, l, m beliebig, jedoch so daß sie sich paarweise in reellen oder imaginären Punkten schneiden, dann geht durch sie eine Fläche 2. Grades, wie weiterhin gezeigt werden soll. Die Annahme der Kegelschnitte k, l, m kann durch die Annahme von neun Punkten ersetzt werden; von diesen wählt man etwa fünf in der Ebene K und giebt dadurch k, drei weitere in der Ebene Λ und giebt dadurch l, das ja die Schnittpunkte von Λ mit k enthalten muß, den neunten Punkt nimmt man in der Ebene M und giebt dadurch m, das die Schnittpunkte von M mit k und l enthalten muß. Es wird nun später gezeigt werden, daß auch durch neun ganz willkürlich gewählte Punkte eine Fläche 2. Grades gelegt werden kann, so dass die Zahl der Konstanten, oder der willkürlichen Punkte einer Fläche 2. Grades gleich neun ist.

674. Wir gehen jetzt von drei Kegelschnitten k, l, m aus, und nehmen an, daß sich l, m in den Punkten A_1, A_2 ferner m, k in B_1, B_2, endlich k, l in C_1, C_2 schneiden. Wir werden beweisen, daß die Kegelschnitte k, l, m eine Fläche 2. Grades bestimmen, d. h. daß in zwei beliebigen Ebenen zwei Kegelschnitte liegen, die sich gegenseitig und jeden der Kegelschnitte k, l, m je zweimal schneiden. Die Geraden A_1A_2, B_1B_2, C_1C_2 haben den Punkt S gemein, der den drei Ebenen der drei Kegelschnitte angehört. Die vierten harmonischen Punkte zu S und den Punktepaaren A_1A_2, resp. B_1B_2, resp. C_1C_2 bestimmen eine Ebene Σ, welche die Polaren von S in Bezug auf jeden der drei Kegelschnitte enthält. Deshalb liegen die Punkte $A_1B_1 \times A_2B_2 = P$, $A_1B_2 \times A_2B_1 = P'$ in Σ, denn PP' ist die Polare von S bezüglich m; ebenso liegen die Punkte $B_1C_1 \times B_2C_2 = Q$, $B_1C_2 \times B_2C_1 = Q'$, $C_1A_1 \times C_2A_2 = R$, $C_1A_2 \times C_2A_1 = R'$ in Σ. Diese drei Punktepaare bilden die Gegenecken eines vollständigen Vierseits — PQR, $PQ'R'$, $P'QR'$ und $P'Q'R$ sind seine Seiten — denn die Punkte P, Q, R liegen in Σ und der Ebene $A_1B_1C_1$, die Punkte P, Q', R' liegen in Σ und der Ebene $A_1B_1C_2$, etc. Es sei nun in Fig. 441 die Ebene Σ mit dem Vierseit dargestellt, seine Diagonalen PP', QQ', RR' sind die Polaren von S in Bezug auf m, k und l respektive; $PP' \times QQ' = B$, $QQ' \times RR' = C$, $RR' \times PP' = A$ sind die Schnittpunkte von Σ mit den Geraden B_1B_2, C_1C_2, A_1A_2 respektive. Σ wird ferner von k, l, m in den Punktepaaren K_1K_2, L_1L_2, M_1M_2 geschnitten, von denen das erste durch Q und Q', das zweite durch R und R', das dritte durch P und P' harmonisch geteilt wird, da Q und Q' harmonische Pole von k sind etc. Legen wir jetzt durch K_1, K_2, L_1,

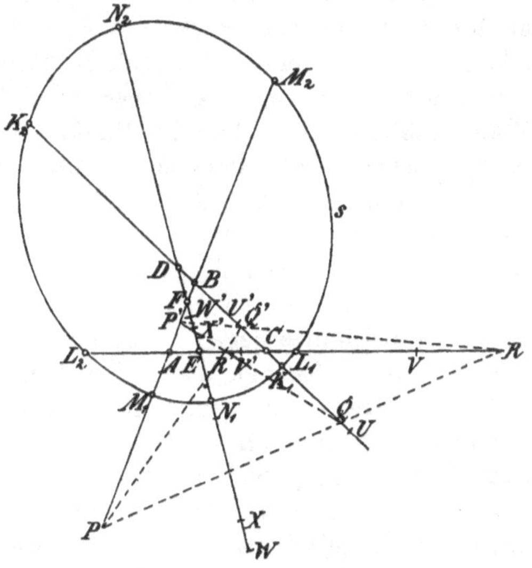

Fig. 441.

L_2, M_1 den Kegelschnitt s, so sind QQ' und ebenso RR' harmonische Pole von s, nach 381 folgt hieraus, daß auch PP' harmonische Pole von s sind, was weiter zur Folge hat, daß s auch durch M_2 geht. Die sechs Schnittpunkte von Σ mit k, l und m liegen auf einem Kegelschnitte s.

Wir wählen eine neue Ebene durch S, die k, l, m in den Punktepaaren D_1D_2 resp. E_1E_2 resp. F_1F_2 schneiden mag; die Punkte D, E, F, welche mit S zusammen diese Punktepaare harmonisch teilen, liegen wieder in Σ. Die drei Punktepaare liegen auf einem Kegelschnitte n, der Σ in N_1 und N_2 schneiden mag, denn DEF ist die Polare von S in Bezug auf n; wir wollen nun zeigen, daß s durch N_1 und N_2 geht. Gehen wir von den Punktepaaren C_1C_2, D_1D_2 und E_1E_2 aus und stellen die gleichen Überlegungen wie vorher an, so erkennen wir, daß die Punkte $C_1D_1 \times C_2D_2 = U$ und $C_1D_2 \times C_2D_1 = U'$ die Sehne K_1K_2 harmonisch teilen und daß ebenso die Punkte $C_1E_1 \times C_2E_2 = V$ und $C_1E_2 \times C_2E_1 = V'$ die Sehne L_1L_2 harmonisch teilen. U, U' und V, V' sind demnach Paare harmonischer Pole von s; sie bilden zwei Paar Gegenecken eines Vierseits, dessen drittes Paar die Punkte $W = D_1E_1 \times D_2E_2$ und $W' = D_1E_2 \times D_2E_1$ bilden. W, W' sind also ebenfalls harmonische Pole von s, nach der Konstruktion liegen sie aber zu N_1N_2 harmonisch. In gleicher Weise schließen wir, daß die Punkte $X = E_1F_1 \times E_2F_2$ und $X' = E_1F_2 \times E_2F_1$ harmonische Pole von s sind, sie teilen auch die Sehne N_1N_2 harmonisch. Da aber N_1N_2 sowohl zu W, W' wie zu X, X' harmonisch sind, und da W, W' und X, X' harmonische Pole von s sind, so geht s durch N_1 und N_2. Jede Ebene durch S schneidet somit die vier Kurven k, l, m, s in vier Punktepaaren, die auf einem Kegelschnitte liegen. Überhaupt schneiden sich je zwei Kegelschnitte, deren Ebenen durch S gehen und die k, l, m je zweimal treffen, in zwei Punkten. Denn eine beliebige Ebene durch S schneidet die fünf Kurven k, l, m, n, s in fünf Punktepaaren, und nach dem soeben gefundenen Resultate liegen sowohl die vier Punktepaare von k, l, m, s, als auch die vier Punktepaare von k, l, n, s auf einem Kegelschnitte; beide Kegelschnitte sind aber identisch, da sie sechs Punkte gemein haben.

Ist T ein Punkt von Σ, so werden alle Kegelschnitte, die k, l, m je zweimal treffen und deren Ebenen durch ST gehen, diese Gerade in den nämlichen beiden Punkten T_1 und T_2 schneiden, die ST harmonisch teilen. Ist n ein solcher Kegelschnitt, so ist der Schnittpunkt Z seiner Tangenten in T_1 und T_2 der Pol von T_1T_2; Z und T sind also harmonische Pole von n. Z und T sind aber auch harmonische Pole von *s*; sie liegen ja beide in Σ, und *n* und *s* schneiden sich in zwei Punkten. Demnach liegt *Z* auf der Polaren von *T* in Bezug auf *s*, und wir sehen, daß alle jene Kegelschnitte durch T_1, T_2 im Punkte T_1 Tangenten besitzen, die in einer Ebene T_1 liegen; diese Ebene schneidet Σ in der Polaren von *T* in Bezug auf *s*. Gleiches gilt für die Tangenten im Punkte T_2, sie liegen in einer Ebene T_2. Jeder Kegelschnitt durch T_1 und T_2, der in diesen Punkten T_1 resp. T_2 berührt, schneidet die vier Kurven *k, l, m, s* je zweimal, sobald er e i n e von ihnen trifft; *n* und *o* seien zwei solche Kegelschnitte.

Wir können nun endlich beweisen, daß zwei beliebige Ebenen Π und P die Kurven *k, l, m* in je drei Punktepaaren schneiden, die je einem Kegelschnitt angehören, und daß diese beiden Kegelschnitte zwei Punkte gemein haben. Der Schnittpunkt der Ebenen Σ, Π, P sei *T*; *k, l, m, s, n, o* sollen die frühere Bedeutung haben. Der vorher bewiesene Satz läßt sich jetzt auf die drei Kurven *n, o, s*, deren Ebenen durch *T* gehen, anwenden. Demnach haben je zwei Kegelschnitte ein Punktepaar gemein, wenn sie die Kurven *n, o, s* je zweimal treffen und ihre Ebenen durch *T* gehen. Durch die sechs Schnittpunkte von Π mit *n, o* und *s* geht ein Kegelschnitt *p*, und durch die sechs Schnittpunkte von P mit *n, o* und *s* ein Kegelschnitt *r*, beide treffen sich in zwei Punkten. *p* und *r* schneiden alle Kegelschnitte je zweimal, deren Ebenen durch *T* gehen und die mit *n, o* und *s* je zwei Punkte gemein haben. Im Besonderen schneiden *p* und *r* alle Kegelschnitte zweimal, die durch T_1 und T_2 gehen, daselbst T_1 und T_2 berühren und noch *s* treffen; diese Kegelschnitte treffen nach Obigem außerdem jede der Kurven *k, l, m* je zweimal. Ist nun *J* ein Schnittpunkt von Π und *k*, so trifft der Kegelschnitt durch *J*, der T_1 und T_2 in T_1 und T_2 berührt, die Kurve *s* (ebenso *l, m*) zweimal; er ist demnach von der zuletzt genannten Art und trifft auch *p* in zwei Punkten, es sind das seine Schnittpunkte mit Π, zu denen auch *J* gehört. Die Kurve *p* geht somit durch *J* und ebenso durch die übrigen Schnittpunkte von Π mit *k, l* und *m*. In gleicher Weise geht *r* durch die Schnittpunkte von P mit *k, l* und *m*, und da schon vorher gezeigt wurde, daß *p* und *r* ein Punktepaar gemein haben, so ist der Beweis für unseren Satz erbracht.

675. Bei der ganzen, soeben gemachten Beweisführung war angenommen, daß die Kurven *k, l, m, s, n, o, p, r* sich in reellen Punktepaaren schneiden; es ist das jedoch durchaus nicht nötig. Man hätte nur überall statt des gemeinsamen reellen Punktepaares zweier Kurven die gemeinsame Involution der harmonischen Pole auf der Schnittlinie ihrer Ebenen zu setzen; die reellen oder imaginären Doppelpunkte dieser Involution bilden eben jenes gemeinsame Punktepaar. A, B, C sind reell; $A\,B$ sind die Doppelpunkte einer Involution, die dadurch bestimmt ist; ebenso bilden $M_1\,M_2$ die Doppelpunkte einer Involution, gleichviel ob sie reell oder imaginär sind. $P\,P'$ ist das gemeinsame Punktepaar beider Involutionen, es ist nur dann imaginär, wenn M_1, M_2 reell sind und die Strecken $A\,B$ und $M_1\,M_2$ sich teilweise überdecken (vergl. 354). Sind die Punktepaare PP', QQ', RR' alle drei reell, so giebt es einen Büschel von Kegelschnitten durch M_1, M_2, K_1, K_2, mögen diese Punkte nun reell oder imaginär sein (vergl. 363); dieser Büschel schneidet $R\,R'$ in einer Involution, deren Doppelpunkte R, R' sind. Da jedoch L_1, L_2 (reell oder imaginär) zu R, R' harmonisch liegen, so geht eine Kurve des Büschels durch L_1, L_2 hindurch. Man gelangt so wieder zur Kurve s, die indessen auch ganz imaginär sein kann. Ist das Punktepaar PP' reell, sind dagegen $Q\,Q'$ und $R\,R'$ imaginär (alle drei Paare können nicht imaginär sein), so sind $K_1\,K_2$ und $L_1\,L_2$ reell. In diesem Falle bilden K_1, K_2 und B, C zwei Punktepaare einer Involution und ebenso L_1, L_2 und A, C die einer andern Involution; aus jedem der beiden reellen Punkte P und P' projiciren sich dann nach 363 die beiden Punktinvolutionen durch die nämliche Strahleninvolution, und es sind P und P' harmonische Pole in Bezug auf jeden Kegelschnitt, der von jeder Involution ein Punktepaar enthält. P und P' sind also harmonische Pole für alle Kegelschnitte durch K_1, K_2, L_1, L_2 und da M_1, M_2 (reell oder imaginär) zu P, P' harmonisch liegen, so geht ein Kegelschnitt s auch durch M_1, M_2.

Die weiteren Teile des früheren Beweises benutzen die Existenz der Kurve s und wenden immer die gleiche Schlußfolgerung an, so daß hiernach der Beweis auch für imaginäre Schnittpunkte der Kurven k, l, m seine Gültigkeit behält, aber auch für reelle Schnittpunkte der Kurven k, l, m und eine völlig imaginäre Kurve s.

676. Durch neun beliebige Punkte soll eine Fläche 2. Grades gelegt werden. Zu diesem Behufe teile man die neun gegebenen Punkte 1, 2, 3, . . ., 9 beliebig in drei Tripel und lege durch jedes Tripel eine Ebene, so erhält man etwa die drei Ebenen $\mathsf{A} = 123$, $\mathsf{B} = 456$, $\Gamma = 789$, die sich in einem Punkte S schneiden. Kann man nun drei Kegelschnitte k, l und m durch die Punkte 1, 2, 3 resp. 4, 5, 6 resp. 7, 8, 9 angeben, die zu zwei und zwei sich in zwei Punkten schneiden, so geht durch sie die gesuchte Fläche 2. Grades und ist dadurch bestimmt.

Betrachten wir nun nur die beiden Tripel 1, 2, 3 und 4, 5, 6 in den Ebenen A und B, so gehört zu jedem Kegelschnitt durch das eine Tripel ein ganz bestimmter Kegelschnitt durch das andere Tripel, wenn man verlangt, daß beide Kurven die Gerade $c = A \times B$ in dem nämlichen Punktepaar treffen sollen (Fig. 442).

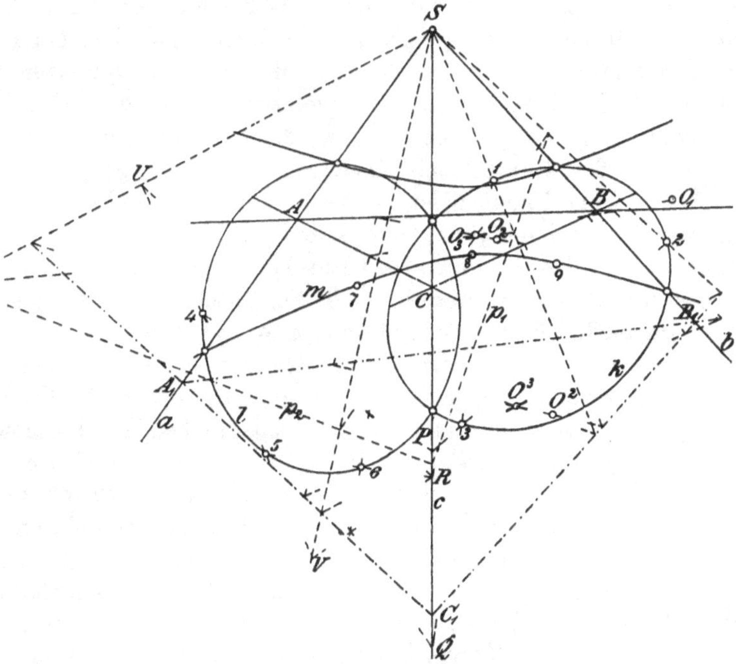

Fig. 442.

Zwei derartige Kegelschnitte sollen kurz e n t s p r e c h e n d e Kegelschnitte in A und B oder auch nur e n t s p r e c h e n d e Kegelschnitte heißen. Wir untersuchen weiter die Polaren von S in Bezug auf die Kegelschnitte durch das eine Tripel und ebenso in Bezug auf die durch das andere Tripel. Jede Gerade von A tritt als Polare eines bestimmten Kegelschnittes auf (der auch zerfallen kann); Gleiches gilt für jede Gerade von B. Zwei Geraden von A und B nennen wir e n t s p r e c h e n d, wenn sie die Polaren von S in Bezug auf e n t s p r e c h e n d e Kegelschnitte sind. Jeder Geraden in A entspricht e i n e bestimmte Gerade in B und umgekehrt; entsprechende Geraden schneiden sich auf c. Denn zu einer beliebigen Geraden in A gehört e i n Kegelschnitt durch 1, 2, 3, für den sie die

Polare von S darstellt; er schneidet c in einem Punktepaare (reell oder imaginär), das mit 4, 5, 6 einen Kegelschnitt in B bestimmt, und diesem gehört eine bestimmte Gerade von B als Polare von S zu. Beide Geraden treffen c in demjenigen Punkte, der mit S zusammen jenes Punktepaar harmonisch trennt. Es soll nun bewiesen werden, daß durch die entsprechenden Geraden eine perspektive Beziehung der Ebenen A und B aufeinander definiert wird. Dazu brauchen wir nur zu zeigen, daß jedem Büschel von Geraden in A ein Büschel von Geraden in B entspricht. Ein Kegelschnittbüschel in A, der 1, 2, 3 und einen weiteren festen Punkt zu Grundpunkten hat, schneidet c in Punktepaaren einer Involution; diese bestimmen mit den Punkten 4, 5, 6 Kegelschnitte in B, die ebenfalls einen Büschel bilden, also außer 4, 5, 6 noch einen weiteren Punkt gemein haben (vergl. 364). Dem Punkt S ist in Bezug auf den Büschel in A ein bestimmter Punkt konjugiert, durch ihn gehen alle Polaren von S in Bezug auf die Kegelschnitte des Büschels; ebenso ist dem Punkt S ein bestimmter Punkt in Bezug auf den Büschel in B konjugiert. Da nun die beiden Kegelschnittbüschel in A und B sich entsprechen, so thun dies auch ihre Polaren, d. h. den Geraden durch einen bestimmten Punkt von A entsprechen die Geraden durch einen bestimmten Punkt von B. Somit sind die Systeme entsprechender Geraden in A und B perspektiv und O_3 sei das Centrum der Perspektive.

Wir gewinnen also das Resultat, daß jede Ebene durch den Punkt O_3 die Ebenen A und B in Geraden schneidet, die als Polaren von S zwei entsprechenden Kegelschnitten zugehören. Ganz ebenso existiert ein Punkt O_1 von der Beschaffenheit, daß jede Ebene durch ihn die Ebenen B und Γ in Geraden schneidet, die als Polaren von S zwei entsprechenden Kegelschnitten dieser Ebenen zugehören. Die gleiche Bedeutung hat ein Punkt O_2 für die entsprechenden Kegelschnitte in A und Γ. Die Ebene $O_1 O_2 O_3$ schneide $a = \mathrm{B} \times \Gamma$ in A, $b = \Gamma \times \mathrm{A}$ in B, $c = \mathrm{A} \times \mathrm{B}$ in C; ferner sei k der Kegelschnitt durch 1, 2, 3 mit S und BC als Pol und Polare; ebenso seien l und m die Kegelschnitte durch 4, 5, 6 resp. 7, 8, 9 mit S und CA resp. AB als Pol und Polare. Dann entsprechen sich in A und B die Kurven k und l, in B und Γ die Kurven l und m, in Γ und A die Kurven m und k; d. h. diese drei Kegelschnitte schneiden sich paarweise in zwei Punkten und liegen deßhalb auf einer Fläche 2. Grades. Man erkennt hieraus auch, daß d u r c h n e u n P u n k t e e i n e u n d n u r e i n e F l ä c h e 2. G r a d e s g e h t.

677. Hinsichtlich der Konstruktion ist noch anzugeben, wie man am einfachsten die Punkte O_1, O_2, O_3 findet. Um etwa O_3 zu zeichnen, suchen wir zu drei Geraden der Ebene A die entsprechenden Geraden in B. Der Geraden $S1$ in A gehört als Kegelschnitt das Geradenpaar $S1$, 23 zu; diesem entspricht in B der Kegelschnitt durch 4, 5, 6, S und $P = c \times 23$; seine Tangente SU in S entspricht der Geraden $S1$. Das Pascal'sche Sechseck 4, 5, 6, S, S, P bestimmt diese Tangente; denn ihr Schnittpunkt U mit 45 liegt mit den Punkten $R = 56 \times c$ und $S6 \times P4$ in gerader Linie. Ebenso entspricht der Geraden $S2$ von A die Gerade SV in B, wobei sich V durch das Pascal'sche Sechseck 4, 5, 6, S, S, Q bestimmt, wenn $Q = c \times 13$ ist; die Verbindungslinie von $R = 56 \times c$ mit $S6 \times Q4$ schneidet 45 in V. Als drittes Paar entsprechender Kegelschnitte in A und B wählen wir die Geradenpaare 23, $1R$ und 56, $4P$; die Polaren p_1 und p_2 von S in Bezug auf diese Geradenpaare entsprechen sich. p_1 geht durch $23 \times R1$ und den Punkt, der durch kreuzweises Verbinden der Schnittpunkte von 23 und $R1$ mit b und c entsteht; p_2 geht durch $56 \times P4$ und $c \times p_1$. Die Verbindungslinien von $S1 \times p_1$ mit $SU \times p_2$ und von $S2 \times p_1$ mit $SV \times p_2$ treffen sich in O_3. In gleicher Weise zeichnet man O_1 und O_2.

Soweit bedarf man zur Konstruktion nur eine einzige Projektion, und es sind noch die Schnittlinien BC, CA, AB der Ebene $O_1 O_2 O_3$ mit den Ebenen A, B, Γ zu finden. Auch hierzu bedarf man der andern Projection nicht. Auf den Geraden BC, CA und AB liegen die Durchstoßpunkte von $O_3 O_1$ und $O_1 O_2$ mit den Ebenen A, B und Γ respective, diese ergeben sich aber auf folgende Weise. Die Ebene $SO_1 O_3$ schneidet A, B und Γ in Geraden, ihre Schnittpunkte mit $O_1 O_3$ sind die gesuchten Durchstoßpunkte. Sind aber A_1, B_1, C_1 drei beliebige Punkte auf a, b, c, so liegt der Punkt $O^3 = SO_3 \times A_1 B_1 C_1$ auf den Verbindungslinien von $S1 \times B_1 C_1$ mit $SU \times C_1 A_1$ und $S2 \times B_1 C_1$ mit $SV \times C_1 A_1$; analog findet man den Punkt $O^1 = SO_1 \times A_1 B_1 C_1$. Die Gerade $O^1 O^3$ schneidet $B_1 C_1$, $C_1 A_1$ und $A_1 B_1$ in Punkten, die mit S verbunden die Schnittlinien von $SO_1 O_3$ mit A, B und Γ darstellen.

678. Aus der Konstruktion der Fläche 2. Grades durch neun Punkte folgt, daß es durch acht beliebige Punkte noch unendlich viele Flächen 2. Grades giebt. Zwei Flächen 2. Grades schneiden sich in einer Raumkurve 4. Ordnung, d. h. in einer Kurve, die mit jeder Ebene vier Punkte gemein hat; die vier Punkte können reell oder paarweise konjugiert imaginär sein. In der That schneidet jede Ebene die beiden Flächen in zwei Kegelschnitten, die vier Punkte gemein haben. Alle Flächen 2. Grades durch acht beliebige Raumpunkte haben eine Raumkurve 4. Ordnung gemein; die Gesamtheit dieser Flächen heißt ein Flächenbüschel, die gemeinsame Kurve die Grundkurve des Büschels. Zum Beweise zeigen wir, daß die Schnittkurve von zweien dieser Flächen auch auf den übrigen liegt. Sind 1, 2, 3, ..., 8 die gegebenen Punkte und Φ_1 und Φ_2 zwei Flächen durch sie, die sich in der Kurve u schneiden, dann ist nachzuweisen, daß eine beliebige Ebene Δ alle Flächen in den Kegelschnitten eines Büschels schneidet, dessen Grundpunkte auf u liegen. Seien nun A und B die Ebenen durch 1, 2, 3 resp. 4, 5, 6, sei ferner S der gemeinsame Punkt von A, B und Δ, sei endlich Γ die Ebene durch 7, 8, S. Dann schneiden Φ_1 und Φ_2 die Ebenen A, B, Γ, Δ in den Kegelschnitten k_1, k_2, resp. l_1, l_2, resp. m_1, m_2, resp. n_1, n_2; dabei haben k_1, l_1, m_1, n_1 paarweise zwei Punkte gemein, gleiches gilt für k_2, l_2, m_2, n_2. Die Polaren von S in Bezug auf die Kurven k_1, l_1, m_1, n_1 liegen in einer Ebene, der Polarebene von S in Bezug auf Φ_1, ebenso liegen die Polaren von S in Bezug auf die Kurven k_2, l_2, m_2, n_2 in der Polarebene von S in Bezug auf Φ_2. Die Schnittlinie beider Polarebenen möge die Ebenen A, B, Γ, Δ in den Punkten A, B, C, D respektive treffen, dann sind S und A harmonische Pole in Bezug auf alle Kegelschnitte des Büschels, der k_1 und k_2 enthält und den wir kurz durch $(k_1 k_2)$ bezeichnen, etc. Jede Gerade in A durch A stellt nun die Polare von S in Bezug auf einen bestimmten Kegelschnitt des Büschels $(k_1 k_2)$ dar. Nehmen wir jetzt auf A$\times$B einen beliebigen Punkt P an, so giebt es in dem Büschel $(k_1 k_2)$ einen Kegelschnitt k_3, der S und AP zu Pol und Polare hat, ebenso enthält der Büschel $(l_1 l_2)$ einen Kegelschnitt l_3, für den S und BP Pol und Polare sind. k_3 und l_3 schneiden A $\times$ B in dem nämlichen Punktepaar, denn dasselbe liegt erstens zu S und P harmonisch und gehört zweitens einer Involution an, von der zwei Punktepaare auf Φ_1 und Φ_2 liegen, wodurch es bestimmt ist (vergl. 354). Daraus geht hervor, daß eine beliebige Ebene durch die Gerade $ABCD$ die Ebenen A, B, Γ, Δ in vier Geraden schneidet, die als Polaren von S in den Büscheln $(k_1 k_2)$, $(l_1 l_2)$, $(m_1 m_2)$, $(n_1 n_2)$ vier Kegelschnitte k_3, l_3, m_3 und n_3 bestimmen, und daß diese sich paarweise in zwei Punkten treffen. Die Kegelschnitte k_3, l_3, m_3, n_3 liegen auf einer Fläche 2. Grades, die einerseits die acht Punkte 1, 2, . . ., 8 enthält und andererseits durch die Schnittpunkte von n_1 und n_2, d. h. durch die Schnittpunkte von u mit der beliebigen Ebene Δ geht. Ein Flächenbüschel schneidet jede Ebene in einem Kegelschnittbüschel, jede Gerade in den Punktepaaren einer Involution.

Die Polarebenen jedes Raumpunktes in Bezug auf alle

Flächen eines Büschels schneiden sich in einer Geraden; die Gerade heißt dem Punkte konjugiert in Bezug auf den Büschel. Denn legt man durch einen Punkt P zwei Ebenen, so schneiden sie den Flächenbüschel in zwei Kegelschnittbüscheln, und es giebt in jeder der beiden Ebenen einen Punkt, der zu P konjugiert ist in Bezug auf alle Kegelschnitte des betreffenden Büschels. Folglich bildet jeder dieser beiden Punkte mit P zusammen ein Paar harmonischer Pole für alle Flächen des Büschels, sie liegen also in sämtlichen Polarebenen von P in Bezug auf die einzelnen Flächen des Büschels.

679. Die Schnittkurve zweier Flächen 2. Grades kann in mehrere Kurven zerfallen und wir wollen kurz die Möglichkeiten untersuchen. Besitzen zwei Flächen 2. Grades einen gemeinsamen Kegelschnitt, so haben sie noch einen zweiten Kegelschnitt gemein. Dabei ist hervorzuheben, daß ein solcher Kegelschnitt auch in zwei sich schneidende Geraden zerfallen kann. Ist nämlich k der gemeinsame Kegelschnitt und l der übrige Teil der Schnittkurve, so lege man durch drei Punkte von l eine Ebene, die natürlich auch k in zwei Punkten schneidet; diese fünf Punkte liegen auf einem Kegelschnitte, der offenbar beiden Flächen angehören muß und den Rest l ihrer Durchdringungskurve bildet.

Besitzen zwei Flächen 2. Grades zwei gemeinsame windschiefe Geraden, so haben sie noch zwei weitere Geraden gemein. Man erkennt dieses sofort, wenn man einerseits bedenkt, daß die gesamte Durchdringungskurve von der 4. Ordnung ist, und andererseits sich klar macht, daß durch jeden gemeinsamen Punkt beider Flächen eine gemeinsame Erzeugende geht, die jene beiden windschiefen Geraden trifft.

680. Besitzen zwei Flächen 2. Grades eine gemeinsame Gerade, so haben sie noch eine Raumkurve 3. Ordnung gemein; jeder Punkt dieser Kurve kann als Scheitel eines Kegels 2. Ordnung dienen, der sie ganz enthält. Die Raumkurve 3. Ordnung kann hiernach als Schnittkurve zweier Kegelflächen 2. Ordnung mit einer gemeinsamen Mantellinie gewonnen werden, und ist von der in 515 beschriebenen Art. Um unsere Behauptung zu beweisen, bemerken wir zunächst, daß die beiden Flächen 2. Grades Regelflächen mit einer gemeinsamen Erzeugenden g sind und daß alle Erzeugenden dieser Flächen, die mit g von der gleichen Schar sind, die Raumkurve 3. Ordnung je zweimal treffen. Denn jede solche Gerade der einen Fläche trifft die andere in zwei

Punkten, die auf der Schnittkurve beider Flächen liegen müssen; da aber g zu diesen Geraden windschief ist, so gehören beide Punkte der Raumkurve 3. Ordnung an. Ebenso erkennt man, daß die Erzeugenden der beiden Flächen, die nicht zu der gleichen Schar wie g gehören, die Kurve 3. Ordnung nur je einmal treffen. Ist nun S ein Punkt der Kurve und sind g_1 resp. g_2 diejenigen Erzeugenden der beiden Flächen, die durch S gehen und zu g windschief sind, so kann die eine Fläche durch zwei projektive Ebenenbüschel mit den Achsen g und g_1, die andere Fläche durch projektive Büschel mit den Achsen g und g_2 erzeugt werden. Die Ebenenbüschel mit den Achsen g_1 und g_2 sind beide zu dem Büschel mit der Achse g projektiv, also sind sie auch unter sich projektiv, und da g_1 und g_2 sich in S schneiden, so schneiden sich die entsprechenden Ebenen beider Büschel in den Mantellinien einer Kegelfläche 2. Grades mit dem Scheitel S. Die entsprechenden Ebenen durch g, g_1, g_2 schneiden sich aber in einem Punkte, der beiden Regelflächen angehört, also geht die Kegelfläche durch die Raumkurve 3. Ordnung hindurch. Zugleich erkennen wir den Satz: **Enthält eine Regelfläche 2. Grades eine Raumkurve 3. Ordnung, so wird die eine Schar ihrer Erzeugenden von Doppelsekanten, die andere von einfachen Sekanten dieser Kurve gebildet.** Dabei bezeichnen Doppel- und einfache Sekanten solche Geraden, die die Raumkurve zwei resp. einmal treffen. Die reellen Doppelsekanten sind **eigentliche** oder **isolierte**, je nachdem sie die Kurve in zwei reellen oder zwei imaginären Punkten treffen. Eine Ebene enthält drei eigentliche Doppelsekanten, wenn sie die Kurve in drei reellen Punkten schneidet, dagegen eine isolierte, und zwei konjugiert imaginäre, falls sie die Kurve nur in einem reellen Punkte trifft.

681. **Durch eine Raumkurve 3. Ordnung und zwei ihrer Doppelsekanten läßt sich eine und nur eine Regelfläche 2. Grades legen.** Sind a und b diese Sekanten und A_1, A_2 resp. B_1, B_2 ihre auf der Raumkurve liegenden Punkte, dann gehen durch die Raumkurve zwei Kegel mit den Scheiteln A_1 resp. B_1. Die Ebenenbüschel mit den Achsen A_1A_2 und A_1B_1 sind dadurch projektiv aufeinander bezogen, daß sich je zwei Ebenen durch den nämlichen Punkt der Raumkurve entsprechen, sie erzeugen den Kegel mit dem Scheitel A_1. Die Ebenenbüschel mit den Achsen A_1B_1 und B_1B_2 sind ebenfalls so projektiv aufeinander bezogen, daß entsprechende Ebenen durch den nämlichen Kurvenpunkt gehen. Demnach sind auch die Ebenenbüschel mit den Achsen A_1B_1 und

A_2B_2 projektiv, wenn je zwei Ebenen durch den nämlichen Punkt der Raumkurve sich entsprechen. Diese Ebenenbüschel erzeugen ein Hyperboloid, das die Raumkurve 3. Ordnung und die Geraden A_1B_1 und A_2B_2 enthält.

Man kann das Resultat auch dahin aussprechen, daß durch eine Raumkurve 3. Ordnung und zwei beliebige Raumpunkte — falls ihre Verbindungslinie keine Doppelsekante der Kurve ist — eine und nur eine Fläche 2. Grades gelegt werden kann. Denn nach 517 giebt es durch jeden Raumpunkt eine Doppelsekante der Kurve; zieht man also durch die beiden Raumpunkte die bezüglichen Doppelsekanten, so ist die Aufgabe auf die vorhergehende zurückgeführt. Denn diese Doppelsekanten müssen auf der gesuchten Fläche 2. Grades liegen, da sie je drei Punkte mit ihr gemein haben sollen. Da eine Fläche 2. Grades durch neun Punkte eindeutig bestimmt ist, ziehen wir den weiteren Schluß: Eine Fläche 2. Grades — Regelfläche — die sieben Punkte mit einer Raumkurve 3. Ordnung gemein hat, enthält sie ganz.

Es geht aus diesen Betrachtungen weiter hervor, daß sich durch sechs beliebige Punkte einer Raumkurve 3. Ordnung eine Regelfläche 2. Grades legen läßt, die die Kurve nicht völlig enthält. Es gilt aber auch der Satz, daß eine Raumkurve 3. Ordnung von jeder Fläche 2. Grades in sechs Punkten geschnitten wird, die freilich paarweise imaginär werden können. Dieser Satz findet in viel allgemeinerer Form in der algebraischen Analysis seinen Beweis. Von der Richtigkeit desselben kann man sich auch in folgender Weise eine Vorstellung machen. Legt man durch sechs reelle Punkte der Kurve eine Fläche 2. Grades Ψ, so wird sie mit der Fläche 2. Grades Φ, deren Schnittpunkte mit der Kurve man untersuchen will, einen Flächenbüschel bestimmen. Die Flächen dieses Büschels leiten kontinuierlich von der Fläche Ψ zur Fläche Φ hin, indem es zu jeder Fläche in dem Büschel eine benachbarte giebt, deren Punkte nur unendlich wenig von ihr abstehen. So gelangt man von der Gruppe der sechs Schnittpunkte auf Ψ kontinuierlich zur Gruppe der Schnittpunkte auf Φ, indem man von jeder Gruppe zur Nachbargruppe übergeht, deren Punkte sich von denen der vorangehenden Gruppe nur unendlich wenig unterscheiden. Bei diesem Übergange können zwei Punkte einer Gruppe gelegentlich zusammenfallen und dann beim weiteren Fortgange zur Nachbarfläche konjugiert imaginär werden, aber die Zahl der reellen und imaginären Schnittpunkte bleibt erhalten.

682. Die Schmiegungsebene in einem Punkte P einer Raumkurve 3. Ordnung u berührt daselbst den aus P durch die Kurve gelegten Kegel 2. Ordnung längs der Mantellinie t, welche Tangente von u in P ist. Diese Schmiegungsebene berührt in P auch alle Hyperboloide, die außer der Raumkurve noch ihre Tangente t in P enthalten. Denn ein solches Hyperboloid schickt durch P außer t eine zweite Erzeugende, die die Raumkurve nur in einem Punkte trifft und das ist eben P; die Ebene beider Erzeugenden hat also mit u drei zusammenfallende Punkte gemein.

Betrachten wir nun drei Punkte P_1, P_2, P_3 von u und die zugehörigen Tangenten t_1, t_2, t_3, so geht durch u und die Geraden P_2P_3 und t_1 ein Hyperboloid Φ_1; ebenso mögen die Hyperboloide Φ_2 und Φ_3 außer u die Geraden t_2, P_3P_1 resp. t_3, P_1P_2 enthalten. Projicieren wir u mit seinen Tangenten t_1, t_2, t_3 aus einem beliebigen Punkte S von u auf die Ebene $P_1P_2P_3$, so erhalten wir einen Kegelschnitt u' und seine drei Tangenten t_1', t_2', t_3' in den bezüglichen Punkten P_1, P_2, P_3. Nach einem bekannten Satze (269) liegen aber die drei Punkte $t'_1 \times P_2P_3 = K_1$, $t'_2 \times P_3P_1 = K_2$, $t'_3 \times P_1P_2 = K_3$ auf einer Geraden k'. Die Ebene Sk' schneidet u noch in zwei reellen oder imaginären Punkten, deren Verbindungslinie k eine eigentliche oder isolierte Doppelsekante von u ist. Nun ist aber k eine gemeinsame Erzeugende der drei Hyperboloide. Denn auf Φ_1 liegt die Gerade SK_1, da sie drei Punkte von Φ_1 enthält, demnach liegt auch die Gerade k auf Φ_1, da sie mit u zwei, mit SK_1 einen Punkt gemein hat. Ähnliches gilt für die beiden anderen Flächen. Trifft also k die Ebene $P_1P_2P_3$ im Punkte Q, so liegen die Geraden P_1Q, P_2Q, P_3Q respektive auf den Flächen Φ_1, Φ_2 und Φ_3. Hiernach sind t_1Q, t_2Q und t_3Q die Schmiegungsebenen von u in den Punkten P_1, P_2 und P_3. Drei beliebige Schmiegungsebenen einer Raumkurve 3. Ordnung schneiden sich in einem Punkte, der mit ihren drei Berührungspunkten in einer Ebene liegt.

Durch einen beliebigen Raumpunkt gehen mithin nur drei Schmiegungsebenen der Raumkurve 3. Ordnung, denn sonst müßten mehr als drei Punkte derselben in einer Ebene liegen.

683. Alle Flächen 2. Grades, die einem Büschel angehören, besitzen ein gemeinsames Polartetraëder. Dem Büschel gehören auch vier Kegelflächen 2. Grades an, deren Scheitel in den Ecken dieses Tetraëders liegen. Da die Flächen jede Gerade in den Punktepaaren einer Involution schneiden, so ist klar, daß zwei Punkte, die für zwei Flächen des Büschels harmonische Pole sind, diese Eigenschaft auch für jede andere Fläche des Büschels aufweisen. Demnach besitzt ein Punkt, dem in Bezug auf zwei Flächen die gleiche Polarebene zugehört, auch in Bezug auf jede andere Fläche des Büschels die nämliche Polarebene. Um solche Punkte zu finden, gehen wir von drei Geraden a, b, c aus, die von demselben Punkte S ausstrahlen, und untersuchen die Polarebenen ihrer Punkte hinsichtlich zweier Flächen Φ und Ψ des Büschels. Zu der Punktreihe auf a gehören zwei projektive Ebenenbüschel, das eine enthält die Polarebenen der Punkte der Reihe in Bezug auf Φ, das andere in Bezug auf Ψ. Diese projektiven Ebenenbüschel erzeugen eine Regelfläche 2. Grades, deren beide Regelscharen die folgende Bedeutung haben. In jeder Geraden der einen Schar schneiden sich die Polarebenen eines Punktes von a in Bezug auf alle Flächen des Büschels (vergl. 678); jede Gerade der anderen Schar ist die harmonische Polare von a in Bezug auf eine Fläche des Büschels. Offenbar sind die Achsen der genannten Ebenenbüschel die harmonischen Polaren von a bezüglich Φ resp. Ψ. Wären wir jedoch von zwei andern Flächen des Büschels ausgegangen, so wären wir gleichwohl zu der nämlichen Regelfläche gelangt, denn eine ihrer Regelscharen behält die frühere Bedeutung; demnach liegen auch die harmonischen Polaren von a bezüglich dieser beiden beliebigen Flächen des Büschels auf jener Regelfläche.

Wir haben soeben gesehen, daß alle Geraden, die den einzelnen Punkten von a bezüglich des Büschels konjugiert sind, auf einer Regelfläche liegen. Gleiches gilt für die den Punkten von b konjugierten Geraden, sowie für die den Punkten von c konjugierten Geraden. Die drei so entstehenden Regelflächen haben eine Gerade gemeinsam, nämlich die dem Punkte S konjugierte Gerade, sie schneiden sich also noch paarweise in Raumkurven 3. Ordnung, für welche diese Gerade Doppelsekante ist. Die drei Regelflächen haben außer der genannten Geraden noch vier Punkte gemein; sie können nämlich als Schnittpunkte von einer dieser Regelflächen mit der auf den beiden übrigen liegenden Raumkurve 3. Ordnung angesehen werden; die Zahl dieser Schnittpunkte ist zwar sechs, aber es liegen zwei von ihnen auf der den drei Regelflächen gemeinsamen Geraden. Jedem der vier soeben bestimmten Punkte ist in Bezug auf alle Flächen des Büschels ein Punkt von a, ein Punkt von b und ein Punkt von c konjugiert, d. h. zu einem solchen Punkte gehört die nämliche Polarebene hinsichtlich jeder Fläche des Büschels.

684. Die vier Punkte seien J, K, L, M; es ist zu zeigen, daß die Grundkurve des Büschels auf vier Kegeln 2. Grades liegt, deren Scheitel diese Punkte sind. Verbindet man einen Punkt P_1 der Grundkurve mit J, so schneidet diese Gerade alle Flächen des Büschels in einem gemeinsamen Punkte P_2, und es wird P_1P_2 durch J und die zugehörige Polarebene harmonisch geteilt. Die Punkte der Grundkurve des Büschels liegen hiernach paarweise auf den Mantellinien eines Kegels mit dem Scheitel J; dieser Kegel ist vom 2. Grade, denn er bildet eine Fläche des Büschels, nämlich diejenige Fläche, die durch J hindurchgeht.

Legt man durch JK eine beliebige Ebene, so schneidet sie die Grundkurve des Büschels in vier Punkten, die paarweise sowohl auf zwei Strahlen durch J wie auf zwei Strahlen durch K liegen; J und K sind demnach harmonische Pole für alle Flächen des Büschels. Die Polarebene von J, die ja für alle Flächen die gleiche ist, geht somit durch K; aus gleichen Gründen geht sie auch durch L und M. Die vier Punkte J, K, L, M bilden ein gemeinsames Polartetraëder für alle Flächen des Büschels.

Die vier Punkte J, K, L, M brauchen nicht notwendig reell zu sein. Neben dem Falle, daß alle vier Punkte reell sind, kann der Fall eintreten, daß zwei Punkte reell und zwei konjugiert imaginär sind. Sucht man zu dem reellen Punkte J die Polarebene, so liegt in ihr ein Kegelschnittbüschel mit einem gemeinsamen Polardreieck; seine Ecken sind die Punkte K, L, M, und diese sind entweder alle drei reell, oder es ist nur einer reell; die beiden andern sind dann konjugiert imaginär, ihre Verbindungslinie ist reell (vergl. 373). Endlich können alle vier Punkte imaginär werden, sie sind dann paarweise konjugiert imaginär und liegen auf zwei reellen Geraden. Diese beiden Geraden sind konjugierte (harmonische) Polaren für alle Flächen des Büschels.

685. Je nachdem von den Punkten J, K, L, M alle vier, oder nur zwei, oder keiner reell sind, sind die Flächenbüschel von verschiedener Beschaffenheit. Zunächst ist klar, daß in jedem Flächenbüschel stets Regelflächen enthalten sind. Denn die Grundkurve bestimmt mit jeder ihrer Doppelsekanten eine sie enthaltende Regelfläche, nämlich die Fläche, die man durch acht beliebige Punkte der Grundkurve und einen Punkt der Doppelsekante legen kann. Ferner erkennt man, daß die Kegelflächen in dem Büschel den Übergang von den Regelflächen zu den Flächen 2. Grades ohne Geraden bilden. Nennen wir nämlich zwei Flächen des Büschels benachbart, wenn sie jede beliebige Gerade in benachbarten Punkten schneiden, so giebt es zu jeder Fläche zwei benachbarte, wie es zu jedem Punkte zwei benachbarte giebt. Von den beiden, einer Kegelfläche benachbarten Flächen liegt nun die eine in der Nähe des Scheitels innerhalb, die andere außerhalb der Kegelfläche: denn auf jeder Geraden trennt ein der Kegelfläche angehörender Punkt die beiden auf den Nachbarflächen liegenden, benachbarten Punkte. Die beiden einer Kegelfläche benachbarten Flächen sind Hyperboloide, und zwar ist das Hyperboloid, das in der Nähe des Scheitels innerhalb der Kegelfläche liegt, zweischalig, das andere dagegen einschalig, also eine Regelfläche, da jede die Kegelfläche nicht schneidende Ebene durch ihren Scheitel das erstere Hyperboloid nicht schneidet, dagegen das letztere. Schließlich bemerkt man, daß die Tangenten in je zwei Punkten der Raumkurve 4. Ordnung, deren Verbindungslinie durch J geht, sich in einem Punkte der Ebene KLM treffen.

Wir unterscheiden hiernach die folgenden drei Arten von Flächenbüscheln.

Erstens: Der Büschel von Flächen 2. Grades enthält vier reelle Kegelflächen mit den Scheiteln J, K, L, M. Dann lassen sich die Punkte seiner Grundkurve derartig in Gruppen zu je acht anordnen, daß die Verbindungslinie irgend zweier Punkte der Gruppe entweder durch eine Ecke des Tetraëders $JKLM$ verläuft, oder zwei Gegenkanten desselben trifft, (vergl. 649). Die Tangenten der Grundkurve in acht Punkten einer Gruppe sind in der Weise angeordnet, daß jede von vier anderen getroffen wird; sie liegen auf einer Regelfläche des Büschels und zwar verteilen sie sich zu vier und vier auf ihre beiden Scharen. Daraus schließen wir aber, daß die Grundkurve aus zwei geschlossenen Kurvenzügen besteht, wobei wir zwei Kurventeile, die in der gleichen Richtung ins Unendliche verlaufen, als daselbst zusammenhängend ansehen. Denn vier Tangenten der Grundkurve, die einer Regelfläche des Büschels angehören und zwar einer Schar derselben, teilen diese Regelfläche in vier Streifen, in jeder Tangente grenzen zwei Streifen aneinander. Die Geraden der Schar, die dem nämlichen Streifen angehören, haben alle mit der Kurve entweder zwei reelle oder zwei imaginäre Punkte gemein, da man kontinuierlich von einer zur andern übergehen kann, wobei die Schnittpunkte der einen kontinuierlich in die der anderen übergehen, ohne daß sie inzwischen zusammenfallen und dann imaginär werden können. Von zwei Geraden der Schar, die auf zwei aneinander grenzenden Streifen liegen, schneidet die eine die Kurve in zwei reellen, die andere in zwei imaginären Punkten, da man beim kontinuierlichen Übergang von einer zur andern die Grenzlage passieren muß, in der die Gerade die Kurve tangiert. Auf zwei der genannten vier Streifen, die nicht aneinander grenzen, liegen demnach zwei geschlossene Kurvenzüge, während die beiden andern Streifen keine Punkte der Grundkurve enthalten.

Die vier Kegelflächen teilen alle Flächen des Büschels in vier Klassen ein, indem man je zwei Flächen zu der nämlichen Klasse rechnet, wenn man von einer kontinuierlich — d. h. stets von einer Fläche des Büschels zur Nachbarfläche fortschreitend — zur andern gelangen kann, ohne eine Kegelfläche zu passieren. Von diesen vier Klassen bestehen zwei aus Regelflächen. Die Regelflächen der einen Klasse haben lauter Erzeugende, die jeden der beiden Kurvenzüge der Grundkurve je einmal treffen; sie enthalten keine Kurventangenten, da die beiden auf einer Erzeugenden liegenden Punkte nicht zusammenfallen können; jede Erzeugende einer solchen Regelfläche trägt zwei reelle Punkte der Grundkurve. In gleicher Weise haben die Mantellinien zweier Kegelflächen mit jedem Kurvenzug einen Punkt gemein. Die Regelflächen der andern Klasse enthalten je acht Tangenten der Grundkurve; ihre Erzeugenden treffen diese teilweise in zwei konjugiert imaginären, teilweise in zwei reellen Punkten, die beide auf dem nämlichen Kurvenzuge liegen. In gleicher Weise enthalten die beiden andern Kegelflächen je vier die Grundkurve tangierende Mantellinien; jede Mantellinie trifft einen Kurvenzug zweimal oder gar nicht.

Zweitens: Der Büschel von Flächen 2. Grades enthält nur zwei reelle Kegelflächen mit den Scheiteln *J* und *K*. Hier enthält der Büschel nur zwei Klassen von Flächen, von denen die eine aus Regelflächen besteht. Jede solche Regelfläche enthält vier reelle Kurventangenten, in jeder Schar zwei; denn hier giebt es zu jedem Kurvenpunkte nur drei weitere reelle, die mit ihm eine Gruppe bilden. Von den sechs Geraden, welche die Punkte einer Gruppe paarweise verbinden, gehen nämlich zwei durch *J*, zwei durch *K*, und zwei treffen *JK* und die Schnittlinie der Polarebenen von *J* und *K*. Da jede Regelfläche des Büschels nur je zwei Tangenten in jeder Schar aufweist, so besteht die Grundkurve aus einem einzigen geschlossenen Kurvenzuge.

Drittens: Der Büschel von Flächen 2. Grades enthält keine reellen Kegelflächen; er enthält deshalb nur Regelflächen. Keine Tangente der Grundkurve wird von einer anderen getroffen, da es keinen reellen Kegelscheitel giebt. Alle Regelflächen des Büschels sind demnach so beschaffen, daß die Erzeugenden der einen Schar keine reellen Kurventangenten enthalten, also alle die Grundkurve in zwei reellen Punkten treffen, daß dagegen die Erzeugenden der andern Schar vier reelle Kurventangenten aufweisen. Die Verbindungslinien ihrer Berührungspunkte treffen paarweise die Gegenkanten des Polartetraëders, von denen ein Paar reell, die beiden andern Paare konjugiert imaginär sind. Jede Ebene durch eine Tangente der Grundkurve schneidet sie noch in zwei reellen Punkten. Gäbe es nämlich durch die Tangente eine Ebene, die weiter keine reellen Punkte mit der Kurve gemein hätte, so würde man die Ebene durch Drehung um die Tangente in eine neue Lage bringen können, in der sie die Kurve in reellen Punkten schnitte, zwischen der Anfangs- und Endlage müßte es sonach eine Lage geben, in der die Ebene die Kurve in einem weitern Punkte berührte; in dieser Ebene lägen dann zwei sich schneidende Kurventangenten, was ja ausgeschlossen ist. Jede Ebene schneidet die Grundkurve in mindestens zwei reellen Punkten. Denn eine Ebene, welche die Kurve überhaupt nicht in reellen Punkten schnitte, würde durch Drehung um eine ihrer Geraden in eine Lage gebracht werden können, in der sie die Kurve berührt, aber nicht schneidet; das ist aber nach dem Voranstehenden unmöglich. Die Grundkurve besteht aus einem einzigen Kurvenzuge, der mindestens in zwei Richtungen ins Unendliche verläuft.

686. Durch jeden Raumpunkt gehen zwei Doppelsekanten der Raumkurve 4. Ordnung. Jedem Raumpunkt ist nämlich eine Gerade in Bezug auf alle Flächen des Büschels konjugiert; Punkt und Gerade sind Pol und Polare für alle Kegelschnitte des Büschels, der von ihrer Ebene aus dem Flächenbüschel ausgeschnitten wird. Die Grundpunkte des Kegelschnittbüschels liegen somit paarweise auf zwei Geraden durch jenen Raumpunkt. Nach 373 u. flg. können hier die folgenden Möglichkeiten eintreten, indem wir zwischen eigentlichen, isolierten und imaginären Doppelsekanten unterscheiden, je nachdem sie die Kurve in reellen Punkten treffen, oder in konjugiert imaginären und selbst reell sind, oder in imaginären und selbst konjugiert imaginär werden. Entweder sind beide Doppelsekanten eigentlich, oder beide isoliert, oder es ist eine eigentlich und eine isoliert, oder es sind beide konjugiert imaginär. In den Büscheln mit vier oder mit zwei reellen Kegelflächen treten alle vier Möglichkeiten auf, in den Büscheln ohne reelle Kegelflächen dagegen sind entweder beide Doppelsekanten eigentlich, oder eine ist eigentlich und eine isoliert.

Die Konstruktion der Doppelsekanten ist nach dem Gesagten selbstverständlich.

687. Soll eine Raumkurve 4. Ordnung durch acht beliebige Punkte konstruiert werden, so kann man dabei in ähnlicher Weise vorgehen, wie bei der Konstruktion der Fläche 2. Grades durch neun Punkte in 676. Legt man durch die drei Gruppen von je drei Punkten 1, 2, 3 resp. 4, 5, 6, resp. 4, 7, 8 drei Ebenen Α, Β und Γ, so giebt es in jeder dieser Ebenen noch einen weiteren Punkt der Raumkurve, der sich in folgender Weise bestimmen läßt. Nach 676 existiert ein Punkt O_3 von der Beschaffenheit, daß eine beliebige Ebene durch ihn die Ebenen Α und Β in Geraden schneidet, die als Polaren von S zwei entsprechenden Kegelschnitten angehören. Dabei sind als entsprechend je zwei Kegelschnitte durch die Gruppen 1, 2, 3 resp. 4, 5, 6 mit zwei gemeinsamen Punkten anzusehen, und S ist der Schnittpunkt der Ebenen Α, Β, Γ. Ganz ebenso giebt es einen Punkt O_2, so daß jede Ebene durch ihn die Ebenen Α und Γ in Geraden schneidet, die als Polaren von S zwei entsprechenden Kegelschnitten durch 1, 2, 3 resp. 4, 7, 8 angehören. Eine beliebige Ebene durch O_2O_3 schneidet die Ebenen Α, Β und Γ in drei Geraden, die als Polaren von S drei Kegelschnitten durch die Gruppen 1, 2, 3 resp. 4, 5, 6 resp. 4, 7, 8 zugehören. Der erste Kegelschnitt trifft nach dem soeben Gesagten jeden der beiden andern in zwei Punkten; aber auch diese beiden Kegelschnitte haben zwei Punkte gemein, nämlich den Punkt 4 und einen weiteren Punkt, beide werden durch S und die genannte Ebene durch O_2O_3 harmonisch getrennt. Die drei Kegelschnitte liegen auf einer Fläche 2. Grades durch die acht gegebenen Punkte, für welche die Ebene durch O_2O_3 die Polarebene von S ist. Läßt man diese Ebene sich ändern, wobei sie einen Büschel beschreibt, so ändert sich die zugehörige Fläche 2. Grades, wobei der Flächenbüschel durch die acht gegebenen Punkte entsteht, und dieser schneidet jede der Ebenen Α, Β und Γ in einem Kegelschnittbüschel. Trifft nun O_2O_3 diese Ebenen in den Punkten A, B und C respektive, so sind S und A konjugierte Punkte für den Büschel in Α, und analog sind S und B, resp. S und C konjugierte Punkte für die Büschel in Β und Γ. Es gilt nun den vierten Grundpunkt des Büschels in Α zu zeichnen, für den 1, 2, 3 Grundpunkte und S, A konjugierte Punkte sind. Ist P dieser vierte Grundpunkt, so werden nach 376 die konjugierten Punkte S, A durch die Geraden 12 und $P3$ harmonisch getrennt; ebenso trennen 13 und $P2$, sowie 23 und $P1$ die Punkte S, A harmonisch. Schneidet man also die Gerade

SA mit 12 und sucht zu diesem Schnittpunkt in Bezug auf S, A den vierten harmonischen Punkt, so geht die Gerade, die ihn mit 3 verbindet, durch den gesuchten Punkt P. Ganz ebenso bestimmt man zu S, A und $SA \times 13$ den vierten harmonischen Punkt und verbindet ihn mit 2; dann geht auch diese Linie durch P. In gleicher Weise erhält man in den Ebenen B und Γ die Punkte Q und R; es sind die vierten Durchstoßpunkte der Raumkurve 4. Ordnung mit diesen Ebenen. Durch andere Gruppierung kann man in jeder Ebene durch drei bereits bekannte Kurvenpunkte den vierten finden und somit beliebig viele Punkte der Kurve zeichnen.

Die Raumkurve 4. Ordnung kann auch als Durchdringungskurve zweier Hyperboloide bestimmt werden. Dabei hat man die Erzeugenden einer Schar der einen Fläche mit der anderen Fläche zu schneiden und erhält so Punktepaare der Kurve. Die Schnittpunkte eines Hyperboloides mit einer Geraden lassen sich aber in folgender Weise finden. Man wähle zwei projektive Ebenenbüschel, deren entsprechende Ebenen sich in den Erzeugenden der einen Schar des Hyperboloides schneiden, diese bestimmen auf der Geraden zwei projektive Punktreihen; ihre sich selbst entsprechenden Punkte (vergl. 320) sind die gesuchten Punkte.

Legt man in einem Punkte P der Kurve die Tangentialebenen an die beiden Hyperboloide, so schneiden sie sich in der Kurventangente t von P. Konstruiert man das Hyperboloid des Büschels mit der Erzeugenden t, so ist seine Tangentialebene in P zugleich die Schmiegungsebene der Raumkurve. Denn diese Ebene enthält außer t noch eine weitere Erzeugende durch P; auf ihr liegt noch ein weiterer Punkt der Kurve, so daß die drei übrigen Schnittpunkte von Ebene und Kurve in P zusammenfallen.

688. Alle Flächen 2. Grades durch sieben feste Punkte schneiden sich noch in dem nämlichen achten Punkte; derselbe soll bestimmt werden. Durch sieben Punkte giebt es offenbar noch doppelt unendlich viele Flächen 2. Grades, denn um eine dieser Flächen zu konstruieren, muß man noch zwei von ihren Punkten annehmen. Fügt man den sieben festen Punkten noch einen beliebigen achten hinzu, so geht durch sie eine Raumkurve 4. Ordnung; sie bildet die Grundkurve eines Büschels von Flächen 2. Grades. Eine weitere Fläche 2. Grades durch die sieben festen Punkte, die diesem Büschel nicht angehört, schneidet die Raumkurve 4. Ordnung noch in einem achten Punkte. Denn jede geschlossene Kurve wird von einer Fläche 2. Grades in einer geraden

Anzahl von Punkten geschnitten; die Zahl dieser Schnittpunkte kann aber hier nur acht sein. Sie ist nämlich in den speziellen Fällen, in denen die Raumkurve 4. Ordnung in zwei Kegelschnitte, oder in eine Gerade und eine Raumkurve 3. Ordnung zerfällt, gleich acht, und unter den Kurven 4. Ordnung durch die sieben gegebenen Punkte giebt es auch solche, die in eine Gerade durch zwei von ihnen und eine Kurve 3. Ordnung durch die fünf übrigen zerfallen.

Sind nun Φ_1, Φ_2, Φ_3 drei Flächen 2. Grades durch die sieben gegebenen Punkte, so haben sie nach dem soeben Gesagten noch einen achten Punkt gemein; jede Fläche durch sieben dieser Punkte enthält auch den achten, und man bezeichnet die Gesamtheit dieser Flächen als Flächenbündel und die acht gemeinsamen Punkte als seine Grundpunkte. Schneiden sich nämlich jene drei Flächen in den Punkten 1, 2, 3, ..., 8, so muß die Fläche Ψ durch 1, 2, ..., 7 und zwei beliebige Punkte P und Q ebenfalls durch den Punkt 8 gehen. Denn Φ_1, Φ_2 bestimmen einen Flächenbüschel, ihm gehört eine Fläche durch P an, ebenso giebt es in dem durch Φ_1 und Φ_3 bestimmten Büschel eine Fläche durch P; die beiden soeben gefundenen Flächen durch P bestimmen wiederum einen Flächenbüschel, der natürlich eine Fläche durch Q enthält, das ist aber die Fläche Ψ. Diese Fläche geht, wie alle Flächen des zugehörigen Büschels, auch durch den Punkt 8. Natürlich können die acht gemeinsamen Punkte dreier Flächen 2. Grades auch paarweise imaginär werden, was man am besten erkennt, wenn man von dem Falle mit acht reellen Schnittpunkten ausgeht und dann eine Fläche kontinuierlich sich ändern läßt. Schneiden sich zwei der drei Flächen in einer reellen Raumkurve 4. Ordnung und wird diese von der dritten in acht reellen Punkten getroffen, so kann man durch kontinuierliche Änderung der dritten Fläche zwei dieser Schnittpunkte zusammenfallen und dann konjugiert imaginär werden lassen. Das Gleiche kann man mit einem zweiten, dritten und vierten Paare dieser Punkte thun.

Um zu sieben gegebenen Punkten den achten zu finden, der mit ihnen zusammen die Grundpunkte eines Flächenbündels bildet, betrachte man drei Hyperboloide. Das Hyperboloid Φ_1 enthalte die Punkte 1, 2, 7 und die Geraden 34 und 56, das Hyperboloid Φ_2 die Punkte 3, 4, 7 und die Geraden 12 und 56, und das Hyperboloid Φ_3 die Punkte 5, 6, 7 und die Geraden 12 und 34. Hierdurch sind die drei Flächen bestimmt, und es ist nun der achte gemeinsame Punkt dieser Hyperboloide zu konstruieren (Fig. 443). Bezeichnet man mit 34 (1, 2, 7, 8, . . .) den Ebenenbüschel mit der Achse 34, dessen Ebenen durch 1, 2, 7, 8, . . . gehen, so erzeugen die projektiven Ebenenbüschel 34 (1, 2, 7, 8, . . .) und 56 (1, 2, 7, 8, . . .) die Fläche Φ_1. Ebenso erzeugen die projektiven Büschel 12 (3, 4, 7, 8, . . .) und 56 (3, 4, 7, 8 . . .) die Fläche Φ_2 und die projektiven Büschel 12 (5, 6, 7, 8, . . .) und 34 (5, 6, 7, 8, . . .) die Fläche Φ_3. Den Ebenen durch 5 6 sind einerseits durch Φ_1 die Ebenen durch 34 zugeordnet und andererseits durch Φ_2 die Ebenen durch 1 2; läßt man nun je zwei Ebenen durch 34 und 12 einander entsprechen, die der nämlichen Ebene durch 56 zugeordnet sind, so sind die Ebenenbüschel mit den Achsen 34 und 12 projektiv und ihre entsprechenden Ebenen schneiden sich in den Erzeugenden eines Hyperboloides Ψ. Die Hyperboloide Ψ und Φ_3 haben die Erzeugenden 12, 34 und außerdem die Erzeugenden durch 7 resp. 8, die 12 und 34 treffen, gemein, und da die Ebenenbüschel, die Ψ resp. Φ_3 erzeugen, bekannt sind, kann man ihre gemeinsame Erzeugende durch den gesuchten Punkt 8 finden. Dem Ebenenbüschel 3 4 (5, 6, 7, 8 . . .) ist durch Φ_3 der Büschel 12 (5, 6, 7, 8 . . .) zugeordnet, dagegen ist ihm durch Ψ ein Büschel 12 (P, Q, 7, 8 . . .) zugeordnet. Kennt man von beiden Büscheln mit der Achse 1 2, die ja projektiv sind, drei Paare entsprechender Ebenen 12 (5, 6, 7) und 12 (P, Q, 7), so kann man auch die in beiden Büscheln sich selbst entsprechende Ebene 128 angeben.

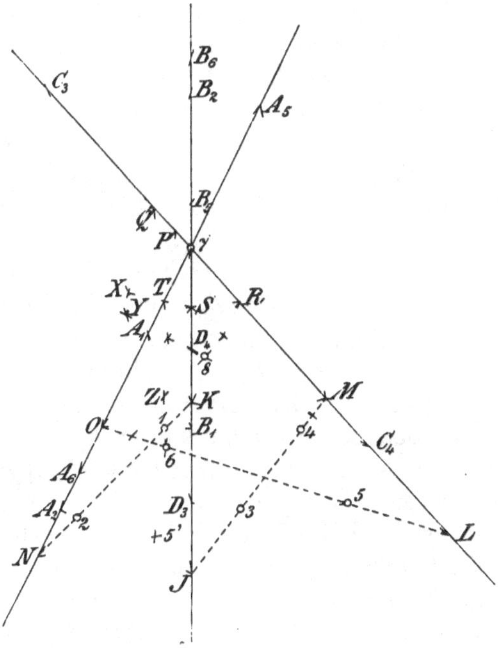

Fig. 443.

Die Ebenen $12P$ und $12Q$ bestimmen sich in der folgenden Weise. Zeichnet man zunächst die drei Ebenen 127, 347 und 567 und ihre Schnittlinien, so liegen auf diesen paarweise die

Punkte $34 \times 127 = J$, $12 \times 347 = K$; $56 \times 347 = L$, $34 \times 567 = M$; $12 \times 567 = N$, $56 \times 127 = O$. Schneidet man jetzt die projektiven Ebenenbüschel 34 (1, 2, 7, 8 . . .) und 56 (1, 2, 7, 8 . . .) mit den Geraden NO resp. JK, so erhält man perspektive Punktreihen; dabei entsprechen den Punkten $A_1 = NO \times J1$ und $A_2 = NO \times J2$ die Punkte $B_1 = JK \times O1$ und $B_2 = JK \times O2$, so daß $X = A_1B_1 \times A_2B_2$ das Centrum der Perspektive ist. Den Ebenen 345 resp. 346 des ersten Büschels entsprechen die Ebenen $56B_5$ resp. $56B_6$ des zweiten, wenn die ersteren NO in A_5 resp. A_6 treffen ($A_5 = NO \times M5$, $A_6 = NO \times M6$) und $B_5 = JK \times A_5X$, $B_6 = JK \times A_6X$ ist. Ganz analog liefern die Ebenenbüschel 12 (3, 4, 7, 8 . . .) und 56 (3, 4, 7, 8, . . .) auf den Geraden LM resp. JK perspektive Punktreihen; den Punkten $C_3 = LM \times K3$ und $C_4 = LM \times K4$ entsprechen die Punkte $D_3 = JK \times L3$ und $D_4 = JK \times L4$, das Centrum der Perspektive ist $Y = C_3D_3 \times C_4D_4$. Den Ebenen $56B_5$ resp. $56B_6$ des zweiten Büschels entsprechen die Ebenen $12P$ resp. $12Q$ des ersten, wenn $P = LM \times B_5Y$ und $Q = LM \times B_6Y$ ist.

Der Punkt 8 liegt nun in der Ebene, die den projektiven Büscheln 12 (5, 6, 7 . . .) und 12 (P, Q, 7 . . .) außer der Ebene 127 gemeinsam ist; die Ebene 128 trifft also LM in dem Punkte R, für den der Strahlbüschel N(5, 6, 7, R) projektiv zu der Punktreihe (P, Q, 7, R) ist ($N5 \times 67 = 5'$, $5'P \times 6Q = Z$, $NZ \times LM = R$). Die Ebenen 128 resp. 568 schneiden aber LM resp. JK in den Punkten R resp. S, deren Verbindungslinie durch Y geht, und die Ebenen 568 resp. 348 schneiden JK resp. NO in den Punkten S resp. T, deren Verbindungslinie durch X geht. Der Punkt 8 erscheint also als Schnitt der Ebenen $12R$, $34T$ und $56S$.

Konstruktionsaufgaben bei den Flächen zweiten Grades.

689. Von einer Fläche 2. Grades soll der Umriß gezeichnet werden, falls die eine Projektion dreier ebener Schnitte von ihr bekannt ist. In Fig. 444 ist also eine Projektion dieser Schnitte, nämlich k', l', m' gegeben, wobei es gleichgültig ist, ob diese Kurven eine orthogonale oder schiefe Projektion der Schnitte k, l, m darstellen. Die Ebenen dieser Schnitte schneiden sich paarweise in den Geraden a, b und c und diese in dem gemeinsamen Punkte S; auf b liegen die reellen Schnittpunkte B_1, B_2 von k und m, auf c die Schnittpunkte C_1, C_2 von k und l. Dagegen sind die Schnittpunkte von l und m, die auf a liegen, imaginär; je zwei Punkte von a, die für l harmonische Pole sind, sind es auch für m. Nun giebt es nach 642 einen Kegel, der die Fläche längs k berührt, sein Scheitel sei K. Der wahre Umriß dieses Kegels — zwei Mantellinien — trifft k in zwei Punkten, die dem wahren Umriß unserer Fläche zugehören. Denn in einem solchen Punkte haben Fläche und Kegel die nämliche Tangentialebene, und diese muß der Projektionsrichtung parallel sein, da der Punkt auf dem Kegelumrisse liegt. In der Projektion berühren demnach die Tangenten von K' an k' diese Kurve in denselben Punkten wie den scheinbaren Umriß u'. Die Kurven u' und k' tangieren sich somit in zwei Punkten D' und E', die aus k' von der Polaren des Punktes K' ausgeschnitten werden. Analog verhält es sich mit den Berührungspunkten von u' und l', sowie von u' und m'.

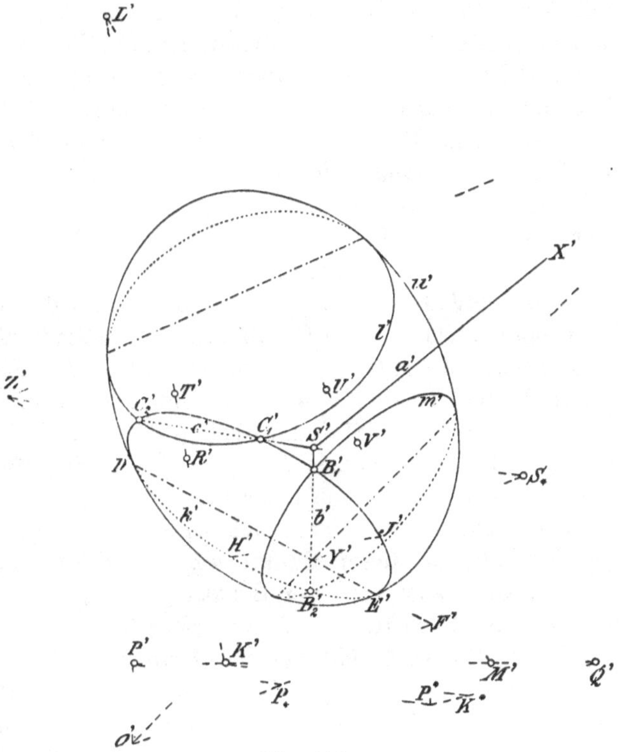

Fig. 444.

Es gilt also nur die Punkte K', L', M' zu finden. Da nun K der Pol der Ebene durch k und M der Pol der Ebene durch m ist, so ist KM die konjugierte Polare von b in Bezug auf unsere Fläche. Auf KM liegen deshalb auch die Pole von b in Bezug auf jeden Schnitt der Fläche, dessen Ebene durch b geht; insbesondere liegen auf KM die Punkte P und Q als Pole von b in Bezug auf m resp. k. Ebenso geht die konjugierte Polare KL von c durch die Pole R und T

von c in Bezug auf l resp. k, und in gleicher Weise enthält LM die Pole U und V von a bezüglich l resp. m. Die drei Geraden $P'Q'$, $R'T'$, $U'V'$ schneiden sich in den gesuchten Punkten K', L' und M', auf deren Polaren in Bezug auf k', l', m' respektive die Berührungspunkte von u' mit diesen Kurven liegen. Teilen $P'Q'$ und Y' die Sehne $B_1'B_2'$ harmonisch, wird ferner die Sehne $C_1'C_2'$ durch $R'T'$ und Z' harmonisch geteilt, sind endlich $U'V' \times a'$ und X' auf a' harmonische Pole von l' und folglich auch von m', so trägt $Y'Z'$ die Berührungspunkte D', E' von k' und u'; ebenso liegen die Berührungspunkte von u' und l', resp. u' und m' auf $X'Z'$ resp. $X'Y'$. Der wahre Umriß u liegt in der Ebene XYZ.

Auch die Eigenschattengrenze ist hier leicht zu finden, falls man den Schatten S_* von S auf die Ebene des Umrisses u kennt. Legt man durch P eine Parallele zu b, so trifft sie die Umrißebene in O ($PO \parallel b$, $XY \times PO = O$), denn P liegt in der Ebene der Kurve m. Der Schatten P_* von P auf die Umrißebene erscheint als Schnitt der Geraden PP_* ($\parallel SS_*$) und OP_* ($\parallel YS_*$); der Schatten P^* von P auf die Ebene der Kurve k liegt auf dem Schatten der Geraden PO auf diese Ebene, d. h. auf einer Parallelen zu PO durch $F = YZ \times OP_*$ (in der Figur ist zur Vereinfachung P_*, P^*, S_* geschrieben, obgleich die Projektionen dieser Punkte gemeint sind). Da Q in der Ebene von k liegt, so ist QP^* der Schatten von QP auf diese Ebene und also K^* der Schatten von K auf dieselbe. K ist aber der Scheitel des Tangentialkegels mit der Berührungskurve k; die Polare von K^* in Bezug auf k schneidet diese Kurve in zwei Punkten H und J, die der Eigenschattenkurve des Kegels und somit auch der der Fläche 2. Grades angehören. Ebenso kann man auf l und m die Punkte der Eigenschattenkurve bestimmen.

690. Es sollen von einer Fläche 2. Grades drei konjugierte Durchmesser bestimmt werden, wenn man von drei Kegelschnitten auf ihr die eine Projektion kennt. Ganz wie vorher seien k', l', m' diese Projektionen, A_1A_2 die Schnittpunkte von l und m, B_1B_2 die von k und m, C_1 und C_2 die von k und l, ferner seien S der gemeinsame Punkt der Sehnen A_1A_2, B_1B_2, C_1C_2 und A, B, C ihre Mittelpunkte, endlich seien K, L, M die Mittelpunkte der Kurven k, l, m (Fig. 445). Durch B_1 ziehe man nun die Sehne B_1D von m parallel zu A_1A_2, und die Sehne B_1E von k parallel zu C_1C_2; beide bestimmen eine zu der Ebene von l parallele Ebene, die aus der Fläche eine zu l ähnliche und ähnlich gelegene Kurve n ausschneidet. Der Mittelpunkt N von n liegt auf einer Geraden, die man durch $B_1D \times MA$ zu LA parallel zieht, und auf einer Geraden durch $B_1E \times KC$, die zu LC parallel ist. Denn in Bezug auf die Kurve n ist der Sehne B_1D ein zu AL paralleler Durchmesser konjugiert, und ebenso der Sehne B_1E ein zu CL konjugierter Durchmesser, da zu jedem Paar konjugierter Durchmesser von l ein Paar konjugierter Durchmesser von n parallel ist. Ist C_1F eine Sehne von l parallel zu A_1A_2 und C_1G eine Sehne von k parallel zu B_1B_2, so schneidet die Ebene dieser Sehnen unsere Fläche in einer Kurve i mit dem Mittelpunkte J. Dem Vorausgehenden analog schließt man, daß J auf einer Parallelen zu MA durch $C_1F \times LA$ und auf einer Parallelen zu MB durch $C_1G \times KB$ liegt, da i zu m ähnlich und in ähnlicher Lage ist.

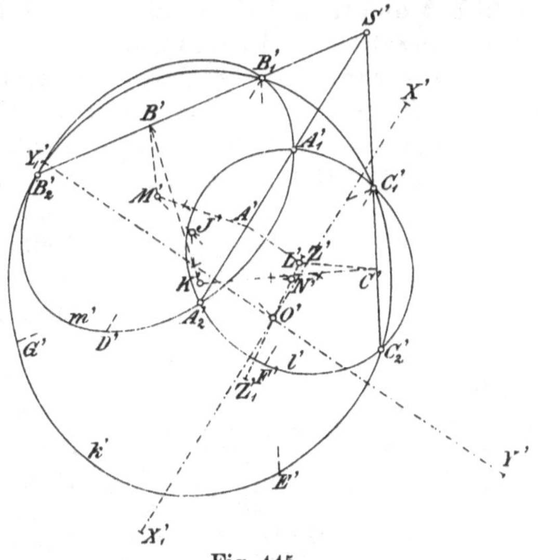

Fig. 445.

Die Mittelpunkte L und N der Parallelschnitte l und n liegen auf einem Durchmesser unserer Fläche, ebenso die Mittelpunkte M und J der Parallelschnitte m und i, so daß $O = LN \times MJ$ der Mittelpunkt der Fläche wird. Zum Flächendurchmesser LO ist die zur Kurve l parallele Diametralebene konjugiert; zieht man also $OX \| A_1A_2$ und $OY \| LA$, so sind OX, OY, OZ (wo Z ein Punkt auf OL ist), drei konjugierte Durchmesser unserer Fläche, und es sind noch ihre Endpunkte X, Y, Z aufzusuchen. In der Ebene OYZ liegen auch die Geraden AL und AM, erstere schneidet l, letztere schneidet m in zwei Punkten, die dem Kegelschnitte mit den konjugierten Durchmessern OY und OZ angehören. Da aber die Richtungen dieser Durchmesser bekannt sind, so genügen schon zwei Punkte des Kegelschnittes um ihre Längen zu zeichnen. Sind nämlich P und Q zwei solche Punkte, so ziehe man $QQ_1 \| OZ$ und wähle Q_1 derart, daß QQ_1 von OY halbiert wird, dann schneiden PQ und PQ_1 den Durchmesser OY in konjugierten Punkten R und R_1, und es ergiebt sich seine Länge aus $(OY)^2 = OR.OR_1$. Ähnlich ergiebt sich die Länge

OZ, während sich OY und OZ zu einander verhalten, wie die zu OY und OZ parallelen Durchmesser von l.

691. Von einem Ellipsoide seien drei konjugierte Durchmesser durch ihre Projektionen auf eine Ebene gegeben, es soll sein scheinbarer Umriß in dieser Ebene gezeichnet werden. Ist O die orthogonale oder schiefe Projektion des Mittelpunktes und sind $O'X'$, $O'Y'$, $O'Z'$ die entsprechenden Projektionen der konjugierten Halbmesser unseres Ellipsoides (Fig. 446), so gehört die Ellipse i mit den Halbmessern OX und OY der Fläche an. Die Tangentialebenen in den Punkten dieser Kurve sind dem Durchmesser OZ parallel, sie umhüllen einen Cylinder, der die Fläche längs der Kurve i berührt. Der scheinbare Umriß dieses Cylinders wird von den beiden Tangenten von i' gebildet, die zu $O'Z'$ parallel laufen; ihre Berührungspunkte A', B' liegen auf dem zu $O'Z'$ konjugierten Durchmesser von i'. Man findet diese Punkte A' und B',

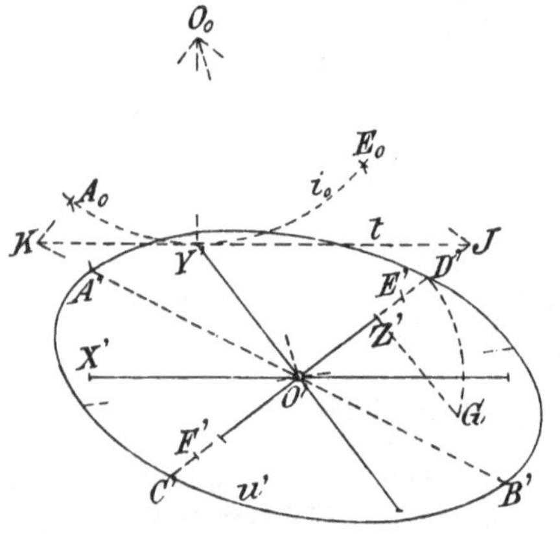

Fig. 446.

indem man $Y'O_0$ senkrecht zu $O'X'$ zieht und gleich $O'X'$ macht, dann ist der Kreis i_0 mit dem Mittelpunkt O_0 und dem Radius O_0Y' zu i' affin, die gemeinsame Tangente t von i' und i_0 ist die Affinitätsaxe. Ist nun $J = t \times O'Z'$ und ist $KO_0 \perp JO_0$ (K auf t), so ist $A'O'$ der zu $O'Z'$ konjugierte Durchmesser, wenn $A'O'$ durch K geht und $A_0A' \parallel O_0O'$ ist ($A_0 = O_0K \times i_0$). Die Punkte A' und B' gehören aber auch dem scheinbaren Umriß u' der Fläche an, denn in den Punkten A und B haben Ellipsoid und Cylinder eine gemeinsame zur Projektionsrichtung parallele Tangentialebene; u' und i' berühren sich in A' und B', die gemeinsamen Tangenten sind zu $O'Z'$ parallel. In gleicher Weise kann man die Berührungspunkte von u' mit den beiden Ellipsen bestimmen, für die $O'X'$ und $O'Z'$ resp. $O'Y'$ und $O'Z'$ konjugierte Halbmesser sind. Damit sind dann sechs Punkte des Umrisses u' bekannt, der sich daraus zeichnen läßt.

Die Konstruktion wird einfacher, wenn man zu dem Durchmesser $A'B'$ von u' direkt den konjugierten Durchmesser $C'D'$ aufsucht, der mit $O'Z'$ zusammenfällt. Der konjugierte Durchmesser zu AB bezüglich der Schnittkurve i ist EF ($E_0 = i_0 \times JO_0$, $E'E_0 \parallel O'O_0$), OA, OE und OZ sind drei konjugierte Halbmesser des Ellipsoides. OE und OZ sind konjugierte Halbmesser einer Schnittellipse k, die sich als gerade Linie projiziert, da $O'E'$ und $O'Z'$ sich decken. Projiziert sich aber eine Ellipse als Stück einer Geraden, und sind $O'E'$ und $O'Z'$ die Projektionen zweier konjugierter Halbmesser, so bestimmen sich die End- oder Umrißpunkte C', D' der Projektion aus: $(O'C')^2 = (O'D')^2 = (O'E')^2 + (O'Z')^2$, oder mit anderen Worten: $O'C' = O'D'$ ist die Hypotenuse eines rechtwinkligen Dreiecks mit den Katheten $O'E'$ und $O'Z'$ ($Z'G = O'E'$, $Z'G \perp O'E'$, $O'G = O'D'$).

Den soeben erwähnten Satz beweisen wir in der folgenden Form. In Fig. 447 seien OZ und OF konjugierte Halbmesser einer Ellipse k, a sei eine beliebige Gerade in der Ebene der Ellipse und OO' die Richtung, in der wir k auf a projicieren. Der zur Projektionsrichtung parallele Halbmesser von k sei OM, der dazu konjugierte Durchmesser CD. Projizieren wir nun die Punkte Z und F zunächst in der Richtung OO' auf CD nach Z_1 und F_1, so ist: $(OC)^2 = (OD)^2 = (OZ_1)^2 + (OF_1)^2$. Denn der Kreis k_0 mit dem Durchmesser CD ist zu k affin, sein Radius OM_0 ($\perp CD$) ist affin zu OM; ebenso sind Z_0Z_1 und F_0F_1 affin zu ZZ_1 und FF_1, wenn Z_0 und F_0 auf k_0 liegen, die Radien F_0O, Z_0O aufeinander senkrecht stehen, und $Z_0Z_1 \parallel F_0F_1 \perp CD$ ist. Daraus folgt aber die Kongruenz der Dreiecke OZ_0Z_1 und F_0OF_1 und aus: $(OC)^2 = (OZ_0)^2 = (OZ_1)^2 + (Z_1Z_0)^2$ die obige Relation. Projiziert man die Punkte C, D, Z_1, F_1 in der Richtung OO' weiter auf a nach C', D', Z', F', so gilt die Relation auch für diese Projektionen und damit ist der obige Satz bewiesen.

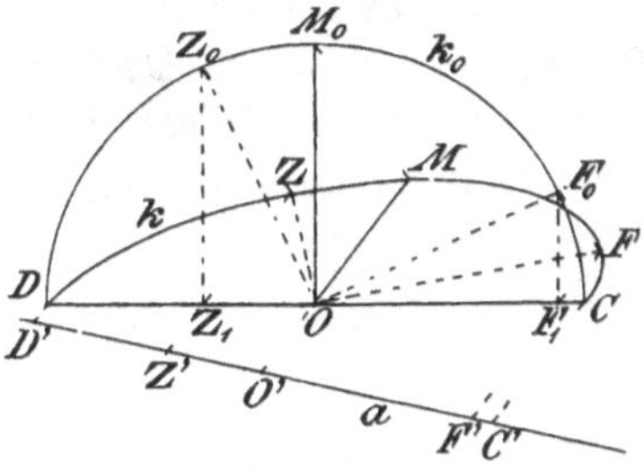

Fig. 447.

692. Wollen wir die gleiche Aufgabe wie für das Ellipsoid für das einschalige und zweischalige Hyperboloid lösen, so ist es vorteilhaft, die folgenden Betrachtungen über koncentrische, ähnliche Kegelschnitte vorauszuschicken. Fassen wir eine Involution ins Auge, sie ist durch ihren Mittelpunkt O und ein Punktepaar P, P_1 bestimmt; für jedes weitere Punktepaar Q, Q_1 gilt: $OQ \cdot OQ_1 = OP \cdot OP_1$. Dieses Produkt wollen wir die Potenz der Involution nennen, die positiv oder negativ sein kann, je nachdem die Punkte eines Paares auf der gleichen oder auf verschiedenen

Seiten von O liegen. Ist die Potenz positiv, so besitzt die Involution zwei reelle Doppelpunkte, deren Abstände von O gleich der Wurzel aus der Potenz sind. Sind zwei Involutionen mit gemeinsamem Mittelpunkte auf der nämlichen Geraden gegeben, so sind sie ähnlich und ähnlich gelegen, wenn je zwei Punkte einander entsprechen, deren Abstände von O sich wie die Wurzeln aus den bezüglichen Potenzen verhalten. Jedem Punktepaar der einen Involution ist hierdurch ein Punktepaar der andern zugeordnet. Haben die Involutionen beide reelle, oder beide keine reellen Doppelpunkte, d. h. haben ihre Potenzen gleiches Vorzeichen, so ist die gemeinte Zuordnung eine reelle, im entgegengesetzten Falle ist sie imaginär. Solche imaginäre Zuordnungen müssen wir in den Kreis unserer Betrachtungen aufnehmen.

Untersuchen wir jetzt die Kegelschnitte mit gemeinsamem Mittelpunkt O, welche die gleiche Involution konjugierter Durchmesser aufweisen. Ein solcher Kegelschnitt ist durch einen seiner Punkte bestimmt, an seiner Stelle kann auch ein Paar harmonischer Pole P und P_1 auf einem Durchmesser gegeben sein. Sei c der Durchmesser durch PP_1, d sein konjugierter, ferner a ein beliebiger Durchmesser und b sein konjugierter, so sind Q und Q_1 auf a (Fig. 448) harmonische Pole, wenn $P_1Q_1 \parallel d$ und $PQ \parallel b$ ist, da P_1Q_1 die Polare von P und PQ die von Q_1 ist. Es ergiebt sich so auf einem beliebigen Durchmesser a die Potenz $OQ \cdot OQ_1$ der Involution harmonischer Pole und damit die Länge des Durchmessers, falls seine Endpunkte reell sind. Ein zweiter Kegelschnitt mit der gleichen Involution konjugierter Durchmesser wie der erste wird dem Punkte P einen andern Punkt von c, etwa P_2, als harmonischen Pol zuordnen; für ihn sind Q, Q_2 auf a harmonische Pole, wenn $PQ \parallel b$ und $P_2Q_2 \parallel d$ ist. Aus der Figur ersieht man, daß $OP_1 : OP_2 = OQ_1 : OQ_2$ ist, was das Resultat ergiebt: Zwei Kegelschnitte mit der gleichen Involution konjugierter Durchmesser bestimmen auf jedem Durchmesser zwei Involutionen harmonischer Pole, deren Potenzen für alle Durchmesser in dem nämlichen Verhältnisse stehen, nämlich wie $OP_1 : OP_2$. Daraus folgt allgemein, daß die Pole und Polaren des einen Kegelschnittes ähnlich und ähnlich gelegen sind zu den Polen und Polaren des

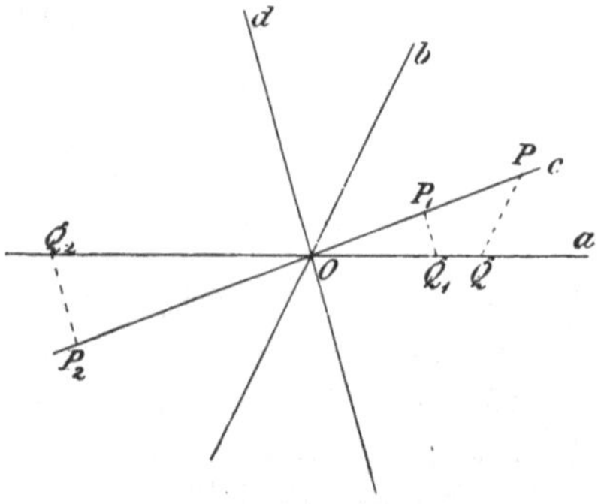

Fig. 448.

andern, und daß gleiches für die Punkte und Tangenten dieser Kurven stattfindet. Alle Kegelschnitte mit der nämlichen Involution konjugierter Durchmesser sind samt ihren Polarsystemen ähnlich und ähnlich gelegen.

Solche ähnliche und ähnlich liegende Kegelschnitte bildet jedes System von Parallelschnitten bei einer Fläche 2. Grades; verschiebt man ihre Ebenen parallel mit sich selbst, so daß ihre Mittelpunkte in den der Fläche rücken, so sind sie auch koncentrisch. Gerade dieses Beispiel zeigt uns aber, daß das Verhältnis entsprechender Strecken auch imaginär sein kann. Sind z. B. zwei Parallelschnitte eines Ellipsoides reell, so sind sie und ihre Polarsysteme in reeller Weise ähnlich und ähnlich gelegen, d. h. einem reellen Punkte entspricht dabei wieder ein reeller Punkt (vergl. 646); ebenso ist es falls beide Schnitte imaginär sind. Ist dagegen ein Schnitt reell und einer imaginär, so sind sie zwar noch ähnlich und ähnlich gelegen, aber einem reellen Punkte der einen Ebene entspricht ein imaginärer Punkt der andern.

693. In jeder Ebene werden durch eine Fläche 2. Grades die Punkte und Geraden einander zugeordnet, indem jedem Punkte die Gerade der Ebene entspricht, die auf seiner Polarebene liegt. Jeder Punkt und die ihm entsprechende Gerade sind Pol und Polare in Bezug auf die Schnittkurve der Ebene mit der Fläche, mag diese Kurve reell oder imaginär sein. Kennt man ein Paar konjugierter Durchmesser dieser Kurve und auf ihnen die Involutionen harmonischer Pole, so ist sie bestimmt. Diese Involutionen können durch ein beliebiges Punktepaar gegeben sein, da der Mittelpunkt der Kurve zugleich ihr Mittelpunkt ist. Wählt man dasjenige Punktepaar einer Involution, dessen Punkte vom Mittelpunkt gleichen Abstand haben, so fallen entweder beide Punkte zusammen und bilden einen der beiden reellen Doppelpunkte; dann wird der Durchmesser von zwei reellen Punkten der Kurve begrenzt und soll kurz reeller Durchmesser heißen. Oder es liegen die beiden Punkte auf verschiedenen Seiten des Mittelpunktes; dann trägt der Durchmesser keine reellen Kurvenpunkte und soll kurz imaginärer Durchmesser heißen; die beiden Punkte nennen wir die Gleichpunkte der Involution. In Fig. 449 seien a und b zwei konjugierte Durchmesser, und es sei $OA_1 = OA_2$, $OB_1 = OB_2$. Sind A_1A_2, B_1B_2 reelle Durchmesser, so ist die Kurve eine Ellipse durch ihre Endpunkte A_1, A_2, B_1, B_2. Sind A_1A_2, B_1B_2 imaginäre Durchmesser, so ist die Kurve imaginär; A_1A_2 und ebenso B_1B_2 sind harmonische Pole von ihr. Ein beliebiger reeller

Durchmesser C_1C_2 jener Ellipse ist zugleich imaginärer Durchmesser dieser imaginären Kurve, d. h. C_1C_2 sind harmonische Pole von ihr; es folgt das unmittelbar aus dem, was über die Ähnlichkeit beider Kurven gesagt wurde.

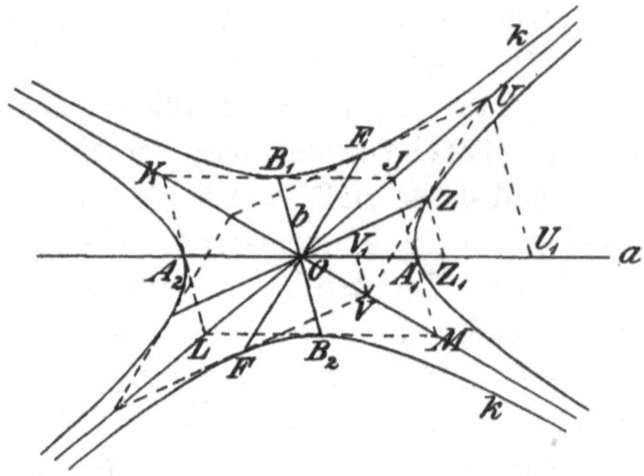

Fig. 449.

Ist A_1A_2 ein reeller, B_1B_2 ein imaginärer Durchmesser, so ist die Kurve eine Hyperbel, die durch A_1, A_2 geht und B_1, B_2 zu harmonischen Polen hat. Ihre Asymptoten bilden die Diagonalen eines Parallelogrammes $IKLM$, dessen Seiten zu jenen Durchmessern parallel sind und von ihnen halbiert werden. Denn die Asymptoten berühren die Hyperbel im Unendlichen, jeder Punkt einer Asymptote ist also harmonischer Pol zu ihrem unendlich fernen Punkte. Nun ist aber MB_2 die Polare von B_1 und MA_1 die Polare von A_1, also M der Pol von A_1B_1, und somit sind M und der unendlich ferne Punkt von OM harmonische Pole. Ist A_1A_2 ein imaginärer, B_1B_2 ein reeller Durchmesser, so ist die Kurve eine Hyperbel, die durch B_1, B_2 geht und A_1, A_2 zu harmonischen Polen hat. Die Asymptoten dieser Hyperbel sind die nämlichen, wie bei der vorigen. Ein beliebiger reeller Durchmesser dieser Hyperbel mit den Endpunkten C_1, C_2 ist ein imaginärer Durchmesser von jener Hyperbel, und C_1, C_2 sind harmonische Pole von ihr.

694. Zu jedem Kegelschnitte gehört demnach ein anderer in der Weise, daß jeder reelle Durchmesser des einen ein imaginärer Durchmesser des anderen ist, und daß die Endpunkte jedes reellen Durchmessers des einen für den anderen Kegelschnitt harmonische Pole — Gleichpunkte — sind. Dieses Resultat läßt sich ersichtlich direkt auf die Fläche 2. Grades übertragen. Sind XX_1, YY_1, ZZ_1 drei konjugierte reelle Durchmesser, so ist die zugehörige Fläche ein Ellipsoid; sind dagegen XX_1, YY_1, ZZ_1 drei konjugierte imaginäre Durchmesser, so ist die zugehörige Fläche imaginär, die Gleichpunkte X, X_1 etc. sind harmonische Pole von ihr. Die Endpunkte eines jeden Durchmessers der ersten Fläche sind harmonische Pole, nämlich Gleichpunkte, der zweiten. Sind XX_1, YY_1, ZZ_1 drei konjugierte Durchmesser, und sind die ersten beiden reell, der letzte imaginär, so ist die zugehörige Fläche ein einschaliges Hyperboloid; sind dagegen die beiden ersten Durchmesser imaginär, der letzte reell, so ist die zugehörige Fläche ein zweischaliges Hyperboloid. Beide Hyperboloide haben den gleichen Asymptotenkegel; die Endpunkte eines jeden reellen Durchmessers der einen Fläche sind harmonische Pole, nämlich Gleichpunkte, der anderen.

695. Von einem einschaligen Hyperboloid soll der scheinbare Umriß in einer Projektionsebene konstruiert werden, wenn man die Projektionen von drei konjugierten

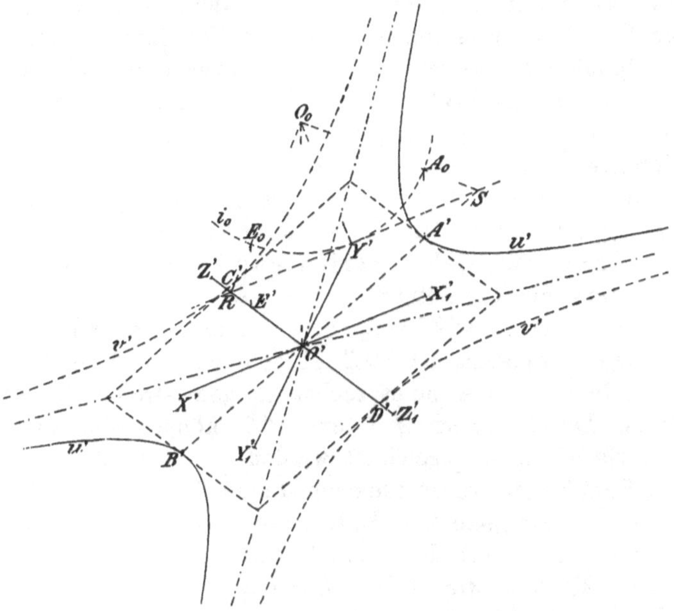

Fig. 450.

Durchmessern auf diese Ebene kennt. Zunächst ist zu bemerken, daß die Projektion eine orthogonale oder schiefe sein kann, die Konstruktion bleibt die gleiche. X_1X und Y_1Y seien die beiden reellen Durchmesser, Z_1Z der imaginäre (Fig. 450), so daß Z_1, Z die Gleichpunkte einer Involution harmonischer Pole der Fläche und also selbst harmonische Pole sind. Wir zeichnen zunächst auf der Ellipse i' mit den konjugierten Durchmessern $X'X'_1$ und $Y'Y_1'$ die beiden Punkte A', B' des Umrisses, was ganz wie in 691 geschieht. Man ziehe $Y'O_0 \perp O'X'$ und mache es gleich $O'X'$, beschreibe um O_0 mit dem Radius $Y'O_0$ den Kreis i_0, der zu i' affin ist, und bestimme auf ihm die Punkte E_0 und A_0, so daß $E_0O_0 \perp A_0O_0$ ist und E_0O_0 die Gerade $O'Z'$ in dem Punkte R schneidet, der auf der Achse $RY'S$ der Affinität liegt. Die zu E_0, A_0 affinen Punkte E', A' sind die Endpunkte zweier konjugierter Halbmesser von i', und zwar ist A' ein Punkt des gesuchten Umrisses u', da die Tangente von i' in A' zu $O'Z'$ parallel ist.

OE, OA, OZ sind drei konjugierte Halbmesser unserer Fläche; OE und OZ bilden zwei konjugierte — einen reellen und einen imaginären — Halbmesser einer Hyperbel k, die unserer Fläche angehört und sich als Gerade projiziert. Die Punkte des wahren Umrisses auf dieser Hyperbel sind hier imaginär, sie liegen auf dem zur Projektionsrichtung konjugierten Durchmesser und bilden die Doppelpunkte der Involution harmonischer Pole auf ihm. Nun gilt der Satz: Projiziert man zwei konjugierte Halbmesser einer Hyperbel in beliebiger Richtung auf eine Gerade in ihrer Ebene, und macht diese Projektionen zur Hypotenuse und einen Kathete eines rechtwinkligen Dreiecks, so ist seine andere Kathete gleich der Projektion des Halbmessers, der zur Projektionsrichtung konjugiert ist. Dieser Satz liefert uns die Projektion $O'C' = O'D'$ des imaginären Durchmessers von u', der zu $O'A'$ konjugiert ist, da ja jeder Durchmesser von k zu OA konjugiert ist ($O'Z'$ Hypotenuse, $O'E'$ die eine und $O'C'$ die andere Kathete eines rechtwinkligen Dreiecks). Aus den konjugierten Durchmessern $A'B'$ und $C'D'$ können die Asymptoten von u', sowie u' selbst gezeichnet werden.

Zum Beweise des voranstehenden Satzes benutzen wir Fig. 449, indem wir die konjugierten Halbmesser OE und OZ von k in der Richtung B_1B_2 auf den dazu konjugierten Durchmesser A_1A_2 projizieren. Machen wir $ZU = ZV = OE$ und $UZV \parallel OE$, so sind OU und OV die Asymptoten von k. Sind Z_1, U_1, V_1 die Projektionen von Z, U, V auf A_1A_2 ($UU_1 \parallel VV_1 \parallel ZZ_1 \parallel B_1B_2$), so gilt die Relation: $OV \cdot OU = OJ \cdot OM$, wenn J und M auf den Asymptoten durch die Tangenten in B_1 resp. B_2 ausgeschnitten werden ($JM \# B_1B_2$). Daraus folgt weiter durch Projektion: $OU_1 \cdot OV_1 = (OA_1)^2$, oder $(OZ_1)^2 - (Z_1U_1)^2 = (OA_1)^2$, da $U_1Z_1 = Z_1V_1$ ist. U_1Z_1 ist aber gleich der Projektion des Halbmessers OE, so daß in der That die Projektionen von OE und OZ Hypotenuse und Kathete eines Dreiecks sind, dessen andere Kathete OA_1 ist. Damit ist jener Satz für die Projektionen auf A_1A_2 bewiesen und gilt folglich auch für die Projektionen auf jede andere Gerade der Ebene, da die letzteren den ersteren proportional sind. Offenbar stellt in dem genannten rechtwinkligen Dreieck eine Kathete die Projektion eines reellen, die andere die eines imaginären Halbmessers dar.

Soll in gleicher Weise, wie vorher beim einschaligen, beim zweischaligen Hyperboloid der Umriß gefunden werden, so legen wir wieder die Durchmesser X_1X, Y_1Y, Z_1Z zu Grunde (Fig. 450), nur soll jetzt Z_1Z der reelle Durchmesser sein, während die beiden anderen imaginär sind. Konstruieren wir ganz wie vorher die Durchmesser $A'B'$ und $C'D'$, so ist $A'B'$ ein imaginärer, aber $C'D'$ der ihm konjugierte reelle Durchmesser des scheinbaren Umrisses v' unserer Fläche. Denn die Ebene des wahren Umrisses v ist die der Projektionsrichtung konjugierte Diametralebene, ihre Schnittlinie AB mit OXY ist der Diametralebene konjugiert, die durch OZ parallel zur Projektionsrichtung geht. Demnach ist $A'B'$ der zur Richtung $O'Z'$ konjugierte Durchmesser von i'; aber er ist hier imaginär. Alle zu AB konjugierten Durchmesser der Fläche liegen in der zur Projektionsrichtung parallelen Ebene durch OZ, ihre Projektionen fallen also auf $O'Z'$; in dieser Ebene wird der zur Projektionsrichtung konjugierte Durchmesser CD genau so bestimmt wie vorher, so daß $C'D'$ der zu $A'B'$ konjugierte, hier aber reelle Durchmesser des Umrisses v' wird.

696. Die Eigenschattengrenze eines Ellipsoides zu finden, wenn sein scheinbarer Umriß in einer Projektionsebene und der Schatten eines Punktes der Fläche auf die

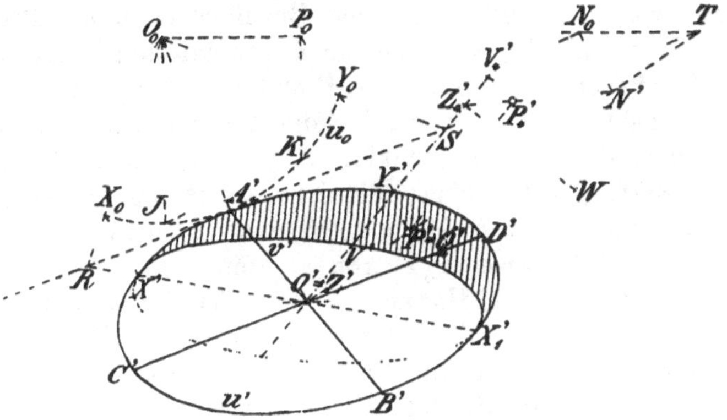

Fig. 451.

Umrißebene gegeben ist. Der wahre Umriß sei u, seine Projektion u' sei durch zwei konjugierte Durchmesser $A'B'$ und $C'D'$ gegeben; außerdem sei P', die Projektion eines Punktes des Ellipsoides, sowie sein Schatten P_* auf die Ebene des Umrisses in der Projektion P_*' bekannt (Fig. 451). Die Projektionsrichtung mag hierbei orthogonal oder schief zur Projektionsebene sein; es übt das auf die Konstruktion keinen Einfluß. Wir suchen zunächst einen zu u' affinen Kreis u_0 mit dem Mittelpunkte O_0 und dem Radius $O_0A' = O'C'$ ($O_0A' \perp C'D'$), RST sei die Tangente von u_0 und u' in A'. Der zur Projektionsrichtung parallele Halbmesser des Ellipsoides sei OZ, so daß OZ, OA, OC drei konjugierte Halbmesser desselben sind; ferner sei Q der Schnittpunkt von PP' mit der Ebene des Umrisses u. Kennen wir den Durchstoßpunkt N von ZP mit der Umrißebene, so liegt der Schatten von Z auf diese Ebene auf P_*N ($Z'Z_*' \parallel P'P_*'$, Z_*' auf $N'P_*'$) und ist damit gefunden. Verlängern wir aber ZO bis Z_1 und PQ bis P_1 ($ZO = OZ_1$, $PQ = QP_1$), so sind die Punkte $N = ZP \times Z_1P_1$ und $M = ZP_1 \times Z_1P$ harmonische Pole unserer Fläche, und da ZZ_1 der zur Umrißebene konjugierte Durchmesser ist, so liegen N und M in dieser Ebene. N und M sind hiernach harmonische Pole von u und teilen OQ harmonisch, demgemäß sind N' und M' harmonische Pole von u' und teilen $O'Q'$ harmonisch. Wir schneiden deshalb $O'P'$ mit RS in T, ziehen die affine Gerade O_0T und bestimmen darauf P_0 ($P_0P' \parallel O_0O'$); die Verbindungslinie der Punkte J, K von u_0 ($JO_0 \parallel KP_0 \perp O_0T$) trifft dann O_0T in N_0 und der affine Punkt N' auf $O'T$ ($N_0N' \parallel O_0O'$) ist der gesuchte Punkt. Denn wird O_0P_0 durch N_0 und einen weiteren Punkt M_0 harmonisch geteilt, so sind N_0 und M_0 zugleich harmonische Pole von u_0.

Somit ist uns jetzt außer dem Umriß u' auch die Projektion $O'Z_*'$ des Schattens OZ_* von dem zu u konjugierten Halbmesser OZ auf die Umrißebene bekannt. Die Projektion v' der Eigenschattengrenze v ergiebt sich nun aus folgender Überlegung. Die Kurve v schneidet u in den beiden Punkten X und X_1, deren Tangentialebenen zu ZOZ_* parallel sind; XX_1 ist also der zu OY konjugierte Durchmesser von u, wenn $Y = u \times OZ_*$ ist. Zum Halbmesser $O'Y'$ von u' ist der Halbmesser O_0Y_0 von u_0 affin ($S = O'Y' \times O_0Y_0$, Y_0 auf u_0, $Y_0Y' \parallel O_0O'$); dem Halbmesser $O'Y'$ ist der Halbmesser $O'X'$ konjugiert (X_0 auf u_0, $O_0X_0 \perp O_0Y_0$, $O_0X_0 \times O'X' = R$, $X_0X' \parallel O_0O'$). Um nun noch den zu $O'X'$ konjugierten Halbmesser $O'V'$ von v' zu konstruieren, bedenken wir daß OV in der Ebene ZOZ_* liegt. Diese Ebene schneidet das Ellipsoid in einer Kurve k, die sich als Gerade projiziert, und V ist derjenige Punkt von k, dessen Tangente der Lichtrichtung ZZ_* parallel ist. Projiziert man aber die konjugierten Halbmesser OZ und OY von k in der Richtung ZZ_* auf die Ebene von u, und macht man ihre Projektionen OZ_* und OY zu Katheten eines rechtwinkligen Dreiecks, so ist nach dem Satze in 695 der Schatten OV_* von OV auf die Umrißebene gleich der Hypotenuse dieses Dreiecks ($Z_*'W \perp Z_*'O'$, $Z_*'W = O'Y'$, $V_*'O' = WO'$). Da VV_* die Fläche in V berührt und $VV' \parallel OZ$ ist, so ist V_* der Pol von VV' in Bezug auf k, und folglich sind V_*' und V' harmonische Pole von u' und daraus ergiebt sich V'.

Der Schlagschatten des Ellipsoides auf die Projektionsebene hat die Schatten von OX und OV_* zu konjugierten Halbmessern.

Die Abänderung, die unsere Konstruktion im Falle eines Hyperboloides erfährt, ist nach den Erörterungen in 695 leicht anzugeben. In Fig. 460 ist der Eigen- und Schlagschatten eines Hyperboloides gezeichnet, dessen Achsen den Projektionsebenen parallel sind.

697. Von einem Punkte P aus an ein zweischaliges Hyperboloid einen Tangentialkegel zu legen und seine Berührungskurve u zu zeichnen. Von dem Hyperboloid mit

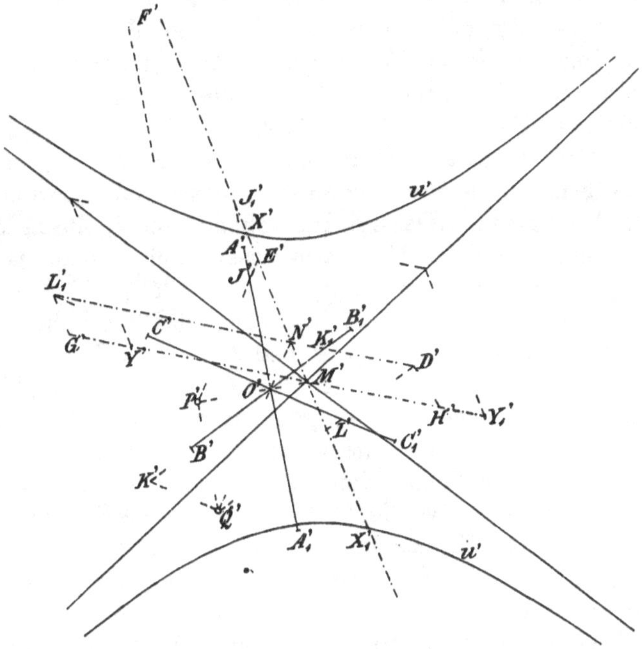

Fig. 452.

dem Mittelpunkte O seien drei konjugierte Durchmesser durch eine Projektion gegeben, $A'A_1'$ sei die des reellen, $B'B_1'$ und $C'C_1'$ seien die der beiden imaginären Durchmesser (Fig. 452). P sei auf einer Parallelen zu AA_1 gegeben, die die Ebene OBC in Q trifft. Durch P legen wir Ebenen parallel zu OAB, OBC, OCA, die CC_1

resp. AA_1 resp. BB_1 in den Punkten L resp. J resp. K schneiden ($K'Q' \parallel C'C_1'$, $L'Q' \parallel B'B_1'$, $J'P' \parallel O'Q'$); bestimmen wir nun zu J, K, L die harmonischen Pole J_1 resp. K_1 resp. L_1 auf den bezüglichen Durchmessern, so ist $J_1K_1L_1$ die Polarebene von P und enthält die Berührungskurve u des Tangentialkegels aus P. J und J_1 liegen als harmonische Pole eines reellen Durchmessers auf der nämlichen Seite von O, während LL_1 und KK_1 durch O getrennt werden als harmonische Pole imaginärer Durchmesser ($O'J' \cdot O'J_1' = (O'A')^2$, $O'K' \cdot O'K_1' = (O'B')^2$, $O'L' \cdot O'L_1' = (O'C')^2$).

Unsere Aufgabe ist somit zurückgeführt auf die folgende: Ein zweischaliges Hyperboloid mit einer Ebene zu schneiden, die drei konjugierte Durchmesser AA_1, BB_1, CC_1 desselben respektive in J_1, K_1, L_1 trifft. Diese Ebene schneidet OBC in K_1L_1 und OAP in J_1N, wenn $N = K_1L_1 \times QO$ ist; die Gerade PO trifft dieselbe — als Polarebene von P — im Mittelpunkte M der gesuchten Kurve u ($M' = P'O' \times J_1'N'$). Die Diametralebene OAP halbiert alle zu K_1L_1 parallelen Sehnen der Fläche, denn K_1L_1 ist die harmonische Polare zu PQ in Bezug auf die Fläche. Demnach ist der zu MJ_1 konjugierte Durchmesser von u zu K_1L_1 parallel.

Es erübrigt noch die Endpunkte dieser konjugierten Durchmesser zu bestimmen. Da die Polarebene von J_1 durch PJ geht, so sind J_1 und $E = PJ \times MJ_1$ harmonische Pole von u, daraus ergiebt sich der Durchmesser $X'X_1'$ von u' ($M'J_1' \cdot M'E' = (M'X')^2$). Man könnte auch davon Gebrauch machen, daß die Polarebene von N durch PQ geht und daß also N und $F = PQ \times MJ_1$ harmonische Pole von u sind; dann würde sich X' aus $M'N' \cdot M'F' = (M'X')^2$ ergeben. Die Polarebene von L_1 geht durch LQ und ist zu OAB parallel, sie schneidet die Ebene von u in DF, wenn $D = LQ \times L_1K_1$ ist; DF ist also die Polare von L_1 in Bezug auf u. Die Polare von H in Bezug auf u, wo $MH \parallel L_1K_1$ und $H = MH \times FD$ ist, geht durch L_1 und ist zu MJ_1 parallel, folglich sind H und $G = L_1G \times MH$ ($L_1G \parallel MJ_1$) harmonische Pole von u. Der imaginäre Durchmesser $Y'Y_1'$ von u' bestimmt sich hiernach aus: $M'G' \cdot M'H' = (M'Y')^2$. Aus den beiden Durchmessern $X'X_1'$ und $Y'Y_1'$ zeichnet man dann die Asymptoten von u' und u' selbst.

Sind außer den Projektionen $A'A_1'$, $B'B_1'$, $C'C_1'$ der drei konjugierten Durchmesser der Fläche nur die Schnittpunkte J_1, K_1, L_1 einer Ebene mit diesen Durchmessern durch ihre Projektionen gegeben, so zeichne man zunächst K' und L' ($O'K' \cdot O'K_1' = (O'B')^2$ und $O'L' \cdot O'L_1' = (O'C')^2$) und ziehe $L'Q' \parallel O'K'$ und $K'Q' \parallel O'L'$, dann findet man $N' = Q'O' \times L_1'K_1'$. Sucht man nun J' ($O'J' \cdot O'J_1' = (O'A')^2$)

und zieht $P'J' \parallel Q'O'$ und $P'Q' \parallel J'O'$, so erhält man $M' = P'O' \times N'J_1'$. Endlich ergeben sich die Längen der Durchmesser von u' aus $M'N' \cdot M'F' = (O'X')^2$ und $M'G' \cdot M'H' = (M'Y')^2$, wenn $F' = N'J_1' \times P'Q'$, $D' = L_1'K_1' \times Q'L'$, $G'M'H' \parallel L_1'K_1'$, H' auf $F'D'$ und $G'L_1' \parallel N'J_1'$ ist.

698. In einem Punkte eines Ellipsoides die Tangentialebene zu konstruieren. Von der Fläche seien drei konjugierte Durchmesser in einer Projektion $A'A_1'$, $B'B_1'$, $C'C_1'$ gegeben (Fig. 453); eine zu CC_1 parallele Sehne durch den Punkt Q der Ebene OAB wird die Fläche in zwei Punkten P und P_1 schneiden, deren Tangentialebenen wir bestimmen wollen. Diese Tangentialebenen müssen durch die harmonische Polare EG von PP_1 gehen; da aber $PP_1 \parallel CC_1$ ist, so liegt EG in OAB und ist die Polare von Q in Bezug auf die Ellipse mit den konjugierten Durchmessern AA_1, BB_1 ($(O'B')^2 = O'D' \cdot O'E'$. $(O'A')^2 = O'F' \cdot O'G'$, $Q'D' \parallel A'O'$, $Q'F' \parallel B'O'$). Der Pol der Ebene EGC liegt einerseits auf PP_1 und andererseits in der Tangentialebene des Punktes C, die zu OAB parallel ist, d. h. J ist dieser Pol, wenn $CH \# OF$ und $HJ \# FQ$ ist. Da nun die Ebene EGC die Gerade PP_1 in K schneidet ($S' = G'C' \times H'F'$, $R' = G'E' \times Q'F'$, $K' = P_1P_1' \times R'S'$), so sind J und K harmonische Pole des Ellipsoides und P, P_1 ergeben sich aus der Relation: $(QP)^2 = (QP_1)^2 = QJ \cdot QK$. Die Projektionen dieser Punkte genügen einer gleichen Relation und können mit ihrer Hilfe gezeichnet werden. Die Tangentialebenen EGP resp. EGP_1 enthalten die Geraden RP resp. RP_1, welche die Ebene OAC in M resp. N treffen ($M' = R'P' \times F'H'$, $N' = R'P_1' \times F'H'$), so daß GM resp. GN die Spuren der Tangentialebenen in OAC sind.

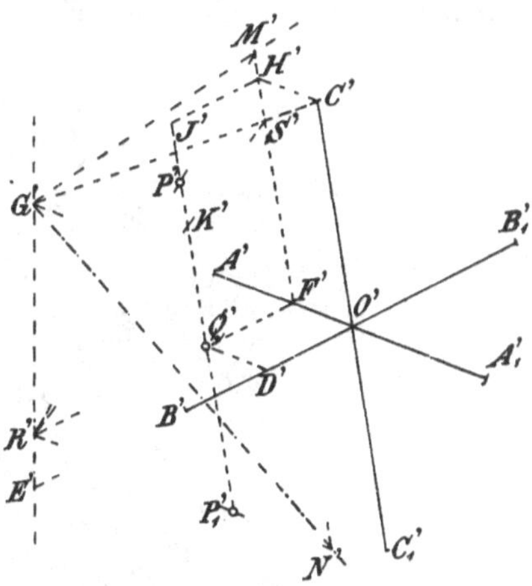

Fig. 453.

699. Durch eine Gerade die beiden Tangentialebenen an ein einschaliges Hyperboloid zu legen. Von dem Hyperboloide seien drei konjugierte Durchmesser in einer Projektion gegeben, nämlich $A'A_1'$, $B'B_1'$, $C'C_1'$ — die ersteren reell, der letztere imaginär — außerdem mag die Gerade die Ebenen OAB und OBC in D resp. E schneiden (Fig. 454). Der Kürze halber bezeichnen wir die Ebenen OAB und OBC mit Γ resp. Λ. Die Polarebene von D hat in Γ die Spur JK ($D'K_1' \# O'J'_1$, J', J_1' teilen $A'A_1'$ und K', K_1' teilen $B'B_1'$ harmonisch) und in A die Spur $KG \parallel CC_1$; die Polarebene von E hat in A die Spur LM ($E'L_1' \# O'M_1'$, L', L_1' teilen $B'B_1'$ harmonisch, $(O'C')^2 = O'M' \cdot O'M_1'$) und in Γ die Spur $LH \parallel AA_1$. Die Schnittlinie GH beider Ebenen ist demnach die harmonische oder konjugierte Polare zu DE ($G' = L'M' \times K'G'$, $H' = J'K' \times L'H'$), sie trägt also die Berührungspunkte der beiden

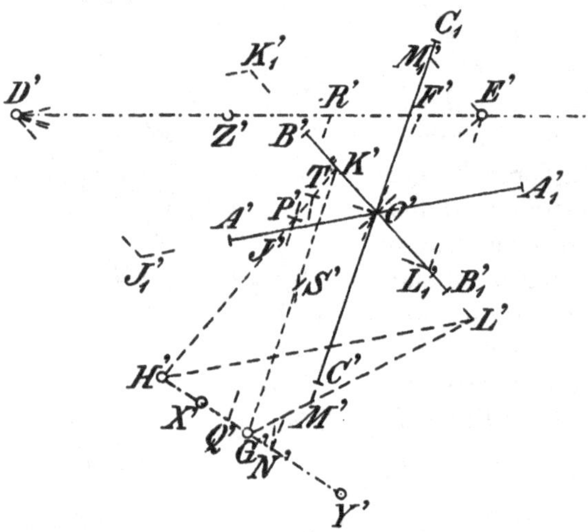

Fig. 454.

Tangentialebenen durch die Gerade DE. Umgekehrt trägt DE die Berührungspunkte der beiden Tangentialebenen durch GH. Um die Berührungspunkte X und Y der gesuchten Tangentialebenen oder, was dasselbe ist, die Schnittpunkte von GH mit der Fläche zu finden bedenken wir erstens, daß die Ebene DEO die Sehne XY halbiert. Der Mittelpunkt N von XY liegt also auf der Schnittlinie der Ebenen DEO und HKG, deren Spurpunkte in A und Γ resp. S und T sind ($S' = E'O' \times K'G'$, $T' = D'O' \times K'H'$, $N' = S'T' \times G'H'$). Zweitens bemerken wir, daß die Polarebene von H die Ebene DEL_1 ist, daß also H und $Q = DEL_1 \times HG$ harmonische Pole unserer Fläche sind ($H'K' \times D'L_1' = P'$, $P'Q' \parallel C'C_1'$). Daraus folgt die Relation: $(N'X')^2 = (N'Y')^2 = N'H' \cdot N'Q'$, die uns die Punkte X' und Y' liefert.

Analog kann man die Schnittpunkte Z, W von DE mit dem Hyperboloide finden, die zugleich die Berührungspunkte der Tangentialebenen durch GH sind. Der Mittelpunkt F von ZW liegt auf der Geraden NO, D und $R = DE \times PQ$ sind harmonische Pole der Fläche, da die Polarebene von D durch JK geht und zu CC_1

parallel ist, also PQR enthält. Die Relation: $(F'Z')^2 = (F'W')^2 = F'R' \cdot F'D'$ ergiebt die gesuchten Punkte.

700. Von einer Fläche 2. Grades sind der scheinbare Umriß u' und drei ihrer Punkte durch eine Projektion, etwa A', B', C', gegeben, man soll die Projektion c' des Kegelschnittes c zeichnen, der auf der Fläche liegt und durch die drei gegebenen Punkte geht. Zunächst ist zu zeigen, daß die Aufgabe nach Wahl von u', A' B', C' völlig bestimmt ist. Wir ziehen zu diesem Zwecke die zur Projektionsrichtung parallelen Sehnen AA_1, BB_1, CC_1, die durch die Umrißebene in A_0, B_0, C_0 halbiert werden. Dann liegen die Schnittpunkte $J_0 = AB \times A_1B_1$, $K_0 = AB_1 \times A_1B$, $L_0 = BC \times B_1C_1$, $M_0 = BC_1 \times B_1C$, $P_0 = CA \times C_1A_1$, $Q_0 = CA_1 \times C_1A$ in der Umrißebene; sie bilden die drei paar Gegenecken eines Vierseites, dessen Diagonalen A_0B_0, B_0C_0 und C_0A_0 sind. J_0, K_0 sind einerseits harmonische Pole der Fläche und also auch von u, andererseits liegen sie zu A_0, B_0 harmonisch; sie können also konstruiert werden, sobald man u, A_0 und B_0 kennt. Ebenso kann man L_0, M_0, sowie P_0, Q_0 zeichnen, wenn u, A_0, B_0 und C_0 bekannt sind. Die Ebene ABC schneidet die Umrißebene in $J_0L_0P_0$; die Kurve c durch A, B und C geht demnach durch die Schnittpunkte S und T von u mit der Geraden $J_0L_0P_0$. Projiziert man c in der ursprünglichen Projektionsrichtung auf die Umrißebene, so geht diese Projektion durch A_0, B_0, C_0 und berührt u in S und T. Projiziert man sie in der gleichen Richtung auf die Projektionsebene, so erhält man die Kurve c', die durch A', B' C' geht und u' in zwei Punkten S' und T' berührt. Die Gerade $S'T'$ geht durch die Punkte J', L', P' und zwar liegen J', K' harmonisch zu A', B' und u'; ebenso liegen L', M' harmonisch zu B', C' und u' und P', Q' liegen harmonisch zu C', A' und u'. Dadurch sind aber diese Punkte völlig bestimmt und damit auch S', T' und c'.

A', B', C' sind aber die Projektionen je zweier Flächenpunkte A, A_1, resp. B, B_1, resp. C, C_1, so daß man im Ganzen auf der Fläche acht Kurven erhält, die je einen der Punkte A,A_1 und B, B_1 und C, C_1 enthalten. Je zwei dieser Kurven, z. B. die Kurven durch ABC resp. $A_1B_1C_1$, haben die gleiche Projektion. Es giebt deshalb im Ganzen vier Kurven durch A', B', C', welche u' je zweimal berühren; die Berührungspunkte von u' mit diesen Kurven liegen respektive auf den Geraden: $J'L'P'$, $J'M'Q'$, $L'K'Q$, $P'K'M'$.

Unsere Aufgabe deckt sich demnach mit der folgenden: Einen Kegelschnitt zu zeichnen, der durch drei gegebene Punkte geht und einen gegebenen Kegelschnitt zweimal berührt.

Wir wollen dieselbe in der Weise lösen, daß wir uns der Fläche 2. Grades bedienen; die Lösung selbst ist durch das Vorangehende schon im wesentlichen skizziert. Es mag noch bemerkt werden, daß eine reelle Lösung nur möglich ist, wenn die gegebenen drei Punkte alle zugleich innerhalb, oder zugleich außerhalb des gegebenen Kegelschnittes liegen. Denn von zwei sich zweimal berührenden Kegelschnitten, mögen die Berührungspunkte reell oder imaginär sein, liegt der eine ganz innerhalb des andern. Die Lösung wird sich verschieden gestalten je nach der Art der gegebenen Kurve und der Lage der gegebenen Punkte — ob innerhalb oder außerhalb — da sich hierdurch die Art der in Betracht zu ziehenden Fläche ändert. Wir wollen uns hier einige Fälle näher ansehen.

701. a) Eine Ellipse u' und drei Punkte A', B', C' im Innern derselben sind gegeben, einen Kegelschnitt c' durch A', B', C' zu zeichnen, der u' zweimal berührt.

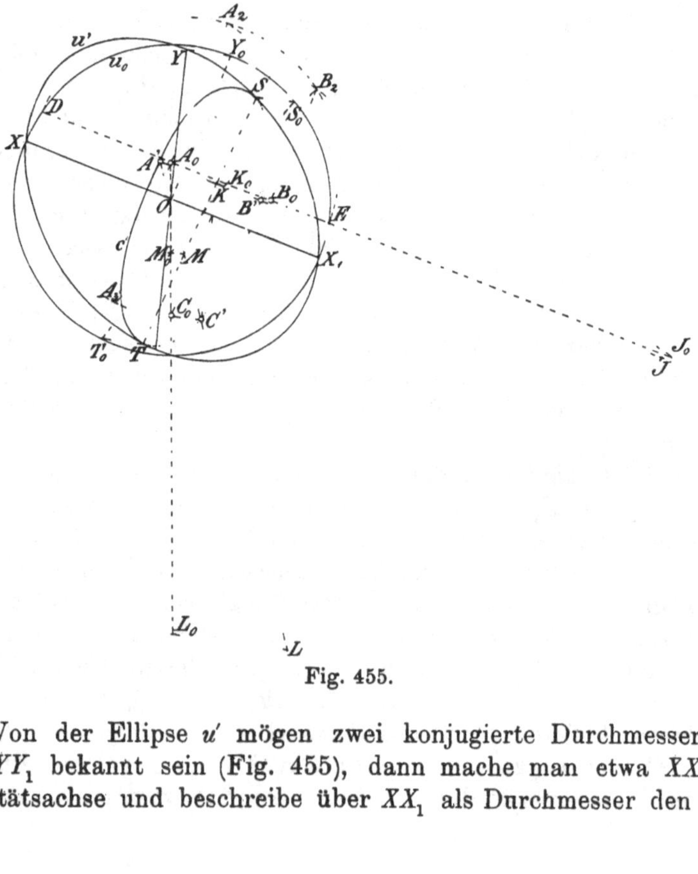

Fig. 455.

Von der Ellipse u' mögen zwei konjugierte Durchmesser XX_1 und YY_1 bekannt sein (Fig. 455), dann mache man etwa XX_1 zur Affinitätsachse und beschreibe über XX_1 als Durchmesser den zu u'

affinen Kreis u_0 und suche zu A', B', C' die affinen Punkte A_0, B_0, C_0. Eine Ellipse, durch A_0, B_0, C_0, die den Kreis u_0 zweimal berührt, kann als orthogonale Projektion eines Kreises aufgefaßt werden, der auf einer Kugel mit u_0 als größtem Kreise liegt. Sind A_2, B_2 die senkrecht über A_0 resp. B_0 liegenden Punkte der Kugel und A_3, B_3 die dazu symmetrischen ($A_2A_0 = A_0A_3$, $B_2B_0 = B_0B_3$), so liegen auf A_0B_0 zwei Punkte J_0 und K_0, in denen sich die Sehnen A_2B_2 und A_3B_3 resp. A_3B_2 und A_2B_3 schneiden. Um sie zu zeichnen ist die Ebene durch A_2A_3 und B_2B_3 um A_0 B_0 umgelegt; die umgelegten Punkte sind ebenso wie die Raumpunkte bezeichnet, sie liegen auf dem Kreise mit dem Durchmesser DE, wo DE die durch A_0 und B_0 gehende Sehne von u_0 ist. Ganz analog findet man auf A_0C_0 zwei Punkte L_0 und M_0, in denen sich die Kugelsehnen A_2C_2 und A_3C_3 resp. A_2C_3 und A_3C_2 schneiden.

Die Ebene $A_2B_2C_2$ schneidet die Ebene von u_0 in J_0L_0, der Kugelkreis durch A_2, B_2, C_2 trifft u_0 in seinen beiden Schnittpunkten mit J_0L_0; seine Projektion geht durch A_0, B_0, C_0 und berührt u_0 in den genannten Punkten (sie sind in der Figur imaginär). Der Kugelkreis durch A_3, B_2, C_2 trifft u_0 in S_0 und T_0, den Schnittpunkten von u_0 mit K_0M_0; seine Projektion geht wieder durch A_0, B_0, C_0 und berührt u_0 in S_0 und T_0. Bestimmt man zu S_0 und T_0 auf u_0 die affinen Punkte S und T auf u', so giebt es eine Kurve c' durch A', B', C', die u' in S und T berührt; hieraus kann man beliebig viele Punkte von c' zeichnen. Es giebt vier Kurven durch A', B', C', die u' zweimal berühren; ihre Berührungspunkte liegen auf JL, KM, JM, KL respektive.

702. Die voranstehende Behandlung des Problems bedarf noch nach zwei Richtungen hin einer Ergänzung. Zunächst können zwei der gegebenen Punkte konjugiert imaginär sein; es ist dann eine Ellipse zu zeichnen, die durch einen reellen und zwei konjugiert imaginäre Punkte geht und die Ellipse u' zweimal berührt. Genau wie vorher geht man wieder von der Ellipse zum affinen Kreise über und führt die Konstruktion für diesen aus (Fig. 456). Es sei u_0 der Kreis, A_0 der reelle Punkt; die imaginären Punkte mögen auf der Geraden h_0 liegen und als Doppelpunkte einer Involution definiert sein, der die Punktepaare D_0, E_0 und F_0, G_0 angehören. Es gilt nun nach 354 die beiden Punkte J_0 und K_0 zu finden, die einerseits ein Punktepaar der Involution andererseits ein Paar harmonischer Pole von u_0 bilden. Zu diesem Zwecke wähle man Q auf u_0 so, daß $QO \perp h_0$ ist; die Verbindungslinien von Q mit D_0, E_0, F_0, G_0 schneiden dann u_0 in den Punktepaaren D_1, E_1 und F_1, G_1 einer Involution, deren Centrum in $N = D_1E_1 \times F_1G_1$ liegt. Die Verbindungslinie von N mit dem Pole H_0 von h_0 schneidet u_0 in J_1 und K_1; dieses Punktepaar gehört erstens der Involution auf dem Kreise an und liegt zweitens zu dem Punktepaare $u_0 \times h_0$ harmonisch. QJ_1 und QK_1 schneiden deshalb aus h_0 die gesuchten Punkte J_0 und K_0 aus.

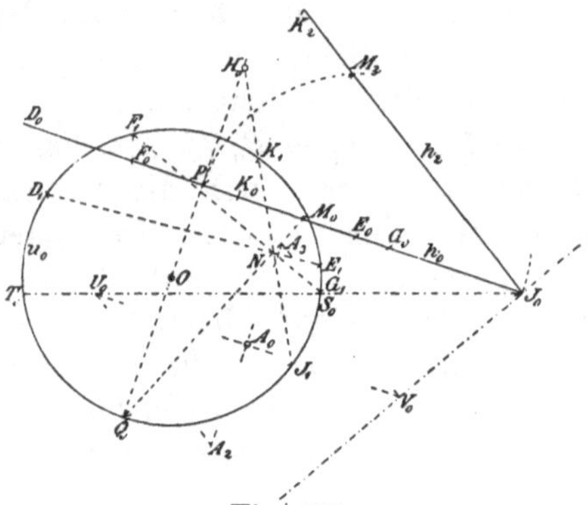

Fig. 456.

Durch J_0 giebt es nun eine reelle Gerade h_2, auf der die Involution harmonischer Pole in Bezug auf die Kugel durch u_0 als größten Kreis so beschaffen ist, daß ihre Projektion sich mit der Involution auf h_0 deckt. Um h_2 zu zeichnen lege man die senkrechte Ebene h_0h_2 um h_0 in die Zeichenebene um (die umgelegte Gerade ist wieder mit h_2 bezeichnet). Die Polarebene von J_0 geht durch K_0 und ist normal zur Zeichenebene, sie enthält den Punkt K_2 von h_2, wenn $K_2K_0 \perp h_0$ ist; J_0 und K_2 sind aber harmonische Pole der Kugel. Dem unendlich fernen Punkt von h_2 gehört als Polarebene eine zu h_2 senkrechte Ebene durch den Kugelmittelpunkt O zu. Ist OP das Lot von O auf h_0 und PM_2 das Lot von P auf h_2, so ist M_2 harmonischer Pol zu dem unendlich fernen Punkte von h_2, d. h. Mittelpunkt der Involution harmonischer Pole auf h_2. Seine Projektion M_0 muß deshalb Mittelpunkt der Involution auf h_0 sein, d. h. auf QN liegen; denn die Tangente in Q ist zu h_0 parallel und schneidet h_0 in demjenigen Punkte, der in der Involution dem Punkte M_0 entspricht. Somit läßt sich M_2 als Schnittpunkt von $M_0M_2 \perp h_0$ mit dem Halbkreise über PJ_0 konstruieren. Die Gerade $J_0M_2 = h_2$ trägt nach der Konstruktion zwei Paare harmonischer Pole, deren Projektionen zwei Punktepaare der Involution auf h_0 bilden, demnach projiziert sich jedes Paar harmonischer Pole von h_2 als ein Punktepaar der Involution auf h_0. Die Gerade h_2 hat also mit der Kugel zwei imaginäre Punkte gemein, die sich als die imaginären Doppelpunkte der auf h_0 gegebenen Involution projizieren.

Jeder der beiden Punkte A_2 und A_3 der Kugel, deren Projektion A_0 ist, bestimmt mit h_2 eine Ebene; diese schneiden die Kugel in zwei Kurven, deren Projektionen die verlangten Eigenschaften besitzen. Die Spuren J_0U_0 und J_0V_0 dieser Ebenen schneiden u_0 in den Punkten, in denen u_0 von den gesuchten Kurven berührt wird, wenn U_0 und V_0 die Spurpunkte der durch A_2 resp. A_3 gezogenen Parallelen zu h_2 sind. Zur Konstruktion lege man $U_0V_0A_2A_3$ um ihre Spur um, so daß $A_2U_0 \parallel A_3V_0 \parallel h_2$ wird ($A_2A_0 = A_0A_3 =$ der halben Kugelsehne, $U_0A_0V_0 \parallel h_0$, $A_2A_3 \perp h_0$).

Benutzt man nun wiederum die Affinität, um von dem Kreise u_0 und den Geraden J_0U_0 und J_0V_0 zur Ellipse u und den Geraden JU und JV zurückzukehren, so kann man die gesuchten Kurven konstruieren, da man von jeder ihre beiden Berührungspunkte mit u und den reellen Punkt A' kennt. Offenbar giebt es hier nur zwei reelle Lösungen, da man durch K_0 keine reellen Geraden ziehen kann, die die Kugel in imaginären Punkten schneiden.

703. Die Konstruktion in 701 bedarf auch noch der Ergänzung, wenn die Berührungspunkte von c' mit u konjugiert imaginär sind. Die beiden Kurven c' und u haben einen Pol und seine Polare gemeinsam und außerdem auf dieser die Involution harmonischer Pole. Ihre reellen oder imaginären Doppelpunkte sind die gemeinsamen Berührungspunkte beider Kurven, die zugehörigen Tangenten gehen durch den Pol des Trägers der Involution. Wir haben also die Aufgabe zu lösen: Durch einen Punkt A' einen Kegelschnitt c' zu legen, der mit einem anderen Kegelschnitte u einen Pol und seine Polare und auf der letzteren die Involution harmonischer Pole gemeinsam hat. Ist in Fig. 457 p die Polare, so suche man ihren Pol P in Bezug auf u und ein Paar harmonischer Pole auf p, etwa Q und R. Ein Kreis c_1, dem auf p die gleiche Involution harmonischer Pole zugehört wie den Kurven u und c', kann als perspektiv mit c' angesehen werden, wobei p die Achse der Perspektive ist. Jedem Punkte von p gehört aber die nämliche Polare durch P in Bezug auf u und c' zu, so daß der Durchmesser PO von u zugleich Durchmesser von c' ist, er halbiert die zu p parallelen Sehnen. Der entsprechende Durchmesser des zu c' perspektiven Kreises c_1 steht in $N = p \times PO$ auf p

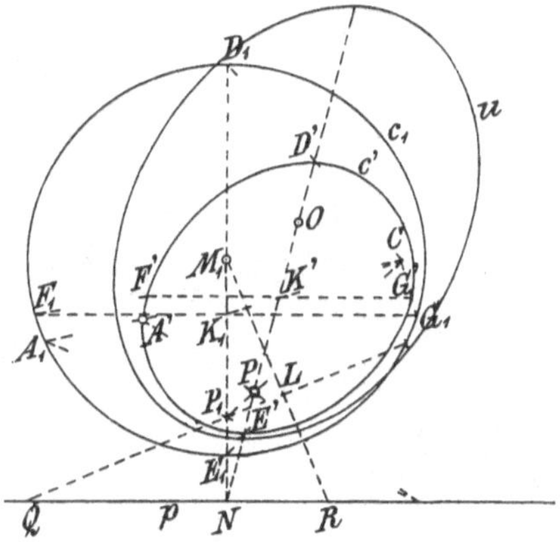

Fig. 457.

senkrecht, sein Mittelpunkt M_1 kann beliebig gewählt werden. Zieht man M_1R und $QL \perp M_1R$, so muß QL die Polare von R in Bezug auf den Kreis c_1 sein; demnach ist $P_1 = QL \times M_1N$ der Pol von p bezüglich c_1 und der Radius von c_1 ist $= \sqrt{M_1P_1 \cdot M_1N}$.

Kennt man aber c_1, so ergiebt sich das Centrum C der perspektiven Beziehung zwischen c' und c_1 einfach; es ist $C = PP_1 \times A'A_1$. Denn P und P_1 sind entsprechende Punkte und ebenso A' und A_1, wenn A_1 auf c_1 liegt und $A'P$ und A_1P_1 sich auf p schneiden. Sind D_1, E_1 die Endpunkte des Durchmessers M_1P_1, so liegen die Endpunkte D', E' des Durchmessers OP von c' auf CD_1 und CE_1. Der zu $D'E'$ konjugierte Durchmesser $F'G'$ ist zu p parallel und entspricht der parallelen Sehne $F_1K_1G_1$ von c_1, wenn K_1 dem Mittelpunkte K' von c' entspricht (K_1K', F_1F', G_1G' gehen durch C). Hiernach ist ein Paar konjugierter Durchmesser von c' gefunden.

704. b) Eine Ellipse u und drei Punkte A', B', C' außerhalb sind gegeben, einen Kegelschnitt c' durch die drei Punkte zu legen, der u zweimal berührt. Sind XX_1 und YY_1 zwei konjugierte Durchmesser von u und ist u_0 der Kreis über dem Durchmesser XX_1 (Fig. 458), so betrachte man wieder u und u_0 als affin und suche zu A', B', C' die affinen Punkte A_0, B_0, C_0. Ein Kegelschnitt durch A_0, B_0, C_0, der u_0 zweimal berührt, läßt sich als Projektion eines Kegelschnittes auf einem Rotationshyperboloide mit dem Kehlkreise u_0 ansehen; die Tangenten von u_0 sind die Projektionen der Erzeugenden des Hyperboloides. Die Polare von A_0 schneide u_0 in D und E, die Polaren von B_0 resp. C_0 mögen u_0 in F und G resp. H und N schneiden. Sind nun A_2, A_3; B_2, B_3; C_2, C_3 die Punktepaare auf dem Hyperboloide, deren Projektionen in A_0, B_0,

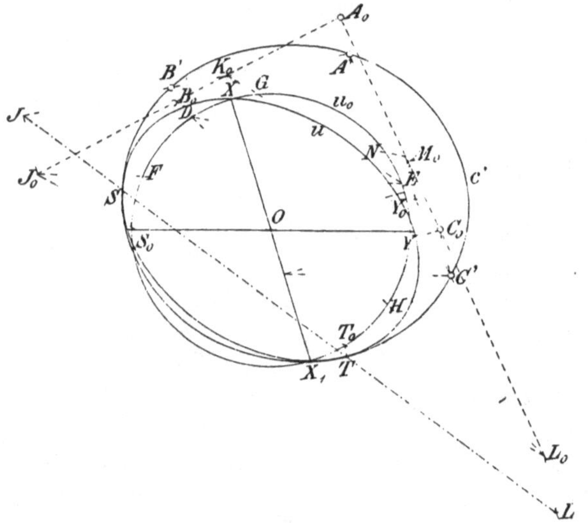

Fig. 458.

C_0 respektive liegen, so liegt der Spurpunkt J_0 von A_2B_2 auf den Geraden DG, EF und A_0B_0. Denn A_2D ist eine Erzeugende der einen Schar und B_2G eine solche der anderen Schar, beide liegen in einer Ebene, deren Spur DG ist; ebenso liegen A_2E und B_2F als Erzeugende aus verschiedenen Scharen in einer Ebene mit der Spur EF. J_0 ist zugleich der Spurpunkt von A_3B_3. Analog ist K_0 als gemeinsamer Schnittpunkt von DF, EG und A_0B_0 der Spurpunkt der Geraden A_2B_3 und A_3B_2. In gleicher Weise finden sich der Spurpunkt $L_0 = A_0C_0 \times DH \times EN$ von A_2C_2 und A_3C_3, sowie der Spurpunkt $M_0 = A_0C_0 \times DN \times EH$ von A_2C_3 und A_3C_2.

Die Gerade J_0L_0 ist die gemeinsame Spur der Ebenen $A_2B_2C_2$ und $A_3B_3C_3$; diese schneiden das Hyperboloid in Kurven, deren gemeinsame Projektion durch A_0, B_0 und C_0 geht und u_0 in zwei Punkten S_0 und T_0 berührt, die auf J_0L_0 liegen. Geht man von u_0 wieder zurück zur affinen Kurve u und von J_0, L_0, S_0, T_0 zu den affinen Punkten J, L, S, T, so sind S und T die beiden Berührungspunkte von c' und u.

705. Ein Hyperbel u und drei Punkte A', B', C' innerhalb sind gegeben, durch die drei Punkte soll ein Kegelschnitt c' gelegt werden, der u zweimal berührt (Fig. 459). XX_1 sei die reelle, YY_1 die imaginäre Achse von u, deren Asymptoten OE und OE_1 wir zeichnen. Durch Rotation von u um XX_1 entsteht ein zweischaliges Rotationshyperboloid; auf ihm liegen drei Punktepaare A_2, A_3; B_2, B_3 und C_2, C_3, deren Projektionen A', B' und C' sind. Um die Abstände der Punkte A_2, A_3 von der Projektionsebene zu finden, ziehen wir den Parallelkreis a durch A und legen ihn als a_0 in die Zeichenebene um. Ist DD_1 die senkrecht zu XX_1 durch A' gezogene Hyperbelsehne und F ihr Mittelpunkt, so ist FD der Radius von a_0. Schneidet aber DD_1 die Asymptoten in E und E_1, so ist $(FD)^2 = (FE)^2 - (OY)^2$. Teilen nämlich F und Q die Achse XX_1 harmonisch, so ist: $(OX)^2 = OQ \cdot OF$ und $(EG)^2 = EN \cdot EF$, wenn die Parallelen zu OE durch Q und X die Sehne DD_1 in N und G treffen ($EG = OY$). Ferner sind E und N harmonische Pole von u, denn die Polare von E geht durch Q und ist zu OE parallel; also ist: $(FD)^2 = FN \cdot FE$. Durch Addition beider Gleichungen folgt unmittelbar die obige. Die Beweisführung ändert sich nicht für irgend zwei konjugierte Durchmesser einer Hyperbel. Wir haben demnach den Satz: Auf jeder Geraden werden zwei Strecken begrenzt, eine von den Asymptoten, eine von der Hyperbel; sie können als Hypotenuse und Kathete eines rechtwinkligen Dreiecks verwendet werden, dessen andere Kathete dann der zu der Geraden parallele Durchmesser ist. Ob die von den Asymptoten begrenzte

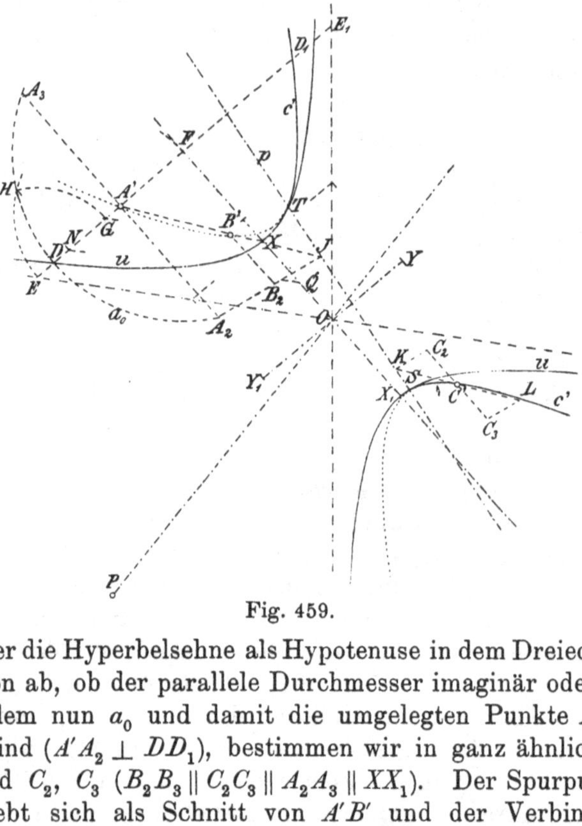

Fig. 459.

Strecke oder die Hyperbelsehne als Hypotenuse in dem Dreieck auftritt, hängt davon ab, ob der parallele Durchmesser imaginär oder reell ist.

Nachdem nun a_0 und damit die umgelegten Punkte A_2 und A_3 gefunden sind ($A'A_2 \perp DD_1$), bestimmen wir in ganz ähnlicher Weise B_2, B_3 und C_2, C_3 ($B_2B_3 \parallel C_2C_3 \parallel A_2A_3 \parallel XX_1$). Der Spurpunkt J von A_2B_2 ergiebt sich als Schnitt von $A'B'$ und der Verbindungslinie der in gleicher Richtung umgelegten Punkte A_2 und B_2. Ebenso ist K der Spurpunkt der durch C_2 parallel zu A_2B_2 gezogenen Geraden, wenn $C'K \parallel A'B'$ und $C_2K \parallel A_2B_2$ ist. Die Ebene $A_2B_2C_2$ hat die Spur JK, sie schneidet das Hyperboloid in einer Hyperbel, deren Projektion durch A', B' und C' geht und u in den auf JK liegenden Punkten S und T berührt. Die Schnittpunkte S, T von u und JK bestimmen sich in bekannter Weise und ebenso der Pol P von $p = JK$. Dann kann wieder die Konstruktion von 703 angewendet werden.

Wären die Punkte A', B', C' außerhalb der Hyperbel u gelegen, so wäre das durch Rotation von u um die Achse YY_1 entstehende einschalige Hyperboloid der Betrachtung zu Grunde zu legen; die Art der Konstruktion würde ganz dieselbe bleiben.

706. Von einem zweischaligen Hyperboloide, dessen Achsen den Projektionsebenen parallel sind, den Eigenschatten sowie den Schlagschatten auf sich selbst und die Horizontalebene zu zeichnen. Die reelle Achse XX_1 sei senkrecht zu Π_1, die imaginären Achsen YY_1 und ZZ_1 seien parallel resp. senkrecht zu Π_2. Dann ist der scheinbare Umriß in Π_2 eine Hyperbel u'' mit den Achsen $X''X_1''$ und $Y''Y_1''$ (Fig. 460); in Π_1

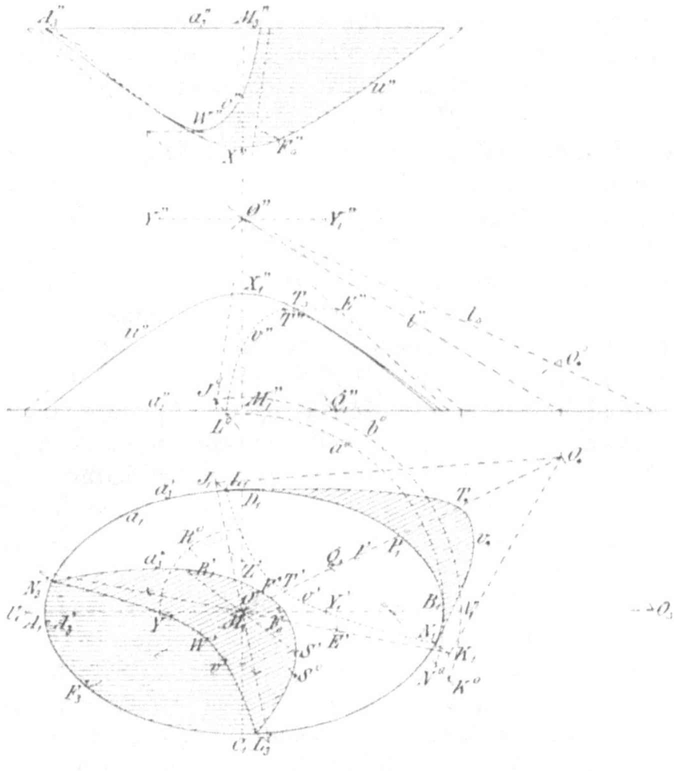

Fig. 460.

giebt es dagegen keinen scheinbaren Umriß. Die Ebene Π_1 schneidet die Achse XX_1 in einem Punkte M_1 und das Hyperboloid in einer Ellipse a_1, deren Achsen A_1B_1 und C_1D_1 zu YY_1 resp. ZZ_1 parallel und proportional sind. Haben die Asymptoten von u in Π_1 die Spurpunkte U_1 und V_1, so ist nach der vorigen Nummer: $(M_1A_1)^2 = (M_1U_1)^2 - (OY)^2$. Das Hyperboloid mag begrenzt werden durch die Ellipse a_1 und eine dazu parallele und kongruente Ellipse a_3, deren Ebene Π_3 die Achse XX_1 in M_3 schneidet ($OM_1 = M_3O$, $a_3' = a_1$, $A_3' = A_1$, etc.).

Sind l' und l'' die Projektionen des Lichtstrahles l, so liegt die Kurve v der Lichtgrenze auf unserer Fläche in der zur Lichtrichtung konjugierten Diametralebene. Diese schneidet auch den Asymptotenkegel der Fläche in zwei Mantellinien, die seine Lichtgrenze bilden; diese Mantellinien sind zugleich die Asymptoten von v. Ist O_* der Schatten des Mittelpunktes auf Π_1 und sind J_1 und K_1 die Berührungspunkte der von O_* an die Spurellipse b_1 des Asymptotenkegels gelegten Tangenten, so bilden OJ_1 und OK_1 die Lichtgrenze des Kegels und die Ebene OJ_1K_1 schneidet das Hyperboloid in seiner Lichtgrenze v. Zur Konstruktion von J_1 und K_1 benutzen wir die Affinität, indem wir an Stelle der Ellipsen a_1 und b_1 die Kreise a^0 und b^0 mit den Durchmessern A_1B_1 resp. U_1V_1 einführen und zu O_* den affinen Punkt O_*^0 aufsuchen. Die Verbindungslinien affiner Punkte sind zu A_1B_1 senkrecht; die Entfernungen affiner Punkte von A_1B_1 verhalten sich, wie: $C_1D_1 : A_1B_1$. Die Tangenten von O_*^0 an b^0 mögen in J^0 und K^0 berühren, dann sind die affinen Punkte J_1 und K_1 die gesuchten Punkte; $O'J_1$ und $O'K_1$ sind die Asymptoten von v', $O''J_1''$ und $O''K_1''$ sind die von v''. J^0K^0 schneidet a^0 in L^0 und N^0, die affinen Punkte L_1 und N_1 auf a_1 liegen auf v. Der Schatten v_* von v auf Π_1 geht ebenfalls durch L_1 und N_1 und hat O_*L_1 und O_*N_1 zu Asymptoten; er berührt natürlich a_1 in L_1 und N_1. Hiermit sind die Kurven v', v'', v_* bereits bestimmt, es lassen sich indessen leicht zwei konjugierte Durchmesser dieser Kurven angeben.

Ziehen wir durch O eine Parallele zu L_1N_1, so ist sie ein imaginärer Durchmesser von v, der dazu konjugierte reelle Durchmesser ist OQ_1, wo Q_1 der Mittelpunkt von L_1N_1 ist. Die Endpunkte — Gleichpunkte — des imaginären Durchmesser liegen auf der Ellipse mit den Achsen YY_1 und ZZ_1 (vergl. 693). Benutzen wir die frühere Affinität, so ist der Kreis mit dem Durchmesser YY_1 zu der genannten Ellipse affin; der zu J^0K^0 parallele Durchmesser R^0S^0 dieses Kreises liefert dann den affinen Durchmesser RS der Ellipse. Zu dem imaginären Durchmesser RS von v findet man den reellen TW mit Hilfe der Asymptoten. Für v_* ist l' ein reeller Durchmesser, T_* und W_* sind seine Endpunkte, der ihm konjugierte imaginäre Durchmesser ist gleich und parallel mit $R'S' = RS$.

Die durch die vertikale Achse parallel zum Lichtstrahl gelegte Ebene schneidet die Fläche in einer Hyperbel h, auf der die Punkte T und W liegen; die Tangenten in diesen Punkten sind zu l parallel.

Projiziert man nun diese Hyperbel h durch Strahlen parallel zu P_1B_1 ($P_1 = a_1 \times l'$) auf die Ebene von u, so deckt sich diese Projektion mit u. Zugleich geht OO_* in $OO_\triangle$ über ($O_*O_\triangle \parallel P_1B_1$, $O'O_*^0 = O'O_\triangle$) und im Aufriß l'' in $l_\triangle$ und T'', W'' in $T_\triangle$, $W_\triangle$ auf u''. $T_\triangle$ und $W_\triangle$ sind dann solche Punkte von u'', deren Tangenten zu $l_\triangle$ parallel sind, sie liegen also auf dem zu $l_\triangle$ konjugierten Durchmesser von u'' und können auch hieraus konstruiert werden; aus ihnen ergeben sich dann wieder T'', T' und T_*.

Der Schlagschatten auf die Horizontalebene ist in der Figur nur von dem einen Flächenteile angegeben, der Schatten des anderen Teiles fällt zu weit weg und ist deshalb fortgelassen.

In die Höhlung des oberen Flächenteiles dringt das Licht ein und es entsteht deshalb in dieser Höhlung auch Schlagschatten. Die Randellipse a_3 trägt die Punkte N_3 und L_3 von v; der kleinere Teil der Höhlung bis zur Lichtgrenze v liegt im Eigenschatten und es wirft das kleinere Randstück N_3L_3 in das Innere der Höhlung seinen Schlagschatten $a_3{}^*$. Die Lichtstrahlen, die den Rand a_3 treffen, bilden einen Cylinder und dieser schneidet das Hyperboloid nach 679 in einem zweiten Kegelschnitt $a_3{}^*$, beide Kurven a_3 und $a_3{}^*$, sowie ihre ersten Projektionen sind zu einander affin. Die zum Lichtstrahle parallele Ebene durch die vertikale Achse schneidet die Fläche in der Hyperbel h und die Randkurve a_3 in F_3, der Schatten F^* von F_3 liegt ebenfalls auf h und es ist $F^*F_3 \parallel l$. Projiziert man wieder h in u durch Parallelen zu P_1B_1, so geht F_3 in A_3 und F_* in $F_\triangle$ auf u über ($A_3F_\triangle \parallel l_\triangle$). Im Aufriß erhält man $F_\triangle''$ auf u'', indem man durch A_3'' eine Parallele zu $l_\triangle$ zieht, im Grundriß ist $F_\triangle'F^* \parallel P_1B_1$. a_3' und $a_3{}^*$ sind affine Ellipsen; $N_3'L_3'$ ist die Affinitätsachse, F_3' und F^* sind ein Paar affiner Punkte, dadurch ist aber die affine Beziehung bestimmt und $a_3{}^*$ kann hiernach gezeichnet werden.

707. Eine Gerade zu zeichnen, die vier gegebene windschiefe Geraden trifft. Die gemeinsamen Sekanten dreier Geraden bestimmen ein einschaliges Hyperboloid, d. h. die eine Schar von Erzeugenden desselben; schneidet man also dieses mit der vierten Geraden in zwei Punkten P und Q, es geht durch jeden eine Erzeugende der genannten Schar. Diese beiden Erzeugenden treffen alle vier gegebenen Geraden. Unsere Aufgabe basiert also darauf: Die Schnittpunkte einer Geraden mit einem einschaligen Hyperboloid zu finden, wenn drei Erzeugende einer Schar von ihm bekannt sind.

Zur Konstruktion bedienen wir uns zweier paralleler Projektionsebenen Π_1 und Π_2. Die Geraden seien a, b, c, d, ihre Spurpunkte in den Parallelebenen seien A_1, A_2; B_1, B_2; C_1, C_2; D_1, D_2; die orthogonalen Projektionen der zweiten Spurpunkte auf Π_1 seien A_2'', B_2'', C_2'', D_2'' (Fig. 461). Wir projizieren nun die Ebene Π_2 in der Richtung von d auf Π_1 und erhalten als Projektionen der zweiten Spurpunkte die Punkte A_2', B_2', C_2' $D_2' = D_1$, die aus den orthogonalen Projektionen durch parallele Verschiebung um die

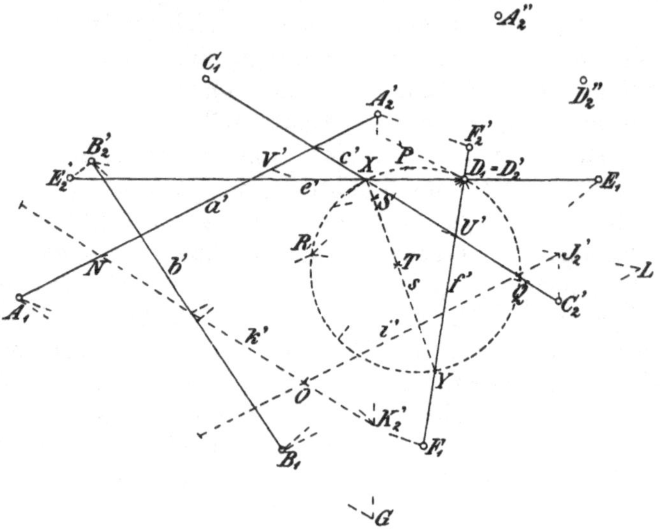

Fig. 461.

gleiche Strecke $D_2''D_1$ hervorgehen. In der Figur sind nur A_2'' und D_2'' angegeben ($A_2''A_2' \# D_2''D_1$). Das Hyperboloid hat nun bei der schiefen, zu d parallelen Projektion einen Kegelschnitt u' als scheinbaren Umriß, und jede Tangente an u' ist die Projektion zweier Erzeugenden, einer aus der einen und einer aus der anderen Schar. Die Tangenten von D_1 an u' sind also die schiefen Projektionen der gesuchten gemeinsamen Sekanten; denn die zugehörigen Erzeugenden des Hyperboloides aus einer der beiden Scharen treffen sowohl die Geraden a, b, c als Erzeugende der anderen Schar, als auch die Gerade d.

Um u' zu zeichnen, müssen wir außer seinen Tangenten a', b', c' noch zwei weitere Tangenten aufsuchen, indem wir irgend zwei gemeinsame Sekanten von a, b und c konstruieren. Wir wählen eine Gerade $i \parallel a$, die b und c trifft und eine Gerade $k \parallel c$, die a und b trifft. Ziehen wir $A_1 G \# C_1 C_2'$, so ist $A_2' G$ die Projektion der zweiten Spur einer Ebene, die durch a parallel zu c geht; ziehen wir ebenso $B_1H \# C_1C_2'$, so ist $B_2'H$ die Projektion der zweiten Spur einer Ebene, die durch b parallel zu c geht. Beide Ebenen schneiden sich in k; die Projektion ihres zweiten Spurpunktes ist $K_2' = A_2'G \times B_2'H$ ($k' \parallel c'$). Machen wir $B_1L \# A_1A_2'$ und $C_1M \# A_1A_2'$, so ist $J_2' = B_2'L \times C_2'M$ die Projektion des zweiten Spurpunktes von i ($i' \parallel a'$). Nun sind von D_1 die beiden Tangenten an den Kegelschnitt u' zu legen, von dem wir fünf Tangenten a', b', c', i', k' kennen. Es schneiden aber alle Tangenten von u' auf zwei festen Tangenten, etwa c' und k', projektive Punktreihen aus; verbinden wir die Punkte dieser Reihen mit D_1, so erhalten wir zwei projektive Strahlbüschel; ihre sich selbst entsprechenden Strahlen e' und f' sind die gesuchten Tangenten. Die Strahlen des ersten Büschels laufen von D_1 nach $c' \times a'$, $c' \times b'$, $c' \times i'$, die entsprechenden Strahlen des zweiten Büschels von D_1 nach $k' \times a'$, $k' \times b'$ und $k' \times c'$. Wählen wir jetzt einen Kreis, der den zweiten Strahl des ersten Büschels in D_1 berührt, so liefern die drei Strahlen dieses Büschels auf dem Kreise die Punkte P, D_1 und Q. Schneidet der Kreis den zweiten Strahl des zweiten Büschels in R, so ist das neue Strahlbüschel R (P, D_1, Q, ...) zu dem ersten Büschel projektiv und zu dem zweiten perspektiv. Die entsprechenden Strahlen des zweiten und des dritten Strahlbüschels schneiden sich in Punkten einer Geraden s, auf der die Punkte $RP \times D_1N = S$ und $RQ \times D_1O = T$ liegen ($N = k' \times a'$, $O = k' \times i'$). s trifft den Kreis in X und Y, und D_1X und D_1Y sind die gesuchten Tangenten e' und f'.

Durch den Schnittpunkt U von f und c ($U' = f' \times c'$) legen wir eine Ebene parallel zu Π_1 und Π_2; diese Ebene teilt die Geraden A_1A_2, B_1B_2, C_1C_2, F_1F_2 in dem nämlichen Verhältnisse, wobei F_1, F_2 die Spurpunkte von f bedeuten. Bestimmen wir also V' auf A_1A_2' so, daß $V'A_1 : V'A_2' = U'C_1 : U'C_2'$ wird, so ist UV eine zu Π_1 und Π_2 parallele Gerade der Ebene af; demnach ist: $A_1F_1 \parallel A_2'F_2' \parallel U'V'$, außerdem wird $B_1F_1 \parallel B_2'F_2'$ und $C_1F_1 \parallel C_2'F_2'$. Ganz analog ergeben sich die Spurpunkte E_1 und E_2' von e.

Die ganze Konstruktion ist in schiefer Projektion ausgeführt; will man zur orthogonalen Projektion übergehen, so hat man noch E_2' und F_2' parallel zu D_1D_2'' um die Strecke D_1D_2'' nach E_2'' und F_2'' zu verschieben.

708. Striktionslinien der Regelflächen 2. Grades. Faßt man die eine Schar von Erzeugenden einer Regelfläche ins Auge, so giebt es auf jeder Erzeugenden einen Punkt, der von der benachbarten, unendlich nahen Erzeugenden einen kleineren Abstand hat wie jeder andere. Der Ort dieser Punkte bildet eine Kurve, die Striktionslinie; zu jeder Schar gehört eine Striktionslinie. Auf jeder Erzeugenden g gehört derjenige Punkt der Striktionslinie an, durch den die gemeinsame Normale zu ihr und der Nachbargeraden g_1 geht. Legt man durch g_1 eine erste Ebene parallel zu g und dann eine zweite senkrecht zu jener, so schneidet die letztere g in einem Punkte der Striktionslinie. Nun schneidet jede Ebene durch g_1 aus der Fläche noch eine Erzeugende der anderen Schar aus, die im allgemeinen g im Endlichen trifft. Ist jedoch die Ebene E durch g_1 parallel zu g, so muß sie eine Erzeugende der zweiten Schar enthalten, die zu g parallel ist; diese Ebene enthält also zwei parallele Erzeugende, d. h. sie berührt die Fläche in dem unendlich fernen Punkt von g. Eine Ebene Δ durch g_1 senkrecht zu E schneidet die Fläche in einer Erzeugenden der anderen Schar, die g in dem Punkte der Striktionslinie und g_1 in dem Berührungspunkte der Ebene trifft; beide Punkte sind aber unendlich nahe und können durch einander ersetzt werden. In jedem Punkte der Striktionslinie steht also die Tangentialebene senkrecht auf der Ebene, welche durch die bezügliche Erzeugende und die dazu parallele Erzeugende der anderen Schar geht, also den Mittelpunkt enthält.

709. Das hyperbolische Paraboloid und seine Striktionslinien. Die Achse des Paraboloides mag senkrecht zum Grundriß sein, dann projizieren sich die Erzeugenden beider Scharen als Parallelen. Ist etwa ursprünglich ein windschiefes Viereck $ABCD$ gegeben, dessen Seiten auf dem Paraboloide liegen sollen, so erhält man den Durchmesser in A, indem man die zu CD parallele Ebene durch AB schneidet mit der zu BC parallelen Ebene durch AD. Nun ist die orthogonale Projektion des Vierecks $ABCD$ auf eine zur Durchmesserrichtung normale Ebene Π_1 ein Parallelogramm $A'B'C'D'$. Im Scheitel S des Paraboloides, dem Endpunkt seiner Achse, stehen die Erzeugenden auf der Achse senkrecht, sind also zu Π_1 parallel. Legt man durch A und B Ebenen parallel zu Π_1 und schneiden diese CD in A_1 und B_1, so teilt jede zu Π_1 parallele Ebene die Strecken AB und A_1B_1 in dem nämlichen Verhältnis. Die Verbindungslinie dieser Teilpunkte ist eine Erzeugende der Fläche, wenn ihre Projektion zu $A'D'$ und $C'B'$ parallel ist, und zwar ist sie dann die eine Erzeugende durch den Scheitel. Schneiden sich also $A'A'_1$ und $B'B'_1$ in E' und geht g' durch E' parallel zu $A'D'$, so ist g' die Projektion einer Erzeugenden durch den Scheitel S, d. h. S' liegt auf g'. Denn g' teilt $A'B'$ und $A'_1B'_1$ in dem nämlichen Verhältnis. In gleicher Weise findet man die andere Erzeugende *h* durch den Scheitel; damit ist dann Scheitel und Achse der Fläche gefunden. Die Ebenen der Hauptschnitte durch die Achse halbieren die Winkel der Erzeugenden *g* und *h*; die Hauptschnitte sind zwei Parabeln *i* und *k*.

In Fig. 462 ist Π_2 parallel zu *i* und Π_3 parallel zu *k* gewählt. Kennt man die Hauptebenen und eine Erzeugende des Paraboloides,

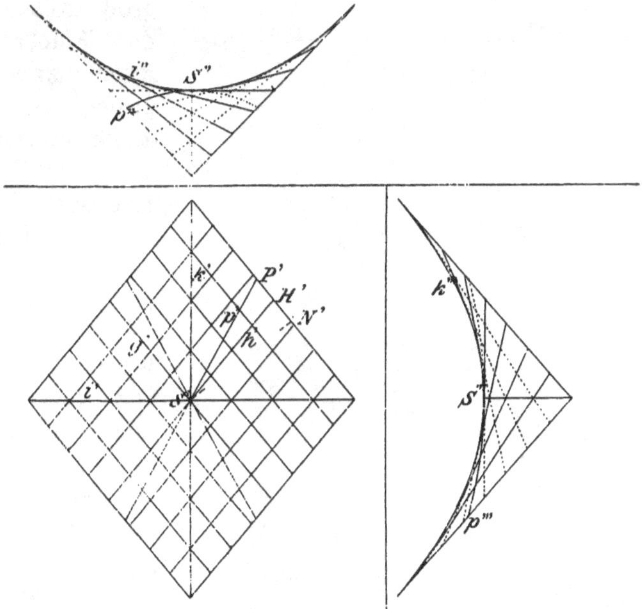

Fig. 462.

so kennt man noch drei weitere, die zu ihr symmetrisch hinsichtlich der Hauptebenen liegen. Die Fläche ist dann bestimmt, die Scheitelerzeugenden und die Hauptschnitte können unmittelbar angegeben werden. In der Figur sind vier symmetrische Erzeugende als Begrenzung der Fläche genommen.

Da hier alle Erzeugenden der einen Schar zur Ebene *ag* parallel sind, wo *a* die Achse und *g* eine Erzeugende im Scheitel ist, so ist die Ebene durch eine beliebige Erzeugende *e*, die zu *ag* parallel ist, auch zur benachbarten Erzeugenden parallel. Der Striktionslinie gehört also derjenige Punkt von *e* an, dessen Tangentialebene auf *ag* senkrecht steht; mit anderen Worten: alle Punkte, deren Tangentialebenen auf ag senkrecht stehen, gehören einer Striktionslinie an. Die Striktionslinie ist also eine Parabel p, deren Ebene durch die Achse a geht und alle zu ag normalen Sehnen der Fläche halbiert. Ist n die zu g senkrechte Tangente im Scheitel, so liegen $g'h'n'p'$ harmonisch, oder es ist: $H'P' = H'N'$, wenn H', N', P' die Schnittpunkte von h', n', p' mit einer Erzeugenden sind. Aus dem Grundriß p' ergiebt sich der Aufriß p'' und der Seitenriß p'''.

710. Eine Striktionslinie des Hyperboloides zu bestimmen. Die Ebene der Kehlellipse b sei zu Π_1 parallel und ihre große Achse zu Π_2; die Fläche werde durch zwei kongruente zu Π_1 parallele Ellipsen a und c begrenzt (Fig. 463). Um auf einer beliebigen Erzeugenden e den Punkt P der Striktionslinie s zu finden, verfahren wir folgendermaßen. Die Ebene durch e und den Flächenmittelpunkt O hat in den parallelen Ebenen von b resp. a die parallelen Spuren QO resp. E_1J ($Q = e \times b$, $E_1 = e \times a$). In Q errichten wir auf der Ebene eO die Normale QN_1 mit N_1 als Spurpunkt; dann ist der Berührungspunkt P der Ebene eN_1 ein Punkt der Striktionslinie. Wir benutzen hierbei die zu a und b affinen Kreise a^0 und b^0, welche die großen Achsen dieser Ellipsen als Durchmesser haben. Ziehen wir eine beliebige Tangente e^0 an b^0 mit den Endpunkten $E_1{}^0$ und E^0 auf a^0 und dazu die Normale $E_1{}^0J$, welche die große Achse von a in J schneidet, und suchen die affinen Punkte E_1 und E' zu $E_1{}^0$ und

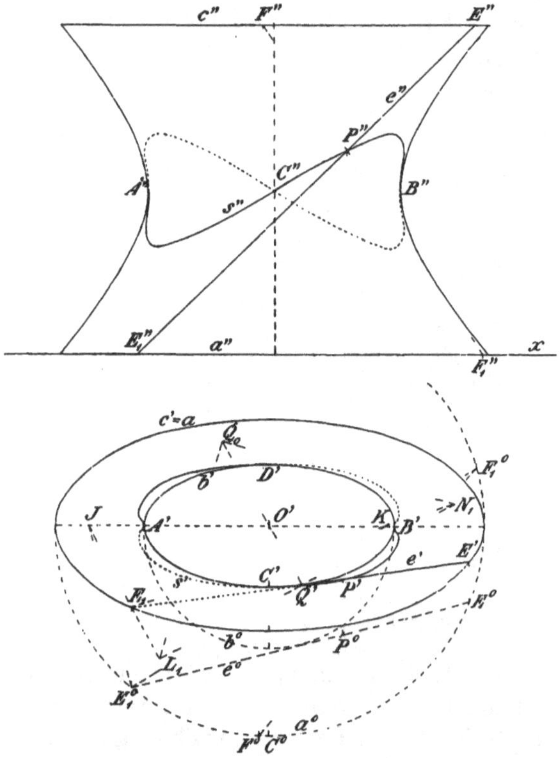

Fig. 463.

E^0, so ist Q' der Berührungspunkt von $E_1 E'$ mit b' und es ist $Q'O' \parallel E_1 J$. Denn in der affinen Figur stehen die entsprechenden Geraden auf e_0 senkrecht. $Q'N_1$ ist senkrecht zu JE_1; QL_1 ist eine Falllinie der Ebene eO, wenn $L_1 = JE_1 \times Q'N_1$ ist. Da nun $QN_1 \perp QL_1$ ist, so erhalten wir $Q_0 E_1 \perp Q_0 N_1$ durch Umlegen dieser Geraden um $L_1 Q'N_1$ ($Q_0 Q' \perp L_1 Q'$, $Q_0 Q' = (C' \dashv x)$), und somit ist N_1 bestimmt. $E_1 N_1$ schneidet a noch in einem Punkte F_1, er ist Spurpunkt einer Erzeugenden der zweiten Schar, die e in dem gesuchten Punkte P trifft. Gehen wir wieder zu dem affinen Punkte $F_1{}^0$ auf a^0 über ($E_1{}^0 F_1{}^0$ und $E_1 F_1$ schneiden sich auf der großen Achse von a in K) und bestimmen F^0 auf a^0, so daß $E_1{}^0 F^0 = E^0 F_1{}^0$ ist, dann ist der zu $P^0 = E^0 E_1{}^0 \times F^0 F_1{}^0$ affine Punkt P' ($P^0 P' \perp A'B'$) ein Punkt der Horizontalprojektion s' der Striktionslinie. Der Aufriß P'' geht unmittelbar daraus hervor. Die Striktionslinie schneidet die Kehlellipse in den Scheitelpunkten und ist symmetrisch zu den Achsen der Fläche.

ZWÖLFTES KAPITEL.

Verschiedene Flächen.

Abwickelbare Flächen.

711. In den vorausgehenden Kapiteln wurden bereits drei große Klassen von Flächen behandelt, die Rotations-, Schraubenflächen und Flächen 2. Grades. Da sie von größerer Bedeutung in der Praxis sind, wurden sie ausführlicher studiert, während wir die übrigen Flächen in ein Kapitel zusammenfassen und nur einige wichtige näher betrachten wollen. Schon die genannten Flächen konnten als Beispiele der Erzeugung von Flächen durch Bewegung von Kurven oder Flächen dienen und wir wollen hier noch eine Reihe weiterer Flächen untersuchen, die sich ebenfalls durch Bewegung erzeugen lassen. Wir beginnen zunächst mit den abwickelbaren Flächen, deren fundamentale Eigenschaften schon früher in 454—466 klar gelegt wurden. Als Ausgangspunkt wählten wir dort die Raumkurve, deren Tangenten die abwickelbare Fläche bilden; so war dieselbe durch Bewegung einer Geraden definiert, die tangential an einer Raumkurve entlang gleitet. Wir erkannten aber auch, daß jede Schmiegungsebene jener Raumkurve die abwickelbare Fläche längs der zugehörigen Tangente oder Erzeugenden berührt; so erschien die Fläche als Hüllfläche der Schmiegungsebenen.

Wir gehen nun von einer Ebene aus, die sich nach irgend einem Gesetze stetig bewegt, jedoch so, daß sie nur einfach unendlich viele Lagen annimmt, daß also durch einen Raumpunkt im allgemeinen nur eine endliche Anzahl dieser Ebenen geht. Von der Bewegung wird vorausgesetzt, daß sie stetig sei, d. h. daß es für jede Lage der Ebene eine bestimmte Gerade gebe von folgender Beschaffenheit. Nähert sich die bewegte Ebene dieser Lage von der einen oder anderen Seite, so muß sich ihre Schnittgerade mit der festen Ebene der genannten Geraden unbegrenzt nähern; letztere kann als Schnittlinie benachbarter Ebenen angesehen werden. Wir erhalten so eine stetige Folge von Geraden; je zwei benachbarte schneiden sich in einem Punkte. Die Reihe dieser Punkte erfüllt eine Raumkurve, deren Tangenten jene Geraden und deren Schmiegungsebenen jene Ebenen sind. Punkt und Schmiegungsebene spielen bei der Raumkurve eine gleichartige Rolle, drei benachbarte Punkte liefern eine Schmiegungsebene, drei benachbarte Schmiegungsebenen einen Punkt der Raumkurve. In der That entsprechen bei einer reciproken Raumverwandtschaft (vergl. 657) den Punkten einer Raumkurve die Schmiegungsebenen einer zweiten und den Schmiegungsebenen der ersten die Punkte der zweiten.

712. Legt man einer Ebene zwei Bedingungen auf, so kann sie noch unendlich viele Lagen einnehmen; alle diese Ebenen hüllen eine abwickelbare Fläche ein. Daher entsteht eine abwickelbare Fläche, wenn eine Ebene sich so bewegt, daß sie fortwährend zwei feste Flächen, die sogenannten Leitflächen, berührt. Dieser Erzeugung der abwickelbaren Fläche entspricht bei reciproker Raumverwandtschaft die Erzeugung einer Raumkurve als Durchdringung zweier Flächen. Die Tangente in einem Punkte der Durchdringungskurve ist der Schnitt der zugehörigen Tangentialebenen der beiden Flächen. Entsprechend ist die Verbindungslinie der beiden Berührungspunkte, in denen die bewegliche Ebene die Leitflächen berührt, eine Erzeugende der abwickelbaren Fläche; diese berührt die Leitflächen je längs einer Kurve. An Stelle der Leitflächen, welche von der beweglichen Ebene berührt werden, können auch Raumkurven oder ebene Kurven als Leitkurven treten. Dem entspricht die Erzeugung einer Raumkurve als Durchdringung von abwickelbaren oder von Kegelflächen. Jede Hüllebene der abwickelbaren Fläche enthält die bezüglichen Tangenten der Leitkurven.

Es wurde früher bemerkt, daß die Raumkurve, deren Tangenten die abwickelbare Fläche bilden, eine Rückkehrkurve dieser Fläche ist, daß also jeder ebene Schnitt dort, wo er diese Kurve trifft, Spitzen aufweist. Die abwickelbare Fläche besitzt auch im allgemeinen eine Doppelkurve, in deren Punkten sich je zwei Erzeugende treffen, da es im allgemeinen Ebenen giebt, die die Rückkehrkurve in zwei Punkten berühren. Nur bei der abwickelbaren Fläche der Raumkurve 3. Ordnung (vergl. 515 flg.) ist dieses unmöglich, da jede Ebene, die diese Kurve berührt, sie nur noch in einem weiteren Punkte trifft. Die Schnittpunkte der Doppel- und der Rückkehrkurve sind entweder stationäre Punkte oder Spitzen für die letztere. Denn durch einen Punkt der Doppelkurve gehen zwei Tangenten der Rückkehrkurve, rückt also dieser Punkt der Rückkehrkurve unendlich nahe, so rücken auch die beiden Berührungspunkte der zugehörigen Tangenten unendlich nahe, die Ebene dieser Tangenten hat also vier unendlich nahe Punkte mit der Rückkehrkurve gemein, so daß beim Grenzübergang entweder ein stationärer Punkt oder eine Spitze erscheint.

713. Als ein Beispiel der abwickelbaren Flächen ist bereits früher die abwickelbare Schraubenfläche behandelt worden (vergl. 607—611), worauf hier hingewiesen sein mag. Hier soll besonders auf die Flächen eingegangen werden, die zu den Raumkurven 4. Ordnung (vergl. 683 flg.) in reciproker Verwandtschaft stehen. Die wesentlichen Eigenschaften dieser Flächen sind zu denjenigen der Raumkurven 4. Ordnung dualistisch und können hiernach sofort ausgesprochen werden. Dabei ist zu beachten, daß bei reciproker Verwandtschaft einer Fläche 2. Grades wieder eine Fläche 2. Grades, einer Regelfläche wieder eine Regelfläche entspricht; jedem Punkt und seiner Polarebene in Bezug auf die erste Fläche entspricht eine Ebene und ihr Pol in Bezug auf die zweite und umgekehrt. Wir erhalten also die Resultate:

Es giebt eine Fläche 2. Grades, die neun gegebene Ebenen berührt.

Es giebt unendlich viele Flächen 2. Grades, die acht gegebene Ebenen berühren, sie werden alle von der nämlichen abwickelbaren Fläche 4. Klasse umhüllt, ihre Gesamtheit wird als Flächenschar bezeichnet. Legt man also an zwei Flächen der Schar die gemeinsame abwickelbare Fläche, so hat sie die gleiche Eigenschaft für je zwei andere Flächen der Schar. Die Fläche heißt von der 4. Klasse, weil durch jeden Raumpunkt vier Tangentialebenen derselben gehen, die natürlich alle Flächen der Schar berühren.

Die Pole einer beliebigen Ebene in Bezug auf alle Flächen der Schar liegen auf einer Geraden.

Alle Flächen 2. Grades, die einer Schar angehören, besitzen ein gemeinsames Polartetraëder. Der Schar gehören vier Kegelschnitte an, die in den Ebenen des Polartetraëders liegen. Natürlich bilden je drei Ecken dieses Tetraëders ein Polardreieck für den in dieser Ebene liegenden Kegelschnitt. Die vier Kegelschnitte sind Doppelkurven der abwickelbaren Fläche. Denn durch die reciproke Raumkurve 4. Ordnung gehen vier Kegelflächen 2. Ordnung, deren Mantellinien je zwei ihrer Punkte tragen, in deren Tangentialebenen also je zwei ihrer Tangenten liegen; mithin schneiden sich die Erzeugenden jener abwickelbaren Fläche paarweise in den Punkten der genannten vier Kegelschnitte.

714. Die vier Doppelkegelschnitte der abwickelbaren Fläche 4. Klasse sind entweder alle vier reell, oder es sind nur zwei reell; oder es ist keiner reell. Im zweiten Fall ist die Schnittlinie der Ebenen der beiden konjugiert imaginären Kegelschnitte reell, im letzten Fall giebt es zwei reelle Geraden, in denen sich die Ebenen der paarweise konjugiert imaginären Kegelschnitte schneiden.

1. Sind die vier Doppelkegelschnitte reell, so ordnen sich die Erzeugenden der abwickelbaren Fläche in Gruppen zu je acht derartig an, daß jede von ihnen von vier anderen Erzeugenden aus der Gruppe getroffen wird; diese gemeinsamen Punkte liegen natürlich auf den Doppelkegelschnitten. Jede Gruppe von acht Erzeugenden gehört einer Regelfläche der Schar an, sie zerfällt in zweimal vier windschiefe Geraden. Die abwickelbare Fläche besteht aus zwei geschlossenen Mänteln, deren jeder eine Rückkehrkurve besitzt; sie berührt deshalb jede Fläche der Schar in zwei getrennten Kurvenzügen.

Die vier Kegelschnitte teilen alle Flächen der Schar in vier Klassen, wenn man alle Flächen der nämlichen Klasse zurechnet, die man kontinuierlich — d. h. stets von einer Fläche der Schar zur Nachbarfläche fortschreitend — ineinander überführen kann, ohne einen der vier Kegelschnitte zu passieren. Zwei dieser vier Klassen bestehen aus Regelflächen. Die Regelflächen der einen Klasse haben lauter Erzeugende, deren beide Berührungspunkte mit der abwickelbaren Fläche auf verschiedenen Kurvenzügen liegen; jede solche Erzeugende trägt zwei reelle Berührungspunkte, keine von ihnen gehört der abwickelbaren Fläche an. Insbesondere giebt es zwei Doppelkegelschnitte derart, daß durch jeden ihrer Punkte zwei reelle Erzeugende der abwickelbaren Fläche gehen, und zwar von jedem Mantel eine. Die Flächenmäntel durchdringen sich gegenseitig in diesen beiden Kegelschnitten.

Die Regelflächen der anderen Klasse enthalten je acht Erzeugende der abwickelbaren Fläche, berühren somit die Rückkehrkurve in acht Punkten; die Erzeugenden der Regelfläche berühren die abwickelbare Fläche entweder gar nicht, oder in zwei Punkten des nämlichen Mantels. Insbesondere sind die beiden anderen Doppelkegelschnitte so beschaffen, daß durch ihre Punkte entweder keine reellen Erzeugenden der abwickelbaren Fläche gehen, oder zwei reelle Erzeugende des gleichen Mantels. Jeder Flächenmantel besitzt je einen Teil dieser Kegelschnitte als Doppelkurve, ihre anderen Teile liegen nicht auf der Fläche, sondern verlaufen isoliert. Die Tangenten in den Endpunkten der Kegelschnittstücke, die als wirkliche Doppelkurve auftreten, liegen auf der abwickelbaren Fläche; in diesen Punkten besitzt die Rückkehrkurve Spitzen.

2. Sind nur zwei Doppelkegelschnitte reell, so zerfallen die Flächen der Schar in zwei Klassen; eine unter ihnen besteht aus Regelflächen. Diese enthalten je vier Erzeugende der abwickelbaren Fläche, die zu zwei und zwei windschief sind; sie berühren die Rückkehrkurve in vier Punkten. Die abwickelbare Fläche, wie ihre Rückkehrkurve, bestehen nur aus je einem Teil. Die beiden Doppelkegelschnitte zerfallen in je zwei Teile, von denen der eine wirklich Doppelkurve des Flächenmantels ist, der andere aber isoliert verläuft. In den vier Endpunkten dieser Kegelschnittstücke bildet die Rückkehrkurve Spitzen.

3. Ist kein Doppelkegelschnitt reell, so enthält die Flächenschar nur Regelflächen. Keine Erzeugende der abwickelbaren Fläche trifft eine andere unter ihnen; deshalb giebt es auf jeder Regelfläche nur vier windschiefe Erzeugende von ihr, während alle Geraden der anderen Schar dieser Regelfläche die abwickelbare Fläche in je zwei reellen Punkten berühren. Die abwickelbare Fläche besitzt nur einen Mantel, ihre Rückkehrkurve ist einteilig und ohne Spitzen. Auch die Kurven, in denen die abwickelbare Fläche die Regelflächen der Schar berührt, sind einteilig. Diese Kurven sowohl, wie die Rückkehrkurve verlaufen notwendig in zwei Richtungen ins Unendliche.

715. Ganz analog wie die Durchdringungskurve 4. Ordnung zweier Flächen 2. Grades in eine Raumkurve 3. Ordnung und eine Gerade, oder in zwei Kegelschnitte — die selbst wieder aus Geradenpaaren bestehen können — zerfallen kann, kann auch die abwickelbare Fläche 4. Klasse zerfallen. Sie teilt sich dabei entweder in eine abwickelbare Fläche 3. Klasse und einen Ebenenbüschel, oder in zwei Kegelflächen 2. Ordnung, die selbst wieder aus zwei Ebenenbüscheln bestehen können. So zerfällt die abwickelbare Fläche zweier Kugeln in zwei Rotationskegel.

Die Rückkehrkurve der abwickelbaren Fläche 3. Klasse ist eine Raumkurve 3. Ordnung. Denn nach 682 gehen durch jeden Raumpunkt drei Schmiegungsebenen der Raumkurve 3. Ordnung, nach dem Gesetze der Dualität liegen also in jeder Ebene drei Punkte der genannten Rückkehrkurve. Die Tangenten einer Raumkurve 3. Ordnung bilden sonach die allgemeinste abwickelbare Fläche 3. Klasse.

Jede Schmiegungsebene der Raumkurve 3. Ordnung schneidet die abwickelbare Fläche ihrer Tangenten in einem Kegelschnitt. Denn alle Punkte der Kurve liefern mit irgend einem festen Punkte auf ihr verbunden einen Kegel 2. Ordnung; nach dem Prinzip der Dualität schneiden also alle Schmiegungsebenen jede einzelne unter ihnen in den Tangenten eines Kegelschnittes. Die Schnittlinie zweier Schmiegungsebenen ist für die beiden in ihnen liegenden Kegelschnitte gemeinsame Tangente. Während also die abwickelbare Fläche zweier Kegelschnitte bei allgemeiner gegenseitiger Lage von der 4. Klasse ist, wird sie von der 3. Klasse, sobald beide Kegelschnitte eine gemeinsame Tangente haben.

716. Die Beleuchtung einer Oberfläche durch eine leuchtende Fläche, Scheibe, oder Kurve. Die Lösung dieser Aufgabe ergiebt sich mit Hilfe der abwickelbaren Fläche. Ist nur ein leuchtender Punkt vorhanden, so bildet diejenige Kurve auf der belichteten Oberfläche die Lichtgrenze, deren Punkte ihre Tangentialebenen durch den leuchtenden Punkt schicken. Ein Punkt der Fläche liegt im Lichte oder im Eigenschatten, je nachdem seine positive Normale mit dem leuchtenden Punkte auf derselben oder auf verschiedenen Seiten seiner Tangentialebene liegt. Dabei ist mit dem Worte positiv die Richtung der Normale gemeint, die nicht in den von der Oberfläche eingeschlossenen Raum eindringt. Zugleich ist zu bemerken, daß hier und auch weiterhin für das auffallende Licht auch Schlagschatten eintreten kann. Tritt an Stelle des leuchtenden Punktes eine leuchtende Fläche (Scheibe, oder Kurve), so giebt es auf der belichteten Fläche dreierlei Stufen, volles Licht, Halbschatten und vollen Schatten. Liegen alle nach einem Punkte der belichteten Fläche gerichteten Lichtstrahlen auf der nämlichen Seite seiner Tangentialebene, wie seine positive Normale, so hat er volles Licht; liegen sie alle auf der anderen Seite, so hat er vollen Eigenschatten, liegen sie auf beiden Seiten, so hat er Halbschatten. Die Grenzkurve zwischen vollem und Halbschatten enthält solche Punkte, deren Tangentialebenen die leuchtende Fläche (Scheibe, oder Kurve) berühren; Gleiches gilt für die Grenzkurve zwischen Halbschatten und Licht. Im letzteren Falle liegen positive Normale und leuchtende Fläche auf der gleichen Seite der betreffenden Tangentialebene, im ersteren auf verschiedenen Seiten von ihr. Die gemeinsame abwickelbare Fläche der leuchtenden und der beleuchteten Fläche berührt diese in den erwähnten beiden Grenzkurven. Nach dem Gesagten besitzt die abwickelbare Fläche zwei verschiedenartige Teile, der eine berührt in der Grenzkurve des vollen Schattens, der andere in der Grenzkurve des vollen Lichtes.

717. Licht, Halb- und voller Schatten, sowie Schlagschatten einer Kugel, die von einer kreisförmigen Scheibe beleuchtet wird (Fig. 464). Durch den Mittelpunkt O der Kugel und den Mittelpunkt M der Scheibe legen wir eine Ebene Σ senkrecht zur Ebene der Scheibe; sie ist Symmetrieebene für Kugel und Scheibe und folglich auch für ihre gemeinsame abwickelbare Fläche. Diese Symmetrieebene wollen wir parallel zur ersten Projektionsebene nehmen. Die Ebene der Scheibe sei K, und k ihr Randkreis; der Pol von K in Bezug auf die Kugel sei K; endlich seien J und L harmonische Pole sowohl für k wie für die Kugel. Dann bilden J, K, L und der in vertikaler Richtung unendlich ferne Punkt die Ecken des gemeinsamen Polartetraëders von Scheibe und Kugel. Ist AA_1 der horizontale Durchmesser der Scheibe und sind BB_1 seine reellen, oder imaginären Durchstoßpunkte mit der Kugel, so teilen J, L sowohl AA_1 wie BB_1 harmonisch. Nun wählen wir die Tangente t in einem Punkte T von k und legen durch sie die beiden Tangentialebenen an die Kugel. Ihre Berührungspunkte P und Q liegen entweder auf der Kurve u, die den voll belichteten Teil der Kugel begrenzt, oder auf der Kurve v, welche die Grenze des Vollschattens bildet; es hängt das von der Lage von t gegen die Kugel ab. PQ und t sind konjugierte Polaren in Bezug auf die Kugel; PQ geht also durch K und steht auf der Ebene Ot senkrecht. Zur Konstruktion von P, Q sei bemerkt, daß sie zunächst in der Polarebene des Punktes $t \times \Sigma$ liegen, die zu Σ normal ist und deren Spur in Σ auf der Verbindungslinie dieses Punktes mit O senkrecht

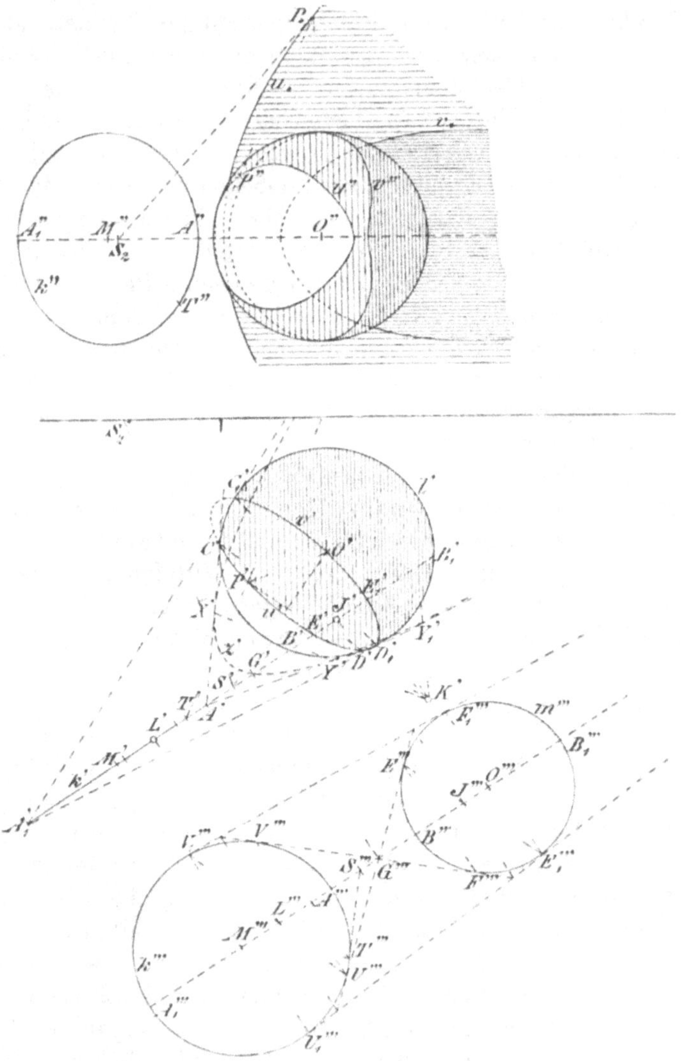

Fig. 464.

steht. Projiziert man nun t auf diese Polarebene, so ist KPQ zu dieser Projektion senkrecht, da die konjugierten Polaren t und PQ zu einander normal sind. Der Schatten P^* auf u^* in der Aufrißebene liegt auf dem Lichtstrahle *TP*. In der Figur sind einige Hilfslinien weggelassen.

Bewegt sich T und mit ihm seine Tangente t, so beschreibt ihre konjugierte Polare in Bezug auf die Kugel einen Kegel 2. Grades (657) mit dem Scheitel K; seine Mantellinien stehen senkrecht auf den Tangentialebenen eines anderen Kegels mit O als Scheitel und k als Grundkreis. Die Kurven u und v bilden demnach zusammen die Durchdringungskurve 4. Ordnung von der Kugel und dem Kegel mit dem Scheitel K. Die Schnittpunkte von u und v mit dem Kugelkreise l in der Symmetrieebene Σ sind die Berührungspunkte C, C_1, D, D_1 der von A und A_1 an l gelegten Tangenten (CD und C_1D_1 durch K). Ebenso schneiden u und v den in der Ebene K der Scheibe liegenden Kugelkreis m in vier Punkten E, F, E_1, F_1; es sind dies die Berührungspunkte der gemeinsamen Tangenten von k und m. In der Figur sind diese Punkte durch Anwendung einer zur Scheibe parallelen Seitenrißebene konstruiert. Die Tangenten in den Punkten E, F von u und E_1, F_1 von v gehen durch K.

Da J und L harmonische Pole sowohl von k wie von m sind, so bilden sie zusammen mit dem unendlich fernen Punkte der Vertikalen das gemeinsame Polardreieck der beiden Kreise k und m. Die vier gemeinsamen Tangenten dieser beiden Kreise bilden aber ein Vierseit, dessen Diagonalen nichts anderes wie die Seiten jenes Polardreieckes sind (vergl. 374). Daraus folgt, daß EE_1 und FF_1 durch J und EF_1 und FE_1 durch L gehen, daß also auch J und L harmonische Pole in Bezug auf den Kegel mit dem Scheitel K sind. Für den Büschel von Flächen 2. Grades, dessen Grundkurve in u und v zerfällt, sind K, J, L und der unendlich ferne Punkt der Vertikalen die Ecken des gemeinsamen Polartetraëders. Die Kurven u und v liegen hiernach auch auf einem Kegel 2. Grades mit dem Scheitel L, einem Kegel mit dem Scheitel J und einem Cylinder 2. Grades mit vertikalen Mantellinien. Letzterer mag die Symmetrieebene Σ in dem Kegelschnitte w schneiden; u' und v' sind dann Stücke des Kegelschnittes w', für den $J'K'L'$ ein Polardreieck ist und von dem bereits genügend viele Punkte bekannt sind, um ihn zu konstruieren. Aus u', v' ergiebt sich dann der Aufriß u'', v'' entweder mit Hilfe der Kugel, oder des Kegels mit dem Scheitel K in einfacher Weise.

Sucht man zu den Mantellinien des soeben genannten Cylinders die konjugierten Polaren, so umhüllen dieselben einen Kegelschnitt z in der Ebene Σ. Die Tangenten von z sind die Polaren der Punkte von w in Bezug auf den Kugelkreis l; z und w sind also reciproke

Kegelschnitte in Bezug auf den Kreis l. Die Tangentialebenen in den Punkten von u oder v schneiden Σ in den Tangenten von z; die gemeinsame abwickelbare Fläche von Kugel und Scheibe besitzt eine in Σ liegende Doppelkurve z. Natürlich besitzt sie auch in den Vertikalebenen durch JK und LK Doppelkurven. z geht durch die in Σ liegenden Schnittpunkte G und G_1 der gemeinsamen Tangenten von k und m (G' Pol von $E'K'$ in Bezug auf l', G_1' Pol von $E_1'K'$). Ferner berührt z die Geraden AC, AD, A_1C_1, A_1D_1 in den Punkten, deren Polaren in Bezug auf l die Tangenten von w in den Punkten C, D, C_1, D_1 sind. Diese Berührungspunkte liegen auch auf den Polaren von A resp. A_1 in Bezug auf z; die Polaren gehen aber durch K und je einen der beiden Punkte, die mit A resp. A_1 die Strecke GG_1 harmonisch teilen.

Die Tangentialebene in einem Punkte P von u oder v berührt auch den Kreis k in einem Punkte T; die zugehörige Tangente mag AA_1 in S treffen. Dann ist S der Pol der Vertikalebene durch PK, also $S'O' \perp P'K'$, so daß sich S' unmittelbar aus P' ergiebt und daraus auch T' und T ($S'''T'''$ tangiert k''' in T'''). PT ist eine Erzeugende der abwickelbaren Fläche; ihr Schnittpunkt P^* mit der Aufrißebene ist ein Punkt der Schlagschattenkurve u^* oder v^*. Damit ist eine punktweise Konstruktion der Kurven u^* und v^* gegeben. Da die Tangentialebene in P aus der Aufrißebene die Tangente von u^* im Punkte P^* ausschneidet, so geht diese durch den zweiten Spurpunkt S_2 der Geraden s, in der jene Tangentialebene die Ebene Σ schneidet ($S'S_2' \perp O'P'$, $S_2S_2' \perp x$). Je nachdem P' und T' auf der nämlichen oder auf verschiedenen Seiten von s' liegen, liegen auch P'' und T'' auf der gleichen oder auf verschiedenen Seiten von $O''M'' = s''$.

Die abwickelbare Fläche 4. Klasse, deren Erzeugende (z.B. PT) wir soeben bestimmt haben, besitzt eine Rückkehrkurve r; die Projektionen r' und r'' dieser Kurve werden umhüllt von den Projektionen der Erzeugenden (z. B. von $P'T'$ resp. $P''T''$). Die Kurve r besitzt, wie wir früher gesehen haben, acht Spitzen; von diesen liegen vier auf k und vier auf z. Die Spitzen auf k sind die Berührungspunkte der gemeinsamen Tangenten von k und m; nämlich U, U_1, V, V_1; nur die Kreisbogenstücke UV und U_1V_1 liegen wirklich auf der abwickelbaren Fläche, die beiden anderen verlaufen isoliert. Die Spitzen auf z sind die Berührungspunkte der Tangenten AC, AD, A_1C_1, A_1D_1, nämlich X, Y, X_1, Y_1; die Kurvenstücke XY und X_1Y_1 liegen auf der Fläche, während die Kurvenstücke XX_1 und YY_1 isoliert verlaufen.

718. Die Flächen von gleichförmiger Neigung. Die Fläche von gleichförmiger Neigung bildet einen besonderen Fall der abwickelbaren Flächen; sie ist dadurch definiert, daß die Tangentialebenen in allen ihren Punkten gleiche Neigung gegen die Horizontalebene zeigen. Alle Tangentialebenen einer solchen Fläche sind demnach zu denjenigen eines Rotationskegels mit vertikaler Achse parallel. Legt man also von einem beliebigen Punkte den Tangentenkegel an die Fläche, so muß er entweder in mehrere Ebenen zerfallen, oder seine Mantellinien müßten zu denen des Rotationskegels parallel sein. Das letztere ist aber unmöglich, wie man beim Betrachten der Tangentenkegel aus den Punkten einer beliebigen Geraden erkennt. Denn jede Ebene durch diese Gerade müßte die Fläche in einer Kurve schneiden, die von einem System paralleler Geraden berührt würde, nämlich den Geraden der Ebene, die zu einer Mantellinie des Rotationskegels parallel laufen. Die aus einem Punkte an die Fläche gelegten Tangentialebenen berühren sie somit längs Kurven; dieselbe erscheint also als Hüllfläche von Ebenen, die gegen die Horizontalebene gleich geneigt sind. Daraus folgt weiter, daß unsere Fläche eine abwickelbare Fläche ist, deren Erzeugende zu den Mantellinien jenes Rotationskegels parallel sind, die also ebenfalls gleiche Neigung gegen die Horizontalebene haben.

Die Erzeugenden der Fläche von gleichförmiger Neigung sind Falllinien in den zugehörigen Tangentialebenen, da das Gleiche für den genannten Rotationskegel der Fall ist. Erster Spurpunkt einer Erzeugenden und erste Spurlinie ihrer Tangentialebene bilden einen Punkt und die zugehörige Tangente der ersten Spurkurve unserer Fläche. Da aber Falllinie und Spurlinie aufeinander senkrecht stehen, so durchschneiden die Erzeugenden der Fläche alle ihre Horizontalkurven rechtwinklig. Auch die ersten Projektionen dieser Horizontalkurven und der Erzeugenden durchschneiden sich rechtwinklig. Die ersten Projektionen aller Horizontalkurven besitzen das gleiche Normalensystem, es sind äquidistante Kurven als gemeinsame Evolventen der von jenen Normalen umhüllten Kurve r'. Diese Kurve ist die Projektion der Rückkehrkante r unserer Fläche. Läßt man eine Tangente der Rückkehrkante auf ihr ohne Gleiten abrollen, so beschreibt sie die Fläche und jeder ihrer Punkte eine Horizontalkurve derselben. Ein Beispiel giebt die abwickelbare Schraubenfläche (607 flg.).

Durch eine Horizontalkurve und den Neigungswinkel der Erzeugenden ist eine Fläche von gleichförmiger Neigung bestimmt. Statt der Horizontalkurve kann auch irgend eine andere Kurve, welche auf der Fläche liegen soll, gegeben sein. Durch jeden ihrer Punkte giebt es zwei Erzeugende von der vorgeschriebenen Neigung. Man erhält sie, indem man den Punkt zur Spitze eines Rotationskegels von der gegebenen Neigung macht und durch seine Tangente die beiden Tangentialebenen an diesen Kegel legt; sie berühren denselben in den gesuchten Erzeugenden. Die Fläche kann man hierbei als Hüllfläche kongruenter Rotationskegel mit vertikaler Achse ansehen, deren Spitzen auf der gegebenen Kurve liegen. Ihre erste Spurkurve ist die Hüllkurve der ersten Spurkreise dieser Kegel; sie berührt jeden dieser Kreise in den beiden Punkten, deren Tangenten durch den Spurpunkt derjenigen Geraden gehen, welche die gegebene Kurve in der Spitze des zugehörigen Kegels berührt. Die gegebene Kurve ist Doppelkurve unserer Fläche.

719. Die Fläche von gleichförmiger Neigung, deren erste Spurkurve eine Ellipse ist (Fig. 465). Die Tangentialebenen dieser abwickelbaren Fläche berühren zwei feste Kegelschnitte, nämlich die gegebene Ellipse i und einen unendlich fernen Kreis q; dieser liegt auf dem Richtungskegel, dessen Spitze ein beliebiger Punkt S ist und dessen Mantellinien den Erzeugenden der Fläche parallel laufen. Demnach ist unsere Fläche eine abwickelbare Fläche 4. Klasse (713), für welche i und q Doppelkurven sind. Es existieren also noch zwei weitere Doppelkegelschnitte l und m, ihre Ebenen gehen durch die große, resp. kleine Achse der Ellipse i und stehen auf deren Ebene senkrecht. Die Ebenen der Kegelschnitte i, l, m sind Symmetrieebenen der Fläche. Bei der Darstellung nehmen wir Π_1 durch i und Π_2 resp. Π_3 parallel zu l resp. m. Seien nun O der Mittelpunkt, AA_1 die große und BB_1 die kleine Achse der Ellipse i; ferner gebe $\angle\,\alpha$ die Neigung der Fläche an.

In jedem Punkte von l schneiden sich zwei Erzeugende der Fläche, deren erste Spurpunkte auf i symmetrisch zu AA_1 liegen. So schneiden sich die Erzeugenden durch B und B_1 in den Endpunkten der vertikalen Achse CC_1 von l ($O''C'' = OC = OB \operatorname{tang} \alpha$). In der Figur ist von den beiden Mänteln der Fläche durch i nur der eine berücksichtigt. Ferner schneiden sich die beiden benachbarten Erzeugenden, deren erste Spurpunkte zu A benachbart sind, in einem Punkte T von l, dessen erste Projektion T' der Krümmungsmittelpunkt von i für den Punkt A ist ($AT' = (OB)^2 : OA$, $\angle\, O''A''T'' = \angle\, OAT = \angle\, \alpha$). Nach 714 ist T eine Spitze der Rückkehrkante u unserer Fläche und AT berührt in T sowohl l wie u. Hierdurch ist auch die horizontale Achse DD_1 von l bestimmt; denn A und T' liegen als konjugierte Pole von l harmonisch zu DD_1, es ist also: $(OD)^2 = OA \cdot OT' = (OA)^2 - (OB)^2$. Mithin sind D, D_1 die Brennpunkte von i und es geht l durch die Brennpunkte von i.

Die Kurve m ist eine Hyperbel mit der vertikalen Hauptachse EE_1 $(O''E'' = OE = OA \operatorname{tang} \alpha)$. Auf der Erzeugenden durch B liegt

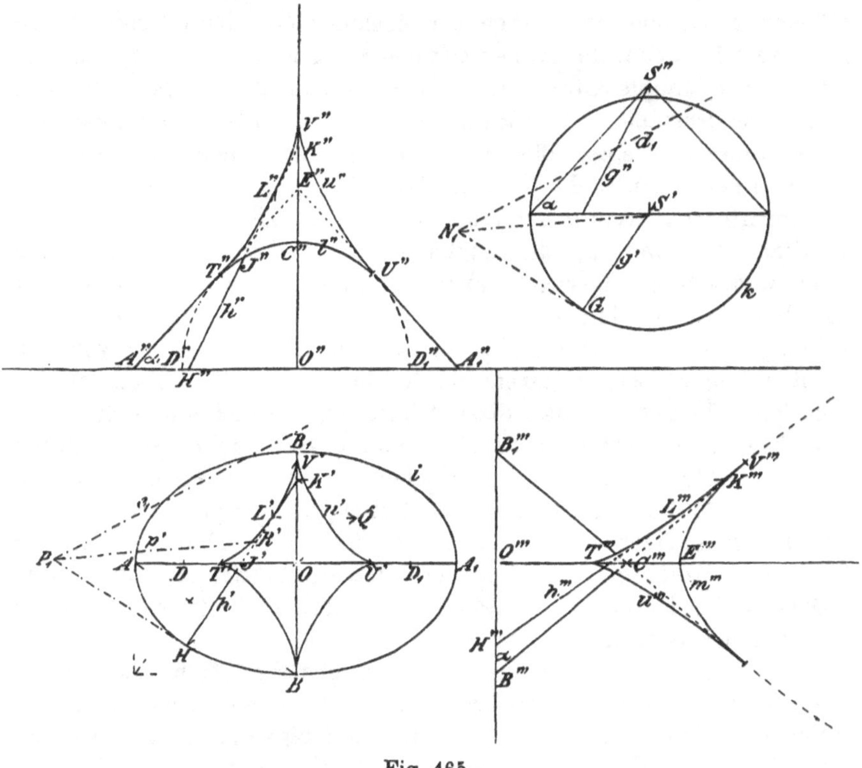

Fig. 465.

der Punkt V von m, dessen erste Projektion V' der Krümmungsmittelpunkt von i für den Punkt B ist ($\angle\, OBV = \angle\, \alpha$); V ist eine Spitze von u und BV tangiert u und m in V. Das Quadrat der imaginären Halbachse von m ist gleich: $OB \cdot OV'$, da B und V' konjugierte Pole von m sind. Die Erzeugende h durch den Punkt H von i trägt drei Punkte J, K, L die respective auf den Kurven l, m, u liegen; h' ist die Normale von i in H, L' der zugehörige

Krümmungsmittelpunkt, J' und K' sind die Punkte von h' auf AA_1 resp. BB_1 ($K'Q \perp h'$, $Q = K'Q \times HO$, $QL' \parallel AA_1$, vergl. 405). Hieraus ergeben sich dann auch Aufriß und Seitenriß von h, J, K und L. Legt man durch einen beliebigen Punkt S den Richtungskegel und ist k sein Basiskreis in einer beliebigen Horizontalebene, ist ferner g die Mantellinie, für welche $g' \parallel h'$ wird, so ist auch $h'' \parallel g''$ und $h''' \parallel g'''$, wodurch sich die Richtungen von h'' und h''' bestimmen (siehe Nebenfigur).

Die Fläche von gleichförmiger Neigung hüllt eine Schar von Flächen 2. Grades ein, deren gemeinsamer Mittelpunkt mit O und deren gemeinsame Hauptebenen mit den Ebenen von i, l, m zusammenfallen. Die Hauptschnitte einer solchen Fläche 2. Grades bestimmen sich folgendermaßen. Der Hauptschnitt in der Ebene von l berührt die Gerade AE, sowie die drei dazu symmetrischen Geraden, der in der Ebene von m die Gerade BC, der in der Ebene von i die vier imaginären Brennpunktstangenten von i. Die Flächen berühren nämlich alle Ebenen, die zugleich i und den unendlich fernen Kreis q des Richtungskegels tangieren. Durch die Kegelachse giebt es aber zwei konjugiert imaginäre Ebenen, die den Kreis q berühren, es sind die sich selbst entsprechenden Ebenen der von den rechtwinkligen Ebenenpaaren durch die Kegelachse gebildeten Involution. Verschiebt man diese Involution parallel mit sich selbst bis ihre Achse durch einen Brennpunkt von i geht, so berühren ihre sich selbst entsprechenden Ebenen sowohl den Kreis q, wie die Ellipse i (389); woraus die obige Behauptung folgt, da die Ebene von i Symmetrieebene unserer Fläche ist. Die Schar der Flächen 2. Grades besitzt in der Ebene von i Hauptschnitte, die mit i konfokal sind. Durch Wahl dieses Hauptschnittes bestimmen sich die anderen unmittelbar.

Jede Fläche der Schar wird von unserer Fläche längs einer Raumkurve 4. Ordnung berührt. Denn die Tangentialebenen in den Schnittpunkten dieser Kurve mit einer beliebigen Ebene gehen durch den Pol dieser Ebene in Bezug auf die Fläche 2. Grades; da aber jene Tangentialebenen auch die Fläche von gleichförmiger Neigung berühren und diese von der 4. Klasse ist, so gehen nur vier durch den genannten Pol, die Berührungskurve ist also von der 4. Ordnung. Sie projiziert sich demnach auf jede der drei Symmetrieebenen — und somit auch auf Π_1, Π_2 und Π_3 — als Kegelschnitt. Die Scheitel dieser Kegelschnitte sind die Projektionen der Berührungspunkte der betreffenden Fläche 2. Grades, oder ihrer Hauptschnitte, mit den Geraden AE, A_1E, BC, B_1C und den vier Brennpunktstangenten von i.

Die Schnittkurve unserer Fläche mit einer beliebigen Ebene E erhält man, indem man ihre Erzeugenden mit E schneidet. Zu diesem Zwecke lege man durch S eine zu E parallele Ebene Δ und suche ihre Spur d_1 in der Ebene des Kreises k, diese ist zur ersten Spur e_1 von E parallel. Ist dann h eine Erzeugende, H ihr erster Spurpunkt, g die Parallele zu h durch S, G ihr Spurpunkt auf k; ist ferner R der gesuchte Schnittpunkt und p die zugehörige Tangente der Schnittkurve, so schneiden sich e_1 und die Tangente des Punktes H von i im ersten Spurpunkte P_1 von p. Die Gerade p ist aber parallel zu SN_1, wenn N_1 der Schnittpunkt von d_1 mit der Tangente des Punktes G von k ist; denn die Ebenen, die sich in diesen Geraden schneiden, sind parallel. Man zeichne also P_1 und N_1 und ziehe durch P_1 eine Parallele zu N_1S, diese berührt dann die Schnittkurve in ihrem auf h liegenden Punkte R ($P_1R' \parallel N_1S'$, $HP_1 \perp h'$, $GN_1 \perp g'$). Die Asymptoten der Schnittkurve erhält man, indem man diese Konstruktion auf die zu E parallelen Erzeugenden der Fläche anwendet.

Die Tangentialebenen, die man aus einem beliebigen Punkte an die Fläche legen kann, haben die Eigenschaft, daß ihre ersten Spuren einerseits die Ellipse i und andererseits den ersten Spurkreis des Richtungskegels aus dem gewählten Punkte berühren, woraus sie sich ergeben.

Regelflächen.

720. Bewegt sich eine Gerade nach irgend einem Gesetz, so erzeugt sie eine Regelfläche, d. h. die Gerade gehört in allen durch die Bewegung angenommenen Lagen der Regelfläche an; diese Geraden heißen die Erzeugenden der Fläche. Zwei benachbarte Erzeugenden sind im allgemeinen windschief zu einander, so daß die Tangentialebenen in den Punkten einer Erzeugenden von einander verschieden sind. Wenn dagegen je zwei benachbarte Erzeugende sich schneiden, so ist die Fläche abwickelbar und jede Tangentialebene berührt sie längs einer Erzeugenden (711). Von den abwickelbaren Flächen sehen wir hier ab und betrachten nur die allgemeinen Regelflächen, die auch windschiefe Regelflächen genannt werden.

Die Schnittkurve s einer Regelfläche mit einer Ebene E enthält die Gesamtheit der Durchstoßpunkte der Erzeugenden mit der Ebene; jede Erzeugende trägt einen Punkt der Schnittkurve. Geht die schneidende Ebene durch eine Erzeugende g, so wird jede weitere Erzeugende diese Ebene in einem Punkte schneiden und alle diese Punkte liegen auf der Schnittkurve s. Während eine Gerade durch Bewegung die Regelfläche erzeugt, erzeugt ihr Schnittpunkt mit E die Kurve s; passiert die Gerade dabei die Lage g, so passiert auch der zugehörige Punkt von s die Erzeugende g wegen der Kontinuität; dieser Schnittpunkt von s und g sei P. Daß es im allgemeinen noch weitere Schnittpunkte von g und s giebt, werden wir weiterhin sehen. Die Ebene E durch g berührt die Regelfläche im Punkte P von g. Denn die volle Schnittkurve von E mit der Fläche besteht aus s und g, sie hat in P einen Doppelpunkt und jede durch P laufende Gerade von E berührt daselbst die Fläche. Speziell ist die Tangente t im Punkte P von s eine Haupttangente der Regelfläche, d. h. sie oskuliert dieselbe (470); die andere Haupttangente wird von der Erzeugenden g gebildet.

Dreht sich die Ebene E um g, so verschiebt sich auch ihr Berührungspunkt P auf g und damit die zugehörige Haupttangente t. Wir haben nun den Satz, daß die Haupttangenten in allen Punkten einer Erzeugenden auf einem Hyperboloide liegen, dessen eine Schar sie bilden. Sind nämlich P_1, P_2, P_3 drei Punkte auf g und t_1, t_2, t_3 die zugehörigen Haupttangenten, so kann man durch t_1, t_2, t_3 ein Hyperboloid legen (664), und dieses oskuliert die Regelfläche längs der Erzeugenden g. Denn jede der Geraden t_1, t_2, t_3 trifft außer g noch zwei benachbarte Erzeugende der Regelfläche, und diese drei benachbarten Erzeugenden gehören auch dem Hyperboloid an. Man kann auch zu dem längs g oskulierenden Hyperboloide gelangen, indem man zuerst ein Hyperboloid durch g und zwei weitere Erzeugende legt und dann einen Grenzprozeß macht, bei dem die beiden weiteren Erzeugenden nacheinander auf der Regelfläche nach g hin verschoben werden. Jede Erzeugende des oskulierenden Hyperboloides, die zu der gleichen Schar wie t_1, t_2, t_3 gehört, ist eine Haupttangente der Regelfläche, da sie drei benachbarte Punkte mit ihr gemein hat.

Nimmt man in P_1, P_2, P_3 statt der Haupttangenten irgend welche andere Tangenten der Regelfläche, so geht durch sie ein Hyperboloid, das die Regelfläche längs g berührt.

721. Die Schnittkurve der Regelfläche mit einem beliebigen Hyperboloide wird von jeder Erzeugenden jener Fläche in je zwei Punkten getroffen. Das gilt auch noch, falls das Hyperboloid die Erzeugende g enthält und längs ihr die Fläche oskuliert. Das oskulierende Hyperboloid schneidet also aus der Regelfläche eine Kurve q

aus, die mit jeder Erzeugenden zwei Punkte gemein hat, mithin wegen der Kontinuität auch mit g zwei Punkte Q_1 und Q_2. Während nun im allgemeinen die Haupttangenten in den Punkten von g drei unendlich nahe Punkte mit der Regelfläche gemein haben und sie außerdem noch in einer Anzahl davon getrennt liegender Punkte schneiden, die der Kurve q angehören, haben die beiden Haupttangenten durch Q_1 resp. Q_2 vier benachbarte Punkte mit der Regelfläche gemein, indem zugleich einer ihrer Schnittpunkte mit q nach Q_1 resp. Q_2 hereingerückt ist. Die Tangentialebenen in Q_1 resp. Q_2 schneiden deshalb die Regelfläche — abgesehen von g — in Kurven, die Q_1 resp. Q_2 zu Wendepunkten und die bezüglichen Haupttangenten zu Wendetangenten haben, denn diese müssen die ebenen Schnittkurven in vier unendlich nahen Punkten schneiden. Unter den Ebenen durch eine beliebige Erzeugende einer Regelfläche giebt es zwei, deren Berührungspunkte für die zugehörige Schnittkurve Wendepunkte sind.

722. Wird die Regelfläche von einem Hyperboloid längs einer Erzeugenden g oskuliert, so schneidet jede Ebene durch g Regelfläche und Hyperboloid in einer Kurve und einer Geraden, die durch den nämlichen Punkt von g gehen und sich daselbst berühren. In den Punkten von g stimmen also die zugehörigen Tangentialebenen der Regelfläche und des Hyperboloides überein. Nun ist aber bei einem Hyperboloide der Büschel der Ebenen durch eine Erzeugende projektiv zu der auf der Erzeugenden liegenden Reihe ihrer Berührungspunkte (663). Das muß also auch für die Regelfläche gelten und wir haben den Satz: Dreht sich eine Ebene um eine Erzeugende einer Regelfläche, so durchläuft ihr Berührungspunkt diese Erzeugende derart, daß der Büschel der Ebenen zu der Reihe ihrer Berührungspunkte projektiv ist.

In jedem Punkte einer Erzeugenden g der Regelfläche ist die Flächennormale zu der betreffenden Tangentialebene senkrecht; es ist deshalb auch die Reihe der Punkte auf g projektiv zu dem Büschel der Ebenen durch g, welche die in den Punkten errichteten Flächennormalen enthalten. Wir schließen nun weiter, daß die Normalen einer Regelfläche in den Punkten einer Erzeugenden ein hyperbolisches Paraboloid bilden, das als Normalenparaboloid bezeichnet wird. Denn einerseits sind alle diese Normalen zu einer Ebene parallel, da sie auf der nämlichen Erzeugenden senkrecht stehen; andererseits bestimmt jede Normale auf der Erzeugenden einen Punkt und mit ihr eine Ebene, und die Reihe dieser Punkte ist mit dem Büschel dieser Ebenen projektiv.

723. Jede Ebene durch eine Erzeugende g einer Regelfläche berührt dieselbe in einem Punkte von g. Dieser Punkt liegt, wie wir sahen, auf der Schnittkurve der Ebene mit der Fläche und ist deshalb benachbart zu dem Schnittpunkte der Ebene mit einer zu g benachbarten Erzeugenden. Insbesondere heißt die Ebene, welche die Fläche im unendlich fernen Punkte von g berührt, eine asymptotische Ebene der Fläche. Ihre Schnittkurve kann also die zu g benachbarte Erzeugende nicht im Endlichen treffen, d. h. die asymptotische Ebene ist zu g und der benachbarten Erzeugenden parallel. Die asymptotischen Ebenen einer Regelfläche sind deshalb zu den Tangentialebenen ihres Richtkegels parallel, dessen Mantellinien den Erzeugenden der Fläche parallel laufen. Der Berührungspunkt derjenigen Ebene durch g, die auf der asymptotischen Ebene durch g senkrecht steht, heißt der Centralpunkt der Erzeugenden g. Nach (708) ist der Centralpunkt von g derjenige Punkt, der den kleinsten Abstand von der Nachbarerzeugenden besitzt. Der Ort der Centralpunkte aller Erzeugenden einer Regelfläche heißt ihre Striktionslinie.

724. Eine Regelfläche besitzt im allgemeinen eine oder mehrere Doppel- oder auch vielfache Kurven. Schneiden sich nämlich zwei Erzeugende g und h der Fläche, so wird auch, wie aus der Erzeugung der Fläche durch eine bewegte Gerade folgt, die zu g benachbarte Erzeugende g_1 von einer zu h benachbarten Erzeugenden h_1 getroffen werden u. s. f.; auf diese Weise entsteht eine Doppelkurve. Daß aber eine Erzeugende g im allgemeinen mehrere andere Erzeugende trifft, erkennt man in folgender Weise. Eine beliebige Ebene durch g schneidet die Fläche in einer Kurve s, die g in dem Berührungspunkt P der Ebene trifft und außerdem im allgemeinen noch in mehreren weiteren Punkten $Q_1, Q_2 \dots$ Durchläuft nun ein Punkt die Kurve s, so beschreibt die ihn tragende Erzeugende die Regelfläche. Passiert dabei der Punkt die Lage P, so passiert die zugehörige Erzeugende die Lage g; passiert dagegen der Punkt eine der Lagen $Q_1, Q_2 \dots$, so nimmt die zugehörige Erzeugende Lagen an, die zu g nicht benachbart sind, weil P und Q_i nicht benachbart sind. Die Punkte $Q_1, Q_2 \dots$ gehören somit der Doppelkurve an.

Auf der Doppelkurve d einer Regelfläche giebt es besondere Punkte, zu denen wir durch folgende Überlegung gelangen. Durch einen beliebigen Punkt P von d gehen zwei Erzeugende e_1 und e_2, welche auf einer ebenen Schnittkurve s der Regelfläche die beiden Punkte E_1 und E_2 ausschneiden mögen. Liegen nun E_1 und E_2

auf dem nämlichen Kurvenzweige von s und bewegt sich P auf d, so durchlaufen E_1 und E_2 den ganzen Kurvenzweig. Denn ein Umkehren der Bewegung kann nicht stattfinden, da durch jeden Punkt von s nur eine Erzeugende geht (in den Doppelpunkten kann jeder Zweig für sich betrachtet werden). Durchlaufen hierbei E_1 und E_2 die Kurve in entgegengesetzter Richtung, so giebt es gewisse Lagen, für die e_1 und e_2 zusammenfallen. Eine solche Gerade wird Torsallinie der Regelfläche, der zugehörige Punkt auf der Doppelkurve Kuspidalpunkt genannt. Die Fläche wird längs der Torsallinie von der nämlichen Ebene berührt. Das eine der beiden Stücke der Doppelkurve, die in einem Kuspidalpunkt zusammenstoßen, verläuft isoliert, da keine reellen Erzeugenden durch seine Punkte hindurchgehen. Während jede Schnittkurve durch den beliebigen Punkt P von d einen Doppelpunkt besitzt, dessen beide Tangenten in Ebenen liegen, die durch die Tangente von d in P und die Erzeugenden e_1 resp. e_2 gehen, schneidet jede Ebene durch einen Kuspidalpunkt die Fläche in einer Kurve mit Spitze. Jede Ebene durch eine Torsallinie berührt die Fläche in dem zugehörigen Kuspidalpunkt; denn alle übrigen Punkte der Torsallinie haben eine bestimmte gemeinsame Tangentialebene. Jede Umrißlinie und jede Eigenschattengrenze geht durch alle Kuspidalpunkte hindurch und berührt in ihnen die zugehörige Torsallinie. Es folgt dieses einfach aus den Definitionen dieser Kurven. Vielfache Kurven der Regelfläche lassen sich ähnlich wie die Doppelkurven untersuchen, wenn man jedesmal nur zwei der Flächenmäntel durch die vielfache Kurve in Betracht zieht.

725. Wir wenden uns jetzt der Erzeugung der Regelflächen zu. Die Zahl der Geraden im Raume ist eine vierfach unendliche. Demnach ist die Zahl der Raumgeraden, welche drei einfache Bedingungen erfüllen, einfach unendlich groß, d. h. diese Geraden sind die Erzeugenden einer Regelfläche. Diese Bedingungen können von der verschiedensten Art sein und es möge einige hier aufgezählt werden.

Eine Regelfläche entsteht, wenn eine Gerade als Erzeugende an drei festen Kurven, den Leitkurven, hingleitet, wobei sie beständig gemeinsame Sekante dieser Kurven bleibt. Legt man aus einem Punkte der ersten Leitkurve Kegelflächen durch die zweite und dritte, so sind ihre gemeinsamen Mantellinien Erzeugende der Regelfläche. Von den drei Leitkurven kann auch eine unendlich fern gewählt werden, d. h. es können zwei Leitkurven und der Richtungskegel der Regelfläche gegeben sein. Es lassen sich dann die Erzeugenden als gemeinsame Mantellinien zweier Cylinder gewinnen.

An die Stelle der drei Leitkurven, oder auch einzelner derselben können Leitflächen treten, welche von den Erzeugenden berührt werden sollen. Ist noch eine Leitkurve vorhanden, so kann man von jedem ihrer Punkte die Tangentenkegel an die beiden Leitflächen legen, ihre gemeinsamen Mantellinien bilden dann die Regelfläche. Sind drei Leitflächen gegeben, so wählt man noch eine Gerade g, die auch unendlich fern sein kann, und bestimmt die Regelfläche zu dieser Geraden als Leitlinie und zu zwei von den gegebenen Flächen als Leitflächen. Diese Regelfläche schneidet man mit der dritten Leitfläche, dann sind die Tangenten der Schnittkurve, welche g treffen, Erzeugende der gesuchten Regelfläche. Besitzt nämlich der Punkt P der Schnittkurve eine die Gerade g schneidende Tangente t und wäre diese nicht gleichzeitig Tangente der beiden ersten Leitflächen, so müßten in der Ebene gt zwei gemeinsame benachbarte Tangenten dieser beiden Leitflächen liegen, die von P und dessen Nachbarpunkt ausgingen. Schneidet die Ebene gt beide Leitflächen in gewöhnlichen Kurven, so ist dieses unmöglich; es tritt jedoch ein, wenn sie eine von ihnen berührt. Solche Tangenten der Schnittkurve, die mit g eine Tangentialebene von einer der beiden Leitflächen bestimmen, gehören also der gesuchten Regelfläche nicht an.

Eine Regelfläche entsteht auch, wenn eine Gerade als Erzeugende an zwei festen Leitkurven so hingleitet, daß die von den Leitkurven auf der Geraden begrenzte Strecke konstant bleibt, oder daß die Gerade eine der Leitkurven unter konstantem Winkel schneidet. Im ersten Falle verlaufen die Erzeugenden von einem Punkt der ersten Leitkurve nach denjenigen der zweiten, welche auf einer Kugel mit jenem Punkt als Mittelpunkt und mit der konstanten Strecke als Radius liegen. Im zweiten Falle tritt an die Stelle der Kugel ein Rotationskegel, dessen Spitze ein Punkt der ersten Leitkurve, dessen Achse die zugehörige Tangente ist und dessen Mantellinien den konstanten Winkel mit ihr einschließen.

Eine Regelfläche wird auch von den Normalen gebildet, die auf einer gegebenen Fläche in den Punkten einer gegebenen Kurve errichtet sind; man bezeichnet sie als Normalenfläche.

726. Es mögen hier einige Sätze über algebraische Kurven und Flächen ohne Beweis mitgeteilt werden, deren Beweis in der analytischen Geometrie auf einige Fundamentalsätze der Algebra basiert wird. Sie werden gelegentlich hier und da eine Anwendung finden, doch wird der ganze Verlauf unserer Untersuchungen auch beim Weglassen dieser wenigen Stellen verständlich bleiben. Die Algebra zeigt, daß eine Gleichung *n.* Grades *n* Wurzeln besitzen muß, die teils reell, teils imaginär sein können. Die imaginären Wurzeln sind paarweise konjugiert, d. h. sie bilden die Wurzelpaare quadratischer Gleichungen mit reellen Koëffizienten. Zwei Gleichungen vom *n.* resp. *m.* Grade mit zwei Veränderlichen besitzen *nm*, drei Gleichungen vom *n.*, *m.* und *l.* Grade mit drei Veränderlichen besitzen *nml* gemeinsame Lösungen; die auftretenden imaginären Lösungen sind wieder paarweise konjugiert. Die Anwendung dieser Sätze auf Kurven und Flächen ist es, um die es sich hier handelt. Eine ebene Kurve *n.* Ordnung ist eine solche, die von jeder Geraden in *n* Punkten geschnitten wird, die alle oder teilweise imaginär sein können. Die imaginären Schnittpunkte sind paarweise konjugiert und können durch Kegelschnitte (oder Kreise) ausgeschnitten werden, d. h. man kann sie als die imaginären, sich selbst entsprechenden Punkte gleichlaufender involutorischer Punktreihen definieren. Auch bei allen folgenden Definitionen und Sätzen können die auftretenden Punkte oder Geraden paarweise konjugiert imaginär sein, was nicht jedesmal erwähnt werden soll.

Eine ebene Kurve ist von der *k.* Klasse, wenn man von jedem Punkte *k* Tangente an sie legen kann.

Eine Fläche ist von der *n.* Ordnung und der *k.* Klasse, wenn jeder ebene Schnitt von der *n.* Ordnung und jeder Tangentenkegel von der *k.* Klasse ist. Die Fläche schneidet also jede Gerade in *n.* Punkten und schickt durch jede Gerade *k* Tangentialebenen.

Eine Raumkurve ist von der *n.* Ordnung und der *k.* Klasse, wenn sie mit jeder Ebene *n* Punkte gemein hat und durch jeden Punkt *k* Schmiegungsebenen schickt.

Ordnung und Klasse einer Kegelfläche sind zugleich Ordnung und Klasse ihrer Schnittkurven. Zwei ebene Kurven *n.* und *m.* Ordnung haben *nm* Punkte, zwei Kurven *k.* und *i.* Klasse haben *ki* Tangenten gemein.

Zwei Flächen *n.* und *m.* Ordnung schneiden sich in einer Raumkurve *nm.* Ordnung; zwei Flächen *k.* und *i.* Klasse werden von einer abwickelbaren Fläche *ki.* Klasse umhüllt.

Drei Flächen *n.*, *m.* und *l.* Ordnung haben *nml* Punkte gemein; ein Kurve *v.* Ordnung und eine Fläche *l.* Ordnung haben *vl* Punkte gemein.

Ordnung und Klasse einer Regelfläche sind einander gleich, man bezeichnet diese Zahl als ihren Grad.

Schneidet nämlich eine Gerade die Fläche in n Punkten, so geht durch jeden eine Erzeugende derselben, diese Erzeugenden bestimmen mit jener Geraden n Ebenen, welche die Fläche in den zugehörigen Punkten von g berühren. Andere Tangentialebenen durch g giebt es nicht, da jede eine Erzeugende enthalten muß.

Jede Erzeugende trifft die Doppelkurve in $n-2$ Punkten; denn eine Ebene durch sie schneidet die Fläche noch in einer Kurve $(n-1)$. Ordnung, und von den $n-1$ Schnittpunkten der Kurve mit der Erzeugenden stellt einer den Berührungspunkt der Ebene dar, während die übrigen $n-2$ Punkte der Doppelkurve angehören.

727. Sind die drei Leitkurven c_1, c_2, c_3 einer Regelfläche beziehentlich von der n_1., n_2. und n_3. Ordnung, so ist die Regelfläche von der $2n_1n_2n_3$. Ordnung und die Leitkurven sind vielfache Kurven beziehentlich von der n_2n_3., n_3n_1. und n_1n_2. Ordnung. Dabei ist vorausgesetzt, daß sich die Leitkurven nicht gegenseitig schneiden. Zum Beweis gehen wir von einem Hyperboloid mit den Leitgeraden g_1, g_2, g_3 aus; die Kurve c_1 schneidet dasselbe in $2c_1$ Punkten, d. h. g_1, g_2, g_3 und c_1 haben $2n_1$ gemeinsame Sekanten. Deshalb ist die Regelfläche mit den Leitlinien c_1, g_2, g_3 von der $2n_1$. Ordnung, denn sie schneidet die beliebige Gerade g_1 in $2n_1$ Punkten. Diese Regelfläche schneidet c_2 in $2n_1n_2$ Punkten, so daß c_1, c_2, g_2, g_3 zusammen $2n_1n_2$ Sekanten aufweisen; deshalb ist die Regelfläche mit den Leitlinien c_1, c_2, g_3 von der $2n_1n_2$. Ordnung, da sie die beliebige Gerade g_2 in $2n_1n_2$ Punkten schneidet. Die letztgenannte Regelfläche trifft c_3 in $2n_1n_2n_3$ Punkten, die vier Kurven c_1, c_2, c_3, g_3 haben also $2n_1n_2n_3$ gemeinsame Sekanten, so daß die Regelfläche mit den drei gegebenen Leitkurven c_1, c_2, c_3 den Grad $2n_1n_2n_3$ besitzt. Durch jeden Punkt von c_1 gehen n_2n_3 Erzeugende, es sind die gemeinsamen Mantellinien der Kegelflächen durch c_2 resp. c_3 mit dem gemeinsamen Scheitel auf c_1.

Haben die Leitkurven c_2 und c_3 einen Punkt gemein, so ist er der Scheitel eines Kegels n_1. Ordnung mit c_1 als Leitkurve; seine Mantellinien sind ebenfalls gemeinsame Sekanten der drei Kurven c_1, c_2, c_3. Sehen wir von dieser Kegelfläche ab, so ist die eigentliche Regelfläche mit den Leitkurven c_1, c_2, c_3 nur noch von der Ordnung $(2n_1n_2n_3 - n_1)$; c_1 ist nur noch vielfache Kurve von der Ordnung $(n_2n_3 - 1)$. Man erkennt hieraus die Wirkung jedes gemeinsamen Punktes zweier Leitkurven auf die Reduktion der Ordnung.

Als Beispiel mag das Hyperboloid dienen; drei Kegelschnitte k_1, k_2, k_3, die sich zu zwei und zwei je zweimal schneiden, können als Leitkurven benutzt werden. Die gemeinsamen Sekanten der drei Kegelschnitte bilden eine Fläche 16. Ordnung, zu der auch sechs Kegelflächen 2. Ordnung gehören, so daß die eigentliche Regelfläche nur noch von der 4. Ordnung ist. Es ist diese Fläche nichts anderes, als das doppelt gezählte Hyperboloid, das einmal von den Erzeugenden der einen Schar und einmal von denen der andern Schar gebildet wird.

Die Regelfläche mit den Leitkurven c_1, c_2, c_3 weist auf jeder dieser Kurven eine Anzahl Kuspidalpunkte auf. Die Kuspidalpunkte auf c_1 werden durch die abwickelbare Fläche mit den Leitkurven c_2 und c_3 ausgeschnitten. Denn ist P ein solcher Punkt, e die Erzeugende der abwickelbaren Fläche durch ihn und sind Q_2 und Q_3 ihre Schnittpunkte mit c_2 und c_3; dann berührt die Tangentialebene längs e die beiden Kurven c_2 und c_3 in diesen Punkten. Es giebt also durch P zwei unendlich nahe gemeinsame Sekanten von c_2 und c_3, da die Kegel aus P durch c_2 resp. c_3 sich längs e berühren.

Wir wollen nun zur Behandlung einzelner Regelflächen übergehen.

728. Das Konoid, Umriß und Eigenschatten. Besitzt eine Regelfläche außer einer Leitcurve c noch eine Leitgerade g im Endlichen und eine unendlich ferne Leitgerade, so heißt sie Konoid. Die Erzeugenden des Konoides sind die gemeinsamen Sekanten von g und c, die einer bestimmten Ebene, der Richtebene parallel sind; c ist eine einfache Kurve der Fläche. An die Stelle der Leitkurve c kann auch eine Leitfläche treten. Man unterscheidet gerade und schiefe Konoide, je nachdem g auf der Richtebene senkrecht steht oder nicht.

Da hier alle asymptotischen Ebenen der Richtebene parallel sind, so stehen die Tangentialebenen in den Centralpunkten der einzelnen Erzeugenden auf derselben senkrecht. Die Striktionslinie — der Ort der Centralpunkte — fällt sonach mit dem scheinbaren Umriß zusammen, der sich bei senkrechter Projektion auf die Richtebene ergiebt. Die Tangentialebenen an c parallel zur Richtebene schneiden g in den Kuspidalpunkten; ebenso schneiden die Tangentialebenen an c durch g die unendlich ferne Leitgerade in Kuspidalpunkten; die zugehörigen Erzeugenden sind Torsallinien der Fläche.

Um Punkte des Umrisses oder der Eigenschattengrenze zu erhalten, bestimmt man auf jeder Erzeugenden den Berührungspunkt der durch sie parallel zur Projektions- oder Lichtrichtung gelegten Ebene. Diese Bestimmung geschieht mit Hilfe eines Paraboloides, das die Regelfläche längs der betreffenden Erzeugenden berührt; jene Ebene berührt beide Flächen in dem nämlichen Punkte. Führt man das Paraboloid ein, welches das Konoid längs einer Erzeugenden *e* oskuliert, so gehen die scheinbaren Umrisse beider Flächen durch den nämlichen Punkt von *e* und berühren sich daselbst; auch ihre Lichtgrenzen berühren sich in einem Punkt von *e*.

729. Das gerade Kreiskonoid, seine Tangentialebenen, das oskulierende Paraboloid (Fig. 466). Wir nehmen seine

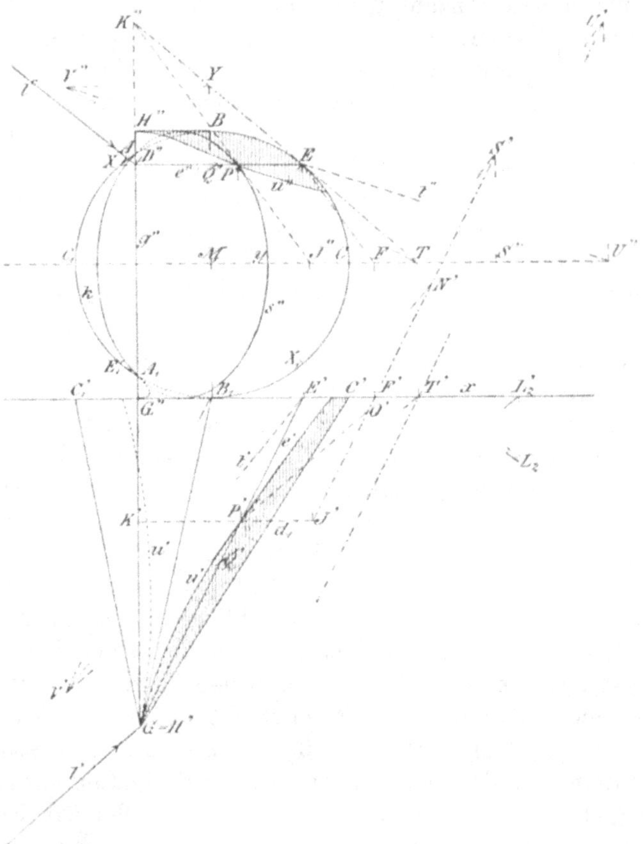

Fig. 466.

Richtebene horizontal, seine Leitgerade g — eine Doppelgerade der Fläche — also vertikal und auch die Ebene seines Leitkreises k möge vertikal gestellt sein. Diese machen wir zur Aufrißebene Π_2, g'' möge k in A und A_1 schneiden, B und B_1 seien die Punkte von k mit horizontaler, C und C_1 die mit vertikaler Tangente. Die

x-Achse möge k in B_1 berühren; außerdem benutzen wir noch eine Horizontalebene Π_3 durch den Mittelpunkt M von k. Das Konoid soll nicht in seiner unendlichen Ausdehnung, sondern es soll nur sein zwischen g und k liegender Teil dargestellt werden. Die Erzeugenden durch C und C_1 sind Torsallinien der Fläche; längs derselben wird sie von Vertikalebenen berührt, also gehören GC' und GC_1' dem Umriß in Π_1 an (G erster Spurpunkt von g). Ebenso sind die Erzeugenden durch B und B_1 Torsallinien; längs derselben wird die Fläche von Horizontalebenen berührt, also gehören BH'' und B_1G'' dem Umriß in Π_2 an ($H'' = g'' \times BH''$, $BH'' \parallel x$).

Die Parallelebenen zu Π_2 schneiden das Konoid in Ellipsen, deren Aufrisse zu k affin sind, wobei g'' die Affinitätsachse bildet. Ist nämlich d_1 die erste Spur einer solchen Ebene, s ihre Schnittkurve, und trifft eine beliebige Erzeugende e die Kurven k, s und g bezüglich in den Punkten E, P und D ($D' = G$, $ED'' \parallel x$, $P' = d_1 \times GE'$), so ist $P''D'' : ED'' = P'G : E'G$ eine konstante, von der Wahl der Erzeugenden unabhängige Größe, nämlich gleich dem Verhältniß der Abstände der Parallelen d_1 und x von G. Das beweist aber das Gesagte; zugleich folgt daraus, daß die Tangenten von k in E und von s'' in P'' sich in einem Punkte K'' von g'' schneiden.

Die Erzeugende durch P und die Tangente von s in P liegen in der Tangentialebene von P, ihre Spurlinie JF in Π_3 ist parallel zu $E'G$ und geht durch den in Π_3 liegenden Spurpunkt J der Tangente von s ($y = \Pi_2 \times \Pi_3$, $J'' = K''P'' \times y$, $J'F' \parallel GE'$). Man kann die Tangente von s in P auch durch folgende Überlegung gewinnen. Alle horizontalen Geraden, die g und die im Punkte E an den Kreis k gelegte Tangente treffen, liegen auf einem Paraboloide, das die Regelfläche längs der Erzeugenden DE berührt; zu diesen horizontalen Geraden gehört auch die in K'' auf Π_2 senkrechte Gerade. Die andere Schar von Erzeugenden des Paraboloides sind zu Π_2 parallel, zu ihnen gehört auch die Tangente von s in P; ihre Aufrißprojektion muß folglich durch K'' gehen.

Ist umgekehrt eine Ebene durch die Erzeugende DE gegeben und soll ihr Berührungspunkt gefunden werden, so suche man ihre Spurlinien in Π_2 und Π_3, etwa EF und $J'F' \parallel GE'$, schneide die Tangente im Punkte E von k mit g'' in K'' und ziehe $K''P'' \parallel EF$, dann ist P'' der Aufriß des gesuchten Punktes.

Das die Regelfläche längs e oskulierende Paraboloid hat ebenfalls eine Schar horizontaler Erzeugenden, die andere Schar wird von den Haupttangenten in den Punkten von e gebildet. Zu diesen gehört die Gerade g, deshalb sind die ersten Projektionen jener Haupttangenten parallel und es genügt die Bestimmung der Haupttangente im Punkte E von k. Sie liegt in der zugehörigen Tangentialebene T, deren zweite Spur die Tangente ET von k ist ($T = ET \times y$) und deren dritte Spur TU durch T parallel zu e läuft (T' auf x, $T'U' \parallel e'$). Wir gelangen nun zur Haupttangente t in E durch folgenden Grenzprozeß. Der Büschel der Ebenen durch e ist projektiv zur Reihe ihrer Berührungspunkte auf e (722) und zu dem Büschel ihrer zweiten Spurlinien, also auch zu der Reihe ihrer Schnittpunkte mit k (323). Zieht man in einer Ebene Σ jenes Büschels die Verbindungslinie v ihres Berührungspunktes und ihres Schnittpunktes mit k, so berührt sie die Fläche in ersterem und schneidet sie in letzterem. Dreht sich Σ um e bis sie in die Lage T kommt, so bewegt sich v derart, daß ihr Berührungs- und ihr Schnittpunkt gleichzeitig nach E rücken; v geht also in die Haupttangente t von E über. Die Geraden v verbinden aber entsprechende Punkte der projektiven Punktreihen auf e und k. Projiziert man nun die auf k liegende Punktreihe aus einem beliebigen Punkte von k auf ET, so ist auch die Punktreihe auf ET projektiv zu der Reihe auf e; diese Reihen sind sogar perspektiv, da ihr gemeinsamer Punkt E sich selbst entspricht. Die Verbindungslinien entsprechender Punkte der Reihen auf e und ET laufen somit alle durch den nämlichen Punkt, er liegt auf der Haupttangente t. Die Grenzlage der Geraden durch entsprechende Punkte von e und ET fällt nämlich mit der Grenzlage der Geraden durch entsprechende Punkte von e und k zusammen. Denn der Abstand der entsprechenden Punkte von k und ET wird unendlich klein von der 2. Ordnung, wenn ihre Abstände von E unendlich klein von der 1. Ordnung werden. Gleiches gilt auch für die Projektionen.

Den Punkten D'', E und ∞ von e'' entsprechen die Punkte X_1, E und X von k ($EX = e''$, $EX_1 \parallel g''$). Projizieren wir die letzteren aus E_1 auf ET (EE_1 Durchmesser von k), so erhalten wir die Punkte $T_\triangle$, E und $Y_\triangle$ ($ET_\triangle = 2ET$, $EY_\triangle = 2EY$, wenn $Y = ET \times BB_1$ ist). $T_\triangle D''$ und die Parallele zu e'' durch $Y_\triangle$ schneiden sich dann in einem Punkte von t''. Da in der Figur dieser Schnittpunkt zu weit hinausfällt, wurde T mit dem Mittelpunkte Q'' von $D''E$ verbunden und diese Gerade mit der Parallelen zu e'' durch Y in V'' geschnitten. $EV'' = t''$ ist der Aufriß der Haupttangente t; ihr Grundriß ist $t' = E'V'$, wo V' der Schnittpunkt von $T'Q'$ mit der Parallelen zu e' durch B_1 ist ($Q'G = Q'E'$). In der Figur ist noch der dritte Spurpunkt U von t eingetragen ($U'' = t'' \times y$, $U' = t' \times T'U'$, $T'U' \parallel e'$, $U''U' \perp x$).

730. Eigenschatten beim geraden Kreiskonoid. Die vorausgehenden Darlegungen setzen uns in den Stand, jetzt unmittelbar Punkte und Tangenten der Eigenschattengrenze u anzugeben. Ist l die Lichtstrahlrichtung und wollen wir auf der Erzeugenden DE ($D''E$, GE') den Punkt von u finden, so legen wir durch $D(D''$, $G)$ den Lichtstrahl und zeichnen seinen zweiten Spurpunkt L_2, dann ist EL_2 die zweite und $F'J'$ die dritte Spurlinie einer Ebene ($EL_2 \times y = F$, $F'J' \parallel e'$), deren Berührungspunkt P auf der Lichtgrenze liegt und wie oben gefunden wird (EK'' tangiert k, $K''P'' \parallel EL_2$). Die Lichtgrenze berührt nach 724 die vier Torsallinien in ihren Kuspidalpunkten, sie besteht also aus zwei Teilen. Der eine Teil liegt zwischen den Erzeugenden durch B und C, berührt erstere in H und nähert sich der andern asymptotisch; der zweite Teil liegt zwischen den Erzeugenden durch B_1 und C_1 und verhält sich analog. Die Aufrisse u'' beider Teile nähern sich der Geraden y asymptotisch.

Um die Tangente der Lichtgrenze u in P zu finden, suchen wir zunächst die Haupttangente PN in P in der vorher geschilderten Weise ($P'N' \parallel t'$). Nach 528 wird aber der Winkel zweier Kurven durch P, von denen die eine der Schlagschatten der andern ist, durch die Lichtgrenze und den Lichtstrahl harmonisch geteilt. Nun fällt der Schatten von e auf die Schnittkurve der Fläche mit der durch e gelegten Lichtebene und diese Kurve wird von der Haupttangente berührt. Folglich wird der Winkel der Geraden e und PN durch $PO(\parallel l)$ und die Tangente PS von u harmonisch geteilt; auch ihre dritten Spurpunkte auf JF liegen harmonisch. Da aber der Spurpunkt von e unendlich fern ist, so ist $N'S' = N'O'$, wenn O den dritten Spurpunkt von PO und S den der gesuchten Tangente PS bedeutet. Somit ist die Tangente $P'S'$ von u' gefunden; durch Lotung von S' auf y als S'' ergiebt sich die Tangente $P''S''$ von u''. Der Schlagschatten u_* der Fläche auf Π_1 umhüllt die Schatten der Erzeugenden.

Das gerade Konoid findet praktische Anwendung als Wölbfläche des Eingangs in einen runden Turm oder in ein Kuppelgewölbe. Seine Richtebene ist dann horizontal, seine Leitlinie vertikal und fällt mit der Achse des Cylinders oder dem vertikalen Durchmesser der Kugel zusammen. Die Wölbfläche kann als Stück eines Kreiskonoides gewählt werden, dessen Leitkreis ungefähr in der Mitte der Wölbfläche liegt; sie wird dann von zwei Cylinder- resp. Kugelschnitten begrenzt, die sich sehr einfach bestimmen lassen. Auch können einfache Leitkurven auf der äußeren Cylinderfläche des Turmes resp. auf der inneren Fläche des Kuppelgewölbes angenommen werden. Ist die Leitkurve der Wölbfläche beim Eingange in den runden Turm eine auf die äußere Cylinderfläche aufgewickelte Ellipse, deren eine Achse vertikal steht, oder ein Kreis, so ist auch die auf der inneren Cylinderfläche liegende Kurve der Wölbfläche eine aufgewickelte Ellipse, deren vertikale Achse mit jener von gleicher Länge ist.

731. Das schiefe Kreiskonoid, Schnitte und Tangentialebenen, seine Striktionslinie (Fig. 467). Wir wählen wieder seine Richtebene horizontal und die Ebene des Leitkreises k vertikal; sie sei zugleich Aufrißebene, während die Grundrißebene den Kreis

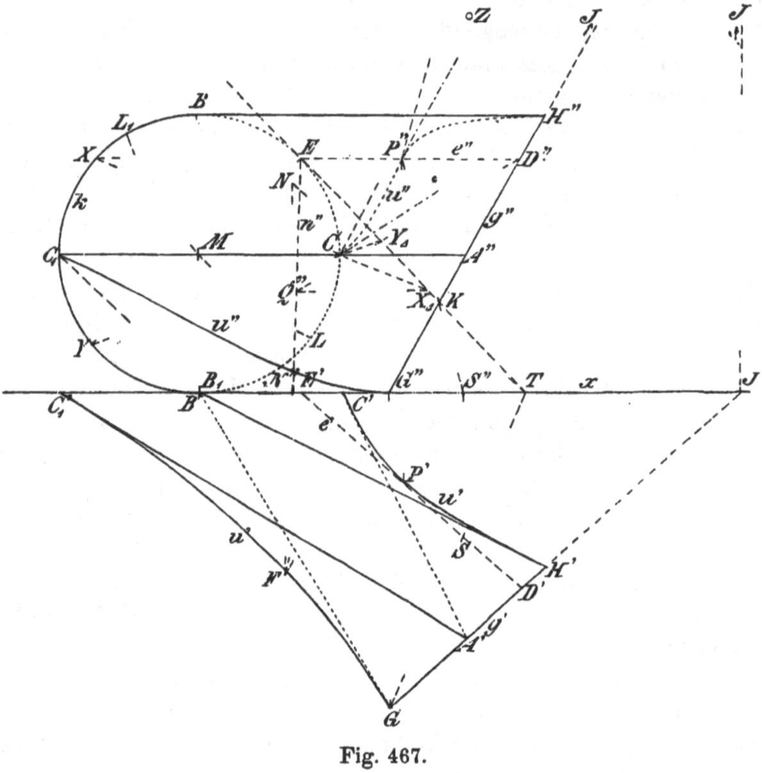

Fig. 467.

im tiefsten Punkte B_1 berühren mag. Die Leitgerade g — Doppelgerade der Fläche — habe eine beliebige Lage; BB_1 und CC_1 seien vertikaler und horizontaler Durchmesser von k. In der Figur ist nur das Stück der Fläche zwischen Leitkreis und Doppelgeraden dargestellt. Der Umriß unserer Fläche in Π_2 besteht aus k, g'' und den Projektionen BH'' und B_1G'' der Torsallinien BH und B_1G auf ihr. Der scheinbare Umriß unserer Fläche in Π_1 ist die gemeinsame Hüllkurve der ersten Projektionen aller Erzeugenden; der zugehörige wahre Umriß ist nach 728 die Striktionslinie u der Regelfläche. In der Figur sind die Projektionen u' und u'' eingezeichnet; die Bestimmung von Punkten und Tangenten dieser Kurven findet sich weiter unten. Nach 724 berührt u die vier Torsallinien der Fläche in den zugehörigen Kuspidalpunkten. Zwei dieser Torsallinien gehen durch die Punkte B und B_1, die beiden anderen durch die Punkte L und L_1 von k. Die letzteren sind die Berührungspunkte der beiden Tangentialebenen, die man durch g an k legen kann. Die Tangenten von k in diesen Punkten gehen also durch den zweiten Spurpunkt J von g, d. h. L und L_1 werden auf k von dem Kreise mit dem Durchmesser JM ausgeschnitten. In der Figur ist der Mittelpunkt Z dieses Kreises gezeichnet, da J unerreichbar ist; er liegt auf einer Senkrechten zur x-Achse durch die Mitte von B_1J' und auf einer Parallelen zu g'' durch die Mitte von MA'' ($MA'' \parallel x$, A auf g). u'' besteht hiernach aus zwei Ästen; der eine beginnt in C und berührt BH'' in H'', seine Fortsetzung über H'' hinaus hat eine zu x parallele Asymptote durch L_1, seine Fortsetzung über C hinaus hat eine zu x parallele Asymptote durch L. Der andere Ast beginnt in C_1 und berührt B_1G'' in G'', seine Fortsetzungen nähern sich asymptotisch den nämlichen Geraden wie beim ersten Ast. Die beiden Äste von u' berühren $C'A'$ in C' und $B'H'$ in H' resp. $C_1'A'$ in C_1' und B_1G in G. Die ersten Projektionen der beiden Erzeugenden durch L und L_1 sind gemeinsame Asymptoten der Äste von u'.

Um die Tangentialebenen in den Punkten einer Erzeugenden e zu konstruieren, benutzen wir ein Paraboloid, dessen eine Schar zu Π_1 parallel ist und dessen andere Schar die Geraden g und ET enthält, wo ET die Tangente von k im Punkte $E = k \times e$ ist. Das Paraboloid berührt unsere Fläche längs e, hat also in den Punkten von e die nämlichen Tangentialebenen wie diese. Die Tangentialebene in einem Punkte P von e enthält sonach die durch ihn laufende zweite Erzeugende des Paraboloides. Alle Erzeugenden der zweiten Schar projizieren sich aber im Aufriß als Geraden eines Büschels mit dem Scheitel $K = g'' \times ET$; ihre ersten Spurpunkte liegen auf GT ($T = x \times ET$), denn GT ist eine Erzeugende der ersten Schar. Ist also P (P', P'') gegeben, so enthält seine Tangentialebene die Gerade PS mit dem ersten Spurpunkte S ($S'' = x \times P''K$, $S''S \perp x$, $S = GT \times S''S$); ihre erste Spur geht durch S parallel zu e'. Ist umgekehrt eine Ebene durch e gegeben, so schneide man ihre erste Spur mit GT in S, suche S'' auf x und schneide $S''K$ mit e'' in P'', dann ist P der zugehörige Berührungspunkt. In der Figur ist die Vertikalebene durch e benutzt, so daß $S = e' \times GT'$ und P ein Punkt des wahren Umrisses u — der Striktionslinie — wird.

Alle Haupttangenten unseres Konoides in den Punkten einer Erzeugenden e bilden die zweite Schar eines oskulierenden Paraboloides, dessen erste Schar aus Parallelen zu Π_1 besteht. Dieses Paraboloid ist bestimmt durch zwei Erzeugende der zweiten Schar, nämlich die Gerade g und die Haupttangente n in $E = e \times k$, die alsbald konstruiert werden soll. Da von den Erzeugenden der ersten Schar eine auf Π_2 senkrecht steht, so projizieren sich alle Erzeugenden der zweiten Schar im Aufriß als ein Büschel mit dem Scheitel $F = g'' \times n''$, und es ist $P''F$ der Aufriß der Haupttangente in P.

Die Tangente von u in P teilt aber zusammen mit der Vertikalen durch P den Winkel der Geraden e und der Haupttangente harmonisch, vergl. 528 u. 730. Zeichnet man also irgend eine vertikale Strecke, deren Endpunkte auf e'' und FP'' liegen, so geht die Tangente von u'' in P'' durch den Mittelpunkt dieser Strecke (sie ist in der Figur strichpunktiert).

Die Tangentialebenen in E, D und ∞ haben die Geraden ET', EJ und $EX(\| x)$ zu ihren zweiten Spuren, und diese schneiden k in den Punkten E, Y und X. Diese projizieren wir aus einem Punkte von k, etwa C, auf die Gerade ET' und erhalten die Punkte E, $Y_\triangle$ und $X_\triangle$. Dann ist die Reihe $E, D, \infty, \ldots$ auf e perspektiv zu der Reihe $E, Y_\triangle, X_\triangle \ldots$ auf ET, und es schneiden sich die Gerade $DY_\triangle$ und die Parallele zu e durch $X_\triangle$ in einem Punkte Q von n (729). In der Figur ist die Konstruktion im Aufriß durchgeführt und Q'' als Schnittpunkt von $D''Y_\triangle$ mit der Parallelen zu e'' durch $X_\triangle$ gefunden ($n'' = EQ''$). Lotet man die Punkte $Y_\triangle$ und $X_\triangle$ auf die x-Achse, verbindet den ersteren mit D' und zieht durch den letzteren eine Parallele zu e', so schneiden sich diese Linien im Punkte Q' von n'. In der Figur ist $N'' = n'' \times x$ und daraus der erste Spurpunkt N von n bestimmt worden ($N''N \perp x$, $TN \| e'$). Will man im Punkte C die Haupttangente zeichnen, so hat man zu C, A und ∞ die entsprechenden Punkte von k zu suchen, sie liegen in C, $k \times CJ$ und C_1. Diese Punkte sind nun aus einem beliebigen Punkte von k auf die Tangente von k im Punkte C zu projizieren. Als Centrum dieser Projektion können wir aber nicht mehr C nehmen, sondern irgend einen anderen Punkt, etwa $k \times CJ$. Die Konstruktion ist in der Zeichnung nicht durchgeführt, es sind aber in C und C_1 die Aufrisse der bezüglichen Haupttangenten angegeben (als gestrichelte Linien). Ferner ist noch die Tangente von u'' in C eingezeichnet (als strichpunktierte Linie); sie geht durch den Mittelpunkt einer beliebigen vertikalen Strecke, deren Endpunkte auf CA'' und dem Aufriß der Haupttangente des Punktes C liegen.

732. Auf die Konstruktion der Schnittkurve des Konoides mit einer beliebigen Ebene braucht hier nicht näher eingegangen zu werden, da nach dem Vorausgehenden die Bestimmung ihrer Punkte auf den einzelnen Erzeugenden und der zugehörigen Tangenten auf der Hand liegt. Es soll hier nur gezeigt werden, daß auf dem schiefen Konoid ein System von Kegelschnitten liegt, dem der Leitkreis k angehört. Zieht man nämlich in der Ebene des Leitkreises k eine Parallele i zur Richtebene, welche die Doppelgerade g trifft (sie geht also durch den zweiten Spurpunkt J von g parallel zur x-Achse), so schneidet jede Ebene durch i das Konoid in einem Kegelschnitte. Zum Beweise diene Fig. 468, in der die Buchstaben die gleiche Bedeutung haben, wie in Fig. 467. P ist ein beliebiger Punkt des Konoides; die Ebene iP schneidet dasselbe in einer Kurve c durch P, die wir näher untersuchen wollen. Dabei bedienen wir uns eines Kegels mit dem Basiskreise k und dem Scheitel A auf g ($MA'' \parallel i$); die Ebene iP schneidet ihn in einem Kegelschnitte c_1 und seine Mantellinie AE im Punkte P_1 von c_1. Offenbar liegt JP in den beiden Ebenen iP und gP; in der letzteren liegen aber ED und EA, folglich ist $P_1 = JP \times EA$. Durch A'' als Centrum, i als Achse und zwei entsprechende Punkte E und P_1'' ist eine perspektive Beziehung definiert, in der dem Kreise k der Kegelschnitt c_1'' entspricht. Zu jedem Punkte des ersten Systems, dem k angehört, ergiebt sich ein Punkt des zweiten Systems, dem c_1'' angehört. Entsprechen sich z. B. F und Q_1'', so schneiden sich EF und $P_1''Q_1''$ auf i und FQ_1'' geht durch A''. Zu je zwei entsprechenden Punkten dieser beiden Systeme läßt sich

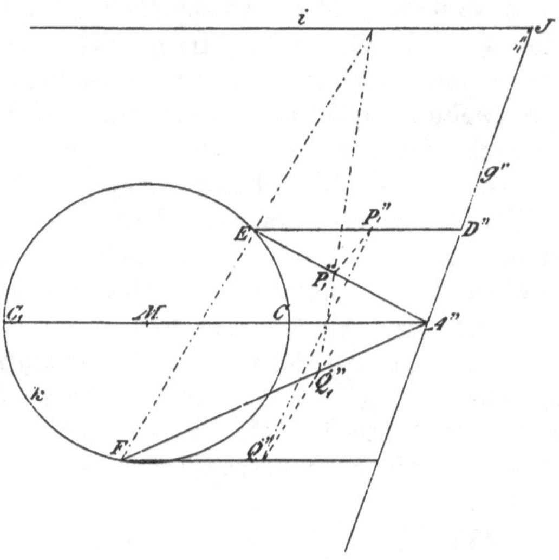

Fig. 468.

nun ein Punkt eines dritten Systems konstruieren, indem man durch den Punkt des ersten Systems eine Parallele zu i, durch den des zweiten Systems eine Gerade durch J zieht. So ergiebt sich P'' aus E und P_1'' ($EP'' \parallel i$, $P_1''P''$ durch J), ebenso Q'' aus F und Q_1'' ($FQ'' \parallel i$, $Q_1''Q''$ durch J).

Zeigen wir nun noch, daß das zweite und dritte System perspektiv sind, so muß die Kurve c'' des dritten Systems, d. h. die Projektion der Schnittkurve c des Konoides und der Ebene Pi, ein Kegelschnitt sein, da sie zu dem Kegelschnitte c_1'' perspektiv ist. Beschreibt aber E auf einer beliebigen Geraden EF eine Punktreihe, so beschreibt der entsprechende Punkt P_1'' des zweiten Systems eine dazu projektive Punktreihe auf $P_1''Q_1''$. Die Punkte der ersten Reihe verbinden wir mit dem unendlich fernen Punkte von i, die der zweiten Reihe mit J und erhalten so zwei projektive Strahlbüschel. Da aber in diesen Büscheln i sich selbst entspricht, so sind sie perspektiv und ihre entsprechenden Strahlen schneiden sich in Punkten einer Geraden. Beschreibt also E eine Punktreihe EF, so beschreiben sowohl P_1'', als auch P'' dazu projektive Punktreihen, nämlich $P_1''Q_1''$ und $P''Q''$. Das zweite und dritte System sind somit perspektiv, J ist das Centrum, MA'' die Achse dieser Perspektive; denn die Punkte von MA'' entsprechen sich selbst in beiden Systemen ($P_1''Q_1'' \times P''Q''$ liegt auf MA''). Damit ist bewiesen, daß c'' und folglich auch c ein Kegelschnitt ist. Zur Konstruktion von c'' können die eben geschilderten perspektiven Beziehungen benutzt werden.

733. Das Plücker'sche Konoid,[1] seine Tangentialebenen, das oskulierende Paraboloid.

Sind e und e_1 zwei beliebige Geraden und ist a ihre gemeinsame Normale, dann gehören alle Geraden, die a und je eine gemeinsame Sekante von e und e_1 senkrecht schneiden, dem Plücker'schen Konoid an. Wir wählen a vertikal, dann sind die Erzeugenden des Konoides horizontal und ihre ersten Projektionen gehen durch den ersten Spurpunkt A von a ($e' \times e_1' = A$) Fig. 469. Sind P und P_1 beliebige Punkte von e und e_1, dann ist die gemeinsame Normale f von a und PP_1 eine Erzeugende (f' durch A, $f' \perp P'P_1'$, $Q' = f' \times P'P_1'$) und es ist: $FE : FE_1 = Q'P' : Q'P_1' = \tan fe : \tan fe_1$, wenn E, E_1, F die Schnittpunkte von e, e_1, f mit a sind. Hierdurch ist aber die Lage von f bestimmt. Ändert man die Lagen von P und P_1 auf e

[1] Diese Fläche wurde von Plücker in seiner Theorie der linearen Komplexe behandelt und spielt in der Theorie der Schraubenbewegung eine besondere Rolle.

und e_1 so, daß $PE : P_1E_1$ konstant bleibt, so besitzen alle diese Geraden die nämliche Normale f. Man kann ersichtlich alle Erzeugenden des Konoides erhalten, wenn man P fest läßt und nur P_1 auf e_1 variiert; dabei gelangt man auch zu den Erzeugenden e und e_1. Zu den Erzeugenden gehören auch zwei Geraden m und n, deren Projektionen m' und n' die Winkel von e' und e_1' halbieren ($m' \perp n'$); sie gehen durch den Mittelpunkt O der Strecke EE_1, der zugleich als Mittelpunkt der Fläche bezeichnet wird.

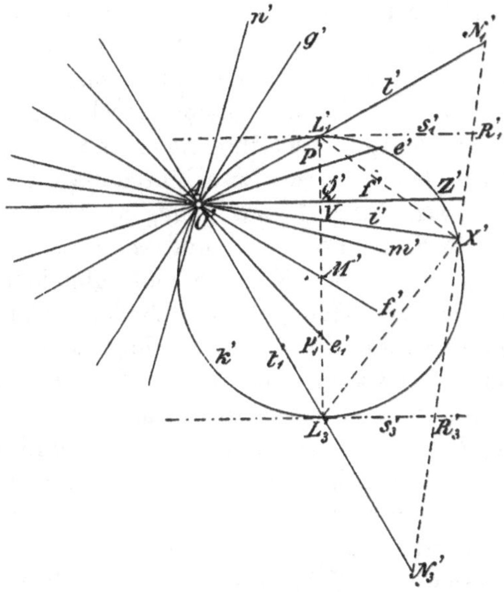

Fig. 469.

Je zwei Erzeugende f und f_1, die mit m (oder n) gleiche Winkel bilden, treffen a in zwei Punkten F und F_1, die von O gleichen Abstand haben, da offenbar $FE : FE_1 = F_1E_1 : F_1E$ ist. Sind f und g zwei Erzeugende, zwischen denen die Beziehung $\angle fm = \angle ng$ besteht, so treffen sie a in dem nämlichen Punkte $F = G$. Denn setzen wir $\angle me = -\angle me_1 = \varepsilon$ und $\angle fm = \angle ng = \gamma$, so ist: $FE : FE_1 = \text{tang } fe : \text{tang } fe_1$ und $GE : GE_1 = \text{tang } ge : \text{tang } ge_1$; die rechten Seiten beider Relationen sind aber gleich $\text{tang } (\gamma + \varepsilon) : \text{tang } (\gamma - \varepsilon)$, also fallen F und G zusammen. Sind speziell t und t_1 die beiden Erzeugenden der Fläche, die mit m und n Winkel von 45^0 einschließen ($t \perp t_1$), so ist $\angle tm = \angle nt$ und ebenso $\angle t_1m = \angle nt_1$, d. h. durch $T = t \times a$ und $T_1 = t_1 \times a$ geht nur je eine einzige Erzeugende der Fläche (eigentlich je zwei unendlich nahe). Die Gerade a ist eine Doppelgerade des Konoides und heißt seine Achse, T und T_1 sind Kuspidalpunkte, t und t_1 Torsallinien auf ihm.

Wir sind ursprünglich von den beiden Erzeugenden e und e_1 ausgegangen; ganz die gleiche Rolle können bei der Definition unserer Fläche auch irgend zwei andere Erzeugende spielen, die mit m (oder n) gleiche Winkel bilden. Insbesondere kann man von den rechtwinkligen Erzeugenden t und t_1 ausgehen; jede Gerade gehört dann der Fläche an, die a und eine gemeinsame Sekante von t und t_1 rechtwinklig schneidet. Durch Änderung der Sekante erhält man andere und andere Erzeugende. Der Beweis für die Richtigkeit dieser Behauptung ist durch eine einfache Rechnung zu erbringen und mag hier übergangen werden.

734. Wir wollen nun durch eine beliebige Erzeugende f eine Ebene Σ legen und ihre Schnittkurve mit dem Konoid untersuchen. Dazu benutzen wir zwei horizontale Projektionsebenen Π_1 und Π_3, die wir durch t und t_1 legen. Bilden $s_1 \parallel s_3 (\parallel f)$ die erste und dritte Spurlinie von Σ und ist $L_1 = s_1 \times t$, $L_3 = s_3 \times t_1$, so ist $L_1 L_3$ eine Gerade der Ebene Σ und schneidet die Erzeugende f in einem Punkte Q. Nun geht gemäß der Definition des Konoides durch Q eine Gerade, die t und t_1 schneidet und auf f senkrecht steht. Das kann aber keine andere Gerade sein, als die Gerade $L_1 L_3$, da ja t und t_1 windschief zu einander sind. Folglich ist $L_1 L_3 \perp f$ und $L_1' L_3' \perp f'$; f ist eine Hauptlinie und $L_1 L_3$ eine Falllinie von Σ. Über $L_1' L_3'$ als Durchmesser zeichnen wir jetzt einen Kreis k'; dieser geht durch A (da $t' \perp t_1'$) und ist die Projektion der gesuchten Schnittkurve. Zum Beweise zeigen wir, daß $X' = i' \times k'$ die Projektion des Schnittpunktes der Ebene Σ mit der beliebigen Erzeugenden i ist. Dazu errichten wir in X' eine Normale auf i', welche die Geraden t', t_1', s_1' s_3' der Reihe nach in N_1', N_3', R_1', R_3' schneiden mag. Dann sind N_1 auf t und N_3 auf t_1 der erste und dritte Spurpunkt einer Geraden durch X (Definition des Konoides); ferner bilden R_1 auf s_1 und R_3 auf s_3 den ersten und dritten Spurpunkt einer zweiten Geraden. Beide Geraden $N_1 N_3$ und $R_1 R_3$ schneiden sich im Punkte X, falls die Relation: $N_1'X' : R_1'X' = N_3'X' : R_3'X'$ erfüllt ist. In den ähnlichen Dreiecken $X'L_1'N_1'$ und $X'L_3'A$ sind $L_1'R_1'$ und $L_3'Y$ homologe Linien ($Y = i' \times L_1'L_3'$), demnach ist: $N_1'X' : R_1'X' = AX' : YX'$. Ebenso sind $L_3'R_3'$ und $L_1'Y$ homologe Linien in den ähnlichen Dreiecken $X'L_3'N_3'$ und $X'L_1'A$, also ist: $N_3'X' : R_3'X' = AX' : YX'$. Aus beiden Relationen ergiebt sich die obige und daraus folgt, daß der Punkt X auf $R_1 R_3$, d. h. in der Ebene Σ liegt. Wir können dieses Resultat folgendermaßen aussprechen, indem wir die Achse a des Konoides, seinen Mittelpunkt O und die Erzeugenden m und n durch diesen zu Grunde legen.

Jede Ebene durch eine beliebige Erzeugende f des Plücker'schen Konoides schneidet dasselbe noch in einem Kegelschnitt, der sich auf eine Normalebene zu seiner

Achse als Kreis projiziert. Dieser Kreis berührt die Projektion derjenigen Erzeugenden g, die sich mit f auf der Achse schneidet.

In dem Punkte $f \times g$ der Achse a giebt es nämlich die beiden Tangentialebenen af und ag an die beiden Flächenmäntel, die sich längs a durchschneiden. Die Schnittlinie der Ebenen ag und Σ ist somit eine Tangente der in Σ liegenden Schnittkurve und g' eine Tangente von k'. Daraus folgt auch noch, daß der Mittelpunkt M' von k' auf f_1'' liegt ($\angle m'f' = \angle f_1'm' = \angle g'n'$).

735. Die Haupttangenten der Fläche in den Punkten einer beliebigen Erzeugenden f projizieren sich auf eine Normalebene zur Achse als Parallelen, die mit f den gleichen Winkel einschließen wie die Erzeugende g, welche sich mit f auf der Achse schneidet. Es ist das nach dem Vorangehenden unmittelbar klar, denn die Tangente von k' in Z' ist die Projektion einer solchen Haupttangente. Alle Haupttangenten in den Punkten der nämlichen Erzeugenden f bilden die eine Schar eines oskulierenden Paraboloides. Zwei Geraden seiner anderen Schar liegen in Π_1 und Π_3; ihre Projektionen sind $O'U_1'$ resp. $O'U_3'$, wenn die Tangente von k' in Z' die Parallelen s_1' und s_3' bezüglich in U_1' und U_3' schneidet. In der Figur sind diese Geraden weggelassen.

Die Haupttangentenkurven des Plücker'schen Konoides projizieren sich auf eine Normalebene zur Achse als Lemniskaten und berühren die Torsallinien in den Kuspidalpunkten; für alle Lemniskaten sind also die Projektionen der Torsallinien die Doppelpunktstangenten.

Die Haupttangentenkurven einer Fläche sind nach Kap. XIII dadurch definiert, daß ihre Tangenten Haupttangenten der Fläche sind. Bei den Regelflächen geht, von den erzeugenden Geraden abgesehen, durch jeden Punkt eine solche Kurve h; im vorliegenden Falle hat ihre Projektion h' auf eine Normalebene zur Achse folgende charakteristische Eigenschaft, wie aus dem vorher Gesagten ersichtlich ist. Die Verbindungslinie eines beliebigen Punktes P' der Kurve h' mit ihrem Doppelpunkte O' schließt mit der Tangente in P' einen doppelt so großen Winkel ein, wie mit einer Doppelpunktstangente. Dabei ist der Drehsinn der beiden Winkel entgegengesetzt, wenn man jedesmal von dem Schenkel $O'P'$ ausgeht. m' und n' sind Symmetrielinien von h', t' und t_1' die Tangenten im Doppelpunkt O' (Fig. 470). Diese Eigenschaft kommt aber der Lemniskate zu, wie wir jetzt zeigen wollen.

Wir gehen zunächst von der bekannten Definition der Lemniskate aus als Ort der Punkte, für welche das Produkt ihrer Abstände von zwei festen Punkten F_1 und F_2 konstant und gleich dem Quadrat der halben Entfernung der festen Punkte ist. Sie erscheint also als spezieller Fall der Cassini'schen Kurve (438) und die Tangentenkonstruktion wird wie bei dieser ausgeführt. Der Mittelpunkt O' von F_1F_2 ist der Mittelpunkt der Lemniskate; $m' = F_1F_2$ und n' ($\perp m'$) sind Symmetrielinien, die Geraden t' und

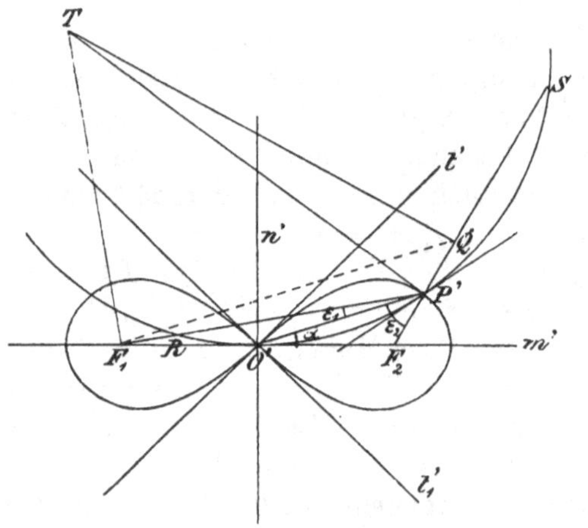

Fig. 470.

t_1' die Tangenten im Doppelpunkte O' ($\angle t'm' = \angle m't_1' = 45^0$). Nun ziehen wir einen Kreis durch P', der m' in O' berührt, derselbe möge F_1P' in R und F_2P' in S schneiden. Dann ist: $F_1P' \cdot F_2P' = (F_1O')^2 = F_1P' \cdot F_1R$ und $F_2P' \cdot F_1P' = (F_2O')^2 = F_2P' \cdot F_2S$, also: $P'R = P'S$. Deshalb halbiert die Kreistangente in P' den Nebenwinkel von $\angle RP'S$, d. h. $\angle F_1P'F_2$, und da $O'P'$ mit den Kreistangenten gleiche Winkel einschließt, gilt die Beziehung: $\alpha = \frac{1}{2}(\varepsilon_1 + \varepsilon_2) - \varepsilon_1 = \frac{1}{2}(\varepsilon_2 - \varepsilon_1)$, wenn wir: $\angle P'O'F_2 = \alpha$, $\angle F_1P'O' = \varepsilon_1$ und $\angle O'P'F_2 = \varepsilon_2$ setzen. Die Tangente der Lemniskate in P' geht durch T (438), wenn $QP' = P'F_2$, $TQ \perp F_2P'$ und $TF_1 \perp F_1P'$ ist. In dem Kreisviereck $F_1P'QT$ ist aber $\angle F_1P'T = \angle F_1QT = R - \varepsilon_2$ ($F_1Q \parallel O'P'$), daraus folgt: $\angle O'P'T = R - \varepsilon_2 + \varepsilon_1 = R - 2\alpha$. Ferner schließt $O'P'$ mit einer Tangente im Doppelpunkt den Winkel ($\frac{1}{2}R - \alpha$) ein, dieser ist also in der That die Hälfte von $\angle O'P'T$.

Durch die beiden zu einander rechtwinkligen Tangenten im Doppelpunkte, die soeben dargelegte Eigenschaft der Tangenten und einen beliebigen Punkt ist die Kurve völlig bestimmt, da ja hierdurch eine stetige Folge von Kurvenpunkten gegeben ist. Die Projektionen der Haupttangentenkurven des Konoides sind demnach wirklich Lemniskaten.

736. Die Konstruktion von Tangentialebenen und Berührungspunkten des Konoides lehrt uns Fig. 469. Im Punkte Z von f' erhält man die Tangentialebene, indem man im Mittelpunkte Q' von

$O'Z'$ die Normale errichtet, sie mit t' in L_1' und mit t_1' in L_3' schneidet und zu f' die Parallelen s_1', s_3' durch L_1' resp. L_3' zieht. Dann sind s_1 und s_3 die Spurlinien der Tangentialebene in den Horizontalebenen Π_1 und Π_3 (Π_1 durch t, Π_3 durch t_1). Ist umgekehrt s_3 ($\| f$) die Spur einer beliebigen Ebene durch f, so fälle man von $L_3 = s_3 \times t_1$ ein Lot L_3Q auf f, dann hat der Berührungspunkt Z dieser Ebene von der Achse a einen doppelt so großen Abstand wie Q.

737. Eigen- und Schlagschatten des Plücker'schen Konoides. Wir nehmen die Axe a wieder vertikal und legen Π_1

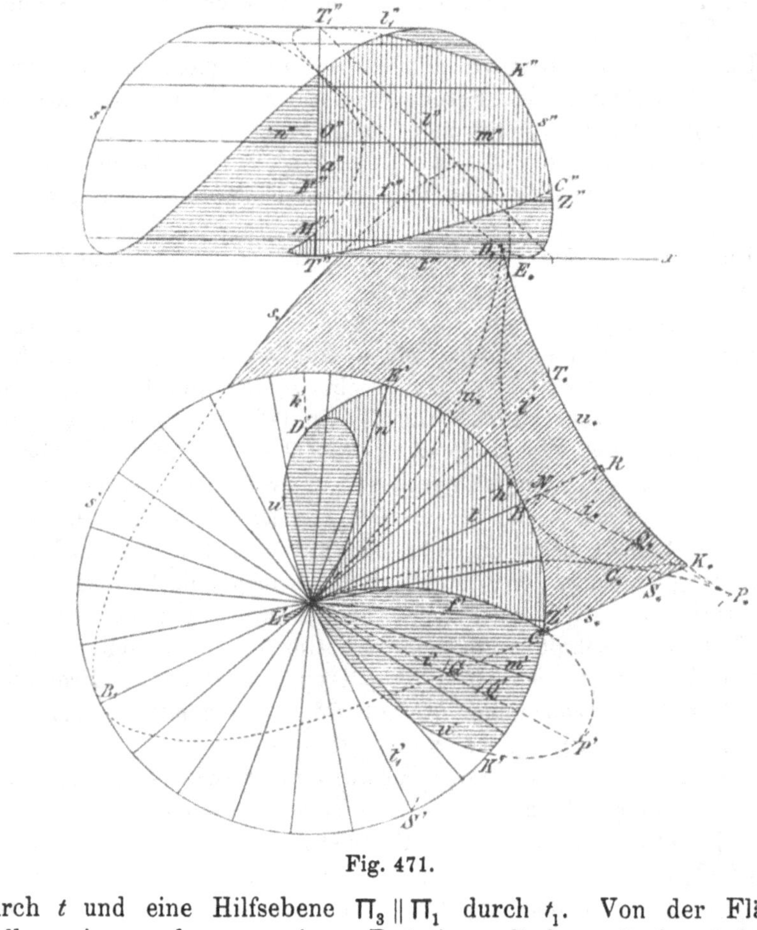

Fig. 471.

durch t und eine Hilfsebene $\Pi_3 \| \Pi_1$ durch t_1. Von der Fläche stellen wir nur den von einem Rotationscylinder mit der Achse a und dem Radius $2d$ umschlossenen Teil dar, wo: $TT_1 = 2d$ den Abstand der Kuspidalpunkte bedeutet (Fig. 471). Die Schnittkurve s

von Cylinder und Fläche ist eine auf den Cylinder aufgewickelte Sinuslinie, die aus einem Kreise mit dem Radius d abgeleitet ist (vergl. 581). Ist nämlich Z ein Punkt von s und z sein Abstand von der Horizontalebene mn durch den Mittelpunkt O, so sind seine Abstände von Π_1 und Π_3 resp. gleich $(d + z)$ und $(d - z)$ und es gilt die Relation: $(d + z):(d - z) = \text{tang}\,(45^0 + \varepsilon):\text{tang}\,(45^0 - \varepsilon)$, wo $\varepsilon = \angle\, m'f'$ und f die Erzeugende durch Z ist. Dieser Relation kann man aber die Form geben: $(d + z):(d - z) = 1 + \sin 2\varepsilon : 1 - \sin 2\varepsilon$, oder: $z = d \sin 2\varepsilon$, damit ist aber unsere Behauptung erwiesen. Die Scheitelpunkte der Sinuslinie liegen auf t und t_1, ihre Wendepunkte auf m und n.

Im Grundriß haben wir den Kreis s' in 24 gleiche Teile geteilt und die Projektionen der Erzeugenden durch diese Teilpunkte gezogen; unter ihnen befinden sich die Erzeugenden t, t_1, m, n. Um von einer Erzeugenden f' den Aufriß zu finden, fällen wir von $S' = s' \times t_1'$ ein Lot auf f' und von dessen Fußpunkt ein Lot auf t_1'. Das letztere Lot teilt $S'O'(= 2d)$ in dem gleichen Verhältnis, wie der Punkt $F = a \times f'$ die Strecke TT_1' $(= 2d)$; TT_1' projiziert sich aber im Aufriß in natürlicher Größe.

Die Eigenschattengrenze u auf der Fläche bestimmen wir, indem wir auf den einzelnen Erzeugenden Punkte derselben aufsuchen. Sind l', l'' die Projektionen eines Lichtstrahles und ist i_* $(\| i')$ der Schatten einer Erzeugenden i auf Π_1, so fälle man von $N = i_* \times t$ das Lot NG auf i' und trage $O'P' = 2 O'G$ auf i' auf, dann ist P' ein Punkt von u'. Der Schlagschatten u_* von u auf Π_1 berührt in P_*, dem Schatten von P, die Gerade i_*. Die Tangente in einem beliebigen Punkte von u ergiebt sich daraus, daß in diesem Punkte die Erzeugende und die Haupttangente harmonisch liegen zum Lichtstrahl und der Tangente der Lichtgrenze. Man kann i_* ohne Aufriß finden, sobald man den Schatten S_* von S kennt. Liegt nämlich R auf t und ist $S'R \perp i'$, so ist $Q' = S'R \times i'$ die Projektion eines Punktes Q von i und Q_* auf RS_* sein Schatten; man hat dann nur $i_* \| i'$ durch Q_* zu ziehen.

738. Das Plücker'sche Konoid ist von der 3. Ordnung, da eine beliebige Ebene durch eine Erzeugende dasselbe noch in einem Kegelschnitt schneidet. Deshalb ist jede Central- oder Parallelprojektion des Konoides eine Kurve 3. Klasse. Denn jeder Punkt der Projektionsebene ist die Projektion dreier Flächenpunkte; die durch diese Punkte gehenden Erzeugenden projizieren sich als Tangenten des scheinbaren Umrisses. So ist auch u_* eine Kurve 3. Klasse; sie besitzt drei Spitzen, deren Konstruktion uns jetzt beschäftigen soll. Die Spitzen von u_* entsprechen solchen Punkten von u, die zur Lichtrichtung parallele Tangenten aufweisen (529); es sind das die Punkte der Fläche mit Lichtstrahlen als Haupttangenten. Die ersten Projektionen einer Haupttangente und der Erzeugenden durch ihren Berührungspunkt schließen aber einen doppelt so großen Winkel ein, wie die Erzeugende und die Gerade t (oder t_1). Ist also h eine Erzeugende, auf der ein Punkt von der gesuchten Eigenschaft liegt, so muß $\angle h'l' = 2 \angle h't$ sein, wobei beide Winkel in entgegengesetztem Sinne gemessen sind. Man erhält also drei Erzeugende h, i, k, die je einen Punkt von u tragen, deren Schatten Spitzen von u_* sind. Für sie gelten die Beziehungen: $\angle h't = \frac{1}{3} \angle l't$, $\angle i't_1' = \frac{1}{3} \angle l't_1'$, $\angle k't_1' = \frac{1}{3} \angle l't_1'$, so daß die Erzeugenden h, i, k zu je zwei und zwei einen Winkel von 60^0 einschließen. Wie man auf i' den Punkt P' von u' findet, ist schon oben angegeben, analog bestimmen sich D' auf k' und L' auf h'. P_*, D_*, L_* sind Spitzen von u_*, die zugehörigen Tangenten sind i_*, k_*, h_*; in der Figur ist L_* wegelassen, da es nicht deutlich eingetragen werden konnte. Das Kurvenstück $K'P'C'$ von u' liegt nicht mehr auf dem dargestellten Teile der Fläche und ist deshalb gestrichelt, ebenso das Stück $K_*P_*C_*$ von u_*.

Der Schlagschatten s_* der Randkurve s auf Π_1 berührt u_* in K_* und C_* und schneidet u_* überdies in E_*. Der Schatten im Grundriß wird sonach von je einem Stück von s_* und u_* begrenzt, die in E_* und K_* zusammenstoßen. Die Kurve u' besteht aus drei Schlingen, auf denen beziehentlich die Punkte P', D' und L' liegen; demgemäß besteht der Eigenschatten auf der Oberseite der Fläche aus drei Lappen, die resp. von den Stücken T_1T, T_1M und MT der Achse ($M = u \times a$) und drei Bogenstücken von u, jenen Schlingen entsprechend, begrenzt werden. Auf der Unterseite der Fläche liegt umgekehrt der Teil im Eigenschatten, dessen obere Seite belichtet ist. Von den Punkten D und L (P liegt schon außerhalb der Fläche) gehen tangential zu u Grenzlinien des Schlagschattens der Fläche auf sich selbst aus. Die in D berührende Grenzlinie endet im Punkte E von s, dessen Schatten E_* ein Schnittpunkt von u_* und s_* ist. Weitere Punkte von $D'E'$ erhält man, indem man den Schatten geeigneter Erzeugenden mit D_*E_* schneidet und die Lichtstrahlen durch die Schnittpunkte rückwärts bis zur Fläche verfolgt. Auf der Oberseite der Fläche liegen zwei Schlagschattengebiete; das eine wird von den Kurvenbogen MD, DE, EC, CT und dem Stück TM der Achse begrenzt, das andere von zwei Bogenstücken TL, LM und dem Achsenstück MT. Das letztere ist nur im Grundriß sichtbar, aber in der Figur weggelassen, da es in der Projektion nur sehr klein erscheint.

739. Die Regelflächen 3. Grades. Wir haben soeben in dem Plücker'schen Konoid einen speziellen Fall der Regelfläche 3. Grades kennen gelernt und wollen nun die allgemeine Regelfläche 3. Grades studieren und einige ihrer wesentlichsten Eigenschaften ableiten. Die gemeinsamen Sekanten eines Kegelschnittes c und zweier windschiefer Geraden d und l, von denen die erstere den Kegelschnitt in einem Punkte schneidet, bilden eine Regelfläche 3. Grades. In der That giebt es unter diesen Sekanten drei, die eine beliebige Gerade g treffen. Denn die gemeinsamen Sekanten von g, l, d bilden die eine Schar eines Hyperboloides, das von c in vier Punkten getroffen wird, worunter sich auch der Punkt $D = c \times d$ befindet. Durch die drei übrigen Punkte geht je eine Gerade der Schar; diese Geraden sind aber Erzeugende der Regelfläche und schneiden g. Unsere Fläche ist von der 3. Ordnung und der 3. Klasse und heißt vom 3. Grade (726). Durch jeden Punkt P von l geht eine Erzeugende der Fläche, sie verbindet P mit dem Schnittpunkt R des Kegelschnittes c und der Ebene Pd. Durch jeden Punkt Q von d gehen zwei Erzeugende der Fläche, sie verbinden Q mit den Schnittpunkten R_1 und R_2 des Kegelschnittes und der Ebene Ql. d ist eine Doppel-, l eine einfache Gerade der Regelfläche. Die beiden Tangentialebenen durch l an die Kurve c schneiden die Doppelgerade d in den beiden Kuspidalpunkten; ihre Verbindungslinien mit den bez. Berührungspunkten auf c sind die Torsallinien. Kuspidalpunkte und Torsallinien können reell oder konjugiert imaginär sein.

740. Jede Ebene durch eine beliebige Erzeugende f der Regelfläche schneidet sie noch in einem Kegelschnitt i, da die gesamte Schnittkurve von der 3. Ordnung sein muß. Man kann das aber auch leicht direkt nachweisen. Sei Π die Ebene durch c, seien D, L und F die Spurpunkte von d, l und f in Π, sei ferner s (durch F) die Spurlinie der schneidenden Ebene Σ (durch f) und K ihr zweiter Schnittpunkt mit c (der erste ist F). Eine beliebige Ebene Δ durch d schneide l in P und c in R; dann ist PR eine Erzeugende, die Σ in einem Punkte J der Schnittkurve i trifft. In J schneiden sich die Ebenen Σ, Δ und PRK, so daß J in Σ als Schnittpunkt zweier Geraden $u = \Sigma \times \Delta$ und $v = \Sigma \times PRK$ erscheint. Dreht sich nun Δ um d, so bewegt sich auch P auf l und R auf c, und zwar ist der Büschel der Ebenen Δ projektiv zu der Reihe der Punkte P und zu dem Büschel der Strahlen DR, folglich auch zu dem Büschel der Strahlen KR mit dem Scheitel K. Die Ebenen KPR umhüllen aber eine Kegelfläche 2. Ordnung, da sie aus den Ebenen Kl und Π entsprechende Strahlen KP und KR zweier projektiver Strahlbüschel mit gemeinsamem Scheitel K ausschneiden. Denn schneidet man das Ganze mit einer beliebigen Ebene, so erhält man Gerade, die auf zwei festen Geraden projektive Punktreihen ausschneiden und deshalb einen Kegelschnitt umhüllen (305). Zu den Ebenen KPR, d. h. zu den Ebenen durch die Erzeugenden der Regelfläche und den festen Punkt K, gehört auch Σ; die bewegliche Ebene KPR schneidet deshalb Π, Kl und Σ in projektiven Strahlbüscheln. Denn die bewegliche Tangente eines Kegelschnittes schneidet auf je zwei festen Tangenten projektive Punktreihen aus. Somit ist der Büschel der Strahlen KR projektiv zu dem Büschel der Strahlen v; er ist aber auch projektiv zu dem Büschel der Strahlen u, da beide Büschel von dem Büschel der Ebenen Δ ausgeschnitten werden. Die entsprechenden Strahlen u und v der beiden projektiven Strahlbüschel mit den Scheiteln $\Sigma \times d$ resp. K schneiden sich aber in den Punkten eines Kegelschnittes i.

Die Ebenen durch die Erzeugenden der Regelfläche und einen beliebigen festen Punkt K auf ihr umhüllen, wie wir soeben gesehen haben, eine Kegelfläche 2. Ordnung, was den Satz ergiebt: Projiziert man die Regelfläche 3. Grades aus einem ihrer Punkte auf eine beliebige Ebene, so ist ihr scheinbarer Umriß ein Kegelschnitt. Derselbe geht durch die Projektionen der Kuspidalpunkte.

741. Sei w' der scheinbare Umriß der Regelfläche, K das Centrum der Projektion und d' die Projektion der Doppelgeraden d. Aus einem Punkte Q' von d' gehen zwei Tangenten e' und e_1' an w', es sind die Projektionen der beiden Erzeugenden e und e_1 durch den Punkt Q von d. Die Verbindungslinie q' der Berührungspunkte von e' und e_1' ist die Projektion einer Geraden q, welche die Punkte des wahren Umrisses w auf e und e_1 verbindet, q ist also die Schnittlinie der Ebenen lQ und Kq'. Da q' die Polare von Q' in Bezug auf w' ist, enthält sie den Pol O von d'; bewegt sich Q' auf d', so dreht sich q' um O, und die Reihe der Punkte Q' ist projektiv zu dem Büschel der Strahlen q'. Einerseits ist nun die Reihe der Punkte Q' zu der Reihe der Punkte Q auf d und zu dem Büschel der Ebenen lQ mit der Achse l projektiv; andererseits ist der Büschel der Strahlen q' zu dem Büschel der Ebenen Kq' mit der Achse KO projektiv. Demnach bilden die Geraden q die eine Schar eines

Hyperboloides (664); dasselbe enthält die Gerade l und die beiden Torsallinien der Regelfläche, denn ihre Projektionen gehen durch O. Außerdem schneidet das Hyperboloid die Regelfläche noch in dem wahren Umriß w, der auch auf dem projizierenden Kegel mit dem Scheitel K liegt. Dieser Kegel hat mit dem Hyperboloide eine Gerade gemein. Er wird nämlich von der Ebene lK in einer Geraden berührt, die auf der Polarebene von $d' \times lK$ in Bezug auf den Kegel liegt und also auch dem Hyperboloide angehört als Schnittlinie entsprechender Ebenen durch l und KO. Kegel und Hyperboloid schneiden sich außerdem noch in einer Raumkurve 3. Ordnung (680). Das giebt den Satz: Projiziert man die Regelfläche 3. Grades aus einem ihrer Punkte, so ist ihr wahrer Umriß eine Raumkurve 3. Ordnung; diese liegt auf einem Hyberboloid, das außerdem die beiden Torsallinien und die einfache Leitgerade der Fläche enthält. Die Raumkurve 3. Ordnung berührt die Torsallinien in den Kuspidalpunkten, geht durch das Projektionscentrum und trifft die einfache Leitgerade in dem Punkte, dessen Erzeugende sich mit der Erzeugenden durch das Centrum auf der Doppelgeraden schneidet. Von der Richtigkeit des zuletzt Gesagten überzeugt man sich durch folgende Überlegung. Jede Ebene durch l schneidet die Regelfläche in zwei Erzeugenden und die Raumkurve 3. Ordnung in drei Punkten; von diesen liegt einer auf jeder Erzeugenden und einer auf l. Jede Ebene durch das Centrum K und eine Erzeugende berührt die Raumkurve in einem Punkte, der auf der Erzeugenden liegt. Zu diesen Ebenen gehört auch die Ebene Kl; da aber ein Punkt der Raumkurve auf l liegt, muß ihr Berührungspunkt mit der Ebene Kl in den Schnittpunkt von l mit der zweiten Erzeugenden in dieser Ebene fallen, die nicht durch K geht.

742. Die bewegliche Ebene Δ durch die Doppelgerade d schneidet l in einer Reihe von Punkten P und c in einer Reihe von Punkten R; dabei ist die Reihe der Punkte P projektiv zu dem Büschel der Strahlen DR, und nach 323 sind direkt die Reihen der Punkte P auf l und der Punkte R auf c projektiv. Die Erzeugenden einer Regelfläche 3. Grades schneiden also die einfache Leitgerade l und alle Kegelschnitte auf ihr in projektiven Punktreihen. Dieses Resultat läßt sich aber auch umkehren. Sind eine Gerade l und ein Kegelschnitt c Träger projektiver Punktreihen, so bilden die Verbindungslinien entsprechender Punkte die Erzeugenden einer Regelfläche 3. Grades. Drei Punkte auf l kann man dabei drei beliebigen Punkten von c entsprechen lassen;

jedem weiteren Punkt auf c entspricht dann ein bestimmter Punkt auf l, indem vier Punkte auf c und die entsprechenden auf l gleiches Doppelverhältnis aufweisen müssen. Um uns von der Richtigkeit des voranstehenden Satzes zu überzeugen, gehen wir von drei Punkten R_1, R_2, R_3 auf c und den entsprechenden P_1, P_2, P_3 auf l aus und suchen zu dem Punkte P_4 auf l, der in der Ebene von c liegt, den entsprechenden Punkt R_4 auf c. Die Gerade R_4P_4 schneidet c noch in einem Punkte D; durch diesen legen wir eine Gerade d, welche die Erzeugenden R_1P_1 und R_2P_2 schneidet. Der Ebenenbüschel mit der Achse d schneidet l und c in projektiven Punktreihen, in denen sich die Punkte R_1 und P_1, R_2 und P_2, R_4 und P_4 entsprechen. Eine beliebige Erzeugende trifft also c und l in entsprechenden Punkten dieser Reihen, d. h. alle Erzeugenden treffen die Gerade d, die eine Doppelgerade der Regelfläche sein muß. Hiermit sind aber die Erzeugenden wiederum als gemeinsame Sekanten von d, l und c nachgewiesen.

743. Durch die Doppelgerade d, die Leitgerade l und fünf Erzeugende e_1, e_2, e_3, e_4, e_5, die d und l schneiden, sonst aber beliebig gewählt werden können, ist eine Regelfläche 3. Grades völlig bestimmt. Denn legt man durch eine dieser fünf Erzeugenden etwa e_5, eine beliebige Ebene, so schneidet sie die übrigen in vier Punkten R_1, R_2, R_3, R_4 resp. und man kann durch diese und den Punkt $D = d \times e_5$ einen Kegelschnitt c legen. Die gemeinsamen Sekanten von d, l, und c liegen auf einer Regelfläche 3. Grades, der die Geraden $e_1, e_2, \ldots, e_5$ angehören.

Jede Regelfläche 3. Grades kann aber auch in der soeben geschilderten Weise erzeugt werden. Denn sind $e_1, e_2, \ldots, e_5$ fünf beliebige Erzeugende auf ihr, so kann man zu e_1, e_2, e_3, e_4 die beiden gemeinsamen Sekanten d und l aufsuchen; diese gehören dann der Regelfläche an, da sie vier Punkte mit ihr gemein haben, sie schneiden deshalb auch die Erzeugende e_5 und ebenso jede andere. Eine beliebige Ebene durch e_5 muß die Fläche noch in einem Kegelschnitt c schneiden, ihre Erzeugenden sind also die gemeinsamen Sekanten von c, d und l. Eine der Geraden d und l — es sei dies d — muß aber die Kurve c schneiden, denn sonst wäre die Regelfläche mit den Leitlinien c, d, l vom 4. Grade; hiermit sind wir wieder zu der ursprünglichen Erzeugung der Fläche gelangt.

Durch fünf Geraden $e_1, e_2, \ldots, e_5$ mit zwei gemeinsamen Sekanten d und l giebt es offenbar zwei Regelflächen 3. Grades; die eine hat d zur Doppel-, l zur einfachen Geraden, die andere hat l zur Doppel- und d zur einfachen Geraden. Außer den genannten Geraden haben die beiden Flächen keinen Punkt gemein, denn sonst müßte ihnen auch die gemeinsame Sekante von d und l durch diesen Punkt angehören. Jede Ebene durch diese Gerade würde aber beide Flächen in zwei Kegelschnitten schneiden, die durch die nämlichen fünf Punkte auf $e_1, e_2, \ldots e_5$ gingen, also zusammenfielen.

744. Die Erzeugenden der Regelfläche schneiden sich zu zwei und zwei auf der Doppelgeraden; je zwei solche Erzeugenden sollen ein Paar und ihr Schnittpunkt sein Scheitel heißen. Wir können dann sagen: Die Paare von Erzeugenden einer Regelfläche 3. Grades schneiden die einfache Leitgerade in den Punktepaaren einer Involution, deren sich selbst entsprechende Punkte auf den Torsallinien liegen. Die Reihe der Scheitel jener Paare ist dabei projektiv zu den Punktepaaren der Involution, wenn jedem Scheitel das Punktepaar auf seinen Erzeugenden entspricht.

Zum Beweise benutzen wir wieder c, d und l als Leitlinien; L sei der Schnittpunkt von l mit der Ebene Π des Kegelschnittes c. Eine beliebige Ebene durch l treffe c in R_1 und R_2 und d in Q; die Erzeugenden $e_1 = QR_1$ und $e_2 = QR_2$ mögen l in P_1 resp. P_2 schneiden. Dreht sich die Ebene um l, so bilden die Punktepaare R_1, R_2 auf c eine Involution, denn ihre Verbindungslinien laufen alle durch L (325). Die Strahlenpaare aus $D = d \times \Pi$ durch diese Punktepaare bilden ebenfalls eine Involution (323), folglich auch die Ebenenpaare durch d und diese Punktepaare, sowie die Punktepaare P_1, P_2 auf l; damit ist aber der erste Teil des Satzes bewiesen.

745. Der Beweis des zweiten Teiles erfordert zunächst die Definition der projektiven Beziehung zwischen den Punktepaaren einer Involution und den Punkten einer einfachen Reihe. Man nennt einen Strahlbüschel projektiv zu den Punktepaaren einer Involution, die seine Strahlen auf einem beliebigen Kegelschnitte ausschneiden. Verbindet man diese Punktepaare mit einem festen Punkte des Kegelschnittes, so entsteht eine Involution von Strahlenpaaren und auch sie heißt zu jenem Strahlbüschel projektiv. Durch das Prinzip der Dualität oder durch das Schneiden dieser Gebilde mit einer Geraden gelangt man zu der Projektivität zwischen einer einfachen Punktreihe und den Punktepaaren einer Involution. Ersetzt man die einfache Reihe durch eine dazu projektive, so ist auch diese zu den Punktepaaren der Involution projektiv. Vermöge der obigen Definition können wir zu den Strahlenpaaren einer Involution unendlich viele, projektive einfache Strahlbüschel konstruieren; soll jene Definition einen Sinn haben, so müssen alle diese einfachen Büschel unter sich projektiv sein, und hierfür wollen wir den Beweis erbringen.

Seien aa_1, bb_1, cc_1, dd_1 ... Strahlenpaare einer Involution; durch ihren Scheitel legen wir zwei Kegelschnitte k und k', die jene Strahlen in den Punkten A, A_1, B, B_1, ... resp. A', A_1', B', B_1' ... schneiden mögen. Die Geraden AA_1, BB_1, ... bilden einen Büschel mit dem Centrum O, die Geraden $A'A_1'$, $B'B_1'$ ... einen solchen mit dem Centrum O', und es ist zu zeigen, daß die beiden Büschel $O(ABCD \ldots)$ und $O'(A'B'C'D' \ldots)$ projektiv sind. Nun kann das Viereck $A'B'C'D'$ mit dem Viereck $ABCD$ in perspektive Lage gebracht werden (201); dann befinden sich auch die Kegelschnitte k und k' und auf ihnen die Punktepaare A_1A_1', B_1B_1', ... in perspektiver Lage. Der Strahlbüschel $abcda_1b_1$ ... ist nämlich projektiv zu den Büscheln $A(ABCDA_1B_1 \ldots)$ und $A'(A'B'C'D'A_1'B_1' \ldots)$, wo AA und $A'A'$ die Tangenten von k und k' in A resp. A' bedeuten; denn k und k' können als Erzeugnis des ersten und zweiten, resp. des ersten und dritten Büschels angesehen werden. Hat man also die drei Strahlen A' $(B'C'D')$ zu den drei Strahlen A (BCD) in perspektive Lage gebracht, so sind überhaupt je zwei entsprechende Strahlen der Büschel mit den Scheiteln A' und A in perspektiver Lage, insbesondere auch die Tangenten von k und k' in A und A'. Damit ist auch die perspektive Lage von k und k' erwiesen (denn vier Punkte und eine Tangente von k sind perspektiv zu den entsprechenden Elementen von k') und endlich die perspektive Lage von A_1A_1', B_1B_1', ... Dann sind auch die Büschel $O(ABCD \ldots)$ und $O'(A'B'C'D' \ldots)$ perspektiv und also in der ursprünglichen Lage projektiv.

746. Wenden wir uns zu unserer Regelfläche zurück, so ist der Büschel der Strahlen durch L projektiv zu der Involution der anf ihnen liegenden Punktepaare R_1R_2 und somit auch zu der Involution der Punktepaare P_1P_2 auf l. Jener Büschel mit dem Scheitel L ist aber auch projektiv zu der Reihe der Punkte Q auf d, da entsprechende Elemente in Ebenen durch die Gerade l liegen. Die Reihe der Punkte Q auf d ist also projektiv zu den Punktepaaren P_1P_2 der Involution auf l (744). Hiermit ist der zweite Teil unseres Satzes bewiesen, dem man auch folgenden Ausdruck verleihen kann. Die Verbindungslinien der Punktepaare einer Involution auf einer Geraden l mit den entsprechenden Punkten einer dazu projektiven Reihe auf einer zu l windschiefen Geraden d bilden die Erzeugenden einer Regelfläche 3. Grades.

747. Die Regelfläche 3. Grades geht durch eine reciproke Raumtransformation wieder in eine Regelfläche 3. Grades über. Denn die Flächen sind von der 3. Ordnung und der 3. Klasse, während also durch eine beliebige Gerade drei Tangentialebenen an die eine gehen, schneidet die entsprechende Gerade die andere in drei Punkten. Der Doppelgeraden der einen entspricht die einfache Leitgerade der anderen. In jedem Punkte der Doppelgeraden giebt es zwei Tangentialebenen, welche die Erzeugenden durch ihn enthalten; dementsprechend giebt es bei der anderen Fläche eine Gerade, deren Ebenen diese in zwei Erzeugenden schneiden, das ist aber die einfache Leitgerade.

Zu jedem Satze über Regelflächen 3. Gerades existiert demnach ein dualer Satz, der nicht besonders bewiesen zu werden braucht. Da jede Ebene durch eine Erzeugende die Fläche in einem Kegelschnitte schneidet, folgt sofort, daß die Fläche von jedem ihrer Punkte aus durch einen Kegel 2. Ordnung projiziert wird, wie wir auch bereits nachgewiesen haben. Da dieser Kegel die Fläche in einer Raumkurve 3. Ordnung berührt, welche die Torsallinien in den Kuspidalpunkten tangiert, folgt umgekehrt, daß die Tangentialebenen in den Punkten eines auf der Regelfläche liegenden Kegelschnittes die Schmiegungsebenen einer Raumkurve 3. Ordnung sind, welche die Torsallinien zu Tangenten und die zugehörigen Tangentialebenen zu Schmiegungsebenen hat.

So lassen sich auch den aufgeführten Erzeugungsarten der Regelfläche 3. Grades nach dem Prinzipe der Dualität andere an die Seite stellen. So bilden alle Tangenten einer Kegelfläche 2. Ordnung, die eine feste Tangente derselben und eine beliebige Gerade schneiden, eine Regelfläche 3. Grades. So schneiden auch die Tangentialebenen einer Kegelfläche 2. Ordnung die entsprechenden Ebenen eines zu ihnen projektiven Ebenenbüschels in den Erzeugenden einer Regelfläche 3. Grades.

748. Wir haben gesehen, daß die Kuspidalpunkte einer Regelfläche 3. Grades reell oder imaginär sein können. Es hängt das davon ab, ob die Tangentialebenen durch die Leitgerade l an den Leitkegelschnitt c reell oder imaginär sind, oder was dasselbe ist, ob der Schnittpunkt von l mit der Ebene des Kegelschnittes c außerhalb oder innerhalb dieser Kurve liegt. Wir wollen jetzt die spezielle Fläche untersuchen, für welche die beiden Kuspidalpunkte zusammenfallen, und die kurz als Cayley'sche Fläche bezeichnet wird. Dann muß offenbar l die Kurve c

schneiden; die Erzeugenden der Regelfläche sind wie früher die Verbindungslinien entsprechender Punkte zweier projektiver Punktreihen auf l und c. Dabei darf der gemeinsame Punkt $L = l \times c$ beider Reihen sich nicht selbst entsprechen, sonst würde die erzeugte Fläche ein Hyperboloid sein. Wir nehmen deshalb an, daß dem Punkte L der Reihe auf c der Punkt T der Reihe auf l entspricht.

Zunächst erkennt man nun, daß die Doppelgerade d der Fläche mit l zusammenfällt. Die Geraden d und l können nämlich als die gemeinsamen Sekanten von vier Erzeugenden e_1, e_2, e_3, e_4 angesehen werden; diese schneiden auf d und l zweimal vier Punkte von verschiedenem Doppelverhältnis aus. Wäre dies nicht der Fall, so lägen die vier Erzeugenden auf einem Hyperboloide, das auch c enthielte und deshalb mit unserer Regelfläche identisch wäre. Sind nun R_1, R_2, R_3, R_4 und P_1, P_2, P_3, P_4 die Schnittpunkte der vier Erzeugenden bezüglich mit c und l, so ist $(P_1P_2P_3P_4) = L(R_1R_2R_3R_4) = l(R_1R_2R_3R_4)$. Die Ebenen $lR_1, \ldots lR_4$ schneiden aber d in vier Punkten Q_1, Q_2, Q_3, Q_4 mit dem Doppelverhältnis $(P_1P_2P_3P_4)$, und durch sie gehen die vier Erzeugenden e_1, e_2, e_3, e_4 hindurch. Das widerspricht dem vorher gefundenen Resultat, daß $(P_1P_2P_3P_4) \gtrless (Q_1Q_2Q_3Q_4)$ ist. Wir schließen daraus, daß d nicht von l verschieden sein kann.

Beschreibt die Erzeugende e die Fläche, so durchläuft ihr Schnittpunkt R mit c die Kurve c und ihr Schnittpunkt P mit $l = d$ die Gerade l. Nähert sich dabei R dem Punkte L, so nähert sich P dem Punkte T, die Erzeugende e nimmt deshalb bei ihrer Bewegung einmal die Lage $l = d$ an. l ist also selbst eine Erzeugende der Fläche und ihre beiden Kuspidalpunkte fallen mit T zusammen. Jede Ebene durch $l = d$ schneidet die Fläche in zwei Erzeugenden, von denen die eine mit l zusammenfällt. Die Ebene durch l, die c in L berührt, schneidet die Fläche in l und einer unendlich nahen Erzeugenden; sie berührt also den einen der beiden Flächenmäntel, die durch die Doppelgerade $d = l$ gehen, längs dieser Geraden. Der andere Flächenmantel hat in jedem Punkte von l eine andere Tangentialebene und zwar ist die Punktreihe auf l projektiv zu dem Büschel der zugehörigen Tangentialebenen, die natürlich durch l gehen.

Die für die allgemeine Regelfläche 3. Grades abgeleiteten Resultate erleiden für die Cayley'sche Fläche Modifikationen, die sich leicht ergeben, die wir jedoch nicht weiter verfolgen wollen. Es mag nur noch die folgende Erzeugungsweise der Fläche hervorgehoben werden. Die Tangentialebenen einer Kegelfläche 2. Ordnung schneiden die entsprechenden Ebenen eines zu ihnen projektiven Ebenenbüschels, dessen Achse die Kegelfläche berührt, in den Erzeugenden einer Cayley'schen Fläche.

749. Wir wollen hier noch eine Frage beantworten, welche auch bei den Konoiden ihre Erledigung gefunden hat, nämlich die Frage nach den oskulierenden Hyperboloiden. Die eine Schar eines solchen Hyperboloides liefert dann die Haupttangenten der Regelfläche in den Punkten einer Erzeugenden. Hiermit ist dann die Möglichkeit gegeben bei beliebiger Parallel- oder Centralprojektion nicht nur die Punkte, sondern auch die Tangenten des wahren Umrisses (oder der Lichtgrenze) zu zeichnen. Denn in einem beliebigen Punkte des Umrisses liegen seine Tangente und der projizierende Strahl harmonisch zur Erzeugenden und der Haupttangente.

Zum Ausgangspunkt unserer Betrachtung wählen wir die Punktreihen auf der Doppelgeraden d und der einfachen Leitgeraden l. Die Punkte der Reihe auf d bezeichnen wir mit $Q_1, Q_2, Q_3 \ldots$, die Reihe selbst mit (Q), die Punktepaare der Involution auf l mit $A_1B_1, A_2B_2, \ldots$, die involutorische Reihe selbst mit (AB). Dann sind (Q) und (AB) projektiv; die entsprechenden Punkte haben gleichen Index, ihre Verbindungslinien $Q_iA_i = e_i$ und $Q_iB_i = f_i$ $(i = 1, 2, 3, \ldots .)$ sind die Erzeugenden der Regelfläche. Legen wir jetzt durch d und l ein Hyperboloid, so wird seine eine Schar auf diesen Geraden projektive Punktreihen (Q) und (P) ausschneiden; die Geraden dieser Schar sind $Q_iP_i = g_i$. Hyperboloid und Regelfläche mögen die Erzeugende $e_1 = g_1$ gemein haben (also $A_1 = P_1$), sie haben dann noch zwei weitere Erzeugende gemein, die wir durch folgende Überlegung gewinnen. Für jede gemeinsame Erzeugende fallen ein Paar entsprechende Punkte der projektiven Reihen (P) und (AB) auf l zusammen. Um diese gemeinsamen Punkte zu finden, ziehen wir in einer Ebene durch l einen beliebigen Kreis k und projizieren die Reihen (P) und (AB) von einem seiner Punkte K auf ihn. Dadurch entstehen auf k zwei projektive Reihen (P') und $(A'B')$ und die Geraden $A_i'B_i' = s_i$ schneiden sich in einem Punkte S. Der Strahlbüschel (s) ist projektiv zur Punktreihe (P') und auch zu dem Strahlbüschel, der seine Strahlen aus B_1' durch die Punkte der Reihe (P') schickt. Da $s_1 = A_1'B_1' = P_1'B_1'$ ist, sind diese Strahlbüschel perspektiv und ihre entsprechenden Strahlen schneiden sich in den Punkten einer Geraden u (u geht durch $s_2 \times B_1'P_2'$ und $s_3 \times B_1'P_3'$). Bei der projektiven Beziehung der Reihen (P') und $(A'B')$ entspricht jeder der beiden Punkte $u \times k$ sich selbst. Ihre Verbindungslinien mit K schneiden l in den sich selbst entsprechenden Punkten der Reihen (P) und (AB) (abgesehen von dem sich selbst entsprechenden Punkte $A_1 = P_1$), und durch sie gehen die gemeinsamen Erzeugenden von Regelfläche und Hyperboloid.

Damit nun das Hyperboloid die Regelfläche längs e_1 oskuliert, müssen die beiden soeben bestimmten Erzeugenden mit e_1 zusammenfallen, d. h. die oben erwähnte Gerade u muß k in A_1' berühren. Dadurch wird dann eine Reihe (P') auf k bestimmt, indem sich s_i und $B_1'P_i'$ auf u schneiden, und diese liefert auf l eine Reihe (P), die zu (Q) projektiv ist. Die Verbindungslinien der entsprechenden Punkte dieser Reihen (P) und (Q) bilden die eine Schar des oskulierenden Hyperboloides, das hiermit gefunden ist.

750. Es genügt hiernach, wenn man zwei Paare e_2f_2 und e_3f_3 von Erzeugenden kennt, um für eine beliebige andere gegebene Erzeugende e_1 das oskulierende Hyperboloid zu finden. Wir wollen nun die Konstruktion thatsächlich durchführen, indem wir die Torsallinien e_2 und e_3 als bekannt annehmen; die Konstruktion ändert sich etwas, wenn an ihrer Stelle zwei Paare von Erzeugenden gegeben sind. Projizieren wir die Fläche auf eine beliebige Ebene, dann läßt sich die ganze Konstruktion in dieser Ebene ausführen. Dabei mögen die Projektionen der Geraden und Punkte mit den gleichen Buchstaben bezeichnet werden, wie diese selbst, und zwar der Einfachheit halber ohne beigefügte Striche. Gegeben sind also die Projektionen d und l der Doppel- und einfachen Geraden, e_2 und e_3 der beiden Torsallinien und e_1 einer weiteren Erzeugenden (Fig. 472). Wir legen den Kreis k, der ja beliebig ist, durch $A_2 = l \times e_2$ und $A_3 = l \times e_3$, ziehen seine Tangenten s_2 und s_3 in A_2 resp. A_3 und verbinden ihren Schnittpunkt $S = s_2 \times s_3$ mit $A_1 = l \times e_1$. Diese Gerade $s_1 = SA_1$ schneidet k in zwei Punkten A_1' und B_1' (es ist gleichgültig, ob der eine oder andere der beiden Punkte mit A_1' bezeichnet wird), und wir lassen hier das obenerwähnte K mit B_1' zusammenfallen. Die Tangente u in A_1' schneidet s_2 und s_3 in

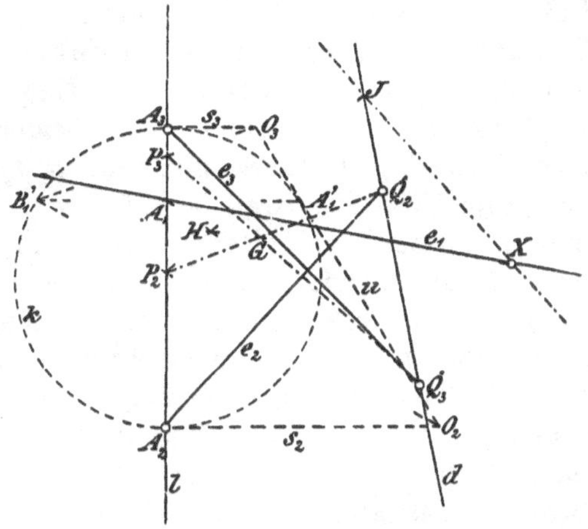

Fig. 472.

Punkten O_2 und O_3, und die Geraden $B_1'O_2$ und $B_1'O_3$ schneiden auf l die Punkte P_2 und P_3 aus. P_2Q_2 und P_3Q_3 ($Q_2 = e_2 \times d$, $Q_3 = e_3 \times d$) sind zwei Erzeugende des Hyperboloides, das die Regelfläche längs e_1 oskuliert.

Dieses Hyperboloid hat einen Kegelschnitt zum scheinbaren Umriß, der die fünf Geraden d, l, e_1, P_2Q_2 und P_3Q_3 berührt. Man erhält deshalb die Projektion der Haupttangente in einem Punkte X von e_1, indem man aus X die Tangente an den Umrißkegelschnitt legt, was mit Hilfe des Brianchon'schen Satzes geschieht ($P_3Q_3 \times P_2Q_2 = G$, $GX \times A_1Q_3 = H$, $P_2H \times d = J$), JX ist die Projektion der gesuchten Haupttangente.

751. Die Regelfläche 4. Grades. Es sollen hier nur in aller Kürze einige wesentliche allgemeine Eigenschaften dieser Regelflächen entwickelt werden, da wir weiterhin noch mehrere derartige Flächen zu betrachten haben. Auch das gerade und schiefe Kreiskonoid gehören zu dieser Flächenart. Wir gehen von der folgenden Definition aus. Die Verbindungslinien entsprechender Punkte zweier projektiver Punktreihen, deren Träger zwei beliebige Kegelschnitte sind, liegen auf einer Regelfläche 4. Grades. Seien c und c' die beiden Kegelschnitte, Π und Π' ihre Ebenen, s deren Schnittlinie, $A_1A_2A_3 \ldots.$ und $A_1'A_2'A_3 \ldots.$ die projektiven Punktreihen auf c resp. c', die wir kurz durch (A) und (A') bezeichnen. Dann lassen sich die projektiven Reihen (A) und (A') und damit auch ihre Träger c und c' in perspektive Lage bringen. Zu diesem Zwecke braucht man nur die Punkte $A_1' \ldots A_4'$ zu den Punkten $A_1 \ldots A_4$ perspektiv zu legen (201), denn dann liegen auch die Tangenten in den entsprechenden Punkten von c und c' perspektiv, z. B. t_1 in A_1 und t_1' in A_1'. $A_1'A_2'$, $A_1'A_3'$, $A_1'A_4'$, t_1' sind nämlich perspektiv zu A_1A_2, A_1A_3, A_1A_4, t_1, da die ersten vier Strahlen das gleiche Doppelverhältnis haben wie die letzten vier, und drei Strahlen von jenen zu drei Strahlen von diesen bereits perspektiv liegen. Hierdurch ist eine perspektive Lage der Ebenen Π und Π' hergestellt, zu jedem Punkt in Π giebt es einen perspektiven Punkt in Π' und umgekehrt. Bringen wir jetzt die Ebene Π' wieder in ihre ursprüngliche Lage, so sagen wir: die Ebenen Π und Π' sind zu einander projektiv, wenn sich je zwei Punkte in ihnen entsprechen, die vorher perspektiv waren.

Um nun zu zeigen, daß jede Gerade g unsere Fläche in vier Punkten schneidet, benutzen wir die projektive Beziehung der Ebenen Π und Π'. Der Ebenenbüschel durch g schneidet Π in einem Strahlbüschel (i) mit dem Scheitel $G = g \times \Pi$ und Π' in einem dazu projektiven Büschel (f'') mit dem Scheitel $H' = g \times \Pi'$. Vermöge der Projektivität der Ebenen Π' und Π entspricht dem Büschel (f'') mit dem Scheitel H' ein projektiver Büschel (f) in Π mit dem Scheitel H. Die projektiven Büschel (i) und (f) erzeugen einen Kegelschnitt, der c in vier Punkten schneidet. Schneiden sich in einem dieser Punkte A_1 die Strahlen i_1 und f_1, so liegen i_1 und f_1' in einer Ebene durch g als entsprechende Strahlen der Büschel (i) und (f''); f_1' geht durch A_1' und die Erzeugende A_1A_1' trifft g. Das beweist, daß jede Gerade g von vier Erzeugenden der Fläche geschnitten wird.

752. Jede Erzeugende der Regelfläche trifft zwei andere Erzeugende, d. h. sie trägt zwei Punkte ihrer Doppelkurve d; sie bestimmen sich wie folgt. Sind A_1 und A_1' entsprechende Punkte von c und c', also $e_1 = A_1A_1'$ eine Erzeugende, so sind A_1 und A_1' die Scheitel projektiver Büschel, deren entsprechende Strahlen die Kurven c und c' in entsprechenden Punkten schneiden. Treffen sich zwei entsprechende Strahlen dieser Büschel, so liegt in ihrer Ebene eine Erzeugende, die natürlich e_1 schneidet. Dieses tritt aber zweimal ein, da beide Strahlbüschel die Gerade s in zwei projektiven Punktreihen schneiden und diese zwei Doppelpunkte besitzen (320).

Jede Ebene durch zwei Erzeugende schneidet die Regelfläche noch in einem Kegelschnitt; die Erzeugenden treffen alle diese Kegelschnitte in projektiven Punktreihen. Je zwei dieser Reihen können zur Definition der Regelfläche benutzt werden. Auch in den Ebenen Π und Π' liegen je zwei Erzeugende; die beiden in Π verbinden die Schnittpunkte $c' \times \Pi$ mit den entsprechenden Punkten auf c.

753. Alle Ebenen durch je zwei Erzeugende schneiden jede solche Ebene in den Tangenten eines Kegelschnittes. Wir brauchen nur zu zeigen, daß die Spurlinien aller dieser Ebenen in Π einen Kegelschnitt k umhüllen. Zwei Erzeugende A_1A_1' und B_1B_1' (A_1 und B_1 auf c, A_1' und B_1' auf c') schneiden sich, wenn A_1B_1 und $A_1'B_1'$ sich in einem Punkte P_1' von s treffen. In den projektiven Fbenen Π' und Π entsprechen sich aber $A_1'B_1'$ und A_1B_1 und dem Punkte P_1' von $A_1'B_1'$ ein Punkt P_1 auf A_1B_1, so daß $A_1B_1 = P_1P_1'$ ist. Der Punktreihe (P') auf s in Π' entspricht in Π eine projektive Punktreihe (P) auf einer Geraden r, und die Verbindungslinien P_iP_i' $(i = 1, 2, 3, \ldots)$ entsprechender Punkte umhüllen einen Kegelschnitt k. Der Geraden P_iP_i' in Π entspricht eine Gerade durch P_i' in Π', die erstere schneidet c in A_i, B_i, die letztere c' in den entsprechenden Punkten A_i', B_i'; beide liegen in der nämlichen Ebene durch P_i', so daß sich A_iA_i' und B_iB_i' schneiden.

Die Ebenen durch zwei Erzeugende schneiden also aus den projektiven Ebenen Π und Π' entsprechende Gerade aus; sie umhüllen in diesen Ebenen entsprechende Kegelschnitte k und k', die beide $s = \Pi \times \Pi'$ berühren. Nach 715 folgt hieraus, daß alle Ebenen durch zwei Erzeugende eine abwickelbare Fläche 3. Klasse umhüllen, sie bilden also die Schmiegungsebenen einer Raumkurve 3. Ordnung. Zu den Ebenen durch zwei Erzeugende gehören auch die Tangentialebenen längs der vier Torsallinien, sie schneiden Π in den gemeinsamen Tangenten von k und c.

754. Der Tangentialkegel aus einem Punkte der Doppelkurve d an die Regelfläche ist von der 2. Ordnung, wie man schon daraus erkennt, daß jede Gerade aus diesem Punkte noch zwei weitere Erzeugende trifft, daß es also durch sie noch zwei Tangentialebenen an den Kegel giebt. Wir wollen die Sache jedoch noch etwas weiter verfolgen. Seien D ein Punkt der Doppelkurve, e_1 und e_2 die Erzeugenden durch ihn, A_1, A_2 und A_1', A_2' ihre Schnittpunkte mit c resp. c'. Ist dann $e_i = A_iA_i'$ eine beliebige Erzeugende, so ist zu zeigen, daß die Ebene De_i eine Kegelfläche 2. Ordnung umhüllt, wenn e_i die Regelfläche beschreibt. Legen wir nun durch A_1A_2 eine beliebige Ebene Π^0 und schneiden sie mit der Kegelfläche, die D zum Scheitel und c' zur Leitkurve hat; die Schnittkurve sei c^0 und ihr Schnittpunkt mit DA_i' sei A_i^0. Die Reihen (A) auf c, (A') auf c' und (A^0) auf c^0 sind projektiv ($A_1^0 = A_1$, $A_2^0 = A_2$); die Ebene De_i schneidet c und c^0 in A_i und A_i^0. Die Verbindungslinien entsprechender Punkte der Reihen (A) auf c und (A^0) auf c^0 bilden aber die eine Schar eines Hyperboloides, wie wir sogleich beweisen werden; die Ebenen De_i oder $DA_iA_i^0$ umhüllen deshalb einen Tangentialkegel 2. Ordnung von ihm. Berührt dieser das Hyperboloid in dem Kegelschnitt u, so schneidet die Schar von Geraden $A_iA_i^0$ die Kurven c und u in projektiven Punktreihen.

Beschreibt also die Erzeugende e_i die Regelfläche, so umhüllt die Ebene De_i eine Kegelfläche 2. Ordnung. Dabei ist die Punktreihe auf c durch die Erzeugenden e_i projektiv bezogen auf die Mantellinien der Kegelfläche, indem jede Erzeugende durch einen Punkt von c geht und den Kegel in einem Punkt der entsrechenden Mantellinie berührt. Was aber für die Kegelfläche aus dem Scheitel D gilt, gilt auch für den Tangentialkegel aus jedem anderen Punkte der Doppelkurve. Daraus ergiebt sich aber eine zweite Erzeugungsweise unserer Regelfläche. Bezieht man die Mantellinien zweier Kegelflächen 2. Ordnung projektiv aufeinander (indem man etwa die Punkte zweier Schnitte projektiv bezieht), so bilden die Schnittlinien der Tangentialebenen in entsprechenden Mantellinien die Erzeugenden einer Regelfläche 4. Grades.

Es ist nun noch zu zeigen, daß die Geraden $A_i A_i^0$ die eine Schar eines Hyperboloides bilden, wenn die Reihen (A) auf c und (A^0) auf c^0 projektiv und die Punkte A_1 und A_2 beiden Reihen entsprechend gemeinsam sind. Der Büschel $A_1(A_2 A_3 A_4 \ldots)$ in Π ist projektiv zu dem Büschel $A_1(A_2^0 A_3^0 A_4^0 \ldots)$ in Π^0, und da der erste Strahl in beiden übereinstimmt, sind sie perspektiv, d. h. die Geraden $A_i A_i^0$ liegen in den Ebenen eines Büschels, dessen Achse durch A_1 geht; ebenso liegen sie in den Ebenen eines Büschels, dessen Achse durch A_2 geht. Beide Ebenenbüschel sind projektiv, denn sie schneiden Π in projektiven Strahlbüscheln; ihre entsprechenden Ebenen schneiden sich also in den Geraden der einen Schar eines Hyperboloides.

Die doppelte Erzeugungsweise unserer Flächen zeigt, daß aus einer Regelfläche 4. Grades durch reciproke Raumtransformation wieder eine Fläche von gleicher Art hervorgeht. Zu jeder Eigenschaft der Regelfläche giebt es demnach eine duale Eigenschaft. Aus dem Satz über die Ebenen durch zwei Erzeugende folgt: daß die Doppelkurve der Regelfläche 4. Grades eine Raumkurve 3. Ordnung ist, die vier Kuspidalpunkte trägt, was man auch daraus hätte schließen können, daß jede Ebene diese Kurve in drei Punkten schneidet.

755. Wir betrachten jetzt die Fälle, in denen die projektiven Reihen (A) auf c und (A') auf c' eine besondere Lage zu einander einnehmen. Wir haben gesehen, daß die Ebenen durch zwei Erzeugende die feste Ebene Π in den Tangenten eines Kegelschnittes k schneiden. Diese Tangenten gingen durch die entsprechenden Punkte zweier projektiver Reihen; die eine Reihe lag auf s, die andere auf einer Geraden r, beide Reihen entsprachen sich bei der projektiven Beziehung der Ebenen Π' und Π. Wir wollen nun annehmen, daß bei der projektiven Beziehung der Kegelschnitte c und c' und der dadurch bedingten projektiven Beziehung ihrer Ebenen Π und Π' ein Punkt O der Geraden $s = \Pi \times \Pi'$ sich selbst entspricht. Dann sind einerseits die Punktreihen auf s und r perspektiv, die Verbindungslinien entsprechender Punkte dieser Reihen gehen also durch einen festen Punkt L von Π. Diesem Büschel in Π mit dem Scheitel L entspricht in der projektiven Ebene Π' ein Büschel mit dem Scheitel L'; ihre entsprechenden Strahlen schneiden sich nach der Konstruktion auf s. Je zwei solche Strahlen schneiden aber c und c' in entsprechenden

Punkten, so daß in jeder Ebene durch die Gerade $l = LL'$ zwei Erzeugende unserer Fläche liegen. Jede Erzeugende trifft die Gerade l. Andererseits sind die Strahlbüschel in Π und Π' mit dem gemeinsamen Scheitel O projektiv; die Ebenen durch je zwei entsprechende Strahlen dieser Büschel umhüllen eine Kegelfläche 2. Ordnung und enthalten je zwei Erzeugende der Regelfläche, da sie c und c' in zweimal zwei entsprechenden Punkten schneiden. Je zwei Erzeugende in jeder Tangentialebene dieser Kegelfläche schneiden sich auf l. Zu den Tangentialebenen dieses Kegels gehört auch die Ebene lO, die c und c' in entsprechenden Punkten schneidet. Die Gerade l ist eine Doppelgerade unserer Regelfläche, jede Ebene durch sie schneidet die Fläche noch in zwei Erzeugenden. Alle anderen Ebenen durch zwei Erzeugende umhüllen eine Kegelfläche 2. Ordnung K mit dem Scheitel O, die von der Doppelgeraden l berührt wird. Wir können auch sagen: alle Ebenen, die Kegelschnitte der Regelfläche enthalten, umhüllen einen Kegel 2. Ordnung K mit dem Scheitel O.

Überträgt man die Resultate von 323 und 326 auf eine Kegelfläche, so erhält man folgenden Satz: Liegt in einer Tangentialebene einer Kegelfläche 2. Ordnung eine beliebige Involution von Strahlenpaaren, deren Scheitel in den Scheitel der Kegelfläche fällt, so schneiden sich je zwei Tangentialebenen durch je zwei entsprechende Strahlen der Involution in den Strahlen eines ebenen Strahlbüschels. Nun schneiden aber die Strahlen x_i durch L die Kurve c in den Punktepaaren A_i, B_i einer Involution, die mit O verbunden, die Strahlenpaare OA_i, OB_i einer Involution liefern. Die Tangentialebenen des Kegels K durch die Strahlen OA_i und OB_i schneiden sich in einer Geraden y_i, und alle diese Geraden y_i $(i = 1, 2, 3 \ldots)$ liegen in einer Ebene M durch O. Die Erzeugenden durch A_i und B_i liegen einerseits in der Ebene lx_i und andererseits in den genannten Tangentialebenen von K; ihr Schnittpunkt ist also der Schnittpunkt von y_i mit der Ebene lx_i und liegt in M. Alle Ebenen durch l schneiden daher die Fläche in je zwei Erzeugenden, deren Schnittpunkt in der Ebene M liegt. Der Ort dieser Punkte in M ist eine Doppelkurve m unserer Fläche, die demnach ein Kegelschnitt sein muß, der den Punkt $M = l \times \mathsf{M}$ enthält. Denn die Schnittkurve der Fläche mit M muß von der 4. Ordnung sein. Die Regelfläche besitzt eine Doppelgerade l und einen Doppelkegelschnitt m, die sich in einem Punkte M schneiden. Die Ebene M des Doppelkegelschnittes m trägt auch den Scheitel O des Kegels K, in dessen Tangentialebenen die

Kegelschnitte der Regelfläche liegen. Eine dieser Tangentialebenen enthält die Doppelgerade l.

Die Tangenten von O an die Kurve c berühren sie in zwei Punkten, durch die zwei Torsallinien der Fläche gehen, deren Kuspidalpunkte auf der Doppelgeraden l liegen. Die Berührungspunkte der Tangenten von L an c liegen auf zwei Torsallinien, deren Kuspidalpunkte dem Doppelkegelschnitte angehören.

Die Tangentialebenen des Kegels K schneiden auf seiner Tangente l eine Punktreihe und aus seiner Tangentialebene Π einen dazu projektiven Strahlbüschel aus, der c in den Punktepaaren einer Involution schneidet. Die Verbindungslinien dieser Punktepaare mit den entsprechenden Punkten auf l sind die Erzeugenden der Regelfläche, für die sich daraus folgende Erzeugungsweise ergiebt. Bestimmt man auf einem Kegelschnitte eine Involution von Punktepaaren und auf einer beliebigen Raumgeraden l eine dazu projektive Punktreihe, so bilden die Verbindungslinien entsprechender Punkte die Erzeugenden einer Regelfläche 4. Grades, mit der Doppelgeraden l und einem Doppelkegelschnitte.

Die Regelfläche 4. Grades mit einer Doppelgeraden und einem Doppelkegelschnitt geht durch eine reciproke Raumtransformation in eine Fläche derselben Art über. Dieses lehren uns unmittelbar die oben gewonnenen Resultate.

756. Wir gehen wieder von zwei Kegelschnitten c und c' und zwei auf ihnen liegenden projektiven Punktreihen (A) und (A') aus; machen aber jetzt die Voraussetzung, daß die Schnittlinie s ihrer Ebenen Π und Π' sie in zweimal zwei entsprechenden Punkten schneidet, oder daß bei der projektiven Beziehung der Kegelschnitte c und c', sowie ihrer Ebenen Π und Π', die Gerade s sich selbst entspricht. Schneiden sich also s und c in A_1 und A_2, so schneiden sich s und c' in A_1' und A_2'. Es ist klar, daß s eine Doppelerzeugende der Regelfläche 4. Grades ist, deren Erzeugende A_iA_i' entsprechende Punkte von c und c' verbinden. Wir wollen nun zeigen, daß die Regelfläche 4. Grades im vorliegenden Falle außer einer Doppelerzeugenden noch zwei Doppelgeraden besitzt, die von allen Erzeugenden getroffen werden.

Der Punktreihe auf s, als Reihe der Ebene Π, entspricht in der projektiven Ebene Π' wieder eine Punktreihe auf s. Die beiden projektiven Reihen haben zwei Doppelpunkte L und M, durch sie gehen die beiden Doppelgeraden l und m der Fläche. Man legt sie durch L resp. M derart, daß sie zwei beliebige Erzeugende, etwa A_3A_3' und A_4A_4', treffen. Daß dann eine beliebige Erzeugende

$A_i A_i'$ ebenfalls l und m trifft, erkennt man wie folgt. Die beiden Strahlbüschel $L(A_1 A_3 A_4 A_i)$ und $L(A_1' A_3' A_4' A_i')$ haben gleiches Doppelverhältnis; sie liegen perspektiv, da L auf $A_1 A_1'$ liegt. Deshalb schneiden sich die Ebenen $LA_3 A_3'$, $LA_4 A_4'$ und $LA_i A_i'$ in einer Geraden, d. h. $A_i A_i'$ trifft die Gerade l, in der sich die beiden ersten Ebenen schneiden.

Jede Ebene durch eine Doppelgerade schneidet die Fläche noch in zwei Erzeugenden; jede Ebene durch die Doppelerzeugende enthält noch einen Kegelschnitt der Fläche. Durch jeden Punkt von l gehen zwei Erzeugende, die gemeinsamen Sekanten von c und m, sie schneiden also c in einem Punktepaare, dessen Verbindungslinie durch M geht. Die Erzeugenden der Regelfläche sind die gemeinsamen Sekanten zweier Geraden l und m und eines Kegelschnittes c. Dabei ist es gleichgültig, ob die Sekante LM, die in der Ebene des Kegelschnittes c liegt, diesen schneidet oder nicht. Im ersteren Falle ist LM eine wirkliche Doppelerzeugende, in ihr durchschneiden sich zwei Mäntel der Regelfläche; im letzteren Falle verläuft die Doppelerzeugende LM isoliert, sie liegt nicht auf der Regelfläche selbst. Durch die Berührungspunkte der von M an c gelegten Tangenten gehen zwei Torsallinien, deren Kuspidalpunkte auf l liegen; analog giebt es zwei Torsallinien mit Kuspidalpunkten auf m.

Der Tangentialkegel aus einem Punkte der Doppelerzeugenden an die Regelfläche ist von der 2. Ordnung. Denn jede Gerade durch den Scheitel dieses Kegels trifft noch zwei Erzeugende der Fläche, es gehen durch sie also noch zwei Tangentialebenen des genannten Kegels. Man kann die Sache auch noch genauer verfolgen, indem man die gleiche Methode anwendet wie früher bei der Regelfläche 4. Grades mit einer Doppelkurve 3. Ordnung. Hiernach folgt, daß die Erzeugenden der Regelfläche auch als die Tangenten einer Kegelfläche 2. Ordnung, die zwei feste Geraden l und m treffen, angesehen werden können. Die gemeinsame Sekante von l und m durch den Kegelscheitel ist die Doppelerzeugende; die Schnittpunkte des Kegels mit den Doppelgeraden l und m sind die Kuspidalpunkte und die bezüglichen Torsallinien berühren den Kegel in ihnen.

Auch die Regelflächen 4. Grades mit zwei Doppelgeraden und einer Doppelerzeugenden gehen bei einer reciproken Raumtransformation wieder in Flächen derselben Art über.

757. Sind nun alle Regelflächen 4. Grades von einer der behandelten drei Arten? Ohne Zweifel, wenn es auf ihnen Kegelschnitte giebt; denn die Erzeugenden müssen auf diesen projektive Punktreihen ausschneiden. Jede Erzeugende einer Regelfläche 4. Grades wird aber von zwei anderen Erzeugenden getroffen (726); eine Ebene durch zwei Erzeugende muß entweder noch einen Kegelschnitt, oder eine Doppelgerade ausschneiden. Denn zwei getrennte Geraden können es nicht in allen solchen Ebenen sein, sonst würde die Fläche in zwei Hyperboloide zerfallen.

Es giebt nun in der That Regelflächen 4. Grades, die zwei Doppelgeraden besitzen, aber keinen Kegelschnitt enthalten. Da eine Ebene durch eine Erzeugende die Fläche noch in einer Kurve 3. Ordnung schneidet, so sehen wir, daß ihre Erzeugenden die gemeinsamen Sekanten einer ebenen Kurve 3. Ordnung und zweier sie schneidender Geraden sind; diese Geraden sind die Doppelgeraden der Fläche. Die Erzeugenden vermitteln zwischen den Punkten der Doppelgeraden eine zwei-zweideutige Beziehung (jedem Punkte der einen Geraden entsprechen immer zwei der anderen) und diese wird man bei einer näheren Untersuchung der Fläche zum Ausgangspunkte wählen. Wir haben bereits bei der projektiven Beziehung der Punkte einer Reihe auf die Punktepaare einer Involution einen Kegelschnitt zu Hilfe genommen, und wir wollen auch hier die Punkte der einen Doppelgeraden l den Punkten eines Kegelschnittes l^0 projektiv zuordnen. Den Punkten der zweiten Doppelgeraden m entsprechen dann Punktepaare auf l und durch die Projektivität zwischen l und l^0 auch Punktepaare auf l^0. Die Verbindungslinien dieser Punktepaare von l^0 umhüllen eine Kurve m^0, und wir lassen den Punktepaaren auf l^0 den Berührungspunkt ihrer Verbindungslinie mit m^0 entsprechen. Es giebt nun immer zwei Punkte auf m, deren entsprechende Punktepaare auf l, oder auf l^0, einen gegebenen Punkt enthalten. Da aber jedem Punkte von m ein Punkt von m^0 entspricht, so giebt es immer zwei Punkte auf m^0, deren Tangenten durch einen gegebenen Punkt von l^0 gehen, d. h. m^0 ist ein Kegelschnitt.

Zwischen den Punkten der Kegelschnitte l^0 und m^0 besteht eine zwei-zweideutige Beziehung; jedem Punkte von l^0 entsprechen die beiden Punkte von m^0, deren Tangenten durch ihn gehen, jedem Punkte von m^0 entsprechen die beiden Punkte von l^0, die auf seiner Tangente liegen. Bezieht man die Punkte von l^0 und m^0 projektiv auf die Punkte der Doppelgeraden l resp. m, so erhält man auf ihnen eine zwei-zweideutige Beziehung und die Verbindungslinien entsprechender Punkte liegen auf einer Regelfläche 4. Grades.

Den vier Punkten auf l^0, die zugleich auf m^0 liegen, entsprechen

Punktepaare auf m^0, deren Punkte zusammenfallen; den vier Punkten auf m^0, deren Tangenten zugleich l^0 berühren, entsprechen ebenfalls Punktepaare mit zusammenfallenden Punkten. Demgemäß giebt es auf jeder der beiden Doppelgeraden je vier Kuspidalpunkte, also im ganzen acht Torsallinien. Je nach der gegenseitigen Lage von l^0 und m^0 ergeben sich verschiedene Realitätsverhältnisse der Kuspidalpunkte. Näher wollen wir auf diese Art von Regelflächen nicht eingehen, da sie weiterhin keine Anwendung finden.

758. Die Normalenflächen einer Fläche 2. Grades. Zieht man auf einer beliebigen Fläche eine Kurve und in ihren Punkten die Normalen der Fläche, so erhält man eine Regelfläche, die man als Normalenfläche bezeichnet. Es soll hier die Fläche 2. Grades zu Grunde gelegt werden und wir wollen die Normalenfläche für einen ihrer ebenen Schnitte konstruieren. Die Tangentialebenen in den Punkten einer solchen Schnittkurve umhüllen aber eine Kegelfläche 2. Ordnung, welche die Fläche 2. Grades längs derselben berührt, und die Normalen der Fläche 2. Grades in ihnen sind zugleich Normalen der Kegelfläche. Unsere Aufgabe deckt sich also mit der folgenden: Die Normalenfläche für einen ebenen Schnitt einer Kegelfläche 2. Ordnung zu konstruieren. Je nach der Lage des Schnittes gegen die Achse der Kegelfläche haben wir verschiedene Fälle zu unterscheiden, die uns zu den vorher aufgezählten Arten der Regelflächen 4. Grades führen werden.

Zunächst erkennen wir, daß der Richtungskegel der Normalenfläche von der 2. Ordnung ist. Ist nämlich Γ der gegebene Kegel, S sein Scheitel, c seine Schnittkurve mit der Ebene Π_1, so finden wir den Normalkegel N mit dem Scheitel S und seine Schnittkurve n mit Π_1 in folgender Weise. Ist $P_1 P_2 P_3 \ldots$, oder kurz (P) eine Punktreihe auf c, so schneiden die zugehörigen Tangenten auf zwei festen Tangenten von c projektive Punktreihen aus, etwa (A) und (B). Indem wir sie mit S verbinden, erhalten wir zwei projektive Strahlbüschel (a) und (b); indem wir ferner auf jedem dieser Strahlen in S eine Normalebene errichten, gelangen wir zu zwei projektiven Ebenenbüscheln (A) und (B). Ihre entsprechenden Ebenen schneiden sich in den Mantellinien (q) des Normalkegels N, der somit von der 2. Ordnung ist, und diese treffen Π_1 in den Punkten (Q) des Kegelschnittes n. Dabei ist die Punktreihe (P) auf c projektiv bezogen auf die Punktreihe (Q) auf n und auf die Mantellinien (q) des Normalkegels (oder Polarkegels, 106).

Zieht man durch jeden Punkt der Punktreihe (P) auf c eine

Gerade parallel zu der entsprechenden Mantellinie q des Normalkegels — (P) und (q) sind projektiv —, so erhält man die Normalenfläche. Die Normalenfläche ist vom 4. Grade, denn ihre Erzeugenden sind die Verbindungslinien entsprechender Punkte zweier projektiver Punktreihen, die auf dem Kegelschnitte c und dem unendlich fernen Kegelschnitte von N liegen.

759. Untersuchen wir zuerst die Normalenfläche für den Fall, daß c ein beliebiger Schnitt des Kegels Γ ist. In

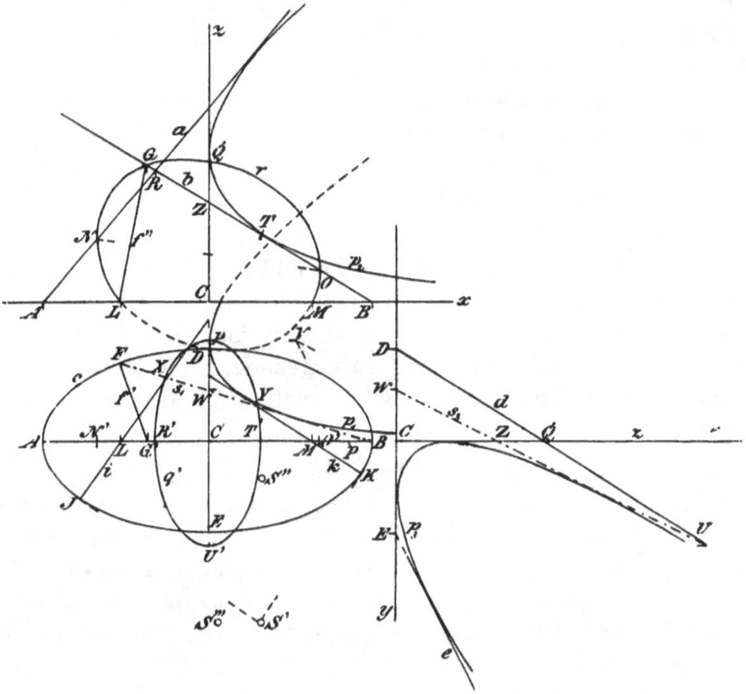

Fig. 473.

Fig. 473 ist c in der Ebene Π_1 angenommen, die Ebenen Π_2 und Π_3 sind senkrecht zu Π_1 durch die Achsen AB und ED von c gelegt; als Kurve c ist eine Ellipse gewählt. In der Figur sind die Ebenen Π_2 und Π_3 zuerst parallel mit sich selbst verschoben und dann um ihre Spuren x resp. y in die Horizontalebene umgelegt, um die Verhältnisse übersichtlicher zu gestalten. Die Tangenten von S' an c berühren c in J und K; die Erzeugenden in Π_1 sind die Normalen i und k in den Punkten J und K von c; die Erzeugenden

a und b in Π_2 gehen durch A und B und stehen auf $S''A$ resp. $S''B$ senkrecht; die Erzeugenden c und d in Π_3 gehen durch E und D und stehen auf $S'''E$ resp. $S'''D$ senkrecht.

Die Normalenfläche besitzt eine Doppelkurve von der 3. Ordnung, ihre Kegelschnitte liegen in Ebenen, die eine abwickelbare Fläche 3. Klasse umhüllen (753). Die Ebenen durch die Kegelschnitte der Normalenfläche, zu denen auch die unendlich ferne Ebene gehört, schneiden jede von ihnen in den Tangenten einer Parabel. So umhüllen die ersten, zweiten und dritten Spurlinien dieser Ebenen je eine Parabel p_1, p_2 und p_3. Die Parabel p_1 hat die Achsen von c und die Erzeugenden i und k zu Tangenten, denn die ersteren sind die Spuren von Π_2 und Π_3, die letzteren sind die in Π_1 liegenden Erzeugenden, durch welche außer Π_1 noch je eine weitere Kegelschnittebene hindurchgeht. Die Parabel p_2 berührt die Geraden a und b, x und z, denn a und b sind Erzeugende, x und z die Spuren von Π_1 und Π_3; analog berührt die Parabel p_3 die Geraden d und e, y und z.

Die gemeinsamen Tangenten von c und p_1 sind die ersten Spurlinien solcher Ebenen, die zwei unendlich nahe Erzeugende der Fläche enthalten; die Erzeugenden durch ihre Berührungspunkte mit c sind die Torsallinien. Im vorliegenden Falle existieren nur zwei reelle Torsallinien, sie sind jedoch nicht in die Figur eingetragen.

760. Ist Σ irgend eine Ebene durch zwei Erzeugende, dann müssen ihre Spurlinien s_1, s_2, s_3, beziehentlich die drei Parabeln p_1, p_2, p_3 berühren. Die Ebene Σ schneidet die Fläche noch in einem Kegelschnitte q, der offenbar die folgenden Punkte enthält: $R = s_2 \times a$, $T = s_2 \times b$, $U = s_3 \times d$, $V = s_3 \times e$, $X = s_1 \times i$ und $Y = s_1 \times k$. Nun gilt der Satz (338), daß die Tangenten einer Parabel auf zwei festen Tangenten derselben ähnliche Punktreihen ausschneiden. Demnach begrenzen die Tangenten a, b und z der Parabel p_2 auf den Tangenten s_2 und x je zwei Strecken, die in dem gleichen Verhältnisse stehen, d. h. es ist: $RZ : ZT = AC : CB$ ($Z = z \times s_2$, $C = z \times x \times y$). Da aber $AC = CB$ ist, folgt $RZ = ZT$; ganz ebenso ergiebt sich $UZ = ZV$. Die Geraden RT und UV sind demnach zwei Durchmesser des Kegelschnittes q, dessen Mittelpunkt in Z liegt.

Nun schneiden die Erzeugenden der Fläche auf allen Kegelschnitten und insbesondere auf c und q projektive Punktreihen aus (752), so daß die Punkte A, B, D, E von c projektiv sind zu den Punkten R, T, U, V auf q. Alle zu DE parallelen Geraden schneiden aber c in den Punktepaaren einer Involution, deren Doppelpunkte A und B sind und diese liegen zu jedem Punktepaar harmonisch. Demnach liegen die Punkte $ABDE$ auf c und ebenso die Punkte $RTUV$ auf q harmonisch. Folglich muß die Gerade UV durch den Schnittpunkt der Tangenten von q in R und T gehen, d. h. der Durchmesser UV ist parallel zu den Tangenten in den Endpunkten des Durchmessers RT, beide Durchmesser sind also konjugiert. Jede Ebene durch zwei Erzeugende schneidet die Normalenfläche in einem Kegelschnitte, der von den Vertikalebenen durch die Achsen des Kegelschnittes c in konjugierten Durchmessern geschnitten wird; ihre Endpunkte liegen auf den vier Erzeugenden durch die Scheitelpunkte von c. Mit anderen Worten: Die ersten Projektionen aller auf der Normalenfläche liegenden Kegelschnitte sind Kegelschnitte von der gleichen Art wie c, deren Achsen zugleich die Achsen von c sind. Denn je nachdem c vier, zwei, oder einen reellen Scheitel hat, also Ellipse, Hyperbel oder Parabel ist, tritt Gleiches für alle Kegelschnitte der Fläche ein.

In der Figur ist als Ebene Σ durch zwei Erzeugende die Ebene durch b gewählt, so daß $b = s_2$ wird. Die erste Spur s_1 geht durch B und berührt p_1, sie schneidet c noch in F, so daß Σ die Erzeugende f durch F enthält ($f' \perp c$); die dritte Spur geht durch $W = s_3 \times DE$ und berührt p_3. Es ist nur noch zu bemerken, was in diesem Falle aus $T = s_2 \times b$ wird, da ja $s_2 = b$ ist. Nun sind s_2 und b zwei Tangenten von p_2; fallen sie zusammen, so wird ihr Schnittpunkt T zum Berührungspunkte von b mit p_2. Von q ist nur die erste Projektion q' verzeichnet.

Ferner ist die Schnittellipse r der Fläche mit der Ebene Π_2 angegeben. Die Erzeugenden d und e treffen Π_2 in den Endpunkten P und Q des vertikalen Durchmessers von r; auf den Erzeugenden a und b liegen die Endpunkte N und O des zu PQ konjugierten Durchmessers. Um N auf a zu bestimmen, müssen wir die zu a benachbarte Erzeugende mit Π_2 zum Schnitt bringen; dieser Punkt unterscheidet sich nur unendlich wenig von N, so daß er an seine Stelle treten kann. Die erste Projektion N' liegt also auf der Achse AB und auf der Normalen in dem zu A benachbarten Punkte von c; N' und O' sind sonach die Krümmungsmittelpunkte für die Scheitel A und B der Ellipse c. Die Ellipse r enthält auch die Punkte $L = i \times AB$ und $M = k \times AB$ und $G = f \times b$ ($G' = f' \times AB$, $GG' \perp x$).

Die scheinbaren Umrisse der Normalenfläche in Π_1, Π_2 und Π_3

sind Kurven 4. Klasse; speziell in Π_1 wird der Umriß von der Evolute der Ellipse c gebildet. Die Umrisse sind in die Figur nicht eingetragen.

761. Zwei Erzeugende h_1 und h_2 mit ihren ersten Spurpunkten H_1 und H_2 auf c schneiden sich, wenn H_1H_2 eine Tangente von p_1 ist. Wir können dieses Kriterium jedoch durch ein anderes ersetzen. Sind t_1 und t_2 die Tangenten von c in H_1 und H_2, so sind h_1 und h_2 respektive normal zu den Ebenen St_1 und St_2. Sollen sich diese Normalen schneiden, so muß die Gerade H_1H_2 zur Schnittlinie der beiden Ebenen senkrecht sein. Für die erste Projektion sagt das aus, daß H_1H_2 senkrecht zur Verbindungslinie von S' mit $t_1 \times t_2$ sein muß. Eine Gerade schneidet also aus c zwei Punkte aus, deren Erzeugende sich treffen, wenn das von ihrem Pol auf sie gefällte Lot durch S' geht. Speziell gehen die Torsallinien der Fläche durch diejenigen Punkte von c, deren Normalen S' enthalten.

Der vorher erwähnte Punkt $t_1 \times t_2$ liegt auf dem Durchmesser von c, der dem zu H_1H_2 parallelen Durchmesser konjugiert ist. Läßt man den Strahlen durch S' die zu ihnen senkrechten Durchmesser von c und diesen die konjugierten Durchmesser entsprechen, so erhält man drei projektive Strahlbüschel; der Ort der Punkte $t_1 \times t_2$ ist also ein Kegelschnitt. Diese Kurve geht durch S', C und die unendlich fernen Punkte von AB und DE, sie ist also eine gleichseitige Hyperbel, deren Asymptoten zu den Achsen von c parallel laufen. Dieselbe schneidet c in den ersten Spurpunkten der vier Torsallinien, von denen jedoch nur zwei in unserem Falle reell sind.

762. Jede Tangentialebene einer abwickelbaren Fläche 3. Klasse wird von allen übrigen in den Tangenten eines Kegelschnittes geschnitten (715). Sind A, B, Γ, Δ vier feste Tangentialebenen der abwickelbaren Fläche, so schneiden die übrigen B in den Tangenten eines Kegelschnittes b und folglich die Geraden $\mathsf{A} \times \mathsf{B}$ und $\mathsf{B} \times \Gamma$ in projektiven Punktreihen, da diese Geraden ebenfalls b berühren. Ganz ebenso schneiden die Tangentialebenen die Geraden $\mathsf{B} \times \Gamma$ und $\Gamma \times \Delta$ in projektiven Punktreihen; mithin sind auch die auf $\mathsf{A} \times \mathsf{B}$ und $\Gamma \times \Delta$ durch die Tangentialebenen ausgeschnittenen Punktreihen projektiv. Die Kegelschnitte der Normalenfläche liegen aber in Ebenen, die eine abwickelbare Fläche 3. Klasse umhüllen und ihre Erzeugenden sind die Schnittlinien von je zwei solchen Ebenen. Die Kegelschnitte der Normalenfläche schneiden demnach ihre Erzeugenden in projektiven Punktreihen; diese Punktreihen sind sogar ähnlich, da die unendlich ferne Ebene die Normalenfläche ebenfalls in einem Kegelschnitte schneidet. Man kann dieses Resultat in der Form aussprechen: Drei beliebige Kegelschnitte der Normalenfläche begrenzen auf jeder Erzeugenden zwei Strecken, deren Verhältnis konstant ist.

Dieser Satz auf die Achsen der ersten Projektion einer Schnittkurve q angewendet ergiebt folgendes Resultat. Der Krümmungsmittelpunkt auf der einen Achse von c teilt die Entfernung der auf ihr liegenden Scheitelpunkte von c und q' in dem gleichen Verhältnisse, wie der Mittelpunkt die Entfernung der auf der anderen Achse liegenden Scheitelpunkte.

763. Die Normalenfläche eines Kegels 2. Ordnung für einen zu einer Hauptebene senkrechten Schnitt. Die

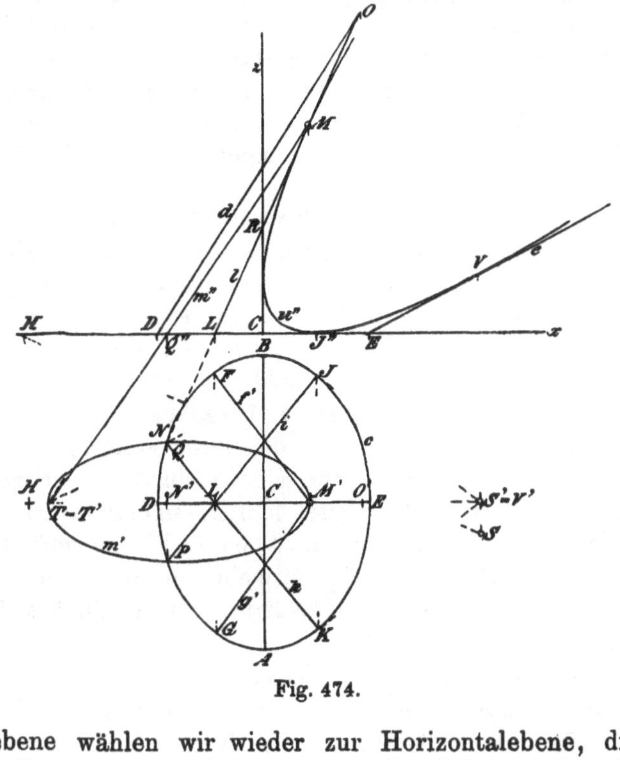

Fig. 474.

Schnittebene wählen wir wieder zur Horizontalebene, die in ihr liegende Kurve sei eine Ellipse c mit den Achsen AB und DE; die Hauptebene machen wir zur Aufrißebene, in ihr liegt der Kegelscheitel S (Fig. 474). Wir wollen nun zunächst zeigen, daß die ersten Spurlinien der Ebenen durch zwei Erzeugende zwei Strahlbüschel bilden. Einerseits treffen alle zu DE senkrechte Sehnen von c diese Kurve in je zwei Punkten, deren Erzeugende sich schneiden; es folgt dieses direkt aus der Symmetrie der Fläche in Bezug auf die Ebene Π_2. Legen wir andererseits von S' die Tangenten an c und ziehen in ihren Berührungspunkten J und K die Normalen i und k, so gehören diese der Normalenfläche an, und ihr auf DE liegender Schnittpunkt $L = i \times k$ hat ebenfalls die Eigenschaft, daß jede Sehne durch ihn zwei Punkte von c trägt, deren Erzeugende sich schneiden. Nach 761 schneidet nämlich jede Gerade, die zu einem Strahl durch S' in Bezug auf c konjugiert und senkrecht ist, die Kurve c in zwei Punkten, deren Erzeugende sich treffen. Wir beweisen nun, daß alle diese Geraden durch L gehen. Der Büschel der Strahlen durch S' ist projektiv zur Punktreihe ihrer Pole, also auch projektiv zu dem Büschel ihrer konjugierten Polaren durch L. Von den konjugierten Polaren durch S' und L sind aber drei entsprechende Paare zu einander senkrecht, nämlich: $S'J$ und LJ, $S'K$ und LK, $S'L$ und die Parallele zu AB durch L. Deshalb sind die beiden Büschel kongruent und es steht jeder Strahl durch S' auf seinem konjugierten Strahle durch L senkrecht.

Die ersten Spurlinien aller Ebenen durch zwei Erzeugende gehen sonach entweder durch L, oder sie sind zu AB parallel. Die Normalenfläche besitzt infolgedessen eine Doppelgerade l mit dem ersten Spurpunkte L und einen Doppelkegelschnitt m. Die Doppelgerade l liegt in Π_2; durch ihre Punkte gehen je zwei zu Π_2 symmetrische Erzeugende der Fläche. Der Doppelkegelschnitt m liegt in einer zu Π_2 senkrechten Ebene; durch seine Punkte gehen je zwei Erzeugende, deren erste Spurpunkte auf einer Geraden durch L liegen. Die Ebenen durch zwei Erzeugende, deren erste Spuren zu AB parallel laufen, umhüllen einen parabolischen Cylinder, da die unendlich ferne Ebene mit zu diesen Ebenen gehört; auch die zu Π_2 normale Ebene durch l berührt diesen Cylinder. l und m schneiden sich in einem Punkte M. Alle diese Resultate folgen aus 755.

Wir wollen diese Dinge nun etwas weiter verfolgen. Ist FG die zu Π_2 senkrechte Sehne von c durch L und H ihr Pol, dann berühren die Tangentialebenen, die man durch HS an den gegebenen Kegel legen kann, denselben längs der Mantellinien SF und SG. Die Normalen zu diesen Ebenen in F resp. G sind die Erzeugenden f und g; sie schneiden sich in einem Punkte M der Doppelgeraden l und ihre Ebene fg ist zu HS normal. Somit ist die Doppelgerade

l in Π_2 das von L auf HS gefällte Lot. Die Spur FG der Ebene fg ist einerseits zu AB parallel und geht andererseits durch L, der Punkt $M = f \times g$ liegt deshalb sowohl auf der Doppelgeraden l wie auf dem Doppelkegelschnitte m ($f' \perp HF$, $g' \perp HG$). In einem Punkte R von l schneiden sich auch die Erzeugenden a und b durch die Scheitelpunkte A und B. Endlich liegt auch der Schnittpunkt O der Erzeugenden d durch D mit ihrer benachbarten Erzeugenden auf l; seine erste Projektion O' muß offenbar der zum Scheitel D gehörige Krümmungsmittelpunkt sein. Ganz ebenso liegt der Punkt N der Erzeugenden e durch E auf l, wobei N' der Krümmungsmittelpunkt für den Scheitel E ist.

Ist $T = d \times e$, so ist TM die eine Achse des Doppelkegelschnittes m; denn M und T sind Punkte desselben und er liegt zu Π_2 symmetrisch. m schneidet c in zwei Punkten P und Q, die sich auf den in Π_1 liegenden Erzeugenden i und k befinden. Hierdurch ist m bereits bestimmt; m geht aber auch durch die Schnittpunkte seiner Ebene mit a und b, die sich ebenfalls leicht konstruieren lassen. Die erste Projektion m' hat die Achse $M'T'$ (in der Figur ist zufällig $T = T'$) und es ist $CT' = CS'$. Denn $SEDT$ ist ein Kreisviereck ($SE \perp ET$, $SD \perp DT$) und ST ein Durchmesser des umgeschriebenen Kreises. Der Mittelpunkt von ST ist zugleich der des Kreises und liegt auf der Mittelsenkrechten der Sehne DE, so daß seine erste Projektion mit C sich deckt, woraus dann $S'C = CT'$ folgt.

764. Der scheinbare Umriß der Normalenfläche in Π_1 ist wieder die Evolute von c; der scheinbare Umriß in Π_2 ist eine Parabel u'', sie berührt die zweiten Spurlinien aller zu Π_2 senkrechten Ebenen durch zwei Erzeugende. So berührt sie $x = DE$ in J'' und l in M. Die Ebenen durch zwei zu Π_2 symmetrische Erzeugende umhüllen nämlich einen parabolischen Cylinder, der von l und x berührt wird, sie schneiden deshalb diese Geraden in ähnlichen Punktreihen. Durch jeden Punkt der Reihe auf l gehen zwei Erzeugende; die Verbindungslinie ihrer ersten Spurpunkte geht durch den entsprechenden Punkt der ähnlichen Reihe auf x. So entspricht dem Punkte L auf l der Punkt J'' auf x ($JJ'' \perp x$), und dem Punkte L auf x der Punkt M auf l. Der scheinbare Umriß u'' berührt ferner die Erzeugenden d und e in Punkten U und V, deren erste Projektionen mit S' zusammenfallen. Denn z halbiert alle von d und e begrenzten Parabeltangenten, da z, d und e auf allen Parabeltangenten je zwei Strecken von gleichem Verhältnis begrenzen (338), also halbiert es auch die Strecken TU und TV und es ist $T'C = CU'$; da aber nach dem Vorausgehenden $T'C = CS'$ ist, folgt $S' = U' = V'$.

Endlich berührt u'' die Gerade z in dem Mittelpunkte der auf ihr von d und e begrenzten Strecke. d und e sind zwei Torsallinien der Fläche, die beiden anderen sind imaginär.

Für die auf der Normalenfläche liegenden Kegelschnitte gelten ganz die gleichen Resultate wie im vorausgehenden allgemeinen Falle; ihre Achsen liegen in den Ebenen Π_2 und Π_3 die in DE und AB auf Π_1 senkrecht stehen.

765. Die Normalenfläche eines Kegels 2. Ordnung für einen zu einer Achse senkrechten Schnitt, die auch als gerade Normalenfläche bezeichnet wird (Fig. 475). Der gegebene

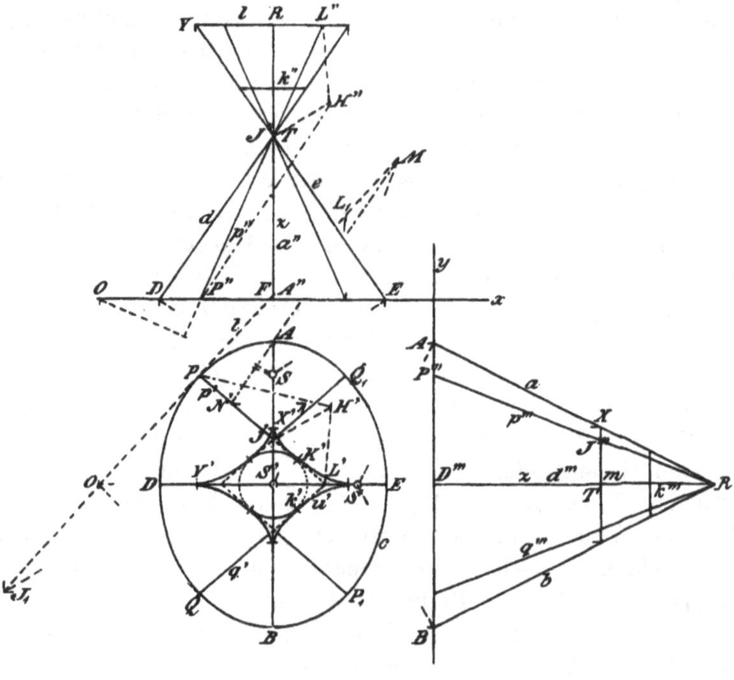

Fig. 475.

Kegel sei Γ, seine Basiskurve c liege in Π_1, sein Scheitel S auf der im Mittelpunkte von c errichteten Normalen z, so daß S' der Mittelpunkt von c ist. Die Achsen von c seien AB und DE, durch sie legen wir die Vertikalebenen Π_3 und Π_2. Die Erzeugenden a und b durch A und B mögen sich in R ($RA \perp SA$, $RB \perp SB$), die Erzeugenden d und e in T schneiden ($DT \perp SD$, $ET \perp SE$).

Sind nun P und Q zwei zu DE symmetrische Punkte von c und ist O der Pol von PQ, so steht OS auf der Ebene der beiden Erzeugenden p und q durch P und Q senkrecht, da p und q zu den Ebenen SOP und SOQ senkrecht sind. Demnach ist auch in Π_2 die Gerade $p'' = q''$ normal zu OS und wir wollen jetzt zeigen, daß p'' durch T geht. Wir schlagen indessen den umgekehrten Weg ein, indem wir P'' (Aufriss von P) mit T verbinden und beweisen, daß $P''T$ zu OS normal ist. Die Punkte O und P'' auf DE beschreiben involutorische Punktreihen, wenn sich P auf c bewegt, da O der Pol von PQ ist; die beiden Punktreihen (O) und (P'') sind also projektiv. Deshalb sind auch die beiden Strahlbüschel, welche aus S durch die Reihe (O) und aus T durch die Reihe (P'') gelegt werden, projektiv. Drei Strahlen des ersten Büschels, nämlich SD, SE und der zu DE parallele Strahl, sind aber zu den entsprechenden Strahlen des zweiten Büschels, nämlich d, e und $z = a''$, normal; es sind demnach je zwei entsprechende Strahlen beider Büschel normal zu einander. Denn dreht man den einen Büschel um 90^0, so giebt es drei Paar entsprechende, parallele Strahlen und somit sind beide Büschel kongruent. Da die Aufrisse sämtlicher Erzeugenden durch T gehen, treffen die Erzeugenden selbst eine in T auf Π_2 normale Gerade m. Ganz ebenso findet man, daß die Erzeugenden eine in R auf Π_3 normale Gerade l treffen. Die gerade Normalenfläche besitzt zwei Doppelgeraden l und m.

Sie besitzt außerdem als Doppelerzeugende die unendlich ferne Gerade in Π_1. Denn in Π_1 liegen zwei Erzeugende der Fläche, die durch die Berührungspunkte der von S' an c gelegten Tangenten gehen. Ist c eine Hyperbel, so sind die Berührungspunkte reell, ist c eine Ellipse, so sind sie imaginär; in beiden Fällen aber ist die unendlich ferne Gerade die Erzeugende für die beiden unendlich fernen Punkte von c, also eine Doppelerzeugende, wie schon daraus hervorgeht, daß die reellen oder imaginären Erzeugenden in Π_1 die Geraden l und m treffen müssen. Ist c eine Ellipse, so verläuft die Doppelerzeugende isoliert.

Die Erzeugenden a, b, d und e sind Torsallinien der Fläche. Die Kuspidalpunkte von a und b liegen auf m, die von d und e auf l; ihre ersten Projektionen sind die Krümmungsmittelpunkte von c. Der scheinbare Umriß u' in Π_1 ist die Evolute von c.

766. Jede Horizontalebene schneidet die Normalenfläche in einer Ellipse oder Hyperbel, je nachdem c eine Ellipse oder Hyperbel ist. Es folgt das schon aus den Resultaten für die allgemeine Normalenfläche, läßt sich aber auch einfach direkt nachweisen. Ist c_1 irgend ein Horizontalschnitt der Fläche, dann stehen je zwei entsprechende, auf der nämlichen Erzeugenden liegende Punkte von c und c_1, etwa P und P_1 auf p, in der folgenden Beziehung zu einander. Ihre Abstände von DE stehen in einem konstanten Verhältnis — es ist gleich dem Verhältnis der Abstände des Punktes R von den Ebenen der Kurven c und c_1 — ebenso stehen ihre Abstände von AB in einem konstanten Verhältnis. Daraus folgt, daß die Kurven c und c_1 affin sind (17), was den Satz beweist.

Vier beliebige Horizontalschnitte, etwa c und c_1, m und l, bestimmen auf jeder Erzeugenden zwei Strecken, die in einem konstanten Verhältnis stehen. Sind X' und Y' die Krümmungsmittelpunkte für die Scheitelpunkte A und E und sind A_1 und E_1 die entsprechenden Scheitel von c_1, so ist: $AA_1 : X'S' = EE_1 : S'Y'$ oder: $AA_1 : EE_1 = S'E : AS'$. Nehmen wir also $AA_1 = ES'$, folglich $EE_1 = AS'$, so kommt durch Subtraktion: $A_1S' = S'E_1$, wenn AS' und AA_1 die gleiche Richtung haben; dagegen kommt durch Addition: $A_1S' = S'E_1$, wenn AS' und AA_1 entgegengesetzte Richtung haben. Unter den Horizontalschnitten der Normalenfläche sind demnach zwei Kreise, der eine hat die Differenz der Halbachsen von c zum Radius, der andere ihre Summe. Letzterer ist in der Figur wegen seiner Größe weggelassen, ersterer als Kreis k eingetragen; u' berührt k' in vier Punkten (p' ist als gemeinsame Tangente von u' und k' in einem dieser Punkte eingezeichnet).

767. Da die Tangentialkegel aus den Punkten der Doppelerzeugenden von der 2. Ordnung sind (756), so haben wir den Satz: Die orthogonale Projektion der geraden Normalenfläche auf jede Vertikalebene hat einen Kegelschnitt mit vertikaler Achse zum scheinbaren Umriß. Derselbe geht nämlich durch die Projektionen der vier Kuspidalpunkte hindurch, die paarweise zur x-Achse symmetrisch liegen. Im vorliegenden Falle ist der scheinbare Umriß eine Hyperbel, für die sich die Richtungen der Asymptoten in folgender Weise bestimmen. Ist WV der zu der betreffenden Vertikalebene Π_4 parallele Durchmesser von c, dann sind die gesuchten Asymptoten zu den Projektionen der Erzeugenden w und v durch W und V auf Π_4 parallel. Die asymptotische Tangentialebene der Erzeugenden w ist nämlich parallel zur Tangentialebene des Richtungskegels unserer Fläche längs der zu w parallelen Mantellinie. Derselbe ist aber ein Normalkegel des gegebenen Kegels Γ, die gemeinte Tangentialebene steht also senkrecht auf SW und somit auf Π_4; der unendlich ferne Punkt auf w

gehört dem wahren, seine Projektion auf Π_4 dem scheinbaren Umriß an.

Da die asymptotische Ebene einer jeden Erzeugenden auf der Verbindungslinie ihres ersten Spurpunktes mit S senkrecht steht, so geht die Tangentialebene in ihrem Centralpunkte (723), die auf jener senkrecht steht, durch S. Der Ort dieser Centralpunkte ist die Striktionslinie. Die Striktionslinie der Normalenfläche ist also die Berührungskurve des von S an die Fläche gelegten Tangentialkegels.

768. Zur Konstruktion der Tangentialebene in einem Punkte unserer Fläche benutzen wir am besten die horizontale Tangente in diesem Punkte, zu der dann die erste Spurlinie der Ebene parallel ist. Die horizontalen Flächentangenten in allen Punkten einer Erzeugenden bilden aber die eine Schar eines hyperbolischen Paraboloides, ihre ersten Projektionen umhüllen deshalb eine Parabel. Diese wird von den Achsen der Kurve c, als Projektionen von l und m, von der Projektion der Erzeugenden und von der durch ihren ersten Spurpunkt gehenden Tangente von c berührt. Die erste Projektion der horizontalen Tangente in einem Punkte N einer beliebigen Erzeugenden p läßt sich somit nach dem Brianchon'schen Satze konstruieren. Man ziehe durch N' eine Parallele zu DE und durch $J' = p' \times AB$ eine Parallele zur Tangente t in P; die Verbindungslinie ihres Schnittpunktes mit S' schneidet t in einem Punkte M der Projektion der gesuchten Tangente. Die Tangentialebene in N hat eine zu $N'M$ parallele erste Spurlinie.

Der Berührungspunkt K' der Erzeugenden p' mit dem Umriß u' ist die Projektion des Punktes K von p, dessen Tangentialebene vertikal steht. Da das vorher genannte Paraboloid die Normalenfläche längs p berührt, so haben beide Flächen in K die nämliche Tangentialebene, d. h. jene Parabel berührt ebenfalls p' in K'. Nach dem Brianchon'schen Satze verbinde man $L' = p' \times ED$ mit $t \times AB$ und ziehe durch J' eine Parallele zu ED; die Parallele zu t durch den Schnittpunkt beider Geraden geht dann durch K'.

769. Zum Schluß geben wir noch die Konstruktion der Haupttangente h im Punkte P von c; die gleiche Konstruktion läßt sich in jedem Punkte der Normalenfläche anwenden, nur tritt dann an Stelle der Tangente von c im Punkte P die horizontale Tangente des betreffenden Punktes. Wir gehen bei unserer Betrachtung von dem Büschel der Ebenen durch die Erzeugende p aus. Zu diesem ist einerseits die auf p liegende Reihe ihrer Berührungspunkte projektiv (722), andererseits aber auch der Strahlbüschel ihrer ersten

Spurlinien und die auf c liegende Punktreihe ihrer Schnittpunkte mit c. Die in einer Ebene Σ des Büschels liegende Gerade s, welche durch deren Berührungspunkt und deren Schnittpunkt mit c geht, berührt die Fläche in einem Punkte von p und schneidet sie in dem entsprechenden Punkte von c. Dreht sich nun die Ebene Σ um p, bis sie sich mit der Tangentialebene in P deckt, so bewegt sich s derart, daß ihr Berührungspunkt und ihr Schnittpunkt gleichzeitig nach P rücken, und s wird zur Haupttangente in P. Die Geraden s verbinden aber entsprechende Punkte der projektiven Punktreihen auf p und c. Projiziert man nun die auf c liegende Punktreihe aus einem beliebigen Punkte von c auf die Tangente t des Punktes P, so ist auch die Punktreihe auf t projektiv zu der Reihe auf p; ja diese Reihen sind sogar perspektiv, da ihr gemeinsamer Punkt P sich selbst entspricht. Die Verbindungslinien entsprechender Punkte der Reihen auf p und t laufen alle durch den nämlichen Punkt H, und $HP = h$ ist die gesuchte Haupttangente. Die Grenzlage der Geraden durch entsprechende Punkte von p und t fällt nämlich mit der Grenzlage der Geraden durch entsprechende Punkte von p und c zusammen. Denn der Abstand der entsprechenden Punkte von t und c wird unendlich klein von der 2. Ordnung, wenn ihre Abstände von P unendlich klein von der 1. Ordnung werden. Gleiches gilt auch für die Projektionen.

Den Punkten P, J', L' von p' entsprechen die Punkte P, Q, Q_1 von c (QQ_1 Durchmesser von c). Projizieren wir die letzteren aus P_1 auf t (PP_1 Durchmesser von c), so erhalten wir die Punkte P, J_1 und L_1 ($PJ_1 = 2PO$, $PL_1 = 2PF$, $F = t \times AB$); H ist demnach der Schnittpunkt der Geraden JJ_1 und LL_1. Wir haben also nur auf t zwei Punkte zu bestimmen, die von P doppelt so weit abstehen wie ihre Schnittpunkte mit den Achsen von c, und dieselben mit den Punkten von p' auf der jeweiligen anderen Achse zu verbinden; diese Verbindungslinien schneiden sich in einem Punkte H' der ersten Projektion der Haupttangente von P. Projizieren wir J_1 und L_1 auf x als J_1'' und L_1'', so schneiden sich $J''J_1''$ und $L''L_1''$ in einem Punkte H'' der zweiten Projektion der Haupttangente.

770. Das Cylindroid. Die Punkte zweier beliebiger ebener Schnitte k und k_0 eines Cylinders 2. Grades werden durch seine Mantellinien projektiv aufeinander bezogen. Verschiebt man die eine der beiden Kurven parallel zu sich selbst in der Richtung der Schnittlinie s beider Ebenen und verbindet ihre Punkte mit den entsprechenden Punkten der anderen Kurve, so entsteht ein Cylindroid. Aus dieser Definition folgt nach 751 daß das Cylindroid eine Regelfläche 4. Grades ist. Offenbar ist s eine Doppelerzeugende desselben und zwar eine auf der Fläche liegende, oder eine isolierte, je nachdem k und k_1 — die verschobene Kurve k_0 — die Gerade s schneiden oder nicht. Denn die gemeinsamen reellen oder imaginären Punkte von k und k_0 entsprechen sich selbst, so daß nach der Verschiebung auf s entsprechende Punkte von k und k_1 liegen. Bei der projektiven Beziehung von k und k_0 und ihrer Ebenen, die im vorliegenden Falle affin ist, entsprechen die Punkte von s sich selbst. Nach der Verschiebung bilden die entsprechenden Punkte auf s zwei kongruente Punktreihen; ihre sich selbst entsprechenden Punkte fallen in einen einzigen unendlich fernen Punkt zusammen. Durch diesen gehen die beiden Doppelgeraden der Fläche (756), die ebenfalls zusammenfallen müssen, sonst würde die Fläche in Flächen niedrigeren Grades zerfallen. Das Cylindroid besitzt eine unendlich ferne Selbstberührungsgerade, längs der sich zwei Mäntel der Fläche berühren.

Man erkennt das auch in folgender Weise. Jeder zu s parallelen Sehne von k entspricht eine dazu parallele, gleich lange Sehne von k_0 und also auch von k_1; die ihre Endpunkte verbindenden Erzeugenden laufen parallel, schneiden sich also in einem Punkte der unendlich fernen Doppelgeraden. Diese ist die unendlich ferne Gerade der Richtebene, zu der alle Erzeugenden parallel sind; die Richtebene ist nämlich parallel zu s und zu den Mantellinien des zu Grunde gelegten Cylinders. Für jeden Punkt der unendlich fernen Doppelgeraden sind aber die beiden Tangentialebenen identisch, da beide Erzeugenden durch ihn mit ihr in einer Ebene liegen; die beiden Flächenmäntel berühren sich also längs derselben. Die Berührungspunkte der beiden zu s parallelen Tangenten von k liegen auf den beiden Torsallinien der Fläche, deren Kuspidalpunkte unendlich fern sind.

Bei der Darstellung der Fläche nehmen wir s vertikal an (Fig. 476); es ist nur der zwischen den Kurven k und k_1 liegende Teil der Fläche gezeichnet. AB und A_1B_1 seien die vertikalen Durchmesser von k und k_1, CD und C_1D_1 die dazu konjugierten, O und O_1 die bezüglichen Mittelpunkte; O_0 sei der Mittelpunkt von k_0 (k_0 ist nicht gezeichnet). Die ersten Projektionen aller Erzeugenden sind unter sich parallel, zu ihnen parallel wählen wir auch die x-Achse; der scheinbare Umriß wird von den ersten Projektionen der Torsallinien CC_1 und DD_1 gebildet. Für den Aufriß bildet die Striktionslinie u den wahren, ihre Projektion u'' den scheinbaren Umriß. Denn die asymptotische Ebene einer jeden Erzeugenden ist zu Π_2 parallel, also steht die Tangentialebene in ihrem Centralpunkte auf Π_2 senkrecht. Der Umriß u hat die beiden

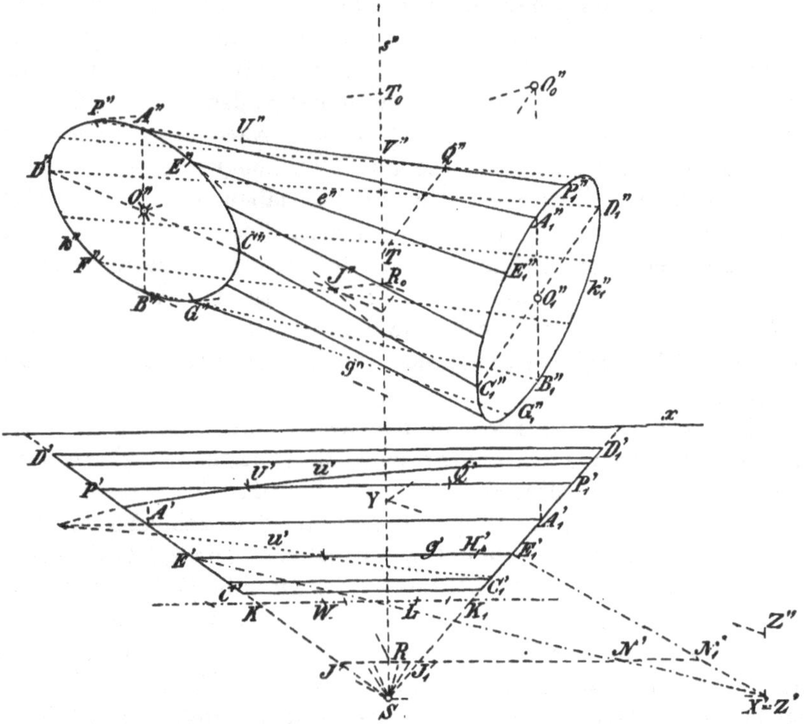

Fig. 476.

Torsallinien zu Asymptoten; die Konstruktion einzelner Punkte von u findet sich weiter unten; u'' umhüllt die Projektionen aller Erzeugenden.

771. Jede Ebene durch s schneidet den zu Grunde gelegten Cylinder und das Cylindroid in zwei kongruenten Kegelschnitten; indem man den ersteren um eine bestimmte Strecke — die Verschiebungsgröße — in der Richtung von s verschiebt, erhält man den letzteren. Ist nämlich Λ die schneidende Ebene und sind l_0 und l die Schnittkurven mit Cylinder und Cylindroid, so teilt l die zwischen k und k_1 liegenden Stücke aller Erzeugenden in dem nämlichen Verhältnisse, wie unmittelbar aus dem Grundrisse ersichtlich ist, und dies gilt auch für die Teile der Fläche, die sich über k oder k_1 hinaus erstrecken. Sind also P, P_1, Q die Punkte einer beliebigen Erzeugenden auf k, k_1, l und sind P, P_0, Q_0 die Punkte der entsprechenden Mantellinie auf k, k_0, l_0, so ist $QQ_0 : P_1P_0 = PQ : PP_1$, oder $QQ_0 : O_1O_0 = P'Q' : P'P_1' =$ const. Hieraus ersieht man, daß die Verschiebungsgröße für alle Punkte der Ebene Λ dieselbe ist, nämlich gleich QQ_0. Trägt man im Grundrisse die Strecke $O_0O_1 = KK_1$ parallel zur ersten Projektion der Erzeugenden ein, so daß K auf k' und K_1 auf k_1' liegt, dann schneidet die Gerade l' auf ihr die Strecke $KL = QQ_0$ ab. Die erste Spur einer jeden Ebene durch s schneidet auf KK_1, von K aus gerechnet, die Verschiebungsgröße ab.

Um die Tangentialebene der Fläche in einem beliebigen Punkte Q zu bestimmen, suche man die Tangente des durch Q laufenden Kegelschnittes l. Nun geht l aus l_0 durch Parallelverschiebung hervor; demnach ist auch die Tangente von l in Q parallel zu der von l_0 in Q_0 und sie schneiden s in zwei Punkten T und T_0 vom Abstande $TT_0 = QQ_0$ gleich der Verschiebungsgröße. Durch T_0 geht aber auch die Tangente von k in P, da k und l_0 Schnitte desselben Cylinders und P, Q_0 Punkte der nämlichen Mantellinie sind. Trifft also die Erzeugende durch Q den Kegelschnitt k in P, und schneidet die zugehörige Tangente von k die Gerade s in T_0, so liegt der Punkt T' von s auf der Tangentialebene von Q, wenn T_0T gleich der Verschiebungsgröße ist ($T_0T = KL$). Soll umgekehrt der Punkt Q der Erzeugenden PP_1 gefunden werden, dessen Tangentialebene durch T' auf s geht, so ziehe man die Tangente von k in P, sie schneidet s in T_0, und trage auf KK_1 die Strecke $KL = T_0T$ auf; dann liegt Q' auf SL (S erster Spurpunkt von s). Der Punkt U von PP_1 liegt auf dem Umrisse u, wenn seine Tangentialebene zu Π_2 normal ist; sie schneidet also s in einem Punkte V, dessen Projektion V'' auf $P''P_1''$ liegt. Trägt man demnach T_0V'' auf KK_1 als KW auf, so liegt U' auf SW. In der Figur ist u'' nicht eingezeichnet; Lage und Form dieser Kurve sind ja klar.

Jeder ebene Schnitt des Cylindroides ist eine Kurve 4. Ordnung, die eine Doppelasymptote besitzt, d. h. eine Asymptote für zweimal zwei im Unendlichen zusammenhängende Kurvenzweige, da die Fläche im Unendlichen eine Selbstberührungsgerade aufweist. Das Verhalten der Kurve gegenüber dieser Doppelasymptote ist dem zweier Hyperbeln mit gemeinsamer Asymptote dieser gegenüber analog. Es ist das natürlich nur der Fall, wenn die genannten Kurvenzweige reell sind; sie können jedoch auch konjugiert imaginär werden, was bei einer gewöhnlichen Asymptote nicht eintreten kann.

Um Punkte der in einer Ehene E liegenden Schnittkurve zu erhalten, benutze man zu Π_2 parallele Hilfsebenen; sie schneiden das Cylindroid in je zwei parallelen Erzeugenden und E in je einer Geraden. Unter den Parallelebenen zu Π_2 giebt es eine, die das Cylindroid und die Ebene E in drei Parallelen schneidet, ihre Schnittlinie mit E ist die Doppelasymptote. Da dieselbe die in dieser Ebene liegenden Sehnen von k und k_1 in dem gleichen Verhältnisse teilt, so entsprechen sich die Teilpunkte bei der affinen Beziehung der Kurven k und k_1. Sind also e_3 und e_4 die Spuren von E in den Ebenen der Kegelschnitte k und k_1 und entspricht der Spur e_3 vermöge der affinen Beziehung die Gerade f_4 in der Ebene von k_1, so geht die Doppelasymptote durch den Punkt $e_4 \times f_4$. In der Figur ist die Konstruktion weggelassen.

772. Um die Haupttangente in einem beliebigen Punkte des Cylindroides zu finden, lege man durch ihn die Erzeugende GG_1 und suche zunächst in ihrem Schnittpunkte G mit k die Haupttangente auf. Jede Ebene durch $g = GG_1$ schneidet k in einem Punkte und berührt die Fläche in einem Punkte von g; dreht sich die Ebene um g, so entstehen auf k und g projektive Punktreihen (769). Den Punkten G, P, E von k, wo GP ein Durchmesser und EG eine vertikale Sehne von k ist, entsprechen hierbei die Punkte G, H, ∞ von g, wenn H der Berührungspunkt der Ebene gP ist. Projiziert man die Punktreihe von k aus einem ihrer Punkte, etwa E, auf seine Tangente GR_0, so ist diese Reihe zu der Reihe auf g perspektiv. Es entsprechen sich dabei die Punkte G, H, ∞ auf g und G, M, J auf GR_0, und zwar ist $J = GR_0 \times CD$ der Pol von EG und $GM = 2GJ$, da $EP \parallel CD$ ist. Die Verbindungslinien entsprechender Punkte, nämlich HM und $J\infty$, schneiden sich in einem Punkte N der Haupttangente von G (769). Nun ist $JN = \frac{1}{2}GH$, daraus ergiebt sich die folgende Konstruktion. Man bestimme zunächst H, indem man die Tangente von k'' in G'' mit s'' in R_0 und den Durchmesser $G''P''$ mit s'' in R schneidet, die Strecke RR_0 auf KK_1 von K aus aufträgt und ihren Endpunkt mit S verbindet; auf dieser Geraden liegt dann H'. In der Figur ist nur $\frac{1}{2}RR_0$ auf KK_1 aufgetragen, die Verbindungslinie des Endpunktes mit S liefert hier $H_\triangle'$ $(G'H_\triangle' = \frac{1}{2}G'H',\ G' = E')$. Nun ziehe man durch J' $(J'' = G''R_0 \times C''D''$, oder $(C'D'E'J') = -1)$ eine Gerade parallel und gleich lang zu $E'H_\triangle'$, so liegt ihr Endpunkt N' auf der ersten Projektion der Haupttangente von G. Macht man $J''N'' \# G''H_\triangle''$, so ist $G''N''$ ihr Aufriß.

Zieht man durch R_0 eine Parallele zu g, so trifft diese die

Haupttangente GN in einem Punkte X, ihre erste Projektion ist SX', ihre zweite R_0X''. Es läßt sich nun zeigen, daß die Haupttangenten in allen Punkten von g so beschaffen sind, daß ihre ersten Projektionen durch X' laufen. Geht die Haupttangente in G_1 durch N_1, so ist $J_1'N_1' \# E'H_{\triangle}'(J'J_1' \parallel g'$, J_1' auf $C_1'D_1')$; denn die Tangente von k_1'' in G_1'' und der Durchmesser $G_1''O_1''$ schneiden s'' in zwei Punkten, deren Abstand RR_0 ist, wie leicht einzusehen. Deshalb geht auch $E_1'N_1'$ durch X', da $J'J_1' = N'N_1'$ ist, und somit gilt das Gleiche für die ersten Projektionen aller Haupttangenten, deren Berührungspunkte auf g liegen. Diese bilden nämlich die eine Schar eines hyperbolischen Paraboloides und projizieren sich auf Π_1 als Büschel, da sich die Geraden der anderen Schar als Parallelen (zu x) projizieren. Alle Haupttangenten in den Punkten von g treffen die Vertikale durch X' in Punkten, deren Abstände von X gleich den Verschiebungsgrößen der Ebenen durch s und ihre Berührungspunkte sind. Denn diese Punkte liegen auf Parallelen zu g, welche s in Punkten schneiden, die von R_0 die genannten Abstände haben ($G_1''Y$ tangiert k_1'', $R_0Y = O_0''O_1''$, $YZ'' \parallel g''$, $Z' = X'$, $X''Z'' = O_0''O_1''$).

Hiernach ist die Haupttangente in einem beliebigen Punkte von g leicht zu zeichnen. Im Punkte $g \times u$ teilen die Normale zu Π_2 und die Tangente von u den Winkel der Erzeugenden und der Haupttangente harmonisch (796); deshalb geht die Tangente von u' im Punkte $g' \times u'$ durch den Mittelpunkt des von X' auf g' gefällten Lotes.

773. Die Wölbfläche des schiefen Durchgangs. Die Erzeugenden dieser Fläche treffen gleichzeitig zwei parallel gestellte, gleich große Kreise k und k_1 und eine zu den Ebenen dieser Kreise normale Gerade n, die durch den Mittelpunkt O der Verbindungslinie der beiden Kreismittelpunkte M und M_1 geht. In der Fig. 477 ist Π_2 parallel zu den Kreisen und Π_1 parallel zu MM_1 genommen; Π_1 ist offenbar auch parallel zu n, da $\Pi_1 \perp \Pi_2$ ist. Die Durchstoßpunkte von n mit den Kreisebenen seien N und N_1. Die Horizontalebene durch n (und MM_1) ist eine Symmetrieebene der Wölbfläche; denn jeder der beiden Kreise k und k_1 liegt zu ihr symmetrisch. Je zwei Erzeugende liegen zu der genannten Ebene symmetrisch und schneiden sich in einem Punkte der Geraden n, die eine Doppelgerade der Wölbfläche ist.

Jede Ebene durch die Doppelgerade n schneidet die Wölbfläche in zwei parallelen Erzeugenden, die von O gleich weit abstehen. Jede Gerade durch O trifft also die Fläche in zwei Punkten, die von O gleich weit entfernt sind; O ist Mittelpunkt der Fläche. Zum Beweise legen wir durch n eine beliebige

Ebene, die k in PQ und k_1 in P_1Q_1 schneidet. Die Sehnen PQ und P_1Q_1 gehen durch N resp. N_1, sind parallel und gleich lang, wie man sofort aus dem Aufriß erkennt, da $O'' = N'' = N_1''$ die Strecke $M''M_1''$ halbiert. PP_1 und QQ_1 sind demnach zwei parallele Erzeugende der Fläche, während PQ_1 und P_1Q sich in O schneiden;

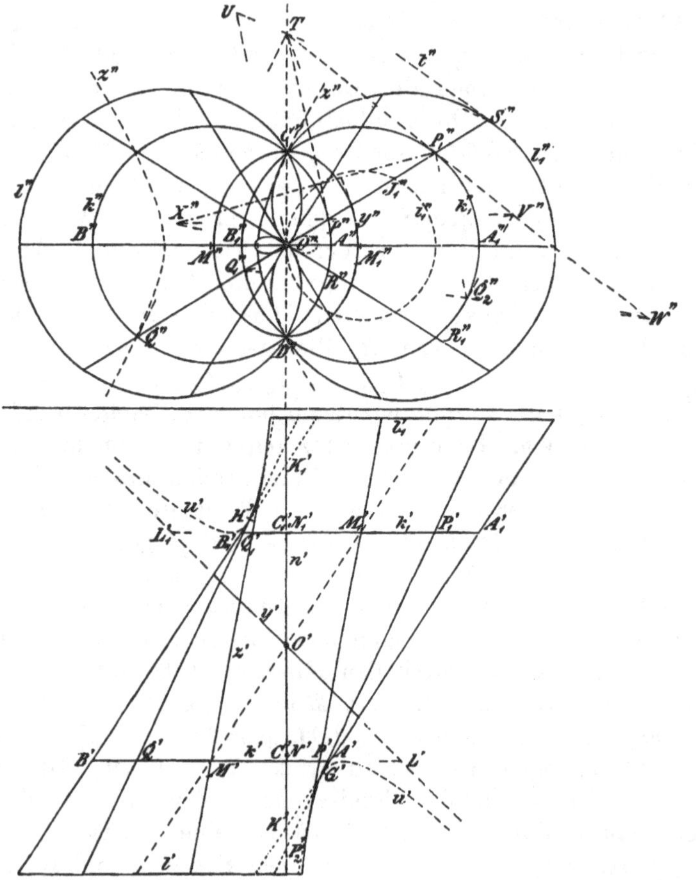

Fig. 477.

O ist der Mittelpunkt des Parallelogrammes PP_1Q_1Q und hat von den Erzeugenden PP_1 und QQ_1 gleichen Abstand. Dreht sich die genannte Ebene um n, so beschreiben die Erzeugenden PP_1 und QQ_1 die Fläche, während die Geraden PQ_1 und P_1Q einen Kegel mit dem Scheitel O beschreiben, der die Kreise k und k_1 trägt. Die Mantellinien dieses Kegels treffen auch die Leitkurven k, k_1

und n, so daß die gemeinsamen Sekanten dieser drei Kurven einesteils die Wölbfläche und anderenteils einen Kegel 2. Grades bilden.

Die Erzeugenden der Wölbfläche schneiden die Kreise k und k_1 in projektiven Punktreihen. Lassen wir nämlich wieder die Ebene durch die parallelen Erzeugenden PP_1 und QQ_1 sich drehen, so sind die von P auf k und von Q_1 auf k_1 beschriebenen Reihen kongruent, also projektiv, und ebenso sind die von Q_1 auf k_1 und von P_1 auf k_1 beschriebenen Reihen projektiv, denn sie sind involutorisch. Daraus folgt unsere Behauptung und wir schließen nach 751, daß die Wölbfläche vom 4. Grade ist und außer der Doppelgeraden n noch einen unendlich fernen Doppelkegelschnitt besitzt. Das letztere sehen wir leicht direkt ein. Da die Erzeugenden paarweise parallel sind, schneiden sie sich in den Punkten einer unendlich fernen Doppelkurve. Diese ist ein Kegelschnitt, sobald der Richtkegel der Wölbfläche vom 2. Grade ist, was wir jetzt zeigen wollen. Als Scheitel des Richtkegels wählen wir den Punkt N und suchen seine Schnittkurve i_1 mit der Ebene von k_1. Ziehen wir durch N eine Strecke NJ_1 parallel und gleich lang mit der Erzeugenden PP_1, so liegt J_1 auf der gesuchten Kurve i_1. Deshalb ist $PN = P_1J_1$, und da nach früherem $PN = N_1Q_1$ ist, folgt weiter: $P_1J_1 = N_1Q_1$, woraus sich dann unmittelbar: $M_1J_1 = M_1N_1$ ergiebt. Der Richtkegel mit dem Scheitel N schneidet somit die Ebene von k_1 in einem zu k_1 konzentrischen Kreise i_1, der durch N_1 geht. Die Horizontalebene durch n ist auch Symmetrieebene des Richtkegels, sie schneidet ihn in n und einer zweiten, zu MM_1 parallelen Mantellinie. Da aber die Normalebenen zu n Kreisschnitte des Richtkegels liefern, so müssen dies auch die Normalebenen zu MM_1 thun.

Die Erzeugenden AA_1 und BB_1 in der Symmetrieebene sind Torsallinien der Wölbfläche, ihre Kuspidalpunkte K und K_1 liegen auf n. Das Stück KK_1 der Doppelgeraden verläuft isoliert, ihre anderen Teile liegen auf der Fläche. Außerdem giebt es noch zwei Torsallinien durch die Berührungspunkte der von N an den Kreis k gelegten Tangenten (in der Figur sind sie imaginär), ihre Kuspidalpunkte sind unendlich fern. Im vorliegenden Falle, wo N innerhalb k und N_1 innerhalb k_1 liegt, giebt es zwei reelle, zu n parallele Erzeugende CC_1 und DD_1.

774. Jede Vertikalebene durch eine Erzeugende der Wölbfläche, etwa PP_1, enthält noch eine zweite, etwa RR_1, die sich mit ihr auf n schneidet; beide liegen symmetrisch zu der Horizontalebene durch n. Eine solche Ebene schneidet die Fläche noch in einem Kegelschnitt, und alle diese Ebenen umhüllen eine Cylinderfläche 2. Grades (755).

Es ist das leicht einzusehen, da bei der projektiven Beziehung von k und k_1 den vertikalen Sehnen von k vertikale Sehnen von k_1 entsprechen; diese schneiden AB und A_1B_1 in projektiven Punktreihen, deren Verbindungslinien einen Kegelschnitt u (in der Figur eine Hyperbel) umhüllen. Die Tangenten von u sind die Schnittlinien jener Vertikalebenen mit der Symmetrieebene, oder die orthogonalen Projektionen der Erzeugenden auf diese Ebene. O ist offenbar der Mittelpunkt der Hyperbel u, da je zwei parallele Erzeugende von O gleichen Abstand haben. CD und C_1D_1 sind entsprechende vertikale Sehnen von k und k_1, sie schneiden AB und A_1B_1 in N und N_1; NN_1 ist also eine Tangente von u und zwar eine Asymptote, da sie durch den Mittelpunkt von u geht. Ist L der Pol von CD in Bezug auf k und L_1 der von C_1D_1 in Bezug auf k_1, so sind auch L und L_1 entsprechende Punkte der Reihen auf AB und A_1B_1, denn es ist $(ABNL) = (A_1B_1N_1L_1) = -1$. LL_1 geht durch O und ist die andere Asymptote von u. Die Hyperbel u berührt die Geraden AA_1, BB_1, AB, A_1B_1, ihre Berührungspunkte sind die Mittelpunkte der auf ihnen durch die Asymptoten begrenzten Strecken.

Hieraus erkennt man, daß der scheinbare Umriß in Π_1 von u' und den Geraden $A'A_1'$, $B'B_1'$ gebildet wird. Von u' sind allerdings beim Umriß nur die Stücke beteiligt, die sich an die Asymptote n' anschließen, und zwar bis zu ihren Berührungspunkten G' und H' mit $A'A_1'$ und $B'B_1'$. Im Aufriß wird der Umriß von den Projektionen der beiden Kurven l und l_1 gebildet, die die Fläche begrenzen und in Parallelebenen zu Π_2 angenommen sind.

Jede Vertikalebene durch eine Erzeugende enthält, wie wir sahen, einen Kegelschnitt der Wölbfläche. Dieser Kegelschnitt ist eine Hyperbel, ihre Hauptachse liegt in der Symmetrieebene, ihr Mittelpunkt auf M_1M_2 und die Endpunkte dieser Achse auf AA_1 und BB_1. Die Asymptoten dieser Hyperbel sind zu den in ihrer Ebene liegenden Erzeugenden parallel; denn zu jeder von diesen giebt es eine parallele Erzeugende, die demnach einen unendlich fernen Punkt jener Hyperbel liefert. Durch jede Tangente von u geht eine Vertikalebene, die zwei reelle, oder konjugiert imaginäre, zur Tangente symmetrische Erzeugende enthält und die Fläche somit noch in einem Kegelschnitt schneidet. Dieser ist eine Ellipse (oder Kreis), falls die Erzeugenden imaginär sind, zu ihnen gehören auch die Kreise k und k_1. Die Erzeugenden schneiden alle auf der Fläche liegenden Kegelschnitte in projektiven Punktreihen (752). Es soll nun gezeigt werden, daß die zweiten Projektionen dieser Kegelschnitte sich in perspektiver Lage befinden, und zwar ist O'' das

Centrum und $C''D''$ die Achse der Perspektivität. Da die Erzeugenden CC_1 und DD_1 zu Π_2 senkrecht sind, gehen die genannten Projektionen alle durch C'' und D''. Wählen wir unter diesen irgend zwei Kegelschnitte y'' und z'' aus, so werden sie von den Projektionen der Erzeugenden, die alle durch O'' gehen, in projektiven Punktreihen geschnitten. Sind Y_1'', Y_2'' irgend zwei Punkte von y'' und Z_1'', Z_2'' die entsprechenden Punkte von z'', so ist die perspektive Lage von y'' und z'' bewiesen, sobald man nachweist, daß sich $Y_1''Y_2''$ und $Z_1''Z_2''$ auf $C''D''$ schneiden. Die Gerade $O''Y_1''Z_1''$ schneidet aber y'' und z'' noch in zwei entsprechenden Punkten Y_3'' und Z_3''. Nun sind aber die Strahlbüschel $Y_1''(C''D''Y_3''Y_2'')$ und $Z_1''(C''D''Z_3''Z_2'')$ projektiv und, da sie einen Strahl gemein haben, perspektiv; ihre entsprechenden Strahlen schneiden sich deshalb auf einer Geraden und das ist die Gerade $C''D''$. In der Figur ist die Kurve y eine Ellipse und zwar diejenige, deren Ebene durch den Mittelpunkt O der Fläche geht; z ist eine Hyperbel (z'' ist so weit ausgezogen, als z auf dem dargestellten Teil der Fläche liegt). Jede Gerade durch O'' trifft die Kurven k'', k_1'', y'', z'' in je einem Punkte, deren Tangenten durch den nämlichen Punkt von $C''D''$ gehen (z. B. in der Figur durch T).

Die Fläche ist von zwei zum Aufriß parallelen Schnittkurven l und l_1 begrenzt. Der auf $P''P_1''$ liegende Punkt S_1'' von l_1'' bestimmt sich daraus, daß $P_1''S_1'' : P_1''P''$ gleich dem Verhältnis der Abstände der Ebene durch k_1 von den Ebenen durch l_1 und durch k ist.

775. Alle zu Π_2 parallelen T a n g e n t e n d e r F l ä c h e in den Punkten einer Erzeugenden PP_1 bilden eine Schar eines hyperbolischen Paraboloides, ihre zweiten Projektionen umhüllen also eine Parabel. Diese berührt die Tangenten $P''T$ von k'' und $P_1''T$ von k_1'' (T auf $C''D''$) sowie $P''P_1''$ im Punkte O'', denn sie berührt die Projektionen zweier benachbarter Erzeugenden, zu denen PP_1 gehört. Die Tangente t'' von l_1'' in S_1'' findet sich als Tangente jener Parabel nach dem B r i a n c h o n'schen Satze ($O''U \parallel P''T$, $U = S_1''T \times O''U$, $t'' \parallel P_1''U$). Hieraus ergiebt sich auch die Tangentialebene in S_1. Ist umgekehrt eine Ebene durch PP_1 gegeben, so findet man ihren Berührungspunkt wie folgt. Man ziehe $O''U \parallel P''T$ und durch P_1'' eine Parallele zur zweiten Spur der Ebene, beide Geraden schneiden sich in U und der gesuchte Punkt liegt auf UT.

D i e H a u p t t a n g e n t e n d e r F l ä c h e in den Punkten einer Erzeugenden PP_1 bilden eine Schar eines Hyperboloides, zu der auch die Gerade n gehört. Letztere ist zu Π_2 normal, deshalb projizieren sich die Haupttangenten im Aufriß als die Geraden eines Büschels. Kennt man also diejenigen in P und P_1, so sind sie hiernach auch für jeden beliebigen Punkt der Erzeugenden bekannt. Die Haupttangente in P_1 ergiebt sich wie früher (769). Jede Ebene durch die Erzeugende PP_1 hat auf ihr einen Berührungspunkt und schneidet k_1 in einem Punkt. Dreht sich die Ebene um die Erzeugende, so bilden ihre Berührungspunkte auf dieser und ihre Schnittpunkte auf k_1 projektive Punktreihen. Den Punkten P_1, P, P_2 (P_2 auf n) der ersten Reihe entsprechen die Punkte P_1, Q_2, Q_1 der zweiten Reihe (P_1Q_2 parallel zur Tangente von k in P). Diese Reihe projizieren wir aus Q_2 auf die Tangente von k_1 in P_1 und erhalten die Punkte P_1, V, W (V auf der Tangente von k_1 in Q_2, W auf Q_1Q_2). Die Geraden PV und P_2W schneiden sich dann in einem Punkte X der gesuchten Haupttangente. DieKonstruktion ist nur im Aufriß durchgeführt ($P_2'' = O''$); im Grundriß ist $X' = P'V' \times P_2'W'$ (V' und W' auf k_1').

Hüllflächen.

776. Bewegt sich eine Fläche in stetiger Weise, wobei sie ihre Gestalt entweder fortwährend beibehält oder stetig ändert, so wollen wir alle Flächen, die sie nach und nach durchläuft, als eine stetige Folge von Flächen bezeichnen. Von einer stetigen Folge von Flächen machen wir die folgende Voraussetzung. Durchläuft eine Fläche die aufeinanderfolgenden Flächen einer stetigen Folge, so sollen sich ihre Schnittkurven mit einer festen, aber beliebigen Fläche der Folge einer bestimmten Grenzkurve unbegrenzt nähern, wenn sich die veränderliche Fläche der festen unbegrenzt nähert. Dabei soll diese Grenzkurve die gleiche sein, einerlei ob sich die veränderliche Fläche der festen in der einen oder andern Richtung der Flächenfolge nähert, wobei dann auch die Annäherung der Schnittkurve an die Grenzkurve von der einen oder andern Seite erfolgt. Unter dieser Voraussetzung bilden die Grenzkurven auf den einzelnen Flächen der Folge selbst eine stetige Folge, indem sich jede von den benachbarten Kurven der Lage und Gestalt nach nur unendlich wenig unterscheidet. Sind nämlich Φ_1 und Φ_2 zwei benachbarte Flächen der Folge, s_1 und s_2 die auf ihnen liegenden Grenzkurven und s_{12} ihre Schnittkurve, so unterscheiden sich s_1 und s_2 nur unendlich wenig von s_{12} und also auch voneinander. Eine stetige Folge von Flächen besitzt eine gemeinsame Hüllfläche, die jede von ihnen längs einer Kurve, der sogenannten

Charakteristik, berührt; diese Charakteristik ist identisch mit der vorher besprochenen Grenzkurve. Zunächst ist klar, daß zwei benachbarte Flächen Φ_1 und Φ_2 in den Punkten ihrer Schnittkurve s_{12} Tangentialebenen besitzen, die einen unendlich kleinen Winkel einschließen. Denn sonst wären die beiden Flächen nicht in ihrer ganzen Ausdehnung benachbart und könnten nicht durch eine unendlich kleine Änderung (in Lage und Gestalt) ineinander übergeführt werden. Daraus folgt dann weiter, daß die Fläche, die durch die Grenzkurven sämtlicher Flächen der stetigen Folge geht, diese längs derselben berührt. Sind nämlich P_1, P_{12}, P_2 drei benachbarte Punkte der Kurven s_1, s_{12}, s_2, so besitzt das von ihnen gebildete Dreieck bei P_{12} einen Winkel, der sich von 2 R nur unendlich wenig unterscheidet, so daß seine Winkel bei P_1 und P_2 unendlich klein sind. Deshalb schließen in P_1 auch die Tangentialebenen an Φ_1 und an die Fläche, die durch s_1 und s_2 geht, einen unendlich kleinen Winkel ein; d. h. beide Flächen berühren sich längs s_1.

Je zwei benachbarte Charakteristiken werden sich im allgemeinen schneiden und zwar werden die Tangenten in ihren Schnittpunkten unendlich kleine Winkel miteinander einschließen, da sich solche Charakteristiken nur unendlich wenig unterscheiden. Alle Charakteristiken besitzen deshalb eine gemeinsame Hüllkurve und diese ist eine Rückkehrkante der Hüllfläche. Denn zwei benachbarte Kurven s_1, s_2 begrenzen zwei Flächenstreifen, die in einem Kurvenelement Q_1Q_2 jener Hüllkurve aneinanderstoßen, auf der nämlichen Seite von Q_1Q_2 liegen und deren Tangentialebenen in zu Q_1Q_2 benachbarten Punkten unendlich kleine Winkel miteinander einschließen.

Es mag hier noch hervorgehoben werden, daß eine Folge von Flächen, von denen jede aus der vorhergehenden durch eine unendlich kleine Änderung in Lage und Gestalt hervorgeht, nicht stetig zu sein braucht. Wählt man z. B. auf einer Kugel zwei beliebige Kreise, so giebt es durch jeden von ihnen eine Kugel, die sich von der erstgenannten nur unendlich wenig unterscheidet; gleichwohl können diese drei Kugeln nicht als drei benachbarte Flächen einer stetigen Folge auftreten, da die aufeinander folgenden Schnittkurven sich um endliche Größen unterscheiden.

Beispiele von Hüllflächen haben wir bei den Rotations- und Schraubenflächen kennen gelernt, insbesondere die Hüllflächen einer um eine Achse rotierenden und einer sich schraubenförmig um eine Achse bewegenden Kugel. Natürlich kann eine Fläche in mehrfacher Weise als Hüllfläche erzeugt werden; so ist die Rotationsfläche Hüllfläche für die Kugeln, die sie längs der Parallelkreise berühren, aber auch für die Kegel, die sie längs dieser Kreise berühren, sowie für die Cylinder, die sie längs der Meridiankurven tangieren.

777. Die Dupin'sche Cyclide. Als Beispiel einer Hüllfläche wollen wir die Dupin'sche Cyclide behandeln; sie umhüllt alle Kugeln, welche drei gegebene feste Kugeln berühren. Um uns die hier auftretenden Verhältnisse bequem klar zu machen, gebrauchen wir einige ganz einfache Sätze über Kugeln, die wir zunächst aufstellen wollen. Zwei Kugeln K_1 und K_2 mit ihren Mittelpunkten M_1 und M_2 können in doppelter Weise als ähnlich und ähnlich liegend angesehen werden; die Ähnlichkeitscentren teilen die Centrallinie M_1M_2 im Verhältnisse der Radien. In der That zieht man irgend zwei parallele, gleichgerichtete Radien M_1P_1 und M_2P_2, so schneiden sich P_1P_2 und M_1M_2 in einem Punkte A auf der Verlängerung von M_1M_2, so daß $AM_1 : AM_2$ dem Verhältnis der Radien $r_1 : r_2$ gleich wird. Dieser Punkt A bleibt derselbe, wie man auch die parallelen Radien wählen mag und heißt das äußere Ähnlichkeitscentrum. Analog gehen die Verbindungslinien paralleler, aber entgegengesetzt gerichteter Radien durch einen Punkt J auf M_1M_2, für den $M_1J : JM_2 = r_1 : r_2$ ist; J heißt das innere Ähnlichkeitscentrum.

Berührt eine Kugel Λ zwei Kugeln K_1 und K_2, so geht die Verbindungslinie ihrer Berührungspunkte P_1 und P_2 durch das äußere oder innere Ähnlichkeitscentrum, je nachdem die Berührung für beide Kugeln eine gleichartige oder ungleichartige ist. Die Berührung heißt gleichartig, wenn beide Male die Kugeln sich äußerlich oder innerlich berühren; der erste Fall tritt ein, wenn die berührenden Kugeln sich gegenseitig ausschließen, der letzte, wenn eine die andere einschließt. P_1P_2 schneidet die Kugeln K_1 und K_2 noch je in einem weiteren Punkte Q_1 resp. Q_2; ist O der Mittelpunkt von Λ, so geht OM_1 durch P_1 und OM_2 durch P_2 und es ist $M_1Q_1 \parallel M_2P_2$ (ebenso $M_1P_1 \parallel M_2Q_2$), da die gleichschenkligen Dreiecke $Q_1M_1P_1$, P_1OP_2 und $P_2M_2Q_2$ ähnlich sind. Die Gerade $Q_1P_1P_2Q_2$ geht also in der That durch eines der beiden Ähnlichkeitscentren, und zwar durch das äußere oder innere, je nachdem M_1Q_1 und M_2P_2 gleich oder entgegengesetzt gerichtet sind.

Ist Λ eine Kugel und S ein beliebiger Punkt, so schneidet die Kugel auf den Strahlen durch S je zwei Punkte aus, für welche das Produkt ihrer Abstände von S konstant ist. Der Wert dieses

Produktes heißt die Potenz des Punktes S in Bezug auf die Kugel Λ, er ist positiv oder negativ, je nachdem die Schnittpunkte eines Strahles auf der nämlichen oder auf verschiedenen Seiten von S liegen. Daß die Produkte für zwei beliebige Strahlen den gleichen Wert haben, erkennt man sofort, da die Ebene durch die beiden Strahlen die Kugel in einem Kreise schneidet, der durch ihre Schnittpunkte mit der Kugel hindurchgeht; für einen Kreis ist aber die Gleichheit dieser Produkte bekannt.

Alle Punkte gleicher Potenz in Bezug auf zwei Kugeln Λ_1 und Λ_2 liegen in einer Ebene, die auf ihrer Centrallinie $O_1 O_2$ senkrecht steht. Denn eine beliebige Ebene durch $O_1 O_2$ schneidet die Kugeln in zwei Kreisen; die Punkte gleicher Potenz in Bezug auf diese Kreise liegen auf einer Senkrechten zu $O_1 O_2$ und sind zugleich Punkte gleicher Potenz für beide Kugeln. Läßt man die beiden Kreise und ihre gemeinsame Potenzlinie um $O_1 O_2$ rotieren, so erhält man die beiden Kugeln und ihre gemeinsame Potenzebene, deren Punkte gleiche Potenz für beide Kugeln besitzen.

Alle Punkte gleicher Potenz in Bezug auf drei Kugeln liegen auf einer Normalen zu der Ebene ihrer Mittelpunkte, der gemeinsamen Potenzlinie. Denn die Schnittlinie der Potenzebene der ersten und zweiten Kugel mit der Potenzebene der zweiten und dritten Kugel hat die Eigenschaft, daß ihre Punkte die gleiche Potenz in Bezug auf alle drei Kugeln aufweisen, sie liegt deshalb auch auf der Potenzebene der ersten und dritten Kugel.

Für alle Kugeln, die zwei feste Kugeln gleichartig (oder ungleichartig) berühren, ist deren äußeres (oder inneres) Ähnlichkeitscentrum ein Punkt gleicher Potenz. Berührt nämlich eine Kugel Λ die beiden festen Kugeln K_1 und K_2 in den Punkten P_1 resp. P_2 gleichartig, so geht $P_1 P_2$ durch das äußere Ähnlichkeitscentrum A und schneidet die Kugeln noch in Q_1 resp. Q_2 ($M_1 Q_1 \| M_2 P_2$, $M_1 P_1 \| M_2 Q_2$). Dann ist ersichtlich $Q_1 A : P_2 A = M_1 A : M_2 A = P_1 A : Q_2 A$, also: $AP_1 \cdot AP_2 = AQ_1 \cdot AQ_2$. Das Produkt dieser beiden gleichen Werte ist aber nichts anderes als Produkt der Potenzen von A in Bezug auf die Kugeln K_1 und K_2, und da das letztere konstant ist, folgt, daß auch die Potenz $AP_1 \cdot AP_2$ von A in Bezug auf Λ von der Wahl der berührenden Kugel Λ unabhängig ist.

Werden drei Kugeln K_1, K_2, K_3 zugleich von drei Kugeln Λ_1, Λ_2, Λ_3 berührt, so zwar, daß je zwei Kugeln K entweder von jeder Kugel Λ gleichartig oder ungleichartig berührt werden, so bestehen zwischen diesen Kugeln die folgenden Beziehungen. Für je zwei Kugeln Λ liegt das eine der beiden Ähnlichkeitscentren auf der gemeinsamen

Potenzlinie k der drei Kugeln K, und für je zwei Kugeln K liegt das eine der beiden Ähnlichkeitscentren auf der gemeinsamen Potenzlinie l der drei Kugeln Λ. Denn das eine Ähnlichkeitscentrum von K_1 und K_2 ist ein Punkt gleicher Potenz für die drei Kugeln Λ, liegt also auf l, u. s. w. Die neun Berührungspunkte der Kugeln liegen zu je drei in drei Ebenen durch k und ebenso zu je drei in drei Ebenen durch l. Denn berührt Λ_1 die Kugeln K_1, K_2, K_3 in P_1, P_2, P_3, so geht P_1P_2 durch einen Ähnlichkeitspunkt der Kugeln K_1, K_2, der auf l liegt; ebenso treffen P_2P_3 und P_1P_3 die Gerade l. Die Ebene $P_1P_2P_3$ geht durch l und schneidet Λ_1 in einem Kreise, der ihre drei Schnittkreise mit den Kugeln K berührt. Die Gerade k steht als Potenzlinie der drei Kugeln K senkrecht auf der Ebene ihrer Mittelpunkte M_1, M_2, M_3; sie liegt in der Ebene der Mittelpunkte O_1, O_2, O_3 der drei Kugeln Λ, da sie ein Ähnlichkeitscentrum für je zwei dieser Kugeln trägt. Ähnliches gilt für die Gerade l, die in der Ebene $M_1M_2M_3$ liegt und auf der Ebene $O_1O_2O_3$ senkrecht steht.

778. Wir legen jetzt drei Kugeln K_1, K_2, K_3 mit den Mittelpunkten M_1, M_2, M_3 zu Grunde und betrachten die unendlich vielen Kugeln Λ, die sie alle drei gleichzeitig äußerlich oder innerlich berühren. Der Mittelpunkt O_i einer solchen Kugel Λ_i ist Schnittpunkt dreier Kugeln, die mit K_1, K_2, K_3 resp. koncentrisch und deren Radien sich von den Radien dieser Kugeln um die nämliche additive (oder subtraktive) Konstante unterscheiden. Alle Kugeln Λ haben eine Linie gleicher Potenz l (l auf $M_1M_2M_3$), auf der die äußeren Ähnlichkeitscentren für je zwei Kugeln K liegen. Je zwei Kugeln Λ besitzen ein Ähnlichkeitscentrum, das auf der gemeinsamen Potenzlinie k der drei Kugeln K liegt; die Mittelpunkte aller Kugeln Λ liegen in der zu l senkrechten Ebene durch k. Die Berührungspunkte aller Kugeln Λ mit der Kugel K_1 liegen auf einem Kreise c_1, dessen Ebene durch k geht; eine gleiche Bedeutung haben die Kreise c_2 und c_3 auf den Kugeln K_2 und K_3. Die Berührungspunkte einer Kugel Λ mit den drei Kugeln K befinden sich auf den Kreisen c_1, c_2, c_3 und liegen in einer Ebene durch l.

Werden zwei sich schneidende Kugeln von einer dritten gleichartig berührt, so liegen die Berührungspunkte zu verschiedenen Seiten der Ebene des Schnittkreises, wie leicht einzusehen. Zwei benachbarte Kugeln Λ berühren K_1 in zwei benachbarten Punkten von c_1, die von der durch l gehenden Ebene ihres Schnittkreises getrennt werden. Läßt man beide Kugeln Λ zusammenfallen, so wird ihr Schnittkreis zum Kreis durch den Berührungspunkt von

Λ und K_1; ebenso geht dieser Kreis durch die Berührungspunkte von Λ mit K_2 und K_3. Die Kugeln Λ bilden eine stetige Folge; sie besitzen also eine gemeinsame Hüllfläche — die Dupin'sche Cyklide. Auf ihr liegen die Charakteristiken der eingehüllten Kugeln; es sind das Kreise, deren Ebenen durch l gehen und die die Kugeln K_1, K_2, K_3 gleichartig berühren; sie schneiden die Kreise c_1, c_2, c_3 in je einem Punkte.

Wählen wir weiter aus den Kugeln Λ irgend drei Λ_1, Λ_2, Λ_3 aus, die alle drei Kugeln K äußerlich berühren. Dann bilden die unendlich vielen Kugeln K, welche Λ_1, Λ_2, Λ_3 gleichzeitig äußerlich (oder innerlich) berühren, eine stetige Folge, die ebenfalls eine Cyklide zur gemeinsamen Hüllfläche haben. Auf ihr liegen die Kreise, deren Ebenen durch k gehen und die die Kugeln Λ_1, Λ_2, Λ_3 gleichartig berühren; zu ihnen gehören auch die Kreise c_1, c_2, c_3. Die Berührungspunkte der Kugeln K mit Λ_1 liegen auf einem Kreise d_1, dessen Ebene durch l geht; eine ähnliche Bedeutung haben die Kreise d_2 und d_3 auf den Kugeln Λ_2 und Λ_3. Diese Kreise d_1, d_2, d_3 gehören zu den Charakteristiken auf der Hüllfläche der Kugeln Λ. Wir werden nun zeigen, daß jede Kugel K von allen Kugeln Λ und jede Kugel Λ von allen Kugeln K berührt wird. Daraus folgt dann weiter, daß auf jeder Kugel K_i ein Kreis c_i liegt, der ihre Berührungspunkte mit den Kugeln Λ trägt; die Ebenen aller dieser Kreise gehen durch k. Ebenso folgt, daß auf jeder Kugel Λ_m ein Kreis d_m liegt, der ihre Berührungspunkte mit den Kugeln K trägt; die Ebenen dieser Kreise gehen durch l. Das bedingt weiter, daß jeder Kreis c jeden Kreis d schneidet, daß also die Kugeln K und die Kugeln Λ die nämliche Hüllfläche besitzen.

Es bleibt nur noch zu beweisen, daß die Kugeln K_i und Λ_m sich berühren. Das eine Ähnlichkeitscentrum der Kugeln K_1 und K_i, das wir A nennen wollen, liegt auf der gemeinsamen Potenzlinie l der Kugeln Λ; A ist somit ein Punkt gleicher Potenz für diese Kugeln. Zu ihnen gehört die Kugel Λ_1, die K_1 und K_i in B_1 resp. B_i berühren mag ($B_1 B_i$ durch A). Berührt Λ_m die Kugel K_1 in C_1, und schneidet AC_1 die Kugel K_i in dem Punkte C_i ($M_i C_i$ nicht parallel zu $M_1 C_1$), so giebt es eine Kugel M, die K_1 in C_1 und K_i in C_i berührt; M hat in Bezug auf A die gleiche Potenz, wie die Kugeln Λ. Die Kugeln Λ_m und M berühren sich aber in C_1, alle Punkte ihrer gemeinsamen Tangentialebene sind also für sie Punkte gleicher Potenz; da aber auch A in Bezug auf beide die gleiche Potenz aufweist, so müssen die Kugeln Λ_m und M identisch sein. Λ_m berührt K_i in C_i.

779. Zur Darstellung der Cyklide ist noch folgendes zu bemerken (Fig. 478). Die Mittelpunkte aller Kugeln K liegen in einer Ebene durch l, sie ist eine Symmetrieebene der Cyklide; zu ihr parallel wählen wir die Grundrißebene. Die Mittelpunkte aller Kugeln Λ liegen in einer Ebene durch k, die auf l senkrecht steht, sie ist ebenfalls eine Symmetrieebene der Cyklide; zu ihr parallel sei die Aufrißebene gewählt ($l' \perp x$, $k'' \perp x$). Die Schnittlinie beider Symmetrieebenen sei a ($a' \parallel x \parallel a''$), ihre Schnittpunkte mit k und l seien K und L. Auf der Fläche liegen zwei Systeme von Kreisen, deren Ebenen durch k resp. l gehen; in ihnen wird die Fläche von den Kugeln K resp. Λ berührt. Da zwei Kreise aus verschiedenen Systemen nur einen Punkt gemein haben, liegen in jeder Ebene durch k zwei Kreise des einen, in jeder Ebene durch l zwei Kreise des anderen Systems. Insbesondere liegen in der horizontalen Symmetrieebene zwei Kreise d_1 und d_2, die l zur Potenzlinie und K zum Ähnlichkeitscentrum haben; in ihnen wird die Fläche von zwei Kugeln Λ_1 und Λ_2 berührt, deren Mittelpunkte auf a liegen. Ebenso liegen in der vertikalen Symmetrieebene zwei Kreise c_1 und c_2, für die k Potenzlinie und L Ähnlichkeitscentrum ist; in ihnen wird die Fläche von zwei Kugeln K_1 und K_2 berührt, deren Mittelpunkte ebenfalls auf a liegen. a trifft die Fläche in den Punkten $c_1 \times d_1 = A$, $c_1 \times d_2 = B$, $c_2 \times d_1 = C$ und $c_2 \times d_2 = D$.

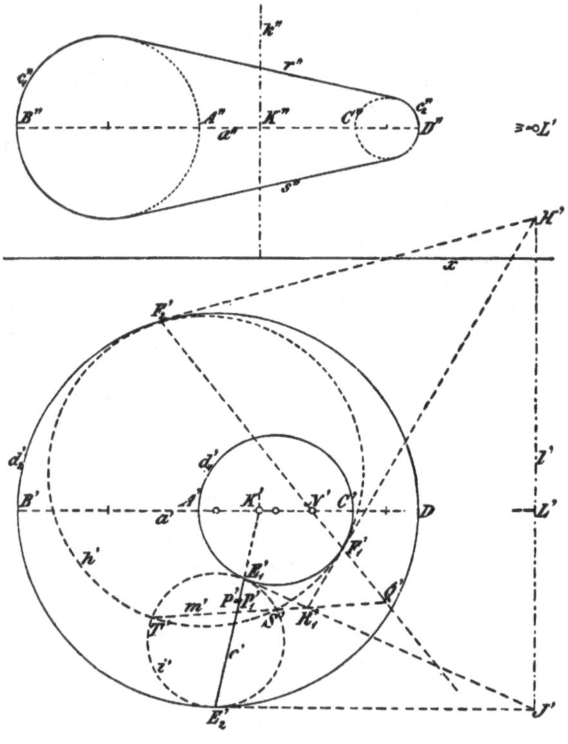

Fig. 478.

Wir wollen annehmen, daß die Kreise c_1, c_2 sich gegenseitig ausschließen, daß also durch L zwei gemeinsame Tangenten derselben gehen. Jede der beiden Ebenen durch l, die c_1 und c_2 gleichzeitig berühren, berührt die Cyklide längs eines Kreises, sie seien r und s. Die Kreise d_1 und d_2 schneiden sich entweder oder der eine liegt innerhalb des anderen, denn sie haben mit c_1 und c_2 je einen Punkt gemein. Es möge d_1 innerhalb d_2 liegen. K liegt dann innerhalb d_1 und jede Ebene durch k schneidet die Fläche in zwei getrennten Kreisen. Der erste Umriß der Fläche besteht aus d_1 und d_2, der zweite Umriß aus c_1, c_2, r und s.

Das eine System von Kreisen hat k zur gemeinsamen Potenzlinie, d. h. es schneidet k in den nämlichen beiden imaginären Punkten; durch je zwei Kreise dieses Systems läßt sich eine Kugel legen. Ebenso läßt sich durch je zwei Kreise des anderen Systems eine Kugel legen, da sie l in den nämlichen beiden imaginären Punkten treffen. Die beiden imaginären Punkte auf k, sowie die beiden auf l sind Doppelpunkte unserer Fläche. J e d e K u g e l, w e l c h e d i e C y k l i d e z w e i m a l b e r ü h r t, s c h n e i d e t s i e i n z w e i K r e i s e n. Alle diese Kreise bilden zwei Systeme; das eine derselben ist zum anderen symmetrisch in Bezug auf die horizontale Symmetrieebene. Es braucht nur bewiesen zu werden, daß eine Kugel die Cyklide in zwei symmetrischen Kreisen schneidet, wenn sie dieselbe in je einem Punkte von d_1 und von d_2 berührt. Denn zwei Kreise des gleichen Systems treffen sich nicht, dagegen schneiden sich zwei Kreise aus verschiedenen Systemen in zwei Punkten, liegen also auf einer Kugel; jede solche Kugel berührt die Cyklide in den Schnittpunkten der beiden Kreise.

780. In der horizontalen Symmetrieebene wählen wir einen beliebigen Kreis h, der d_1 in einem Punkte F_1 und d_2 in einem Punkte F_2 berührt; die Tangenten in diesen Punkten mögen sich in H schneiden; dabei soll h innerhalb d_2 und d_1 innerhalb h liegen. Ferner zeichnen wir einen beliebigen Kreis i, der d_1 in E_1 und d_2 in E_2 berührt; J sei der Schnittpunkt der zugehörigen Tangenten; dabei soll i innerhalb d_2 und außerhalb d_1 liegen. E_1E_2 und F_1F_2 gehen durch die Ähnlichkeitscentren K resp. N der beiden Kreise d_1 und d_2. ST sei die gemeinsame Sehne (Potenzlinie) von i und h, ihre Schnittpunkte mit E_1E_2 und F_1F_2 seien P und Q. Es soll nun gezeigt werden, daß die Sehne ST durch P und Q harmonisch geteilt wird. Bei diesem Beweise benutzen wir den gemeinsamen Potenzpunkt R_1 der Kreise i, h und d_1, in dem sich die Potenzlinien ST, JE_1, HF_1 von je zweien dieser Kreise schneiden, und ebenso den Potenzpunkt R_2 der Kreise i, h und d_2 ($R_2 = ST \times JE_2 \times HF_2$, in der Figur ist er nicht verzeichnet).

Wir nehmen zunächst an, daß ST durch P und einen Punkt X harmonisch geteilt werde, dann ist JX die Polare von P in Bezug auf i; denn sie muß durch den Pol J von E_1E_2 gehen und mit P zusammen die Sehne ST harmonisch teilen. Demnach sind JP und JX harmonische Polaren und teilen den Winkel der Tangenten JE_1 und JE_2 harmonisch (289); es liegen also auch die Punkte R_1R_2PX harmonisch. Wir nehmen ferner an, daß ST durch Q und einen Punkt Y harmonisch geteilt werde, dann ist HY die Polare von Q in Bezug auf h. Demnach sind HQ und HY harmonische Polaren und teilen den Winkel der Tangenten HF_1 und HF_2 harmonisch, so daß auch die Punkte R_1R_2YQ harmonisch liegen. Nun giebt es aber nur ein Punktepaar, das die beiden Punktepaare ST und R_1R_2 harmonisch trennt, es sind die Doppelpunkte der Involution, der die beiden Paare angehören. Deshalb müssen die Punktepaare PX und YQ identisch sein und da P und Q verschieden sind, so werden sowohl ST wie R_1R_2 durch P, Q harmonisch getrennt.

Legen wir jetzt durch i als größten Kreis eine Kugel, so berührt sie die Cyklide in einem vertikal gestellten Kreis c mit dem Durchmesser E_1E_2. Die Kugel, die h zum größten Kreise hat, schneidet die Cyklide in einer Kurve v, die natürlich aus zwei symmetrischen Teilen besteht. Sie schneidet c in zwei, der Kurve v angehörigen Punkten P_1 und P_2, die auf einer Vertikalen durch P und zu P symmetrisch liegen; denn die Kugeln durch i resp. h schneiden sich in einem vertikalen Kreis m mit dem Durchmesser ST. Da aber $STPQ$ harmonisch liegen, so ist Q der Pol von P_1P_2 in Bezug auf m, d. h. die Tangenten von m in P_1 und P_2 gehen durch Q. P_1Q und P_2Q berühren in diesen Punkten auch die Schnittkurve v, denn die Cyklide und die Kugel durch i berühren sich längs c. Hält man also die schneidende Kugel (durch h) fest und läßt die berührende Kugel sich ändern, so wird sich der Punkt Q auf F_1F_2 bewegen. Alle Tangenten der Kurve v treffen somit die Gerade F_1F_2; die Kurve v ist deshalb keine wirkliche Raumkurve, sondern sie zerfällt in zwei ebene Kurven und zwar in zwei Kreise, denn sie liegen ja auf der schneidenden Kugel.

Topographische Flächen.

781. Jeder begrenzte Teil der Erdoberfläche bildet eine topographische oder Terrainfläche. Der begrenzte Teil wird so klein genommen, daß die Richtung der Schwerkraft in den einzelnen Punkten desselben nicht merklich verschieden ist. Legt man dann eine beliebige Horizontalebene zu Grunde, so kann man die Lage eines jeden Punktes der Fläche durch seine Horizontalprojektion und seinen Abstand von dieser bestimmen. Diese Art der Darstellung von Raumpunkten nennt man kotierte Projektion.

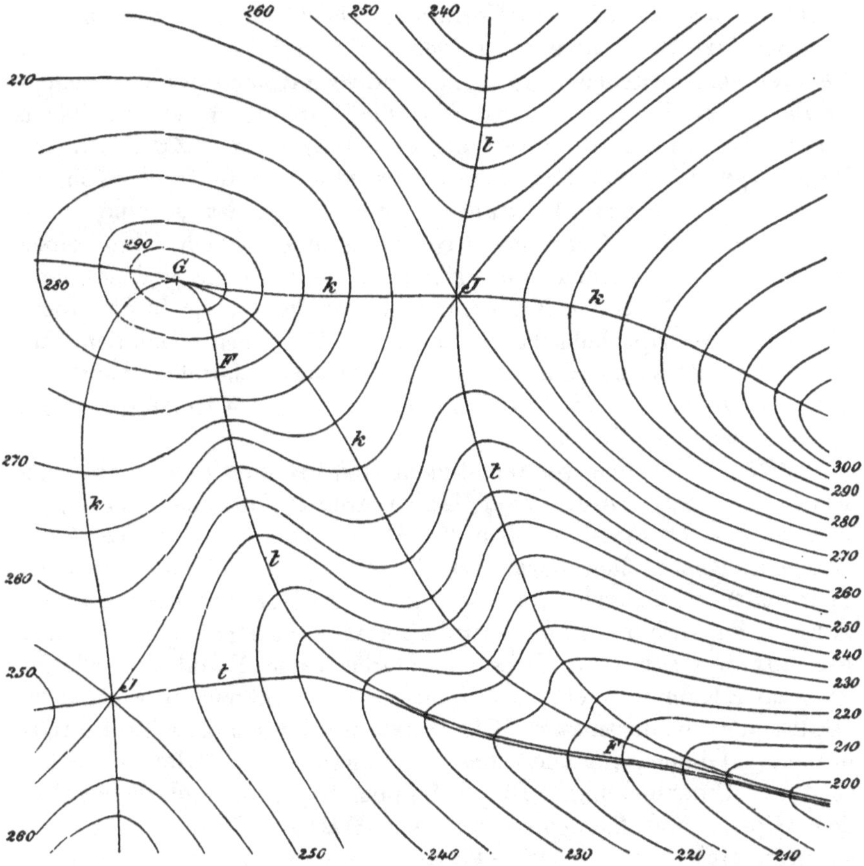

Fig. 479.

Als horizontale Grundebene, von der die Abstände der einzelnen Punkte gemessen werden, wählt man meist ein Stück der hypothetischen Meeresfläche, von der die wirkliche Meeresoberfläche ein Teil ist und die man sich unter dem Festland fortgesetzt denkt. Man nimmt nun, von der Grundebene ausgehend, ein System horizontaler Ebenen von gleichen Abständen an, welche man einem

Meter, oder dem ganzzahligen Vielfachen des Meters gleich macht. Diese Ebenen schneiden die topographische Fläche in Horizontal- oder Niveaulinien, die durch ihre Horizontalprojektionen und ihre Abstände von der Grundebene festgelegt werden. Jeder Horizontallinie fügt man in der Zeichnung ihre Höhenzahl, oder Kote bei (Fig. 479). Diese Horizontallinien werden gewöhnlich direkt in dem betreffenden Terrain durch Vermessen bestimmt.

Bei dem Betrachten einer topographischen Fläche fallen sofort die drei verschiedenen Arten von Punkten mit horizontalen Tangentialebenen in die Augen. Erstens: die Gipfelpunkte, sie liegen höher als alle Punkte ihrer nächsten Umgebung. Zweitens: die Muldenpunkte, sie liegen tiefer als alle Punkte ihrer nächsten Umgebung. Drittens: die Sattel- oder Jochpunkte, eine durch einen solchen Punkt gezogene Horizontallinie hat in ihm einen Doppelpunkt. Während die Fläche in den Gipfel- und Muldenpunkten eine elliptische Krümmung besitzt, besitzt sie in den Jochpunkten eine hyperbolische Krümmung. Die Horizontallinien sind in sich geschlossene Kurven mit sich stetig ändernder Tangente, nur wo sie einen scharfen Grat oder eine scharfe Rinne passieren, besitzen sie einen Knick.

782. Von besonderer Wichtigkeit sind bei einer topographischen Fläche die Falllinien oder Linien größter Neigung. In jedem Punkte der Falllinie ist ihre Tangente normal zur horizontalen Flächentangente, oder normal zu der in der Grundebene liegenden Spur der bezw. Tangentialebene. Fall- und Niveaulinien durchschneiden sich rechtwinklig, ebenso ihre Projektionen auf die horizontale Grundebene. Durch jeden Punkt der Fläche geht im allgemeinen eine Falllinie; in den Punkten eines scharfen Grates giebt es deren zwei. Die Punkte mit horizontaler Tangentialebene — Gipfel-, Mulden- und Jochpunkte — bedürfen einer besonderen Untersuchung. Die Falllinien beginnen und endigen in den Gipfel- und Muldenpunkten der Fläche. Zwei Falllinien können sich — von scharfen Graten abgesehen — nur in Gipfel- oder Muldenpunkten treffen oder berühren. Zum Beweise betrachten wir die Projektionen f und f_1 zweier Falllinien auf die Grundebene, welche die Projektion h einer Horizontallinie in zwei benachbarten Punkten P und P_1 treffen, dann schneiden sich die zugehörigen Tangenten von f und f_1 in dem zugehörigen Krümmungsmittelpunkt von h. Geht man von h kontinuierlich zu anderen und anderen Horizontallinien fort, so werden immer die Tangenten von f und f_1 in ihren auf der nämlichen Horizontalen liegenden Punkten sich im Krümmungsmittelpunkt dieser Kurve schneiden, so daß die beiden Schnittpunkte von f und f_1 mit den Horizontalen zwar einander näher rücken aber nicht zusammenfallen können. Eine Berührung oder ein Schneiden zweier Falllinien in einem Punkte Q kann nur eintreten, wenn ihre Tangenten in den zu Q benachbarten Punkten P und P_1, die auf der gleichen Horizontallinie h liegen, sich in einem Punkte schneiden, der nur unendlich wenig von P und P_1 entfernt ist, d. h. der Krümmungsradius von h in P muß unendlich klein sein. Dann muß entweder h in P eine Spitze besitzen, was wir nach der Natur der Kurve h ausschließen, oder h muß aus einem unendlich kleinen Oval durch P bestehen (wozu dann noch weitere Kurvenzweige von h treten können). Hiermit ist aber unsere Behauptung erwiesen denn das unendlich keine Oval schließt entweder einen Gipfel- oder Muldenpunkt ein.

Die Falllinien, die von den beiden Hängen eines Thales herabkommen, berühren sich also nicht in der Thalsohle; sie laufen vielmehr beinahe parallel nebeneinander das Thal hinab, wobei sie allerdings einander immer näher rücken. Setzt sich das Thal bis zum Kamm eines Bergrückens fort, so daß es in einem Joche oder Sattel endigt, so scheidet die Falllinie, die sich vom Jochpunkt herab durch das Thal hinzieht, die Falllinien der beiden Hänge voneinander und führt die Bezeichnung Thalweg (t in der Figur). Ganz ebenso wie im Thale rücken auch auf einem Bergkamm die Falllinien, die seine beiden Hänge überdecken, immer näher zusammen, ohne sich jedoch zu berühren; erst im Gipfelpunkt berühren sich alle die Hänge überdeckenden Falllinien, wie wir weiterhin sehen werden. Die Falllinie, die von einem Jochpunkt aus auf dem Kamm hinaufläuft bis zu einem Gipfel, heißt Kammlinie (k in der Figur), sie scheidet die Falllinien beider im Kamme sich vereinigender Hänge.

Zieht sich ein Thal an einem Berghang hinauf, ohne dessen Kamm zu erreichen, so bestimmt sich sein höchster Punkt in folgender Weise. Das Thal bewirkt bei jeder Niveaulinie, die von ihm überschritten wird, eine Einbuchtung, die um so kleiner wird, je höher die Niveaulinie liegt. Die Niveaulinien, die höher liegen, als das Thal hinaufreicht, zeigen diese Einbuchtung nicht. Es muß nun eine Niveaulinie geben, welche die Grenze zwischen den eingebuchteten und den anderen bildet; sie besitzt einen Flachpunkt, in dem die Tangente vier benachbarte Punkte mit ihr gemein hat. Denn die eingebuchteten Niveaulinien besitzen eine Doppeltangente, deren Berührungspunkte einander um so näher liegen, je geringer die Einbuchtung ist; die Berührungspunkte fallen für die Grenzkurve, bei der die Einbuchtung gerade verschwindet, zusammen. Die Falllinie, die von diesem Flachpunkte F ausgeht, ist hier der Thalweg (siehe Figur). Ganz ähnliche Betrachtungen lassen sich für die Kammlinie des Bergrückens zwischen zwei ineinander einmündenden Thälern anstellen. Auch hier giebt es eine Horizontallinie mit Flachpunkt, der den tiefsten Punkt des Rückens darstellt, und von dem die Kammlinie (eine Falllinie) aufsteigt (in der Figur ist eine solche von einem Flachpunkte F aufsteigende Kammlinie eingezeichnet). Die hier erwähnte Kammlinie, sowie der Thalweg sind in der Figur bis zum Gipfel G fortgesetzt und ebenso auch noch nach unten über F hinaus. In der Figur sind die Punkte F auf den verzeichneten Horizontallinien angenommen, im allgemeinen werden sie zwischen zwei derartigen Kurven liegen; Gleiches gilt auch für die Jochpunkte.

783. Um das Verhalten der Falllinien in einem Gipfelpunkt G (oder Muldenpunkt) zu untersuchen, müssen wir die Horizontallinie, die dem Punkt G unendlich nahe liegt, in Betracht ziehen. Diese ist, wie wir im nächsten Kapitel sehen werden, eine unendlich kleine Ellipse und heißt die Indikatrix des Punktes G, die Projektion von G auf ihre Ebene ist ihr Mittelpunkt; auch auf der Indikatrix müssen die Falllinien senkrecht stehen. Wir bestimmen nun ein Ellipsoid, dessen eine Achse die Vertikale durch G ist, und dessen andere Achsen zu den Achsen der Indikatrix parallel laufen, also horizontal sind; zugleich soll G ein Endpunkt seiner vertikalen Achse sein und ihre horizontalen Achsen sollen sich verhalten wie die dazu parallelen Achsen der Indikatrix. Alle Horizontalschnitte des Ellipsoides sind dann ähnliche und ähnlich liegende Ellipsen, die auch zu jener Indikatrix ähnlich sind; ihre ersten Projektionen haben den nämlichen Mittelpunkt. Das Ellipsoid besitzt in der zu G unendlich nahen Ebene eine Indikatrix, die zu jener Indikatrix ähnlich ist und bei geeigneter Länge der horizontalen Achsen des Ellipsoides mit ihr zusammenfällt.

Wir untersuchen nun die Falllinien des Ellipsoides; ihr Verhalten im höchsten Punkte G, einem Endpunkte seiner vertikalen Achse, muß das gleiche sein, wie das der Falllinien einer topographischen Fläche in einem Gipfelpunkt. In Fig. 480 stellen die koncentrischen ähnlichen Ellipsen mit dem Mittelpunkt G' die ersten Projektionen der Horizontalschnitte des Ellipsoides dar; die Projektionen seiner Falllinien müssen alle diese Ellipsen rechtwinklig durchschneiden und sind hierdurch definiert. Die Projektionen der Falllinien des Ellipsoides sind ähnliche und ähnlich liegende Kurven mit G' als Ähnlichkeitscentrum, sie berühren sich also in G' und ihre gemeinsame Tangente ist die große Achse der Ellipsen. In der That geht bei einer ähnlichen Veränderung (Vergrößerung oder Verkleinerung) jede der unendlich vielen ähnlichen Ellipsen in eine andere Ellipse dieses Systems über, und jede Kurve, die die Ellipsen rechtwinklig durchschneidet, geht in eine gleichartige Kurve über; damit ist aber der erste Teil des Satzes bewiesen. Diese letzteren Kurven müssen alle durch G' laufen und sich daselbst berühren, da G' das Ähnlichkeitscentrum ist. Ist f' eine solche Kurve und schneidet sie die Ellipse h' in P', so liegt das Kurvenstück $G'P'$ in dem spitzen Winkel $\angle P'G'A'$, wo A' einen Endpunkt der großen Achse von h' bedeutet, wie das unmittelbar ersichtlich ist. Die Tangente von f' in G' kann aber mit $G'A'$ keinen endlichen spitzen Winkel einschließen, denn sonst könnte sie nicht zugleich Tangente der in diesem letzteren Winkel liegenden Falllinien sein. Somit berührt f' die Achse $G'A'$. Außer den Falllinien, deren Projektionen die große Achse der Ellipsen berühren, tritt noch eine weitere auf, deren Projektion auf ihre kleine Achse fällt.

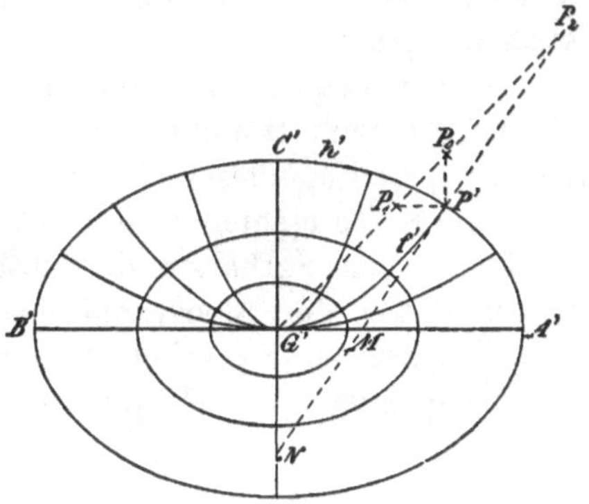

Fig. 480.

Für das System der Kurven f' gilt der Satz: Die Achsen der Ellipsen schneiden auf den Tangenten einer jeden Kurve f' Stücke ab, die sich umgekehrt verhalten wie die Quadrate der bezüglichen Achsen von irgend einer Ellipse des Systems. Die Tangenten der Kurven f' sind die Normalen der Ellipsen und für diese folgt der Satz aus der Affinität von Kreis und Ellipse. Ist nämlich $G'P_0 = G'A'$ und $P'P_0 \perp G'A'$, so schneidet die zu $G'A'$ parallele Gerade $P'P_1$ den Strahl $G'P_0$ in einem Punkte P_1, für den $G'P_1 = G'C'$ (der kleinen Halbachse von h') ist, und die Normale $P'P_2$ von h' schneidet diesen Strahl in einem Punkte P_2, für den $G'P_2$ der Summe der Halbachsen von h' gleich ist (415). Dann ist: $P'P_2 : P'N = P_0P_2 : P_0G'$ und $P'P_2 : P'M = P_1P_2 : P_1G'$, daraus folgt durch Division: $P'M : P'N = (G'C')^2 : (G'A')^2$. Stehen die

Achsen der Ellipsen speziell im Verhältnis von $\sqrt{2}:1$, so verhalten sich die genannten Stücke auf den Tangenten einer jeden Kurve f'' wie $1:2$, d. h. die Kurven f'' sind Parabeln mit $A'B'$ als Scheiteltangente. Denn die Scheiteltangente einer Parabel halbiert das von der Achse und dem Berührungspunkte begrenzte Stück einer jeden Parabeltangente.

Es läßt sich für den allgemeinen Fall auch leicht zeigen, daß sich in dem Schnittpunkte einer Kurve h' mit einer Kurve f' die Krümmungsradien dieser Kurven umgekehrt verhalten, wie die Abstände ihrer Tangenten vom Punkte G'.

784. Das Verhalten der Falllinien in der Umgebung eines Jochpunktes J der topographischen Fläche ist dem der Falllinien eines einschaligen Hyperboloides mit vertikaler reeller Achse in der Umgebung eines ihrer Endpunkte ähnlich. In Fig. 481 ist J dieser Endpunkt, p und q sind die horizontalen Erzeugenden durch ihn, h und h_1 sind Horizontallinien und zwar mag h tiefer und h_1 höher als J liegen. Durch J gehen nur zwei Falllinien, nämlich die Kammlinie k und der Thalweg t, es sind die Hauptschnitte (Hyperbel und Ellipse) durch die vertikale Achse. Die Projektionen der anderen Falllinien nähern sich k' und t' asymptotisch und schneiden p' resp. q' rechtwinklig. Auch hier gilt der Satz: Die Achsen der Hyperbeln schneiden auf den Tangenten einer jeden Kurve f'' Stücke ab, die sich umgekehrt verhalten wie die Quadrate der bezüglichen Achsen von irgend einer Hyperbel des Systems. Da die eine Achse imaginäre Endpunkte besitzt, so ist ihre Länge imaginär und das Quadrat negativ, deshalb liegen hier die genannten Stücke auf verschiedenen Seiten des Berührungspunktes.

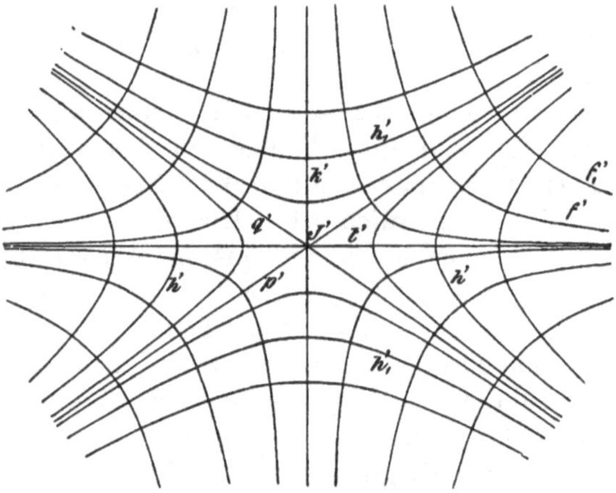

Fig. 481.

785. Es sollen kurz die wichtigsten Aufgaben über die topographische Fläche besprochen werden. Um die Schnittkurve einer Ebene mit der Fläche zu finden, hat man die Horizontalebenen der Niveaulinien mit der gegebenen Ebene zu schneiden, die so gewonnenen Hauptlinien dieser Ebene treffen die bez. Niveaulinien in Punkten der gesuchten Kurve. Ist die Schnittebene vertikal, so lege man sie um. Die Bestimmung der Tangentialebene in einem Punkte der Fläche erfordert die Kenntnis zweier Tangenten in ihm, etwa die Tangenten an die durch ihn laufende Niveaulinie und an einen durch ihn gehenden Vertikalschnitt.

Ist auf der Fläche von einem Punkte P aus eine Linie w von gegebenem, konstantem Gefälle zu legen, so müssen die Horizontallinien die Kurve w in lauter gleiche Teile teilen und Gleiches gilt für die Projektionen auf die Grundebene. Das Gefälle mißt man durch tang α, wenn α der Winkel aller Tangenten von w gegen die Horizontalebene ist. Bedeutet a den Vertikalabstand der Ebenen von je zwei aufeinanderfolgenden Niveaulinien und sind $P, P_1, P_2, P_3, \ldots$ die Schnittpunkte von w mit den aufeinanderfolgenden Niveaulinien, so ist $P'P_1' = P_1'P_2' = P_2'P_3' = \ldots = a : \text{tang}\,\alpha$. Hiernach kann man unmittelbar konstruieren (Fig. 482). Natürlich handelt es sich hier nur um eine näherungsweise Lösung des Problems.

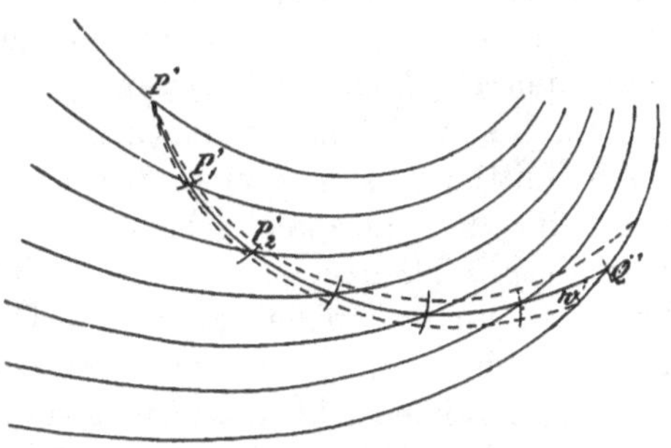

Fig. 482.

Um zwei Punkte P und Q der Fläche durch eine Linie w von konstantem Gefälle zu verbinden, bestimme man zunächst näherungsweise die Größe des Gefälles. Ist die Differenz der Koten von P und Q gleich $n \cdot a$, so teile man $P'Q'$ in n gleiche Teile, dann wird die gesuchte Kurve zwischen P' und Q' durch die Projektionen der Niveaulinien in n gleiche Teile geteilt, die etwas größer sind als $\frac{1}{n} P'Q'$. Durch Probieren zeichnet man nun zwei Linien von konstantem Gefälle durch P, von denen die eine die Horizontallinie durch Q vor diesem Punkte, die andere sie aber hinter ihm trifft; zwischen beiden liegt dann die gesuchte Linie w, die man daraus annäherungsweise zeichnen kann (Fig. 482).

DREIZEHNTES KAPITEL.

Die Krümmung der Flächen.

786. Zwei Flächen, die einen gemeinsamen Punkt P, aber verschiedene Tangentialebenen in ihm besitzen, schneiden sich in einer Kurve s durch P, deren zugehörige Tangente t jenen Tangentialebenen angehört. Wir lassen eine der beiden Flächen sich um t drehen, bis ihre Tangentialebenen in P zusammenfallen, dann erhält die Schnittkurve s in P einen wirklichen oder isolierten Doppelpunkt. Denn die zu t normale Ebene durch P schneidet die Flächen in ihrer ursprünglichen Lage in zwei durch P laufenden Kurven; eine derselben nimmt an der genannten Drehung teil, bis sie die andere in P berührt, d. h. bis einer ihrer weiteren gemeinsamen Punkte nach P hereingerückt ist. Da t auch während der Drehung Tangente der Schnittkurve s bleibt, so entsteht bei der Berührung der Flächen in P entweder ein isolierter Doppelpunkt, indem sich ein kleines Oval zu einem Punkte zusammenzieht, oder ein wirklicher Doppelpunkt, indem zwei getrennte Kurvenzweige übergehen in zwei sich im Doppelpunkte durchsetzende Zweige (vergl. 472).

Besitzen zwei Flächen Φ_1 und Φ_2 in P die gleiche Tangentialebene T, und legt man aus einem Punkte L von T an dieselben zwei berührende Kegelflächen, so gehen ihre Berührungskurven b_1 und b_2 durch P, haben aber daselbst im allgemeinen verschiedene Tangenten. Um die Richtigkeit des Gesagten zu erkennen, ziehen wir in T eine zu LP benachbarte Gerade m durch L und legen durch diese eine Ebene, etwa die Normalebene zu T, welche die Flächen in den Kurven c_1 resp. c_2 und die Kurven b_1 und b_2 in den Punkten B_1 resp. B_2 schneidet (Fig. 483a stellt diese Ebene dar). Ist der Abstand des Punktes P von dieser Ebene unendlich klein von der 1. Ord., so sind es auch die Strecken PB_1 und PB_2, dagegen sind die Abstände der Punkte B_1 und B_2 von T oder m unendlich klein von der 2. Ord., da T die Kurven b_1 und b_2 in P berührt. Demnach schließen die Tangenten LB_1 und LB_2 sowohl mit m, als auch unter sich Winkel ein, die von der 2. Ord. unendlich klein sind. Hat nun s in P einen wirklichen Doppelpunkt, so schneiden sich c_1 und c_2 in zwei Punkten Q und R von s und es ist QR von der 1. Ord. unendlich klein. Da die Abstände dieser Punkte von T und also auch ihre Differenz unendlich klein von der 2. Ord. sind, so ist der Neigungswinkel von QR gegen m unendlich klein 1. Ord. Die zu QR parallelen Tangenten an c_1 und c_2 berühren dieselben in zwei Punkten C_1 und C_2, deren Abstände vom Mittelpunkte der Strecke QR und also auch voneinander unendlich klein von der 2. Ord. sind. Da zu den Kurvenbogen C_1B_1 und C_2B_2 gleiche Kontingenzwinkel gehören, so verhalten sich diese Bogen wie die zugehörigen Krümmungsradien: $C_1B_1 : C_2B_2 = \varrho_1 : \varrho_2$ (442).

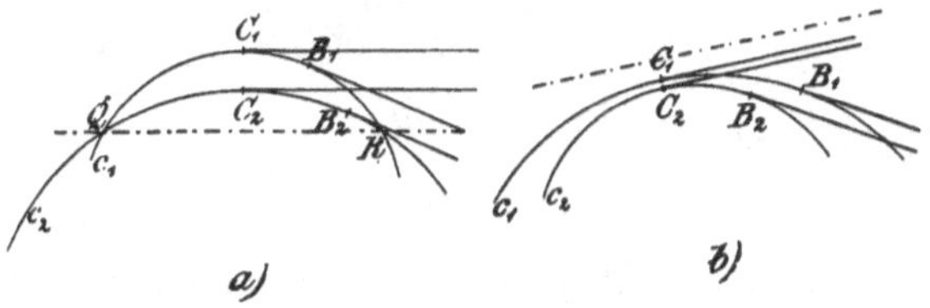

Fig. 483.

Nun haben ϱ_1 und ϱ_2 verschiedene Werte, denn c_1 und c_2 haben nur die beiden Nachbarpunkte Q und R gemein, deshalb ist B_1B_2 von der 1. Ord. unendlich klein, nämlich ebenso wie C_1B_1 und C_2B_2. Daraus folgt aber, daß PB_1 und PB_2, oder die Kurven b_1 und b_2 in P einen endlichen Winkel einschließen. Besitzt s in P einen isolierten Doppelpunkt, so giebt es für die Kurven c_1 und c_2 keine gemeinsame reelle Sehne QR mehr, jedoch bleibt ihre Richtung reell und giebt es nach wie vor zwei zu ihr parallele Tangenten, deren Berührungspunkte C_1 und C_2 einen unendlich kleinen Abstand 2. Ord. aufweisen, so daß der Beweis im übrigen der frühere bleibt (Fig. 483*b*).

787. Berühren sich zwei Flächen Φ_1 und Φ_2 in einem Punkte P und besitzt ihre Schnittkurve s in P einen dreifachen Punkt (von dessen drei Ästen auch zwei konjugiert imaginär sein können), so sagt man, daß sich die Flächen daselbst oskulieren; jede Ebene durch P schneidet die beiden Flächen in Kurven, die sich in P oskulieren. In der That müssen diese Kurven drei benachbarte Punkte gemein haben, wie man sofort einsieht, wenn man die sie enthaltende Ebene etwas verschiebt. Man erkennt das auch direkt an der gegenseitigen Lage der Flächen in der Umgebung von P. Die Flächen durchsetzen sich in den Ästen von s, so daß in den von s gebildeten sechs (oder zwei) Winkeln abwechselnd die eine und die andere oben liegt, während die zweite verdeckt wird. In Fig. 484*a* und *b* ist die eine Fläche durch Schraffierung kenntlich gemacht; es sind die beiden Fälle mit drei, resp. einem reellen Aste von *s* gezeichnet. Einem schraffierten Felde liegt im Scheitelwinkel ein unschraffiertes

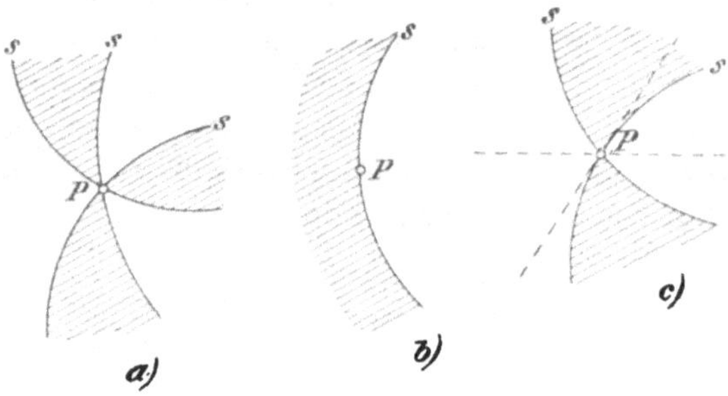

Fig. 484.

gegenüber, d. h. in jeder Ebene durch P berühren sich die Schnittkurven und durchsetzen sich im Berührungspunkte, was einer Oskulation der Kurven entspricht.

Berühren sich zwei Flächen Φ_1 und Φ_2 in einem Punkte P und giebt es durch diesen drei Ebenen, welche sie in je zwei sich oskulierenden Kurven schneiden, so ist P ein Oskulationspunkt der Flächen, d. h. ihre Schnittkurve s hat in P einen dreifachen Punkt. Dabei ist vorausgesetzt, daß die genannten Ebenen die Tangentialebene von P in drei getrennten Geraden schneiden. In einem gewöhnlichen Berührungspunkte P schneiden die durch ihn gelegten Ebenen die Flächen im allgemeinen in je zwei sich berührenden Kurven, die sich nicht durchsetzen; ein Durchsetzen der Kurven tritt nur für die Ebenen ein, welche in P einen der beiden Äste der Schnittkurve s berühren (Fig. 484*c*). Demnach kann unter der obigen Annahme P kein gewöhnlicher Berührungspunkt sein.

788. Aus unseren Darlegungen geht hervor, daß man noch dreifach unendlich viele Flächen 2. Grades konstruieren kann, die eine gegebene Fläche Φ in einem gegebenen Punkte P oskulieren. Man wähle nämlich drei Punkte X_1, X_2, X_3 ganz beliebig aus und schneide die Ebenen X_1X_2P, X_2X_3P, X_1X_3P mit Φ in den Kurven c_3, c_1, c_2 respektive. Dann giebt es drei Kegelschnitte k_1, k_2, k_3, die bezüglich c_1, c_2, c_3 in P oskulieren und durch X_2, X_3 resp. X_1, X_3 resp. X_1, X_2 gehen; sie liegen auf einer Fläche 2. Grades und diese oskuliert Φ in P.

Oskulieren sich zwei Flächen Φ_1 und Φ_2 in einem Punkte P und legt man aus einem beliebigen Punkte L ihrer gemeinsamen Tangentialebene T die beiden Tangentialkegel an sie, so haben deren Berührungskurven b_1 und b_2 in P die nämliche Tangente. Stellen wir hier ganz die gleiche Betrachtung wie in Nr. 786 an und beachten, daß jetzt die Kurven c_1 und c_2 in C_1 und C_2 gleiche Krümmungsradien besitzen, so folgt aus $C_1B_1 = C_2B_2$, daß B_1B_2 von der 2. Ord. unendlich klein wird, daß also PB_1 und PB_2 einen unendlich kleinen Winkel einschließen, d. h. daß sich b_1 und b_2 in P berühren.

789. Nach 645 sind die Tangenten in einem Punkte einer Fläche 2. Grades einander paarweise zugeordnet, derart, daß jede von ihnen die Achse eines Büschels von Ebenen ist, deren Pole auf der anderen liegen. Diesem Satze kann man auch die folgende Form geben. In jedem Punkte einer Fläche 2. Grades sind die Tangenten einander paarweise so zugeordnet, daß jede Tangente eines Paares von den Berührungskurven aller Tangentialkegel berührt wird, deren Scheitel auf der anderen liegen; die Tangentenpaare bilden eine Involution.- Mit Rücksicht auf die beiden voranstehenden Sätze läßt sich dieses Resultat auf alle Flächen ausdehnen und folgendermaßen aussprechen. Bei jeder Fläche ordnen sich die Tangenten in einem beliebigen Punkte in Paare einer Involution an; jede Gerade eines Paares tangiert die Berührungskurven aller Tangentialkegel, deren Scheitel auf der anderen liegen. Je zwei derartige Tangenten heißen konjugiert.

Nach dem soeben Gesagten schneiden sich zwei benachbarte Tangentialebenen einer Fläche in einer Tangente, die zur Verbindungslinie ihrer Berührungspunkte kongugiert ist. Zieht man also auf einer Fläche eine beliebige Kurve und legt in jedem ihrer Punkte die zugehörige Tangentialebene an die Fläche, so umhüllen dieselben eine abwickelbare Fläche, deren Erzeugende zu den Tangenten jener Kurve konjugiert sind.

790. In einem Punkte P einer Fläche bilden die konjugierten Tangenten die Strahlenpaare einer Involution, und es giebt in der zugehörigen Tangentialebene ein System ähnlicher und ähnlich liegender koncentrischer Kegelschnitte, für welche diese konjugierten Tangenten die konjugierten Durchmesser bilden (692). Durch irgend einen Kegelschnitt dieses Systems ist die Involution der konjugierten

Tangenten, welche die Fläche in seinem Mittelpunkte P berühren, bestimmt; ein solcher Kegelschnitt heißt Indikatrix[1] des Punktes P, seine konjugierten Durchmesser sind zugleich konjugierte Tangenten der Fläche.

Bei einer Fläche 2. Grades sind die Paare konjugierter Tangenten in einem beliebigen Punkte P parallel zu den Paaren konjugierter Durchmesser eines jeden zur Tangentialebene von P parallelen Schnittes. Denn die Parallelschnitte einer Fläche 2. Grades sind ähnlich und ähnlich gelegen. Verschiebt man eine solche Schnittkurve parallel zu sich selbst in der Richtung des durch P gehenden Durchmessers, bis sie in die Tangentialebene von P gelangt, so wird sie eine Indikatrix des Punktes P. Die konjugierten Tangenten in einem Punkte P einer Fläche Φ können hiernach mit Hilfe einer Fläche 2. Grades Ψ, die jene in P oskuliert, bestimmt werden; sie sind nämlich paarweise parallel zu den konjugierten Durchmessern des zur Tangentialebene in P parallelen Diametralschnittes von Ψ.

Wir schneiden nun die Flächen Φ und Ψ mit einer Ebene, die zur Tangentialebene von P parallel und von ihr nur unendlich wenig entfernt ist, die bezüglichen Schnittkurven seien i_1 und i. Von diesen Kurven fassen wir nur ihre in der Nachbarschaft von P liegenden Teile ins Auge und nehmen an, daß die Abstände der auf ihnen liegenden Punkte von P unendlich klein von der 1. Ord. seien. Dann ist das von P auf die Schnittebene gefällte Lot PP' unendlich klein von der 2. Ord. Die Strahlen durch P' treffen aber nach Früherem die Kurven i_1 und i in Punkten mit parallelen Tangenten, d. h. i_1 und i sind ähnlich und ähnlich gelegen in Bezug auf P' als Ähnlichkeitscentrum. Da aber i_1 und i mindestens zwei reelle Punkte gemein haben (die auf der Schnittkurve s von Φ und Ψ liegen), so sind sie identisch, oder vielmehr sie unterscheiden sich in ihren, in der Nachbarschaft von P liegenden Teilen nur um unendlich kleine Größen höherer Ordnung. Legt man zur Ebene, die die Fläche Φ in einem Punkte P berührt, eine parallele unendlich nahe Ebene, so schneidet sie die Fläche in einer Kurve, deren in der Nachbarschaft von P liegender Teil hinsichtlich seiner Punkte und Tangenten sich mit einem Kegelschnitte deckt; er wird die Indikatrix von Φ in P genannt, seine Achsen sind unendlich klein und sein

[1] Der Begriff der Indikatrix wurde von Dupin eingeführt in seinen: Développements de géométrie, Paris 1813.

Mittelpunkt liegt in P'. Diese Kurve ist es, die von Dupin als Indikatrix eingeführt wurde; da man sie nicht darstellen kann, hat man sie durch einen ähnlichen Kegelschnitt mit endlichen Achsen ersetzt, wie das oben geschehen ist, und auch diesem den Namen Indikatrix gegeben.

791. Die Indikatrix spielt eine besondere Rolle bei der Untersuchung und Konstruktion der Krümmungsradien aller ebenen Schnitte der Fläche Φ in einem ihrer Punkte P. Nach dem Vorausgehenden ist es klar, daß man an Stelle der Fläche Φ eine sie in P oskulierende Fläche 2. Grades Ψ zu Grunde legen kann. Denn zu jeder Ebene durch P giebt es einen Krümmungsradius, der den beiden in ihr liegenden Schnittkurven von Φ und Ψ im Punkte P zugehört. Als oskulierende Fläche Ψ benutzt man eine Fläche 2. Grades, deren eine Achse in die Normale des Punktes P fällt, während die beiden anderen zu den Achsen der Indikatrix parallel laufen. Sei M der Mittelpunkt und MP die in der Normalen liegende Halbachse von Ψ und seien MA und MB ihre beiden anderen Halbachsen. Ist P ein Punkt von elliptischer Krümmung (470), so ist die Indikatrix eine Ellipse; MA und MB sind die Halbachsen einer zur Indikatrix ähnlichen Ellipse und die Fläche Ψ ist ein Ellipsoid (Fig. 485 in schiefer Projektion). Ist P ein Punkt von hyperbolischer Krümmung, so stellen MA und MB die reelle und die imaginäre Halbachse einer Hyperbel dar und die Fläche Ψ ist ein einschaliges Hyperboloid. Man erhält zwei verschiedene Hyperbeln, je nachdem MA oder MB die reelle Halbachse ist (693); sie sind zu den beiden Indikatricen ähnlich, deren Ebenen zu beiden Seiten der Tangentialebene in einem unendlich kleinen Abstande von ihr liegen. Dementsprechend liegt auch M auf der einen oder anderen Seite der Tangentialebene (Fig. 486). Die Asymptoten der beiden end-

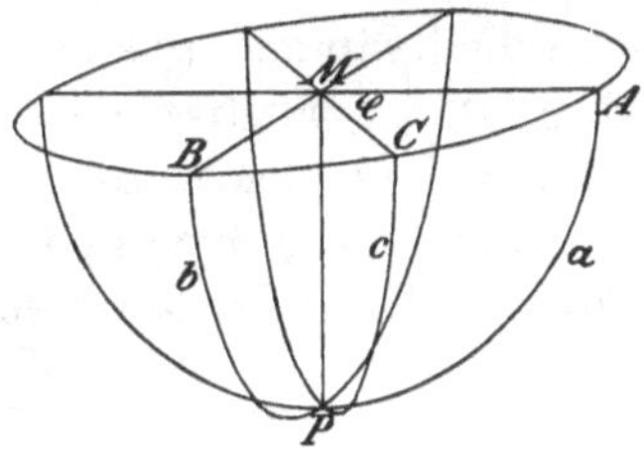

Fig. 485.

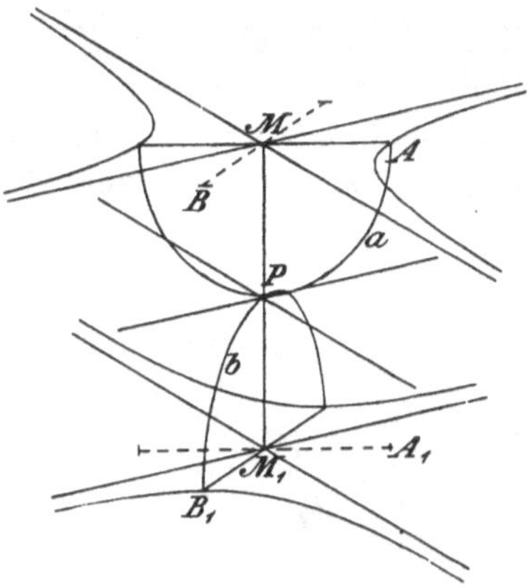

Fig. 486.

lichen Hyperbeln sind unter sich und zu den Haupttangenten im Punkte P der Fläche Φ (oder zu den durch P gehenden Erzeugenden von Ψ) parallel. Jedes Paar konjugierter Tangenten wird von den beiden Haupttangenten harmonisch getrennt.

Die Krümmungsradien für die Normalschnitte durch P ergeben sich nun in folgender Weise. Ist q der Kegelschnitt mit den Halbachsen MA und MB und wird er von der Ebene eines Normalschnittes c im Punkte C getroffen, so ist nach 409 im Punkte P von c der Krümmungsradius $r = (MC)^2 : MP$. Die beiden Normalschnitte a und b, deren Ebenen durch MA resp. MB gehen, haben die Krümmungsradien: $r_1 = (MA)^2 : MP$, resp. $\pm r_2 = (MB)^2 : MP$. Dabei ist das positive oder negative Zeichen zu nehmen, je nachdem r_1 und r_2 die gleiche oder entgegengesetzte Richtung besitzen, d. h. je nachdem die Fläche in P elliptische oder hyperbolische Krümmung aufweist. Die Gleichung von q ist (414):

$$\left(\frac{x}{MA}\right)^2 \pm \left(\frac{y}{MB}\right)^2 = 1,$$

und die Koordinaten des Punktes C sind: $x = MC \cos\varphi$, $y = MC \sin\varphi$, wenn $\varphi = \angle CMA$ ist; demnach ergiebt sich durch Einsetzen unter Beachtung der Relation $(MA)^2 : (MB)^2 : (MC)^2 = r_1 : \pm r_2 : r$ die Gleichung:

$$\frac{1}{r_1}\cos^2\varphi + \frac{1}{r_2}\sin^2\varphi = \frac{1}{r}.$$

Diese Formel rührt von Euler her und gestattet aus r_1, r_2 und φ jeden anderen Krümmungsradius zu konstruieren.

Die Größen r_1 und r_2 heißen die Hauptkrümmungsradien von P, die zugehörigen Normalschnitte heißen die Hauptschnitte; ihre Ebenen sind zu einander senkrecht. Je zwei Normalschnitte, die zu einem Hauptschnitt symmetrisch liegen, besitzen gleiche Krümmungsradien. Nach der Euler'schen Formel ergiebt sich für sie die folgende Konstruktion (Fig. 487). Man trage auf die Normale n die Strecken $PR_1 = r_1$ und $PR_2 = r_2$ auf, errichte in R_1 und R_2 die Senkrechten auf n und schneide sie mit zwei Strahlen aus P, die mit PR_1 und PR_2 dieselben Winkel bilden, wie der Normalschnitt mit den bezüglichen

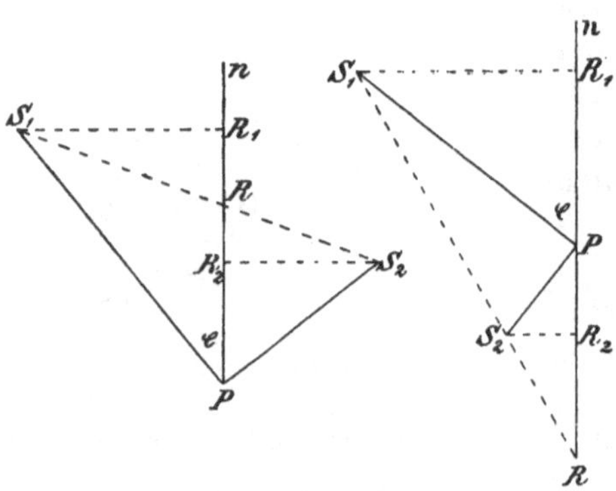

Fig. 487.

Hauptschnitten. Die Verbindungslinie dieser Schnittpunkte S_1 und S_2 trifft die Normale im Endpunkte R des gesuchten Krümmungsradius r ($\angle S_1PR_1 = \varphi$, $\angle S_2PS_1 =$ R). Offenbar ist:

$$RR_1 : RR_2 = S_1R_1 : S_2R_2,$$

oder: $$(r_1 - r):(r - r_2) = r_1 \operatorname{tg}\varphi : r_2 \operatorname{cotg}\varphi,$$

oder: $$(r_1 - r) r_2 \cos^2\varphi = (r - r_2) r_1 \sin^2\varphi,$$

woraus wieder die Euler'sche Formel folgt. Die Figur giebt die Konstruktion für einen elliptisch und einen hyperbolisch gekrümmten Punkt.

792. Wir haben hier zunächst nur die elliptisch und hyperbolisch gekrümmten Teile einer Fläche in Betracht gezogen und wenden uns jetzt den Punkten mit parabolischer Krümmung zu. Diese liegen auf einer Kurve, welche die Gebiete einer Fläche mit elliptischer und die mit hyperbolischer Krümmung voneinander trennt. In einem parabolischen Punkte einer Fläche fallen die beiden Haupttangenten in eine einzige zusammen, durch sie geht der eine Hauptschnitt, sein Krümmungsradius ist unendlich groß; die Ebene des zweiten Hauptschnittes steht natürlich auf der des ersten senkrecht. Unter den Flächen 2. Grades besitzen nur die Cylinder- und Kegelflächen parabolische Punkte, bei diesen ist allerdings die Krümmung in jedem Punkte parabolisch. Als oskulierende Fläche 2. Grades in einem parabolischen Punkte einer beliebigen Fläche können wir den geraden Kreiscylinder wählen, der den Krümmungskreis des einen Hauptschnittes enthält. Er bildet den Übergang zwischen dem oskulierenden Ellipsoid in einem elliptischen Punkte und dem oskulierenden Hyperboloid in einem hyperbolischen Punkte. Wird nämlich die imaginäre Achse dieses Hyperboloides, oder die eine Achse jenes Ellipsoides unendlich groß, so gehen diese Flächen in den Cylinder über. In einem parabolischen Punkte besteht die Indikatrix aus zwei parallelen Geraden, d. h. eine zu seiner Tangentialebene unendlich nahe Ebene schneidet die Fläche in einer Kurve, deren dem parabolischen Punkte benachbarter Teil sich mit zwei unendlich nahen Geraden deckt. Zu jeder Tangente in einem parabolischen Punkte ist immer dieselbe Gerade, nämlich seine Haupttangente, konjugiert. Die Konstruktion der Krümmungsradien der Normalschnitte geschieht wie vorher, nur wird hier R_1 und somit auch S_1 unendlich fern, so daß $S_2R \perp S_2P$ wird.

793. Zur Bestimmung der Krümmungskreise der durch einen Flächenpunkt P gelegten schiefen Schnitte dient der Satz von Meusnier, wonach der Krümmungsradius eines schiefen Schnittes der Projektion des Krümmungsradius des ihn berührenden Normalschnittes auf die Ebene des schiefen Schnittes gleich ist. Daraus folgt dann auch, daß in einem Punkte P die Krümmungskreise aller schiefen Schnitte, deren Ebenen durch die nämliche Tangente in P gehen, auf einer Kugel liegen. Ist aber c ein Normalschnitt durch P und k sein Krümmungskreis und legen wir durch k als größten Kreis eine Kugel, so berührt sie die Fläche in P und schneidet sie in einer Kurve s mit dem Doppelpunkte P, deren einer Kurvenast in P die gleiche Tangente t besitzt wie c und k. Jede Ebene durch t schneidet aber die Fläche und die Kugel in zwei sich oskulierenden Kurven (787), woraus unsere Behauptung folgt.

794. Bei einer Rotationsfläche ist in jedem Punkte die durch ihn verlaufende Meridiankurve der eine Hauptschnitt, was sich unmittelbar aus der Symmetrie der Fläche zu jeder Meridianebene ergiebt. Die zweite Hauptebene in dem betreffenden Punkte geht durch die Normale seiner Meridiankurve und steht auf der Meridianebene senkrecht, sie enthält also die Tangente seines Parallelkreises. Nach dem Satze von Meusnier liegt der Mittelpunkt des zu diesem Hauptschnitte gehörigen Krümmungskreises auf der Achse der Rotationsfläche. Denn seine Projektion auf die Ebene des Parallelkreises muß in dessen Mittelpunkt fallen.

Bei den Regelflächen fällt eine der beiden Haupttangenten in jedem Punkte mit der bezüglichen Erzeugenden zusammen (720), die Lage der anderen bestimmt sich entweder direkt oder mit Hilfe zweier konjugierter Tangenten des bezüglichen Punktes, indem dieselben durch die beiden Haupttangenten harmonisch getrennt werden.

795. Zwei sich berührende Flächen schneiden sich in einer Kurve, die im Berührungspunkte einen Doppelpunkt besitzt und deren Doppelpunktstangente sich aus folgender Überlegung ergeben. Man bestimme zwei Flächen 2. Grades, von denen jede eine der beiden Flächen im Berührungspunkte oskuliert, und für welche die gemeinsame Normale eine gleiche gemeinsame Achse ist, während ihre anderen Achsen denjenigen der bezüglichen Indikatricen parallel laufen. Die beiden Flächen 2. Grades berühren sich in den beiden Endpunkten ihrer gemeinsamen Achse und schneiden sich deshalb in zwei Kegelschnitten, deren Ebenen durch die gemeinsame Flächennormale gehen und aus der Tangentialebene die gesuchten Doppelpunktstangenten ausschneiden; denn die beiden Kegelschnitte berühren die beiden Aste der Schnittkurve der gegebenen Flächen. Die gemeinsamen Durchmesser der beiden Kegelschnitte der Flächen 2. Grades, die in der zur gemeinsamen Tangentialebene parallelen Diametralebene liegen, sind zu den genannten Tangenten parallel.

796. Mit Hilfe der oskulierenden Flächen 2. Grades und mit Hilfe der konjugierten Tangenten können nun verschiedene Fragen ihre Erledigung finden. So ist klar, daß in jedem Punkte der Eigenschattengrenze einer Fläche ihre Tangente konjugiert ist zu dem Lichtstrahle durch ihn, mag die Lichtquelle im Endlichen liegen oder unendlich fern gedacht werden. Ferner ist klar, daß bei einer Fläche mit Randkurve in den Schnittpunkten dieser Randkurve mit der Lichtgrenze, der Lichtstrahl und die Tangente der Lichtgrenze harmonisch liegen zu den Tangenten der Randkurve und ihres Schlagschattens auf die Fläche (528). Denn die Lichtgrenze einer Fläche 2. Grades, welche die Fläche in dem bezüglichen Punkte oskuliert, liegt in der Polarebene des leuchtenden Punktes, und die beiden Flächenpunkte auf jedem Lichtstrahle werden durch den leuchtenden Punkt und die Ebene der Lichtgrenze harmonisch getrennt. Auf den hyperbolischen Flächenteilen liegen in jedem Punkte der Lichtgrenze die Tangente und der Lichtstrahl, und in jedem Punkte des wahren Umrisses die Tangente und der projizierende Strahl harmonisch zu den beiden Haupttangenten. Von den oskulierenden Flächen 2. Grades wurde im achten Kapitel bei den Rotationsflächen Gebrauch gemacht, um die Tangenten ihrer Lichtgrenzen und in deren Scheitelpunkten die Krümmungskreise zu bestimmen. Hier wollen wir noch Anwendungen auf die Haupttangenten und die Tangenten der Lichtgrenzen bei einigen Schraubenflächen machen.

797. Bei den Regelschraubenflächen ist in jedem Punkte die Involution der konjugierten Tangenten leicht anzugeben. Ist nämlich P ein Punkt der Fläche und T seine Tangentialebene, so ist der Tangente der durch P verlaufenden Schraubenlinie die Gerade konjugiert, in der sich T und die Tangentialebene in dem zu P benachbarten Punkte der Schraubenlinie schneiden. Diese Gerade ist aber nichts anderes als diejenige Flächentangente in P, die zu der zur Schraubenachse normalen Tangente in P senkrecht steht. Denn diese letztere Tangente ist die Spur der Ebene T in der zur Achse normalen Ebene durch P; deshalb ist die Schnittlinie von T mit der aus ihr durch Verschraubung entstandenen benachbarten Tangentialebene zu dieser Tangente senkrecht. Die Richtung der gesuchten Geraden ist nämlich parallel zu der Schnittlinie von T mit einer benachbarten Ebene, die aus ihr durch eine unendlich kleine Rotation um die Schraubenachse hervorgegangen ist. In jedem Punkte einer Schraubenfläche ist die Tangente der ihn enthaltenden Schraubenlinie konjugiert zu der Tangente der kleinsten Neigung gegen die Schraubenachse. Ist diese vertikal, so ist die genannte Tangente eine Falllinie der Tangentialebene.

Bei den Regelschraubenflächen ist die Erzeugende durch P eine der beiden Haupttangenten; beide Haupttangenten liegen zu je zwei konjugierten Tangenten harmonisch (791), woraus sich die zweite bestimmt. Ist P ein Punkt der Lichtgrenze, so bilden deren Tangente und der Lichtstrahl durch P ein Paar konjugierter Tangenten der Fläche. Sie bilden also ein Strahlenpaar der Involution konjugierter Tangenten, von der nach Obigem ein Strahlenpaar und ein Doppelstrahl (die Erzeugende) bekannt sind; aus ihnen kann nach 365 nur mit Hilfe des Lineals die Tangente der Lichtgrenze als konjugierte Gerade zum Lichtstrahle gezeichnet werden.

798. Die Tangenten der Lichtgrenze u einer offenen Regelschraubenfläche bei Parallelbeleuchtung. Die Lichtstrahlen mögen parallel sein und es soll im Anschluß an 602 die Konstruktion im Grundriß durchgeführt werden (Fig. 488). Die vertikale Schraubenachse a treffe Π_1 in S'; von S' aus trage man auf a die reduzierte Ganghöhe $S'S = h_0 = h : 2\pi$ auf, wobei h die Ganghöhe ist. Ferner sei e eine Erzeugende, ε ihr Neigungswinkel gegen Π_1, E_1 der erste Spurpunkt einer Parallelen zu e durch S ($\angle SE_1S' = \varepsilon$) und S_* der Schatten von S auf Π_1. Dann besitzt die zum Lichtstrahle parallele Ebene durch e eine zu E_1S_* parallele erste Spur, sie berührt die Fläche in einem Punkte P der Lichtgrenze, der nach 602 und 630 gefunden wird. Man drehe $S'S_*$ und $S'E_1$ um S' in dem Sinne der Verschraubung um 90^0 in die Lage $S'L$ und $S'E$, dann geht LE durch P'. Nun sind nach dem obigen Satze die Gerade EL und die zu $P'S'$ normale Gerade $P'Q$ die Projektionen zweier konjugierter Tangenten von P, denn die erste Spur der Tangentialebene von P ist zu E_1S_* parallel und zu EL senkrecht. Die eine Haupttangente in P ist die Erzeugende e,

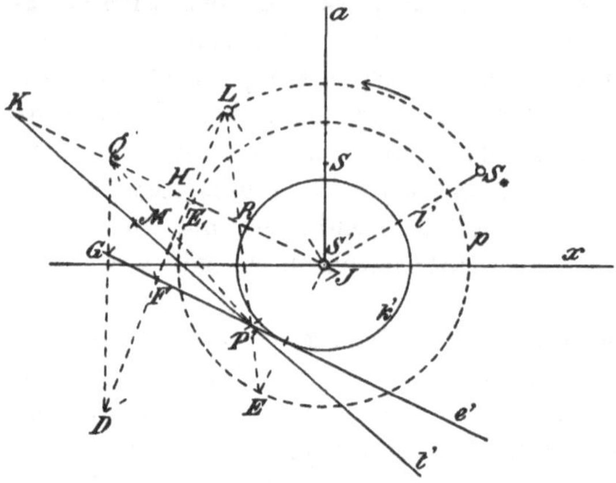

Fig. 488.

die Projektion h' der anderen trennt zusammen mit e' die Strahlen $P'L$ und $P'Q$ harmonisch. Zieht man also eine Parallele zu e' und schneidet diese die Strahlen $P'L$ und $P'Q$ in R und Q, so geht h' durch den Mittelpunkt H von RQ. Auch der Strahl $P'J$ ($\parallel l'$) und die Tangente t' von u' werden als Projektionen konjugierter Tangenten von e' von $P'H$ harmonisch getrennt; ihre Schnittpunkte J und K mit QR sind mithin von H gleichweit entfernt und es ist: $KQ = RJ$. Die Konstruktion von t' erfordert also nur die Schnittpunkte von EL, $P'Q$ ($\perp P'S'$) und $P'J$ ($\parallel l'$) mit einer Parallelen zu e', dann ergiebt sich $t' = P'K$ aus $KQ = RJ$. Man kann nach 365 auch ohne Zirkel t' finden, indem man auf $P'J$ einen beliebigen Punkt D annimmt, die Linien DQ und DL zieht und mit e' resp. in G und F schneidet, dann ist $M = LG \times FQ$ ein Punkt von t'; denn QD, QF, LD, LG sind die vier Seiten eines Vierseits.

Die Änderungen, welche die Konstruktion erfährt, wenn wir es mit einer offenen geraden, oder mit einer geschlossenen schiefen Regelschraubenfläche zu thun haben, sind leicht anzugeben. Bei der geschlossenen geraden Schraubenfläche bildet in jedem Punkte der Lichtgrenze die Erzeugende mit dem Lichtstrahle und der Tangente der Lichtgrenze gleiche Winkel. Gleiches gilt natürlich auch für die Projektionen dieser Geraden auf eine Normalebene zur Schraubenachse. Der Beweis für das Gesagte liegt darin, daß in jedem Punkte dieser Schraubenfläche die zweite Haupttangente die durch den Punkt verlaufende Schraubenlinie berührt, denn diese Gerade ist nach dem obigen Satze zu sich selbst konjugiert. Bei dieser Schraubenfläche sind also die Schraubenlinien Haupttangentenkurven, da ihre Tangenten für die Fläche Haupttangenten sind.

799. Die Lichtgrenze u einer offenen, schiefen Regelschraubenfläche und ihre Tangenten bei Centralbeleuchtung. Wir legen durch den leuchtenden Punkt L eine Normalebene zur Schraubenachse a, die sie in A trifft, und führen die Konstruktion in dieser Ebene aus, die wir zur Horizontalebene wählen (Fig. 489). Sei e eine Erzeugende, E_1 ihr Spurpunkt und e' ihre Projektion, so zeichne man den Parameterkreis p mit dem Radius $h_0 \cot \varepsilon$, wo h_0 die reduzierte Ganghöhe und ε den Neigungswinkel der Erzeugenden mit der Horizontalebene bedeutet. Dann ist LE_1 die erste Spur der Lichtebene durch e und ihr Berührungspunkt P auf e ergiebt sich aus 602 und 630, indem man den Radius AE von p senkrecht zu e' zieht und das von E auf LE_1 gefällte Lot mit e' in P' schneidet. Welcher der beiden Endpunkte des zu e' senkrechten Durchmessers von p als Punkt E zu nehmen ist, hängt von dem Sinne der aufwärtsgehenden Schraubenbewegung ab; E hat die in der Figur angegebene Lage, wenn der Pfeil den gemeinten Sinn angiebt und das von e gezeichnete Stück über der Horizontalebene liegt. Die Bestimmung der Tangente t' von u' in P' geschieht ganz wie vorher; man schneidet die Strahlen $P'R$ ($\perp LE_1$), $P'Q$ ($\perp P'A$) und $P'L$ mit einer Parallelen zu e' in den Punkten R, Q und J, dann ist $P'K = t'$, wenn $KQ = RJ$ ist.

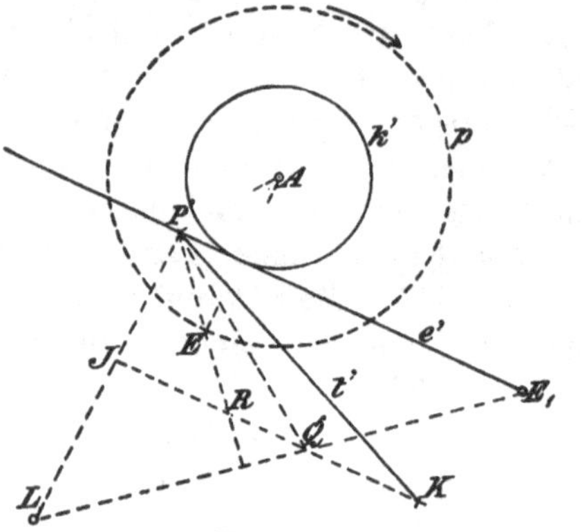

Fig. 489.

800. Ist die gleiche Aufgabe bei der offenen geraden Schraubenfläche zu lösen, so ist die voranstehende Konstruktion unbrauchbar und wir ersetzen sie durch die folgende. L, A, a und e sollen die frühere Bedeutung und die Horizontalebene die frühere Lage haben (Fig. 490). Sei ferner k die Kehlschraubenlinie, S ihr erster Spurpunkt und B ein beliebiger Punkt auf ihr; sei endlich v die von S ausgehende Evolvente des Kreises k', sie trägt die Spurpunkte aller Tangenten der Kehlschraubenlinie. Die Tangente e' im Punkte B' von k' schneidet v in J, so daß BJ eine Tangente von k ist.

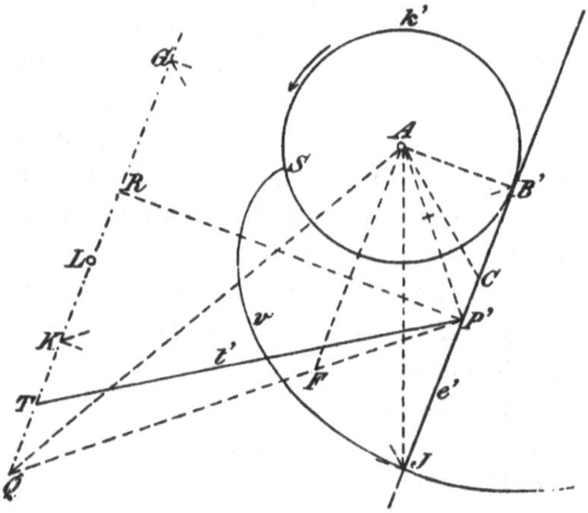

Fig. 490.

Die Erzeugende e ist horizontal, die Lichtebene durch sie besitzt also eine zu e' parallele Spur LG durch L, und wir wollen annehmen, daß sie die Schraubenfläche im Punkte P von e berühre. Dann muß die durch P verlaufende Schraubenlinie q in ihm eine Tangente besitzen, deren Spurpunkt Q auf LG liegt. Nun besitzen die Schraubenlinien q und k die gleiche Ganghöhe und die Punkte P und B auf ihnen den gleichen Horizontalabstand, deshalb haben wir die Relation $QP' : AP' = JB' : AB'$. Mithin ist $\triangle AB'J \sim \triangle AP'Q$ und C auf $B'J$ und F auf $P'Q$ sind homologe Punkte dieser Dreiecke, wenn $AF \parallel e'$ und $AC \parallel GJ$ ist ($G = AB' \times LG$), denn beide teilen die betreffenden Seiten in dem Verhältnis $AG : AB'$. Daraus folgt, daß $\angle B'AC = \angle P'AF$, also auch $\angle B'AP' = \angle CAF = \angle GJB' = \angle KB'J$ ist ($JK \perp e'$, K auf LG), d. h. AP' steht auf $B'K$ senkrecht. Um also auf e' den Punkt P' der Lichtgrenze u zu finden, ziehe man durch L eine Parallele zu e', fälle von $J = e' \times v$ auf dieselbe ein Lot, verbinde seinen Fußpunkt K mit dem Fußpunkt B' des von A auf e' gefällten Lotes, dann steht AP' auf $B'K$ senkrecht. Die Tangente von u bestimmt sich wie in den früheren Fällen; ist $P'R$ das Lot auf LG und macht man $QT = LR$, so ist $P'T$ die gesuchte Tangente.

801. Haupttangenten und Tangenten der Lichtgrenze u bei einer cyklischen Schraubenfläche. Wir betrachten die Fläche, die durch Verschraubung eines horizontalen Kreises k um eine vertikale Achse a entsteht. Die Figur 491 giebt die Projektion auf eine Horizontalebene durch den Punkt A der Achse a. In jedem Punkte P einer solchen Fläche lassen sich unmittelbar zwei Paare konjugierter Tangenten angeben. Ist k der erzeugende Kreis durch P und M sein Mittelpunkt, so bilden nach 797 die zu AP' senkrechte Gerade $P'N$ und der Durchmesser $P'Q'$ von k' die Grundrisse eines Paares konjugierter Tangenten. Die Grundrisse eines zweiten solchen Paares fallen in die Tangente p' von k' und in die Normale der Geraden, die M' mit dem ersten Spurpunkt A der Achse a verbindet, wie wir alsbald zeigen werden. Durch zwei Paare konjugierter Tangenten in P ist eine Involution bestimmt, deren Doppelstrahlen die Haupttangenten sind. Ist P ein Punkt der Lichtgrenze, so findet man die zugehörige Tangente als den dem Lichtstrahl durch P entsprechenden Strahl der Involution.

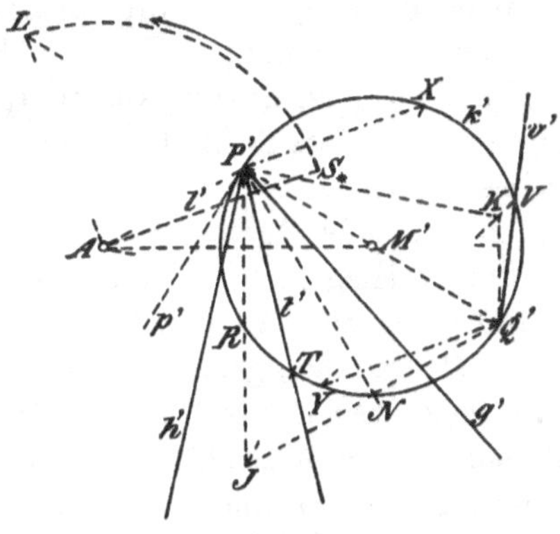

Fig. 491.

Die Richtigkeit der voranstehenden Behauptung erweisen wir durch folgende Überlegung. Die Gerade, welche zu der Tangente p im Punkte P von k konjugiert ist, trifft den zu k benachbarten Kreis k_1 der Fläche in demjenigen Punkte P_2, dessen Tangente zu p parallel ist (789). Geht nun bei der Verschraubung von k in k_1 der Punkt P in den Punkt P_1 über und ist ε der dazu gehörige unendlich kleine Winkel, also $\varepsilon = \angle P'AP_1'$, so schließen auch die Tangenten von k in P und von k_1 in P_1 den $\angle \varepsilon$ ein, und somit thun dies auch die Tangenten von k_1 in P_1 und P_2. Demnach ist: $P'P_1' = AP' \cdot \varepsilon$ und $P_1'P_2' = M'P' \cdot \varepsilon$, also $P'P_1' : P_1'P_2' = AP' : P'M'$; da aber $P'P_1' \perp AP'$ und $P_1'P_2' \perp P'M'$ ist (von einem unendlich kleineren Winkel abgesehen), so ist $\triangle P'P_1'P_2' \sim \triangle AP'M'$ und folglich $P'P_2'$ senkrecht auf AM', w. z. b. w.

Ist eine allgemeine Schraubenfläche mit dem Normalschnitt c gegeben und ist k der Krümmungskreis im Punkte P von c, so entstehen durch Verschraubung von c und k zwei Schraubenflächen, die sich längs der von P beschriebenen Schraubenlinie oskulieren. Im Punkte P besitzen dann beide Flächen die gleiche Involution konjugierter Tangenten, so daß man das soeben bewiesene Resultat auf jede beliebige Schraubenfläche ausdehnen kann. Bestimmt man zu irgend einem Punkte P einer beliebigen Schraubenfläche den Krümmungsmittelpunkt M des zur Schraubenachse normalen Schnittes c, so ist die Tangente von c zu derjenigen Tangente in P konjugiert, deren Richtung zu dem von M auf die Schraubenachse gefällten Lote normal ist.

Im vorliegenden Falle der cyklischen Schraubenfläche konstruieren wir zunächst nach 634 auf dem Kreise k die beiden Punkte P und Q der Lichtgrenze u. Zu diesem Zwecke tragen wir auf die Schraubenachse a die Strecke AS gleich der reduzierten Ganghöhe auf, suchen deren Schatten AS_* und drehen AS_* um A im richtigen Sinne um 90^0 in die Lage AL. Dann ist $P'Q'$ der Durchmesser von k', dessen Verlängerung durch L geht. Nach Obigem sind nun $P'Q'$, $P'N$ und p', $P'J$ ($\perp AM'$) zwei Strahlenpaare einer Involution, deren Doppelstrahlen die Projektionen der beiden Haupttangenten g und h von P sind. Der Kreis k' schneidet jene Strahlen in den Punktepaaren Q', N und P', R einer Involution mit dem Mittelpunkt $J = P'R \times Q'N$ (325). Legt man von J die beiden Tangenten an k' und verbindet ihre Berührungspunkte mit P', so erhält man die gesuchten Geraden g' und h'. Verbindet man J mit dem Punkte X auf k', für den $P'X \parallel l'$ ist, und schneidet diese Gerade den Kreis noch in T', so ist $P'T'$ die Tangente von u'. Um zu J zu gelangen, braucht man nur durch P' eine Normale zu AM' und durch Q' eine Parallele zu AP' zu ziehen, beide schneiden sich in J. Ganz analog findet man $K(Q'K \perp AM', P'K \parallel AQ')$ und mit dessen Hilfe die Tangente $Q'V$ von u' im Punkte Q' $(Q'Y \parallel l', Y$ auf $k', YK \times k' = V)$. Im Punkte Q ist die Schraubenfläche elliptisch gekrümmt und besitzt keine Haupttangenten. Die Punkte parabolischer Krümmung auf k gehören dem Durchmesser an, der die Achse a trifft.

802. In jedem Punkte einer krummen Oberfläche giebt es vier besondere Tangenten, nämlich die beiden Haupttangenten und die Tangenten der beiden Hauptschnitte. Dementsprechend kann man auf einer Fläche vier Systeme von Kurven ziehen, nämlich zwei Systeme von Krümmungslinien und zwei Systeme von Haupttangentenkurven. Eine Krümmungslinie ist dadurch definiert, daß sie in jedem ihrer Punkte einen der beiden Hauptschnitte berührt. Die Flächennormalen in den Punkten einer Krümmungslinie bilden eine abwickelbare Fläche. Um dieses einzusehen, betrachten wir einen Punkt P der gegebenen Fläche und seine unendlich kleine Indikatrix. Die Flächennormalen in den Punkten dieser Indikatrix bilden eine gerade Normalenfläche (765), ihre Projektionen auf die Tangentialebene von P berühren die Evolute der Indikatrix. Daraus geht hervor, daß zwei benachbarte Flächennormalen sich im allgemeinen nicht schneiden, daß aber jede Normale von vier anderen getroffen wird, die in den vier Endpunkten der Achsen der zugehörigen Indikatrix errichtet sind. Da nun in jedem Punkte einer Krümmungslinie die eine Achse der Indikatrix dieselbe berührt, ist der obige Satz evident. Die beiden Systeme der Krümmungslinien durchschneiden sich rechtwinklig. Die Rotationsflächen bieten ein einfaches Beispiel für die beiden Systeme der Krümmungslinien, die hier nichts anderes als die Meridiankurven und Parallelkreise sind.

Eine Haupttangentenkurve ist dadurch charakterisiert, daß ihre Tangenten die Fläche oskulieren, also Haupttangenten von ihr sind. Nun hatten wir gesehen, daß die Tangentialebenen in den Punkten einer beliebigen Kurve c, die wir auf einer Fläche ziehen können, eine abwickelbare Fläche umhüllen, deren Erzeugende zu den Tangenten von c konjugiert sind (789). Da aber die Tangenten einer Haupttangentenkurve zu sich selbst konjugiert sind, so umhüllen die Tangentialebenen in den Punkten einer solchen Kurve eine abwickelbare Fläche, deren Erzeugende die genannten Tangenten sind. Die Haupttangentenkurve ist also die Rückkehrkante dieser abwickelbaren Fläche, deren Tangentialebenen somit zugleich Schmiegungsebenen dieser Knrve sind (711). Die Schmiegungsebenen einer Haupttangentenkurve berühren in den zugehörigen Punkten die gegebene Fläche. Die Haupttangentenkurven einer Fläche überdecken nur ihre hyperbolisch gekrümmten Teile, indem durch jeden Punkt zwei dieser Kurven gehen. Die parabolische Kurve trennt diese Flächenteile von den elliptisch gekrümmten; für ihre Punkte fallen die beiden Haupttangenten in eine einzige zusammen, die im allgemeinen keine Tangente von ihr ist. Die Haupttangentenkurven besitzen deshalb dort, wo sie auf die parabolische Kurve auftreffen, Spitzen.

Bei den Regelflächen bilden die Erzeugenden das eine System von Haupttangentenkurven; beim Plücker'schen Konoid haben wir auch das andere angegeben (735). Bei der geschlossenen, geraden Schraubenfläche sind die Schraubenlinien Haupttangentenkurven; jede ihrer Schmiegungsebenen enthält die bezügliche Erzeugende, berührt also wirklich die Fläche.

Die Krümmungslinien der Flächen 2. Grades.

803. Wir legen unserer Betrachtung ein Ellipsoid Φ mit dem Mittelpunkt O und den Achsen x, y, z zu Grunde. Jeder Ebene entspricht ein bestimmter Punkt als Pol in Bezug auf Φ; das vom Pol auf die Ebene gefällte Lot wollen wir kurz als die konjugierte Normale der Ebene bezeichnen. So gehört zu jeder Ebene eine bestimmte konjugierte Normale, zu den Tangentialebenen von Φ sind die zugehörigen Flächennormalen konjugiert. Sei nun A eine beliebige Ebene, a die konjugierte Normale und $P = \mathsf{A} \times a$ ihr Schnittpunkt, so giebt es durch P zwei zu einander rechtwinklige Geraden b und c, die zugleich konjugierte Polaren der Schnittkurve s_a von A mit der Fläche 2. Grades sind, mag s_a reell oder imaginär sein. Denn die konjugierten (harmonischen) Polaren von s_a durch P bilden eine Involution, deren Rechtwinkelstrahlen b und c sind. Dann ist auch b die konjugierte Normale der Ebene $\mathsf{B} = ac$ und c die konjugierte Normale der Ebene $\Gamma = ab$. Da nämlich b und c konjugierte Polaren von s_a sind, so liegt der Pol B von c in Bezug auf s_a auf der Geraden b; die Polarebene B des Punktes B in Bezug auf die Fläche geht also durch c. Sie geht aber auch durch den Pol von A, der auf a liegt, d. h. sie deckt sich mit ac; ebenso zeigt sich, daß Γ mit ab zusammenfällt. Drei Strahlen aus einem Punkt, von denen jeder zu der Ebene der beiden anderen konjugiert und normal ist, sollen drei konjugierte Normalen heißen. a, b, c sind solche drei konjugierte Normalen, je zwei von ihnen sind konjugierte rechtwinklige Polaren der in ihrer Ebene liegenden Schnittkurve von Φ. Die drei konjugierten Normalen durch einen beliebigen Punkt P sind zugleich die Achsen des Tangentialkegels, den man aus P an die Fläche legen kann. Denn nach 391 halbieren b und c die Winkel der beiden aus P an s_a gelegten Tangenten, und ähnliches gilt für c und a, resp. a und b. Die Ebenen A, B, Γ enthalten also je zwei reelle oder imaginäre Mantellinien des Tangentialkegels, die zu den Geraden a, b, c symmetrisch liegen, woraus sich unmittelbar folgern läßt, daß a, b, c seine Achsen sind. Die drei konjugierten Normalen in einem Punkte der Fläche werden von der Flächennormalen und den Tangenten der beiden Krümmungslinien in ihm gebildet.

804. Ordnen zwei Flächen 2. Grades Φ und Ψ jeder Ebene die nämliche konjugierte Normale zu, und schneiden sie sich in einer reellen Kurve, so ist diese für beide eine Krümmungslinie. Denn je drei konjugierte Normalen in Bezug auf die eine Fläche sind es auch für die andere; in einem gemeinsamen Punkte beider Flächen muß demnach die Normale der ersten eine Krümmungslinie der zweiten, und die Normale der zweiten eine Krümmungslinie der ersten berühren. Die beiden noch übrigen Krümmungslinien haben also die Schnittlinie der beiden Tangentialebenen zur gemeinsamen Tangente, und da dieses für jeden ihrer Punkte eintritt, fallen sie zusammen. Wir werden weiterhin sehen, daß es Flächen giebt, die jeder Ebene die nämliche konjugierte Normale zuordnen; es wird sich nämlich zeigen, daß zwei koaxiale Flächen diese Eigenschaft besitzen, sobald sie nur einer einzigen Ebene dieselbe konjugierte Normale zuordnen.

Sei A eine Ebene und a ihre konjugierte Normale, seien ferner a_1 und A_1 Spurlinie und Spurpunkt derselben in der Ebene xy. Dann legen wir durch a_1 einen Büschel von Ebenen, ihre Pole bilden eine dazu projektive Reihe und liegen auf einer Parallelen zu z. Verbinden wir jetzt die Punkte dieser Reihe mit A_1, so ist auch dieser Strahlbüschel mit jenem Ebenenbüschel projektiv und drei seiner Strahlen stehen auf den entsprechenden Ebenen senkrecht. Der Ebene A entspricht nämlich hierbei der Strahl a, der Ebene B der Strahl b, wenn sowohl A und B, als auch a und b zur Ebene xy symmetrisch liegen, und der Ebene, die in a_1 auf xy senkrecht steht, das von A_1 auf a_1 gefällte Lot. Demnach steht jeder Strahl auf seiner entsprechenden Ebene senkrecht, denn dreht man den Ebenenbüschel um seine Achse um 90°, so werden drei, und folglich alle Ebenen zu den entsprechenden Strahlen parallel. Wir erhalten so den Satz: Zu allen Ebenen mit der nämlichen Spurlinie in der Ebene xy gehören konjugierte Normalen mit dem nämlichen Spurpunkt in xy.

805. Sind zwei Ebenen A, B und ihre konjugierten Normalen a, b so beschaffen, daß in der Ebene xy die Spurlinie b_1 von B durch den Spurpunkt A_1 von a geht, so geht auch die Spurlinie a_1 von A durch den Spurpunkt B_1 von b. Zum Beweise benutzen wir die Ebene $\Gamma = b_1 a$, deren Pol C in A liegt, da der Pol von A auf a, also auf Γ sich befindet. Nun steht A auf a und somit auch auf Γ senkrecht, das von C auf Γ gefällte Lot, d. h. die konjugierte Normale von Γ, liegt deshalb in A und ihr Spurpunkt in a_1. Dieser Spurpunkt ist aber zugleich der Spurpunkt B_1 von b, da die Ebenen Γ und B sich in der nämlichen Geraden b_1 von xy schneiden.

Einem System von parallelen Ebenen werden durch die Fläche Φ die Punkte eines Durchmessers als Pole zugeordnet; diese Punktreihe ist projektiv zu derjenigen, die eine beliebige Gerade aus dem System der parallelen Ebenen ausschneidet. Die konjugierten Normalen dieser Ebenen laufen durch deren Pole und stehen auf ihnen senkrecht, sind also selbst parallel zu einander, ihre Spurpunkte in der Ebene xy liegen auf einer Geraden g durch O. Die Punktreihe dieser Spurpunkte ist projektiv zu der Punktreihe, in der g die parallelen Ebenen durchschneidet; diese Reihen liegen sogar involutorisch. Denn ist A eine Ebene, deren Spurlinie a_1 die Gerade g in A_2 schneidet, und ist a ihre konjugierte Normale, deren Spurpunkt A_1 auf g liegt, so wird einer zu A parallelen Ebene durch A_1 eine konjugierte Normale zugeordnet, deren Spurpunkt A_2 ist. Denn nach dem soeben Gesagten liegt er auf g und nach dem Voraufgehenden auf a_1. Jedem System paralleler Ebenen entspricht also in der Ebene xy eine Gerade durch O und auf ihr eine Involution; zu zwei Ebenen des Systems, die je einen Punkt eines Paares der Involution enthalten, gehören zwei konjugierte Normalen, die durch die vertauschten Punkte des nämlichen Paares gehen.

Alle Ebenen und ihre in Bezug auf Φ konjugierten Normalen schneiden die Ebene xy in Geraden und Punkten, welche die Polaren und Pole eines Kegelschnittes f_3 bilden. Ist nämlich wieder a_1 die Spur einer Ebene A und A_1 der Spurpunkt ihrer konjugierten Normalen a, dann giebt es einen Kegelschnitt f_3 mit den Achsen x und y, für den A_1 der Pol von a_1 ist. Betrachten wir nun zwei in Bezug auf die Ebene xz symmetrische Ebenen B und A, so liegen auch ihre konjugierten Normalen b und a

symmetrisch, und ihre Spurlinien b_1 und a_1, sowie die Spurpunkte B_1 und A_1 der Normalen liegen zur x-Axe symmetrisch. Um jetzt zu einer beliebigen Ebene Σ mit der Spur s_1 die konjugierte Normale s mit dem Spurpunkt S_1 zu finden, verfahren wir in folgender Weise. Wir schneiden s_1 mit OA_1 und OB_1 in C_1 und D_1, dann liegt auf OA_1 eine Involution, für die O der Mittelpunkt und A_1, $A_2 = a_1 \times OA_1$ ein Punktepaar ist; der zu C_1 gehörige Punkt dieser Involution mag C_2 sein. Ganz ebenso liegt auf OB_1 eine Involution, in ihr möge D_1 einem Punkt D_2 entsprechen. Zieht man durch C_2 eine Parallele zu a_1 und durch D_2 eine Parallele zu b_1, so schneiden sie sich in dem gesuchten Punkte S_1. Denn die Parallelebene zu A durch C_2 besitzt eine konjugierte Normale mit dem Spurpunkt C_1 und die Parallelebene zu B durch D_2 besitzt eine konjugierte Normale mit dem Spurpunkt D_1; zu jeder Ebene durch C_1D_1 gehört deshalb eine konjugierte Normale, deren Spurpunkt nach dem Obigen auf den beiden Geraden C_2S_1 und D_2S_1, also in S_1 liegt. Nach der soeben geschilderten Konstruktion ist aber auch S_1 der Pol von s_1 in Bezug auf f_3, und damit ist unser Satz bewiesen. Hieraus folgt noch weiter, daß je drei konjugierte Normalen von Φ durch die Ecken eines Polardreieckes von f_3 gehen. Die Umkehrung gilt jedoch nur für spitzwinklige Dreiecke.

806. Wir können jetzt unmittelbar den Satz aussprechen: Alle koaxialen Flächen 2. Grades, die einer Ebene die nämliche konjugierte Normale zuordnen, ordnen auch jeder anderen Ebene die nämliche konjugierte Normale zu; solche Flächen heißen konfokal. Von ihnen gelten folgende Sätze. Durch jeden Punkt des Raumes gehen drei zu der Fläche Φ konfokale Flächen, die sich in ihm rechtwinklig durchschneiden. Sind nämlich a, b, c die drei konjugierten Normalen durch den gegebenen Punkt P, so sind die drei Flächen, die in P je eine der drei Ebenen ab, bc, ca berühren und mit Φ die gleichen Achsen aufweisen, zu der Fläche Φ konfokal. Als spezielle Fälle gehören dem System konfokaler Flächen auch drei Kegelschnitte f_1, f_2, f_3 an, die bezüglich in den Ebenen yz, zx, xy liegen, sie werden die Fokalkurven des Systems genannt. Ist t eine Tangente eines solchen Kegelschnittes und T ihr Berührungspunkt, so besitzt jede Ebene durch t eine konjugierte Normale durch T; demnach müssen in der Ebene, die in T auf t senkrecht steht, je zwei rechtwinklige Strahlen durch T zu einander konjugiert sein in Bezug auf jede ihrer Schnittkurven mit den konfokalen Flächen. Mit anderen Worten: Jede Ebene, die eine Fokalkurve in einem Punkte rechtwinklig schneidet, schneidet die konfokalen Flächen in Kurven mit einem gemeinsamen Brennpunkte in ihm. Speziell werden die Schnittpunkte der Fokalkurven mit den konfokalen Flächen Nabelpunkte, oder Punkte mit kreisförmiger Indikatrix sein, da in ihnen je zwei konjugierte Tangenten aufeinander senkrecht stehen.

Bedenkt man die Beziehung der konjugierten Normalen zu den Tangentialkegeln der konfokalen Flächen, so erkennt man, daß die Tangentialkegel, die man aus einem beliebigen Punkte einer Fokalkurve an die konfokalen Flächen legen kann, Rotationskegel sind, und daß die zugehörige Tangente ihre gemeinsame Achse ist. Daraus folgt insbesondere, daß jeder Punkt einer Fokalkurve der Scheitel und seine Tangente die Achse einer Rotationsfläche ist, die durch eine der beiden übrigen Fokalkurven hindurchgeht.

Man hätte bei der Ableitung aller dieser Resultate auch von einer Flächenschar ausgehen können, die durch zwei der konfokalen Flächen bestimmt wird. Die vier speziellen Flächen der Schar (713) werden von f_1, f_2, f_3 und der unendlich fernen, allen Kugeln gemeinsamen imaginären Kurve gebildet. Die gemeinsame abwickelbare Hüllfläche der Schar, die diese vier Kurven zu Doppelkurven hat, ist imaginär.

807. Die konfokalen Flächen schneiden jede der drei Ebenen xy, yz und zx in konfokalen Kegelschnitten. Wir nehmen nun an, daß x die große, y die mittlere und z die kleine Achse des Ellipsoides Φ sei, und bezeichnen seine in den Ebenen yz, zx und xy liegenden Schnittkurven mit s_1, s_2 und s_3 und die zugehörigen reellen Brennpunkte (399) mit F_1, G_1, resp. F_2, G_2, resp. F_3, G_3. Die beiden ersten liegen auf der y-Achse, die anderen auf der x-Achse. Der Fokalkegelschnitt f_3 in der Ebene xy besitzt die Brennpunkte F_3, G_3 und geht durch die Punkte F_1, G_1, F_2, G_2 hindurch, ist also eine Ellipse. Denn die Ebene xz steht auf der Fokalkurve f_3 in ihren beiden auf x liegenden Schnittpunkten senkrecht, diese sind also Brennpunkte für alle in der Ebene xz liegenden Schnittkurven der konfokalen Flächen. Ganz ähnlich findet man, daß der Fokalkegelschnitt f_2 eine Hyperbel mit den Brennpunkten F_2, G_2 und den Scheiteln F_3, G_3 und der Fokalkegelschnitt f_1 eine imaginäre Kurve mit den Brennpunkten F_1, G_1 ist. Ähnliche Resultate könnte man für die imaginären Brennpunkte aussprechen.

808. Um uns eine Vorstellung von der Gesamtheit aller konfokalen Flächen zu machen, gehen wir von dem Ellipsoide Φ aus und passieren dann in stetigem Übergange alle Flächen der Schar. Da nun zwei konfokale Flächen sich entweder gar nicht, oder rechtwinklig durchschneiden, so ist klar, daß die zu Φ benachbarten Flächen der Schar ebenfalls Ellipsoide sind, von denen das eine ganz innerhalb, das andere ganz außerhalb Φ liegt. So kann man von Φ einerseits zu immer größeren, andererseits zu immer kleineren konfokalen Ellipsoiden gelangen. Das kleinste dieser Ellipsoide erhält man, wenn eine seiner Achsen, nämlich die z-Achse, gleich Null wird; dann reduziert sich das Ellipsoid auf den von f_3 eingeschlossenen Teil der xy-Ebene. Durch jeden Punkt des Raumes geht ein zu Φ konfokales Ellipsoid. Alle konfokalen Ellipsoide schneiden die yz- und die xz-Ebene in der Gesamtheit aller konfokalen Ellipsen mit den Brennpunkten F_1, G_1 resp. F_2, G_2, dagegen die xy-Ebene nur in denjenigen konfokalen Ellipsen, die größer als f_3 sind.

Geht man jetzt zu der zu f_3 benachbarten konfokalen Ellipse über, die kleiner als f_3 ist, so sind ihre Scheitel in der xz- und yz-Ebene zugleich die Scheitel zweier Hyperbeln mit den Brennpunkten F_2, G_2 resp. F_1, G_1, die ganz in der Nähe der x-Achse, resp. y-Achse verlaufen. Die konfokale Fläche ist jetzt ein einschaliges Hyperboloid, das beim Grenzübergang in den außerhalb f_3 liegenden Teil der xy-Ebene übergeht. Läßt man die konfokale Ellipse in der xy-Ebene immer kleiner werden, so bleibt die zugehörige Fläche ein einschaliges Hyperboloid; seine in der xz- und yz-Ebene liegenden Hyperbeln besitzen Asymptoten, deren Neigungswinkel gegen die x- resp. y-Achse immer größer werden. Schließlich geht die konfokale Ellipse in der xy-Ebene in die Strecke F_3G_3 und das zugehörige, einschalige Hyperboloid in den zwischen den beiden Ästen der Hyperbel f_2 liegenden Teil der xz-Ebene über. Durch jeden Punkt des Raumes geht ein zu Φ konfokales, einschaliges Hyperboloid. Diese Flächen schneiden die xy-Ebene in den konfokalen Ellipsen, die kleiner als f_3 sind, die yz-Ebene in den Hyperbeln mit den Brennpunkten F_1, G_1 und die xz-Ebene in den Hyperbeln mit den Brennpunkten F_2, G_2, die innerhalb f_2 liegen.

Wählt man weiter die zu f_2 benachbarte, konfokale Hyperbel, die f_2 einschließt, so sind ihre Scheitel zugleich die Scheitel einer Hyperbel in der xy-Ebene mit den Brennpunkten F_3, G_3, die in der Nähe der x-Axe verläuft. Die zugehörige, konfokale Fläche ist ein zweischaliges Hyperboloid, das von der yz-Ebene nicht geschnitten wird. Der Grenzübergang führt die beiden Teile dieser Fläche in zwei Teile der xz-Ebene über, welche je von einem Aste der Hyperbel f_2 eingeschlossen werden. Läßt man die Scheitel der konfokalen Hyperbel in der xz-Ebene immer näher gegen den Mittelpunkt O rücken, so werden ihre Asymptoten mit der x-Achse einen immer größer werdenden Winkel einschließen, und gleiches wird auch für die Hyperbeln in der xy-Ebene eintreten. Die zugehörige Fläche bleibt hierbei immer ein zweischaliges Hyperboloid. Rücken die genannten Scheitel dem Punkte O unendlich nahe, so werden auch die Hyperbeln in der xz- und xy-Ebene zwei in der Nähe der z- resp. y-Achse verlaufende Äste besitzen. Die beiden Schalen des Hyperboloides nähern sich der yz-Ebene immer mehr und fallen in der Grenzlage mit ihr zusammen. Durch jeden Punkt des Raumes geht auch ein zu Φ konfokales, zweischaliges Hyperboloid. Diese Flächen schneiden die yz-Ebene nicht, die xy-Ebene in den Hyperbeln mit den Brennpunkten F_3, G_3 und die xz-Ebene in den Hyperbeln mit den Brennpunkten F_2, G_2, die außerhalb f_2 liegen.

Die konfokalen Flächen 2. Grades sind von dreierlei Art, nämlich Ellipsoide, einschalige und zweischalige Hyperboloide; durch jeden Raumpunkt geht je eine Fläche von jeder Art. Eine jede Fläche wird von den konfokalen Flächen der gleichen Art überhaupt nicht, von den Flächen der beiden andern Arten aber in ihren beiden Systemen von Krümmungslinien geschnitten.

809. Die Projektionen der Krümmungslinien eines Ellipsoides Φ auf seine Symetrieebenen. Seien k und l zwei Krümmungslinien des Ellipsoides, von denen die erste auf einem einschaligen Hyperboloid Ψ, die zweite auf einem zweischaligen Hyperboloid X liegen mag. Die Kurven k und l sind als Schnittlinien zweier Flächen 2. Grades von der 4. Ord., ihre Projektionen auf die Symmetrieebenen sind Kegelschnitte, deren Punkte die Projektionen von je zwei Kurvenpunkten darstellen. Es fragt sich nun, in welcher Beziehung die Projektionen aller Krümmungslinien auf eine Symmetrieebene zu einander stehen, und wir werden sehen, daß sie eine Kegelschnittschar mit vier gemeinsamen, reellen oder imaginären Tangenten bilden (362).

Wir wollen die Hauptschnitte des Ellipsoides in den Ebenen xy, yz, zx mit s_3, s_1, s_2 respektive bezeichnen, dann schneiden sich s_2 und der Fokalkegelschnitt f_2 in den vier reellen Kreis-, oder Nabelpunkten K_1, K_2, K_3, K_4 der Fläche (Fig. 492). In einem Kreispunkte, etwa K_1, sind je zwei konjugierte Tangenten zu einander normal, zwei derartige Tangenten seien u und v, und w sei die zugehörige Normale des Ellipsoides. Der Ebene vw wird durch die Fläche Ψ

ein Pol U auf u und der Ebene uw durch die gleiche Fläche ein Pol V auf v zugeordnet. Die Flächen Φ und Ψ bestimmen einen Flächenbüschel, dem auch drei Cylinder mit zu den Achsen parallelen Mantellinien zugehören. Nach 678 müssen sich die Polarebenen von U, resp. V in Bezug auf alle Flächen des Büschels in v, resp. u schneiden. Denn die Polarebenen von U in Bezug auf Φ und Ψ schneiden sich in v, die erstere muß nämlich durch die zu $K_1 U = u$ konjugierte Tangente gehen und die letztere ist vw. Demnach gehen auch die Polarebenen von U, resp. V in Bezug auf die drei Cylinder durch v, resp. u und sind den bezüglichen Mantellinien parallel. Mit anderen Worten: die Projektionen von u und v — und überhaupt von je zwei rechtwinkligen Tangenten in den Kreispunkten — sind konjugierte Polaren der entsprechenden Projektionen der Krümmungslinie k und jeder anderen Krümmungslinie. Zu den Krümmungslinien gehören als spezielle Fälle auch die Ellipsen s_1, s_2, s_3, wir erhalten deshalb die folgenden Resultate. Die Krümmungslinien projizieren sich auf die xy-Ebene als Kegelschnitte, die in jedem der beiden Punkte $K_1'''(= K_3''')$ und $K_2'''(= K_4''')$ die gleiche Involution konjugierter (harmonischer) Polaren bestimmen wie s_3 (356). Diese Kegelschnitte bilden demnach eine Schar, sie berühren alle die vier Tangenten, die man von K_1''' und K_2''' an s_3 legen kann und die paarweise konjugiert imaginär sind. Auf die yz-Ebene projizieren sich die Krümmungslinien als Kegelschnitte einer Schar, die alle die vier imaginären Tangenten aus K_1' und K_3' an s_1 berühren. Die Projektionen der Krümmungslinien auf die xz-Ebene berühren die vier reellen Geraden, die s_2 in den Punkten K_1, . ., K_4 tangieren. Die Projektionen u'', v'' der konjugierten Polaren fallen nämlich hier zusammen, da die Ebene $uv \perp xz$ ist, sie bilden also eine Tangente für die Projektionen aller Krümmungslinien. Ohne näher darauf einzugehen, soll noch erwähnt werden, daß ganz analoge Resultate für die imaginären Kreispunkte des Ellipsoides gelten, die als Schnittpunkte von s_1 und f_1, resp. von s_3 und f_3 definiert werden.

810. Die Konstruktion der Projektionen der Krümmungslinien soll nun durchgeführt werden (Fig. 492). Sind OX, OY, OZ die drei Halbaxen des Ellipsoides, so zeichne man zunächst seine Hauptschnitte s_1, s_2, s_3 und deren Brennpunkte F_1, G_1, F_2, G_2, F_3, G_3 ($YF_3 = YG_3 = OX$, u. s. w.). Die Fokalhyperbel f_2 besitzt die Scheitelpunkte F_3, G_3 und die Brennpunkte F_2, G_2, ihre Asymptoten gehen also durch die Berührungspunkte der Tangenten, die man von F_2 an den Kreis mit dem Durchmesser F_3G_3 legen kann. Die Fokalellipse f_3 besitzt die Scheitelpunkte F_2, G_2 und die Brennpunkte F_3, G_3. In den vier reellen Kreispunkten K_1, . ., K_4 schneiden sich f_2 und s_2, es ist also: $K_1G_2 - K_1F_2 = 2 \cdot OF_3$ und $K_1G_2 + K_1F_2 = 2 \cdot OX$, folglich: $K_1G_2 = G_3X$ und $K_1F_2 = F_3X$. Die Kreispunkte sind auch als Endpunkte der beiden Durchmesser definiert, die die Mittelpunkte der beiden Systeme von Kreisschnitten auf dem Ellipsoide

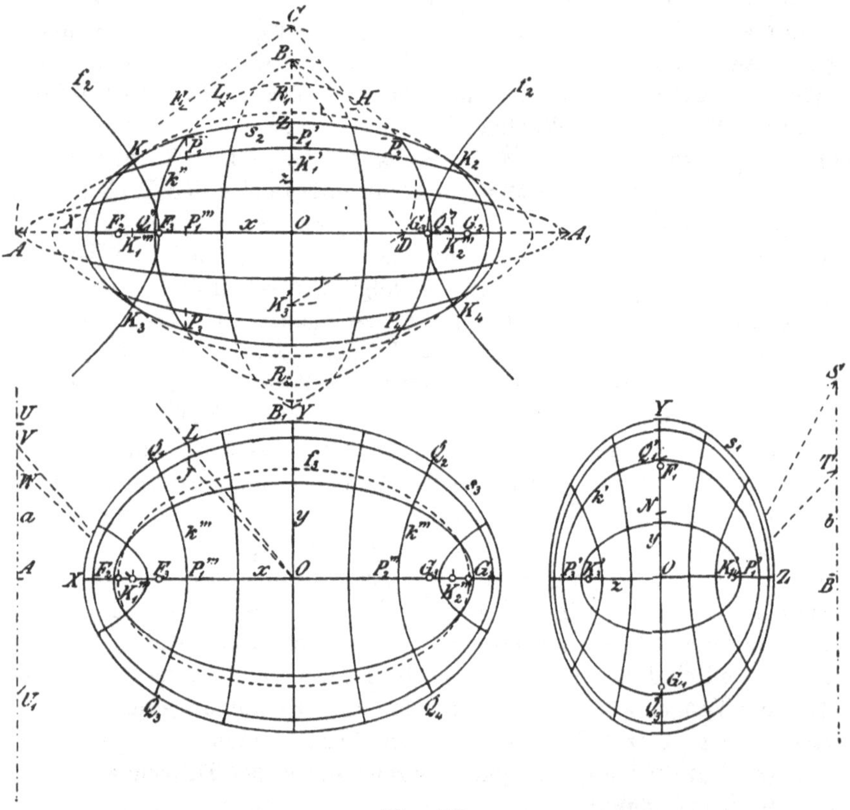

Fig. 492.

tragen, und können auch im Anschluß an diese Definition konstruiert werden (671). Die Tangenten von s_2 in den Punkten K_1, . ., K_4 mögen x paarweise in A und A_1 und z paarweise in B und B_1 treffen.

Alle Krümmungslinien schneiden s_2 und außerdem entweder s_1 oder s_3 in je vier Punkten. Sei k eine Krümmungslinie, seien ferner P_1, . ., P_4 ihre Schnittpunkte mit s_2 und Q_1, . ., Q_4, diejenigen mit s_3. Die Projektion k'' von k auf die xz-Ebene ist eine dem Parallelogramm ABA_1B_1 eingeschriebene Ellipse mit den Axen $Q_1''Q_2''$

(auf x) und R_1R_2 (auf z). Ist Q_1'' gegeben, so kann man R_1 nach 413 finden; auf den Tangenten von k'' in Q_1'' und Q_2'' werden nämlich durch die Tangente AB Strecken abgeschnitten, deren Produkt $= (OR_1)^2$ ist. Zur Bestimmung der Punkte $P_1, \ldots, P_4$ dient folgende Überlegung. Die Ellipsen s_2 und k'' bestimmen einen Büschel, dem auch die Geradenpaare P_1P_3, P_2P_4 und P_1P_2, P_3P_4 angehören. Dieser Büschel schneidet die Gerade AB in einer Involution, deren Doppelpunkte die Berührungspunkte K_1 und L_1 der Kurven s_2 und k'' sind (366). Demnach werden die Schnittpunkte von AB mit P_1P_3 und P_2P_4 durch K_1 und L_1 harmonisch getrennt und gleiches gilt für ihre Projektionen auf die x-Achse; das führt zu der Relation: $OL_1'''.OK_1''' = (OP_1''')^2$. Da aber L_1L_1''' die Polare von A in Bezug auf k'' ist, gilt die weitere Relation: $OL_1'''.OA = (OQ_1'')^2$. Aus beiden folgt: $(OP_1''')^2 : (OQ_1'')^2 = OK_1''' : OA$. Schneidet aber der Halbkreis über AK_2''' die z-Achse in C, so ist: $(K_2'''C)^2 : (AC)^2 = OK_2''' : OA$, also findet man OP_1''' durch die Beziehung: $OP_1''' : OQ_1'' = K_2'''C : AC$. Trägt man mithin $CE = OQ_1''$ auf CA auf und zieht durch E eine Parallele zu x, so schneidet sie auf CK_2''' eine Strecke $CH = OP_1'''$ ab. Ganz analog ergiebt sich P_1' auf z aus der Relation: $OP_1' : OR_1 = K_3'D : BD$, wenn der Halbkreis über dem Durchmesser BK_3' die x-Achse in D schneidet.

Die Projektion k''' auf die xy-Ebene ist eine Hyperbel mit der reellen Achse $P_1'''P_2'''$, die s_3 in den vier Punkten $Q_1, \ldots, Q_4$ schneidet. Da nach der vorigen Nummer k''' und s_3 im Punkte K_1''' die gleiche Involution konjugierter Polaren aufweisen, ist k''' hierdurch und durch seine reelle Achse bestimmt. Um k''' zu zeichnen, verwandeln wir k''' und s_3 durch affine Veränderung in zwei Kurven mit den gemeinsamen Brennpunkten K_1''' und K_2'''. Zu diesem Zwecke zeichnen wir zunächst irgend zwei konjugierte Polaren durch K_1'''. Nun ist aber die in A auf x errichtete Normale a die Polare von K_1''' in Bezug auf s_3; demnach sind $K_1'''U$ und $K_1'''U_1$ konjugiert, wenn $YU \parallel x$ und $U_1 = K_1'''Y \times a$ ist. Macht man $(AV)^2 = (AV_1)^2 = AU.AU_1$, so sind auch $K_1'''V$ und $K_1'''V_1$ konjugiert (V und V_1 auf a), beide Geraden liegen aber symmetrisch zu x. Trägt man weiter $AW = AW_1 = AK_1'''$ auf a auf, so ist $K_1'''W \perp K_1'''W_1$ und beide Geraden sind ebenfalls zu x symmetrisch. Jetzt nehmen wir mit der Involution der konjugierten Polaren durch K_1''' eine affine Veränderung vor, für welche x die Affinitätsachse und V, W ein Paar affiner Punkte sind. Dann geht dieselbe in eine Involutiou rechtwinkliger Strahlen über, denn sie enthält die beiden Strahlenpaare x mit ihrer Normalen und $K_1'''W$, $K_1'''W_1$ (250); zugleich gehen s_3 und k''' in Kurven über, für welche die Punkte K_1''' und K_2''' Brennpunkte sind. Wir bestimmen also zuerst eine Hyperbel mit der Achse $P_1'''P_2'''$ und den Brennpunkten K_1''', K_2''', indem wir eine ihrer Asymptoten, etwa JO, zeichnen. Dann ist die zu JO affine Gerade LO eine Asymptote von k''' ($WJ \| x$, $JL \perp x$, $VL \| x$) und damit k''' leicht zu zeichnen.

Die Projektion k' auf die yz-Ebene ist eine Ellipse mit den Achsen $P_1'P_3'$ und $Q_1'Q_3'$. Die erstere ist unmittelbar bekannt, die letztere kann man mit Hilfe der Punkte Q_1, Q_3 auf s_3, die man ja leicht genau angeben kann, erhalten. Für die Krümmungslinien, deren Projektionen auf die xy-Ebene Ellipsen sind, ist diese Methode jedoch nicht verwendbar, und man wird deshalb in der nämlichen Weise wie vorher bei k''' verfahren. Die in B auf z errichtete Normale b ist die Polare von K_1' in Bezug auf s_1, es liegen auf ihr zwei zu B symmetrische Punkte S und S_1 der Art, daß $K_1'S$ und $K_1'S_1$ konjugierte Polaren von s_1 und folglich auch von k' sind. Tragen wir $BT = BK_1'$ auf b auf und nehmen wir mit s_1 und k' eine affine Veränderung vor, für welche z die Affinitätsachse und S, T ein Paar affiner Punkte sind, so gehen s_1 und k' in zwei Kurven mit den gemeinsamen Brennpunkten K_1' und K_3' über. Die zu k' affine Ellipse besitzt die Halbachsen OP_1' und ON ($K_1'N = OP_1'$), und da N und Q_1' affine Punkte sind, so schneiden sich TN und SQ_1' auf z.

Eine ganz ähnliche Bestimmung der Krümmungslinien, wie die hier geschilderte, läßt sich auch für das zweischalige Hyperboloid durchführen, da dieses ebenfalls vier reelle Kreispunkte besitzt. Für das einschalige Hyperboloid und die Paraboloide ist die Konstruktion in dieser Form nicht anwendbar. Wir wollen deshalb noch eine zweite Konstruktion behandeln, die in allen Fällen Verwendung finden kann; sie basiert auf der Konstruktion der Schnittpunkte zweier konfokaler Kegelschnitte.

811. Zunächst wollen wir eine konfokale Kegelschnittschar mit den gemeinsamen, reellen Brennpunkten F und G näher untersuchen (399). O sei der gemeinsame Mittelpunkt, x die Achse durch F und G, y die dazu senkrechte Achse. Jeder Punkt der x-Achse außerhalb der Strecke FG ist der Scheitel einer Ellipse unserer Schar, auch jeder Punkt der y-Achse ist der Scheitel einer solchen Ellipse. Sind AA_1 und BB_1 die Achsen einer konfokalen Ellipse, so ist $FB = OA$. Jeder Punkt der Strecke FG ist der Scheitel einer Hyperbel unserer Schar, und es ist $OF = AB$, wenn AA_1 ihre reelle und BB_1 ihre imaginäre Achse ist. Es folgt das daraus, daß der Fußpunkt des von F auf eine Asymptote gefällten

Lotes auf dem Kreise mit dem Durchmesser AA_1 liegt (396). Die imaginären Achsen dieser Hyperbeln sind stets kleiner als FG, oder genauer ausgedrückt: jede Hyperbel bestimmt auf der y-Achse eine Involution harmonischer Pole, für deren Gleichpunkte B, B_1 die Relation $OB < OF$ gilt (693). Es giebt auch konfokale Kegelschnitte der Schar, deren imaginäre, auf y liegende Achsen größer als FG sind, solche Kegelschnitte sind imaginär und besitzen auch auf x eine imaginäre Achse. Sind A, A_1 resp. B, B_1 die Gleichpunkte der Involutionen harmonischer Pole, die ein imaginärer Kegelschnitt der konfokalen Schar auf x, resp. y bestimmt, so sind AA_1, BB_1 die Achsen einer reellen Ellipse, deren Brennpunkte F_0, G_0 auf y liegen, und zwar ist $F_0G_0 = FG$ (Fig. 493). Der Pol P von BF in Bezug auf den imaginären Kegelschnitt liegt nämlich auf PF ($\perp FB$) und auf PB_1 ($\parallel x$), und es ist PD ($\parallel y$) die Direktrix von F. F und D bilden demnach ein Punktepaar der Involution harmonischer Pole auf x; für ihre Gleichpunkte A, A_1 gilt mit Berücksichtigung des Vorzeichens der einzelnen Strecken $(OA)^2 = -OF \cdot OD$. Nach der Figur ist $OF \cdot DF = (OB)^2$, und durch Subtraktion folgt: $(OB)^2 - (OA)^2 = OF \cdot (OD + DF) = (OF)^2$, da $OD = -DO$ ist. Diese Relation beweist aber die obige Behauptung.

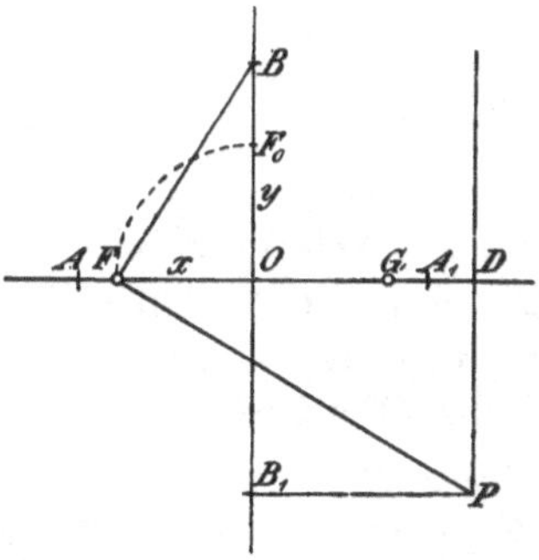

Fig. 493.

812. Wir wollen nun die Schnittpunkte zweier beliebigen konfokalen Kegelschnitte s und e aufsuchen. Ihre gemeinsamen Brennpunkte seien F und G, ihre Achsen XX_1 und YY_1 resp. AA_1 und BB_1. Die vier Schnittpunkte liegen paarweise zur x-Achse symmetrisch, d. h. sie liegen auf zwei reellen oder imaginären, zur x-Achse senkrechten Geraden i und i_1. Ihre Schnittpunkte J und J_1 mit der x-Achse ergeben sich, wie wir jetzt sehen werden, als die Doppelpunkte einer Involution (Fig. 494). Je zwei harmonische rechtwinklige Polaren von s sind auch solche von e und sie schneiden x in den Punktepaaren einer Involution, deren Doppelpunkte F und G sind (389). Es seien p und q zwei rechtwinklige harmonische Polaren und P und Q ihre Schnittpunkte mit der x-Achse, dann ist $OP \cdot OQ = (OF)^2$. Es sei ferner p_1 die Polare von P in Bezug auf s und q_2 die Polare von Q in Bezug auf e, dann sind: $U = p_1 \times q$ und $V = q_2 \times p$ harmonische Pole in Bezug auf beide Kegelschnitte. Denn der Pol von p in Bezug auf s liegt sowohl auf p_1 als auch auf q, er liegt also in U, d. h. U und V sind harmonische Pole von s. Ebenso liegt der Pol von q bezüglich e in $V = q_2 \times p$, so daß U und V auch harmonische Pole von e sind. U und V sind nach 369 konjugiert in Bezug auf alle Kegelschnitte des durch s und e bestimmten Büschels, insbesondere bezüglich des reellen oder imaginären Geradenpaares ii_1; U und V werden deshalb durch i und i_1 harmonisch getrennt. Das ergiebt die Beziehung $OU' \cdot OV' = \pm (OJ)^2$, wenn $U' = p_1 \times x$, $V' = q_2 \times x$ ist. Dabei gilt das positive Vorzeichen, wenn die Geraden i und i_1 reell, das negative, wenn sie imaginär sind; im letzteren Falle sind J und J_1 die Gleichpunkte einer Involution, durch deren imaginäre Doppelpunkte die Geraden i und i_1 gehen. Da P, U' harmonische Pole von s sind, ist $OP \cdot OU' = \pm (OX)^2$, ebenso ist $OQ \cdot OV' = \pm (OA)^2$, da Q, V' harmonische Pole von e sind. Das positive Zeichen gilt, wenn die Achsen XX_1, resp. AA_1 reell sind, das negative, falls sie imaginär sind. Aus den vier Relationen folgt: $OA \cdot OX = OF \cdot OJ$. In dieser letzten Gleichung kann von einem Vorzeichen abgesehen werden, da durch Vertauschung von J und J_1 (was ja nur eine Änderung in der Bezeichnung bedeutet) die rechte Seite ihr Zeichen wechselt. Nach unseren Definitionen sind OX, OA, OF, OJ reelle Strecken. Sind die Achsen XX_1 und AA_1 entweder beide reell, oder beide imaginär, so sind J und J_1 die Schnittpunkte zweier reellen Geraden i und i_1 mit der x-Achse; denn besitzen $\pm (OX)^2$ und $\pm (OA)^2$ das gleiche Vorzeichen, so erhält $\pm (OJ)^2$ nach obigen Relationen das positive Zeichen. Ist eine der beiden Achsen XX_1 und AA_1 reell, die andere imaginär, so sind J und J_1 die Gleichpunkte einer Involution, durch deren imaginäre Doppelpunkte die imaginären Geraden i und i_1 gehen.

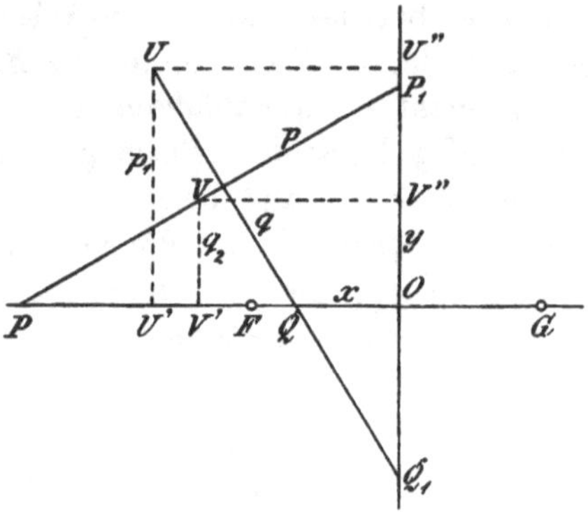

Fig. 494.

Für die y-Achse erhalten wir ganz ähnliche Resultate. Ist $P_1 = p \times y$, $Q_1 = q \times y$, liegen ferner die Schnittpunkte von s und e auf zwei reellen oder imaginären, zur x-Achse parallelen Geraden h und h_1 und sind endlich U'', V'' die Projektionen von U und V auf die y-Achse, so gelten die Relationen: $OP_1 \cdot OQ_1 = -(OF)^2$;

$OP_1 \cdot OU'' = \pm (OY)^2$; $OQ_1 \cdot OV'' = \pm (OB)^2$; $OU'' \cdot OV'' = \pm (OH)^2$. Hieraus erkennt man, daß H und H_1 die Schnittpunkte zweier reellen Geraden h und h_1 mit der y-Achse sind, wenn eine der beiden Achsen YY_1 und BB_1 reell, die andere imaginär ist. Sind dagegen beide Achsen reell, oder beide imaginär, so sind H und H_1 die Gleichpunkte einer Involution, durch deren imaginäre Doppelpunkte die imaginären Geraden h und h_1 gehen.

Das Resultat läßt sich folgendermaßen zusammenfassen. Durch die vier Schnittpunkte zweier konfokalen Kurven gehen zwei reelle Geraden senkrecht zur Hauptachse (Achse durch die Brennpunkte), wenn beide Kurven reell, oder beide imaginär sind. Durch die genannten Schnittpunkte gehen zwei reelle Geraden senkrecht zur Nebenachse, wenn eine, und nur eine der beiden Kurven eine Ellipse ist. Ist eine der beiden konfokalen Kurven eine Hyperbel, die andere eine imaginäre Kurve, so gehen durch ihre Schnittpunkte keine reellen Geraden, die zu einer Achse senkrecht sind, diese liegen vielmehr auf zwei reellen Geraden durch O. Auf letzteren Umstand braucht hier nicht weiter eingegangen zu werden.

813. Es sollen die Projektionen der Krümmungslinien des einschaligen Hyperboloides gezeichnet werden (Fig. 495). Nach den Resultaten der beiden voranstehenden Nummern ist die Konstruktion der Krümmungslinien auf einer beliebigen Fläche 2. Grades in einfachster Weise durchzuführen. Seien XX_1, YY_1 die reellen und ZZ_1 die imaginäre Achse eines Hyperboloides, seien ferner s_1, s_2, s_3 seine Hauptschnitte in den Ebenen yz, resp. xz, resp. xy. Dann zeichne man die sechs reellen Brennpunkte F_1, G_1, F_2, G_2, F_3, G_3 dieser Kurven ($F_3 Y = OX$, $OF_1 = ZY$, $OF_2 = ZX$) und bestimme ein zu dem Hyperboloid konfokales Ellipsoid mit den Achsen AA_1, BB_1, CC_1 (A beliebig, $BF_3 = OA$, $CF_2 = OA$, $CF_1 = OB$). Sind e_1, e_2, e_3 die Hauptschnitte des Ellipsoides und ist k die gemeinsame Krümmungslinie beider Flächen, so gelten für ihre Projektionen die folgenden Beziehungen. Die Schnittpunkte $e_1 \times s_1$, $e_2 \times s_2$ und $e_3 \times s_3$ bilden drei Gruppen von je vier Punkten; die Projektionen k', k'', k''' der Krümmungslinie sind Kegelschnitte und enthalten je eine dieser Gruppen, während die bezüglichen Projektionen der beiden anderen Gruppen die Endpunkte ihrer reellen oder imaginären Achsen bilden. Die Punkte $e_2 \times s_2$, oder $J_1, .., J_4$ sind reell, sie liegen auf k'', $J_1'''J_2'''$ ist eine reelle Achse von k''' und $J_1'J_3'$ eine reelle Achse von k'. Da die Punkte J reell sind, kann man sie aus den Relationen $J_1F_2 = AX$ und $J_1G_2 = AX_1$ konstruieren, denn es ist $J_1F_2 + J_1G_2 = AA_1$ und $J_1G_2 - J_1F_2 = XX_1$.

Die reellen Punkte $e_1 \times s_1$, oder $K_1, \ldots, K_4$ liegen auf k'; $K_1'''K_2'''$ ist eine reelle Achse von k''' und $K_1''K_3''$ eine reelle Achse von k''. Die imaginären Punkte $e_3 \times s_3$ liegen auf k'''; ihre reellen Projektionen L'', L_1'' auf die x-Achse bilden die Endpunkte einer reellen Achse von k''; ihre imaginären Projektionen auf die y-Achse sind

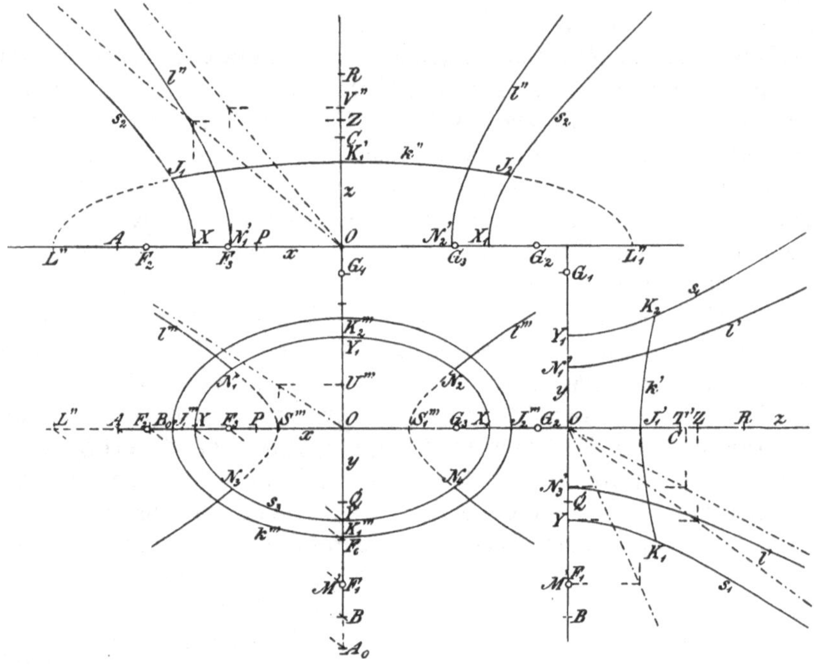

Fig. 495.

die Doppelpunkte einer Involution, deren Gleichpunkte M', M_1' die Endpunkte der imaginären Achse von k' bilden. L'' findet man nach 811 aus der Proportion $OF_3 : OX = OA : OL''(OF_0 = OF_3$, $OA_0 = OA$, $XF_0 \parallel A_0L'')$ und M' aus der Proportion $OF_3 : OY = OB : OM'(YF_3 \parallel B_0M'$, $OB = OB_0)$. k'' und k''' sind Ellipsen, k' ist ein Hyperbel.

Die Krümmungslinien der anderen Schar werden auf dem gegebenen Hyperboloide durch konfokale zweischalige Hyperboloide ausgeschnitten. Seien PP_1 die reelle und QQ_1, RR_1 die imaginären Achsen einer solchen Fläche (P beliebig, $QP = OF_3$, $RP = OF_2$, $(OF_1)^2 + (OQ)^2 = (OR)^2$); seien ferner h_1, h_2, h_3 ihre Hauptschnitte, von denen der erste imaginär ist und die beiden letzten Hyperbeln sind; sei endlich l die auf ihr liegende Krümmungslinie unserer

Fläche. Die Schnittpunkte $h_3 \times s_3$ oder $N_1 \ldots, N_4$ sind reell und liegen auf l'''; $N_1''N_2''$ ist eine reelle Achse von l'' und $N_1'N_3'$ eine reelle Achse von l' ($N_1F_3 = PX$, $N_1G_3 = PX_1$). Die imaginären Punkte $h_2 \times s_2$ liegen auf l''; ihre reellen Projektionen S''', S_1''' auf die x-Achse sind die Endpunkte einer reellen Achse von l''' ($OF_2 : OX = OP : OS'''$); ihre imaginären Projektionen auf die z-Achse sind die Doppelpunkte einer Involution, deren Gleichpunkte T', T_1' die Endpunkte der imaginären Achse von l' sind ($OF_2 : OZ = OR : OT'$). Die imaginären Punkte $h_1 \times s_1$ liegen auf l'; ihre imaginären Projektionen auf die y-Achse bestimmen eine Involution mit den Gleichpunkten U''', U_1''', welche die imaginäre Achse von l''' begrenzen ($OF_1 : OY = OQ : OU'''$); ihre imaginären Projektionen auf die z-Achse bestimmen eine Involution mit den Gleichpunkten V'', V_1'', welche die imaginäre Achse von l'' begrenzen ($OF_1 : OZ = OR : OV''$).

VIERZEHNTES KAPITEL.

Schiefe und orthogonale axonometrische Projektion.

Allgemeines.

814. Neben dem Grund- und Aufrißverfahren werden zur Darstellung räumlicher Gebilde zwei andere, ebenfalls auf der Parallelprojektion beruhende Methoden angewandt: die schiefe und die orthogonale axonometrische Projektion. Beide bedienen sich nur einer einzigen Bildebene und unterscheiden sich hierdurch wesentlich von unserer bisherigen Methode. Da nämlich ein geometrisches Gebilde durch eine Parallelprojektion noch nicht bestimmt wird, so müssen zum Ersatz für die fehlende zweite Projektion gewisse Angaben gemacht werden, die uns von dem ebenen Bilde des Objektes auf seine Gestalt, Größe und Lage zurückschließen lassen. Zu diesem Zwecke denkt man sich zumeist[1] das Objekt auf ein Koordinatensystem bezogen, fixiert dessen

[1] Die Benutzung eines Koordinatensystems kann vermieden und der oben angedeutete Zweck auf anderem Wege erreicht werden. Dies geschieht z. B. in der „freien schiefen Projektion" (v. Peschka, 1877).

Lage zur Bildebene und giebt außer der Abbildung des Gegenstandes die des Koordinatensystems oder hinreichender Bestimmungsstücke desselben an.

Wir betrachten nur rechtwinklige Koordinatensysteme. Ein solches wird gebildet von drei zu einander senkrechten Ebenen Π_1, Π_2, Π_3, den Koordinatenebenen, nebst ihren ebenfalls zu einander rechtwinkligen Schnittlinien $x = \Pi_1 \times \Pi_2$, $y = \Pi_1 \times \Pi_3$, $z = \Pi_2 \times \Pi_3$, den Koordinatenachsen, und dem ihnen gemeinsamen Anfangspunkt oder Ursprung O. Die drei Ebenen Π_1, Π_2, Π_3 werden wir, wie früher, als Grundriß-, Aufriß- und Seitenrißebene bezeichnen. Unter den Koordinaten x, y, z eines Punktes versteht man seine parallel zu den gleichbenannten Achsen genommenen und mit bestimmten Vorzeichen versehenen Abstände von den Koordinatenebenen (vergl. 42, 43, 44). Fügt man, vom Ursprung O beginnend, die Koordinaten eines Punktes in irgend einer Reihenfolge und in den gehörigen Richtungen aneinander, so entsteht ein Koordinatenzug, der in dem betreffenden Punkte selbst endigt.

Ist nun die Parallelprojektion der drei Koordinatenachsen gegeben und für jede derselben das Verhältnis einer auf ihr abgetragenen Strecke zu ihrer Bildstrecke bekannt, so kann nach den Grundgesetzen der Parallelprojektion (vergl. 5, 6) jeder Koordinatenzug und folglich jeder durch seine Koordinaten gegebene Punkt abgebildet werden. Das Verfahren, die Parallelprojektion einer Raumfigur durch die der Koordinaten ihrer Punkte zu bestimmen, heißt Axonometrie.

815. Die axonometrische Projektion eines gegebenen Objektes unterstützt die räumliche Vorstellung desselben in höherem Maße als eine Grund- und Aufrißzeichnung, und steht in Bezug auf Anschaulichkeit bei Gegenständen von geringer Ausdehnung der centralperspektiven Darstellung, welche unsere Gesichtseindrücke am vollkommensten wiedergiebt, nur wenig nach. Dabei ist sie leichter zu entwerfen, als eine Perspektive und gestattet eine einfachere Entnahme der Maße des Gegenstandes aus seiner Zeichnung. Sie eignet sich zur Darstellung solcher Raumfiguren, die (wie z. B. Krystallformen) mit Bezugnahme auf ein Koordinatensystem in einfacher Weise definierbar sind. Namentlich aber bildet die axonometrische Projektion das bequemste Verfahren beim Skizzieren von architektonischen Gegenständen, Maschinenelementen, wissenschaftlichen und technischen Apparaten, weil die Kanten solcher Objekte vorzugsweise nach drei aufeinander senkrechten Richtungen (nach der Breite, Höhe und Tiefe) verlaufen. Man findet sie darum in wissenschaftlichen und technischen Werken häufig für die erläuternden Textfiguren angewandt, und so ist sie auch in diesem Lehrbuche bereits an verschiedenen Stellen stillschweigend benützt worden, wo es sich darum handelte, räumliche Gebilde in Ermangelung von Modellen durch eine Zeichnung der Anschauung näher zu bringen.

816. Die axonometrische Projektion wird nach Annahme eines festen Koordinatensystems durch die Stellung der Bildebene zu diesem und die Richtung der projizierenden Strahlen bestimmt. Das allgemeinste Verfahren ergiebt sich, wenn man die projizierenden Strahlen gegen die Bildebene und beide gegen die Koordinatenachsen geneigt annimmt. In dieser Form wird aber die axonometrische Projektion nur selten angewandt. Der ihrer Einführung zu Grunde liegende Zweck, den ebenen Bildern der Objekte eine größere Anschaulichkeit zu geben, als es das Grund- und Aufrißverfahren vermag, wird schon durch speziellere Annahmen erreicht und unter ihnen zieht man natürlich diejenigen vor, welche möglichste Einfachheit der Konstruktion gewähren. Bei ihrer Auswahl hat man darauf zu achten, daß keine der wichtigeren Kanten und Seitenflächen des darzustellenden Gegenstandes durch einen bloßen Punkt, resp. durch eine Gerade dargestellt werde. Demgemäß darf man die projizierenden Strahlen weder zu einer Koordinatenachse, noch zu einer Koordinatenebene parallel annehmen. Es sind vornehmlich zwei Verfahren, die den gestellten Anforderungen entsprechen und ausgedehntere Anwendung finden.

α) Man wählt die Bildebene parallel zu einer Koordinatenebene oder läßt sie mit ihr zusammenfallen und führt eine schiefe Projektion aus. Dies bietet den Vorteil, daß zwei Koordinaten eines jeden Punktes sich in ihrer wahren Länge und Richtung abbilden. Die dritte Koordinate wird in einer schrägen Richtung und meist in einem bestimmten Verhältnis verkürzt dargestellt. — Das nach diesem Verfahren entworfene Bild eines Objektes wirkt nur dann anschaulich, wenn man es aus großer Entfernung und annähernd in der Richtung der projizierenden Strahlen betrachtet. Seltener als diese Art der schiefen Projektion wird eine solche angewandt, bei welcher die Bildebene durch die vertikale Achse z (aber gegen x und y geneigt) und dann am einfachsten rechtwinklig zur Sehstrahlenebene durch z gelegt ist. Dieses Verfahren, auf das wir nicht näher eingehen, gewährt weniger einfache Konstruktionen. Die nach ihm entworfenen Bilder geben aber bei gerader Gegenüberstellung des Beschauers anschauliche Wirkung (mit Obersicht), ähnlich wie bei dem folgenden Verfahren.

β) Man wählt die Bildebene gegen alle drei Koordinatenachsen geneigt und führt eine senkrechte Projektion aus.

Diese unter α) und β) angeführten beiden Methoden bezeichnet man zumeist schlechthin als schiefe Projektion, bezw. als axonometrische Projektion; wir werden in der Folge beide Namen ebenfalls in dieser engeren Bedeutung gebrauchen. Ehe wir aber die beiden Methoden im einzelnen besprechen, wenden wir uns zum Beweise eines Satzes, der für die allgemeine axonometrische Projektion von grundlegender Bedeutung ist.

817. Trägt man vom Ursprung O aus auf jede der drei Koordinatenachsen x, y, z in positiver Richtung eine und dieselbe Strecke k, resp. bis zu den Punkten A, B, C ab, so entsteht eine Figur $OABC$, die wir als ein rechtwinklig-gleichschenkliges Achsenkreuz bezeichnen wollen. Von der Abbildung eines solchen Achsenkreuzes durch schiefe Projektion gilt der folgende Satz (Pohlke, 1860):

Irgend drei in einer Ebene Π aus einem Punkte O_s (in beliebiger Richtung und Länge) gezogene Strecken O_sA_s, O_sB_s, O_sC_s bilden die schiefe Parallelprojektion eines rechtwinklig-gleichschenkligen Achsenkreuzes $OABC$.

Man kann den Satz noch allgemeiner aussprechen, indem man die Annahme, daß die Strecken OA, OB, OC gleich lang und zu einander rechtwinklig sein sollen, fallen läßt:

Die schiefe Parallelprojektion eines gegebenen Tetraeders $OABC$ auf eine Ebene Π kann stets so bestimmt werden, daß das Bild $O_sA_sB_sC_s$ einem gegebenen Viereck $O_0A_0B_0C_0$ ähnlich wird.

Man definiere zuerst durch wechselseitige Zuordnung der Dreiecke ABC und $A_0B_0C_0$ zwischen den Figuren ihrer Ebenen eine Affinität im weiteren Sinne (vergl. 16). Durch diese entspricht dem gegebenen Punkte O_0 der zweiten Ebene ein bestimmter Punkt O_1 der ersten, den man nach 18 konstruiert ($D_0 = A_0O_0 \times B_0C_0$, $D = AO_1 \times BC$, $BD : DC = B_0D_0 : D_0C_0$, $AO_1 : O_1D = A_0O_0 : O_0D_0$). Der Strahl OO_1 giebt in Bezug auf das Tetraeder $OABC$ die gesuchte Richtung der projizierenden Strahlen an. Man lege nämlich eine Hilfsebene Π' normal zu OO_1 und bezeichne die senkrechte

Projektion von $OABC$ auf Π' durch $O'A'B'C'$. Nach 120 ist es möglich, ein zu $A_0B_0C_0$ ähnliches Dreieck zu finden, dessen senkrechte Projektion auf Π' mit $A'B'C'$ übereinstimmt. Ist aber $A_sB_sC_s$ ein solches Dreieck, so genügt das zu ihm in Bezug auf Π' symmetrisch gelegene der nämlichen Forderung und außerdem jedes Dreieck, das aus ihnen durch Parallelverschiebung in der zu Π' senkrechten Richtung hervorgeht. In jeder dieser Lagen bildet das Dreieck $A_sB_sC_s$ zugleich eine schiefe Parallelprojektion von ABC. Entspricht aber in der Figur $O_sA_sB_sC_s$ der Punkt O_s dem Punkte O_0 durch die Ähnlichkeit mit $O_0A_0B_0C_0$, so entspricht er auch durch die genannte Parallelprojektion dem Punkte O_1 und folglich O; denn die Figuren $O_sA_sB_sC_s$ und O_1ABC sind beide im weiteren Sinne affin zu $O_0A_0B_0C_0$. — Hierdurch ist der Beweis erbracht. Von den Punkten O_0, A_0, B_0, C_0 dürfen offenbar höchstens drei in gerader Linie und höchstens zwei vereinigt liegen.

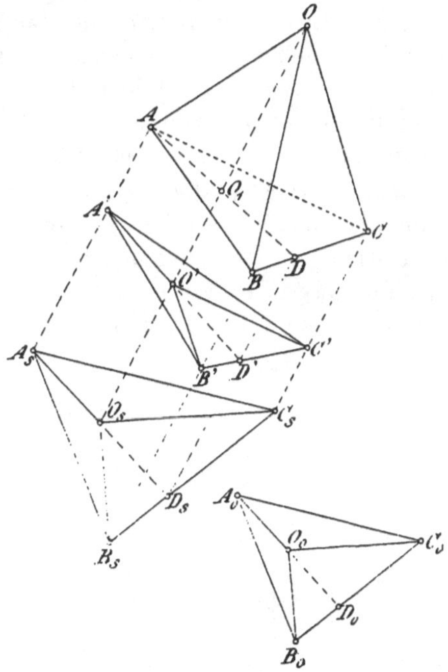

Fig. 496.

Um also eine axonometrische Parallelprojektion zu definieren, darf man in einer Ebene Π die Bilder der Schenkel eines beliebig gegebenen Achsenkreuzes nach ihren Richtungen und Längenverhältnissen willkürlich annehmen. Hierdurch ist (in Bezug auf das Achsenkreuz) die Richtung der projizierenden Strahlen eindeutig, die Stellung der Bildebene Π aber doppeldeutig bestimmt.

Das Verfahren der schiefen Projektion.

818. Um eine räumliche Figur in schiefer Projektion darzustellen und zwar so, daß durch das Bild umgekehrt die Originalfigur bestimmt wird, denken wir uns das Original mit der Grundrißebene Π_1 verbunden und auf diese durch senkrechte Projektion bezogen. Das Ganze, die Raumfigur mit ihrem Grundriß, wird der schiefen Projektion unterworfen. Die Bildebene lassen wir mit der Aufrißebene Π_2 zusammenfallen. Den Grundriß denken wir uns durch seine Umlegung in die Bildebene Π_2 gegeben. Die Geraden, welche auf den Ebenen Π_1, Π_2 und Π_3 resp. senkrecht stehen, bezeichnen wir, wie früher, als erste, zweite und dritte projizierende Strahlen; zum Unterschiede von ihnen nennen wir die schiefprojizierenden Strahlen kurz Sehstrahlen.

Wählen wir in der vertikalen Bildebene Π_2 den Ursprung O, ziehen die positive x-Achse horizontal nach rechts und denken uns die positive y- und z-Achse nach vorn, bezw. nach oben gerichtet, so ist die Lage des Koordinatensystems gegen die Bildebene bestimmt. Die Richtung der Sehstrahlen legen wir fest, indem wir von einem gegebenen Punkte der Grundrißebene Π_1 den Bildpunkt angeben. Ersteren wählen wir etwa auf der y-Achse und markieren ihn (umgelegt um x) als O_1; letzteren nehmen wir als O_2 derart an, daß das Bild $y_s = OO_2$ der y-Achse gegen x und z geneigt ist. O_1 und O_2 sind die Spurpunkte eines Sehstrahles o in Π_1 und Π_2. Es sei noch O_2' der Grundriß des Punktes O_2 und O_1^0 die Umlegung

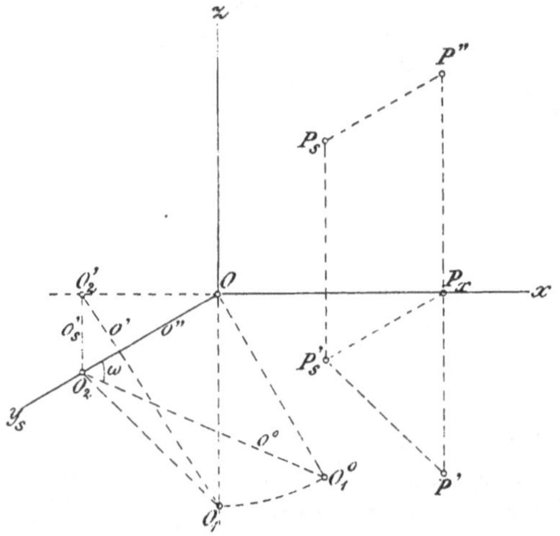

Fig. 497.

von O_1 um y_s; dann ist $o' = O_1O_2'$ der Grundriß des Sehstrahles o, ferner $o'' = OO_2$ sein Aufriß, $o_s' = O_2O_2'$ das Bild des Grundrisses, $o^0 = O_2O_1^0$ die Umlegung um o'' und folglich

$$\omega = \angle\, O_1^0 O_2 O$$

die Neigung der Sehstrahlen gegen die Bildebene. Die Größe

$$\operatorname{cotg} \omega = \frac{OO_2}{OO_1}$$

giebt für jede Normale zur Bildebene (y-Koordinate) das Verhältnis ihres Bildes zu ihrer wahren Länge an. Meist wird $\omega > 45^0$ angenommen; dann ist $\operatorname{cotg} \omega < 1$ und heißt das Verkürzungsverhältnis. Das Dreieck OO_1O_2 oder irgend ein zu ihm ähnliches und ähnlich gelegenes heißt (nach v. Peschka) ein Projektionsdreieck. Die schiefe Projektion ist bestimmt durch Angabe der Projektionsachse x und irgend eines Projektionsdreieckes (z. B. OO_1O_2).

Das Verkürzungsverhältnis cotg ω wählt man gern gleich einer rationalen Zahl, etwa $^1/_2$, $^1/_3$, $^2/_3$, u. s. f., um aus der Zeichnung eines Objektes leicht die Maße seiner in der y-Richtung verlaufenden Kanten entnehmen zu können. Außerdem sucht man die Konstruktion durch passende Wahl des Projektionsdreieckes zu vereinfachen, dessen eine Seite (OO_1) stets rechtwinklig zur x-Achse liegt. Sehr bequeme Konstruktionen ergeben sich, wenn man in dem Dreieck OO_1O_2 die bei O, O_1, O_2 liegenden Winkel, resp. gleich 60°, 30°, 90° macht; dabei ist cotg $\omega = \frac{1}{2}$. — Die unter den Namen „Kavalierperspektive" und „Vogel- oder Militärperspektive" bekannten Arten der schiefen Projektion benutzen meist die ebenfalls bequeme Annahme: $\omega = 45°$, cotg $\omega = 1$, $\angle\, O_1OO_2 = 45°$. Bei ersterer denkt man sich die Bildebene vertikal, bei letzterer horizontal; man trägt also an die Aufrisse, resp. Grundrisse der darzustellenden Punkte ihre bezüglichen Tafelabstände selbst in vorgeschriebener Richtung an.

Darstellung der Punkte, Geraden und Ebenen in schiefer Projektion (vergl. 35—55).

819. Ein Punkt P wird durch sein Bild P_s und das Bild P_s' seines Grundrisses P' bestimmt; die Punkte P_s und P_s' liegen in einer zur x-Achse senkrechten Geraden. In der That: die Strecke $P_s'P_s$, das Bild des ersten Tafelabstandes $P'P$, ist diesem gleich und parallel, folglich senkrecht zu x; die aus P und P' auf Π_2 gefällten Lote PP'' und $P'P_x$ haben gleiche und zu y_s (oder OO_2) parallele Bilder P_sP'' und $P_s'P_x$. Demnach findet man aus P_s und P_s' zuerst P_x auf der x-Achse, dann P'' als vierte Ecke des Parallelogramms $P_sP_s'P_xP''$ und schließlich P' auf der Vertikalen $P''P_x$, indem man $P_s'P'$ parallel zu der Seite O_2O_1 des Projektionsdreieckes zieht. Sind umgekehrt P', P'' und damit P_x gegeben, so ergiebt sich zuerst P_s' als Schnittpunkt der Parallelen zu O_1O_2 und OO_2 durch P' resp. P_x und hierauf P_s als vierte Ecke des Parallelogramms $P''P_xP_s'P_s$ (Fig. 497).

820. Eine Gerade g wird durch ihr Bild g_s und das Bild g_s' ihres Grundrisses g' bestimmt; die Geraden g_s und g_s' können willkürlich angenommen werden (bis auf eine Ausnahme, siehe unten). Die Ebene der Sehstrahlen durch g_s' schneidet Π_1 in g'; die Ebenen, welche durch g' senkrecht zu Π_1 und durch g_s parallel zum Sehstrahl gelegt sind, schneiden sich in der Geraden g.

Der Schnittpunkt $G_{1s} = g_s \times g_s'$ ist das Bild des ersten Spurpunktes G_1; der Schnittpunkt $G_2' = g_s' \times x$ bildet den Grundriß des zweiten Spurpunktes; der zweite Spurpunkt G_2 selbst liegt auf g_s in der Vertikalen durch G_2' (Fig. 498). Aus G_{1s} leitet man G_1'' auf x und G_1 ab ($G_{1s}G_1'' \parallel O_2O$, $G_1''G_1 \perp x$, $G_{1s}G_1 \parallel O_2O_1$) und erhält hieraus $g' = G_1G_2'$ und $g'' = G_1''G_2$. Man beachte, daß g_s und g_s' eine vertikale Ebene bestimmen, deren Spur in der Bildebene Π_2 die Gerade G_2G_2' ist. Umgekehrt kann man leicht aus dem Grundriß g' und Aufriß g'' einer Geraden g oder aus den beiden Projektionen zweier ihrer Punkte die Bildgeraden g_s und g_s' finden,

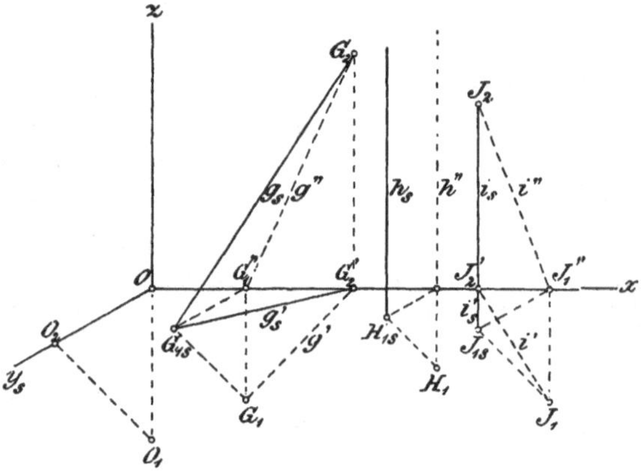

Fig. 498.

was keiner Erläuterung bedarf. — Das Bild eines Sehstrahles o ist sein Spurpunkt O_2 in der Bildebene, das Bild o_s' seiner ersten Projektion ist senkrecht zur x-Achse. Das Bild einer (zu Π_1) senkrechten Geraden h ist rechtwinklig zur x-Achse; ihr Grundriß und sein Bild reduzieren sich auf die Punkte H_1 resp. H_{1s}. Sieht man von diesen beiden Spezialfällen ab und nimmt man eine der Geraden i_s oder i_s' zur x-Achse rechtwinklig an, so muß die andere in demselben Punkte auf der x-Achse senkrecht stehen; denn die Sehstrahlenebene durch die eine Gerade steht dann senkrecht auf Π_1 und enthält folglich auch die andere. Demnach folgt hieraus für die Gerade i nur, daß sie in einer bestimmten zum Sehstrahl und der z-Achse parallelen Ebene liegt; um i vollständig zu bestimmen, bedarf es weiterer Angaben (Spurpunkte).

821. Eine Ebene E wird durch ihre Spurlinie e_2 in der Bildebene und das Bild e_{1s} ihrer ersten Spurlinie e_1 dargestellt, die sich im Achsenschnittpunkte $E_x = \mathsf{E} \times x$ treffen (Fig. 499). Die Sehstrahlenebene durch e_{1s} schneidet Π_1 in e_1 und hierauf ergiebt sich E als Verbindungsebene $e_1 e_2$. — Enthält E die Richtung der Sehstrahlen, so fallen e_{1s} und e_2 in dieselbe gerade Linie. Steht E senkrecht auf Π_1, so ist $e_2 \perp x$; ist E senkrecht zu Π_2, so liegt $e_{1s} \parallel y_s$. Enthält E die x-Achse, so fallen e_{1s} und e_2 beide mit dieser zusammen und zur Bestimmung von E ist noch die Angabe eines auf ihr und außerhalb x gelegenen Punktes erforderlich.

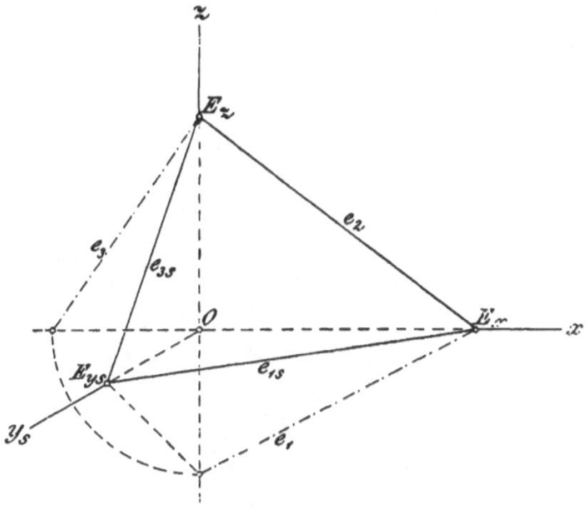

Fig. 499.

822. Die in 56—78 für orthogonale Projektion entwickelten Sätze über die vereinigte Lage von Punkten, Geraden und Ebenen, über ihre Verbindungs- und Schnittelemente und den Parallelismus können ohne Schwierigkeit auf den Fall der schiefen Projektion übertragen werden. Auch die Lösung der dort behandelten Aufgaben vollzieht man in unserem jetzigen Verfahren in analoger Weise, wie an einigen Beispielen gezeigt werden mag.

Man hat dabei namentlich den folgenden Satz zu beachten: Das Bild $\mathfrak{F}_s$ einer ebenen Figur $\mathfrak{F}$ ist zu dem Bilde $\mathfrak{F}_s'$ ihres Grundrisses $\mathfrak{F}'$ affin und affingelegen. Die Affinitätsachse ist das Bild e_{1s} der ersten Spur e_1 der Ebene von $\mathfrak{F}$; die Affinitätsstrahlen sind rechtwinklig zur x-Achse. In der That sind $\mathfrak{F}$ und $\mathfrak{F}'$ durch senkrechte Strahlen aufeinander und beide durch die Sehstrahlen auf $\mathfrak{F}_s$ und $\mathfrak{F}_s'$ resp. affin bezogen. Parallelen Geraden in der Originalfigur $\mathfrak{F}$ entsprechen also Parallelen in $\mathfrak{F}'$, die sie in Punkten von e_1 schneiden; die ihnen in $\mathfrak{F}_s$ resp. $\mathfrak{F}_s'$ entsprechenden Geraden sind wiederum Parallelen und treffen sich in Punkten der Linie e_{1s}.

Um die Spurlinien einer durch drei Punkte A, B, C gegebenen Ebene E darzustellen, verbinde man die Bilder A_s, B_s, C_s dieser Punkte und ebenso die Bilder A_s', B_s', C_s' ihrer Grundrisse paarweise durch gerade Linien a_s, b_s, c_s, a_s', b_s', c_s' (Fig. 500). $A_{1s} = a_s \times a_s'$ ist das Bild des ersten Spurpunktes der Geraden $a = BC$, ihr zweiter Spurpunkt A_2 liegt auf a_s senkrecht über

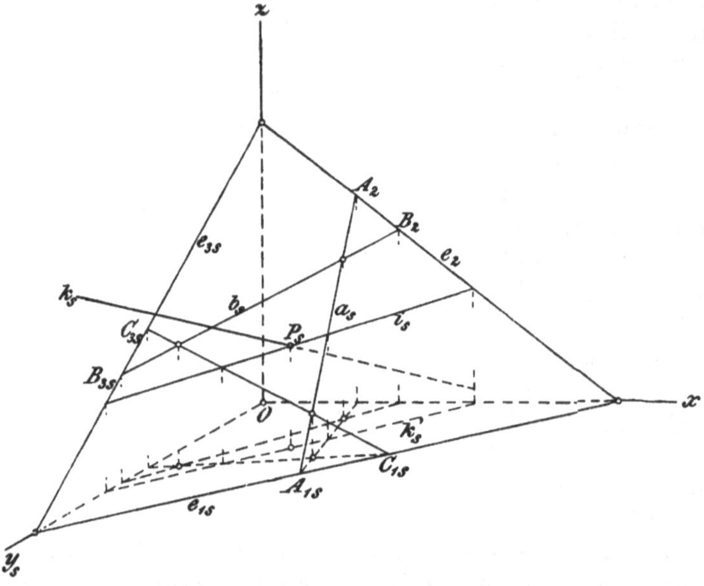

Fig. 500.

$a_s' \times x$, u. s. f. Die Spurlinie e_2 verbindet die Punkte A_2, B_2, C_2, die Linie e_{1s} die Punkte A_{1s}, B_{1s}, C_{1s}. In der Figur ist das Bild e_{3s} der dritten Spur mitgezeichnet (vergl. 67).

Den Schnittpunkt P einer Geraden k mit der Ebene $\mathsf{E} = ABC$ bestimmt man in folgender Weise (vergl. 72). Schneidet die Vertikalebene kk' die Ebene E in der Geraden i, so fällt i_s' mit k_s' zusammen. Senkrecht über den Schnittpunkten von k_s' mit den Seiten des Dreieckes $A_s'\, B_s'\, C_s'$ findet man daher auf den homologen Seiten des Dreieckes $A_sB_sC_s$ Punkte der Geraden i_s, welche k_s in P_s trifft. P_s ist das Bild des gesuchten Punktes $P = k \times \mathsf{E}$; das Bild P_s' seines Grundrisses liegt senkrecht darunter auf k_s'.

Diese Beispiele mögen genügen.

823. Um in schiefer Projektion diejenigen Grundaufgaben zu lösen, die sich auf die rechtwinklige Stellung von Geraden und Ebenen, auf die Bestimmung von Abständen und Winkeln und der wahren Gestalt ebener Figuren beziehen, ist es nötig, auf das Verfahren der Umlegung in die Bildebene und der Drehung um eine Tafelparallele einzugehen (vergl. 79—103).

Um die wahre Länge einer durch ihre Projektionen P_sQ_s und $P_s'Q_s'$ gegebenen Strecke PQ zu finden, legt man sie um ihren Aufriß $P''Q''$ in die Bildebene Π_2 um (Fig. 501). Zu diesem Zwecke leitet man zuerst aus den gegebenen Projektionen den Aufriß $P''Q''$ der Strecke und die wahren Längen der Tafelabstände $P''P$ und $Q''Q$ nach 819 ab und trägt sodann die letzteren senkrecht zu $P''Q''$ als

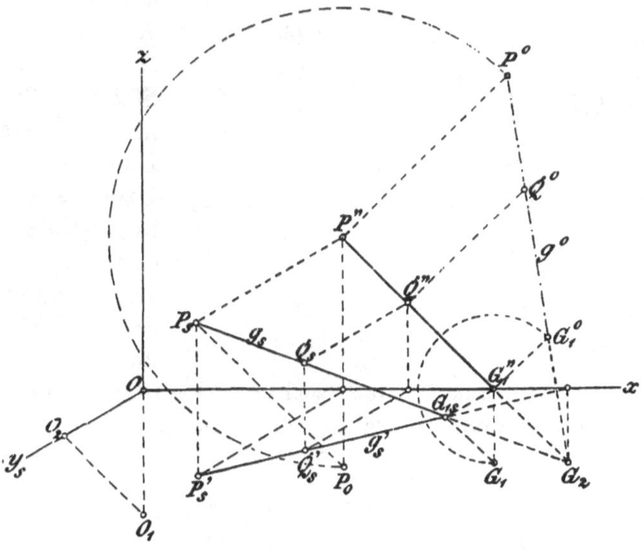

Fig. 501.

$P''P^0$ und $Q''Q^0$ auf; P^0Q^0 giebt die wahre Länge der Strecke PQ an. Die Umlegung der Geraden g, auf der PQ liegt, in die Bildebene durch Drehung um g'' kann auch mit Benutzung der Spurpunkte G_1 und G_2 erfolgen, woraus sich der Neigungswinkel γ_2 der Geraden gegen die Bildebene Π_2 als $\angle\ G_1{}^0G_2G_1''$ ergiebt.

Der Neigungswinkel γ_1 gegen die Grundrißebene Π_1 wird wie früher (89) bestimmt, nachdem man zuvor g' gezeichnet hat.

Andererseits kann man die Länge der Strecke PQ durch ihre Paralleldrehung zur Bildebene bestimmen. Als Drehachse benützt man entweder die durch einen Endpunkt Q gezogene Parallele zum Aufriß $P''Q''$ oder die erste senkrecht projizierende Gerade QQ' eines Endpunktes (Fig. 502). Bei dem ersten Verfahren bildet man das rechtwinklige Dreieck PQN, dessen Katheten PN und QN senkrecht, bezw. parallel zu Π_2 liegen und dreht es um QN in eine zur Bildebene parallele Lage $P^{\Delta}QN$; dann stellt $P_s{}^{\Delta}N_s$ die gesuchte Länge dar. Die Konstruktion ist dem Vorigen unmittelbar zu entnehmen. Bei dem zweiten Verfahren bezeichnen wir durch R den Fußpunkt des aus P auf die Linie QQ' gefällten Lotes ($P_sR_s \# P_s'Q_s'$) und mit u die Parallele zur x-Achse durch R. Macht man jetzt auf u_s die Strecke $R_sP_{\Delta_s} = R_sP_s^0$, so stellt $Q_sP_{\Delta_s}$ die Strecke PQ abermals in einer zur Bildebene parallelen Lage und folglich in wahrer Länge dar. Diese zweite Lage ergiebt sich durch Drehung um die Vertikale QQ'.

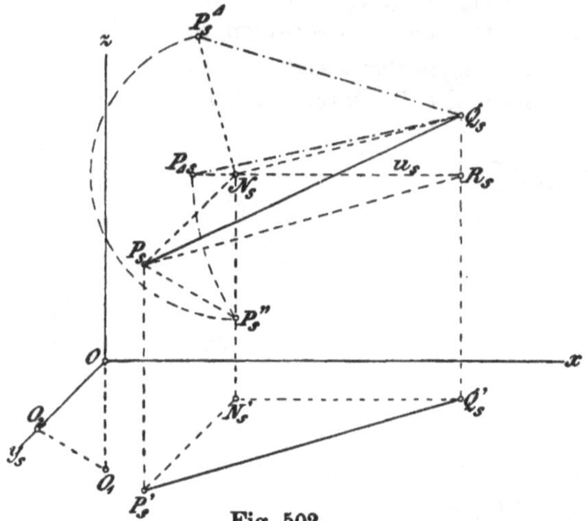

Fig. 502.

824. Die Bestimmung der wahren Gestalt einer ebenen Figur $\mathfrak{F}$ erfolgt durch Umlegung derselben in die Bildebene um

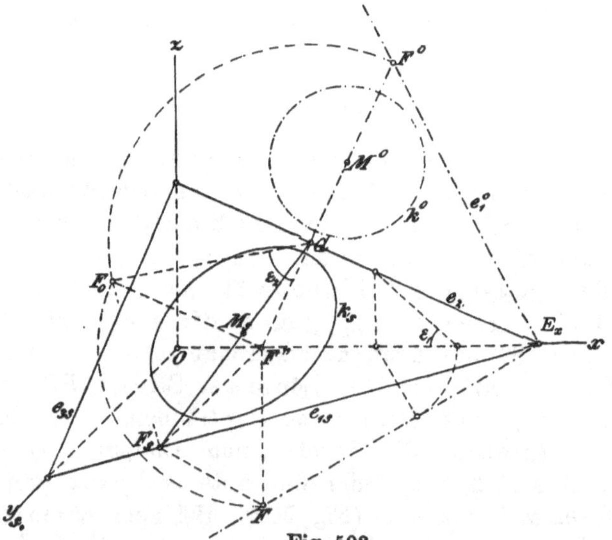

Fig. 503.

die bezügliche Spurlinie e_2 ihrer Ebene E (Fig. 503). Es genügt, einen einzigen Punkt F unserer Ebene der Umlegung zu unterwerfen, den wir der Einfachheit halber auf ihrer ersten Spur e_1

gelegen und durch sein Bild F_s auf e_{1s} gegeben annehmen wollen. Aus F_s findet man in bereits geläufiger Weise den Aufriß F'' auf x, den (um x in die Bildebene niedergelegten) Punkt F selbst und damit die Spur e_1. Bildet man aus den Strecken $F''G \perp e_2$ und $F''F_0 = F''F$ als Katheten ein rechtwinkliges Dreieck und trägt die Hypotenuse als GF^0 auf die Verlängerung von $F''G$ ab, so ist GF^0 die Umlegung der Falllinie, deren Bild GF_s ist, und $e_1{}^0 = E_x F^0$ die von e_1. Das Bild $\mathfrak{F}_s$ einer in E gelegenen Figur $\mathfrak{F}$ ist zu ihrer Umlegung $\mathfrak{F}^0$ um e_2 affin und affin gelegen. Die Affinität ist bestimmt durch ihre Achse e_2 und die sich entsprechenden Punkte F_s und F^0, deren Verbindungslinie die Richtung der Affinitätsstrahlen angiebt (vergl. 91). Mit Benutzung dieser Affinität ist in der Figur das Bild k_s eines in E gelegenen Kreises k aus der Umlegung k^0 konstruiert.

Zugleich hat unsere Konstruktion den Neigungswinkel ε_2 der Ebene E gegen die Bildebene als $\angle F_0GF''$ ergeben. Ihr Neigungswinkel ε_1 gegen die Grundrißebene wird nach Angabe von e_1 wie früher gefunden (vergl. 90).

825. Zum gleichen Zwecke wie oben wendet man auch die Paralleldrehung einer Ebene E zur Bildebene Π_2 an, und zwar namentlich dann, wenn die Spurlinien nicht bekannt sind, sondern die Ebene durch drei ihrer Punkte A, B, C oder zwei ihrer Geraden gegeben ist. Das Verfahren ist dem in 96 angegebenen völlig analog. Eine zur Bildebene Π_2 parallele Hilfsebene Π schneide die Ebene des Dreieckes ABC in der Geraden $a = DE$, die wir als Drehachse benutzen, um ABC als $A^\Delta B^\Delta C^\Delta$ in Π umzulegen, worauf das Bild die wahre Gestalt des Dreieckes zeigt (Fig. 504).

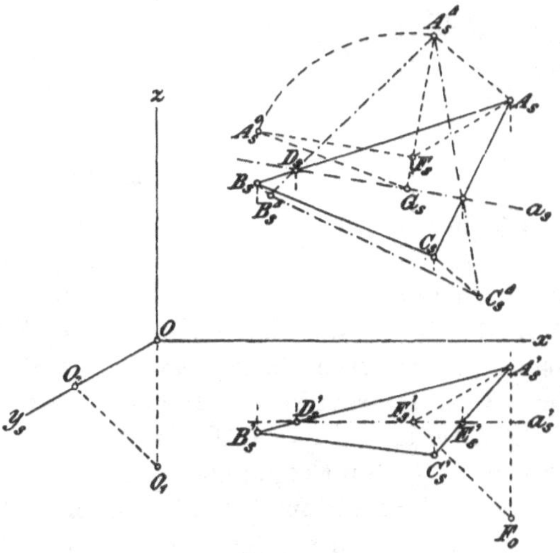

Fig. 504.

Zuerst werde A umgelegt. Die Strecken $AF = (A \dashv \Pi)$ und $FG = (F \dashv a)$ bestimmen ein rechtwinkliges Dreieck AFG, dessen Hypotenuse GA als GA^Δ auf FG aufgetragen den Punkt A^Δ ergiebt ($A_sF_s \# A_s'F_s' \parallel y_s$, $F_sG_s \perp a_s$, $\triangle A_s'F_0F_s' \sim \triangle OO_1O_2$, $F_sA^0_s$

$= F_0A_s'$ und $\parallel a_s$, $G_sA_s^\Delta = G_sA_s^0$). Ist A_s^Δ gefunden, so erhält man das Dreieck $A_s^\Delta B_s^\Delta C_s^\Delta$ als das zu $A_sB_sC_s$ in Bezug auf die Achse a_s affin gelegene.

826. Um aus einem gegebenen Punkte P das Lot auf eine Ebene E zu fällen, legt man die zweite projizierende Ebene dieses Lotes l um l'' in die Bildebene Π_2 um (Fig. 505). Diese Ebene schneidet E in der Geraden $FG \perp e_2$ und enthält l als $PQ = (P \dashv FG)$;

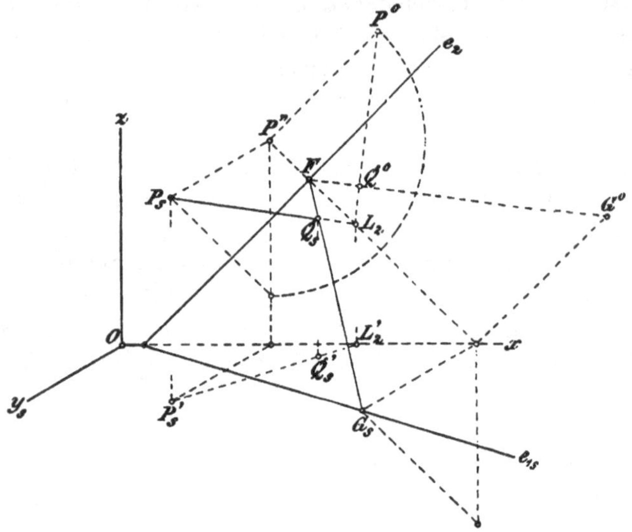

Fig. 505.

l'' ist ihre zweite Spur und schneidet e_2 senkrecht in F; das Bild ihrer ersten Spur läuft parallel zu y_s und trifft e_{1s} in G_s. Man erhält hieraus die Umlegungen P^0 von P und FG^0 von FG. Zieht man durch P^0 die Senkrechte l^0 zu FG^0 und schneidet sie FG^0 und l'' in Q^0 resp. in L_2, so ist Q^0 die Umlegung von Q und L_2 der zweite Spurpunkt von l; folglich ist $l_s = L_2P_s$ das Bild des gesuchten Lotes und $l_s' = L_2'P_s'$ das Bild seines Grundrisses ($Q^0Q_s \parallel P^0P_s$). Das Bild Q_s des Fußpunktes Q liegt auf FG_s, sein Grundrißbild Q_s' senkrecht darunter auf l_s'. Die Strecke P^0Q^0 giebt die wahre Länge von PQ an. — Unser Verfahren kann auch umgekehrt dazu dienen, in einem gegebenen Punkte Q der Ebene E eine Normale QP von vorgeschriebener Länge zu errichten.

827. Von einem Punkte P und einer Geraden g seien die beiderlei Bilder P_s, P_s' und g_s, g_s' gegeben (Fig. 506). Um den senkrechten Abstand PQ des Punktes P von der Geraden g zu zeichnen und seine wahre Länge zu finden, drehen wir g in eine zur

Bildebene parallele Lage. Als Drehachse a ziehen wir die Parallele zu Π durch P, die g (in A) trifft. Ihr Grundrißbild a_s' ist parallel zu x durch P_s' zu ziehen; der senkrecht über $A_s' = a_s' \times g_s'$ auf g liegende Punkt A_s bestimmt mit P_s das Bild a_s der Achse a. In die parallel zur Bildebene durch a gelegte Ebene Π_3 ist die Gerade g mit dem Lote PQ umzulegen. Nach der Drehung erscheinen ihre Bilder g_s^Δ und $P_sQ_s^\Delta$ zu einander rechtwinklig und letzteres giebt

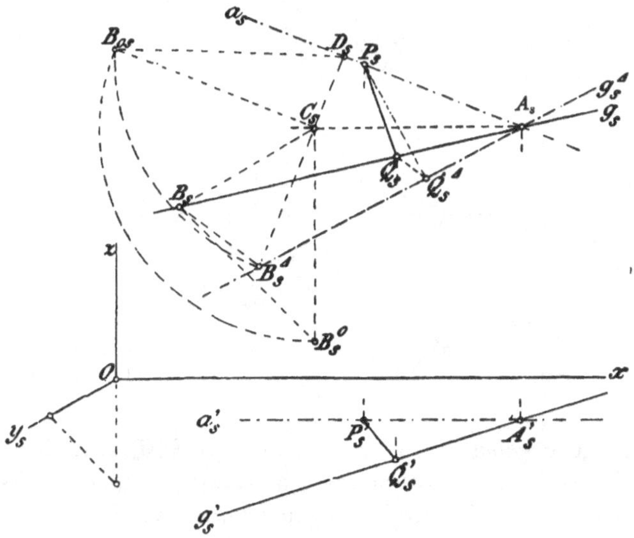

Fig. 506.

die wahre Länge PQ an. Die Drehung selbst wird ausgeführt, indem man von irgend einem Punkte B der Geraden g das Lot BC auf die Ebene Π_3 und von dessen Fußpunkt aus das Lot CD auf die Achse a fällt. Die Hypotenuse eines rechtwinkligen Dreieckes mit den Katheten BC und CD ergiebt, von D aus auf DC abgetragen, einen Punkt B^Δ des umgelegten Geraden g^Δ, deren schiefes Bild g_s^Δ zu zeichnen ist. Hierauf erhält man Q_s^Δ ($\angle P_sQ_s^\Delta A_s = R$) und Q_s durch die Bemerkung, daß $Q_s^\Delta Q_s \parallel B_s^\Delta B_s$ sein muß. Demnach können beide Bilder P_sQ_s und $P_s'Q_s'$ gezeichnet werden.

828. Den Winkel α zweier gegebenen (sich schneidenden) Geraden g und h bestimmt man am einfachsten, indem man in der Bildebene die Verbindungslinie a der Spurpunkte G_2 und H_2 der Schenkel zieht und den Scheitel S des Winkels um a in die Bildebene niederlegt (Fig. 507). Zu diesem Zwecke hat man das von S auf Π_2 gefällte Lot als S_sS'' darzustellen, aus S'' auf a das

Lot $S''T$ zu fällen und auf seine Verlängerung von T aus die Strecke TS^0 abzutragen, welche der Hypotenuse eines rechtwinkligen, mit den Katheten SS'' und $S''T$ gebildeten Dreieckes gleich ist. Dann

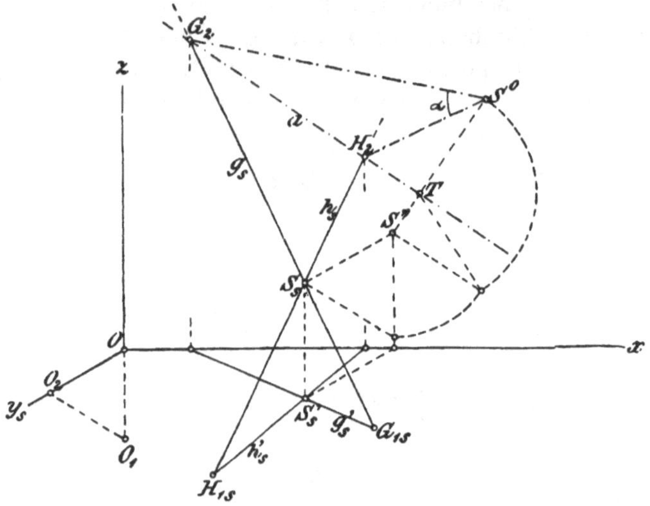

Fig. 507.

ist S^0 der niedergelegte Scheitel S und $\angle\, G_2S^0H_2 = \alpha$ der gesuchte Winkel. Ist G_2H_2 nicht erreichbar, so schneide man die Geraden g und h mit einer zu Π_2 parallelen Hilfsebene und lege in diese um.

Die Aufgaben: den Neigungswinkel einer Geraden g gegen eine Ebene E oder den Neigungswinkel zweier Ebenen zu bestimmen, können auf die zuletzt behandelte zurückgeführt werden.

829. Der kürzeste Abstand PQ zweier gegebener Geraden g und h. Seien gegeben g_s, g_s' und h_s, h_s', so bilde man eine g schneidende und zu h parallele Gerade i durch i_s und i_s' ab, indem man etwa $i_s' = h_s'$ annimmt (Fig. 508). Hierauf bestimme man die Spuren e_1 und e_2 der Verbindungsebene E $= gi$ durch $e_{1s} = G_{1s}J_{1s}$ und $e_2 = G_2J_2$. Durch einen Punkt von h, z. B. durch den Spurpunkt H_2, lege man eine Ebene Δ normal zu e_2; sie enthält das von H_2 auf E gefällte Lot H_2K und dieses hat bereits die Richtung und Länge des gesuchten gemeinsamen Lotes PQ der Geraden g und h. Legt man Δ um die zu e_2 senkrechte Bildspur in die Bildebene um, so ergiebt sich die Umlegung f^0 der zu e_2 senkrechten Schnittlinie E × Δ $= f$ und als Normale zu ihr die Umlegung H_2K^0 von H_2K und hieraus K_s auf f_s (K_sK^0 läuft parallel zur Verbindungslinie des ersten Spurpunktes von f mit seiner Umlegung). Zieht man durch K_s die Parallele k_s zu h_s, so stellt sie die senkrechte Projektion von h auf die Ebene $\mathsf{E} = gi$ dar und schneidet g_s in P_s. Durch P_s ist das Bild P_sQ_s der gemeinsamen

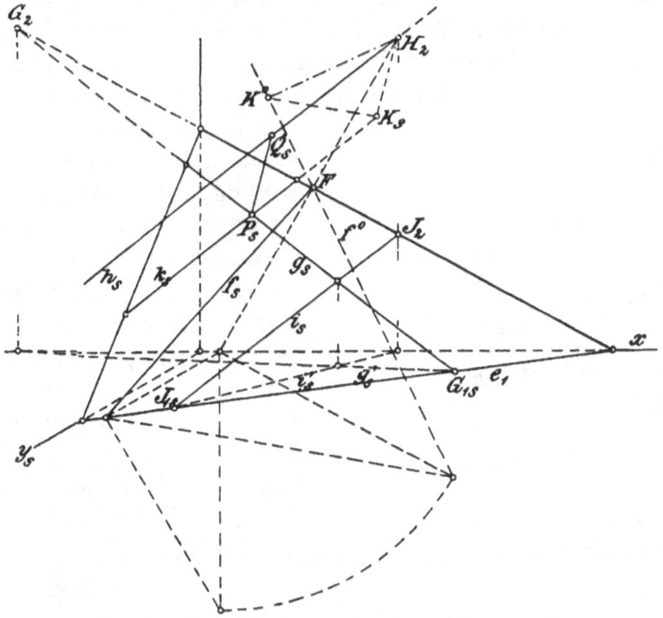

Fig. 508.

Normalen PQ von g und h parallel zu H_2K_s zu ziehen; H_2K^0 giebt ihr wahre Länge an.

Es mag genügen, die wichtigsten metrischen Aufgaben in schiefer Projektion gelöst zu haben. Man wird daraus erkennen, daß es nur weniger Abänderungen und Zusätze bedarf, um die früher (79—103) für die orthogonale Parallelprojektion entwickelten Methoden auf alle ähnlichen elementaren Probleme auszudehnen, deren Lösung in schiefer Projektion verlangt wird.

830. Die Prinzipien, die zur Konstruktion des wahren und scheinbaren Umrisses eines gegebenen Objektes, sowie seiner Eigen- und Schlagschatten bei Parallelbeleuchtung führen (und die man in 163—165, 474, 475, 523, 528—530 angegeben findet), gelten für jede Parallelprojektion, also auch für unser jetziges Darstellungsverfahren. Nimmt man statt der Parallelbeleuchtung eine Centralbeleuchtung an, so erfahren die Konstruktionen einige leicht zu übersehende Abänderungen. In jedem Falle hat man zuerst die Lichtgrenze (den wahren Umriß) des

Objektes zu bestimmen, hierauf suche man seinen Schlagschatten (scheinbaren Umriß) in der Grundrißebene bezw. in der Bildebene und zuletzt den Schlagschatten des Objektes auf sich selbst. Bei der Ausführung in schiefer Projektion beachte man die folgenden Sätze.

Ist ein Punkt P durch P_s, P_s' gegeben und sind l_s, l_s' die Bilder des ihn enthaltenden Lichtstrahles resp. seines Grundrisses, so ist l_s' das Bild des Grundrißschattens der Vertikalen $g = PP'$ und ihr Schatten g^* auf die Bildebene geht durch $l_s' \times x$ rechtwinklig zur x-Achse; folglich ist $P_{*s} = l_s \times l_s'$ das Bild des Grundrißschattens von P und $P^* = l_s \times g^*$ sein Schatten auf die Bildebene. Sind die Lichtstrahlen parallel, so sind l_s und l_s' durch ihre gegebenen Richtungen und die Punkte P_s resp. P_s' bestimmt (Fig. 509). Kommen die Lichtstrahlen aus einem gegebenen Punkte L, so sind l_s und l_s' als Verbindungslinien L_sP_s resp. $L_s'P_s'$ bestimmt.

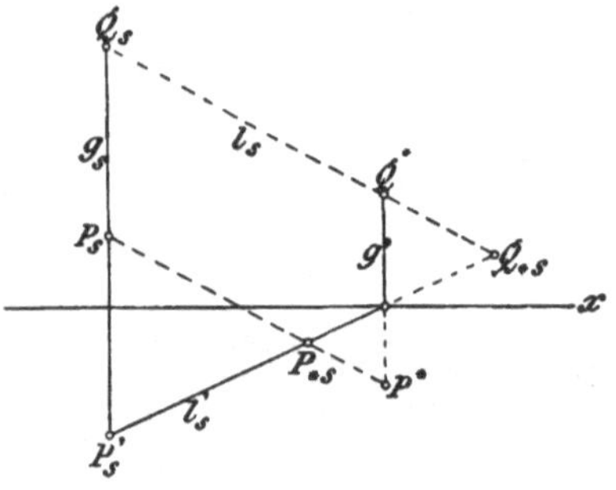

Fig. 509.

Anwendungen der schiefen Projektion.

831. Wir gehen dazu über, das Verfahren der schiefen Projektion auf einige Beispiele anzuwenden und betrachten zuerst ebenflächige Körper nebst ihren Schatten.

Ein regelmäßiges Zwölfflach sei durch eine seiner fünfeckigen Seitenflächen, die in der Grundrißebene liegen mag, gegeben. Nach 141 bestimmt man leicht seinen vollständigen Grundriß und die ersten Tafelabstände seiner Eckpunkte. Indem man hierauf die Grundrisse der Ecken durch die schiefe Projektion abbildet und von den Bildern aus in vertikaler Richtung die bezüglichen Tafelabstände abträgt, gelangt man zu den Bildern aller 20 Ecken des Dodekaëders und hat nur noch seine Kanten auszuziehen. In Fig. 510 ist die Kante 1,2 der untersten Seitenfläche parallel zur x-Achse gewählt. Man konstruiert ferner die Schatten der Ecken des Zwölfflachs auf die Grundriß- bezw. Bildebene nach 830 unter der Annahme paralleler Lichtstrahlen (l_s, l_s'). Die Lichtgrenze auf dem Zwölfflach wird von einem windschiefen Zehneck mit den Ecken 1, 2, 7, 13, 18, 19, 20, 15, 10, 5 gebildet, dessen Gegenseiten wiederum parallel sind. Zu seinen Ecken gehören die Punkte 1, 19, in denen l_s das Bild des Körpers, sowie die Punkte 10, 13, in denen l_s' das Grundrißbild streift. Dieser Schatten wird unter Umständen an der x-Achse gebrochen sein. Der Aufrißschatten ist zu

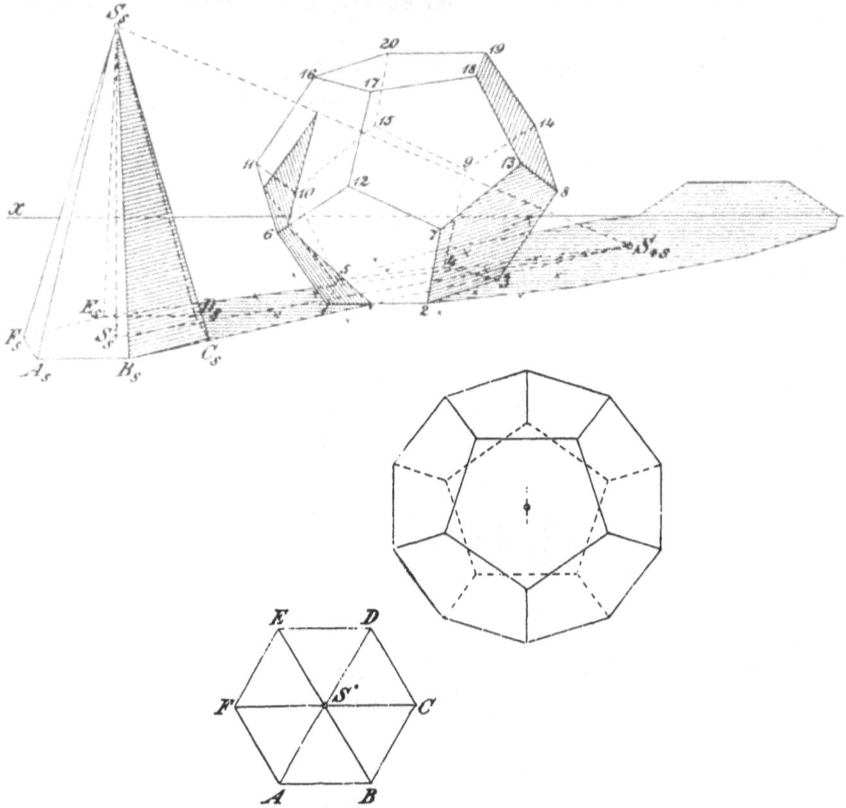

Fig. 510.

dem (über die x-Achse hinweg tortgesetzten) Grundrißschatten affin (Affinitätsachse x, Affinitätsstrahl l_s) und ist hierdurch bestimmt. — Neben dem Dodekaëder stehe auf der Grundrißebene eine gerade Pyramide mit regelmäßiger sechsseitiger Basis, die leicht in schiefer Projektion gezeichnet wird. Zieht man durch das Bild S_s der Spitze und ihr Grundrißbild S_s' die Geraden l_s und l_s', so schneiden sie sich im Bilde S_{*s} ihres Grundrißschattens. Die Lichtgrenze auf der Pyramide wird von zwei Kanten SB und SE gebildet, deren Basispunkte B, E mit S_* verbunden die Grenzen des Schlagschattens liefern. Ihre Bilder überschneiden das von den Grundrißschattenbildern der

Dodekaëderkanten gebildete Netz. Geht man von den Schnittpunkten in Parallelen zu l_s bis zu den Bildern der Kanten selbst zurück, so erhält man die Bilder der Eckpunkte des Schlagschattens der Pyramide auf das Zwölfflach. Um dabei auch den Schatten der Spitze zu erhalten, benutzt man die Schatten der über S hinaus verlängerten Kanten BS und ES.

832. Darstellung eines geraden Kreiscylinders, dessen Grundkreis in Π_1 liegt (Fig. 511). Sei A der Mittelpunkt des

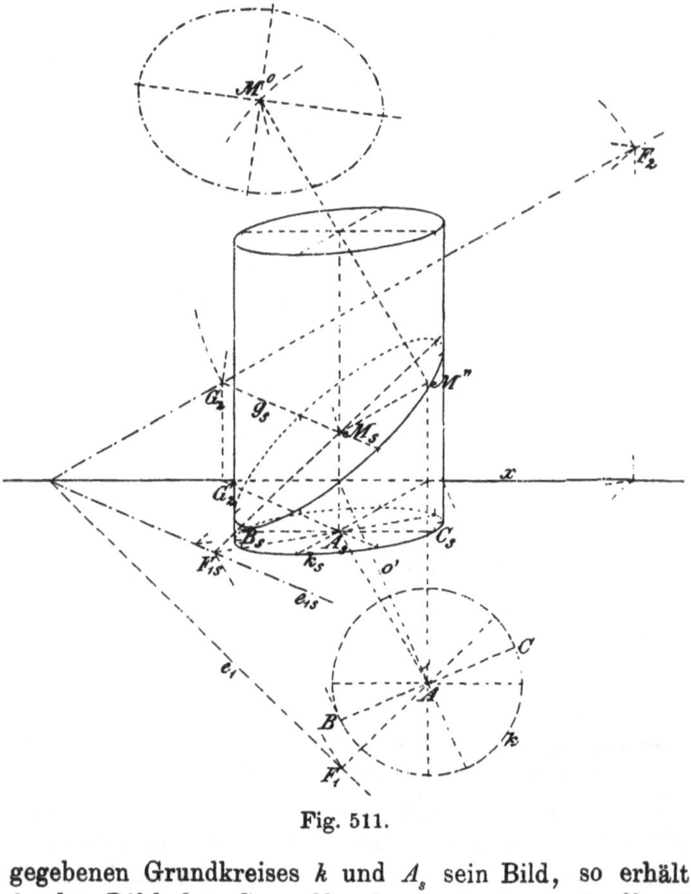

Fig. 511.

in Π_1 gegebenen Grundkreises k und A_s sein Bild, so erhält man zuerst k_s, das Bild des Grundkreises, als eine zu k affingelegene Ellipse; die Affinitätsachse ist die x-Achse; A und A_s sind ein Paar affiner Punkte.

Der wahre Umriß des Cylinders für die schiefe Projektion besteht aus zwei Mantellinien, deren Verbindungsebene die Cylinderachse a enthält und auf dem Grundriß o' jedes Sehstrahles o senkrecht steht. Man findet die ersten Spurpunkte B und C der fraglichen Mantellinien als Endigungen des zu o' senkrechten Durchmessers von k. Zieht man durch B und C Parallelen zu o', so bestimmen diese auf der x-Achse Punkte der scheinbaren Umrißlinien des Cylinders. Letztere stehen senkrecht zu dieser Achse und berühren die Ellipse k_s in den Punkten B_s und C_s; die Durchmesser B_sC_s und BC von k_s resp. k sind affin. B_sC_s und der zu x senkrechte Durchmesser von k_s sind konjugiert.

Um den Schnitt des Cylinders mit einer durch die Linien e_{1s} und e_2 bestimmten Ebene E darzustellen, ziehe man durch A_s parallel zu e_{1s} das Grundrißbild g_s' einer in E gelegenen Streichlinie g, welche die Cylinderachse a im Mittelpunkte M der Schnittellipse trifft. Man findet G_2 aus $G_2' = g_s' \times x$, hierdurch $g_s \parallel g_s'$ und dann $M_s = g_s \times a_s$. Sei F_1 der Fußpunkt des aus A auf e_1 gefällten Lotes und F_{1s} auf e_{1s} sein Bild, so ist $A_sF_{1s} = f_s'$ das Grundrißbild einer Falllinie in E, die durch M geht, und M_sF_{1s} ihr Bild. Die Linien f und g sind die Achsen der Schnittellipse, f_s und g_s konjugierte Durchmesser ihres Bildes; ihre Endpunkte werden mit Hilfe des Grundrisses gewonnen. — Die wahre Gestalt der Schnittkurve erhält man durch ihre Umlegung in die Bildebene um e_2. Bei der Ausführung fällt man zuerst von M das Lot MM'' auf Π_2 (im Bilde M_sM'') und zieht durch M'' die Normale zu e_2; ihr Schnittpunkt M^0 mit einem über dem Durchmesser F_2G_2 geschlagenen Kreise bildet die Umlegung von M ($\angle F_2M^0G_2 = \mathrm{R}$), wenn F_2 und G_2 die auf e_2 gelegenen Spurpunkte von f und g bedeuten. Zwischen der umgelegten Ellipse und ihrer schiefen Projektion besteht Affinität; die Achse ist e_2, M^0 und M_s sind ein Paar affiner Punkte. Diese Angaben genügen zur Durchführung der Konstruktion.

Um Eigen- und Schlagschatten des Cylinders für Parallelbeleuchtung zu bestimmen, denke man sich einen (etwa die Cylinderachse treffenden) Lichtstrahl l durch sein Bild l_s und das Bild l_s' seines Grundrisses gegeben. Die Lichtgrenze auf dem Cylinder besteht aus zwei Mantellinien, deren Bilder das Bild k_s des Grundkreises in den Endpunkten des zu l_s' konjugierten Durchmessers treffen; die Bilder der Schattengrenzen im Grundriß sind die in diesen Punkten an k_s gezogenen Tangenten, also parallel zu l_s', u. s. f. Die Schattenkonstruktion ist in die Figur nicht eingetragen.

833. Darstellung eines geraden Kreiskegels, dessen Grundkreis in Π_1 liegt (Fig. 512). Die Abbildung des Grundkreises k (Centrum A) wird genau wie bei der vorigen Aufgabe erhalten. Der wahre Umriß des Kegels für die schiefe Projektion besteht aus den beiden Mantellinien, die in der Polarebene des durch die Spitze S gezogenen Sehstrahles o liegen. Sei S_1 der erste Spurpunkt desselben; die ersten Spurpunkte B und C jener Mantellinien findet man dann auf der Polare von S_1 in Bezug auf k. Er

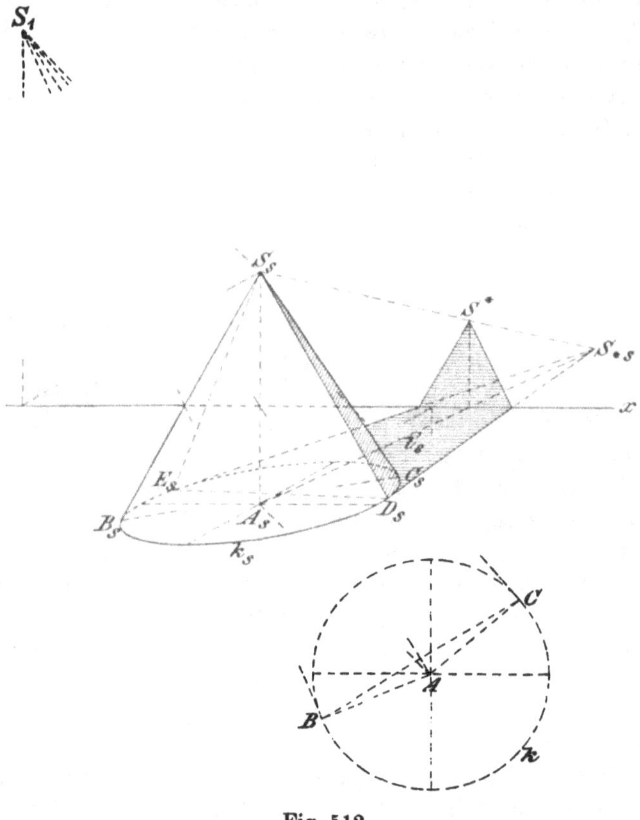

Fig. 512.

entspricht dem Bilde S_s der Spitze ebenso durch Affinität wie A dem Punkte A_s. Zieht man die Linien S_1B und S_1C, welche den Kreis k berühren, so schneiden sie auf der x-Achse Punkte der scheinbaren Umrißlinien des Kegels aus. Letztere berühren das Bild k_s des Grundkreises in den zu B, C affinen Punkten B_s, C_s.

Zur Bestimmung der Eigen- und Schlagschattengrenzen werde durch die Spitze S des Kegels ein Lichtstrahl l gezogen und sein Spurpunkt in Π_1 durch S_*, sowie dessen Bild durch S_{*s} bezeichnet.

Die für l als Polstrahl des Kegels bestimmte Polarebene enthält die Mantellinien SD und SE, aus denen die Lichtgrenze auf dem Kegel besteht. Die Sehne $D_s E_s$ der Ellipse k_s bildet also die Polare des Punktes S_{*s} und die Tangenten $S_{*s}D_s$, $S_{*s}E_s$ begrenzen im Bilde den Grundrißschatten. In der Figur erscheint derselbe an der x-Achse gebrochen und im Aufriß fortgesetzt. Die Vertikale durch den Punkt $l_s' \times x$ trifft l_s in dem Schatten S^* der Spitze S auf Π_2. Die Konstruktion gilt gleichmäßig für parallele oder centrale Beleuchtung; im Falle der letzteren verbindet der Lichtstrahl l den leuchtenden Punkt L mit der Spitze S.

834. Um in schiefer Projektion die Abbildung einer auf der Grundrißebene Π_1 liegenden Kugel mit ihren Eigen-

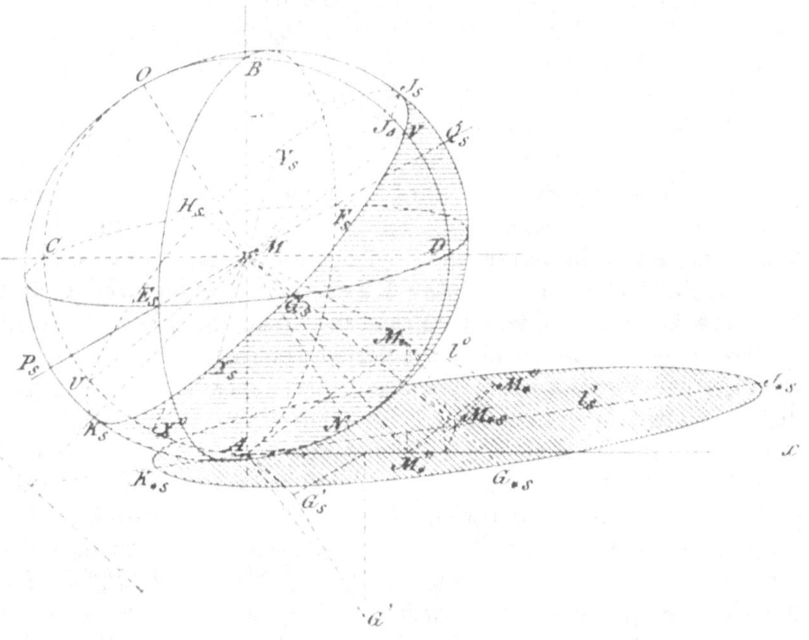

Fig. 513.

und Schlagschattengrenzen (für parallele Lichtstrahlen) zu erhalten, denkt man sich am einfachsten die Bildebene Π_2 durch den Kugelmittelpunkt M gelegt (Fig. 513). In dieser ziehen wir zwei Durchmesser, den vertikalen AB und den horizontalen CD, und bilden den auf Π_2 senkrechten Durchmesser EF als $E_s F_s$ ab. Die Kugel schneidet die Ebene Π_2 in dem Hauptkreise $m = ADBC$ und berührt Π_1 in dem Punkte A. Die durch EF horizontal bezw. vertikal gelegten

Ebenen schneiden die Kugel in zwei weiteren Hauptkreisen n und k, deren Bilder als Ellipsen mit den konjugierten Durchmessern CD und E_sF_s, resp. AB und E_sF_s bestimmt werden. — Der wahre Umriß der Kugel für die schiefe Projektion ist ein Hauptkreis u, dessen Ebene auf dem Sehstrahl o senkrecht steht; sein Bild oder der scheinbare Umriß ist eine Ellipse u_s, deren Achsen NO und P_sQ_s direkt bestimmt werden können. Denn die Sehstrahlenebene durch EF schneidet Π_2 senkrecht in E_sF_s und enthält den Durchmesser PQ von u, dessen Bild auf die Gerade E_sF_s fällt; der zu PQ rechtwinklige Durchmesser NO von u liegt in der Bildebene Π_2 und zwar rechtwinklig zu E_sF_s, also auch zum Bilde P_sQ_s. Legt man die gedachte Sehstrahlenebene um E_sF_s in Π_2 nieder, so fällt E_0 mit N zusammen; $o_0 = NE_s$ ist ein umgelegter Sehstrahl, die Umlegung P_0Q_0 von PQ ist rechtwinklig zu o_0 und $P_0P_s \parallel o_0$. Für die gesuchte Halbachse der Ellipse u_s gilt auch: $MP_s = NE_s$, denn die Dreiecke NE_sM und MP_sP_0 sind kongruent, und folglich sind E_s und F_s die Brennpunkte von u_s. Die Umrißellipse u_s berührt die Bilder der drei Hauptschnitte k, m, n in je zwei diametral gegenüberliegenden Punkten, ihre Tangenten sind in diesen Punkten resp. parallel zu x, y_s und z, da die geraden Kreiscylinder durch k, m, n die Kugel berühren und folglich Gleiches für ihre Umrisse gilt.

Die Lichtgrenze auf der Kugel ist der Hauptkreis v, dessen Ebene senkrecht zur Lichtstrahlrichtung steht. Sein Bild, die Ellipse v_s, bestimmt man aus zwei konjugierten Durchmessern, denen rechtwinklige des Kreises v entsprechen. Wir ziehen einen Lichtstrahl l durch das Kugelcentrum M und bestimmen seinen Spurpunkt M_* in Π_1, sowie dessen Bild M_{*s}. Zwei rechtwinklige Durchmesser, UV und XY, von v finden sich in der Bildebene selbst und in der senkrecht zu ihr durch l gelegten Ebene. UV ist rechtwinklig zu l''. Legt man l um l'' nach l^0 in die Bildebene um, so gelangt MX in die zu l^0 rechtwinklige Lage MX^0 ($l^0 = MM_*{}^0$, $M_*''M_*{}^0 = M_*''M_*$ und $\perp MM_*''$). Man findet demnach MX_s aus der Bemerkung, daß die betrachtete Figur sowohl zu ihrer Umlegung als auch zu ihrem Bilde affin liegt und zwar beide Male in Bezug auf die Achse l''; es sind also auch Umlegung und Bild, z. B. $M_*{}^0$ und M_{*s}, X^0 und X_s affin. Sind die konjugierten Durchmesser UV und X_sY_s von v_s bestimmt, so werden auch die Bilder der zugehörigen Grundrißschatten leicht gefunden (vergl. 830); sie bilden konjugierte Durchmesser der Ellipse v_{*s}, also des Bildes der Schlagschattengrenze in Π_1. — Ein zweites Verfahren zur Darstellung der Eigen- und Schlagschattengrenzen der Kugel geht von den rechtwinkligen

Durchmessern GH und JK des Kreises v aus, von denen der erste in der horizontalen Diametralebene, der andere in der senkrecht zu ihr durch l gelegten Ebene gefunden wird ($JK \perp l$). Der Grundriß AG' des Halbmessers MG ist senkrecht zu M_*A zu ziehen und ergiebt sofort G_s' und G_s. Legt man ferner die Ebene JMM_* durch Drehung um AB in die Bildebene um, wobei M_* in $M_{*\Delta}$ auf x übergehen mag ($AM_{*\Delta} = AM_*$), so nimmt J die Lage J_Δ auf dem Kreise $ADBC$ ein, für welche $MJ_\Delta \perp MM_{*\Delta}$ ist und das Bild J_s entspricht dem Punkte J_Δ ebenso wie M_{*s} dem Punkte $M_{*\Delta}$ durch Affinität in Bezug auf die Achse AB. Was die Bilder der Grundrißschatten der Durchmesser GH und JK betrifft, so ist $G_{*s}H_{*s} \# G_sH_s$ und $J_{*s}K_{*s}$ liegt auf l_s' ($J_sJ_{*s} \parallel K_sK_{*s} \parallel l_s$). Die Ellipsen v_s und v_{*s} sind perspektiv-affin; die Achse ist durch den Schnittpunkt $J_sK_s \times l_s'$ parallel zu G_sH_s zu ziehen.

835. Wir geben im folgenden Darstellungen der Flächen 2. Grades in schiefer Projektion, indem wir ihre Achsen, bezw. die in ihren Symmetrieebenen gelegenen Hauptschnitte als bekannt voraussetzen (vergl. 666).

Ein Ellipsoid sei durch seine Halbachsen OX, OY, OZ gegeben, von denen wir OX und OZ in der Bildebene selbst annehmen, während OY durch das Bild OY_s (nach Annahme eines bestimmten Verkürzungsverhältnisses) fixiert wird (Fig. 514). Es sind dann OY_s und OZ, OZ und OX, OX und OY_s Paare konjugierter Durchmesser für drei Ellipsen l_s, m, n_s, welche die Hauptschnitte des Ellipsoides darstellen. Der wahre Umriß u des Ellipsoides liegt in der zur Sehstrahlrichtung konjugierten Diametralebene; der scheinbare Umriß u_s ist ebenso wie die Ellipsen l_s, m, n_s aus konjugierten Durchmessern bestimmt, die nach 691 gefunden werden. In den Endpunkten der zu x, y_s und z konjugierten Durchmesser berührt die Ellipse u_s die Ellipsen l_s, m, n_s, woraus die Berührungspunkte auf

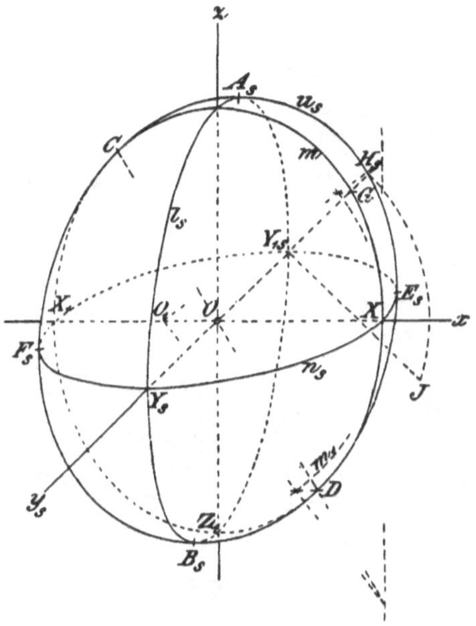

Fig. 514.

den letzteren leicht konstruiert werden. Man findet z. B. für die Ellipse *m* den Halbmesser *OG* auf y_s und seinen konjugierten Halbmesser *OD* mit Hilfe eines affinen Kreises, der um O_1 (auf x) mit dem Radius $O_1X = OZ$ geschlagen ist; die Affinitätsachse geht durch *X* parallel zu *z*, die Affinitätsstrahlen liegen parallel zu *x*. Ist $Y_{1s}J$ rechtwinklig zu y_s und gleich *OG*, ferner OH_s auf y_s gleich *OJ*, so sind *OD* und OH_s konjugierte Halbmesser von u_s.

836. Ein einschaliges Hyperboloid sei durch seine beiden reellen Halbachsen *OX* und *OY* und die imaginäre Halbachse *OZ* gegeben. Wir benutzen die Ebene *OXZ* als Bildebene und stellen *OY* in schiefer Projektion als OY_s dar (Fig. 515). OY_s und *OZ* sind konjugierte Halbmesser der Hyperbel l_s, die als Bild des zu *x* normalen Hauptschnittes *l* auftritt; ihre Asymptoten haben die Richtungen der Diagonalen des aus OY_s und *OZ* (als Seiten) gebildeten Parallelogrammes. *OZ* und *OX* bilden die imaginäre, resp. reelle Halbachse der in der Bildebene selbst gelegenen Hauptschnitthyperbel *m*. Die Asymptotenpaare der Kurven *l* und *m* bilden die entsprechenden Hauptschnitte des Asymptotenkegels unseres Hyperboloides. Der zu *z* normale Hauptschnitt *n* wird durch die Ellipse n_s dargestellt, für welche *OX* und OY_s konjugierte Halbmesser sind. Die Querschnitte, normal zu *z*, welche das Hyperboloid und seinen Asymptotenkegel unten und oben begrenzen, werden durch Ellipsen dargestellt, die zu n_s ähnlich und ähnlich gelegen sind. Die zur Sehstrahlrichtung

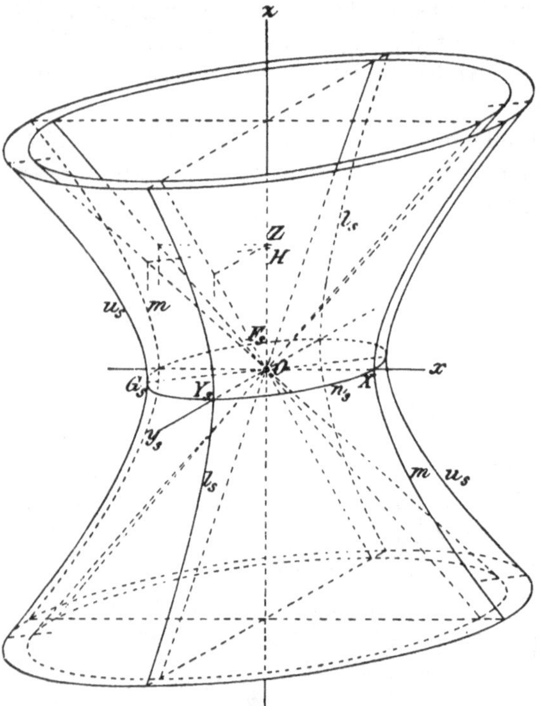

Fig. 515.

konjugierte Diametralebene schneidet das Hyperboloid in dem wahren Umriß u, einer Hyperbel, und den Asymptotenkegel in den zugehörigen Asymptoten, die den wahren Umriß dieses Kegels bilden. Den scheinbaren Umriß u_s (und seine Asymptoten) bestimmt man aus konjugierten Durchmessern, die nach 695 gefunden werden. Man findet zuerst in der Ellipse n_s den auf z gelegenen Halbmesser OF_s und seinen konjugierten OG_s. Macht man sodann OH auf Z gleich der Kathete eines rechtwinkligen Dreiecks, dessen Hypotenuse gleich OZ und dessen andere Kathete gleich OF_s ist, so bilden OG_s und OH konjugierte Halbmesser der Hyperbel u_s.

837. Ein zweischaliges Hyperboloid habe OX und OY als imaginäre und OZ als reelle Halbachse; wir stellen die Achsen wie vorher dar (Fig. 516). Dann sind OY_s und OZ, resp. OX und OZ konjugierte Halbmesser bezw. Halbachsen der Hyperbeln l_s und m, welche die zu x und y normalen Hauptschnitte darstellen; der dritte Hauptschnitt ist imaginär. Die Asymptotenpaare der Hauptschnitte bilden wiederum die entsprechenden Hauptschnitte des Asymptotenkegels, der hiernach bestimmbar ist. Die zu z normalen Querschnitte, welche das Hyperboloid und seinen Asymptotenkegel unten und oben begrenzen, sind Ellipsen und zu der aus den

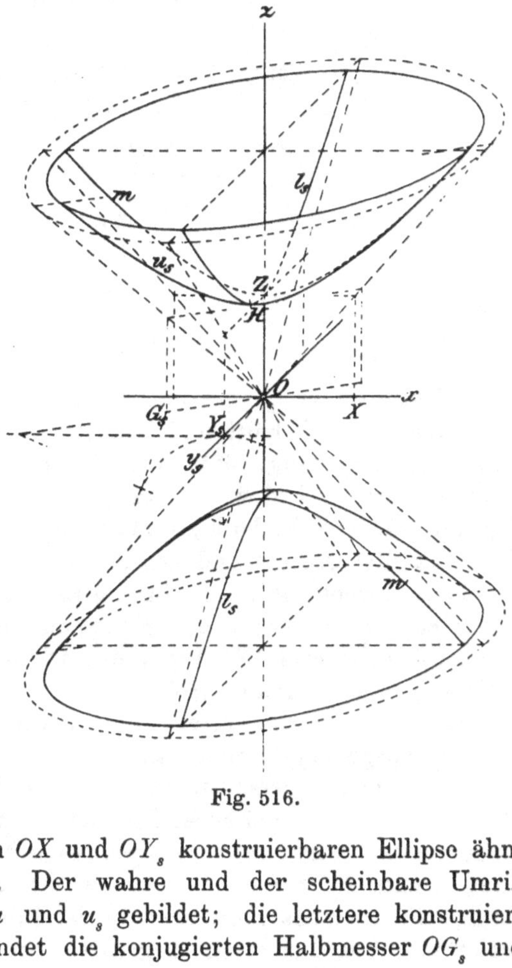

Fig. 516.

konjugierten Halbmessern OX und OY_s konstruierbaren Ellipse ähnlich und ähnlich gelegen. Der wahre und der scheinbare Umriß werden von Hyperbeln u und u_s gebildet; die letztere konstruiert man nach 695. Man findet die konjugierten Halbmesser OG_s und

OH von u_s genau wie beim einschaligen Hyperboloid, nur ist jetzt OG_s ein imaginärer und *OH* ein reeller Durchmesser.

838. Wir schalten eine Überlegung ein, die sich auf die Aufgabe bezieht: eine Parabel zu zeichnen, wenn zwei ihrer Punkte, *P* und *Q*, die Tangente *t* in *P* und ein Durchmesser *d* gegeben sind (Fig. 517). Zieht man durch den Mittelpunkt *M* der Sehne *PQ* eine Parallele zu *d*, so trifft sie *t* in *W* und *QW* ist die

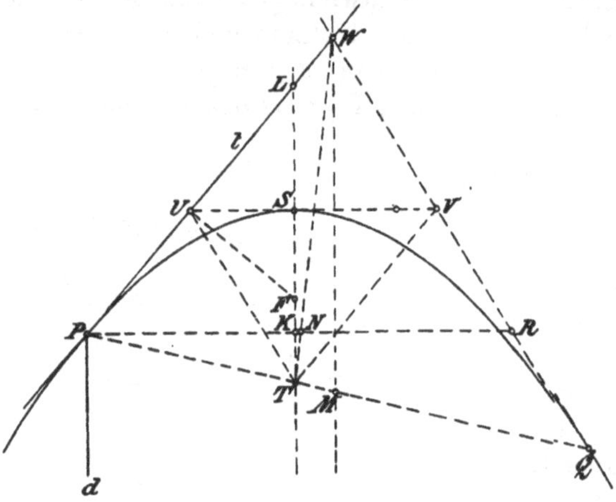

Fig. 517.

Parabeltangente in *Q*. Ist nun *S* der Scheitel, *UV* die Scheiteltangente und *T* der Schnittpunkt der Achse mit *PQ*, so ist *TUWV* ein Parallelogramm (vergl. 422) und *TW* halbiert *UV*, sowie die dazu parallele Strecke *PR*, wo *R* auf *QW* liegt. Man zeichne also *MW*, *WQ* und $PR \perp MW$; halbiert man *PR* in *N*, so ist $T = PQ \times WN$ ein Punkt der Achse und der Scheitel *S* ist der Mittelpunkt der Strecke *KL*, wenn die Achse die Linien *PR* und *t* resp. in *K* und *L* schneidet. Der Brennpunkt *F* liegt auf der zu *LU* senkrechten Geraden *UF*; denn nach 397 liegen die Fußpunkte der vom Brennpunkte auf die Parabeltangenten gefällten Lote auf der Scheiteltangente.

839. Ein elliptisches Paraboloid werde durch seine in Π_3 resp. Π_2 gelegenen Hauptschnitte *l* und *m* gegeben; es sind dies zwei Parabeln, die auf derselben Seite von Π_1 liegen, deren Achsen mit der Flächenachse *z* und deren Scheitel mit dem Flächenscheitel *O* zusammenfallen (Fig. 518). Wir wählen auf *z* außerhalb der Fläche einen Punkt *K*, dessen Polarebene die *z*-Achse in *S* ($OS = OK$, vergl. 422) und das Paraboloid in der Ellipse *k* schneidet; durch *k* denken wir uns die Fläche begrenzt. Die Parabeln *l* und *m* kann man sich etwa durch ihre (auf z gelegenen) Brennpunkte F und G in Verbindung mit den übrigen Angaben bestimmt denken. Man konstruiert dann leicht die Parabeln l und m, sowie von ersterer das Bild l_s, insbesondere aber ihre zu der z-Achse normalen Sehnen durch S, nämlich AB und CD (bezw. das Bild C_sD_s). Wird H auf x so gewählt, daß $\angle KHG = R$ ist, so ist $SA = 2 \cdot OH$. Analog ist $SC_s = 2 \cdot OJ_s$, wenn J auf y und $\angle KJF = R$. AB und C_sD_s bilden konjugierte Durchmesser der Ellipse k_s, die hiernach konstruierbar ist. Liegen L und M_s auf AB resp. C_sD_s unendlich fern und ist N der unendlich ferne Punkt der z-Achse (also auch der des Paraboloides), so hat man die zu den Richtungen SL und SM_s konjugierten Durchmesser NP resp. NQ der Parabeln l_s und m, sowie die Polare UV von K in Bezug auf die Ellipse k_s zu konstruieren. Nach 689 sind dann N, P, Q, U, V Punkte der Parabel u_s, welche den scheinbaren Umriß unserer Fläche bildet; P ist ihr Scheitel und ihre Achse liegt parallel zu z. Hiernach kann u_s gezeichnet werden.

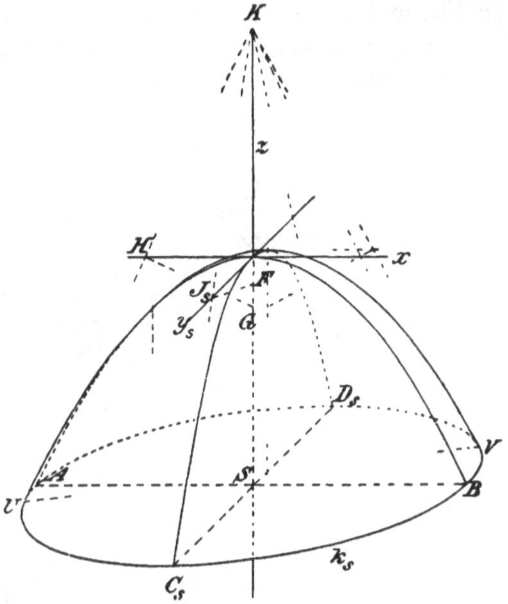

Fig. 518.

840. Ein hyperbolisches Paraboloid sei durch seine beiden Hauptschnittparabeln l und m in den Ebenen Π_3 resp. Π_2 gegeben. Der Flächenscheitel bilde den Ursprung O und Π_1 sei die zugehörige Tangentialebene. Von den Parabeln l und m seien die Brennpunkte F und G auf z gegeben; aus ihnen werden l und m, sowie das Bild l_s konstruiert (Fig. 519). Wir wählen auf der z-Achse zwei von O gleichweit entfernte Punkte J und K. K liege außerhalb der Fläche, seine Polarebene geht parallel zu Π_1 durch J und schneidet das Paraboloid in einer Hyperbel k; ihre Scheitel C und D sind die Schnittpunkte der Parabel l mit der Polare des Punktes K und werden ebenso wie in 839 dargestellt. Ferner ziehe man die Polare von J in Bezug auf m durch K parallel zu x und bestimme auf ihr in analoger Weise die Punkte A und B der Parabel m. — Je zwei zur Ebene Π_3 parallele Schnitte unserer Fläche sind kongruente Parabeln, denn sie liegen zugleich auf einem Cylinder (646, 653). In den durch A und B gelegten Parallelebenen zu Π_3 findet man

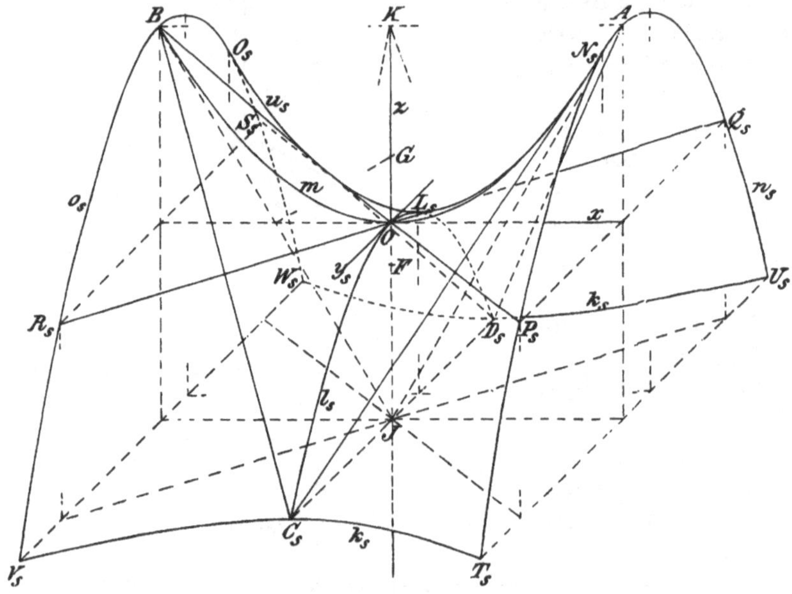

Fig. 519.

daher die zu l kongruenten Parabeln n und o; ihre Bilder sind kongruent zu l_s, die Achsen parallel zu z und ihre Scheitel entsprechen sich in derselben Weise wie die Punkte O und A resp. B. Wir denken uns das hyperbolische Paraboloid durch die Kurven k, n und o begrenzt. Die von A resp. B auf die x-Achse gefällten Lote sind gleich OJ; die durch ihre Fußpunkte parallel zu y gezogenen Sehnen PQ und RS von n resp. o liegen in Π_1 und sind gleich CD. Daher bilden die Linien PS und QR den Schnitt der Fläche mit der Tangentialebene in O, da je drei ihrer Punkte auf dieser liegen. Ferner ist $APCO$ ein Parallelogramm, dessen Ecken der Fläche angehören und da die eine Diagonale OP auf ihr liegt, gilt dies auch von der anderen AC. Ebenso sind CB, BD, DA Erzeugende des Paraboloides; AC, QR, DB gehören der einen Schar von Erzeugenden an, AD, PS, CB der anderen. Die Bilder dieser sechs Geraden sind in die Figur eingetragen. Die Parallelen durch J zu PS

und QR bilden die Asymptoten der Hyperbel k; zu ihnen sind die Grundrisse beider Erzeugendenscharen parallel.

Es bleibt noch übrig, die zu den Richtungen von x resp. y_s konjugierten Durchmesser der Parabeln l_s und m zu bestimmen. Ersterer endigt in dem Scheitel L_s von l_s, letzterer in dem Punkte M von m. Nach 689 sind dann L_s und M Punkte des scheinbaren Umrißes der Fläche, nämlich einer Parabel u_s, und zwar ist L_s ihr Scheitel und ihre Achse ist parallel zu z. Hieraus ist sie nach 838 konstruierbar. In dem Berührungspunkte N_s der Parabel n_s mit u_s endigt ihr zur Richtung AJ konjugierter Durchmesser; denn in diesem Punkte ist die Tangente parallel zu den Bildern der Mantellinien des Cylinders, der das Paraboloid längs der Kurve n berührt; AJ ist aber eine solche Mantellinie, weil sie in der Tangentialebene ACD des Punktes A und in der Symmetrieebene Π_2 beider Flächen liegt. Analog findet man den Berührungspunkt O_s von u_s und o_s als Endpunkt des zur Richtung BJ konjugierten Durchmessers.

841. Wir erläutern das Verfahren der schiefen Projektion schließlich noch an dem Beispiele eines Rotationskörpers, der als architektonisches Glied an runden Postamenten öfter vorkommt. Die Rotationsachse a sei vertikal gestellt, die Bildebene Π_2 durch sie gelegt und in dieser der Meridianschnitt des Körpers gegeben. Der Halbmeridian besteht aus den Strecken BC und OG (die beide a senkrecht schneiden), CD und FG (beide parallel zu a) und aus einem Kurvenbogen m, der seine konvexe Seite der Achse zukehrt (Fig. 520 u. 521). Um einfache Konstruktionen zu haben, setzen wir die Kurve m aus zwei Kreisbogen zusammen, die in E eine gemeinsame, zu a parallele Tangente haben, während ihre Tangenten in den Endpunkten D und F horizontal liegen. Die Centren der betreffenden Kreise seien M und N. Der darzustellende Körper besteht also aus drei Teilen, nämlich aus zwei cylindrisch begrenzten ebenen Platten und einem mittleren Teil, dessen Oberfläche hyperbolisch gekrümmt ist. Um letzteren handelt es sich hauptsächlich; wegen seiner Darstellung vergleiche man 533 und 534. Damit wir den Körper samt Eigen- und Schlagschatten abbilden können, müssen noch die Richtungen der Sehstrahlen o und der Lichtstrahlen l gegeben sein. Es seien etwa Grundriß und Aufriß derselben o', o'' und l', l'' bekannt, woraus man leicht ein Projektionsdreieck, sowie l_s und l_s' konstruiert.

Wie die cylindrischen Teile unseres Körpers abgebildet, wie ihre Eigenschattengrenzen und die Grenzen ihres Schlagschattens auf die Grundrißebene dargestellt werden, bedarf keiner Erklärung mehr (man vergl. 532).

Der **wahre Umriß** u der konvex-konkaven Rotationsfläche, welche die Kurve m erzeugt, wird mittels des Kegelverfahrens ermittelt. Sei p der Parallelkreis durch den Punkt P der Meridiankurve m und p'' sein in der Bildebene gelegener Durchmesser. Die zu P gehörige Tangente von m treffe die Achse a in S; so ist S die Spitze des Kegels, der unsere Fläche längs des Kreises p berührt und seine Umrißlinien treffen p in zwei Punkten, die dem Flächenumriß u angehören. Man findet sie als die Berührungspunkte der

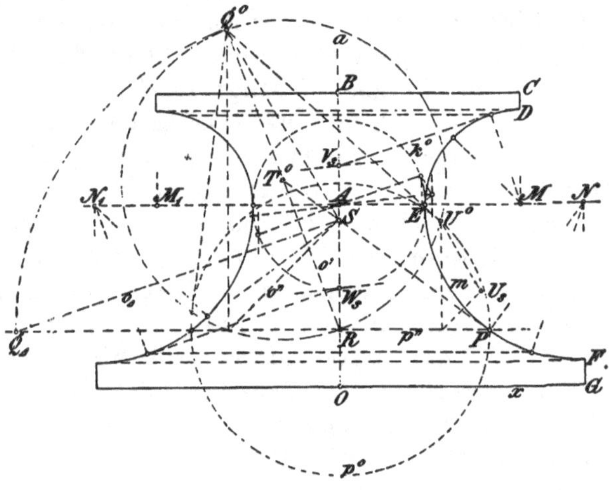

Fig. 520.

Tangenten an p aus dem Punkte Q, in welchem der Sehstrahl durch S die Ebene des Parallelkreises p trifft. Jeder der fraglichen Punkte, z. B. U, liegt auf p und auf dem Kreise über dem Durchmesser QR, wo $R = a \times p''$ ist; das Centrum sei T. Den Kreis p und die Punkte Q, T, U zeichnen wir um p'' in die Bildebene umgelegt als p^0, Q^0, T^0, U^0 und bestimmen U_s als Bild von U in bekannter Weise; die zugehörige Tangente von u_s geht durch S. Trägt man parallel zu a von U_s die Strecke $U_s U_s' = RO$ ab, so ist U_s' ein Punkt des Grundrißbildes u_s' von u. Man wiederholt dies Verfahren für mehrere Parallelkreise, um hinreichend viele Punkte von u_s und u_s' zu erhalten. Bezüglich der besonderen Punkte sei folgendes bemerkt. Für den vom Punkte E beschriebenen Kehlkreis k der Fläche geht ihr Tangentialkegel in einen Cylinder über; die Umrißpunkte auf k liegen daher auf dem zur Horizontalprojektion o' des Sehstrahles o senkrechten Durchmesser; in den Bildern derselben sind die Tangenten des scheinbaren Umrisses parallel zu a.

Es giebt einen höchsten und tiefsten Parallelkreis, der vom wahren Umriß berührt wird. Der Sehstrahl des Berührungspunktes tangiert den betr. Meridian und enthält die Spitze des Tangentialkegels, der dem betreffenden Parallelkreis zugehört. Wird also ein Sehstrahl o (durch S) um die Achse a bis in die Bildebene gedreht, so schneiden die zum gedrehten Sehstrahle o_Δ parallelen Tangenten des Hauptmeridians m die Achse in den Bildern V_s und W_s des höchsten und tiefsten Umrißpunktes. Die bezüglichen Tangenten von u_s werden als Bilder der entsprechenden Parallelkreistangenten leicht bestimmt.

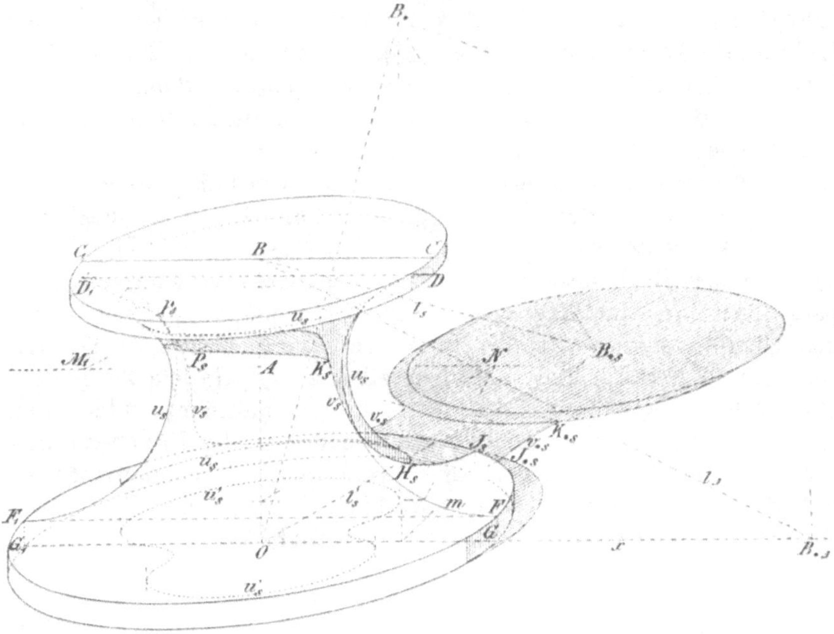

Fig. 521.

In den Schnittpunkten des Umrisses u mit dem Hauptmeridiane m steht die den Sehstrahl enthaltende Tangentialebene auf der Bildebene senkrecht und folglich ist die Tangente von m parallel zum Aufriß o''; hieraus werden die genannten Punkte gefunden. An vier Stellen wird der Umriß u von Sehstrahlen berührt, die Haupttangenten der Fläche bilden; den Berührungspunkten entsprechen Spitzen des scheinbaren Umrisses und beim Bilde u_s' seines Grundrisses die Berührungspunkte der zu o_s' (also zu a) parallelen Tangenten. Diese Bemerkung dient zur Auffindung der vier Spitzen, falls genügend viele Punkte von u_s und u_s' bekannt sind.

Um die Lichtgrenze v auf unserer Fläche zu finden, wenden wir wiederum das Kegelverfahren an, setzen aber an Stelle der Sehstrahlen o die Lichtstrahlen l; im Prinzip wird hierdurch nichts geändert. Das Bild v_s der Lichtgrenze berührt den scheinbaren Umriß u_s an zwei Stellen; die Berührungspunkte sind aus den Schnittpunkten von u_s' und v_s' abzuleiten (in der Figur ist v_s' nicht eingetragen). Sind hinreichende Punkte der Lichtgrenze v im Bilde und Grundrißbilde bestimmt, so findet man leicht die Bilder ihrer Schatten auf Π_1 und damit die Schlagschattengrenze v_*. Wir haben nur nötig, von den Grenzen des Schlagschattens des Körpers auf sich selbst zu sprechen. An die Lichtgrenze setzen sich in den Punkten, wo sie von Lichtstrahlen berührt wird, in der Richtung derselben Schlagschattengrenzen an, z. B. HJ; das Bild des Ansatzpunktes ist der Berührungspunkt von u_s mit einer zu l_s parallelen Tangente. Der Endpunkt J auf dem von F beschriebenen Kreise entspricht dem Schnittpunkte J_* des Kreisschattens mit der Kurve v_*; die Schlagschattentangente in J ist zur Tangente von v_* in J_* parallel. Der untere Rand der cylindrischen Deckplatte wirft auf den mittleren Teil unseres Körpers Schatten; seine Begrenzung endigt in den Punkten von v, die den Überschneidungen von v_* mit dem Randschatten in Π_1 entsprechen (K und K_*) und besitzt daselbst zu l_s parallele Tangenten. Der höchste Punkt des Randschattens wird bestimmt, indem man die zum Lichtstrahl parallele Meridianebene in die Bildebene umdreht und den mitgedrehten Lichtstrahl durch den Randpunkt D_1 mit dem Hauptmeridian schneidet; hierauf ist die der Rückwärtsdrehung entsprechende Konstruktion auszuführen.

Das Verfahren der orthogonalen axonometrischen Projektion.

842. Die darzustellende räumliche Figur denken wir uns mit einem rechtwinkligen Koordinatensystem verbunden und auf seine drei Ebenen Π_1, Π_2, Π_3 durch senkrechte Projektion bezogen. Das Ganze, die Raumfigur mit dem Koordinatensystem, projizieren wir senkrecht auf die Bildebene Π, von der wir annehmen, daß sie keiner Koordinatenebene parallel sei. Welches die zweckmäßigste Lage des Koordinatensystems gegen das Objekt ist, entscheidet sich nach dessen geometrischen Eigenschaften. Man wird die Achsen den wichtigsten Linien des Objektes parallel legen und etwa vorhandene Symmetrieebenen als Koordinatenebenen benutzen.

Bezüglich der Bezeichnungen mag für unser gegenwärtiges Verfahren folgendes verabredet werden. Wir werden die Elemente der Originalfigur und ihre axonometrischen Bilder mit den gleichen Buchstaben benennen. Zur Unterscheidung beider aber setzen wir die Symbole, die das Original betreffen in Klammern. Es bedeuten also z. B. P, P', P'', P''' die Bilder eines Punktes und seiner drei senkrechten Projektionen auf Π_1, Π_2, Π_3; der Originalpunkt heißt dagegen (P). Ebenso sollen g, g', g'', g''' die Bilder einer Geraden und ihrer drei Risse, dagegen (g) die Gerade selbst bezeichnen, u. s. f. Die von Punkten des Originales nach ihren Bildern führenden Strahlen nennen wir wieder Sehstrahlen.

843. Vom Ursprung (O) seien auf den Koordinatenachsen drei Strecken (OX), (OY), (OZ) von der gleichen Länge k abgetragen; sie bilden das Achsenkreuz und um dessen Abbildung handelt es sich zuerst. Die genannten Strecken, die drei Kanten eines Würfels bilden, erscheinen im Bilde verkürzt mit den Längen

$$l = OX, \quad m = OY, \quad n = OZ.$$

Die Verhältnisse

$$\lambda = \frac{l}{k}, \quad \mu = \frac{m}{k}, \quad \nu = \frac{n}{k}$$

heißen die Verkürzungsverhältnisse und stellen für jede in der betreffenden Achsenrichtung gezogene Strecke das Verhältnis der Bildlänge zur wahren Länge dar. Sind α, β, γ die Neigungswinkel der Koordinatenachsen gegen die Bildebene, also auch gegen ihre Projektionen, so hat man:

$$\lambda = \cos\alpha, \quad \mu = \cos\beta, \quad \nu = \cos\gamma.$$

Die Zahlen l, m, n heißen die Verhältniszahlen; nach 148 erfüllen sie die Beziehung

$$l^2 + m^2 + n^2 = 2k^2,$$

woraus für die Verkürzungsverhältnisse

$$\lambda^2 + \mu^2 + \nu^2 = 2$$

folgt. — Die Spurpunkte A, B, C der Koordinatenachsen in der Bildebene bestimmen das Spurendreieck ABC; seine Seiten sind die Spurlinien der Koordinatenebenen; die Bilder der Achsen verlaufen durch seine Ecken bezw. rechtwinklig zur gegenüberliegenden Seite und treffen sich im Bilde O des Ursprungs (O).

844. Ist das Spurendreieck ABC gegeben (Fig. 522) und wird hinzugefügt, auf welcher Seite der Bildebene der Ursprung (O) liegen soll, so ist die Lage des Koordinatensystems gegen die

Bildebene bestimmt. Der Schnittpunkt O der Höhenlinien AA_1, BB_1, CC_1 des Dreiecks ABC ist das Bild des Ursprungs; schneidet ferner CC_1 den über dem Durchmesser AB konstruierten Kreis in O_0, so ist O_0 eine Umlegung von (O) in die Bildebene um AB ($\angle\ AO_0B = R$). Trifft die Parallele zu AB durch O den Kreis um C_1 durch O_0 in O^0, so ist O^0O der Abstand des Ursprungs von der Bildebene. Um das Achsenkreuz abzubilden, trage man auf O_0A, O_0B, O^0C die Strecken O_0X_0, O_0Y_0, O^0Z^0 gleich k auf und projiziere sie senkrecht, bezw. parallel zu AB auf OA, OB, OC in die Bildstrecken OX, OY, OZ. Statt jeder dieser Strecken kann auch eine ihr gleiche in entgegengesetzter Richtung von O aus gezogen werden. — Die Seiten des Spurendreiecks ABC liegen in denjenigen Quadranten der Koordinatenebenen, welche den die Strecke $(O)O$ enthaltenden Oktanten des Raumes begrenzen. Der Schnittpunkt O seiner Höhenlinien liegt daher im Inneren des Dreiecks und seine Winkel sind spitz.

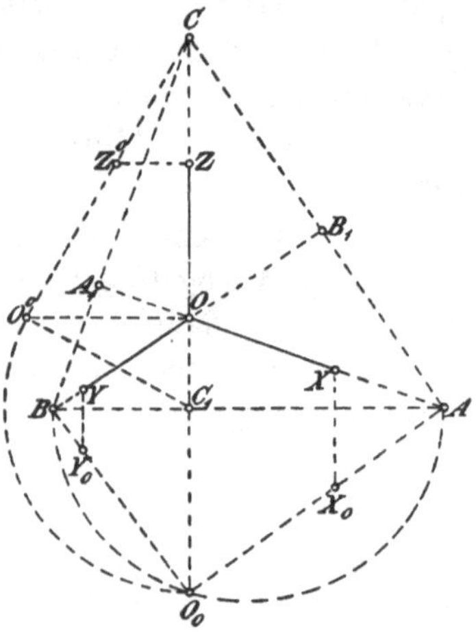

Fig. 522.

Sind die Richtungen OA, OB, OC der Achsenbilder gegeben, so ist das Spurendreieck der Form nach bestimmt. Zu seiner vollständigen Bestimmung, mithin auch zur Bestimmung der Lage des Koordinatensystems gegen die Bildebene, kann die Angabe des senkrechten Abstandes $(O)O$ des Ursprung von der Bildebene dienen. Aber auch ohne die letztere Angabe können die drei Verkürzungsverhältnisse

$$\lambda = \frac{OX}{(OX)},\quad \mu = \frac{OY}{(OY)},\quad \nu = \frac{OZ}{(OZ)}$$

nach dem Vorigen konstruiert werden (vergl. auch 147).

845. Sind andererseits die Verhältniszahlen l, m, n und damit k, folglich auch die Verkürzungsverhältnisse λ, μ, ν gegeben, so kann man daraus die Abbildung des Achsenkreuzes konstruieren; der Punkt O und die Richtung eines Achsenbildes bleiben willkürlich. Die Konstruktion kann nach 148 erfolgen. Man bestimmt nämlich zuerst k gemäß der Relation $l^2 + m^2 + n^2 = 2k^2$, indem man aus l und m als Katheten ein rechtwinkliges Dreieck mit der Hypotenuse p, aus p und n als Katheten ein zweites mit der Hypotenuse q, und mit letzterer noch ein drittes gleichschenklig-rechtwinkliges Dreieck bildet, dessen Katheten die Länge k haben (Fig. 523). Die Wahl der Strecken l, m, n unterliegt, wegen der genannten Relation und weil jede einzelne von ihnen kleiner als k sein muß, einer Einschränkung: das Quadrat jeder einzelnen Strecke l, m, n muß kleiner sein als die Summe der Quadrate der beiden anderen. — Man denke sich (O) in der Bildebene Π gelegen und zeichne die Strecke OZ (etwa vertikal) mit der vorgeschriebenen Länge n. Durch OZ werde eine zur Bildebene senkrechte Ebene E gelegt; sie enthält (OZ). Ferner mögen die Strecken (OX) und (OY) um eine in O auf Π senkrechte Gerade in die Ebene E hereingedreht werden. Legt man dann E um OZ in Π um, so erscheinen die gedrehten Strecken (OX) und (OY), sowie (OZ) in ihrer wahren Länge k, nämlich als drei Radien OL, OM, ON eines Kreises, deren senkrechte Projektionen auf den Durchmesser OZ die Längen $OP = l$, $OQ = m$, $OZ = n$ haben. Projiziert man L und M parallel zu OZ auf den zu ON senkrechten Durchmesser in die Punkte R und S, so bilden diese nach der Wiederaufrichtung von E die senkrechten Projektionen von (X) und (Y) auf E. Die gesuchten Bilder X und Y müssen daher auf den Geraden liegen, die durch R und S senkrecht zu OZ gezogen sind, zugleich aber auf den Kreisen um O mit den Radien OP, resp. OQ. Hiernach sind sie konstruierbar. Man bemerkt, daß die Aufgabe, aus gegebenen Verhältniszahlen die Abbildung des Achsenkreuzes zu bestimmen, auch nach Annahme von OZ mehrere Lösungen zuläßt. Setzt man voraus, daß die Winkel XOY, YOZ, ZOX sämmtlich stumpf seien, so existieren zwei zu OZ symmetrisch liegende Bilder des Achsenkreuzes; jedem derselben entsprechen zwei zu Π symmetrische Lagen des Achsenkreuzes, auch wenn der Ursprung in der Bildebene angenommen ist.

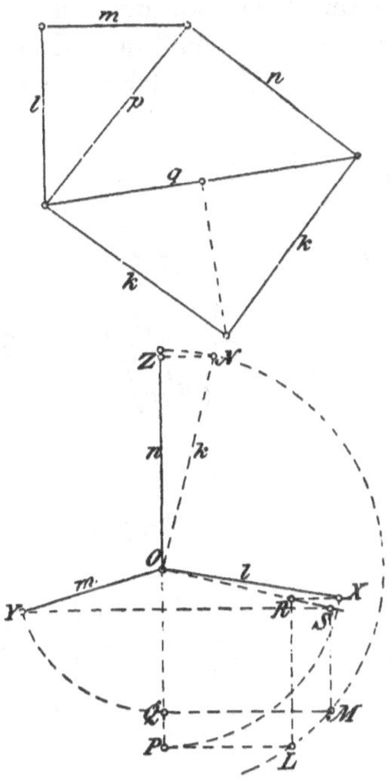

Fig. 523.

Sodann kann jede Achsenrichtung in die entgegengesetzte verwandelt werden und endlich kann das Achsenkreuz sich selbst parallel in der Richtung senkrecht zu Π verschoben werden, ohne daß sich hierbei seine Abbildung oder die eines mit ihm verbundenen Objektes ändert.

846. Wird ein Gegenstand nach gegebenen Maßen gezeichnet, so empfiehlt es sich, **Maßstäbe** zu bilden, nach denen die Bildlängen der in den Achsenrichtungen verlaufenden Strecken leicht bestimmt werden können. Als natürlichen Maßstab bezeichnen wir den, der bei der Messung angewendet wurde. Als Maßstab des Bildes bezeichnen wir den, welcher zur Messung der in der Bildebene selbst gelegenen Figuren angewendet wird und dessen Einheiten die gleichbenannten Einheiten des natürlichen Maßstabes bedeuten (gleichviel ob man sich das Objekt in seiner wahren Größe, oder verkleinert, oder vergrößert der Projektion unterworfen denkt). Aus dem Maßstab des Bildes leitet man die Verkürzungsmaßstäbe für die Achsen (oder kurz die Achsenmaßstäbe) ab, deren Einheiten die in der betreffenden Achsenrichtung am Objekte gemessener Einheiten darstellen. Aus der Abbildung des Achsenkreuzes entnimmt man die Bildlängen l, m, n einer und derselben auf den drei Achsen aufgetragenen Strecke k und zeichnet k, l, m, n als Parallelen zwischen den Schenkeln eines spitzen Winkels, etwa als AB, A_1B_1, A_2B_2, A_3B_3 zwischen den Schenkeln des $\angle AOB$. Trägt man dann von A aus auf der Geraden AB die Teile des Bildmaßstabes auf, so projizieren sich dieselben aus dem Centrum O in die entsprechenden Teile der Achsenmaßstäbe für x, y, z (Fig. 524).

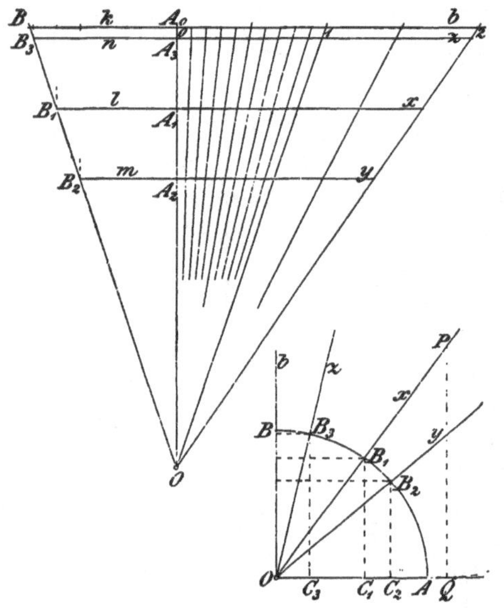

Fig. 524.

Ein anderes Verfahren zur Messung der Bildstrecken bedient sich eines sogenannten Sinusmaßstabes. Trägt man nämlich an die Linie OA die Winkel AOB_1, AOB_2, AOB_3 an, deren Sinus:

$$\frac{B_1C_1}{OB_1},\ \frac{B_2C_2}{OB_2},\ \frac{B_3C_3}{OB_3}$$

sich wie $l:m:n$ verhalten, so kann man die Bildlänge einer zur Achse (x), (y) oder (z) parallelen Strecke leicht bestimmen, indem man ihre Länge (im Maßstabe des Bildes) auf OB_1, OB_2 oder OB_3 von O aus aufträgt und von ihrem Endpunkt das Lot auf OA fällt, welches die gesuchte Bildlänge hat. Ist z. B. OP auf OB_1 die wahre Länge einer in der (x)-Richtung laufenden Strecke, so ist $PQ \perp OA$ die Länge ihres Bildes. Man hat nicht nötig, PQ wirklich zu ziehen, sondern findet PQ als Radius des um P gelegten und OA in Q berührenden Kreises durch Probieren mit dem Handzirkel.

847. Als Verhältniszahlen l, m, n nimmt man gern ganze Zahlen. Sind sie alle einander gleich, so heißt die Projektion isometrisch; sind zwei einander gleich, aber von der dritten verschieden, so heißt die Projektion dimetrisch (auch monodimetrisch); sind aber alle drei verschieden, so hat man eine trimetrische (oder anisometrische) Projektion. Die trimetrische ist den beiden anderen Projektionsarten vorzuziehen, weil bei jenen gelegentlich gewisse Symmetrieebenen eines Objektes sich als gerade

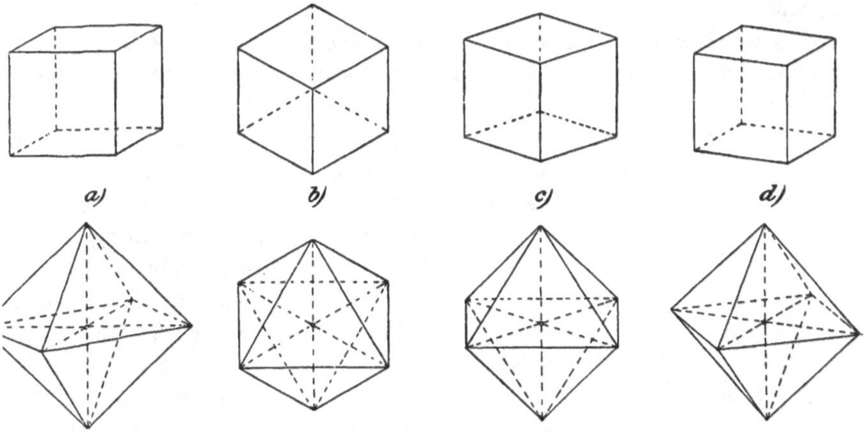

Fig. 525.

Linien projizieren, nämlich Halbierungsebenen der Winkel des Koordinatensystems und zu ihnen parallele Ebenen. Denkt man sich eine Koordinatenachse (z) vertikal, wie dies der gewöhnlichen Stellung der Objekte und des Beschauers entspricht, so ist es zweckmäßig, die Richtung der Sehstrahlen so zu wählen, daß die nach oben, vorn resp. rechts gekehrten Seiten der Koordinatenebenen Π_1, Π_2, Π_3 sichtbar werden. Die Bildebene Π legt man senkrecht zu den Sehstrahlen (am einfachsten durch den Ursprung (O)). Axonometrische Bilder, bei denen die z-Koordinaten (Höhen) und x-Koordinaten (Breiten) nur wenig, die y-Koordinaten (Tiefen) aber verhältnismäßig stärker verkürzt sind, wirken am anschaulichsten.

Um die Wirkung der verschiedenen Projektionsarten einigermaßen beurteilen zu können, sind in Fig. 525 Abbildungen eines und desselben Würfels, bezw. eines und desselben regelmäßigen Oktaëders, dessen Achsen die Koordinatenachsen sind, zusammengestellt: *a*) in schiefer Projektion, *b*) in isometrischer, *c*) in dimetrischer, *d*) in trimetrischer orthogonaler Projektion. Der Anblick dieser Figuren lehrt bereits, daß die trimetrische orthogonale (*d*) und demnächst die schiefe Projektion (*a*) die anschaulichsten Bilder geben. Letztere ruft leichter den Eindruck der Verzerrung hervor, weil wir nicht gewöhnt sind, die Richtung unseres Blickes der schiefen Projektion anzupassen. Den Grad der Verzerrung erkennt man am Bilde einer Kugel, deren scheinbarer Umriß bei der orthogonalen Projektion kreisförmig, bei der schiefen dagegen elliptisch ausfällt.

848. Im folgenden setzen wir überall die Abbildung des gleichschenkligen Achsenkreuzes, bezw. das Spurendreieck, als gegeben voraus.

Die Darstellung der Punkte, Geraden und Ebenen in axonometrischer Projektion vollzieht sich nach denselben Grundsätzen wie bei der schiefen Projektion (vergl. 819—822).

Ein Punkt (P) wird durch sein Bild P und das Bild seiner senkrechten Projektion auf eine Koordinatenebene, z. B. P', dargestellt. Ebenso wird eine Gerade (g) durch ihr Bild g und das Bild g' ihres Grundrisses bestimmt. Zur Darstellung einer Ebene gehört die Angabe der Bilder zweier ihrer Spuren in den Koordinatenebenen. Über die vereinigte Lage von Punkten, Geraden, Ebenen, über ihre Verbindungs- und Schnittelemente und den Parallelismus ist nichts Neues zu sagen. Die hierauf bezüglichen Aufgaben werden analog dem früheren gelöst. Dagegen bedarf die Behandlung der Probleme, die sich auf die rechtwinklige Stellung von Geraden und Ebenen, auf die Bestimmung von Winkeln und Abständen und der wahren Gestalt ebener Figuren beziehen, noch einer kurzen Erörterung.

849. Zuerst ist die Aufgabe zu lösen: in einer Koordinatenebene aus einem gegebenen Punkte (P) auf eine gegebene Gerade (g) das Lot (l) zu fällen (Fig. 526). Der Punkt (P) und die Gerade (g) sollen durch ihre Bilder gegeben sein; sie mögen beispielsweise in Π_1 liegen. A, B, C seien die Spurpunkte der Achsen in der Bildebene (oder auch in einer zu ihr parallelen Ebene).

1. Lösung. Die Bildspur CD einer Ebene, die durch (z) normal zu (g) gelegt ist und (AB) in (D) schneidet, ist rechtwinklig zum Bilde g (80) und das Bild OD ihrer ersten Spur parallel zum Bilde des Lotes (l). Man findet l als die Parallele zu OD durch P.

2. Lösung. Die Bildspur EF der ersten projizierenden Ebene (EFG) von (g) ist normal zum Bilde des Lotes (l). Man findet l als

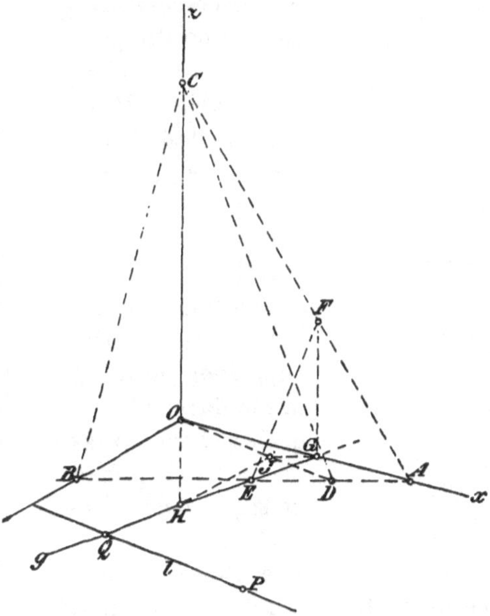

Fig. 526.

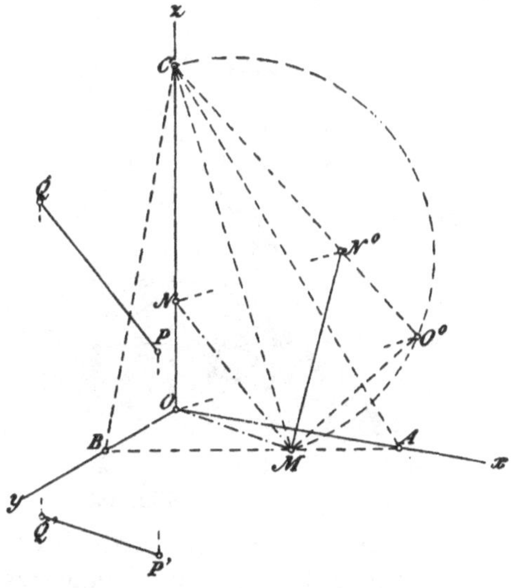

Fig. 527.

die Normale zu EF durch P ($g \times AB = E$, $g \times x = G$, $GF \parallel z$, $AC \times GF = F$). Statt der projizierenden Ebene (EFG) kann man jede zu ihr parallele Ebene, z. B. die durch z, benützen.

3. Lösung. Die Sehstrahlenebene durch (z) schneide (g) in (H), wobei $H = g \times z$. Die Höhenlinien des Dreiecks (GHO) in Π_1 schneiden sich in einem Punkte (J) und zwar ist $GJ \perp z$, $HJ \parallel y$; l geht parallel zu OJ durch P. Bei dieser Lösung werden nur die Achsenbilder, aber kein Spurendreieck gebraucht.

850. Um die wahre Länge einer Strecke (PQ) zu finden, die durch PQ und $P'Q'$ gegeben ist (Fig. 527), ziehe man $OM \# Q'P'$ und $MN \# PQ$, so liegt (M) in Π_1, (N) auf (z) und es ist $(MN) \# (PQ)$. Das Spurendreieck ABC der durch M gelegten Bildebene Π in den Koordinatenebenen ist dadurch bestimmt, daß seine Seiten AB, BC, CA

resp. senkrecht zu z, x, y liegen und die erste AB durch M geht. MC ist die Bildspur der Ebene (MNO); wir legen letztere um MC in die Bildebene um und erhalten die wahre Länge von (PQ) als Umlegung MN^0 von MN. Die Umlegung O^0 von O liegt auf der Senkrechten zu MC durch O und, da $\angle (COM) = R$ ist, zugleich auf dem Kreise über dem Durchmesser CM; N^0 liegt auf CO^0 und NN^0 ist parallel zu OO^0. — Statt dieses Verfahrens kann man auch eine Parallelverschiebung des Koordinatensystems anwenden. Man ziehe $PR \# P'Q'$, so daß (R) auf (QQ') liegt, und mache (R) zum Ursprung und (RQ) zur z-Achse des verschobenen Koordinatensystems. Die Umlegung von (PQ) in die durch (P) gedachte neue Bildebene vollzieht man genau ebenso wie vorhin.

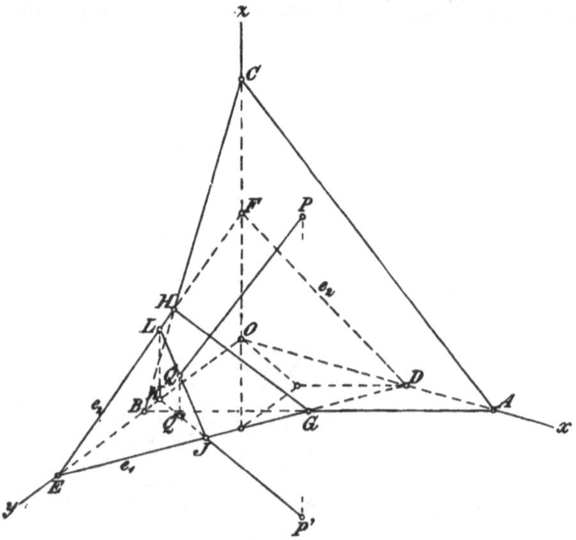

Fig. 528.

851. Das aus einem Punkte (P) auf eine Ebene E gefällte Lot (PQ) wird folgendermaßen dargestellt (Fig. 528). Sei ABC das Spurendreieck der Bildebene und (DEF) das Spurendreieck der Ebene E, also $DE = e_1$, $DF = e_2$, $EF = e_3$, so ist GH die Bildspur von E ($G = AB \times DE$, $H = BC \times EF$) und PQ liegt senkrecht zu GH. Ferner ist $(P'Q') \perp e_1$ also $P'Q'$ nach 849 bestimmbar. Schneidet aber $P'Q'$ das Spurbild e_1 in J und y in K und liegt L auf e_3 so, daß $KL \| z$, so ist JL das Bild der Schnittlinie von E mit der ersten projizierenden Ebene von PQ und enthält Q.

852. Die Umlegung einer Ebene E um ihre Bildspur in die Bildebene (Fig. 529). Das Spurendreieck (DEF) der Ebene E bestimmt mit dem Spurendreieck ABC der Bildebene die Spurlinie von E in Π, welche die Schnittpunkte der gleichnamigen Spurbilder, z. B. $G = AB \times DE$, $H = BC \times EF$ enthält. Die Bildspur CJ der normal zu e_1 durch z gelegten Ebene ist rechtwinklig zu e_1 und diese Ebene (COJ) schneidet aus E eine erste Falllinie (FK) aus.

Zieht man $HL \parallel FK$, so stellt $\angle\, GLH$ einen in E gelegenen rechten Winkel dar; die Umlegung L^0 von L in die Bildebene (um GH) liegt daher auf einem über dem Durchmesser GH konstruierten Halbkreise und auf dem aus L auf GH gefällten Lote; $GL^0 = e_1{}^0$ ist die Umlegung der Spurlinie (e_1). Auf ihr bestimmt man die Umlegung E^0 von (E) durch die Beziehung $EE^0 \parallel LL^0$ und damit $e_3{}^0$ als HE^0. — Hiernach kann die wahre Gestalt ebener Figuren bestimmt werden, denn das Bild einer solchen ebenen Figur ist affin zu ihrer Umlegung in die Bildebene; die Bildspur der betreffenden Ebene ist die Affinitätsachse, das Bild irgend eines ihrer Punkte und seine Umlegung bestimmen einen Affinitätsstrahl ($\parallel LL^0$).

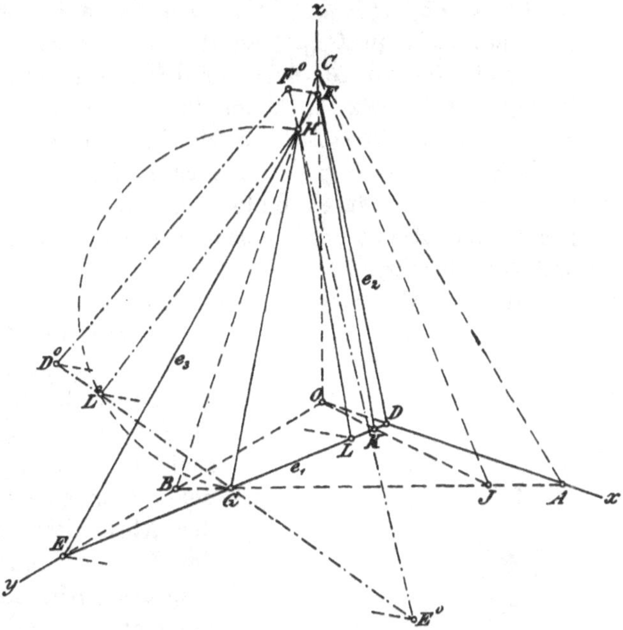

Fig. 529.

853. Um den W i n k e l z w e i e r G e r a d e n zu bestimmen, stelle man ihre Parallelen (g) und (h) durch den Ursprung (O) dar (Fig. 530), bestimme mit Hilfe des Spurendreiecks

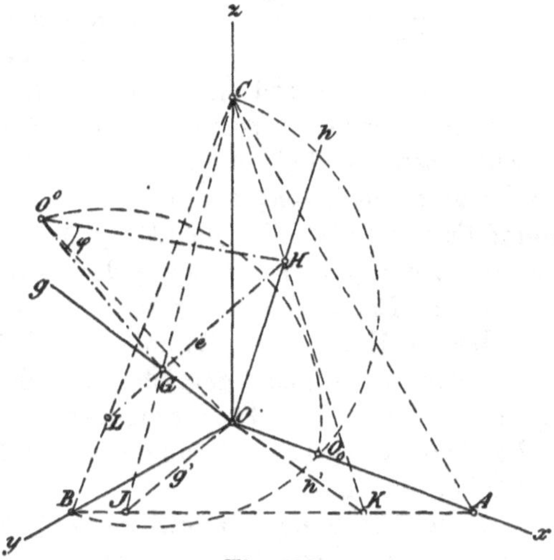

Fig. 530.

ABC ihre Spurpunkte in der Bildebene G und H und lege um ihre Verbindungslinie $e = GH$ den Ursprung und damit den gesuchten

Winkel $\varphi = \angle GOH$ in die Bildebene um ($J = g' \times AB$, $G = g \times CJ$; $K = h' \times AB$, $H = h \times CK$). Die Linie e treffe die Seite BC des Spurendreiecks in L und ein über dem Durchmesser BC geschlagener Halbkreis die (zu BC normale) Linie x in O_0, so ist LO_0 die Umlegung der Strecke (LO) um BC. Zieht man aber OO^0 normal zu e und macht $LO^0 = LO_0$, so ist O^0 der um e umgelegte Ursprung und folglich $\angle GO^0H = \varphi$ der gesuchte Winkel in wahrer Größe. Man kann O^0 auch dadurch finden, daß man $OO^0 \perp e$ zieht und $(O^0 \dashv e)$ gleich der Hypotenuse eines Dreiecks mit den Katheten $(O \dashv e)$ und $O(O)$ macht.

854. Wir wenden die axonometrische Projektionsmethode zuerst auf die Zeichnung von Krystallformen des tesseralen Systems an. Die Krystalle dieses Systems besitzen ein gleichschenklig-rechtwinkliges Achsenkreuz. Die Lage einer Krystallfläche denkt man sich durch die Verhältnisse der Abschnitte bestimmt, die sie auf den drei Achsen hervorbringt (indem man diese Abschnitte vom Ursprung O aus mißt). Bei einem Rhombendodekaëder z. B. (Fig. 531) gelten die Verhältnisse $1:1:\infty$, d. h. es schneidet jede Fläche zwei Achsen in gleicher Entfernung von O und die dritte Achse im Unendlichen. In den Koordinatenebenen laufen also die Spurlinien der (verlängerten) Seitenflächen parallel zu den Achsen (12), (34), (56) und in gleicher Entfernung von ihnen; sie schneiden sich paarweise in den Ecken dreier Quadrate nämlich in (L), (M), (N) und den zu ihnen symmetrischen Punkten. Die Ecken jedes solchen Quadrates liefern, mit den beiden Endpunkten der zu ihm senkrechten Achse verbunden, je 8 der 24 Kanten des Rhombendodekaëders. Dieses kann daher mit großer Leichtigkeit gezeichnet werden, sobald nur das Achsenkreuz abgebildet ist. Die gezogenen Kanten treffen sich zu dreien in 8 Ecken, während sie in den 6 Endpunkten der Achsen zu vieren zusammenstossen.

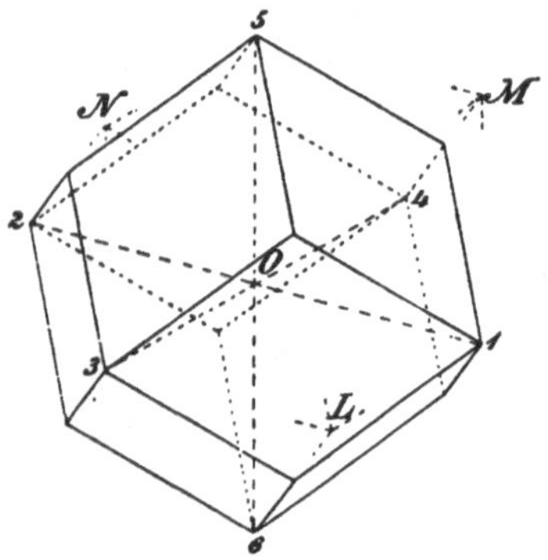

Fig. 531.

Es mag noch ein Vierundzwanzigflach (Trapezoëder) dargestellt werden, dessen Seitenflächen Achsenabschnitte machen, die sich wie $1:2:2$ verhalten (Fig. 532). Sind X, X_1, Y, Y_1, Z, Z_1 die Bilder der Endpunkte des vollständigen Achsenkreuzes, so halbiere man die von O bis zu ihnen reichenden Strecken. Je zwei auf einer Achse liegende Halbierungspunkte sind mit den 4 Endpunkten der beiden anderen Achsen zu verbinden; man erhält so 24 Kanten des Trapezoëders. Außer den 6 auf den Achsen befindlichen Ecken hat man jetzt noch 12 weitere als Schnittpunkte je zweier Kanten; es liegen nämlich in jeder Koordinatenebene 4, die wieder je mit

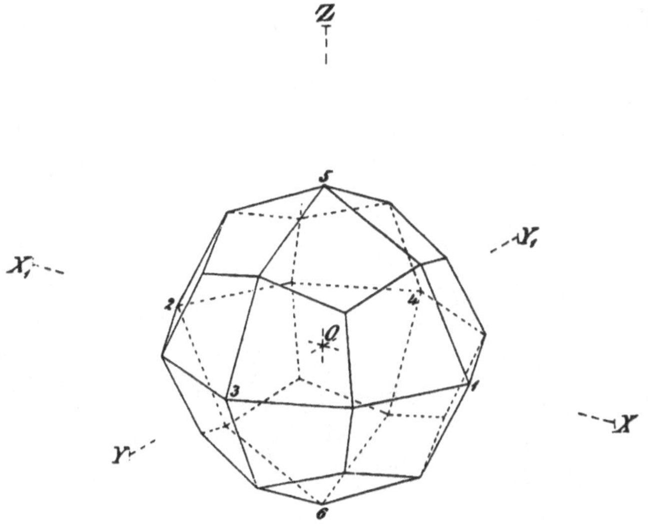

Fig. 532.

den beiden Endpunkten der zu ihr senkrechten Achse zu verbinden sind. In den bisher aufgeführten 18 Ecken stoßen je 4 Kanten zusammen. Die zuletzt gezogenen 24 Kanten schneiden sich aber noch zu dreien in 8 neuen Ecken.

855. Darstellung einer Kugel in axonometrischer Projektion mit Eigen- und Schlagschattengrenzen (Fig. 533). Die Kugel berühre die Koordinatenebene Π_1 im Ursprung (O); durch ihr auf der z-Achse befindliches Centrum C werde die Bildebene gelegt. Die Abbildung des Achsenkreuzes samt dem Spurendreieck ABC sei gegeben. Ist O_0 die Umlegung von (O) um AC, so bildet CO_0 einen in der Bildebene liegenden Kugelradius und der um C durch O_0 geschlagene Kreis u den (wahren und zugleich scheinbaren) Umriß der Kugel. — Bildet sich der Schatten von (C) auf Π_1 im Punkte C_* ab, so sind damit für den Lichtstrahl das Bild $l = CC_*$ und das Grundrißbild $l' = OC_*$ gegeben; es sei noch $L = l \times AB$ und $L' = l' \times AB$. Die Lichtgrenze (v) auf der Kugel ist derjenige Hauptkreis, dessen Ebene normal zum Lichtstrahl steht; sein in der Bildebene liegender Durchmesser DE ist daher senkrecht zu l zu ziehen. DE trifft Π_1 in F auf AB; folglich stellt D_*E_* auf FC_* den Grundrißschatten von DE dar, wenn DD_* und EE_* parallel zu l sind. Der zu DE senkrechte Durchmesser (GH) von v liegt in der Sehstrahlenebene durch l und zwar normal zu (l); sein Bild GH und das seines Grundrißschattens G_*H_* liegen auf l selbst. DE und GH bilden die Achsen der Ellipse v; D_*E_* und G_*H_* sind konju-

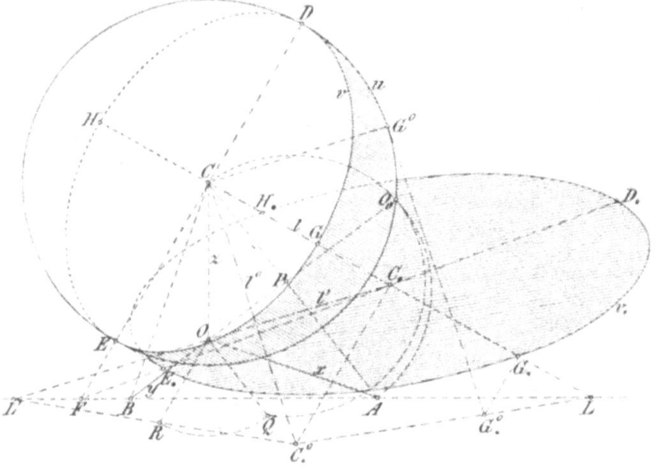

Fig. 533.

gierte Durchmesser der Ellipse v_*, d. i. des Bildes der Schlagschattengrenze in Π_1. Um GH zu bestimmen, legt man die Sehstrahlenebene durch l um l in die Bildebene nieder; hierbei kommt C_* in die Lage C_*^0, wenn $C_*C_*^0 = (C_* \dashv \Pi)$ und $\perp l$ ist. Es besteht aber die Proportion:

$$(C_* \dashv \Pi) : (O \dashv \Pi) = C_*L' : OL',$$

denn L' ist die Bildspur der Geraden $(l') = (OC_*)$. Man findet $(O \dashv \Pi)$ als die Kathete OQ des rechtwinkligen Dreiecks OPQ, dessen Hypotenuse $PQ = PO_0$ ist; hierauf zeichnet man $OR = OQ$ und $C_*C_*^0$, beide senkrecht zu l, und findet C_*^0 auf $L'R$. Sodann wird senkrecht zum umgelegten Lichtstrahl $l^0 = CC_*^0$ der Radius CG^0 von u gezogen; dies ist die Umlegung von (CG). Liegt G_*^0 auf C_*^0L so, daß $G^0G_*^0 \parallel CC_*^0$, so ist $C_*^0G_*^0$ der umgelegte Grundrißschatten von (CG). Projiziert man jetzt G^0 und G_*^0 senkrecht auf l, so ergeben sich die gesuchten Punkte G und G_* und daraus H und H_*. Schließlich sind die Ellipsen v und v_* in bekannter Weise zu zeichnen.

856. Achsenbild $Oxyz$ und Spurendreieck ABC seien wiederum gegeben. Auf der Grundrißebene Π_1 ruht ein gerader Kreiscylinder $\mathfrak{C}$; er berührt Π_1 längs der Mantellinie (OF), die mit der x-Achse zusammenfällt; die eine seiner beiden ebenen Endflächen liegt in Π_3, die andere dazu parallel. Neben dem Cylinder steht auf der Seite des Beschauers ein gerader Kreiskegel $\mathfrak{K}$; sein

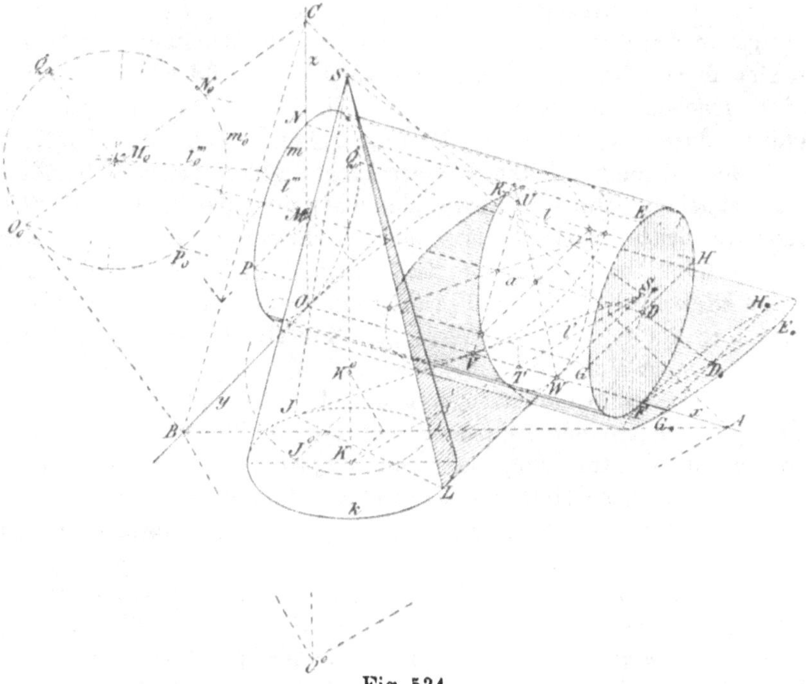

Fig. 534.

Grundkreis in Π_1 ist (k), (K) dessen Centrum, und (S) die Kegelspitze. Cylinder und Kegel, sowie die Grenzen ihrer Eigen- und Schlagschatten sollen dargestellt werden (Fig. 534).

Es werde zuerst die Ebene Π_3 um ihre Spur BC in die Bildebene umgelegt. O_0 sei die Umlegung des Ursprungs (O_0 auf x, $\angle BO_0C = \mathrm{R}$). Das Centrum M_0 des mit Π_3 umgelegten Endkreises von $\mathfrak{C}$ wählen wir auf der umgelegten z-Achse O_0C und zeichnen ihn mit dem Radius M_0O_0; N_0O_0 und P_0Q_0 seien rechtwinklige Durchmesser. Das Bild des genannten Endkreises ist eine zum umgelegten Kreise affine Ellipse; BC ist die Affinitätsachse, O_0 und O sind affine Punkte und die Affinitätsstrahlen laufen parallel zu x ($\perp BC$); somit ist die große Achse der Ellipse parallel zu BC und gleich dem Kreisdurchmesser. Den genannten rechtwinkligen Durchmessern des Kreises entsprechen konjugierte Durchmesser der Ellipse, nämlich NO auf z und $PQ \parallel y$. Durch M_0 führt der Strahl $a = MD$, das Bild der Cylinderachse, parallel zu x. Die gleichgerichteten Tangenten des Kreises stellen die Umrißmantellinien des Cylinders dar. Der andere Endkreis wird als eine zur vorigen kongruente Ellipse abgebildet; D, senkrecht über F, ist ihr Mittelpunkt; $EF \# NO$ und $GH \# PQ$ sind wieder konjugierte Durchmesser. Wir denken uns die Richtung der Lichtstrahlen durch die ihrer Bilder, bezw. Grundrißbilder, also durch l und l' gegeben und leiten daraus das Bild l''' des Seitenrisses ab. Geht l''' durch M, l_0''' durch M_0 und treffen sich beide auf BC, so ist l_0''' der umgelegte Seitenriß eines Lichtstrahles, der die Cylinderachse schneidet. Die zu l''' parallelen Tangenten des Kreises $(NPOQ)$ bilden die dritten Spuren der beiden Lichtstrahlenebenen, die den Cylindermantel berühren; ihre Berührungslinien bilden die Grenze seines Eigenschattens und ihre ersten Spuren die seines Schlagschattens auf Π_1. Die Bilder jener Mantellinien sind $(\parallel x)$ durch die Berührungspunkte auf dem Kreise $N_0P_0O_0Q_0$ zu ziehen; die Bilder ihrer Grundrißschatten treffen sich auf y mit den zu l''' parallelen Tangenten der Ellipse $NPOQ$. — Ist $DD_* \parallel l$ und $FD_* \parallel l'$, liegt ferner E_* auf FD_* so, daß $EE_* \parallel l$ ist, und zieht man $G_*D_*H_* \# GDH$, so stellt die Ellipse mit dem Mittelpunkte D_* und den konjugierten Durchmesser E_*F, G_*H_* den Grundrißschatten des Endkreises $(EGFH)$ dar.

Es werde zweitens die Ebene Π_1 um AB in Π umgelegt; O^0 sei die Umlegung des Ursprungs (O^0 auf z, $\angle AO^0B = R$). Wir nehmen in der Umlegung den ersten Spurpunkt K^0 der Kegelachse und seinen Grundkreis k^0 an; ihre Bilder K und k sind dann hierzu affin; AB ist die Affinitätsachse, O^0 und O affine Punkte. Die Ellipse k kann mit Hilfe ihrer Achsen gezeichnet werden, die parallel, resp. senkrecht zu AB liegen. Senkrecht über ihrem Centrum K werde das Bild S der Kegelspitze gewählt. Entsprechen sich S^0 und S durch die eben benutzte Affinität, so gilt das Gleiche von den aus diesen Punkten an k^0 und k gelegten Tangentenpaaren; letzteres bildet den scheinbaren Umriß des Kegelmantels. Sind SS_* und KS_* parallel zu l resp. l', so ist S_* das Bild des Grundrißschattens von S. Die Polare JL von S_* in Bezug auf k wird leicht mit Hilfe des affinen Kreises k^0 bestimmt. Die Geraden SJ und SL stellen dann die Grenze des Eigenschattens auf dem Kegel, S_*J und S_*L die Grenze seines Schlagschattens auf Π_1 dar.

Der Kegel erzeugt Schlagschatten auf dem Cylinder. Die beiden Lichtebenen (SJS_*) und (SLS_*) schneiden nämlich den Cylindermantel in zwei Ellipsen. Der Schlagschatten wird von Stücken derselben begrenzt, die in dem gemeinsamen Punkte (R) auf (SS_*) beginnen und auf der sichtbaren Eigenschattengrenze des Cylinders endigen. In den Grundrißschatten der Endpunkte treffen sich die Schattengrenzen vom Cylinder und Kegel. Was die Bilder jener Ellipsen betrifft, so gehen zwei ihrer Durchmesser von V und W aus, schneiden sich auf SS_* in U, bestimmen auf MD die Mittelpunkte und endigen auf NE ($T = KS_* \times OF$, $U = SS_* \times TU$, $TU \parallel z$, $V = JS_* \times OF$, $W = LS_* \times OF$). Die konjugierten Durchmesser sind parallel zu den Tangenten JS_* und LS_* in V und W resp., ihre Endpunkte liegen auf PG und QH. Um R zu finden, ziehe man durch S_* eine Parallele zu x, durch ihren Schnittpunkt mit y eine Parallele zu l''', durch deren Schnittpunkt mit dem Ellipsenbogen NP wieder eine Parallele zu x; letztere trifft SS_* in R.

FÜNFZEHNTES KAPITEL.

Freie Perspektive.

Perspektive Darstellung von Ebene, Gerade und Punkt.

857. Zur perspektiven Darstellung oder Centralprojektion eines räumlichen Gegenstandes bedarf man eines festen Punktes, des Augpunktes, und einer festen Ebene, der Bildebene, deren Lage zum Gegenstand gegeben ist. Indem man vom Augpunkte nach allen Punkten des Objektes Strahlen zieht, erhält man in ihren Schnittpunkten mit der Bildebene die Bilder dieser Punkte; die Gesamtheit dieser Bildpunkte macht das Bild des Objektes aus. Es ist sofort ersichtlich, daß hierbei jedem Raumpunkt ein bestimmter Bildpunkt zukommt, daß aber jeder Punkt der Bildebene noch unendlich vielen Punkten des Raumes als Bild zugehört, nämlich allen Punkten des Strahles, der den Punkt der Bildebene mit dem Augpunkte verbindet. Ein Raumpunkt ist somit durch sein perspektives

Bild noch nicht bestimmt. Wir werden weiterhin sehen, wie seine räumliche Lage fixiert werden kann.

Die Lage des Augpunktes oder des Centrums der Perspektive gegen die Bildebene wird in der folgenden Weise bestimmt. Vom Augpunkte, der stets mit O bezeichnet werden soll, fälle man ein Lot auf die Bildebene; sein Fußpunkt A heißt der Hauptpunkt, seine Länge OA die Distanz. Sind Hauptpunkt und Größe und Richtung der Distanz bekannt, so kennt man auch die Lage des Augpunktes auf der einen oder anderen Seite der Bildebene. Um A als Mittelpunkt zieht man einen Kreis, den Distanzkreis d, dessen Radius gleich der Distanz ist.

Die Lage des Objektes gegen die Bildebene ist für die Gestalt des Bildes von wesentlicher Bedeutung. Wird Auge und Objekt festgehalten und nur die Lage der Bildebene geändert, so sind die betreffenden Bilder perspektive ebene Figuren (176). Verschiebt man die Bildebene parallel zu sich selbst, so erleidet die in ihr liegende Bildfigur eine ähnliche Vergrößerung oder Verkleinerung.

858. Die Bildebene teilt den Raum in zwei Teile, von denen der eine den Augpunkt enthält. Von diesem Teile wollen wir sagen, er liege vor der Bildebene, während wir von dem anderen Teil sagen, daß er hinter der Bildebene liege. Die Lage der Bildebene wird fast immer so gewählt, daß das darzustellende Objekt hinter ihr gelegen ist. Wir haben im ganzen dreierlei Raumpunkte zu unterscheiden. Erstens: Punkte hinter der Bildebene; ihre Bilder liegen zwischen ihnen und dem Auge. Zweitens: Punkte vor der Bildebene, die ihr näher liegen als das Auge; ihre Bilder liegen vom Augpunkt in der gleichen Richtung wie sie selbst, aber in größerer Entfernung wie diese. Drittens: Punkte vor der Bildebene, deren Abstand von ihr größer ist als die Distanz; ihre Bilder liegen vom Augpunkt aus in der entgegengesetzten Richtung wie sie selbst, d. h. der Augpunkt trennt den Raumpunkt und sein Bild. In dem dritten Fall nennt man das Bild virtuell nach einer gebräuchlichen Bezeichnungsweise der Optik, da hier nicht der Sehstrahl aus dem Auge nach dem Raumpunkt, sondern seine Verlängerung rückwärts über das Auge hinaus die Bildebene trifft. In den beiden ersten Fällen heißt das Bild reell. Der Gegenstand, dessen Bild wir entwerfen wollen, muß natürlich eine derartige Lage zur Bildebene und zum Auge einnehmen, daß sein Bild reell wird. Trotzdem sind öfters auch virtuelle Bilder von Punkten, Geraden u. s. w. zu konstruieren, die als Hilfselemente dienen; für die Konstruktion reeller und virtueller Bilder ergiebt sich kein Unterschied.

Hinsichtlich der Bezeichnung mag noch vorausgeschickt werden, daß die Bilder eines Raumpunktes P, einer Raumgeraden g u. s. w. durch Anhängen des Index c an die betreffenden Zeichen, also P_c, g_c u. s. w., gekennzeichnet werden sollen. Die Bildebene soll kurz durch Π bezeichnet werden.

859. Darstellung einer Ebene. Eine Ebene E im Raume legen wir fest, indem wir einerseits ihre Schnitt- oder Spurlinie e mit der Bildebene, andererseits ihre Stellung gegen diese angeben. Das letztere geschieht dadurch, daß wir durch das Auge O eine Parallelebene zu E legen und ihre Spurlinie e_∞ zeichnen (Fig. 535). Da jede Ebene durch O die Bildebene und die Ebene E in Geraden schneidet, von denen die eine das Bild der anderen ist, so ist jede Gerade in Π das Bild einer Geraden in E und das Bild unserer Ebene überdeckt die ganze Bildebene. Speziell ist e_∞ das Bild der unendlich fernen Geraden von E, d. h. der Gesamtheit ihrer unendlich fernen Punkte, da $Oe_\infty \| \mathsf{E}$ ist; e_∞ heißt die Fluchtlinie von E (vergl. 166—169). Parallele Ebenen besitzen die gleiche Fluchtlinie. Die Spurlinie e und die Fluchtlinie e_∞ liegen in der Bildebene Π und sind parallel; zu ihnen parallel ist auch die Verschwindungslinie e_v der Ebene E, deren Bild unendlich fern liegt, so daß $Oe_v \| \Pi$ ist. Die Geraden e und e_v teilen E in drei Teile; der erste erstreckt sich von e bis ins Unendliche und liegt hinter der Bildebene, sein Bild in Π ist der Parallelstreifen zwischen e und e_∞.

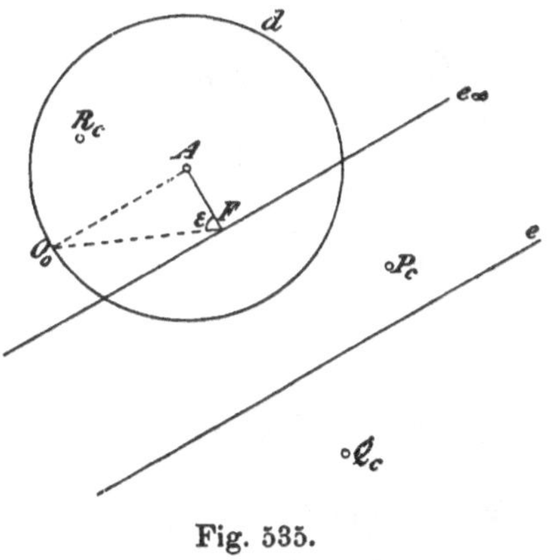

Fig. 535.

Den zweiten Teil von E bildet der Streifen zwischen e und e_v vor der Bildebene, sein Bild in Π dehnt sich von e bis ins Unendliche aus. Der dritte Teil von E liegt ebenfalls vor der Bildebene und erstreckt sich von e_v ins Unendliche, sein Bild ist virtuell und dehnt sich von e_∞ bis ins Unendliche aus. In Fig. 535 sind P_c, Q_c, R_c die Bilder von Punkten, die im ersten, resp. zweiten, resp. dritten Teile von E liegen.

Fällt man vom Hauptpunkt A ein Lot AF auf e_∞, so ist OF

eine Falllinie der Ebene Oe_∞ ($OF \perp e_\infty$) und es ist $\angle AFO = \varepsilon$ der Neigungswinkel der Ebene E gegen die Bildebene, da E $\| Oe_\infty$ ist. Man zeichnet den Winkel ε durch Umlegen des Dreieckes AFO um die Kathete AF in Π als $\triangle AFO_0$ ($AO_0 \perp AF$, O_0 auf d). Es ist sofort ersichtlich, daß $\varepsilon \gtreqless 45^0$ ist, je nachdem e_∞ den Distanzkreis d schneidet, berührt oder nicht trifft. Geht die Fluchtlinie einer Ebene durch den Hauptpunkt A, so ist die Ebene zur Bildebene normal.

Die zur Bildebene parallelen Ebenen können in der angegebenen Weise nicht bestimmt werden, sie besitzen weder erreichbare Spur- noch Fluchtlinien. Punkte und Linien in solchen Ebenen lassen sich durch Hilfsgeraden oder Hilfsebenen festlegen, wie wir weiterhin sehen werden.

Bei Ebenen durch das Auge O fallen Spur- und Fluchtlinie zusammen; die ganze Ebene projiziert sich als gerade Linie.

860. Darstellung einer Geraden. Eine Gerade g legen wir im Raume fest, indem wir einerseits ihren Schnitt- oder Spurpunkt G mit der Bildebene, andererseits ihre Richtung angeben. Das letztere geschieht in der Weise, daß wir durch das Auge O eine Parallele zu g legen und ihren Spurpunkt G_∞ zeichnen (Fig. 536). Jeder Strahl durch O, der g in einem Punkte trifft, schneidet Π in dem zugehörigen Bildpunkte. Speziell ist G_∞ das Bild des unendlich fernen Punktes von g, da $OG_\infty \| g$ ist; G_∞ heißt der Fluchtpunkt von g. $GG_\infty = g_c$ ist das Bild von g ($g_c = Og \times \Pi$). Parallele Geraden besitzen den gleichen Fluchtpunkt.

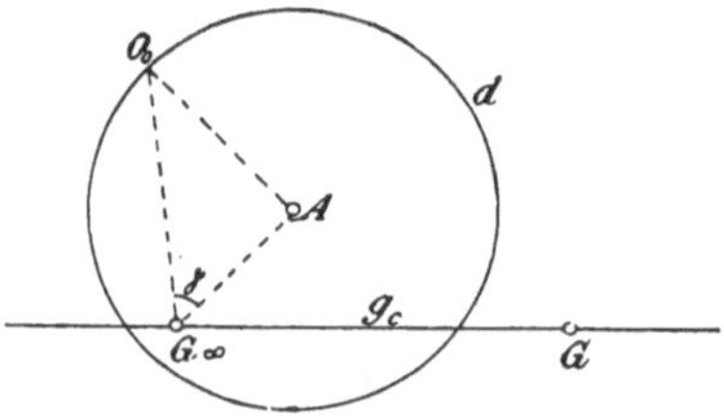

Fig. 536.

Wir betrachten außer dem Spurpunkt G und dem Fluchtpunkt G_∞ der Bildgeraden g_c noch den Verschwindungspunkt G_v auf g, dessen Bild ins Unendliche fällt ($OG_v \# G_\infty G$). Das Stück der Geraden hinter der Bildebene (mit dem Endpunkt G) hat die Strecke $G_\infty G$ zum Bilde. Die Strecke GG_v hat ein Bild, das sich von G ins Unendliche erstreckt. Der Teil von g, der über G_v hinaus liegt, hat ein virtuelles Bild, nämlich das Stück von g_c, das sich von G_∞ ins Unendliche zieht.

Der Neigungswinkel von g gegen die Bildebene ist $\gamma = \angle AG_\infty O$; er ergiebt sich aus dem rechtwinkligen Dreiecke $AG_\infty O_0$, dessen

Katheten bekannt sind ($O_0A \perp AG_\infty$, O_0 auf d). Je nachdem G_∞ außerhalb, auf, oder innerhalb d liegt, ist $\gamma \lesseqgtr 45^0$. Alle Normalen zur Bildebene haben den Hauptpunkt A zum Fluchtpunkt.

Die zur Bildebene parallelen Geraden liefern Bilder, die zu ihnen selbst parallel sind, auf diesen Bildgeraden giebt es jedoch weder Spur- noch Fluchtpunkt. Eine solche Gerade kann also nicht in der vorher geschilderten Weise festgelegt werden, vielmehr muß man entweder einen Punkt auf ihr, oder eine Ebene durch sie angeben. Bei Geraden durch das Auge O fallen Spur- und Fluchtpunkt zusammen, sie projizieren sich als Punkte.

861. Liegt eine Gerade g in einer Ebene E, so liegen Spur-, Flucht- und Verschwindungspunkt der Geraden bezüglich auf Spur-, Flucht- und Verschwindungslinie der Ebene (G auf e, G_∞ auf e_∞, G_v auf e_v). Dies folgt unmittelbar aus der Definition der genannten Elemente. Natürlich gehört auch umgekehrt eine Gerade einer Ebene an, wenn ihr Spur- und Fluchtpunkt bezüglich auf der Spur- und Fluchtlinie der Ebene liegen. Ist eine Gerade zu einer Ebene parallel, so liegt ihr Fluchtpunkt auf der Fluchtlinie der Ebene.

862. Eine Ebene E soll in die Bildebene umgelegt werden (Fig. 537). Ist $\mathfrak{F}$ eine Figur in E und $\mathfrak{F}_c$ ihr Bild, so bleibt nach 173 die perspektive Beziehung zwischen ihnen erhalten, wenn man $\mathfrak{F}$ mit der Ebene E um die Spur e dreht. Legt man eine Ebene E um ihre Spur e in die Bildebene um, wobei die in ihr liegende Figur $\mathfrak{F}$ in $\mathfrak{F}^0$ übergehen mag, so sind $\mathfrak{F}^0$ und $\mathfrak{F}_c$ perspektiv. Legt man gleichzeitig das Auge O um ihre Fluchtlinie e_∞ als O^0 in die Bildebene um, dann ist O^0 das Centrum der perspektiven Beziehung zwischen $\mathfrak{F}^0$ und $\mathfrak{F}_c$. Der Beweis hierfür findet sich in 174 und 175; dort wird auch gezeigt, daß der Abstand von $e_v{}^0$ und e gleich dem Abstand von O^0 und e_∞ ist.

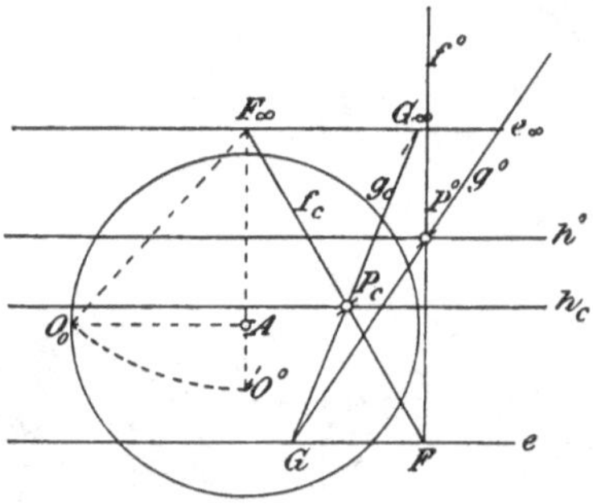

Fig. 537.

Man kann das vorstehende Resultat auch in die folgende Form kleiden. Jeder Punkt der Ebene E befindet sich nach seiner um die Spur e ausgeführten Umlegung in die Bildebene in gerader Linie mit seinem Bilde und dem um die Fluchtlinie e_∞ umgelegten Auge. Jede Gerade der Ebene E ist nach ihrer Umlegung um die Spur e parallel zu der Geraden, die ihren Fluchtpunkt mit dem um die Fluchtlinie e_∞ umgelegten Auge verbindet. So ist $g^0 \parallel G_\infty O^0$, denn die Parallelen g und $G_\infty O$ werden um die Parallelen e resp. e_∞ gedreht.

Will man O um e_∞ umlegen, so fälle man von O auf e_∞ das Lot OF_∞ $(AF_\infty \perp e_\infty)$; das umgelegte Lot O^0F_∞ ist zu e_∞ normal, seine wahre Länge ist die Hypotenuse eines rechtwinkligen Dreieckes mit den Katheten AF_∞ und AO, das in der Figur um die Kathete AF_∞ umgelegt ist $(F_\infty O_0 = F_\infty O^0)$.

Die Falllinien der Ebene E haben Bilder mit dem Fluchtpunkte F_∞; denn sie stehen auf e senkrecht, für ihren Fluchtpunkt F_∞ gilt also die Beziehung $OF_\infty \perp e_\infty$. Die Hauptlinien von E besitzen Bilder, die zu e parallel sind; denn da sie e nicht schneiden, können es auch ihre Bilder nicht thun. Sind f_c und h_c die Bilder einer Fall- und einer Hauptlinie und ist $P_c = f_c \times h_c$, so liegt $P^0 = f^0 \times h^0$ mit P_c und O^0 in gerader Linie ($f^0 \perp e$, $h^0 \parallel e$, f_c durch F_∞, $h_c \parallel e$).

863. Bestimmung der wahren Gestalt eines Dreieckes durch Umlegen um die Spur seiner Ebene (Fig. 538). Sei $P_cQ_cR_c$ das Bild des Dreieckes und seien e und e_∞ Spur- und Fluchtlinie der Ebene PQR, so bestimme man zunächst die Spur- und Fluchtpunkte der Dreiecksseiten. Es sind A, A_∞ resp. B, B_∞ resp. C, C_∞ die Spur- und Fluchtpunkte von QR resp. RP resp. PQ, wenn $Q_cR_c \times e = A$, $Q_cR_c \times e_\infty = A_\infty$ u. s. w. ist. Legt man jetzt das Auge um e_∞ als O^0 in die Bildebene um, dann geht Q^0R^0 durch A und ist zu O^0A_∞ parallel; ebenso gehen R^0P^0 und P^0Q^0 durch B und C und sind zu O^0B_∞ und O^0C_∞ parallel. Damit ist die wahre Gestalt $P^0Q^0R^0$ unseres Dreieckes gefunden; seine Ecken liegen mit

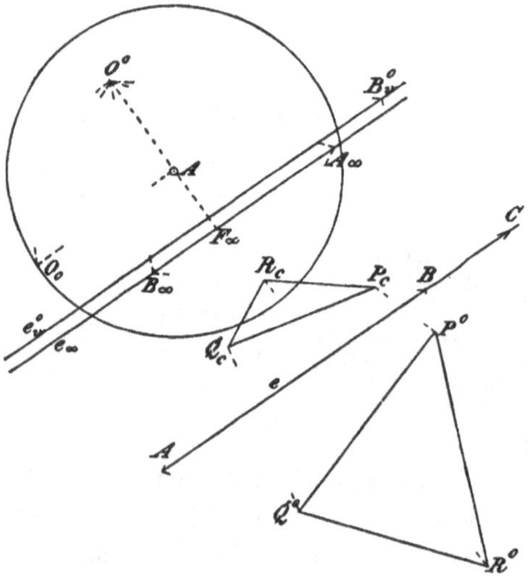

Fig. 538.

den Ecken des Bilddreieckes $P_c Q_c R_c$ auf drei Strahlen durch O^0. In der Figur ist auch die Verschwindungslinie e_v nach $e_v{}^0$ umgelegt worden mit Hilfe der Beziehung $(e_v{}^0 \dashv e) = (O^0 \dashv e_\infty)$. Dann schneidet P^0R^0 die Gerade $e_v{}^0$ in $B_v{}^0$ und es ist das Bild P_cR_c zu der Verbindungslinie $O^0B_v{}^0$ parallel; ähnlich verhält es sich auch mit den beiden anderen Seiten des Dreieckes.

864. Bestimmung der wahren Länge einer Strecke, deren Bild gegeben ist. Es mögen das Bild $g_c = P_cQ_c$, der Spurpunkt G und der Fluchtpunkt G_∞ der Geraden $g = PQ$ bekannt sein. Wir legen durch PQ eine beliebige Ebene E, dann geht e durch G und $e_\infty (\| e)$ durch G_∞, und wir erhalten die wahre Länge von PQ, indem wir genau wie vorher die Ebene E um ihre Spur umlegen (Fig. 539). Hierbei bestimmt sich O^0 ganz wie früher und es ist $G_\infty O^0 = G_\infty O$ und $g^0 \| G_\infty O^0$; die Geraden O^0P_c und O^0Q_c schneiden auf g^0 die wahre Länge P^0Q^0 aus.

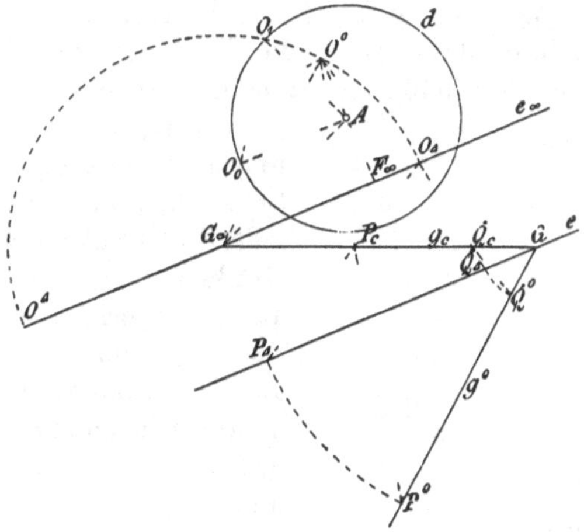

Fig. 539.

Da die Richtung von e durch G beliebig ist, so kann auch $G_\infty O^0 (\| g^0)$ jede beliebige Richtung annehmen; wir erhalten deshalb folgende Konstruktion der wahren Länge. Sind G und G_∞ Spur- und Fluchtpunkt einer Geraden g und ist PQ eine auf ihr liegende Strecke, deren Bild P_cQ_c bekannt ist, so ziehe man durch G_∞ in beliebiger Richtung die Strecke $G_\infty O^0 = G_\infty O$, sowie durch G die Parallele g^0, dann wird die wahre Länge P^0Q^0 der Strecke PQ durch die Strahlen O^0P_c und O^0Q_c auf g^0 ausgeschnitten. $G_\infty O^0$ findet sich als Hypotenuse des rechtwinkligen Dreieckes mit den Katheten $G_\infty A$ und AO, sie ist gleich der Entfernung des Fluchtpunktes G_∞ vom Auge O ($AO_1 \perp G_\infty A$, $AO_1 = AO$, $G_\infty O_1 = G_\infty O = G_\infty O^0$).

Das hier ausgesprochene allgemeine Resultat findet besonders in den folgenden beiden Weisen seine Verwendung. Liegt die

Gerade g in der Ebene E, so bestimme man auf e_∞ einen der Punkte O^Δ oder O_Δ, für welche $G_\infty O^\Delta = G_\infty O_\Delta = G_\infty O = G_\infty O^0$ ist; aus jedem dieser beiden Punkte projiziert sich eine jede Bildstrecke P_cQ_c von g_c in wahrer Länge auf e ($P_\Delta Q_\Delta = PQ = P^0Q^0$). Der Punkt O^Δ, resp. O_Δ heißt Teilungspunkt von g_c, weil er dazu dienen kann, jede Bildstrecke auf g_c so zu teilen, daß die wahren Längen dieser Teile in einem vorgeschriebenen Verhältnisse stehen.

865. Legt man zweitens durch g eine Ebene senkrecht zur Bildebene, so ist $G_\infty A$ ihre Fluchtlinie und g' ($\parallel G_\infty A$) durch G ihre Spurlinie, dabei ist g' die Orthogonalprojektion von g auf die Bildebene (Fig. 540). Legt man jetzt das Auge um $G_\infty A$ nach O_0 um ($O_0A \perp G_\infty A$, O_0 auf d) und die Gerade g um ihre Orthogonalprojektion g' nach g_0 ($g_0 \parallel O_0G_\infty$, g_0 durch G), so projiziert sich jede Bildstrecke P_cQ_c von g_c aus O_0 in wahrer Größe auf g_0. Projiziert man P_cQ_c aus A auf g', so erhält man die Orthogonalprojektion $P'Q'$ von PQ; denn die von P und Q auf die Bildebene gefällten Lote haben A zum Fluchtpunkte und ihre Spurpunkte P' und Q' liegen auf g'. Die Strecken $P'P_0$ und $Q'Q_0$ stehen auf g' senkrecht und geben die Abstände der Punkte P und Q von der Bildebene Π an. Trägt man $G_\infty O_\Delta = G_\infty O_0$ auf $G_\infty A$ auf, so ist O_Δ der Teilungspunkt von g_c hinsichtlich der zu Π normalen Ebene durch g; P_cQ_c projiziert sich also aus O_Δ in der wahren Länge $P_\Delta Q_\Delta$ ($= P_0Q_0 = PQ$) auf g'.

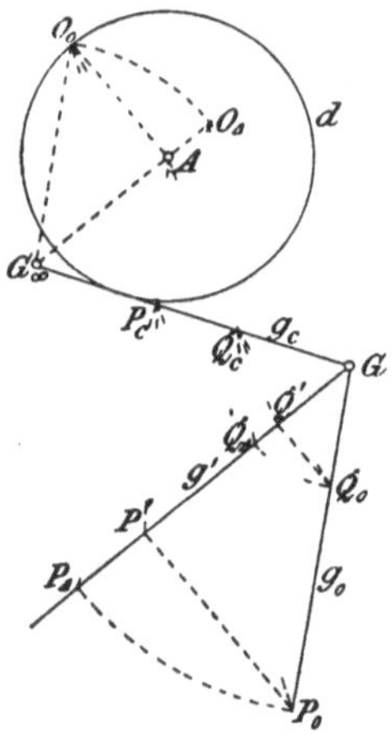

Fig. 540.

866. Die hier gegebene Darstellung der Ebene und der Geraden und im Anschluß daran die des Punktes auf der Geraden oder in der Ebene kann dazu benutzt werden, eine Reihe von Aufgaben zu lösen. Aus dem Bilde P_c und der orthogonalen Projektion P' eines Punktes, wobei P_cP' durch den Hauptpunkt A gehen muß, ergiebt sich sein Abstand von der Bildebene durch die Relation $PP' : OA = P'P_c : P_cA$. Es folgt das unmittelbar aus Fig. 540 und wird noch einfacher durch Umlegen von OP um seine orthogonale Projektion AP' erhalten. Aus dem Bilde g_c und der Projektion g' einer Geraden ergiebt sich ihr Spurpunkt $G = g_c \times g'$ und ihr Fluchtpunkt $G_\infty = g_c \times G_\infty A$, wobei $G_\infty A \parallel g'$ ist. Ist die Gerade g zur Bildebene parallel, so ist $g_c \parallel g'$; ihr Abstand von der Bildebene ist gleich dem Abstand irgend eines Punktes P auf ihr, der sich wie vorher bestimmt ($P'P_c$ durch A).

Ein Punkt kann hiernach durch sein Bild und seine orthogonale Projektion, oder durch sein Bild und seinen Abstand von der Bildebene gegeben werden. Ebenso kann eine Parallele zur Bildebene durch ihr Bild und ihren Abstand, oder durch ihr Bild und ihre orthogonale Projektion bestimmt werden.

Aus Fig. 540 erkennt man weiter, daß sich der Abstand eines Punktes von der Bildebene zur Distanz auch wie die Abstände seines Bildes von Spur- und Fluchtpunkt einer durch ihn gelegten Geraden verhält ($PP' : OA = GP_c : P_cG_\infty$), oder wie die Abstände seines Bildes von Spur- und Fluchtlinie einer durch ihn gelegten Ebene. Ganz ebenso verhält sich der Abstand einer zur Bildebene parallelen Geraden zur Distanz, wie die Abstände ihres Bildes von Spur- und Fluchtlinie einer durch sie gelegten Ebene.

867. Die Schnittlinie s zweier Ebenen B und Γ hat den Spurpunkt $S = b \times c$ und den Fluchtpunkt $S_\infty = b_\infty \times c_\infty$. Der Schnittpunkt S einer Geraden g und einer Ebene E wird erhalten, indem man durch g eine beliebige Hilfsebene Δ legt, also ihre Spurlinie d durch G und ihre Fluchtlinie d_∞ ($\parallel d$) durch G_∞ zieht und die Gerade $i = \mathsf{E} \times \Delta$ mit g schneidet ($J = e \times d$, $J_\infty = e_\infty \times d_\infty$, $S_c = g_c \times i_c$). Ist g parallel zur Bildebene, so kann man eine zur Bildebene normale Hilfsebene durch sie legen, ihre Spurlinie ist g' ($\parallel g_c$) und ihre zu g_c parallele Fluchtlinie geht durch A. Die einfachen Figuren zu diesen Aufgaben sind weggelassen, da die gleichen Konstruktionen in den weiteren Aufgaben wiederkehren.

868. Durch einen Punkt P zu der Geraden k eine Parallele l zu ziehen. P liege auf einer Geraden g, also P_c auf GG_∞, dann ist $L_\infty = K_\infty$, $l_c = L_\infty P_c$ und $LG \parallel L_\infty G_\infty$; denn LG und $L_\infty G_\infty$ bilden Spur- und Fluchtlinie der Ebene lg (Fig. 541). Hieraus ergeben sich auch Spur- und Fluchtlinie der Ebene kP, die auch die Parallele l enthält, erstere ist KL, letztere ist hierzu parallel und geht durch K_∞. Der Distanzkreis ist hier und weiterhin, wo er nicht gebraucht wird, weggelassen.

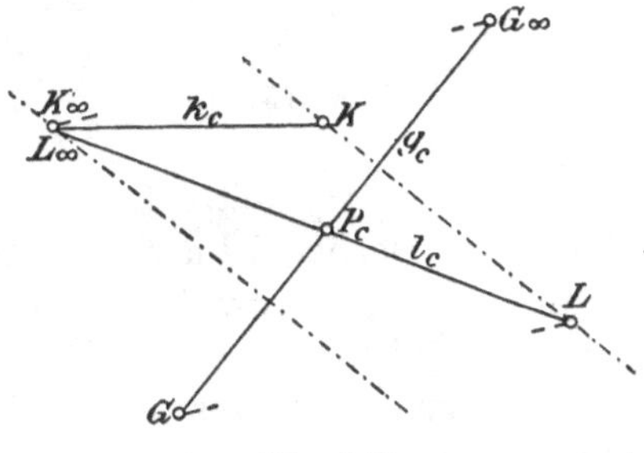

Fig. 541.

Durch einen Punkt P zu der Ebene E eine Parallelebene Δ zu legen. P mag durch sein Bild P_c und seine orthogonale Projektion P' gegeben sein (P_cP' durch A, Fig. 542). Ziehen wir durch P irgend eine Gerade g parallel zu E (g_c durch P_c), so liegt ihr Fluchtpunkt G_∞ auf e_∞ und ihr Spurpunkt G auf einer Parallelen zu AG_∞ durch P'. Denn die Parallelen AG_∞ und $P'G$ bilden Flucht- und Spurlinie einer Ebene durch die Geraden PP' und g. Die gesuchte Ebene Δ enthält die Gerade g, besitzt also die Fluchtlinie $d_\infty = e_\infty$ und eine dazu parallele Spurlinie d durch G.

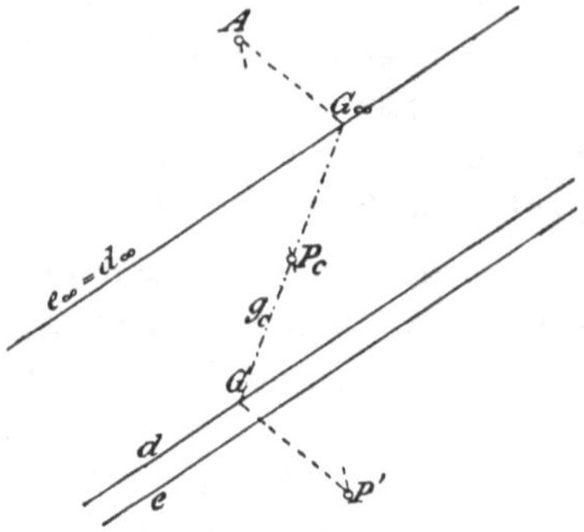

Fig. 542.

869. Durch einen Punkt P eine Gerade s zu legen, die zwei Gerade k und l trifft (Fig. 543). Der Punkt sei wieder durch sein Bild P_c und seine Orthogonalprojektion P' gegeben (P_cP' geht durch A). Wir legen durch P eine Parallele d zu k, dann ist $D_\infty = K_\infty$ ihr Fluchtpunkt und $d_c = D_\infty P_c$ ihr Bild; ihr Spurpunkt D liegt auf einer Parallelen zu $K_\infty A$ durch P'. Denn PP' und d liegen in einer Ebene mit $D_\infty A$ als Flucht- und DP' als Spurlinie. Ebenso ziehen wir durch P eine Parallele e zu l, dann ist $L_\infty = E_\infty$ ihr Fluchtpunkt, $e_c = E_\infty P_c$ ihr Bild und $E = e_c \times P'E$ ($\parallel L_\infty A$) ihr Spurpunkt. Die gesuchte Gerade s erscheint nun als Schnitt der Ebenen kd und le, also ist ihr Spurpunkt $S = DK \times EL$, während ihr Fluchtpunkt S_∞ auf den Geraden $K_\infty S_\infty$ ($\parallel KD$) und $L_\infty S_\infty$ ($\parallel LE$) liegt.

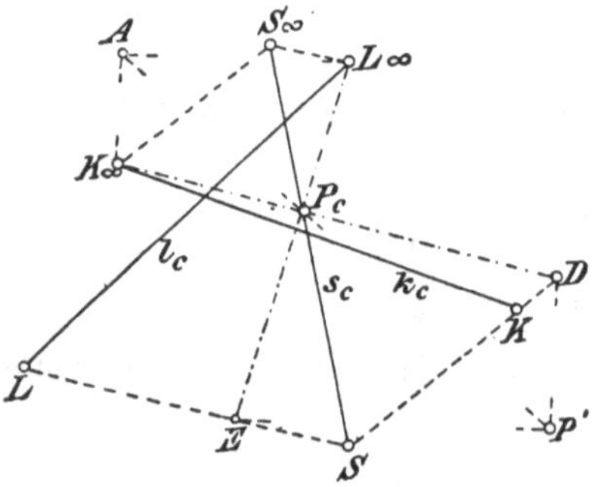

Fig. 543.

Soll man eine Gerade s zeichnen, die zwei Gerade k und l trifft und zu einer dritten, etwa g, parallel ist, so fällt S_∞ mit G_∞ zusammen und S ist der Schnittpunkt der Geraden KS ($\parallel K_\infty G_\infty$) und LS ($\parallel L_\infty G_\infty$).

Von einer Geraden $s = QR$ seien Spur- und Fluchtpunkt zu finden (Fig. 544). Die Punkte QR mögen zwei Geraden k resp. l angehören und seien durch ihre Bilder Q_c und R_c auf den Bildgeraden k_c und l_c gegeben. Wir suchen nach 868 die Spur- und Fluchtlinien der Ebenen kR und lQ, indem wir durch R eine zu k parallele Gerade m ($M_\infty = K_\infty$, $ML \parallel M_\infty L_\infty$) und durch Q eine zu l parallele Gerade n legen ($N_\infty = L_\infty$, $NK \parallel N_\infty K_\infty$). Die Spurlinien von kR und lQ sind KM und LN, ihre Fluchtlinien gehen durch K_∞ resp. L_∞; erstere schneiden sich im Spurpunkt S, letztere im Fluchtpunkt S_∞ der gesuchten Geraden s. Da wir $s_c = Q_c R_c$ kennen, genügt es, Spur- und Fluchtlinie von einer der beiden Ebenen kR resp. lQ zu konstruieren.

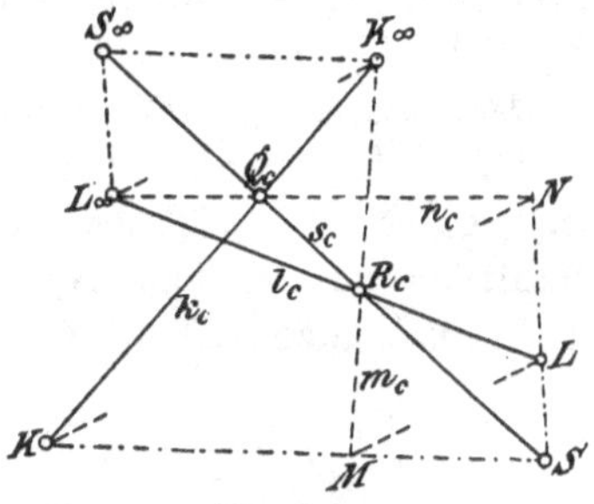

Fig. 544.

870. In einer Ebene E durch einen gegebenen Punkt P die beiden Geraden mit dem Neigungswinkel γ gegen die Bildebene zu zeichnen (Fig. 545). Die Fluchtpunkte aller Geraden mit der Neigung γ gegen die Bildebene Π liegen auf einem Kreise c mit dem Mittelpunkte A. Der Radius dieses Kreises ist

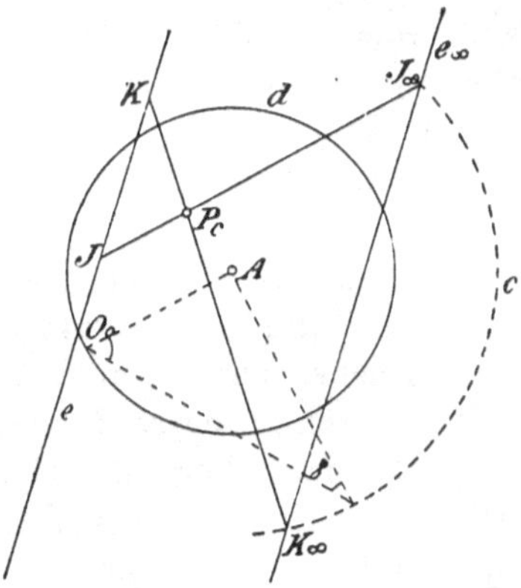

Fig. 545.

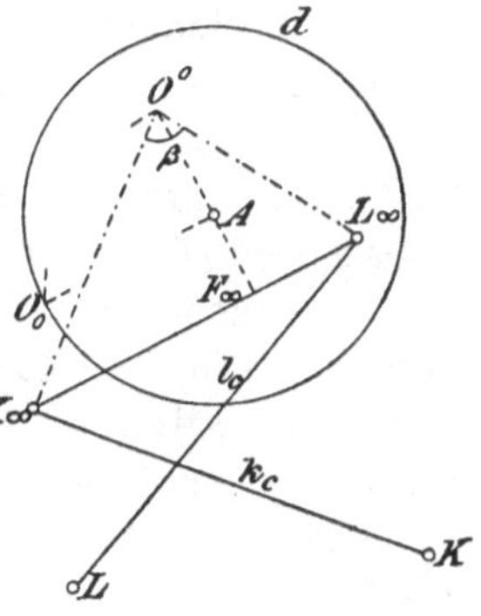

Fig. 546.

die eine Kathete eines rechtwinkligen Dreieckes, in dem die Distanz die zweite Kathete und γ den dieser gegenüberliegenden Winkel bildet. Die Schnittpunkte J_∞ und K_∞ von c und e_∞ sind die Fluchtpunkte der gesuchten Geraden i und k, ihre Spurpunkte J und K liegen auf e und ihre Bilder JJ_∞ und KK_∞ gehen durch P_c.

Den Winkel β zweier Geraden k und l zu finden (Fig. 546). Da $OK_\infty \parallel k$ und $OL_\infty \parallel l$ ist, so ist $\beta = \angle K_\infty O L_\infty$; die wahre Größe dieses Winkels ergiebt sich aber durch Umlegen des Auges O um die Gerade $K_\infty L_\infty$ in die Bildebene. Zu diesem Zwecke zieht man $AF_\infty \perp K_\infty L_\infty$ und $AO_0 \parallel K_\infty L_\infty$ (O_0 auf d) und trägt dann $O_0 F_\infty = OF_\infty$ auf AF_∞ als $O^0 F_\infty$ auf, dann ist $\beta = \angle K_\infty O^0 L_\infty$.

871. In einem Punkte P einer Ebene E eine Normale n von gegebener Länge zu errichten (Fig. 547). Ist e_∞ die Fluchtlinie von E und N_∞ der Fluchtpunkt von n, so folgt aus $n \perp \mathsf{E}$, daß auch $ON_\infty \perp Oe_\infty$ ist. Die Ebene Oe_∞ hat in der Bildebene die Spurlinie e_∞ und die orthogonale Projektion der Geraden ON_∞ ist AN_∞, deshalb ist auch $AN_\infty \perp e_\infty$ (80). Der Fluchtpunkt N_∞ der gesuchten Normalen liegt also auf der Verlängerung des vom Hauptpunkt A auf die Fluchtlinie der gegebenen Ebene gefällten Lotes AF_∞. Auf dieser Geraden bestimmt sich N_∞ durch die Beziehung $ON_\infty \perp OF_\infty$; zur Konstruktion lege man das Auge um AF_∞ in die Bildebene als O_0 um ($AO_0 \perp AF_\infty$, O_0 auf d), dann ziehe man $O_0 N_\infty$ normal zu $O_0 F_\infty$. Hieraus folgt zugleich die Relation $AN_\infty \cdot AF_\infty = (AO)^2$.

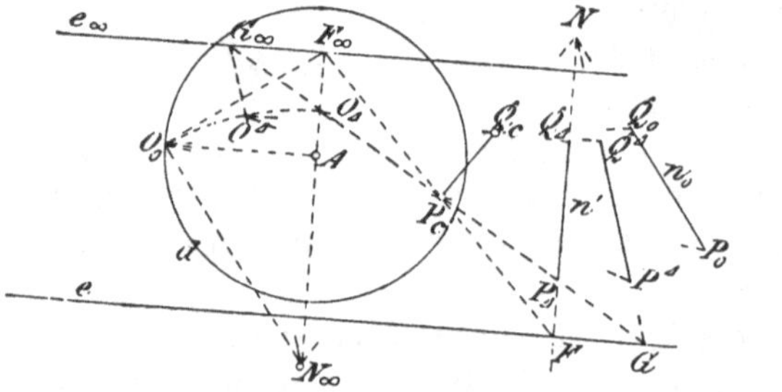

Fig. 547.

Das Bild der gesuchten Normalen ist $n_c = N_\infty P_c$, ihr Spurpunkt N ergiebt sich folgendermaßen. Jede durch P verlaufende Gerade der Ebene E bestimmt mit n eine Ebene, auf deren Spurlinie N liegt. Man wähle etwa die Falllinie durch P, deren Fluchtpunkt F_∞ ist und deren Bild durch P_c geht; dann liegt die Normale n in der Ebene mit der Fluchtlinie $N_\infty F_\infty$ und einer dazu parallelen Spurlinie durch F und ihr Spurpunkt N auf dieser Spurlinie ($NF \parallel N_\infty F_\infty \perp e_\infty$). Jetzt ist noch auf n_c ein Punkt Q_c zu finden, so daß PQ eine vorgeschriebene Länge besitzt. Man erreicht dieses durch Umlegen der Geraden n um ihre orthogonale Projektion $n' = NF$ und erhält so $n_0 \parallel O_0 N_\infty$ durch N und auf n_0 den Punkt $P_0 = n_0 \times O_0 P_c$. Trägt man auf n_0 die Strecke $P_0 Q_0$ gleich der gegebenen Strecke PQ auf, so ist $Q_c = n_c \times O_0 Q_0$.

Man kann auch den Teilungspunkt O_Δ auf $N_\infty F_\infty$ benutzen

($N_\infty O_\Delta = N_\infty O_0$) und von ihm aus P_c auf NF projizieren als P_Δ; macht man $P_\Delta Q_\Delta$ gleich der gegebenen Strecke, dann geht $Q_\Delta O_\Delta$ durch Q_c. Nimmt man statt der Falllinie durch P eine beliebige Gerade g der Ebene E (also GG_∞ durch P_c, G auf e, G_∞ auf e_∞), so wird $NG \parallel N_\infty G_\infty$ und aus dem Teilungspunkte O^Δ auf $N_\infty G_\infty$ ($N_\infty O^\Delta = N_\infty O_0$) projiziert sich $P_c Q_c$ in wahrer Größe auf NG als $P^\Delta Q^\Delta$. Ist also P_c und die Länge der Normale bekannt, so findet sich hiernach ihr Endpunkt Q_c. Es braucht kaum hervorgehoben zu werden, daß bei den genannten Konstruktionen sich zwei Lösungen ergeben, wenn nicht angegeben ist, auf welcher Seite der Ebene die Normale liegen soll.

In einem Punkte P einer Geraden n die Normalebene E zu errichten (Fig. 547). Diese Aufgabe ist die Umkehrung der vorigen und es folgt aus der vorausgehenden Behandlung unmittelbar die Konstruktion von E. Man ziehe $N_\infty A$ und lege um diese Gerade das Auge O nach O_0 um, dann findet man auf $N_\infty A$ den Punkt F_∞ durch die Beziehung $F_\infty O_0 \perp N_\infty O_0$. Die Fluchtlinie e_∞ der gesuchten Ebene steht in F_∞ auf $N_\infty A$ senkrecht, ihre Spurlinie e ergiebt sich in folgender Weise. Ein beliebiger Punkt G_∞ auf e_∞ ist der Fluchtpunkt einer bestimmten Geraden g durch P, die offenbar auch der gesuchten Ebene angehört. Da auch g und n in einer Ebene liegen, so gewinnt man G aus der Relation $NG \parallel N_\infty G_\infty$ ($G = NG \times G_\infty P_c$) und damit e($\parallel e_\infty$) durch G.

Eine Gerade n steht somit auf einer Ebene E senkrecht, wenn das vom Hauptpunkte A auf die Fluchtlinie e_∞ der Ebene gefällte Lot den Fluchtpunkt N_∞ der Geraden trägt und das Produkt der Abstände des Hauptpunktes von Fluchtpunkt und Fluchtlinie gleich dem Quadrat der Distanz ist. Dabei muß A zwischen Fluchtpunkt und Fluchtlinie liegen. Jede Gerade, deren Fluchtpunkt sich auf e_∞ befindet, ist zu n normal; jede Ebene, deren Fluchtlinie durch N_∞ geht, ist zu E normal.

872. Durch eine Gerade g eine Ebene B senkrecht zu einer gegebenen Ebene E zu legen (Fig. 548). Man bestimme wie vorher N_∞ ($N_\infty A \perp e_\infty$, $N_\infty A \times e_\infty = F_\infty$, $N_\infty O_0 \perp O_0 F_\infty$), so ist $N_\infty G_\infty = b_\infty$ die Fluchtlinie der gesuchten Ebene und die durch G gezogene Parallele b ihre Spurlinie. Die Schnittlinie s = B × E ($S = b \times e$, $S_\infty = b_\infty \times e_\infty$) ist die orthogonale Projektion von g auf E und $R = s \times g$ der Schnittpunkt von g und E ($R_c = s_c \times g_c$). Fällt man von einem Punkte P der Geraden g auf E ein Lot, so liegt sein Fußpunkt Q auf s ($P_c Q_c$ durch N_∞, Q_c auf SS_∞). Durch Umlegen der Ebene B um ihre Spurlinie b gewinnt man einerseits den Winkel $\alpha = \angle g\mathsf{E} = \angle gs$ und andererseits die wahre Länge des Lotes PQ. Ist O^0 das um b_∞ umgelegte Auge ($O^0A \perp b_\infty$, $N_\infty O^0 = N_\infty O_0$),

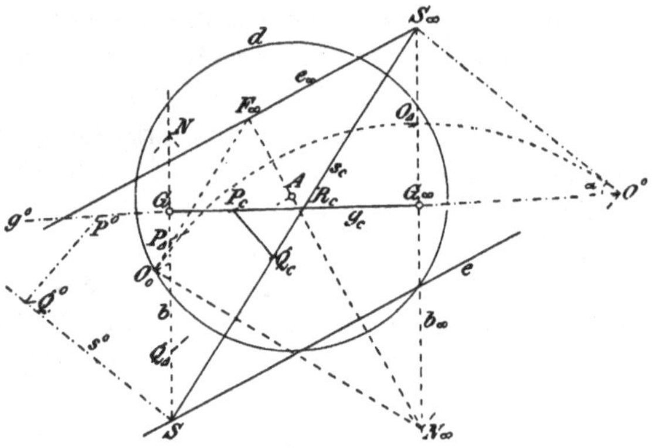

Fig. 548.

so ist $\alpha = \angle G_\infty O^0 S_\infty$. Zugleich ist P^0Q^0 die wahre Länge von PQ, wenn $P^0Q^0 \parallel O^0N_\infty$ durch N geht ($N = b \times P_cN_\infty$) und P^0, Q^0 auf den Strahlen O^0P_c, O^0Q_c liegen. In der Figur sind auch g^0 und s^0 eingezeichnet ($g^0 \parallel G_\infty O^0$, $s^0 \parallel S_\infty O^0$). Die wahre Länge von PQ erhält man auch, wenn man die Strecke $N_\infty O_0$ auf b_∞ als $N_\infty O_\Delta$ aufträgt und die Bildstrecke P_cQ_c von O_Δ auf b als $P_\Delta Q_\Delta$ projiziert.

873. Gegeben eine Ebene E und eine Gerade g, man soll in E die beiden Geraden suchen, die mit g einen bestimmten Winkel β einschließen (Fig. 549). Sind e, e_∞ und G, G_∞ bekannt, so bestimme man zunächst wie vorher den Fluchtpunkt N_∞ der Normalen von E ($N_\infty A \perp e_\infty$, $N_\infty A \times e_\infty = F_\infty$, $N_\infty O_0 \perp O_0F_\infty$). Die Fluchtpunkte K_∞ und L_∞ der gesuchten Geraden k und l müssen erstens auf e_∞ liegen und zweitens muß $\angle K_\infty OG_\infty = \angle L_\infty OG_\infty = \beta$ sein. Betrachtet man aber das Dreikant mit den Kanten OK_∞, OG_∞ und OM_∞, wo $M_\infty = e_\infty \times G_\infty N_\infty$ ist, so sind seine letzten beiden Kanten bekannt, während man die erste Kante OK_∞ durch folgende Überlegung erhält. Die Seite $M_\infty OG_\infty$ des Dreikantes steht auf der Seite $M_\infty OK_\infty$ senkrecht, denn $G_\infty M_\infty$ geht durch N_∞; außerdem kennt man zwei Kantenwinkel oder Seiten desselben (vergl. 123), nämlich $\angle K_\infty OG_\infty = \beta$ und $\angle M_\infty OG_\infty = \angle M_\infty O^0G_\infty$, wenn O^0 das um $N_\infty G_\infty$ umgelegte Auge ist ($O^0A \perp N_\infty G_\infty$, $N_\infty O^0 = N_\infty O_0$). Hieraus ergiebt sich seine dritte Seite $\gamma = \angle M_\infty OK_\infty$, indem man zu dem genannten Dreikant ein kongruentes mit den Kanten

O^0M_∞, O^0G_∞ und O^0H zeichnet. Dazu trage man nach 126 an O^0G_∞ den Winkel $G_\infty O^0 H_\Delta = \beta$ an, wähle H_Δ in beliebigem Abstande von O^0, ziehe $H_\Delta H' \perp O^0G_\infty$, dann ist H' auf O^0M_∞ die orthogonale Projektion von H, und die Kanten O^0M_∞ und O^0H schließen den gesuchten $\angle\gamma$ ein, so daß $\gamma = \angle H'O^0H^\Delta$ ist ($H^\Delta H' \perp O^0M_\infty$, $H^\Delta O^0 = H_\Delta O^0$).

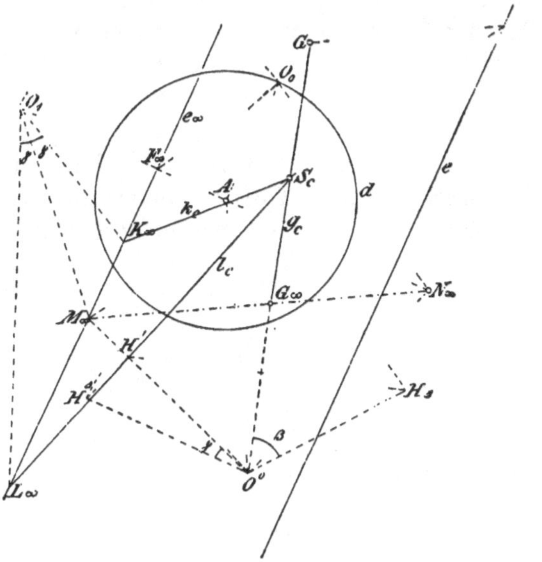

Fig. 549.

Legt man schließlich noch das Auge um e_∞ nach O_1 um und zieht durch O_1 die beiden Geraden, die mit O_1M_∞ den $\angle\gamma$ einschließen, so treffen sie e_∞ in den gesuchten Fluchtpunkten K_∞ und L_∞. Ist S_c das Bild von $S = g \times \mathsf{E}$ (867), so sind S_cK_∞ und S_cL_∞ die Bilder der verlangten Geraden, deren Spurpunkte dann auf e liegen.

874. Die gemeinsame Normale zweier Geraden g und h zu finden (Fig. 550). Die Verbindungslinie $G_\infty H_\infty$ der Fluchtpunkte beider Geraden ist die Fluchtlinie für alle Ebenen, die zu den beiden Geraden parallel laufen. Die gesuchte Gerade ist zu diesen Ebenen normal, ihr Fluchtpunkt N_∞ wird deshalb nach 871 aus der Fluchtlinie $G_\infty H_\infty$ gefunden

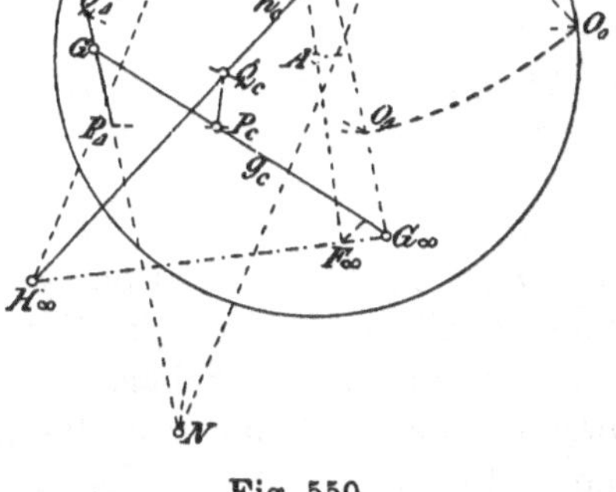

Fig. 550.

($N_\infty A \perp G_\infty H_\infty$, $N_\infty A \times G_\infty H_\infty = F_\infty$, $(AO)^2 = AF_\infty \cdot AN_\infty$). Die gemeinsame Normale $n = PQ$ liegt einerseits mit g, andererseits mit h

in einer Ebene, ihr Spurpunkt N liegt also auf den Geraden NG ($\| N_\infty G_\infty$) und NH ($\| N_\infty H_\infty$). $NN_\infty = n_c$ schneidet g_c und h_c in den Punkten P_c und Q_c. Es soll noch die wahre Länge des Abstandes PQ der beiden Geraden gezeichnet werden. Nach 864 trage man $N_\infty O = N_\infty O^0$ auf $N_\infty G_\infty$ als $N_\infty O_\Delta$ auf, dann projiziert sich $P_c Q_c$ aus O_Δ auf NG in seiner wahren Größe $P_\Delta Q_\Delta$.

875. Die Geraden zu zeichnen, die mit einer gegebenen Geraden g einen bestimmten Winkel α und mit einer gegebenen Geraden h einen bestimmten Winkel β einschließen (Fig. 551). Die Aufgabe wurde bereits in 117 für orthogonale Projektion behandelt, hier soll nun die Konstruktion für Centralprojektion durchgeführt werden. Ist l eine Gerade von der vorgeschriebenen Beschaffenheit, so gelten für die Fluchtpunkte der Geraden g, h, l die Beziehungen: $\angle G_\infty O L_\infty = \alpha$ und $\angle H_\infty O L_\infty = \beta$. Die beiden Rotationskegel mit dem gemeinsamen Scheitel O und den Achsen OG_∞ resp. OH_∞, deren Mantellinien mit den zugehörigen Achsen den Winkel α resp. β einschließen, schneiden sich in vier Geraden (113), die zu den gesuchten Geraden parallel laufen und unter denen sich auch die Gerade OL_∞ befindet. Es kommt also alles darauf an, die Schnittlinien dieser Kegel zu konstruieren. Zu diesem Zwecke drehen wir die Kegelachsen OG_∞ und OH_∞ und mit ihnen die Kegelflächen selbst um $e = G_\infty H_\infty$, bis das Auge O in die Bildebene nach O^0 gelangt ($O^0 A \perp e$, $O^0 A \times e = F$, $O^0 F = O_0 F$, $O_0 A \| e$, O_0 auf d), und bestimmen zunächst die gemeinsamen Geraden dieser gedrehten Kegelflächen nach 113. Ist $\angle D O^0 G_\infty = \alpha$, so

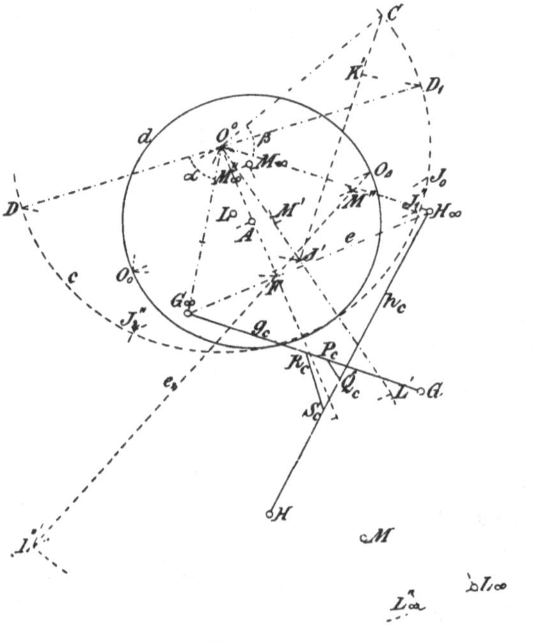

Fig. 551.

ist DO^0 eine in der Bildebene Π liegende Mantellinie des Kegels mit der Achse O^0G_∞; ebenso ist O^0C eine in Π liegende Mantellinie des Kegels mit der Achse O^0H_∞, wenn $\angle CO^0H_\infty = \beta$ ist. Um O^0 als Mittelpunkt beschreiben wir eine Kugel, die Π in c und die Mantellinien O^0D und O^0C in D, D_1, resp. C, C_1 schneiden mag. Diese Kugelfläche schneidet die Kegel in je zwei Kreisen, deren Ebenen zu O^0G_∞, resp. O^0H_∞ normal sind; ihre senkrechten Projektionen werden von zwei zu O^0G_∞ normalen Geraden durch D und D_1 und von zwei zu O^0H_∞ normalen Geraden durch C und C_1 gebildet. Die beiden Kreise durch C, resp. D schneiden sich in zwei Punkten J_1 und J_2, deren gemeinsame orthogonale Projektion auf Π der Punkt J' ist ($CJ' \perp O^0H_\infty$, $DJ' \perp O^0G_\infty$). Die Abstände der Punkte J_1 und J_2 von der Bildebene sind gleich J_0J', wenn $J_0J' \perp O^0J'$ ist und J_0 auf c liegt. O^0J_1 und O^0J_2 sind zwei gemeinsame Mantellinien der gedrehten Kegelflächen; sie besitzen noch zwei weitere O^0K_1 und O^0K_2, deren gemeinsame orthogonale Projektion O^0K' ist ($CK' \perp O^0H_\infty$, $D_1K' \perp O^0G_\infty$), auf die wir jedoch nicht weiter eingehen wollen.

Wir legen jetzt durch e eine Ebene E, die zur Ebene Oe symmetrisch liegt in Bezug auf die Bildebene; sie wird die Strahlen O^0J_1 und O^0J_2 in zwei Punkten L, resp. M schneiden. Führen wir nun um e eine der früheren entgegengesetzte Drehung aus, so daß O^0 wieder nach O gelangt, dann nehmen die beiden Kegel wieder ihre ursprüngliche Lage an, während E mit der Bildebene zur Deckung kommt. Demnach gehen bei dieser neuen Drehung die Punkte L und M in zwei Punkte L_∞ und M_∞ der Bildebene über; OL_∞ und OM_∞ sind zu zweien der gesuchten Geraden parallel, d. h. L_∞ und M_∞ sind die Fluchtpunkte dieser Geraden. Um diese Punkte zu zeichnen, benutzen wir Π als Grundrißebene und eine dazu senkrechte Ebene durch O^0AF als Aufrißebene; dann liegt O in der Aufrißebene, die wir um O^0A so umlegen, daß O nach O_0 gelangt. Nun ist J' die erste Projektion von J_1 und J_2 und es sind J_1'' und J_2'' ihre zweiten Projektionen ($J'J_1''J_2'' \perp O^0A$, $J_1''J_2'' = 2J'J_0$); zugleich ist $e_2 = FO_\Delta$ die zweite Spur der Ebene E, wenn O_0O_Δ ein Durchmesser von d ist, denn es muß $\angle O_\Delta FO^0 = \angle O^0FO_0$ sein. Hieraus ergeben sich $L'' = e_2 \times O^0J_2''$ und $M'' = e_2 \times O^0J_1''$ und ihre ersten Projektionen L' und M' auf O^0J' ($L''L' \parallel M''M' \perp O^0A$), sowie durch Drehung um e die Punkte L_∞ und M_∞ (L_∞'' auf O^0A, $L_\infty''F = L''F$, $L_\infty L_\infty'' \parallel e$, $L_\infty L' \perp e$).

Die Gerade l mit dem Fluchtpunkt L_∞, die die gegebenen Geraden g und h trifft, besitzt einen Spurpunkt L, in dem sich die Spurlinien der Ebenen gl und hl schneiden ($GL \parallel G_\infty L_\infty$, $HL \parallel H_\infty L_\infty$).

In gleicher Weise findet man M, den Spurpunkt von m. Die Gerade l trifft die gegebenen Geraden g und h in P und Q, die Gerade m trifft sie in R und S; es existieren noch zwei weitere Geraden von der verlangten Art, sie sind jedoch nicht in die Zeichnung eingetragen.

Perspektive Darstellung von Körpern und Flächen.

876. Bei dieser Darstellung werden wir öfters von der orthogonalen Projektion dieser Gebilde auf gewisse Hilfsebenen Gebrauch machen und behandeln deshalb jetzt die Frage nach dem Zusammenhang der Darstellung von Punkten, Geraden und Ebenen in orthogonaler und Centralprojektion. Dabei werden wir drei wesentlich verschiedene Fälle unterscheiden.

Erstens: Die eine Projektionsebene Π_2 fällt mit der Bildebene Π zusammen, die andere Π_1 ist zu ihr senkrecht (Fig. 552). Sei x die Schnittlinie der Projektionsebenen Π_1 und Π_2, A der Hauptpunkt und d der Distanzkreis. Dann ziehen wir durch $A = O''$ die Fluchtlinie a_∞ ($\| x$) von Π_1, legen das Auge um a_∞ nach O_0 um und suchen O', d. h. die in gleichem Sinne um x umgelegte erste Projektion des Auges ($AO_0O' \perp x$, $O_0O' = (A \dashv x)$). Sind nun e_1, e_2 die Spuren einer Ebene E, so ist $e = e_2$ ihre Spur in der Bildebene und ihre Fluchtlinie e_∞ ($\| e$) geht durch den Fluchtpunkt E_∞ von e_1 (E_∞ auf a_∞, $E_\infty O_0 \| e_1$). Sind g', g'' die Projektionen einer Geraden g, so fällt ihr Spurpunkt G in der Bildebene mit G_2 zusammen, während ihr Fluchtpunkt G_∞ sich aus $OG_\infty \| g$ ergiebt ($AG_\infty \| g''$, $O'G_\infty' \| g' \| O_0H$). Aus den Projektionen P', P'' eines Punktes P findet man sein Bild P_c als Spurpunkt der Geraden OP

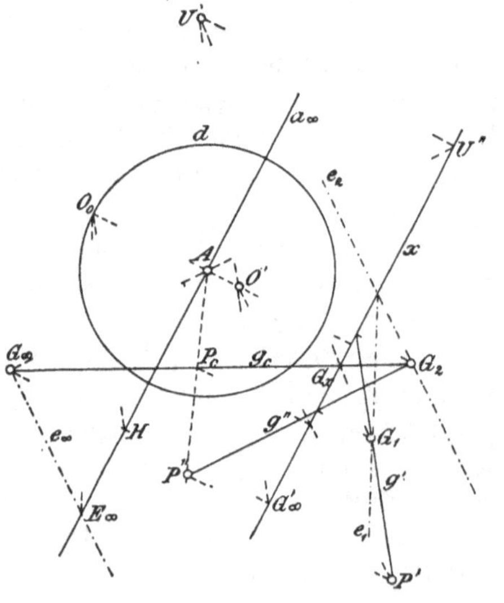

Fig. 552.

in der Bildebene; man errichtet also im Punkte $O'P' \times x$ auf x eine Normale, diese schneidet AP'' in P_c.

Das Bild g_c einer Geraden g wurde soeben durch Konstruktion ihres Spur- und Fluchtpunktes gewonnen; es läßt sich indes auch leicht der Schnittpunkt G_x des Bildes g_c mit der Geraden x angeben. G_x ist der Schnittpunkt von x mit der Ebene Og, die Parallelen g und OG_∞ treffen also Π_1 in zwei Punkten G_1 und U, deren Verbindungslinie x in G_x schneidet ($O'U \| g'$, $AG_\infty \times x = U''$, $UU'' \perp x$). Diese Konstruktion ist besonders von Bedeutung, wenn die Bilder von einer Anzahl paralleler Geraden gefunden werden sollen, deren Spurpunkte in Π_1 bekannt sind. Man hat dann zunächst G_∞ und U zu suchen, darauf projiziert man die ersten Spurpunkte der einzelnen Geraden aus dem Punkte U auf x und verbindet diese Projektionen mit G_∞, so sind diese Linien die gesuchten Bildgeraden.

877. Zweitens: Die Ebene Π_2 schließt mit der Bildebene einen Winkel α ein, die Ebene Π_1 steht auf Π_2 und

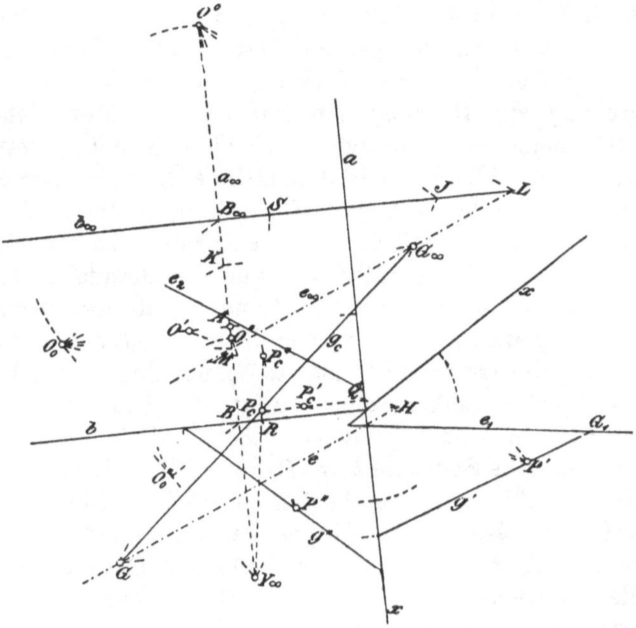

Fig. 553.

der Bildebene senkrecht (Fig. 553). Es sei x wiederum die Schnittlinie der Projektionsebenen, ferner seien a und a_∞ ($\| a$ durch A)

Spur- und Fluchtlinie von Π_1, $b(\perp a)$ und $b_\infty(\parallel b)$ Spur- und Fluchtlinie von Π_2. Dann lege man Π_2 um b und gleichzeitig das Auge um b_∞ nach O^0 um; dabei mögen die umgelegten Punkte und Geraden von Π_2 ebenso wie die Punkte und Geraden in Π_2 selbst bezeichnet werden; eine Verwechselung wird sich bei der Darlegung leicht vermeiden lassen. Ferner lege man Π_1 um a und gleichzeitig das Auge um a_∞ nach O_0 um; auch hier sollen die umgelegten Punkte und Geraden von Π_1 die gleiche Bezeichnung wie die Punkte und Geraden in Π_1 selbst erhalten. In der Figur erscheint die x-Achse zweimal, nämlich um a umgelegt als $x \parallel O_0B_\infty$ und um b umgelegt als $x \perp b$. Nun zeichnet man noch O' und O'', die ebenfalls mit Π_1 und Π_2 in die Bildebene umgelegt sind ($O'A \perp a$, $O_0O' = (A \dashv a)$, $BAB_\infty \perp b$, $B_\infty O_0 \parallel BO_0'' \perp O_0O_0''$, $BO'' = BO_0''$), sowie den Fluchtpunkt Y_∞ aller zu Π_2 normalen Geraden ($O_0Y_\infty \perp O_0B_\infty$).

Sind P', P'' die orthogonalen Projektionen eines Punktes P, so kann man ihre Bilder P_c', P_c'' in der früheren Weise konstruieren. Natürlich sind die Projektionen P', P'' so zu wählen, daß die Fußpunkte der von ihnen auf die x-Achse gefällten Lote von $a \times b$ gleichweit abstehen, sich also decken, wenn die beiden Geraden x durch Drehung zur Deckung gebracht werden. Man ziehe durch P'' und O^0 irgend zwei Parallelen, schneide sie mit b, resp. b_∞ in R und S, dann trifft die Verbindungslinie RS die Gerade O^0P'' in P_c''; ähnlich ergiebt sich P_c'. Da sich in P die in P' und P'' auf Π_1 und Π_2 errichteten Normalen schneiden, so schneiden sich in P_c das von P_c' auf a gefällte Lot und die Gerade $P_c''Y_\infty$.

Die Konstruktion von P_c aus P' und P'' läßt sich noch wesentlich einfacher gestalten, ohne vorher die Bilder dieser Projektionen zu zeichnen. Die Gerade PP' ist zu Π_1 normal, ihr Bild steht in $Q = a \times O'P'$ auf a senkrecht und trägt P_c. Die Gerade PP'' ist zu Π_2 normal, ihr Bild liegt in der Ebene OPP''. Diese schneidet Π_2 in $O''P''$ und die Spurlinie b in $R = b \times O''P''$; demnach ist $Y_\infty R$ das Bild von PP'' und geht ebenfalls durch P_c. Die Konstruktion von P_c erfordert also nur das Ziehen der vier Geraden $O'P'$, $O''P''$, $QP_c(\perp a)$ und $Y_\infty R$; dabei kann an Stelle der Geraden $O''P''$ in Π_2 die in die Bildebene umgelegte Gerade $O''P''$ treten, da es nur auf ihren Schnittpunkt R mit b ankommt.

Es kann vorkommen, daß Y_∞ auf b oder in der Nähe von b liegt, dann wird die Gerade $Y_\infty R$ — das Bild von PP'' — ungenau und man benutzt besser ihren Schnittpunkt S mit b_∞. S liegt in der Ebene OPP'', diese schneidet die Ebene Ob_∞ in einer zu $O''P''$

parallelen Geraden durch O; demnach ist O^0S zu der umgelegten Geraden $O''P''$ parallel.

Sind g', g'' die orthogonalen Projektionen einer Geraden g, so liegt sie in den beiden Ebenen, die in g' resp. g'' auf Π_1 resp. Π_2 senkrecht stehen. Ist J der Fluchtpunkt der Geraden g'' in Π_2 (J auf b_∞, $O^0J \parallel g''$), so besitzt die erste der genannten Ebenen die Fluchtlinie JY_∞ und eine dazu parallele Spurlinie durch $g'' \times b$. Ist ebenso K der Fluchtpunkt der Geraden g' in Π_1 (K auf a_∞, $O_0K \parallel g'$), so gehen Spur- und Fluchtlinie der zweiten Ebene durch $g' \times a$ resp. K und sind zu a normal. Die Spur- und Fluchtlinien beider Ebenen schneiden sich in dem Spurpunkt G, resp. Fluchtpunkt G_∞ der gesuchten Geraden g.

Kennt man von einer Ebene E die orthogonalen Spuren e_1 und e_2 (ihre Schnittpunkte mit den bezw. Geraden x haben den gleichen Abstand von $a \times b$), so geht ihre Fluchtlinie e_∞ durch die Fluchtpunkte L und M von e_2 und e_1 (L auf b_∞, $O^0L \parallel e_2$, M auf a_∞, $O_0M \parallel e_1$) und ihre Spurlinie $e (\parallel e_\infty)$ durch den Punkt $H = e_2 \times b$.

878. Drittens: Beide Projektionsebenen Π_1 und Π_2 sind gegen die Bildebene geneigt. Seien wiederum a, a_∞ resp. b, b_∞ Spur- und Fluchtlinien von Π_1 resp. Π_2, seien ferner X und X_∞ Spur- und Fluchtpunkt der Schnittlinie x beider Ebenen, seien endlich Y_∞ resp. Z_∞ die Fluchtpunkte der Normalen von Π_2 resp. Π_1 (Z_∞ auf b_∞, Y_∞ auf a_∞). Dann suche man zunächst die Projektionen O', O'' des Auges und lege sie mit den Ebenen Π_1 und Π_2 in die Bildebene um. Aus den Projektionen P', P'' eines Punktes findet man jetzt sein Bild, indem man a mit $O'P'$ und b mit $O''P''$ schneidet und diese Punkte mit Z_∞ resp. Y_∞ verbindet; diese Geraden schneiden sich in dem gesuchten Bilde P_c. Man erkennt die Richtigkeit des Gesagten unmittelbar aus der voranstehenden Nummer.

Die Flucht- und Spurlinie einer Ebene E verbinden die Flucht- und Spurpunkte ihrer orthogonalen Spuren e_1 und e_2. Der Fluchtpunkt einer Geraden g erscheint als Schnittpunkt zweier Geraden, von denen die eine den auf a_∞ liegenden Fluchtpunkt von g' mit Z_∞, die andere den auf b_∞ liegenden Fluchtpunkt von g'' mit Y_∞ verbindet.

879. Das schiefe Prisma und sein Normalschnitt (Fig. 554). Sei E (e, e_∞) die Ebene des Grundpolygons $BCD\ldots$, so legen wir das Auge um e_∞ nach O^0 um und nehmen das Polygon in der Umlegung um e als $B^0C^0D^0\ldots$ an; dann findet man nach 863 sein Bild $B_cC_cD_c\ldots$ ($C^0D^0 \times e = M$, $O^0M_\infty \parallel C^0D^0$, M_∞ auf e_∞, $MM_\infty = C_cD_c$, O^0C^0 durch C_c). Ist nun BJ eine Prismenkante und ist ihre orthogonale Projektion BH auf die Grundebene E als B_0H_0, sowie die Höhe JH des Prisma bekannt, so gewinnt man sein Bild nach 877. Man lege durch das Auge eine Ebene senkrecht zu e, die also auch zu E normal ist und sie in einer Falllinie x schneidet; Spur- und Fluchtlinie dieser Ebene bildet das von A auf e gefällte

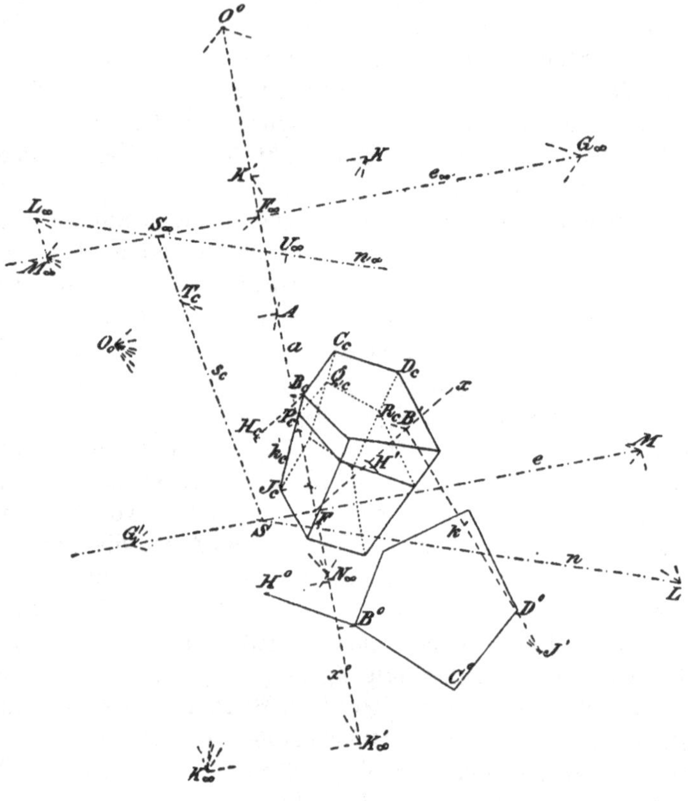

Fig. 554.

Lot $a = FF_\infty$. Diese Ebene legen wir um die Linie a in die Bildebene um ($O_0A \parallel e$, $O_0A =$ Distanz, $x \parallel O_0F_\infty$, x durch F), und suchen in ihr die orthogonale Projektion der Kante BJ. Indem wir von B^0 und H^0 auf x^0 Lote fällen und die Abstände ihrer Fußpunkte von F auf x auftragen, erhalten wir B' und H' und daraus J' ($J'H' \perp x$, $J'H' = JH$). Spur- und Fluchtpunkt K und K_∞ der Kante $k = BJ$ liegen einerseits auf zwei Geraden, die in $K' = k' \times a$ und K_∞' auf a senkrecht stehen ($O_0K_\infty' \parallel k'$), andererseits auf zwei Parallelen durch $G = e \times B_0H_0$ und G_∞ ($O^0G_\infty \parallel B^0H^0$). Ist N_∞ der Fluchtpunkt aller zu E normalen Geraden, also auch von JH, so geht $G_\infty N_\infty$ durch K_∞, denn die drei Geraden BH, HJ und BJ liegen in einer Ebene. Die Bilder aller parallelen Kanten des Prisma sind nach K_∞ gerichtet; als Endpunkt von k_c findet sich $J_c = B_c K_\infty \times H_c N_\infty$. Nach 877 liegen B_c, H_c und J_c auch auf Geraden, die auf a in den Schnittpunkten mit $O_0 B'$, $O_0 H'$ und $O_0 J'$ senkrecht stehen. Die Bilder paralleler Seiten der Endpolygone des Prisma schneiden sich auf e_∞.

Bestimmt man auf AK_∞ den Punkt U_∞ gemäß der Relation: $K_\infty A \cdot AU_\infty = (AO)^2$, so ist die in U_∞ auf AK_∞ errichtete Normale n_∞ die Fluchtlinie aller zu den Prismenkanten senkrechten Ebenen. Durch die Wahl der Spur n ($\| n_\infty$) wird eine bestimmte Normalebene N herausgegriffen, und es soll der in ihr liegende Normalschnitt gezeichnet werden. Zieht man durch K und K_∞, den Spur- und Fluchtpunkt der Kante BJ, irgend zwei Parallelen und schneidet sie mit n resp. n_∞, so geht die Verbindungslinie dieser Punkte durch das Bild P_c der auf BJ liegenden Ecke des Normalschnittes. Wäre dagegen P_c als Ecke eines Normalschnittes gegeben, so würde sich durch Umkehrung der Konstruktion die Spur n der Ebene des Normalschnittes ergeben. Um eine Seite des Normalschnittes zu erhalten, hat man eine Seitenfläche des Prisma mit N zu schneiden. Die Grundlinie CD hat den Fluchtpunkt M_∞, also ist $M_\infty K_\infty$ die Fluchtlinie der Seitenfläche durch CD und ihr Schnittpunkt L_∞ mit n_∞ der Fluchtpunkt einer Seite unseres Schnittes. Der zugehörige Spurpunkt L liegt auf n und es ist $LM \| M_\infty K_\infty$; auf LL_∞ liegt das Bild der Seite QR. Die Geraden CD und QR treffen sich in einem Punkte T von $s = \mathsf{E} \times \mathsf{N}$, ihre Bilder gehen also durch den nämlichen Punkt T_c von s_c. Die Sichtbarkeit der Kanten des Prisma erkennt man sofort aus der gegenseitigen Lage von O_0, x und J'. Offenbar liegen Prisma und Auge zu verschiedenen Seiten der Ebene E.

880. Der schiefe Cylinder und sein Schnitt (Fig. 555). Gegeben sei eine Ebene E (e, e_∞), in ihr liege ein Kreis k als Basiskurve des Cylinders; ferner sei der Fluchtpunkt M_∞ seiner Mantellinien und die schneidende Ebene Δ (d, d_∞) bekannt. Man suche zunächst das Bild k_c des Kreises k, indem man ihn um e nach k^0 und das Auge um e_∞ nach O^0 umlegt. Ein Durchmesser von k_c ist das Bild FF_∞ der durch den Mittelpunkt K gehenden Falllinie ($K^0 F \perp e$), seine Endpunkte liegen mit denen des umgelegten Durchmessers auf Strahlen durch O^0. Genauer erhält man diese Endpunkte, wenn man den betreffenden Durchmesser von k^0 um F

dreht, bis er sich mit der Spur e deckt; dann liegen seine Endpunkte mit denen des gesuchten Durchmessers auf Strahlen durch O_Δ ($F_\infty O_\Delta = F_\infty O^\Delta = F_\infty O_0$). Der dem ersten Durchmesser konjugierte

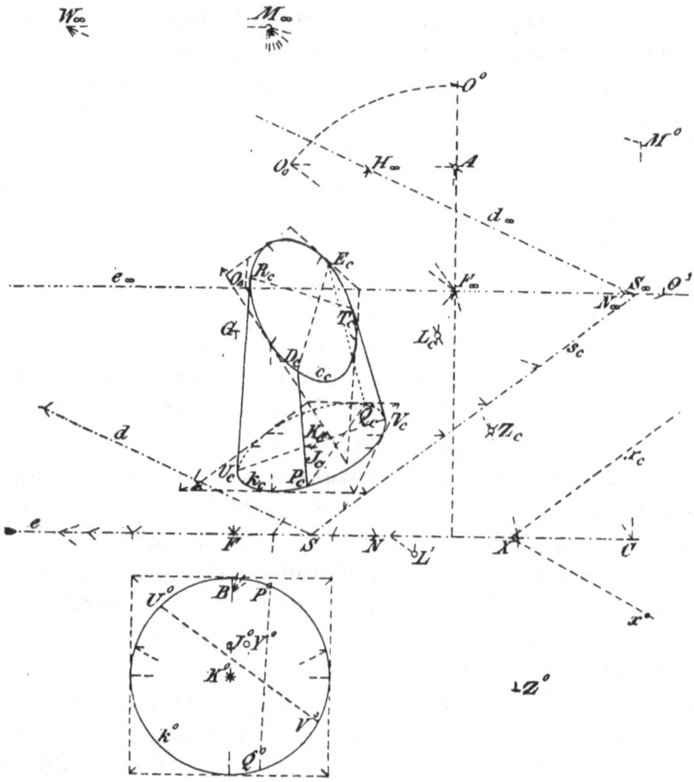

Fig. 555.

Durchmesser von k_c ist zu e parallel und geht durch seinen Mittelpunkt J_c. Sucht man den zugehörigen Punkt J^0 und zieht durch ihn die zu e parallele Kreissehne, so begrenzen die aus O^0 nach ihren Endpunkten gezogenen Strahlen den zu e parallelen Durchmesser von k_c.

Faßt man die perspektive Beziehung zwischen k^0 und k_c mit dem Centrum O^0, der Achse e und der Fluchtlinie e_∞ ins Auge, so entspricht dem Mittelpunkt J_c von k_c, als Pol der unendlich fernen Geraden, der Pol J^0 der Verschwindungslinie e_v in Bezug auf k^0. Da die Entfernung der Geraden e_v von e gleich der des Punktes O^0 von e_∞ ist (175), so trage man auf K^0F die Strecke $FG = F_\infty O^0$

auf, dann besitzen die von G an den Kreis k^0 gelegten Tangenten parallele Bilder, die k_c in den Endpunkten des zu e parallelen Durchmessers berühren.

Die Bilder der Mantellinien unseres Cylinders laufen verlängert durch M_∞, sein scheinbarer Umriß wird also von den beiden aus M_∞ an k_c gelegten Tangenten gebildet. Sind U_c, V_c ihre Berührungspunkte mit k_c, so ist M_∞ der Pol von $U_c V_c$; die entsprechende Sehne $U^0 V^0$ von k^0 ist also die Polare eines Punktes M^0, der dem Punkte M_∞ bei der perspektiven Beziehung von k_c und k^0 entspricht ($M_\infty M^0$ durch O^0, $M_\infty C$ durch F_∞, $CM^0 \perp e$). Man kann die Sache auch folgendermaßen auffassen. Die aus dem Auge an den Cylinder gelegten Tangentialebenen berühren ihn im wahren Umriß, sie schneiden sich in einer Parallelen zu den Mantellinien durch das Auge O. Diese trifft die Ebene E in einem Punkte M, so daß die Tangenten von k in U und V sich in M schneiden. M_∞ ist das Bild von M, daher entsprechen sich M_∞ und der umgelegte Punkt M^0 in der perspektiven Beziehung zwischen k_c und k^0. Man zeichne deshalb M^0, $U^0 V^0$ und dann die entsprechende Gerade $U_c V_c$.

Um das Bild der Schnittkurve c unseres Cylinders mit der Ebene Δ zu gewinnen, kann man die perspektive Beziehung zwischen c_c und k_c benutzen. M_∞ ist das Centrum und s_c ($s = \Delta \times \mathsf{E}$) die Achse dieser Perspektive; dabei entsprechen sich die Bilder je zweier Geraden von E und Δ, die in einer zu den Mantellinien parallelen Ebene liegen. Jede zu e und den Mantellinien parallele Ebene besitzt die Fluchtlinie $M_\infty W_\infty$ ($\parallel e$), sie schneidet Δ in einer Geraden mit dem Fluchtpunkte W_∞ (auf d_∞) und E in einer Parallelen zu e. Bei der perspektiven Beziehung zwischen k_c und c_c entsprechen also den Parallelen zu e die Geraden durch W_∞ (speziell e_∞ und d_∞), folglich entspricht der unendlich fernen Geraden des ersten Systems eine Parallele zu s_c durch W_∞. Ähnlich entspricht der unendlich fernen Geraden des zweiten Systems eine Parallele x_c zu s_c durch X auf e, wenn $SX = S_\infty X_\infty = W_\infty M_\infty$ ist. Dem Pol Y_c von x_c in Bezug auf k_c entspricht hiernach der Mittelpunkt von c_c. Man suche also x^0 und seinen Pol Y^0 in Bezug auf k^0 und ziehe durch Y^0 zwei konjugierte Polaren. Dann zeichne man ihre Bilder — es sind konjugierte Polaren von k_c — diesen entsprechen zwei konjugierte Durchmesser von c_c.

In der Zeichnung geht die Konstruktion von einem dem Kreise k^0 umschriebenen Quadrate aus, dessen Seiten zu e parallel, resp. normal sind, dessen Diagonalen also mit e einen Winkel von 45^0 einschließen. Die Bilder der Diagonalen (Fluchtpunkte O_Δ resp. O^Δ) und der Quadratseiten, sowie ihrer Berührungspunkte sind gezeichnet, daraus ergiebt sich k_c. Das Quadrat ist die Grundfläche eines Prisma, dessen Seiten den Cylinder längs je einer Mantellinie berühren. Das Prisma wird von Δ in einem Viereck geschnitten, dessen Bild der Ellipse c_c umgeschrieben ist. Der Fluchtpunkt zweier Quadratseiten ist F_∞, folglich ist $H_\infty = d_\infty \times M_\infty F_\infty$ der Fluchtpunkt der entsprechenden Seiten des Vierecks; die anderen Quadratseiten sind zu e parallel, folglich haben die zugehörigen Viereckseiten den Fluchtpunkt W_∞. Überhaupt liegen die Fluchtpunkte entsprechender Geraden in Δ und E auf d_∞ und e_∞ so, daß ihre Verbindungslinie durch M_∞ geht, ihre Spurpunkte auf d und e liegen auf einer Parallelen hierzu. Hierdurch bestimmen sich Seiten, Diagonalen und Berührungssehnen des der Ellipse c_c umschriebenen Vierecks. Die Umrißlinien berühren c_c in R_c und T_c und es schneiden sich R_cT_c und U_cV_c auf s_c; in der Figur ist noch der Schnittpunkt von R_cT_c mit einer Vierecksseite gezeichnet.

Die Ellipse c_c läßt sich aus diesem umgeschriebenen Viereck einfach zeichnen, da sich nach 268 die Diagonalen und die Verbindungslinien der Berührungspunkte der Gegenseiten eines jeden umschriebenen Vierecks in einem Punkte schneiden. Nimmt man also drei feste Tangenten der Kurve und verbindet die Berührungspunkte zweier, so bildet jeder Punkt der Verbindungslinie den Diagonalschnittpunkt eines umgeschriebenen Vierecks, von dem drei Seiten auf den festen Tangenten liegen. Man erhält so beliebig viele Tangenten mit ihren Berührungspunkten.

Wir wollen nun noch die Lichtgrenze auf dem Cylinder für einen beliebigen leuchtenden Punkt L konstruieren. L sei durch sein Bild L_c und seine orthogonale Projektion L' gegeben. Die Tangentialebenen durch L an den Cylinder berühren ihn in den Mantellinien der Lichtgrenze und haben die durch den leuchtenden Punkt gehende Parallele zu den Mantellinien gemein. Letztere schneidet die Basisebene E in einem Punkte Z ($N_\infty = e_\infty \times M_\infty A$, $NL' \parallel M_\infty A$, N auf e, $Z_c = M_\infty L_c \times NN_\infty$); die von ihm an den Kreis k gelegten Tangenten berühren denselben in zwei Punkten P und Q der Lichtgrenze. Man suche zuerst Z^0 und seine Polare P^0Q^0 in Bezug auf k^0 und daraus P_cQ_c; die Mantellinien der Lichtgrenze treffen die Ellipse c in zwei Punkten D und E und es schneiden sich die Geraden D_cE_c, P_cQ_c und s_c in dem nämlichen Punkte B. Flucht- und Spurpunkte der Geraden P_cQ_c, D_cE_c sind nach dem oben Gesagten sofort anzugeben.

Über den sichtbaren und unsichtbaren Teil des Cylinders kann man sich in folgender Weise orientieren. Seine Mantellinien liegen ebenso gegen die Ebene E, wie OM_∞ gegen die Ebene Oe_∞, und zwar nicht nur der Richtung, sondern auch dem Sinne nach, wie man leicht aus der Lage ihrer Bilder gegen M_∞ erkennt. Infolge dessen liegen Cylinder und Auge auf der nämlichen Seite der Basisebene E, so daß die Fläche des Basiskreises unsichtbar ist. Noch einfacher kommt man zum Ziele, wenn man bedenkt, daß der sichtbare Teil des Cylindermantels dem Auge und folglich dem Punkte $M = \mathsf{E} \times M_\infty O$ zugekehrt ist. Da der Kreisbogen $U^0P^0V^0$ dem Punkte M^0 zugekehrt ist, ist der Teil des Cylindermantels sichtbar, der durch den Kreisbogen UPV auf E geht. Aus gleichen Gründen ist der Teil des Cylindermantels durch PVQ beleuchtet, da $P^0V^0Q^0$ dem Punkte Z^0 zugekehrt ist.

881. Der gerade Kreiskegel und seine Lichtgrenze (Fig. 556). Sei E (e, e_∞) die Basisebene des Kegels und sei der in

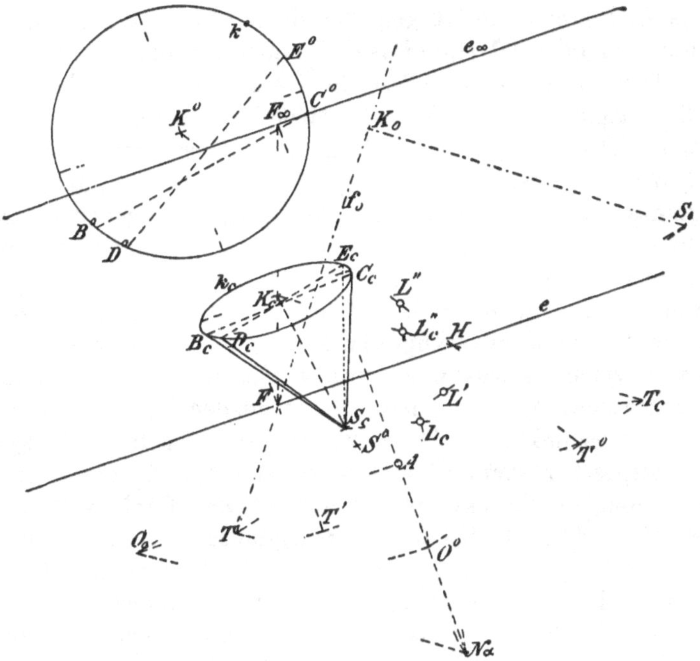

Fig. 556.

ihr liegende Basiskreis k durch seine Umlegung k^0 gegeben; dann konstruieren wir zunächst das Bild k_c dieses Kreises ganz wie in der vorausgehenden Nummer. Hierauf legen wir durch die Kegelachse eine Hilfsebene Π_1 senkrecht zur Bildebene und legen sie um ihre Spurlinie in die Bildebene um. Diese Ebene ist normal zur Spur e, da die Kegelachse auf E normal steht; sie schneidet deshalb E in einer Falllinie f durch den Kreismittelpunkt K ($AF_\infty \perp e_\infty$, $K^0F \perp e$, AO_0 = Distanz, $f_0 \parallel O_0F_\infty$, f_0 durch F). Wir errichten jetzt im Punkte K_0 ($FK_0 = FK^0$) auf f_0 eine Normale K_0S_0 gleich der Kegelhöhe, dann geht der Strahl O_0S_0 durch das Bild S_c des Kegelscheitels S. Dieses Bild liegt aber auch auf dem Bilde K_cN_∞ der in K auf E errichteten Normalen (N_∞ auf AF_∞, $N_\infty O_0 \perp O_0F_\infty$) und ist hierdurch bestimmt. Der scheinbare Umriß des Kegels wird von den beiden aus S_c an k_c gelegten Tangenten gebildet, die man dadurch findet, daß man zuerst die entsprechenden Tangenten an k^0 sucht. Bei der perspektiven Zuordnung von k_c und k^0 entspricht S_c ein Punkt S^0; von ihm aus gehen zwei Tangenten an den Kreis k^0, deren Berührungspunkte B^0 und C^0 sein mögen. Die entsprechenden Bildpunkte B_c und C_c auf k_c gehören dem Umriß an.

Die Lichtgrenze des Kegels für einen leuchtenden Punkt L besteht aus den beiden Mantellinien, deren Tangentialebenen durch L gehen. Diese Ebenen enthalten die Gerade LS und folglich auch ihren Schnittpunkt T mit der Basisebene E; sie schneiden daher E in den aus T an k gezogenen Tangenten, deren Berührungspunkte D und E sein mögen. Somit sind SD und SE die Mantellinien der Lichtgrenze. Ist L auf einer Geraden g (G, G_∞) gegeben, so lege man durch sie eine Ebene senkrecht zu E und schneide sie mit ihr in h ($H_\infty = e_\infty \times G_\infty N_\infty$, H auf e, $HG \parallel N_\infty G_\infty$). Dann ist $T_c = h_c \times L_cS_c$ das Bild des gesuchten Punktes T, und die aus ihm an k_c gelegten Tangenten berühren diese Kurve in den gesuchten Punkten D_c und E_c. Um sie zu zeichnen, bestimme man wieder in der perspektiven Beziehung zwischen k_c und k^0 den entsprechenden Punkt T^0 zu T_c und die Berührungspunkte D^0, E^0 der von ihm an k^0 gelegten Tangenten, diesen entsprechen dann rückwärts D_c und E_c. In der Figur sind die orthogonalen Projektionen L' und L'' des Punktes L auf die Ebenen Π_1 und E als bekannt vorausgesetzt. L' ist um die Spur von Π_1 nach L', L'' um die Spur e nach L'' umgelegt (die Projektionen und ihre Umlegungen tragen die nämliche Bezeichnung). Dabei sind die Projektionen in der bekannten Weise miteinander verknüpft, d. h. die Fußpunkte der Lote, die man von L' auf f_0 und von L'' auf FK^0 fällt, stehen gleichweit von F ab. Es ergiebt sich hier $T' = S_0L' \times f_0$ als Projektion von T auf Π_1 und daraus der um die Spur e umgelegte Punkt T' auf K^0F ($FT'' = FT'$). Demnach ist T^0 der Schnittpunkt der Geraden K^0L'' mit der Parallelen zu e durch T', woraus dann D^0, E^0 und die Punkte T_c, D_c, E_c folgen

($K^0T^0 \times e = H$, $T_c = K_cH \times O^0T^0$). Schneidet man noch K_cH mit $L''O^0$, so erhält man L_c'' und L_c als Schnittpunkt von $L_c''N_\infty$ mit S_cT_c.

Der sichtbare Teil des Kegelmantels ist der Geraden SO zugekehrt; er geht durch den Teil des Kreises k, der dem Punkte $SO \times$ E zugekehrt ist (dessen Bild mit S_c zusammenfällt, da dieser auf der Strecke SO liegt). Durch Umlegung um die Spur e gelangt dieser Schnittpunkt nach S^0, dem der Kreisbogen $B^0D^0C^0$ zugekehrt ist, so daß der Bogen $B_cD_cC_c$ auf dem sichtbaren Teile des Kegelmantels liegt. Ähnlich erkennt man, daß der Teil des Mantels durch DCE im Lichte liegt.

882. Die Kugel (Fig. 557). Legt man vom Auge O den Tangentialkegel an eine Kugel K, so berührt er dieselbe in einem

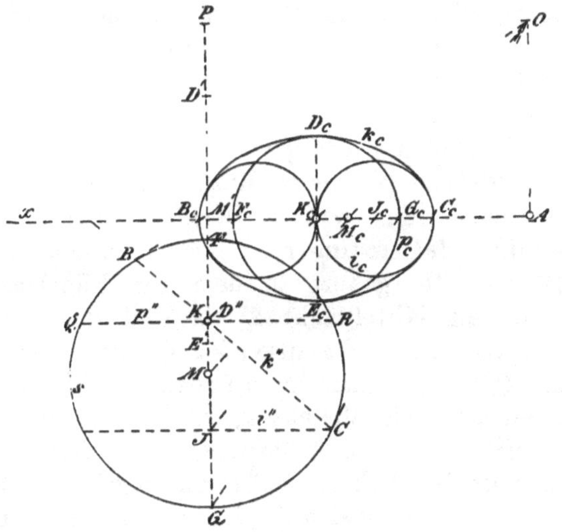

Fig. 557.

Kreise k — dem wahren Umriß der Kugel — während er die Bildebene in einem Kegelschnitte k_c — dem scheinbaren Umrisse — schneidet. Um k_c zu konstruieren, benutzen wir eine zur Bildebene normale Hilfsebene Π_2 durch das Auge O und den Mittelpunkt M der Kugel. Letzterer mag durch sein Bild M_c und seine orthogonale Projektion M' gegeben sein, außerdem sei der Radius r der Kugel bekannt. Die Hilfsebene Π_2 legen wir um ihre Spur $x = M'M_cA$ um, dann gelangt der Kugelmittelpunkt nach M ($AO \perp x$, $AO =$ Distanz, $MM' \perp x$, $M = MM' \times OM_c$) und der in Π_2 liegende Kugelkreis nach s (die umgelegten Punkte sind ebenso bezeichnet, wie die Punkte in Π_2 selbst). Die Ebene des wahren Umrisses k steht auf Π_2 senkrecht, dieser schneidet s in zwei Punkten B und C, deren Tangenten durch O laufen. Das Bild B_cC_c der Kugelsehne BC ist die große Achse des scheinbaren Umrisses k_c und ihr Mittelpunkt K_c ist das Bild des Punktes K der Sehne BC, der dem zur Bildebene normalen Kugeldurchmesser angehört ($K = MM' \times BC$). Ist nämlich $M'P \# AO$, so ist OP die Polare von K, denn sie muß erstens durch den Pol O von BC gehen und zweitens auf MK senkrecht stehen. Demnach sind die vier Strahlen OB, OC, OK, OP harmonisch (289) und folglich auch ihre Schnittpunkte mit x; einer derselben ist aber unendlich fern, also halbiert K_c die Strecke B_cC_c. Das Bild der Kugelsehne DE, die in K auf Π_2 senkrecht steht, stellt die kleine Achse des scheinbaren Umrisses dar; denn DE ist zur Bildebene parallel, so daß D_cE_c zu x normal wird. Zur Konstruktion kann man die orthogonalen Projektionen von D und E auf die Bildebene benutzen, und zwar liegen D', E' zu x symmetrisch und es ist $D'E' = QR$ (der zu x parallelen Kugelsehne durch K); dann tragen AD' und AE' die gesuchten Bildpunkte D_c und E_c.

Alle zur Bildebene parallelen Kugelkreise liefern kreisförmige Bilder; sie schneiden den wahren Umriß k in je zwei Punkten, während ihre Bilder den scheinbaren Umriß k_c in den entsprechenden Punkten berühren. So gehört zu dem zur Bildebene parallelen Kugelkreise mit dem Mittelpunkt K als Bild der Kreis mit dem Durchmesser D_cE_c; sein auf x liegender Durchmesser ist das Bild der Kugelsehne QR. Legt man durch C den zur Bildebene parallelen Kugelkreis i mit dem Mittelpunkt J, so berührt er k in C; sein Bild i_c ist deshalb der Krümmungskreis der Ellipse k_c im Endpunkte C_c ihrer großen Achse, J_c ist der zugehörige Krümmungsmittelpunkt. Analog ergiebt sich der Krümmungskreis im Punkte B_c. Die Bilder F_c, G_c der Endpunkte des zur Bildebene normalen Kugeldurchmessers FG sind die Brennpunkte der Ellipse k_c. Denn der Rotationskegel mit dem Scheitel O und dem Leitkreise k wird von der Tangentialebene im Punkte F der Kugel in einer Ellipse mit dem Brennpunkte F geschnitten (388). Diese Ellipse ist zu k_c ähnlich und in ähnlicher Lage mit O als Ähnlichkeitscentrum, woraus die vorstehende Behauptung folgt.

Der scheinbare Umriß k_c kann demnach auch in der Weise bestimmt werden, daß man auf x die Bilder der Punkte B, C, F und G zeichnet und um F_c mit der halben großen Achse als Radius einen Kreis schlägt; dieser geht dann durch die Endpunkte der kleinen Achse.

883. Die Lichtgrenze auf der Kugel bei Centralbeleuchtung (Fig. 558). Wir bestimmen zunächst in der vorher geschilderten Weise den wahren Umriß k und den scheinbaren Umriß k_c der Kugel, indem wir durch das Auge O und den Kugelmittelpunkt M eine Ebene Π_2 senkrecht zur Bildebene legen. In der

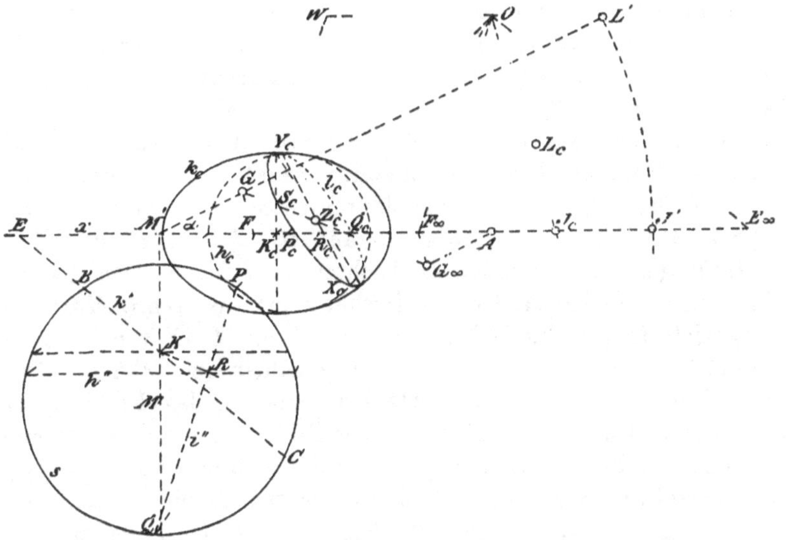

Fig. 558.

umgelegten Ebene Π_2 seien, wie vorher, der Schnittkreis mit s, das Auge mit O, die Berührungspunkte der von O an s gelegten Tangenten mit B und C und der Schnittpunkt von BC mit dem zu Π normalen Kugeldurchmesser mit K bezeichnet. Wir wollen nun die beiden Fälle behandeln, wo der leuchtende Punkt in der Ebene Π_2 liegt und wo er eine allgemeine Lage besitzt. Der erste Fall läßt sich leicht erledigen und der zweite kann dann auf ihn zurückgeführt werden.

Ist J der leuchtende Punkt in Π_2 und sind J' und J_c auf x gegeben, so zeichne man den mit Π_2 umgelegten Punkt J. Die Polarebene des leuchtenden Punktes schneidet die Kugel in der Lichtgrenze i. Die von J an den Kreis s gelegten Tangenten berühren ihn also in den Endpunkten eines der Lichtgrenze i angehörigen Durchmessers PQ. Da er alle zur Bildebene parallelen Sehnen von i halbiert, so ist sein Bild P_cQ_c (auf x) ein Durchmesser und zwar eine Achse von i_c. Die andere Achse U_cV_c ist das Bild derjenigen Sehne UV

von i, deren Pol der Verschwindungspunkt W von PQ ist ($WO \parallel x$); denn die Bilder der Tangenten WU, WV werden zu x parallel. Nun ist JK die Polare von W in Bezug auf s, denn K ist der Pol von OW und J der Pol von PQ. Demnach liegt $R = PQ \times JK$ auf der Polarebene des Punktes W in Bezug auf die Kugel; folglich steht UV in R auf Π_2 senkrecht. Die Punkte U, V liegen auf einem zur Bildebene parallelen Kugelkreise h, dessen Ebene durch R geht; sein Bild h_c schneidet deshalb die in R_c auf x errichtete Normale in den Bildpunkten U_c, V_c. Das Bild i_c der Lichtgrenze hat somit die Achsen P_cQ_c und U_cV_c.

Wie ändern sich nun die Verhältnisse, wenn an Stelle des leuchtenden Punktes J ein leuchtender Punkt L tritt, der aus J durch eine Drehung um den Kugeldurchmesser MM' ($\perp \Pi$) hervorgeht ($M'J' = M'L'$, $\angle J'M'L' = \alpha$, L_c auf AL', $J_cL_c \parallel J'L'$, da $JL \parallel \Pi$ ist)? Dann geht offenbar auch die Lichtgrenze l für den leuchtenden Punkt L aus dem Kreise i durch Drehung um die Achse MM' hervor; speziell mögen hierbei die Punkte P, Q, U, V von i in die Punkte S, T, X, Y von l übergehen. Die Bilder der Sehnen ST und XY von l sind alsdann konjugierte Durchmesser des Bildes l_c der Lichtgrenze l. Denn ST halbiert alle zur Bildebene parallelen Sehnen von l, und der Pol der Sehne XY, oder der gedrehte Punkt W, liegt in der Verschwindungsebene, d. h. in der zur Bildebene parallelen Ebene durch das Auge. Da alle Punkte eine Drehung um den gleichen Winkel α und um die gleiche Achse MM' erfahren, sind die Sehnen PS und QT zu $J'L'$ parallel und also auch ihre Bilder. Die Punkte X, Y liegen auf h, ihre Bilder auf h_c, und es ist X_cY_c zu $M'L'$ normal, da $XY \perp M'L'$ ist und beide Linien zur Bildebene parallel laufen.

Sind F, F_∞ Spur- und Fluchtpunkt der Geraden PQ, so ergeben sich aus ihnen Spur- und Fluchtpunkt G und G_∞ der gedrehten Geraden ST ($\angle FM'G = \angle F_\infty AG_\infty = \alpha$, $M'G = M'F$, $AG_\infty = AF_\infty$). Zieht man durch P_c, Q_c, R_c Parallele zu $J'L'$, so schneiden sie auf GG_∞ den Durchmesser S_cT_c von l_c und seinen Mittelpunkt Z_c aus ($Z = ST \times XY$). Das von Z_c auf $M'L'$ gefällte Lot trifft h_c in den Endpunkten X_c, Y_c des zu S_cT_c konjugierten Durchmessers von l_c, wodurch diese Kurve bestimmt ist. Die Lichtgrenze l und der Umriß k schneiden sich in zwei Punkten, ihre Bilder l_c und k_c berühren sich in den Bildern dieser Punkte. Spur- und Fluchtlinie der Ebene der Lichtgrenze stehen auf $M'L'$ senkrecht und gehen durch G, resp. G_∞; Spur- und Fluchtlinie der Ebene des Umrisses stehen auf x senkrecht und gehen durch E ($= BC \times x$), resp. E_∞

($OE_\infty \parallel BC$). Daraus ergiebt sich das Bild der Schnittlinie beider Ebenen, das durch die genannten Berührungspunkte hindurchgeht.

Um hiernach für einen beliebigen leuchtenden Punkt L die Lichtgrenze l auf der Kugel und ihr Bild l_c zu finden, hat man folgendermaßen zu verfahren. Man drehe L um den zur Bildebene normalen Kugeldurchmesser MM' in die Lage J, so daß die gedrehte Ebene durch das Auge O geht. Diese möge die Kugel im Kreise s schneiden, dann suche man die Polare PQ von J in Bezug auf s, schneide sie mit JK in R, und lege durch R eine Ebene parallel zur Bildebene, sie wird die Kugel in einem Kreise h schneiden. Jetzt zeichne man die Bilder P_c, Q_c, R_c und h_c, sowie Spur- und Fluchtpunkt von PQ, alsdann Spur- und Fluchtpunkt der gedrehten Geraden ST. Auf dieser Bildgeraden liegt ein Durchmesser S_cT_c von l_c, während der konjugierte Y_cX_c auf $M'L'$ senkrecht steht und von h_c begrenzt wird.

884. Rotationsflächen. Soll der Umriß u_c einer Rotationsfläche, deren Achse d zur Bildebene parallel ist, gefunden werden, so suche man zunächst das Bild d_c der Achse und das Bild m_c der zur Bildebene parallelen Meridiankurve m. Läßt man jetzt m_c um d_c rotieren, so entsteht eine zur ursprünglichen Fläche ähnliche Rotationsfläche; das Ähnlichkeitscentrum liegt in O, so daß beide Flächen den nämlichen scheinbaren Umriß aufweisen. Wir können deshalb gleich annehmen, daß die Achse d und die Meridiankurve m der Rotationsfläche, deren scheinbaren Umriß wir suchen sollen, in der Bildebene liegen (Fig. 559).

Ist k ein beliebiger Parallelkreis unserer Fläche, der m in H und J treffen mag, so wird sie (527) längs k von einem Rotationskegel berührt, durch dessen Spitze S auf d die Tangenten von m in den Punkten J und H gehen. Die beiden Tangenten von S an das Bild k_c des Parallelkreises bilden den scheinbaren Umriß des Rotationskegels; sie berühren k_c in zwei Punkten C_c und E_c, in denen sie zugleich den Umriß u_c berühren. Denn C und E auf k gehören dem wahren Umriß des Kegels an; ihre Tangentialebenen gehen somit durch O, und da sie zugleich die Rotationsfläche tangieren, liegen C und E auch auf u. Während aber k den wahren Umriß u auf der Fläche schneidet, muß sein Bild k_c den scheinbaren Umriß u_c berühren; u_c und k_c berühren sich also in C_c und E_c, so daß SC_c und SE_c die bezüglichen Tangenten sind. Um die Punkte C_c und E_c zu bestimmen, legen wir k um JH als k_0 in die Bildebene um und benutzen die perspektive Beziehung zwischen k_c und k_0. Die Fluchtlinie aller Parallelkreisebenen ist das vom Hauptpunkte A auf die

Achse d gefällte Lot AB. Das um AB in die Bildebene umgelegte Auge O_0 ist das Centrum jener perspektiven Beziehung, JH ist ihre Achse, AB ihre Fluchtlinie. Nun suchen wir zu S den entsprechenden Punkt S_0, indem wir SA ziehen, in ihrem Schnittpunkte G mit JH auf dieser eine Normale errichten und dieselbe mit SO_0 in S_0

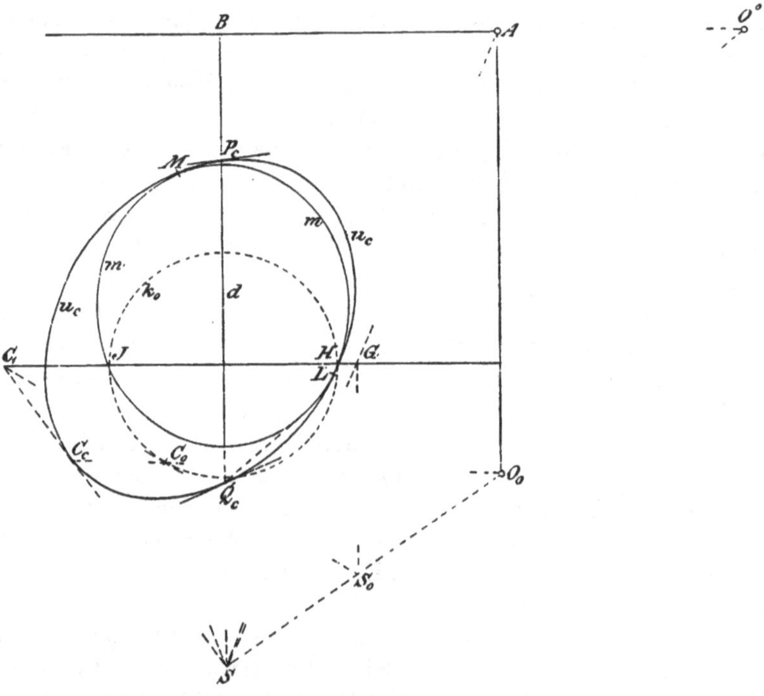

Fig. 559.

schneiden. In der That entspricht der Geraden GA die Gerade GS_0 ($\| AO_0$) und SO_0 geht durch S_0. Die von S_0 an k_0 gelegten Tangenten mögen diesen Kreis in C_0 und E_0 berühren und JH in C_1 und E_1 schneiden, dann sind SC_1 und SE_1 die entsprechenden Tangenten an k_c, ihre Berührungspunkte C_c und E_c liegen auf O_0C_0, resp. O_0E_0.

Der scheinbare Umriß u_c berührt die Meridiankurve m in zwei Punkten L und M, deren Tangenten durch A gehen. Die Tangentialebenen unserer Fläche in L und M sind nämlich zur Bildebene senkrecht, sie enthalten deshalb die Gerade AO, gehen also durch das Auge, so daß ihre Berührungspunkte dem Umriß angehören. Liegt in der Ebene Od die Meridiankurve n und wird sie von den aus O an sie gelegten Tangenten in P und Q berührt, so gehören diese Punkte dem Umriß u an. Ihre Bilder P_c und Q_c werden auf d von den Strahlen OP und OQ ausgeschnitten; man konstruiert sie durch Umlegen der Ebene Od in die Bildebene (O^0 auf AB, $O^0B = O_0B$, O^0P_c und O^0Q_c tangieren m). Nun ist der Umriß u zur Ebene Od symmetrisch, seine Tangenten in P und Q stehen sonach auf Od senkrecht. Demnach gehen die Tangenten von u_c in P_c und Q_c durch den Fluchtpunkt N_∞ aller Normalen der Ebene Od (N_∞ auf AB, $N_\infty O_0 \perp O_0B$).

885. Auch bei beliebiger Richtung der Rotationsachse d gegen die Bildebene kann die vorher beschriebene Konstruktion mit einer kleinen Abänderung verwendet werden (Fig. 560). Durch die Achse d lege man eine Normalebene zur Bildebene und drehe dieselbe um ihre Spur d' in die Bildebene, so erhält man d'', m''; zugleich drehe man das Auge um AF_∞ ($\parallel d'$) nach O''. Jeder Punkt K von d ist der Mittelpunkt eines Parallelkreises k, seine Ebene sei Λ, ihre Spur- und Fluchtlinie seien l und l_∞ ($l_\infty \parallel l \perp d'$, l durch $M = k'' \times d'$, $F_\infty O'' \parallel k''$, l_∞ durch F_∞). Ist S auf d wieder der Scheitel des Kegels, der die Fläche längs k tangiert, und S_c auf d_c sein Bild ($S_c = O''S'' \times d_c$), so sind die Tangenten von S_c an k_c zu bestimmen. Legt man k um l nach k_0 und O um l_∞ nach O_0 um ($O_0F_\infty = O''F_\infty$), so sind k_0 und k_c perspektiv.

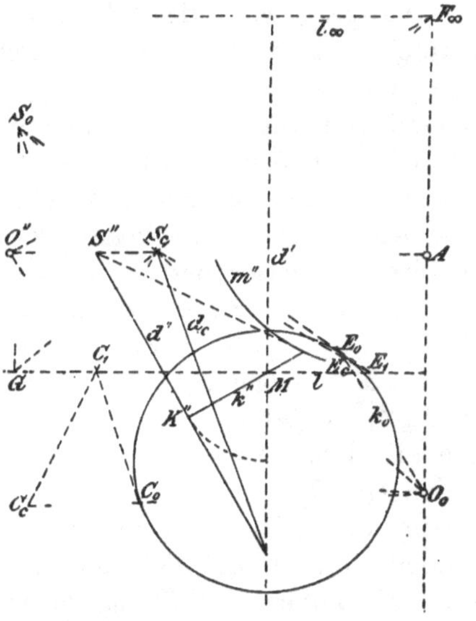

Fig. 560.

Dem Punkt S_c entspricht S_0 ($F_\infty S_c \times l = G$, $GS_0 \parallel F_\infty A$, S_0 auf O_0S_c); die Tangenten aus S_0 an k_0 berühren in C_0 und E_0, denen die Punkte C_c und E_c entsprechen ($S_0C_0 \times l = C_1$, $S_0E_0 \times l = E_1$, $C_c = S_cC_1 \times O_0C_0$, $E_c = S_cE_1 \times O_0E_0$). Der Umriß u_c geht durch C_c und E_c und berührt daselbst die Geraden S_cC_c und S_cE_c.

Ist die Rotationsachse senkrecht zur Bildebene, so sind die Bilder der Parallelkreise selbst Kreise und der scheinbare Umriß umhüllt alle diese Kreise.

886. Den Umriß einer Fläche 2. Grades zu zeichnen, von der drei konjugierte Durchmesser im Bilde gegeben sind (Fig. 561). Es seien M_c das Bild des Mittelpunktes und A_cB_c, C_cD_c, E_cF_c die Bilder der konjugierten Durchmesser, dann werden diese durch M_c und die bezüglichen Fluchtpunkte X_∞, Y_∞ und Z_∞ harmonisch geteilt. Denn jeder Durchmesser wird durch den Mittel- und den unendlich fernen Punkt harmonisch geteilt. Man konstruiere also entweder direkt zu A_c, B_c, M_c den vierten harmonischen Punkt, u. s. w. oder man zeichne die Punkte $A_cD_c \times B_cC_c$ und $A_cC_c \times B_cD_c$, die auf $X_\infty Y_\infty$ liegen, u. s. w. Nun ergeben sich die Bilder p_c, q_c, r_c der zugehörigen Diametralschnitte sofort; so geht p_c durch A_c, B_c, C_c, D_c und berührt daselbst die Geraden A_cY_∞, B_cY_∞, C_cX_∞, D_cX_∞; beliebig viele Punkte und Tangenten von p_c findet man mit Hilfe umgeschriebener Vierseite (268).

Längs p wird die Fläche von einem Cylinder berührt, dessen Mantellinien zu EF parallel laufen; ihre Bilder gehen durch Z_∞, und die beiden von Z_∞ an p_c gelegten Tangenten bilden den scheinbaren Umriß des Cylinders. Berühren diese Tangenten die Ellipse p_c in den beiden Punkten P_c und Q_c, so gehen die gemeinsamen Tangentialebenen von Cylinder und Fläche in P und Q durch das Auge. Demnach liegen P_c und Q_c auf dem Umriß u_c der Fläche und dieser berührt in diesen Punkten die Ellipse p_c. Ganz analog wird der Umriß u_c die Kurven q_c und r_c in je zwei Punkten R_c, S_c, resp. T_c, U_c berühren. Die Konstruktion gestaltet sich wie folgt. Man schneide A_cB_c, C_cD_c, E_cF_c mit den Seiten des Dreiecks $X_\infty Y_\infty Z_\infty$ bezüglich in J_1, K_1, L_1 und suche die drei Punkte J_c, K_c, L_c, die mit jenen zusammen die drei genannten Strecken harmonisch teilen ($(A_cB_cJ_cJ_1) = -1$, u. s. w.). Da A_cB_c die Polare von Y_∞ in Bezug auf p_c ist, liegt der Pol von $Y_\infty Z_\infty$ auf A_cB_c und zwar in J_c; analog stellt K_c den Pol von $X_\infty Z_\infty$ in Bezug auf p_c vor. Somit ist J_cK_c die Polare von Z_∞ in Bezug auf p_c und es sind $Z_\infty K_1$, $Z_\infty K_c$, sowie $Z_\infty J_1$, $Z_\infty J_c$ harmonische Polaren von p_c. Diese beiden Geradenpaare definieren aber eine Involution, deren Doppelstrahlen die gesuchten Tangenten von p_c sind (289); ihre Berührungspunkte liegen auf J_cK_c. Diese Doppelstrahlen ergeben sich nach 327 unter Zuhilfenahme eines Kreises.

Hiernach lassen sich also die drei Paar Berührungspunkte des Umrisses u_c mit den Kurven p_c, q_c, r_c leicht finden und aus sechs Punkten und den zugehörigen Tangenten der Umriß u_c zeichnen. Die Ebene des wahren Umrisses u schneidet die drei gegebenen Durchmesser in den Punkten J, K und L.

Es mag hier darauf hingewiesen werden, daß drei beliebige Strecken A_cB_c, C_cD_c und E_cF_c, die einen Punkt M_c gemein haben, nicht immer die Bilder dreier Achsen eines Ellipsoides darstellen. Das ist offenbar nur dann der Fall, wenn das Dreieck ihrer Fluchtpunkte $((A_cB_cM_cX_\infty) = -1)$ spitzwinklig ist. Denn sein Höhenschnittpunkt ist der Hauptpunkt und dieser liegt stets zwischen dem Fluchtpunkt einer Geraden und der Fluchtlinie einer zu ihr normalen Ebene (871). Falls es sich um die Bilder der Achsen

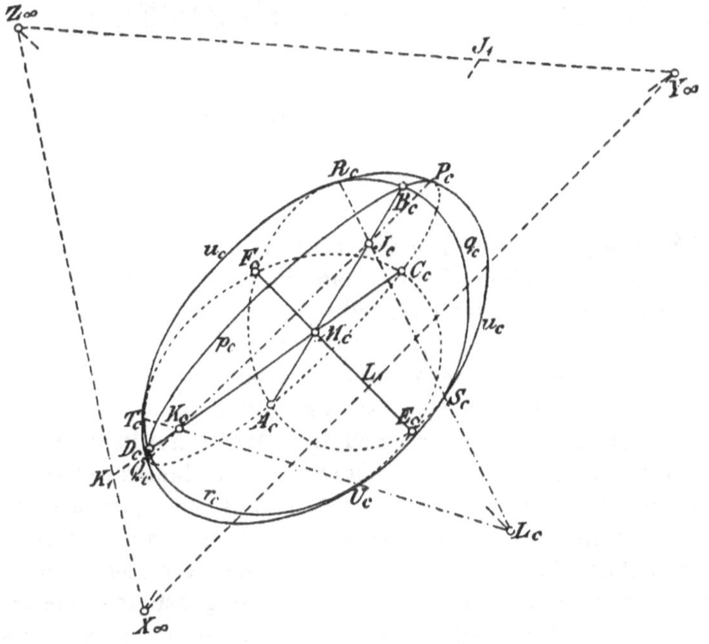

Fig. 561.

handelt, kann man auch die Länge der Achsen sofort angeben, da man ja Hauptpunkt und Auge in diesem Falle kennt. Freilich muß noch die Entfernung des Mittelpunktes von der Bildebene bekannt sein, sonst ergeben sich nur die Verhältnisse der Achsen.

887. Haben wir es mit drei konjugierten Durchmessern einer beliebigen Fläche 2. Grades zu thun, so werden einer oder zwei von diesen Durchmessern imaginär sein, was jedoch die obige Konstruktion nur wenig ändert. Ist z. B. AB ein imaginärer Durchmesser, d. h. sind A, B die Gleichpunkte der auf dieser Geraden liegenden Involution harmonischer Pole der Fläche (vergl. 693—695), so ergiebt sich X_∞ wie vorher, dagegen bildet J_c mit J_1 zusammen ein Punktepaar der Involution, die durch die beiden Paare $X_\infty M_c$ und $A_c B_c$ definiert ist. Die Tangenten aus Z_∞ an p_c sind wieder die Doppelstrahlen der Involution, der die Strahlenpaare durch K_1, K_c und J_1, J_c angehören.

SECHSZEHNTES KAPITEL.

Angewandte Perspektive.

Allgemeines.

888. Das perspektive Bild eines räumlichen Gegenstandes erleichtert uns seine Vorstellung in höherem Maße als seine Darstellung in orthogonaler oder schiefer Parallelprojektion. Der Grund davon ist, daß die geometrischen Gesetze der Centralprojektion dem Vorgange beim Sehen wirklicher Dinge insofern genau entsprechen, als man von dem „Körperlich-Sehen" abstrahiert, das durch das Zusammenwirken beider Augen zustande kommt. Denn beim Sehen mit einem Auge erzeugen die vom Objekte ausgehenden Lichtstrahlen, durch die Augenlinse vereinigt, auf der Netzhaut ein perspektives Bild. Man kann folglich auch jede perspektive Zeichnung in eine solche Lage zum Auge bringen, daß sich die Netzhautbilder ihrer Linien mit denen der entsprechenden Linien des Gegenstandes decken und hierdurch wird der höchste Grad von Anschaulichkeit erreicht, den eine Zeichnung gewähren kann. Dagegen kann man aus einer Perspektive die wahren Größen von Strecken und Winkeln nicht so einfach und genau entnehmen wie aus einer Parallelprojektion. Bei letzterer ergeben z. B. parallele und gleiche Strecken auch parallele und gleiche Bilder, während bei der Centralprojektion sowohl die Richtung als auch die Größe ihrer Bilder verschieden ausfällt, u. s. f. Man wird also die Art der Projektion nach dem Zwecke wählen, den man durch die Darstellung erreichen will. Kommt es vor allem anderen auf die anschauliche Wirkung an, wie in der Malerei und den zeichnenden Künsten, so hat man die Centralperspective zu wählen. Wir haben uns darauf zu beschränken, die Anwendung ihrer Regeln auf solche Objekte zu zeigen, die geometrisch gesetzmäßige Formen haben. Dies trifft namentlich für die architektonischen Gegenstände zu; und wie es bei diesen üblich ist, wollen wir uns die abzubildenden Figuren durch Grund- und Aufriß gegeben denken; an ihre Stelle kann natürlich auch die Angabe von Maßen treten. Wir erkennen also die Hauptaufgabe der angewandten Perspektive darin, in einer gegebenen Ebene und für einen gegebenen Augenpunkt das perspektive Bild eines durch Grund- und Aufriß gegebenen Objektes zu konstruieren.

Die zur Lösung dieser Aufgabe dienlichen Methoden sind größtenteils bereits im vorhergehenden Kapitel entwickelt worden. Die dort bewiesenen Sätze werden wir uns jetzt für die Anwendungen zurecht zu legen haben.

889. Wir denken uns eine horizontale Ebene Π_1, die Grundebene oder Bodenfläche; auf ihr und über ihr sollen sich die Objekte befinden. Die Bildebene Π stellen wir vertikal, so daß jede vertikale Gerade des Raumes auch ein vertikales Bild erhält; dies trägt wesentlich zur Erhöhung der Anschaulichkeit bei, weil unser Auge infolge vielfältiger Übung für die Abweichung gerader Linien von der vertikalen Richtung sehr empfindlich ist. Die Schnittlinie g der Bildebene Π mit der Grundebene Π_1 heißt die Grundlinie (Grundschnitt, Basislinie). Das Auge O (Augpunkt, Gesichtspunkt) wird vor Π und oberhalb Π_1 gewählt. Die Parallelebene zu Π durch das Auge heißt die Verschwindungsebene; sie enthält die Verschwindungslinien aller Ebenen und die Verschwindungspunkte aller Geraden des Raumes. Die senkrechte Projektion A des Auges O auf die Bildebene Π heißt der Hauptpunkt (Fig. 562) und die Länge OA die Distanz. Die Parallelebene H zu Π_1 durch O wird die Horizontebene und ihre Schnittlinie h mit Π wird Horizont (Horizontlinie) genannt; h ist die Fluchtlinie aller horizontalen Ebenen und trägt die Fluchtpunkte aller horizontalen Geraden,

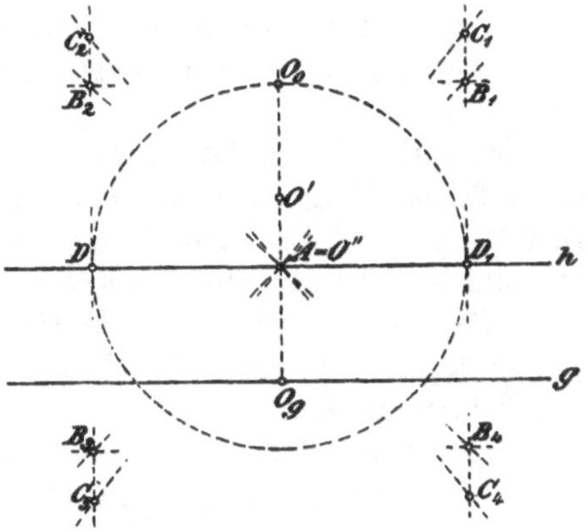

Fig. 562.

insbesondere den Hauptpunkt A als Fluchtpunkt aller Normalen zu Π. Der Distanzkreis wird in Π um A beschrieben, seine Schnittpunkte D, D_1 mit h heißen die Distanzpunkte. Die Fluchtlinien der unter 45^0 gegen Π geneigten Ebenen berühren d, die Fluchtpunkte der Geraden von der Neigung 45^0 gegen Π liegen auf d; speziell sind D und D_1 die Fluchtpunkte der Horizontalen mit der Bildneigung von 45^0.

Das Objekt wird hinter der Bildebene befindlich angenommen. Seinen Grundriß entwerfen wir in der Grundebene Π_1 und legen ihn um die Grundlinie g in die Bildebene um, so daß der hinter der Bildebene befindliche Teil von Π_1 nach unten kommt, der oberhalb g liegende Teil von Π aber für das perspektive Bild des Objektes frei bleibt. Die umgelegten Elemente des Grundrisses werden ebenso bezeichnet wie diese selbst. Das Auge O gelangt bei gleichsinniger Drehung um den Horizont h in den Punkt O_0 des Distanzkreises ($AO_0 \perp h$), der schlechthin als das umgelegte Auge bezeichnet wird. Der Grundriß O' des Auges findet sich auf AO_0 und zwar ist $(O' \dashv g)$ gleich der Distanz, mithin auch $O_0O' = (A \dashv g)$. — Die Aufrißebene Π_2 stellen wir natürlich vertikal und parallel zu den wichtigsten wagrechten Kanten des Gegenstandes. Die Schnittlinie $\Pi_1 \times \Pi_2$ bezeichnen wir wie früher durch x. Die meisten Objekte und namentlich die architektonischen besitzen vertikale Seitenflächen in zwei zu einander rechtwinkligen Stellungen, die wir kurz als Frontflächen bezeichnen können. Ist die Bildebene Π zu einer Front des Gegenstandes parallel, so giebt sein Bild eine gerade Ansicht; anderenfalls spricht man von einer schrägen Ansicht.

Im ersten Falle läßt man die Aufrißebene Π_2 mit der Bildebene Π und folglich x mit g zusammenfallen. Im zweiten Falle wird Π_2 parallel zu einer Front und folglich gegen Π geneigt angenommen. Wir ziehen durch den Bildspurpunkt von x auf g die Vertikale $z = \Pi_2 \times \Pi$ und die Horizontale y rechtwinklig zu x. Den Aufriß legen wir um z in Π um und benennen die umgelegten Aufrißelemente ebenso wie diese selbst. Die Umlegung suche man so einzurichten, daß das perspektive Bild und der Aufriß des Objektes sich nicht gegenseitig in störender Weise verdecken. Wichtig ist es, die Fluchtpunkte X_∞, Y_∞ der Achsen x und y ($O_0X_\infty \parallel x$, $G_0Y_\infty \parallel y$, X_∞ und Y_∞ auf h), sowie den umgelegten Aufriß O'' des Auges anzugeben. O'' liegt auf h und die von O' resp. O'' auf x resp. g gefällten Lote sind von $g \times x \times z$ gleich entfernt (vergl. Fig. 567).

890. Die Konstruktion der Perspektive eines Punktes P mit gegebenem Grund- und Aufriß P', P'' richtet sich danach, ob Π_2 mit Π identisch ist oder nicht, d. h. ob eine gerade oder schräge Ansicht des Objektes verlangt wird. Wir stellen die einfachsten Verfahren kurz zusammen.

Erstens: bei gerader Ansicht.

α) Man zieht in Π_1 durch P' zwei Gerade normal resp. unter 45^0 geneigt gegen g. Ihre Spurpunkte seien N und M auf g; ihre Fluchtpunkte sind der Hauptpunkt A und einer der Distanzpunkte

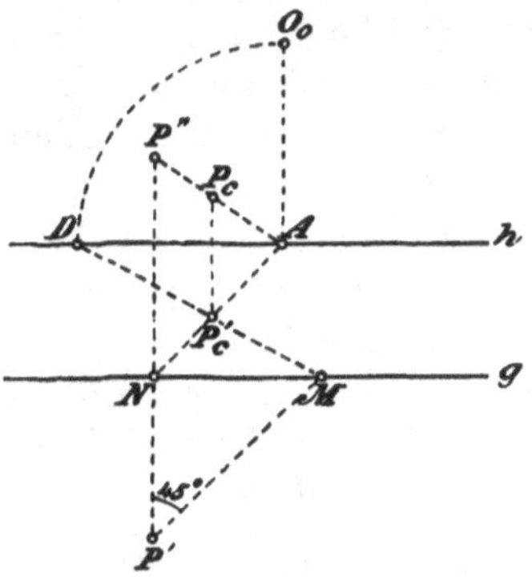

Fig. 563.

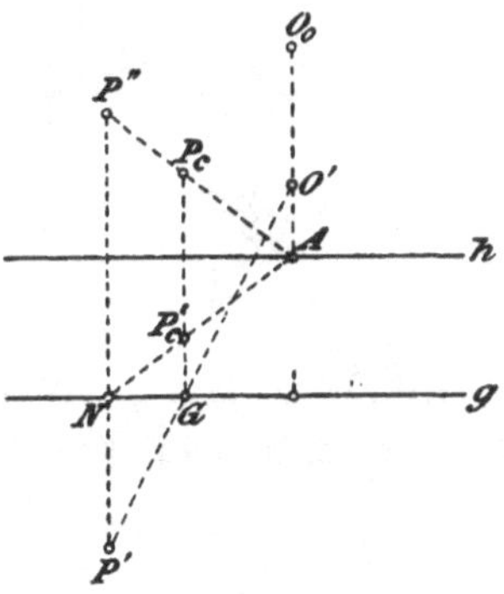

Fig. 564.

D; ihre Bilder NA und MD schneiden sich im Bilde P_c' des Grundrisses P'. Das Bild von PP' geht vertikal durch P_c', das Bild von PP'' ist $P''A$; ihr Schnittpunkt P_c ist folglich die Perspektive von P (Fig. 563).

β) Die Vertikalebene durch OP schneidet Π_1 in $O'P'$ und Π in der Vertikalen durch $G = g \times O'P'$, die auf $P''A$ das Bild P_c bestimmt. P_c' wird wieder auf NA gefunden (Fig. 564).

γ) Trägt man auf die Vertikale $P''P'$ den zweiten Tafelabstand des Punktes als $P''P_0 = NP'$ auf, legt also $P''P$ als $P''P_0 \parallel AO_0$ in die Bildebene um, so liegt P_c auf O_0P_0 (vergl. 864). Man findet also P_c, wenn man die Vertikale durch $G = g \times O'P'$ mit O_0P_0 schneidet. Speziell findet man P_c' auf derselben Vertikalen und auf O_0P' (Fig. 565).

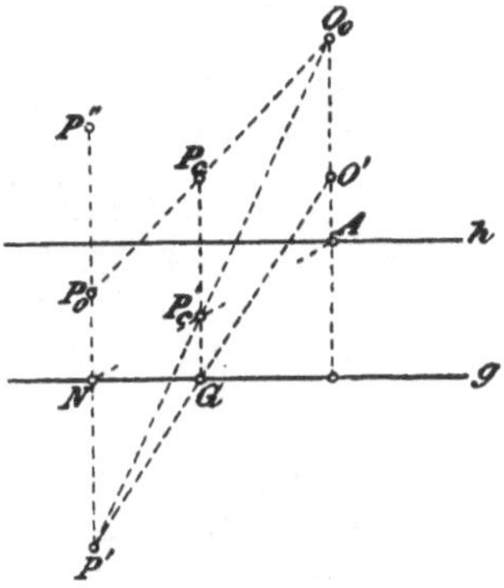

Fig. 565.

Zweitens: bei schräger Ansicht.

δ) Eine in Π_1 beliebig durch P' gezogene Gerade m habe das Bild MM_∞ ($M = m \times g$, M_∞ auf h, $O_0M_\infty \parallel m$), so ist $P_c' = MM_\infty \times O_0P'$. Zieht man $MQ \#\!\!\# P'P$, also $\perp g$ und $= (P'' \dashv g)$, so ist $M_\infty Q$ das Bild von $PQ \parallel m$ und geht durch P_c (Fig. 566).

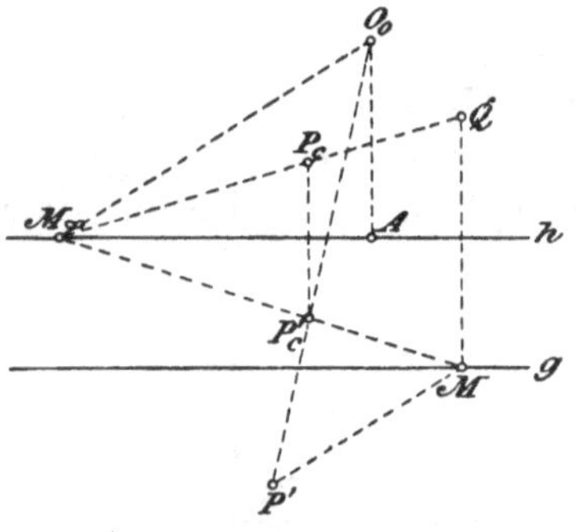

Fig. 566.

ε) Das Bild der zu Π_2 normalen Linie PP'' geht durch den Fluchtpunkt N_∞ ($= Y_\infty$) der Normalen von Π_2; andererseits liegt es in der Ebene OPP'', die auch O'' enthält und die z-Achse in $H = O''P'' \times z$ trifft; folglich ist $HN_\infty = P_cP_c''$ dieses Bild (877). Auf ihm wird P_c mittels der Vertikalen durch $G = O'P' \times g$ bestimmt (Fig. 567).

Die unter β) resp. ε) genannten Methoden sind die einfachsten. Bei β) hat man drei, bei ε) vier gerade Linien zu ziehen. Das eine Verfahren geht aus dem anderen hervor, wenn man Π_2 mit Π, folglich g mit x, sowie O'' und N_∞ mit A zusammenfallen läßt. Die Konstruktion ε) läßt sich auch durch einen mechanischen Apparat (Perspektograph) ausführen, denn werden P und demgemäß P', P'' bewegt, so drehen sich die Geraden $O'P'$, $O''P''$ um die festen Punkte O' resp. O'' und führen die Punkte G, H auf den festen Geraden g resp. z; die vertikale Gerade wird zu sich selbst parallel verschoben und die Gerade HP_c dreht sich um den festen Punkt N_∞.

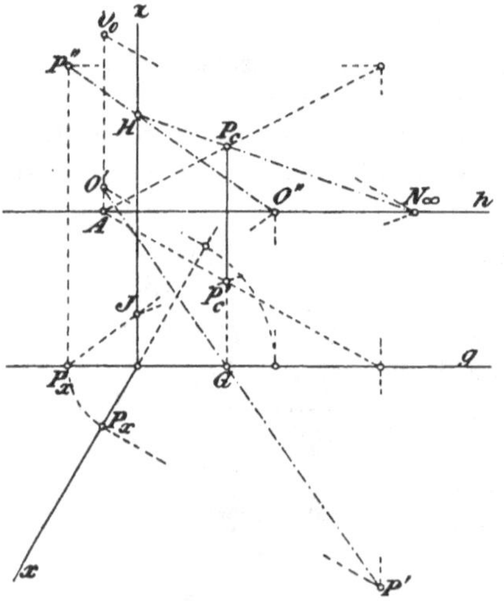

Fig. 567.

891. Das Bild einer geraden Linie ist durch die Bilder zweier ihrer Punkte bestimmt. Aber je kürzer die von ihnen begrenzte Strecke ausfällt, desto weniger genau ergiebt sich die Richtung der Bildgeraden. Man ermittelt daher besser zuerst ihren

Fluchtpunkt. Hierdurch wird nicht allein die Genauigkeit der Zeichnung erhöht, sondern auch Mühe erspart, denn an den Objekten treten oft zahlreiche parallele Linien auf, deren Bilder nach demselben Fluchtpunkte laufen.

Der Fluchtpunkt einer Geraden ist die Bildspur J_∞ des zu ihr parallelen Sehstrahles $OJ_\infty = i$. Fällt Π_2 mit Π, also x mit g zusammen, so zieht man Grund- und Aufriß des Sehstrahles durch Grund- und Aufriß des Auges, d. h. i' durch O' und i'' durch A (Fig. 568). Die Vertikale durch $J' = i \times g$ trifft i'' in J_∞ und den Horizont h in dem Fluchtpunkte J_∞' der Horizontalprojektion der Geraden. — Liegt Π_2 gegen Π geneigt, so zeichne man die Fluchtlinie z_∞ ($\| z$) von Π_2, lege O um z_∞ nach O_Δ um und bestimme Y_∞. Die Parallele zu i'' durch O_Δ schneidet dann z_∞ im Fluchtpunkte von i''; seine Verbindungslinie mit Y_∞ aber bestimmt J_∞ auf der Vertikalen durch J' (vergl. 877).

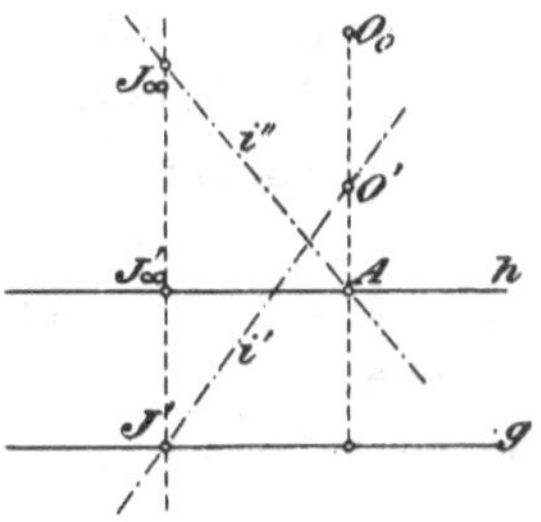
Fig. 568.

892. Wir erwähnen zwei besondere Arten von Fluchtpunkten, die oft benutzt werden. Bei architektonischen Gegenständen stoßen häufig schräge Begrenzungsflächen von gleicher Neigung gegen die Grundebene in schrägen Kanten zusammen. Bei gerader Ansicht sind diese Kanten parallel zu den Diagonalen eines Würfels, dessen Kanten parallel und senkrecht zu Π und Π_1 liegen oder parallel zu den Diagonalen einer ebenso gestellten quadratischen Säule. In dem ersten Falle sind ihre Fluchtpunkte die Ecken B_1, B_2, B_3, B_4 des dem Distanzkreise umgeschriebenen Quadrates mit je zwei horizontalen und vertikalen Seiten (vergl. Fig. 562); im anderen Falle liegen die Fluchtpunkte C_1, C_2, C_3, C_4 auf den Vertikalen durch die Distanzpunkte D und D_1 und auf den beiden Geraden, die durch A parallel zu den Aufrissen gezogen sind. Bei schräger Ansicht hat man das vorhin angegebene Verfahren zur Bestimmung der Fluchtpunkte einzuschlagen.

893. Sieht man von der Grundebene Π_1 ab, deren Spur- und Fluchtlinie als g und h stets angegeben werden müssen, so kommt die Darstellung einer Ebene durch Spur- und Fluchtlinie in der angewandten Perspektive nicht vor. Wohl aber werden diese Elemente zu konstruktiven Zwecken gebraucht. Bei vielen Gegenständen ist es zweckmäßig, von vornherein die Fluchtlinien zu bestimmen: erstens für die Frontebenen und zweitens für die Diagonalebenen, welche die von jenen gebildeten rechten Winkel halbieren.

894. Im XV. Kapitel sind die Grundaufgaben der darstellenden Geometrie durch Centralprojektion gelöst worden. Wir haben daher hier nur wenige Aufgaben mit Bezug auf die besondere Art zu besprechen, in der sie am häufigsten angewandt werden. Sie betreffen:

1. die Teilung vertikaler und horizontaler Strecken, sowie in Verbindung hiermit
2. die ähnliche Verkleinerung der Zeichnung durch Reduktion der Distanz,
3. die Darstellung von Kreisen und Ellipsen in horizontalen oder vertikalen Ebenen,
4. die Schattenkonstruktion.

895. Die Teilung einer zur Bildebene parallelen, also speziell jeder vertikalen Strecke erfolgt im Bilde nach demselben Verhältnis, wie im Original. Um sie auszuführen, muß das Bild einer Teilstrecke bekannt sein. Ist auf einer Vertikalen vom Punkte P aus die Strecke PQ abzutragen, so ziehe man durch das Bild R_c ihres Grundspurpunktes R eine beliebige Gerade, die g in S und h in M_∞ schneiden mag, errichte in S die Vertikale und schneide sie mit $M_\infty P$ in M (Fig. 569); dann ist $SMPR$ ein Rechteck und SM die wahre Länge von RP. Macht man MN auf SM der wahren Länge von PQ gleich, so geht NM_∞ durch Q_c.

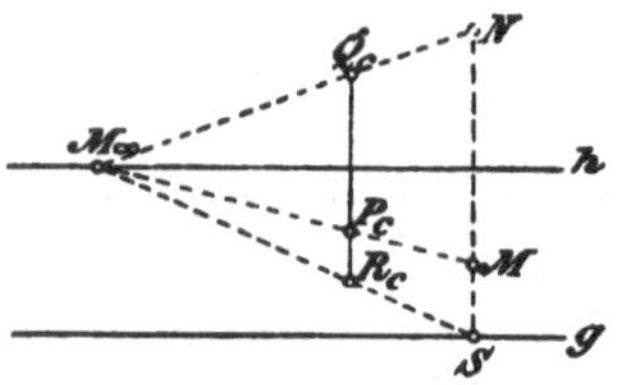

Fig. 569.

896. Die Teilung einer horizontalen Strecke erfolgt nach 864. Seien M und M_∞ Spur- und Fluchtpunkt einer in Π_1 liegenden Geraden m, welche die Strecke PQ trägt. Dreht man m und $M_\infty O_0$ um M resp. M_∞ in gleichem Sinne, bis sie mit g resp. h zusammenfallen, so gelangen die Punkte P, Q und O_0 in die Lagen P_Δ, Q_Δ und O_Δ (Fig. 570) und die Geraden $O_\Delta P_\Delta$, $O_\Delta Q_\Delta$ schneiden $m_c = MM_\infty$ in den gesuchten Punkten P_c, Q_c. Hierbei heißt O_Δ der Teilungspunkt der Geraden m und aller ihrer Parallelen. Legt man nämlich eine solche Horizontale um ihren Spurpunkt in die Bildebene parallel zu h um, so treffen die von O_Δ nach den Punkten der umgelegten Geraden gezogenen Strahlen die Bildgerade in den zugehörigen Bildpunkten.

897. In den Anwendungen tritt es oft ein, daß einer oder mehrere der Punkte, die zur Konstruktion nötig sind, außerhalb der Zeichenfläche liegen. Man hilft sich dann durch eine Reduktion, d. h. durch eine ähnliche Verkleinerung der Zeichnung, wie

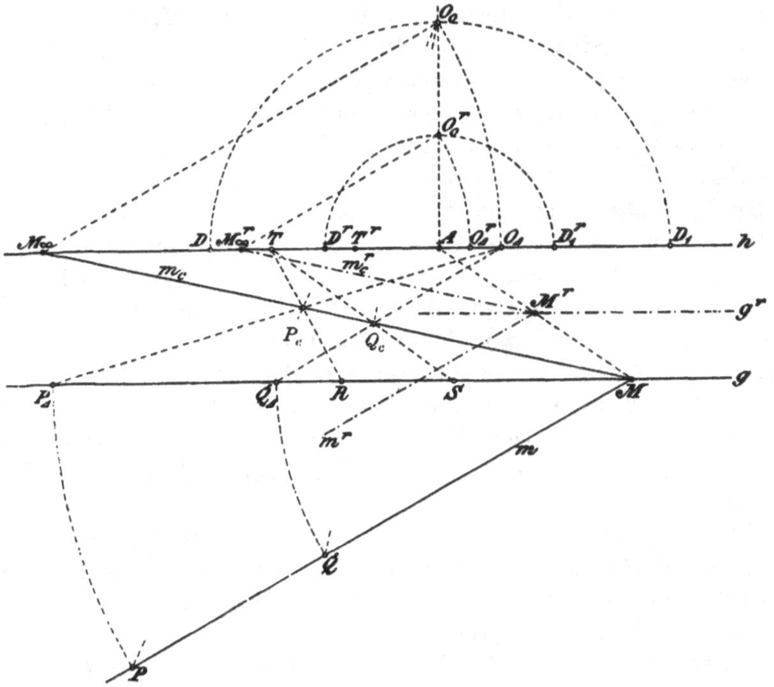

Fig. 570.

sie sich ergeben würde, wenn man bei ungeändertem Objekt und Auge die Bildebene zu sich parallel in der Richtung AO verschiebt und hierdurch die ursprüngliche Distanz auf ihren n. Teil reduziert.

Statt der unzugänglichen Elemente benutzt man die reduzierten Elemente, die wir durch den oberen Index r bezeichnen. Sie befinden sich mit jenen in ähnlicher Lage und zwar ist der Hauptpunkt A das Ähnlichkeitscentrum; ihre Abstände von A aber verhalten sich zu denen der ursprünglichen Elemente wie $1:n$, wo n eine passend gewählte ganze Zahl bedeutet (in der Figur $n = 2$).

Ist das umgelegte Auge O_0 unzugänglich, so trägt man auf AO_0 die Strecke $AO_0^r = \frac{1}{n} \cdot$ Distanz auf; O_0^r ist das reduzierte umgelegte Auge. Man findet dann den Fluchtpunkt M_∞ aus dem reduzierten Fluchtpunkte M_∞^r, indem man $O_0^r M_\infty^r \parallel m$ und $AM_\infty = n \cdot AM_\infty^r$ macht. Fällt M_∞ auch außerhalb der Zeichenfläche, so zeichnet man den reduzierten Spurpunkt M^r, indem man $AM^r = \frac{1}{n} \cdot AM$ abträgt, dann ist $m_c \parallel M^r M_\infty^r$ durch M zu ziehen. Man findet ferner den Teilungspunkt O_Δ aus dem reduzierten Teilungspunkte O_Δ^r durch die Beziehungen: $M_\infty^r O_0^r = M_\infty O_\Delta^r$, $AO_\Delta = n \cdot AO_\Delta^r$. Sind MP_Δ und MQ_Δ auf g die wahren Längen der Strecken MP und MQ, so gehen $O_\Delta P_\Delta$ und $O_\Delta Q_\Delta$ durch P_c und Q_c. Ist O_Δ unzugänglich, so mache man auf h die Strecke $M_\infty T' = \frac{1}{n} \cdot M_\infty O_\Delta = M_\infty^r O_\Delta^r$ und auf g zugleich $MR = \frac{1}{n} \cdot MP$ und $MS = \frac{1}{n} \cdot MQ$, so gehen TR und TS offenbar wieder durch P_c und Q_c. Kann hierbei M_∞ nicht gezeichnet werden, so mache man zuerst $M_\infty^r T^r = \frac{1}{n} \cdot M_\infty^r O_\Delta^r$ und dann $AT = n \cdot AT^r$. Ist endlich auch M nicht benutzbar, so bedient man sich der reduzierten Grundlinie, die man parallel zu h in dem Abstand $= \frac{1}{n} \cdot (g \dashv h)$ zieht; auf ihr findet man den reduzierten Spurpunkt M^r, indem man in dem Abstand $= \frac{1}{n} \cdot (A \dashv m)$ von A die Linie $m^r \parallel m$ zieht. Die weitere Konstruktion gründet sich auf die perspektiv-ähnliche Beziehung zwischen den gegebenen Elementen und den reduzierten wie umgekehrt zwischen den hieraus gefundenen und den gesuchten Elementen.

898. Abbildung eines horizontalen Kreises (Fig. 571). Die Ebene E des Kreises k hat den Horizont h zur Fluchtlinie, die Spur e und die Verschwindungslinie e_v sind zu h parallel. Der Abstand $(e \dashv h)$ hängt von der Lage der Ebene E ab, der Abstand $(e_v \dashv e)$ ist gleich der Distanz $(O_0 \dashv h)$. Wir betrachten nur den gewöhnlichen Fall, wo der Kreis k die Verschwindungslinie e_v nicht trifft, sein Bild also eine Ellipse wird. Der Kreis sei durch seine Umlegung um e gegeben. Die Umlegungen seiner Elemente werden ebenso wie diese selbst bezeichnet. K sei der Mittelpunkt und MN auf f der zu e rechtwinklige Durchmesser; sein Bild M_cN_c findet man auf $f_c = FA$ nach 880. Ist J_c der Mittelpunkt von M_cN_c und liegt der Punkt J auf MN zu J_c perspektiv, so entspricht umgekehrt der zu e parallelen Kreissehne PQ durch J der zu M_cN_c konjugierte Durchmesser P_cQ_c ($\parallel e$ durch J_c) der Bildellipse k_c. Ist $U = f \times e_v$, und schneiden die Kreistangenten UP, UQ die Spur e in R, S, so sind ihre Bilder RP_c und SQ_c parallel zu f_c. Durch die konjugierten Durchmesser M_cN_c und P_cQ_c ist die Ellipse k_c bestimmt; ihre Achsen können nach 417 gefunden werden. Die vertikalen Tangenten der Ellipse (die z. B. als Umrißlinien einer über dem Grundkreise k stehenden runden Säule öfter gezeichnet werden müssen) entsprechen den Tangenten des Kreises k aus dem Punkte $V = AO_0 \times e_v$ und geben durch deren Schnittpunkte X, Y mit der Spurlinie e. Sind W, Z die Berührungspunkte der Kreistangenten und ist $T = e \times WZ$, so liegen die Berührungspunkte W_c, Z_c der Ellipsentangenten auf dem

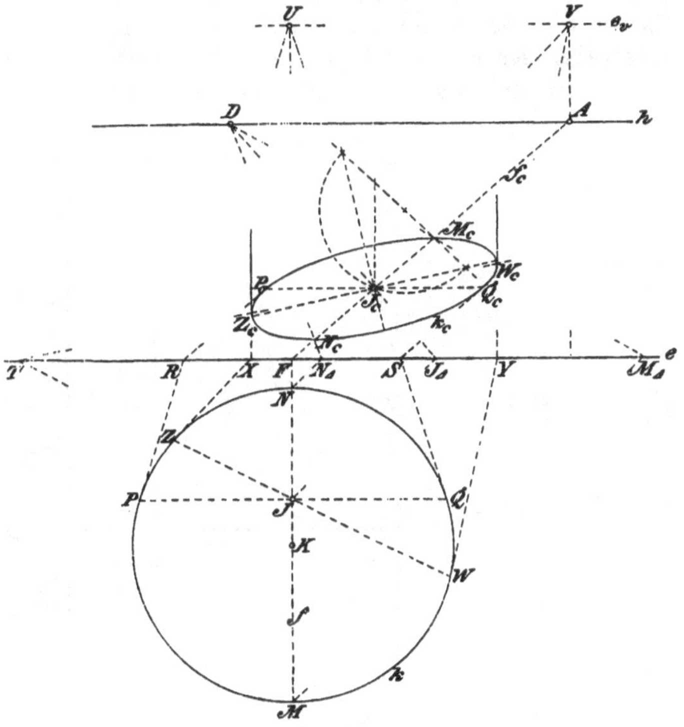

Fig. 571.

Durchmesser TJ_c. Häufig benutzt man zur Abbildung des horizontalen Kreises k ein ihm umgeschriebenes Polygon, z. B. ein regelmäßiges Achteck, dessen Seiten zu g parallel, senkrecht und unter 45° geneigt sind. Die Fluchtpunkte seiner Seiten sind bezw. der unendlich ferne Punkt von h, der Hauptpunkt A und die beiden Distanzpunkte D, D_1. Die Seiten bilden zwei dem Kreise k umgeschriebene Quadrate, deren Diagonalen den Seiten des Achtecks parallel laufen und ihre Berührungspunkte mit k bestimmen. Die Abbildung der geschilderten Figur ergiebt demnach acht Punkte der Bildellipse nebst den zugehörigen Tangenten. Die Einzelheiten der Konstruktion ergeben sich bei ihrer Ausführung ohne Schwierigkeit.

899. Die Abbildung einer Ellipse mit vertikaler Achse (bezw. eines vertikalen Kreises), die z. B. als Gewölblinie vorkommen kann, ergiebt sich aus 898. An Stelle der Horizontalen e, e_v, h treten die Vertikalen n, n_v, n_∞ als Spur-, Verschwindungs- und Fluchtlinie der vertikalen Ebene, die die abzubildende Kurve enthält. Ferner tritt an Stelle der Geraden f die horizontale Achse der Ellipse (oder der horizontale Kreisdurchmesser), an Stelle von O_0 das um n_∞ in die Bildebene umgelegte Auge O^0 und statt des

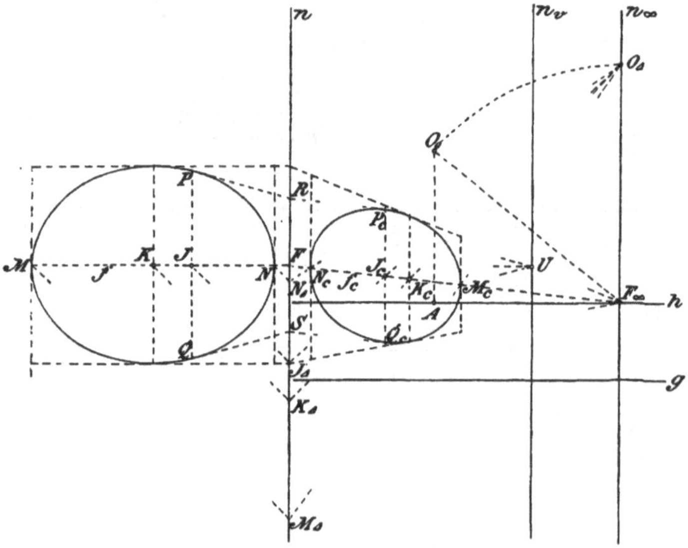

Fig. 572.

Distanzpunktes D hat man das um F_∞ auf n_∞ niedergedrehte Auge O_Δ zu benutzen (Fig. 572). — In der Figur sind die einzelnen Elemente ebenso bezeichnet, wie die entsprechenden in Fig. 571. Eine nähere Erläuterung erscheint daher überflüssig. — Wie vorher kann auch hier, und allgemein bei jedem Kegelschnitte, die perspektive Abbildung mit Hilfe eines ihm umgeschriebenen Vierseits erfolgen (vergl. 880).

900. Schattenkonstruktion. Als Lichtquelle denken wir uns einen Punkt L (über der Grundebene Π_1) durch sein Bild L_c und Grundrißbild L_c' gegeben ($L_c L_c' \perp h$). Von L_c gehen alle Bilder der Lichtstrahlen, von L_c' die ihrer Grundrisse aus. Man spricht von Central- oder Parallelbeleuchtung, je nachdem sich der leuchtende Punkt L in endlicher Entfernung vom Objekte befindet oder unendlich weit liegt. Beide unterscheiden sich aber nicht wesentlich; denn solange L nicht in die Verschwindungsebene fällt, was selten angenommen wird, sind die Bilder L_c und L_c' Punkte im Endlichen. Je nach der Lage von L gegen die Verschwindungsebene ist das Bild reell oder virtuell.

Die Beleuchtung der irdischen Gegenstände durch die Sonne darf als Parallelbeleuchtung gelten, weil ihre gegenseitigen Entfernungen im Vergleich mit dem Abstand von der Sonne selbst verschwindend klein sind. Es bedeutet dann L_c das Bild des Sonnencentrums. Man hat entweder ein reelles Sonnenbild über dem Horizont, oder ein unendlich fernes, oder ein virtuelles unter dem Horizont, je nachdem die Sonne im Angesicht des Beschauers, oder in der Verschwindungsebene, oder im Rücken des Beschauers steht. Demgemäß läuft der Grundschatten einer von der Grundfläche aufsteigenden Vertikalen entweder auf den Beschauer zu, oder parallel zu h, oder nach dem Horizonte hin. L_c ist der Fluchtpunkt der Lichtstrahlen, L_c' liegt auf dem Horizont und ist der Fluchtpunkt ihrer Horizontalprojektionen.

Der Gang der Konstruktionen zur Abbildung der Schatten ist bei der Centralperspektive derselbe wie bei der Parallelprojektion. Man bestimmt zuerst die Lichtgrenzen auf dem Objekt, dann die Schlagschattengrenzen in der Grundebene und zuletzt die Schlagschatten auf dem Objekte selbst, wie dies die nachfolgenden Beispiele zeigen.

901. Ist ein Punkt P durch P_c und P_c' gegeben, so findet man das Bild seines Grundschattens P_* als $P_{*c} = L_cP_c \times L_c'P_c'$; $l_c = P_cP_{*c}$ ist das Bild eines Lichtstrahles l, $l_c' = P_c'P_{*c}$ ist das Bild seines Grundrisses l' und zugleich der Grundschatten der Vertikalen $P'P$. Ebenso wie wir hier den Grundschatten der Vertikalen durch P benutzten, um auf ihm den des Punktes P selbst zu finden, geht man bei der Ermittelung des Schattens von P auf eine beliebig gegebene Ebene E von einer geeigneten Geraden durch P (meist einer Vertikalen oder Horizontalen) und ihrem Schatten auf E aus; dieser ist schließlich mit dem Lichtstrahle durch P zu schneiden.

Sind von einer Geraden i Spur- und Fluchtpunkt J, J_∞ und von der Ebene E Spur- und Fluchtlinie e, e_∞ bekannt, so sucht man Spur- und Fluchtlinie d, d_∞ der durch i gelegten Lichtstrahlenebene Δ, die E in dem gesuchten Schatten i^* schneidet, und erhält von i^* den Spur- und Fluchtpunkt, hieraus aber das Bild

($J^* = d \times e$, $J_\infty^* = d_\infty \times e_\infty$, $i_c^* = J^* J_\infty^*$). Bei Parallelbeleuchtung verbindet die Fluchtlinie d_∞ den Fluchtpunkt L_c der Lichtstrahlen mit dem Fluchtpunkte J_∞ der Geraden i und d geht parallel zu d_∞ durch J.

Anwendungen der Perspektive.

902. Wir legen die Regeln der Perspektive in ihrer Anwendung auf einige architektonische Gegenstände dar. Die Objekte sollen die hauptsächlichsten an Bauwerken vorkommenden Formen und Anordnungen der Glieder zeigen, aber nur in möglichst einfacher Weise, sodaß sie leicht geometrisch bestimmt werden können. Bei der Wahl ihrer Verhältnisse sind weniger ästhetische Gesichtspunkte wirksam gewesen, als vielmehr die Rücksicht darauf, daß die Einzelheiten der Konstruktion in der Zeichnung genügend erkennbar werden müssen. — Zuerst behandeln wir nur Körper mit ebenen Seitenflächen, in den späteren Beispielen treten auch krumme Flächen auf.

Perspektive eines Säulenganges in gerader Ansicht (Fig. 573). Die doppelte Säulenreihe erstreckt sich in der zur Bildebene senkrechten Richtung nach dem Horizonte hin. Jede einzelne Säule besteht aus Sockel, Schaft und Kapitäl. Diese drei Teile werden von quadratischen Prismen und abgestumpften quadratischen Pyramiden gebildet. Die Prismenflächen stehen vertikal, die schrägen Pyramidenflächen, die am Sockel oben, am Kapitäl unten liegen, sind gegen die Grundebene Π_1 unter 45° geneigt. — Die Säulenabstände in der Richtung parallel zur Grundlinie g ergeben sich aus dem Grundriß des vordersten Säulenpaares; zur Feststellung der Abstände in der Richtung senkrecht zu g genügt es, die verlängerte Grundrißdiagonale VU einer Säule des folgenden Paares zu zeichnen. Die Kanten der Säulen verlaufen in sieben verschiedenen Richtungen: sie sind nämlich entweder vertikal, oder normal zur Bildebene, oder parallel zur Grundlinie, oder parallel zu einer der vier Diagonalen eines Würfels, von dem zwei Seitenflächen in Π und Π_1 liegen. Ihre Fluchtpunkte sind folglich der Reihe nach: der unendlich ferne Punkt der Vertikalen, der Hauptpunkt A, der unendlich ferne Punkt des Horizontes h und die Ecken B_1, B_2, B_3, B_4 des dem Distanzkreis umgeschriebenen Quadrates ($B_1B_2 \parallel g$ durch O_0, $O_0B_1 = O_0B_2 = AO_0$). Die erreichbaren Spurpunkte der Grundrißdiagonalen auf g sind durch

R, S, T, U bezeichnet; ihre Fluchtpunkte sind die Distanzpunkte D resp. D_1.

Wir beginnen mit der **Abbildung** der Sockelgrundflächen. Zu ihren Ecken gehören z. B. die Punkte G, H; ihre Bilder werden

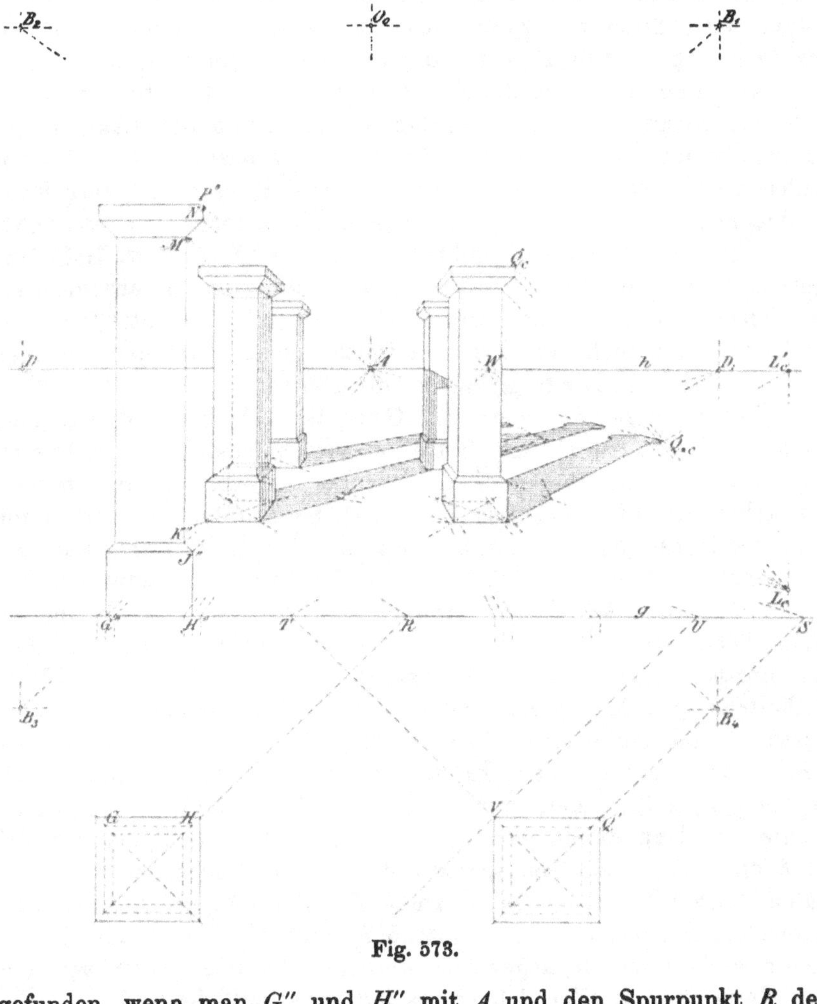

Fig. 573.

gefunden, wenn man G'' und H'' mit A und den Spurpunkt R der der durch H gelegten Diagonale mit D verbindet, sowie durch H_c die Parallele zu g zieht ($H_c = AH'' \times DR$, G_c auf $G''A$, $H_c G_c \parallel g$). Hat man in dieser Weise alle in Π_1 liegenden Quadrate abgebildet (und kontrolliert, daß ihre je in einer Parallelen zu g gelegenen Seiten gleiche Längen haben), so zieht man durch alle ihre Ecken vertikale Linien aufwärts. Diese stellen die vertikalen Sockelkanten dar; ihre oberen Endpunkte bestimmen wieder horizontale Quadrate. Im Bilde liegt eine Reihe ihrer Ecken auf $J''A$; zieht man durch sie Parallelen zu g, so findet man die übrigen Ecken, die zugleich auf drei weiteren Geraden durch A liegen müssen. Jetzt sind die Bilder der schrägen Sockelkanten zu ziehen; sie laufen von den vorderen Ecken nach B_1 resp. B_2, von den hinteren nach B_3 resp. B_4. Eine Reihe ihrer Endpunkte liegt auf $K''A$, die übrigen finden sich wie vorhin. Nunmehr werden die vertikalen Schaftkanten gezogen, die auf $M''A$, u. s. w. endigen. Die schrägen Kapitälkanten laufen vorn nach B_3 resp. B_4, hinten nach B_1 resp. B_2; ihre Endpunkte liegen auf $N''A$, u. s. w. Man zeichnet ferner die vertikalen Kapitälkanten, deren Endpunkte sich auf $P''A$, u. s. w. befinden. Zuletzt sind die Bilder aller horizontalen Kanten auszuziehen, die unsere Konstruktion bereits als Hilfslinien benutzt hat. — Welche Linien sichtbar sind und welche nicht, wird der Zeichner leicht auch ohne nähere Erklärung beurteilen.

Hierauf bestimmen wir die Grundschatten, und um dies leicht ausführen zu können, haben wir wenigstens für die vordersten Säulen die Grundrißbilder aller Ekpunkte angegeben. Wir wählen Parallelbeleuchtung; das (virtuelle) Sonnenbild L_c liegt unter dem Horizonte h, der Fluchtpunkt L_c' der Lichtstrahlgrundrisse senkrecht darüber auf h selbst. Die Lichtgrenze setzt sich bei jeder Säule aus 14 Kanten zusammen; zwei davon liegen in der Grundfläche, zwei andere in der horizontalen Endfläche des Kapitäls, die übrigen sind in der Diagonalebene mit der Fluchtlinie B_2B_3 enthalten. Zur Lichtgrenze gehören die Ecken, in denen das Bild bezw. Grundrißbild eines Lichtstrahles das der Säule streift. — Die Grundschatten der Ecken, z. B. Q, stellt man durch $Q_{*c} = Q_cL_c \times Q_c'L_c'$ dar, u. s. f. Die Grundschatten der horizontalen Kanten sind zu diesen parallel, ihre Bilder laufen folglich parallel zu h oder nach dem Hauptpunkte A. Die Grundschatten der Vertikalen konvergieren im Bilde nach L_c', die der schrägen Kanten haben die Fluchtpunkte $W = h \times B_2L_c$ und $W_1 = h \times B_3L_c$ (in der Figur konnte nur W angegeben werden). Diese Angaben genügen zur Verzeichnung aller Schlagschatten auf die Bodenfläche.

In unserem Beispiele kommt der Schlagschatten einer Säule auf eine zweite vor (ihre Grundschatten überdecken sich zum Teil). Zieht man aus dem Kreuzungspunkte der Grundschatten zweier Kanten rückwärts bis zu der beschatteten Kante einen Lichtstrahl, so endigt er in einer Ecke der Schlagschattenfigur.

Aber nicht alle Ecken derselben können so gefunden werden, man hat vielmehr das in 901 geschilderte Verfahren anzuwenden. Hierbei beachte man folgende Bemerkungen. Der Schatten einer Geraden auf eine zu ihr parallele Ebene ist zu ihr selbst parallel; im Bilde haben beide denselben Fluchtpunkt. Hiernach sind z. B. die Schatten einer vertikalen Kante auf die senkrechten Flächen einer Säule selbst vertikal und das Schattenbild einer zu Π normalen Kante auf die parallele Seitenfläche eines Säulenschaftes geht durch A. Ferner wird der Schatten, den eine Gerade auf eine Parallelebene zu Π (mit unendlich ferner Fluchtlinie) wirft, als Parallele zur Verbindungslinie ihres Fluchtpunktes mit dem der Lichtstrahlen dargestellt. Folglich hat der Schatten einer zu Π normalen Kante auf eine Frontfläche ein zu AL_c paralleles Bild und analog bildet sich der Schatten einer schrägen Kante (MN) mit dem Fluchtpunkte B_3 als Parallele zu B_3L_c ab. Der Schatten von MK auf die schiefe Sockelfläche hat seinen Fluchtpunkt in $B_1B_2 \times L_cL_c'$. Die Begrenzungslinien des Schattens der einen Säule auf den Boden und auf die andere Säule treffen in den Bodenkanten der letzteren zusammen; um die Treffpunkte exakt zu bestimmen, kann man sie zuerst im Grundriß konstruieren und dann in die Perspektive übertragen.

Bei der Ausführung der Zeichnung wird man bemerken, daß sich ihre Genauigkeit dadurch erhöhen läßt, daß man zur Bestimmung eines und desselben Elementes verschiedene Wege einschlägt.

903. Perspektive eines Obelisken mit Unterbau in schräger Ansicht. Der Unterbau hat eine quadratische Basis; von ihren vier Seitenflächen führen Stufen nach einem Podest, der vier durch Eckquader gebildete Vorsprünge zeigt. Über dem Podest erhebt sich der quadratische Obelisk auf einer Plinthe mit oben abgeschrägten Seitenflächen. Die schrägen Flächen der Plinthe und die in der Spitze S zusammenstoßenden Endflächen des Obelisken sind gegen Π_1 unter 45^0 geneigt. Die Seitenflächen des Obelisken schneiden sich in dem Punkte U seiner vertikalen Achse, die schrägen Flächen der Plinthe in dem Punkte Q; alle übrigen Flächen sind entweder horizontal oder vertikal. Die einzelnen Bestimmungsstücke des Objektes entnimmt man aus dem Grund- und Aufriß desselben, der dem perspektiven Bilde (Fig. 574) in halber Größe beigefügt ist.

Nach Annahme von A, g, h wird die Lage des Objektes durch seinen umgelegten Grundriß bestimmt; das Basisquadrat ist gegen die Grundlinie g geneigt. Die Distanz AO, die so groß gewählt ist, daß das umgelegte Auge O_0 in die Figur nicht eingetragen werden kann, reduziert man auf die Hälfte und benutzt das reduzierte umgelegte Auge O_0^r ($AO_0^r = \frac{1}{2} AO$). Die Seiten $m = EF$ und $n = EH$ des Basisquadrates (sowie alle zu ihnen parallelen

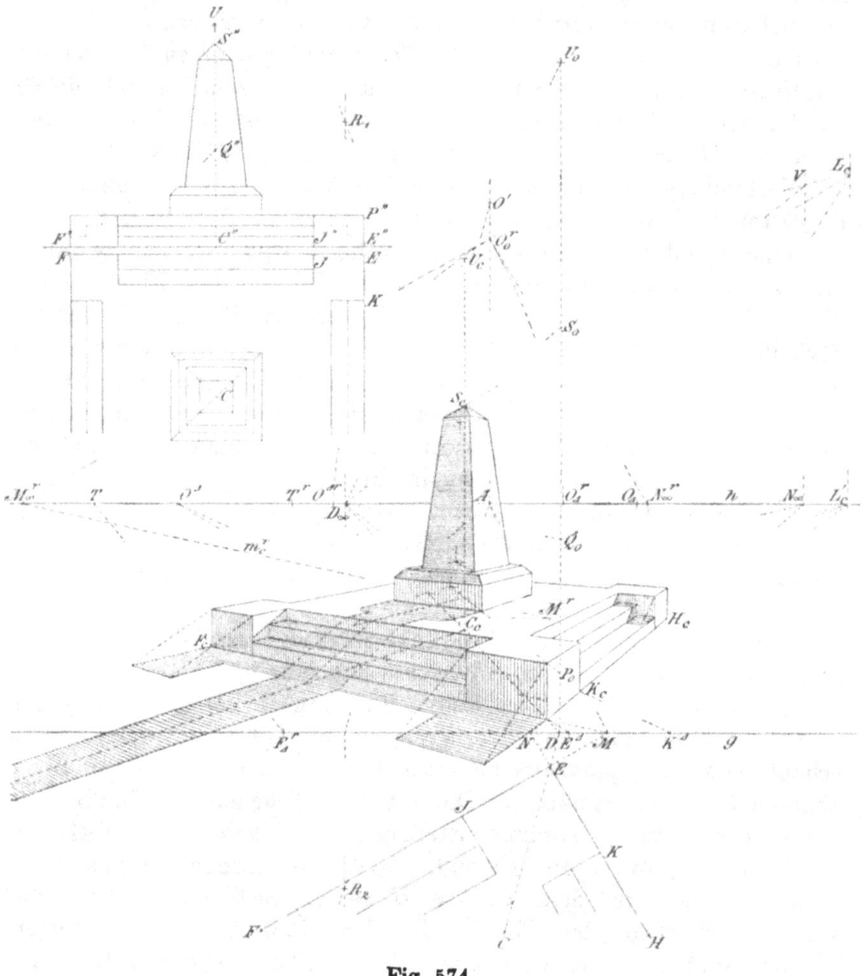

Fig. 574.

Kanten) haben die Fluchtpunkte M_∞ resp. N_∞ auf h. Man findet zuerst die reduzierten Punkte M_∞^r und N_∞^r ($O_0^r M_\infty^r \parallel m$, $O_0^r N_\infty^r \parallel n$) und hieraus N_∞ durch die Beziehung $AN_\infty = 2 . AN_\infty^r$, während M_∞ unzugänglich ist. Seien nun $M = m \times g$ und $N = n \times g$ die Spurpunkte, so kann das Bild $n_c = NN_\infty$ direkt gezeichnet werden; für m

aber muß zuvor auf AM der reduzierte Spurpunkt M^r ($AM^r = \frac{1}{2}AM$) bestimmt werden; hierauf ist m_c durch M parallel zum reduzierten Bilde $m_c^r = M^r M_\infty^r$ zu ziehen. Trägt man auf h $M_\infty^r O_\Delta^r = M_\infty^r O_0^r$ und $N_\infty^r O^{\Delta r} = N_\infty^r O_0^r$ ab, macht $AO_\Delta = 2.AO_\Delta^r$ und $AO^\Delta = 2.AO^{\Delta r}$, so stellen O_Δ und O^Δ die Punkte dar, in die das Auge O gelangt, wenn man es um M_∞ oder N_∞ auf den Horizont niederlegt; sie dienen als Teilungspunkte für die Seiten des Basisquadrates (vergl. 864). Um die Einteilung der Linien EF und EH in die Perspektive zu übertragen, hat man sie mit allen Zwischenpunkten um M oder N bis in die Grundlinie herumzudrehen. Die vollzogene Drehung bezeichnet der untere resp. obere Index $\triangle$. Man findet z. B. K_c als $NN_\infty \times K^\Delta O^\Delta$, u. s. f. Statt des unzugänglichen Punktes F_Δ bestimmt man F_Δ^r ($MF_\Delta^r = \frac{1}{2}MF$), macht $M_\infty^r T^r = \frac{1}{2} M_\infty^r O_\Delta^r$, $AT = 2 \cdot AT^r$ und findet F_c als $MM_\infty \times F_\Delta^r T$, u. s. f. Die Bilder der Parallelen zu m gehen durch M_∞, schneiden also NN_∞ und jede dazu parallele Gerade in ähnlichen Punktreihen. Man trage daher auf h die Strecke $N_\infty^r M_\infty^r$ von N_∞ aus ab, ziehe durch ihren Endpunkt die Parallele zu NN_∞ und konstruiere auf ihr die Punktreihe, die aus der auf NN_∞ liegenden durch Verkleinerung auf die Hälfte entsteht. Übrigens sucht man es meist so einzurichten, daß die wichtigeren, wiederholt zu brauchenden Fluchtpunkte, wie hier M_∞, wenn auch nicht in der Zeichnung selbst, so doch auf dem Zeichenbrette markiert werden können. Das Bild des Basiscentrums C, von dem die Vertikalachse des Obelisken aufsteigt, ergiebt sich als Schnittpunkt der Diagonalen E_cG_c und F_cH_c. (In der Figur sind nicht alle Bezeichnungen eingefügt, weil sie sonst undeutlich wird.) Die Diagonale EG hat den Spurpunkt D und den Fluchtpunkt D_∞ ($O_0D_\infty \parallel EG$); man bestimme auch ihren Teilungspunkt und benutze die Einteilung der Strecke E_cG_c, insbesondere ihre Schnittpunkte mit den nach unten verlängerten Obeliskenkanten. Die Vertikalen durch D resp. D_∞ bilden Spur- und Fluchtlinie einer Diagonalebene des Objektes. Auf erstere trägt man von D aus die Höhen ab, in denen sich die Ecken und Kanten des Gegenstandes über der Grundebene befinden, verbindet die Endpunkte mit D_∞ und ermittelt so die Höhen im Bilde, z. B. $DP_0 = E''P''$, $E_cP_c \perp h$, P_0P_c durch D_∞, oder $DS_0 = C''S''$, $C_cS_c \perp h$, S_0S_c durch D_∞, u. s. f. Für die Zeichnung der Stufenkanten ist es zweckmäßig, die Treppenprofile auf den Frontflächen des vordersten Eckquaders abzubilden. Von den Fluchtpunkten der schrägen Kanten an der Plinthe und an der Spitze des Obelisken konnten nur zwei, R_1 und R_2 angegeben werden; sie liegen auf der Vertikalen durch D_∞ symmetrisch zu h. Zeichnet man die Aufrisse der Diagonalen des über dem Quadrate *EFGH* stehenden Würfels und zieht durch *A* Parallelen zu ihnen, so gehen sie durch die genannten Fluchtpunkte. An ihrer Stelle kann man auch das Bild des Punktes *Q* benutzen, in dem sich die schrägen Kanten der Plinthe treffen. Ähnlich verfährt man bezüglich der im Punkte *U* der Vertikalachse zusammenlaufenden Kanten des Obelisken. — Nach dem Gesagten hat es keine Schwierigkeit, das Bild des Objektes zu vollenden.

Der Schattenkonstruktion liegt die Annahme paralleler Lichtstrahlen zu Grunde. Die Sonne befindet sich im Gesichtsfeld des Beschauers; ihr reelles Bild L_c also über dem Horizont und L'_c senkrecht darunter auf h. Die Lichtstrahlen kommen von L_c, die Schatten der Vertikalen auf Horizontalflächen von L'_c. Die Schatten horizontaler Kanten auf horizontale Flächen gehen durch M_∞ oder N_∞. Ferner kommen Schatten horizontaler Kanten (mit dem Fluchtpunkte M_∞) auf vertikale Flächen (mit der Fluchtlinie $N_\infty V \perp h$) vor; ihr Fluchtpunkt V liegt auf $M_\infty L_c$. Die schrägen Kanten werfen nur auf wagrechte Flächen Schatten; man ermittelt sie aus den Durchstoßpunkten mit der Grundebene und dem Podest und den bezüglichen Schatten der Punkte Q, S, U. Die Fluchtpunkte dieser Schattenlinien liegen auf h mit L_c und den Fluchtpunkten der bez. Kanten in gerader Linie. Sind letztere nicht erreichbar, so muß man von anderen Punkten der Kanten die Schatten abbilden. Die Linien, welche die Lichtgrenze auf dem Objekte zusammensetzen, lassen sich sehr einfach feststellen. Zu ihnen gehören beim Obelisken und den vier Eckquadern die in den Diagonalebenen mit der Fluchtlinie $D_\infty R_1$ gelegenen Kanten, bei der Plinthe zwei vertikale, zwei horizontale und zwei schräge Kanten, außerdem bei jedem Eckstein zwei Oberkanten und zwei oberste Treppenkanten.

904. Als weiteres Beispiel wählen wir die schräge Ansicht einer gewölbten Halle mit doppeltem Durchgang. (Fig. 575. In dieser und in den beiden folgenden Figuren ist der untere Index c, der zur Bezeichnung der perspektiven Bilder dient, weggelassen). Der quadratische Bau zeigt ein von vier ebenfalls quadratischen Pfeilern getragenes Kreuzgewölbe. Die Wölbflächen liegen auf zwei kongruenten Rotationscylindern, deren horizontale Achsen sich rechtwinklig schneiden; sie endigen in jeder Front mit einem Halbkreis und stoßen in zwei (sich in T kreuzenden) Gratlinien zusammen, die den Diagonalebenen angehören und mithin Halbellipsen sind. An den vier Fronten läuft oben ein einfaches Kranzgesims; seine schrägen Kanten sind zu den Diagonalen eines Würfels parallel, dessen Seitenflächen in den Fronten liegen.

Die Bildebene legen wir durch die vorderste Pfeilerkante z, machen zwei Seiten des Basisquadrates zur x- und y-Achse und die darüberstehenden Frontebenen mithin zur Aufriß- bezw. Seitenrißebene. Von dem Grund- und Aufriß ist nur soviel gezeichnet, als

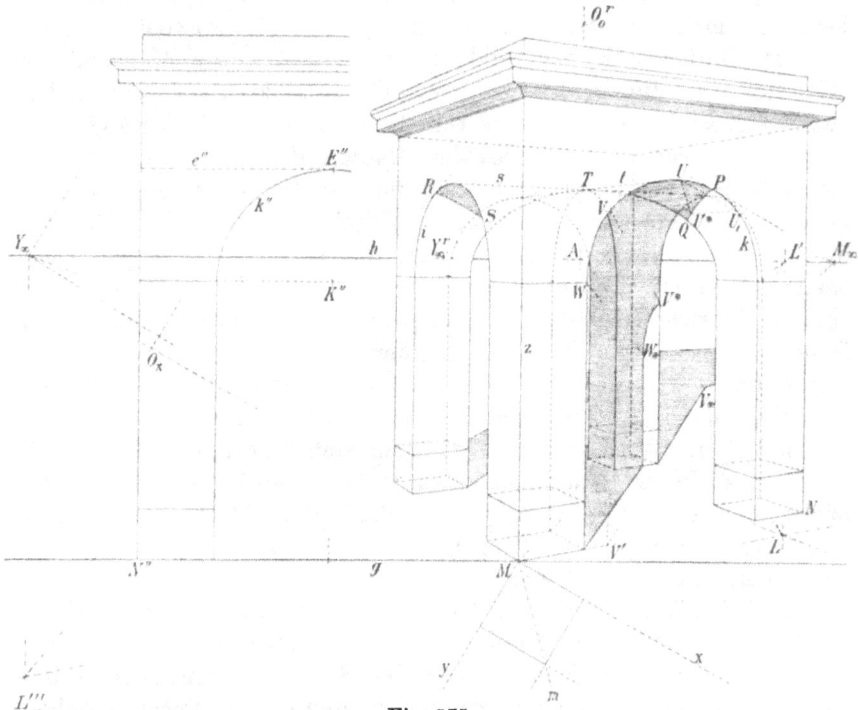

Fig. 575.

zur Bestimmung der Gestalt und Lage des Objektes gebraucht wird. Zur Festlegung der Distanz ist das reduzierte umgelegte Auge angegeben ($A O_0^r = \frac{1}{4} A O$). Hieraus kann man die Fluchtpunkte X_∞, Y_∞, M_∞, N_∞ der Achsen x, y und der Grundrißdiagonalen m, n finden. Die Abbildung aller geradlinigen Kanten des Gegenstandes erfolgt wie in 903 und bedarf nach dem Vorausgegangenen keiner Erläuterung mehr. Statt der unzugänglichen Fluchtpunkte der schrägen Gesimskanten wurde der Punkt C der vertikalen Mittelachse des Objektes benutzt, in dem ihre Verlängerungen zusammentreffen.

Die vier äußersten Pfeilerkanten laufen bis zu der Deckplatte, die das Gewölbe oben abschließt; die übrigen endigen in der

Basisebene des Gewölbes. Ihre Endpunkte werden paarweise durch die horizontalen Durchmesser der vier Fronthalbkreise und der beiden elliptischen Gratlinien verbunden, die in ihnen die verlängerten Pfeilerkanten berühren. Alle sechs Gewölblinien projizieren sich als Halbellipsen, denn in ihren Endpunkten sind die Tangenten parallel (vertikal). Hat man mit Hilfe der Fluchtpunkte X_∞, Y_∞, M_∞, N_∞ die Bilder jener horizontalen Durchmesser gezeichnet, so bestimme man ihre Mittelpunkte und hieraus die konjugierten (vertikalen) Halbmesser der Bildellipsen (899). Diese Konstruktion läßt sich für die beiden vorderen Fronthalbkreise k, i mit Benutzung ihrer Umlegung in die Bildebene, d. h. mittels des Aufrisses, leicht ausführen. Den vertikalen Radien der Kreise entsprechen vertikale Halbsehnen durch die Bilder der Centra K, J; die Tangenten in ihren Endpunkten gehen durch X_∞ resp. Y_∞. Für die übrigen Gewölblinien vereinfacht sich das Verfahren, weil sie je mit einem der Kreise k, i auf einem Cylinder liegen. Den affin gelegenen ebenen Kurven des Originals entsprechen perspektiv gelegene im Bilde; die Fluchtpunkte (X_∞, Y_∞) der Affinitätsstrahlen (Cylindermantellinien) werden die Centra der Perspektivität, die Achsen sind die Bilder der Affinitätsachsen (in unserem Falle laufen sie vertikal durch Y_∞, X_∞, M, N, so daß Vertikalen stets Vertikale entsprechen). Auf Grund dieser Bemerkungen kann die Perspektive des Objektes leicht vervollständigt werden. Je drei perspektive Gewölblinien zeigen eine gemeinsame Tangente (s durch X_∞, t durch Y_∞), die den scheinbaren Umriß einer Wölbfläche bildet.

Um die Darstellung des Objektes mit Schatten zu versehen, setzen wir Sonnenbeleuchtung voraus (L unterhalb h, L' auf h, $LL' \perp h$). Über die Konstruktion der Schlagschatten, welche die geradlinigen Kanten auf die Grundebene und auf die ebenen Flächen des Objektes werfen, ist nichts Neues zu sagen (man vergleiche das vorangehende Beispiel). Die Lichtgrenzen der Wölbflächen sind Mantellinien; man erhält ihre Endpunkte auf den Fronthalbkreisen k und i nach 478, indem man die Schatten der Gewölbmantellinien auf die bez. Frontebene sucht und die zu ihnen parallelen Tangenten an k und i zieht. Diese sind hier mit dem Aufriß l'' resp. Seitenriß l''' eines Lichtstrahles identisch. Nun ist $X_\infty L$ die Fluchtlinie der Lichtebenen durch die Mantellinien der einen Wölbfläche und die Vertikale durch Y_∞ die Fluchtlinie der zugehörigen Frontebene (Seitenriß); der Schnittpunkt L_∞''' beider ist der Fluchtpunkt der Schlagschatten ($\parallel l'''$) jener Mantellinien. Also berührt die aus ihm an das Bild i gelegte Tangente dieses im Punkte R der Lichtgrenze.

Ähnlich findet man P auf k mittels des Schnittpunktes L_∞'' von $Y_\infty L$ mit der Vertikalen durch X_∞. Die Konstruktion wird genauer, wenn man den um z umgelegten Kreis $i''' = k''$ und das um $Y_\infty L_\infty'''$ (resp. $X_\infty L_\infty''$) umgelegte Auge O_Δ (resp. O^Δ) auf h benutzt; eine zu $L_\infty'''O_\Delta$ parallele Tangente berührt i''' in R''' und $R'''O_\Delta$ geht durch das Bild R. Analoges gilt für P. Der Schlagschatten auf den Wölbflächen wird durch die Schatten der Fronthalbkreise k und i begrenzt, die in den Punkten P resp. R beginnen und sich nach innen fortsetzen; ihre Tangenten in diesen Punkten lassen sich nach 528 finden. Die fraglichen Randschatten sind Ellipsenbögen (480, 514). Man findet beliebig viele Punkte derselben aus der Bemerkung, daß eine Mantellinie durch den Randpunkt U ihren Schatten auf die Mantellinie durch den Randpunkt U_1 wirft, wenn $U''U_1'' \parallel L_\infty''O^\Delta$ ist ($U''O^\Delta$ und $U_1''O^\Delta$ schneiden k in U und U_1). Der Schnittpunkt des Lichtstrahles UL mit dem Bilde U_1Y_∞ der zweiten Mantellinie stellt einen Punkt U^* des Randschattens dar, u. s. f. Ein Teil VW des Fronthalbkreises k wirft Schatten auf den Schaft des rückwärts liegenden Pfeilers. Am Objekt selbst sind die Bögen VW und V^*W^* kongruent, da ihre Ebenen parallel stehen; im Bilde sind sie perspektiv (Centrum L, Achse die Vertikale durch X_∞). W ist ein Endpunkt von k; in W und W^* sind die Tangenten vertikal. Um den Punkt V zu finden, zieht man durch den Fußpunkt der Kante, welche V^* trägt, den Grundriß eines Lichtstrahles und schneidet ihn mit dem Grundriß des Halbkreises k in V'; senkrecht über V' befindet sich V auf k. Von dem leicht bestimmbaren Grundschatten des Objektes ist nur wenig sichtbar; zu seiner Begrenzung gehört ein in V_* beginnender Ellipsenbogen als Schatten eines Teiles der Randlinie k.

905. Schräge Ansicht einer Nische (Fig. 576). An vertikaler Wand (Bodenkante w) ist eine Nische angebracht, deren Basis eine wenig vorspringende rechteckige Platte bildet. Die Nischenfläche besteht aus zwei Teilen: einem geraden Cylinder über dem Grundhalbkreis f, der in dem Halbkreis c (Centrum C) endet und einer anschließenden Viertelkugel mit dem Halbfrontkreis e (Centrum C, CE vertikaler Halbmesser). Die Nischenfront tritt ein Stück aus der Wandfläche hervor; sie wird von zwei Halbsäulen (Pilastern) eingerahmt, die durch einen Architraven mit aufgesetztem Giebel verbunden sind. An den Kapitälen der Halbsäulen kommen Cylinderflächen vor, als deren Profilschnitt ein Viertelkreis angenommen wurde. Das Profil des Gesimses am Giebel ist geradlinig gewählt. Die Kanten des schräg aufsteigenden Gesimses (wie k

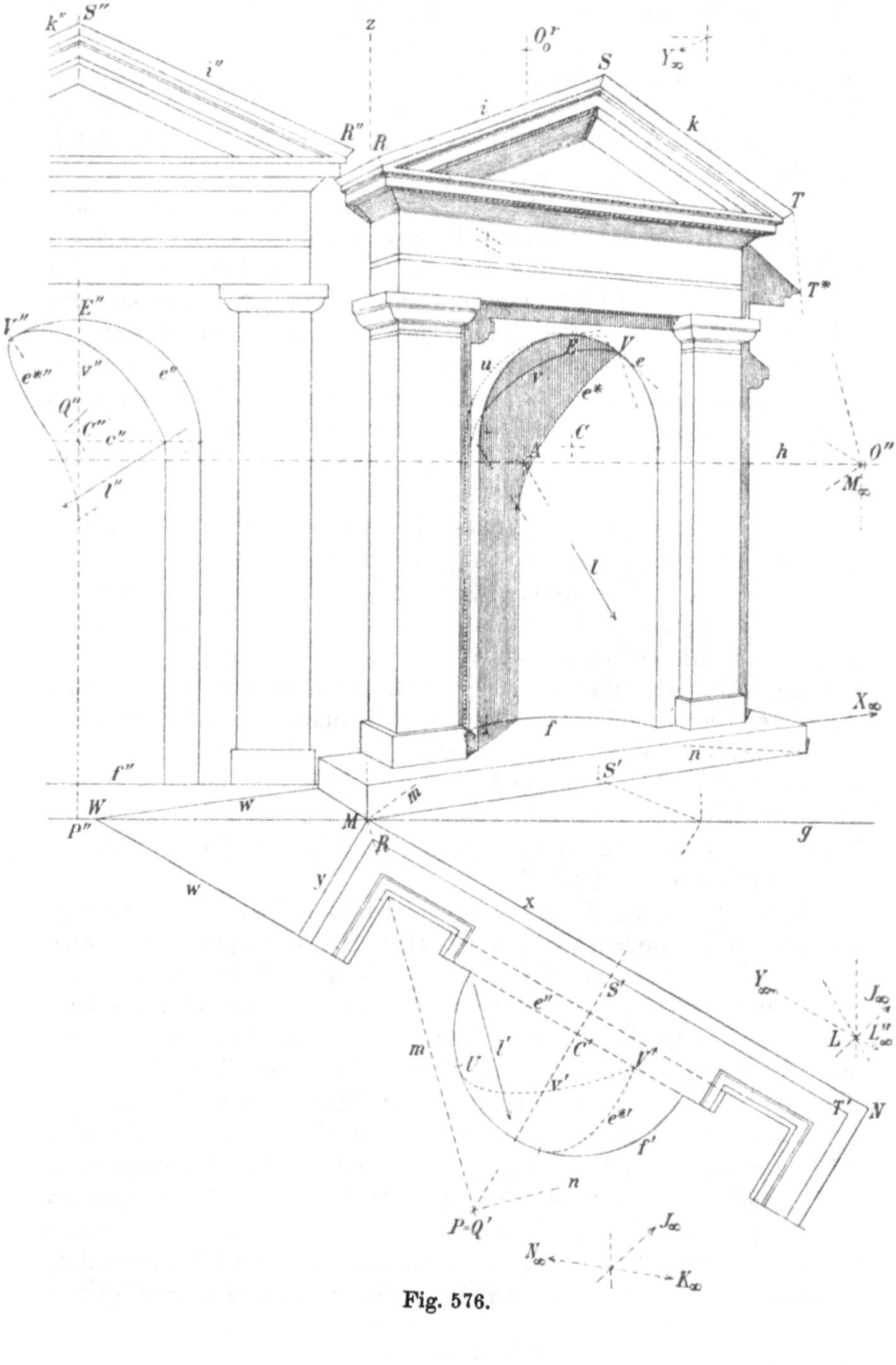

Fig. 576.

und i) treffen die entsprechenden horizontalen Kanten in den beiden Diagonalebenen. — Die Bildebene ist durch die vorderste Kante z der Basisplatte (unterste Frontkante MN) gelegt, der Aufriß parallel zur Front gewählt nnd um z in Π umgelegt gezeichnet. Die Symbole x, y, X_∞, Y_∞, m, n, M_∞, N_∞ haben dieselbe Bedeutung wie im vorigen Beispiel; durch J_∞, K_∞ sind die Fluchtpunkte der Giebelkanten $i = RS$, $k = ST$ bezeichnet. Das umgelegte Auge O_0 konnte in der Figur nicht angegeben werden, sondern nur der reduzierte Punkt O_0^r ($AO_0^r = \frac{1}{3} AO$); mehrere der vorgenannten Fluchtpunkte sind ebenfalls unzugänglich. Statt der Fluchtpunkte der den Diagonalschnitten angehörigen schrägen Kanten des Gesimses wurde der Punkt Q der Vertikalachse $C'C$ benutzt, in dem sie sich treffen.

Wir übergehen die Abbildung der geradlinigen Kanten des Objektes mit dem Hinweis auf das Vorausgegangene. Von den kleinen Ellipsenstücken, die in der Abbildung der Kapitäle auftreten, bestimmt man leicht die Endpunkte mit den zugehörigen Tangenten; eine dieser Tangenten hat jedesmal die vertikale Richtung, die andere läuft entweder durch X_∞, oder durch M_∞, oder durch N_∞. Zur Verzeichnung der betreffenden Kurve genügt dann die Angabe eines einzigen Zwischenpunktes. Ebenso einfach gestaltet sich die Konstruktion der Schatten, welche die Halbsäulen, der Architrav und der Giebel auf die Frontfläche der Nische, auf den Boden und die Wandfläche werfen. Um die Schlagschattengrenzen (die ohnehin in der Figur wegen ihrer Kleinheit nicht sehr deutlich erkennbar werden) nicht komplizierter zu machen, als unumgänglich ist, wurde die unendliche ferne Lichtquelle L in einer Diagonalebene des Objektes angenommen, so daß L' mit M_∞ identisch ist. Von den geradlinigen Schattengrenzen wurden die Fluchtpunkte nach 901 bestimmt. So wirft z. B. eine zu i parallele Kante am Giebel einen kurzen Schatten auf eine geneigte Fläche ($\parallel k$) des schräg ansteigenden Gesimses; sein Fluchtpunkt ergiebt sich als $J_\infty L \times K_\infty N_\infty$.

Den Hauptbestandteil unserer Aufgabe bildet die Darstellung der Nischenfläche mit den an ihr auftretenden Schatten. Man bestimmt zuerst nach 898 das Bild des Basishalbkreises f und seine vertikale Tangente, die den scheinbaren Umriß des cylindrischen Teiles der Nischenfläche bildet; hierauf zeichnet man wie vorher die Perspektive des Fronthalbkreises e. Der wahre Umriß des Halbcylinders ist eine auf dem Halbkreise c endigende Mantellinie. In ihrem Endpunkte beginnt der wahre Umriß u der kugelförmigen Wölbfläche und endigt auf dem Fronthalbkreise *e*; *u* ist ein Stück des Kreises, in dem die Kugel von der Polarebene des Auges *O* geschnitten wird. Seine Tangente im Anfangspunkte ist von der Mantellinie des Cylinders verschieden, aber die Verbindungsebene beider geht durch das Auge und folglich berühren sich die scheinbaren Umrisse beider Flächenteile. Der scheinbare Umriß der Wölbfläche ist ein Ellipsenbogen, den man nach 882 unter Benutzung von Krümmungskreisen konstruiert; in seinem Endpunkte berührt er das Bild von *e*. Da die Wölbfläche längs *e* von einem Cylinder berührt wird, dessen Mantellinien zu *y* parallel sind, so berühren sich die Bilder von *u* und *e* in einem Punkte, dessen Tangente durch Y_∞ geht; hieraus läßt sich derselbe leicht zeichnen.

Die Lichtgrenze auf dem Halbcylinder ist wiederum eine Mantellinie; sie beginnt in dem Punkte *U* des Halbkreises *f*, dessen Tangente den Grundriß eines Lichtstrahles bildet und endet im entsprechenden Punkte des Halbkreises *c*. Ebendaselbst beginnt die Lichtgrenze *v* der Wölbfläche und endet auf dem Fronthalbkreise *e* in *V*; *v* ist ein Hauptkreisbogen, dessen Ebene senkrecht zu den Lichtstrahlen steht; er wird nach 476 zuerst im Grund- und Aufriß bestimmt und dann in die Perspektive übertragen. In dem Endpunkte von *v* ist die Tangente von *e* parallel zu l'', ihr Bild geht durch L_∞''.

Der in das Innere der Nische fallende Schlagschatten überdeckt die Lichtgrenze *v*. Die Schlagschattengrenze besteht aus drei Teilen. Der erste liegt auf der Mantellinie des Halbcylinders, die von seinem linken Rande Schatten empfängt und endigt auf dem Lichtstrahl durch den linken Endpunkt des Halbkreises *c*. Der zweite ist ein Stück der Raumkurve, in welcher der schiefe Lichtcylinder durch *e* die cylindrische Wand der Nische trifft; er geht tangential aus dem ersten Teile hervor und ebenso in den dritten über, der auf der Wölbfläche liegt. Man findet einzelne Punkte des mittleren Teiles, wenn man die Lichtebene durch eine Mantellinie des Nischencylinders mit der Frontebene schneidet und hierdurch jedesmal einen Punkt von *e* bestimmt, dessen Schatten auf jene Mantellinie fällt und zu der Kurve gehört. Der letzte Teil ist wieder ein Kreisbogen; er endigt auf *e* in dem nämlichen Punkt *V* wie die Lichtgrenze *u*. In der That ist dies ein Teil der Durchdringungskurve des Lichtcylinders durch *e* mit der Kugel, die bereits den Kreis *e* und folglich noch einen zweiten Kreis (Wechselschnitt) gemein haben (262, 263, 679). Es ist der zum Randkreise *e* in Bezug auf die Lichtgrenze *u* symmetrische Hauptkreis der Kugel und seine Bestimmung bietet daher keine Schwierigkeit mehr dar. Bezüglich der Endtangente (in *V*) beachte man den Satz (528), wonach die Tangenten von *e* und *e** zu der von *v* und dem Licht-

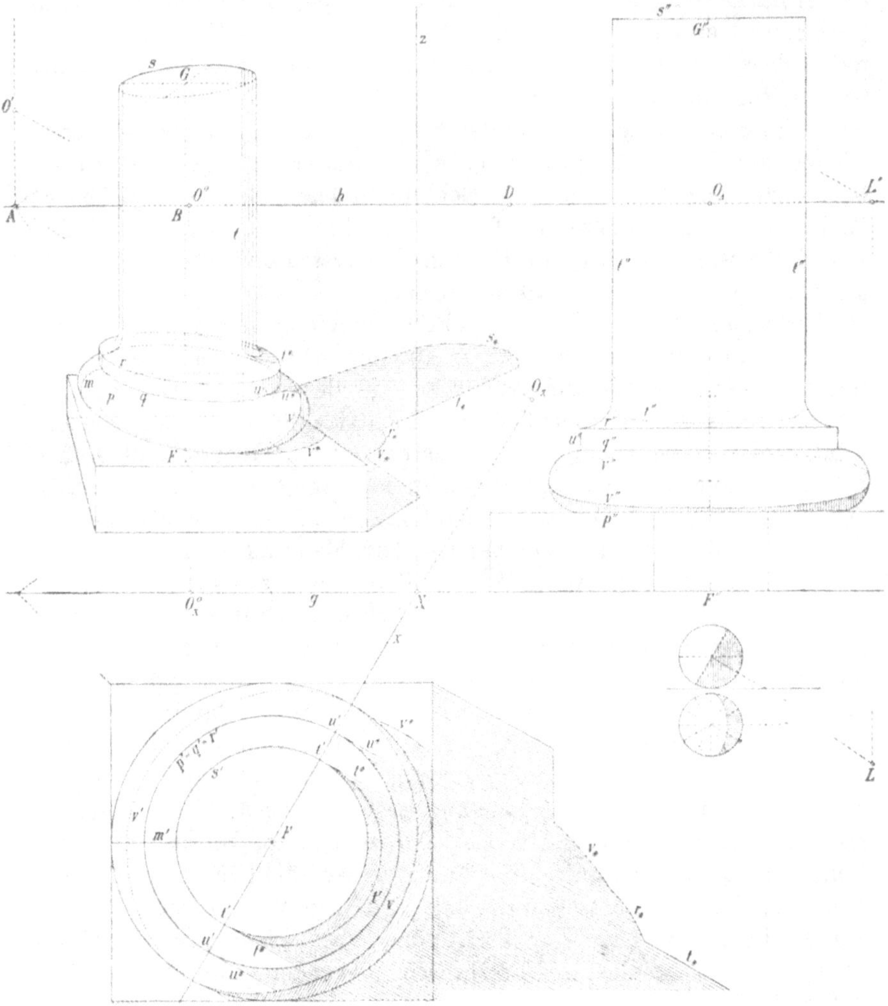

Fig. 577.

strahle harmonisch liegen müssen. In der Figur wurde die Bestimmung der Schlagschattengrenze zuerst in Grund- und Aufriß vorgenommen und hieraus die Perspektive abgeleitet (vergl. 890ε).

906. Perspektive eines runden Säulenstumpfes. Die Säule steht auf einer quadratischen Plinthe; ihre Basis besteht aus einem Wulst und einer cylindrischen Platte, an die sich eine in den cylindrischen Schaft übergehende Hohlkehle anschließt. Wir behandeln dieses Objekt als ein Beispiel zur perspektiven Darstellung der Rotationsflächen. Der Meridian der Säulenfläche ist im Aufriß gezeichnet; er besteht aus einem Halbkreis, dessen Enddurchmesser der Achse parallel liegt, und dessen hohle Seite der Achse zugekehrt ist, weiter aus einem Stück des verlängerten Durchmessers und einem Viertelkreis mit der hohlen Seite nach außen, dessen Centrum wieder auf der Verlängerung jenes Durchmessers liegt; endlich gehört dazu eine Mantellinie des Schaftcylinders. Die Anfangs- bezw. Endpunkte der genannten Teile des Meridians liegen auf den Parallelkreisen p, q, r, s; die Ebenen des ersten und letzten Parallelkreises begrenzen den Rotationskörper.

Zur Konstruktion der Perspektive sind angegeben: der Hauptpunkt A und ein Distanzpunkt D auf dem Horizont h, die Grundlinie g, sowie Grund- und Aufriß O', O'' des Auges. Die x-Achse ist senkrecht zum Grundriß l' des Lichtstrahles l (Parallelbeleuchtung) gelegt, um die Schattenkonstruktion in Grund- und Aufriß bequemer und genauer ausführen zu können ($O'O_x \perp x$, O_x^0 auf g, $O_x^0 O'' \perp h$, O'' auf h). Das umgelegte Auge O_0 ist unzugänglich. L, L' sind die Fluchtpunkte der Lichtstrahlen und ihrer Grundrisse.

Um das perspektive Bild der Säule zu entwerfen, bilden wir zuerst die Plinthe und die vertikale Achse der Säule ab. Das Bild der letzteren trifft h in B. O_Δ ist das um B auf den Horizont niedergelegte Auge O. Hierauf projizieren wir den parallel zur Bildebene Π liegenden Hauptmeridian; sein Bild zeigt ihn in einer ähnlichen Verkleinerung, die wir kurz den Bildmeridian nennen wollen; er ist in die Figur eingetragen. Die Parallelkreise p, q, r, s sind nach dem Verfahren in 898 dargestellt; ebenso die scheinbaren Umrisse der cylindrischen Teile. Der scheinbare Umriß des Rotationskörpers ist identisch mit dem eines ähnlich verkleinerten Körpers, dessen Achse in der Bildebene liegt und dessen Meridian der Bildmeridian ist. Zur Darstellung des scheinbaren Umrisses kann man daher das Kegelverfahren anwenden, wie dies in 884 näher dargelegt ist.

Die Bestimmung der Lichtgrenzlinien, sowie der Schlagschatten auf die Grundebene und auf das Objekt selbst, ist zuerst im Grund- und Aufriß ausgeführt und sodann nach dem in 890 unter ε) angegebenen Verfahren in die Perspektive übertragen. Es kommt hierbei namentlich auf die Wulst- und Kehlfläche der Säulenbasis an und diese sind Teile einer und derselben Kreisringfläche, nur gegeneinander in der Richtung der Achse verschoben. Die Konstruktion der Schatten auf der Ringfläche ergiebt sich aus 540; sie benützt eine dem Ringe einbeschriebene Hilfskugel, die ihn entlang eines Meridianes berührt. Die Lichtgrenze dieser Hilfskugel ist in einem besonderen Grund- und Aufriß bestimmt, wobei die Aufrißebene zum Lichtstrahl parallel vorausgesetzt wurde. Die Lichtgrenzpunkte sind dann in die einzelnen Meridiane der Ringflächen übertragen. In der Figur bedeuten t die Lichtgrenze auf der Kehlfläche und ihre geradlinige Fortsetzung auf dem Schaftcylinder, u die Lichtgrenze auf dem Basiscylinder und v die auf der Wulstfläche. Die Schlagschatten auf die Grundebene sind durch den unteren Index $*$, die auf das Objekt fallenden durch den oberen Index $*$ bezeichnet.

Centralkollineation räumlicher Figuren (Reliefperspektive).

907. Zwei Raumfiguren sollen einander Punkt für Punkt in folgender Weise entsprechen:

α) Die Verbindungslinien entsprechender Punkte P und P_1 gehen durch ein festes Centrum O.

β) Drei Punkten in gerader Linie entsprechen drei Punkte in gerader Linie und folglich vier Punkten in einer Ebene vier Punkte einer Ebene.

γ) Jeder Punkt einer festen Ebene Π, der Kollineationsebene, entspricht sich selbst.

Hieraus folgt sofort:

δ) Entsprechende Strahlen bezw. Ebenen schneiden sich auf der Ebene Π; jeder Strahl und jede Ebene durch O entspricht sich selbst; das Gleiche gilt mithin vom Centrum O.

Durch diese Eigenschaften ist die Beziehung zwischen den beiden Raumfiguren, die wir als Original und Bild unterscheiden, vollständig bestimmt, sobald hinreichende Bestimmungsstücke angegeben werden, um zu jedem Punkte des Originals den entsprechenden Punkt des Bildes finden zu können. Wir nennen diese geometrische Verwandtschaft eine Centralkollineation oder Perspektive räumlicher Figuren. Von ihr gilt der Satz:

908. Die räumliche Centralkollineation ist bestimmt durch Angabe des Centrums O, der Kollineationsebene Π und zweier sich entsprechender Punkte P und P_1, die auf einem Strahle durch O liegen müssen. Denn zu jedem weiteren Punkte Q des Originals findet man hiernach den Bildpunkt.

Der Strahl $PQ = i$ schneide nämlich Π in J, so ist $i_1 = JP_1$ sein Bild, liegt in der Ebene iO und bestimmt mit dem Strahle OQ den Bildpunkt Q_1. Den unendlich fernen Punkten der Geraden i resp. i_1 entsprechen die Gegenpunkte J_∞ auf i_1 und J_v auf i; J_∞ heißt der Fluchtpunkt, J_v der Verschwindungspunkt ($OJ_\infty \# J_vJ$, $OJ_v \# J_\infty J$). Der unendlich fernen Ebene im Original- resp. Bildraume entspricht je eine zu Π parallele Gegenebene, nämlich die Fluchtebene Π_∞ und die Verschwindungsebene Π_v. Erstere trägt die Fluchtpunkte, letztere die Verschwindungspunkte aller Geraden des Raumes. Hieraus folgt die Beziehung:

$$(\Pi_v \dashv \Pi) = (O \dashv \Pi_\infty).$$

Betrachtet man die einander entsprechenden Figuren in irgend einer durch O gelegten Ebene Δ, so zeigt sich, daß sie perspektiv liegen und zwar ist O das Centrum, $d = \Delta \times \Pi$ die Achse der Perspektive, während $d_\infty = \Delta \times \Pi_\infty$ und $d_v = \Delta \times \Pi_v$ die Gegenachsen bilden (vergl. 176 flg.).

Wir bezeichnen im folgenden den Punkt O als das Auge, die von O ausgehenden Verbindungslinien entsprechender Punkte als Sehstrahlen und die sich selbst entsprechende Ebene als Spurebene Π.

909. Man kann die Centralkollineation benutzen, um den vom Auge aus hinter der Spurebene Π liegenden und sich ins Unendliche ausdehnenden Raum mit den darin enthaltenen Figuren in dem Raume abzubilden, der zwischen Π und der Fluchtebene Π_∞ liegt. Diese Art der Abbildung von Raumfiguren durch andere Raumfiguren nennt man Reliefperspektive. Mit den Reliefs der bildenden Kunst hat sie nur wenig zu thun. Denn der Künstler behandelt das Relief wie eine durch Erhabenheiten des Materials hervorzubringende Zeichnung. Dies ist die ursprüngliche Form der Darstellung, das Flachrelief. Beim Hochrelief lösen sich einzelne Figuren vom Hintergrunde ab; sie werden aber dann „rund", d. h. in ihrer wirklichen Gestalt gebildet. Man erkennt also, daß hier kein einheitliches Darstellungsprinzip angewandt wird, wie dies bei der malerischen Perspektive durchführbar ist, sondern die Vermittelung zwischen den verschiedenartigen Darstellungen der Figuren im Vordergrund und Hintergrund bleibt dem subjektiven Ermessen des Künstlers überlassen. Bedeutende Künstler haben versucht, die Gesetze der Reliefperspektive in die plastische Darstellung einzuführen. Aber im strengen Sinne konnte dies nicht geschehen; denn aus praktischen, wie aus ästhetischen Gründen müssen bei den nach dem Hintergrunde (der Fluchtebene) zu immer mehr sich verflachenden Figuren die Zwischenräume wegfallen. Hiervon abgesehen, verträgt die Reliefperspektive keine Veränderung des Gesichtspunktes, ohne das Bild verzerrt erscheinen zu lassen. Trotz alledem kann aber die Kenntnis ihrer Regeln dem bildenden Künstler nützlich sein. Sie kommen auch in Verbindung mit den Regeln der malerischen Perspektive in der sog. Theaterperspektive zur Anwendung.

910. Gegeben sei das Auge O, die Spurebene Π, sowie die Fluchtebene Π_∞, die jedem unendlich fernen Punkte den Durchstoßpunkt seines Sehstrahles zuordnet; dann ist die Kollineation bestimmt. Wir stellen Π vertikal; die Horizontalebene H durch O schneide Π in h und Π_∞ in h_∞ (Fig. 578); h_∞ heißt der Horizont.

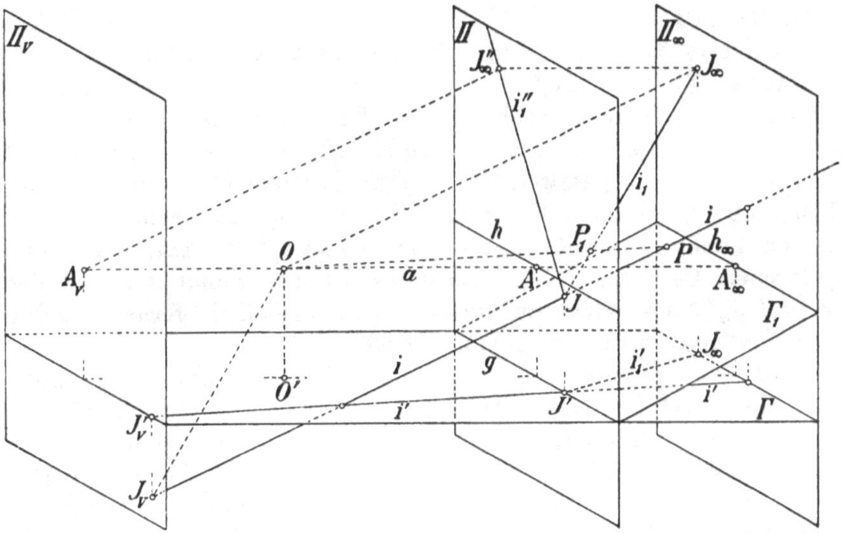

Fig. 578.

Die Grundebene Γ, auf der sich die Objekte befinden, liegt parallel zu H und schneidet Π in der Grundlinie g. Durch das Auge O ziehen wir die Normale zu Π; sie trifft die Ebenen Π, Π_∞, Π_v bezw. in A, A_∞, A_v. A_∞ heißt der Hauptpunkt, OA_∞ die Distanz und AA_∞ die Tiefe des Reliefs. Der in Π_∞ mit dem Radius $= OA_\infty$ um A_∞ beschriebene Distanzkreis trifft h_∞ in den Distanzpunkten D_∞ und E_∞.

911. Die Abbildung einer Geraden i erfolgt nun so, daß man zuerst ihren Spurpunkt J in Π und ihren Fluchtpunkt J_∞ in Π_∞ aufsucht; die Reliefgerade i_1 verbindet J mit J_∞. Parallele Gerade haben einerlei Fluchtpunkt, nach welchem ihre Bilder konvergieren; Parallelen zu Π, insbesondere die Vertikalen, haben parallele Bilder.

Um einen Punkt P abzubilden, legt man durch ihn eine Gerade i und schneidet ihr Bild i_1 mit dem Sehstrahle OP in P_1.

Die Abbildung einer Ebene E ergiebt sich als Verbindungsebene E_1 ihrer Spurlinie $e = E \times \Pi$ und ihrer Fluchtlinie e_∞, die in Π_∞ als Spur der Parallelebene durch das Auge O erhalten wird. Speziell verbindet das Relief Γ_1 der Bodenfläche Γ die Grundlinie g mit dem Horizonte h_∞.

912. Das Objekt sei durch seinen Grund- und Aufriß definiert. Als Grundrißebene benutzen wir Γ, als Aufrißebene Π. Zur Konstruktion des räumlichen Abbildes oder Reliefs dienen folgende Sätze.

α) Die in der Ebene Π aus dem Augpunkte A_v entworfene Perspektive des Objektes ist mit dem Aufriß seines Reliefs identisch. In der That: eine beliebige Gerade i, ihre Reliefgerade i_1 und deren Aufriß i_1'' haben den Spurpunkt J gemein und sind paarweise perspektiv aufeinander bezogen, nämlich i und i_1 aus dem Centrum O, i_1 und i_1'' aus dem unendlich fernen Punkte von OA_∞ und folglich i und i_1'' aus einem auf OA_∞ gelegenen Centrum (172). Letzteres ist der Punkt A_v, weil der Aufriß J_∞'' des Fluchtpunktes J_∞ dem unendlich fernen Punkte von i entspricht und $A_v J_\infty \parallel OJ_\infty \parallel i$ ist.

β) Der Grundriß des Reliefs geht aus dem des Gegenstandes durch eine Centralprojektion in der Grundebene Γ hervor; ihr Centrum ist der Grundriß O' des Auges, ihre Achse ist die Grundlinie g und ihre Fluchtlinie $\Gamma \times \Pi_\infty$. Der Grundriß des Objektes liegt zu seinem Relief perspektiv aus dem Centrum O; andererseits ist der Grundriß des Reliefs die senkrechte Projektion vom Relief des Grundrisses, weil Vertikalen Vertikale entsprechen. Hieraus folgt nach 172 die Behauptung.

γ) Legt man das Relief des Grundrisses um die Grundlinie g in die Spurebene Π um, so bleibt es zum Grundriß des Objektes perspektiv; das neue Centrum ist die Umlegung O_1 von O in die Verschwindungsebene Π_v um die Linie $\Gamma \times \Pi_v$ (173). Es folgt also: Die in der Ebene Π aus dem Augpunkte O_1 entworfene Perspektive des Grundrisses ist mit seinem Relief kongruent.

Als Beispiel für die Reliefperspektive ist ein Obelisk auf quadratischem Sockel behandelt. Beide, das Objekt und sein Relief sind in Fig. 579 in schiefer Projektion dargestellt. Es erscheint nicht nötig, näher auf die Konstruktion einzugehen.

913. Die Centralkollineation des Raumes umfaßt als Spezialfälle:

α) die perspektive Affinität räumlicher Figuren, wenn das Centrum O ein unendlich ferner Punkt ist;

β) die perspektive Ähnlichkeit, wenn die Kollineationsebene Π die unendlich ferne Ebene ist;

γ) die Kongruenz, wenn O und Π beide unendlich fern liegen.

Die Centralkollineation kann dazu dienen, aus den Eigenschaften einer einfach definierbaren Fläche oder Kurve die aller

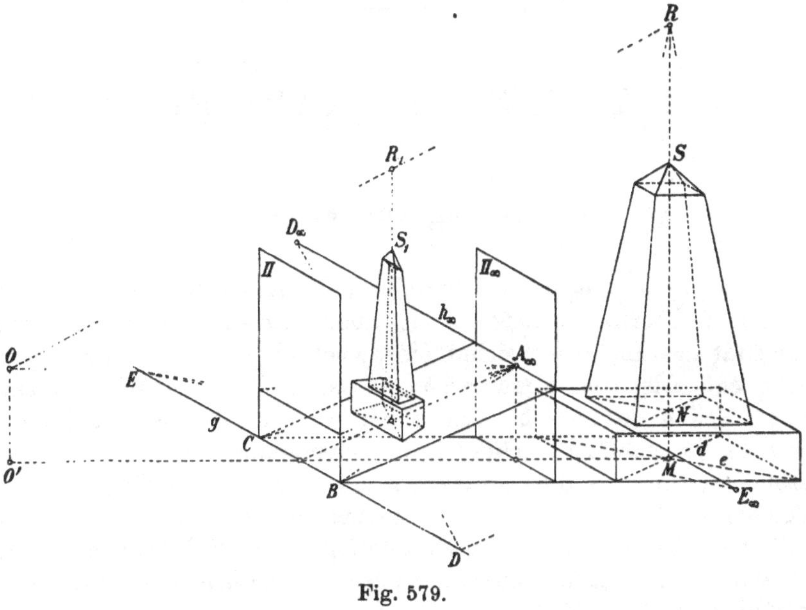

Fig. 579.

ihrer kollinearverwandten Flächen und Kurven abzuleiten. In ähnlicher Weise, wie man alle Kegelschnitte als Centralprojektionen eines Kreises erklären und untersuchen kann, würde man z. B. alle Oberflächen zweiten Grades ableiten können und zwar die Nichtregelflächen 2. Grades aus der Kugel, die Regelflächen aus dem Rotationshyperboloid, die Kegel- und Cylinderflächen 2. Grades aber aus dem Rotationskegel. Je nachdem eine Kugel die Verschwindungsebene Π_v nicht schneidet, berührt oder schneidet, geht sie durch Centralkollineation über in ein Ellipsoid, ein elliptisches Paraboloid, oder in ein zweischaliges Hyperboloid. Ein einschaliges Rotationshyperboloid ergiebt im allgemeinen als Bild ein einschaliges Hyperboloid; nur wenn der Schnitt der Originalfläche mit der Verschwindungsebene Π_v in ein Linienpaar zerfällt, also Π_v zur Tangentialebene wird, ist das Bild ein hyperbolisches Paraboloid. Ein Rotationskegel ergiebt als Bild im allgemeinen einen elliptischen oder schiefen Kreiskegel; liegt aber seine Spitze in der Verschwindungsebene, so wird die kollinear-verwandte Fläche ein elliptischer, parabolischer oder hyperbolischer Cylinder, je nachdem die Verschwindungsebene keine, eine oder zwei Mantellinien des Originalkegels enthält.

SIEBZEHNTES KAPITEL.

Beleuchtung von Flächen.

914. Jeder Gegenstand wird unserem Auge sichtbar durch die von seiner Oberfläche ausgehenden Lichtstrahlen. Die Stärke oder Intensität des Lichtes, welches die verschiedenen Stellen der Oberfläche entsenden, ist verschieden, so daß unser Auge von den einzelnen Teilen der Fläche den Eindruck verschiedener Grade von Helligkeit empfängt. Diese Helligkeitsunterschiede sind es ganz besonders, die uns die Auffassung eines räumlichen Gegenstandes erleichtern. Zwar gestattet das Sehen mit beiden Augen bereits ein Urteil über die räumliche Anordnung, doch wird dasselbe durch die auftretenden Helligkeitsunterschiede wesentlich unterstützt und vervollkommnet.

Schon die verschiedenen Grade der Helligkeit, die uns stets beim Betrachten natürlicher Objekte entgegentreten, werden uns veranlassen, auch bei der bildlichen Darstellung derselben verschiedene Stufen der Helligkeit anzuwenden. Der Grund jedoch, der für die Anwendung solcher Helligkeitsstufen den Ausschlag giebt, liegt darin, daß das Bild erst hierdurch die richtige Vorstellung des dargestellten Objektes in uns erweckt. Wenn wir von einer Fläche die beiden scheinbaren Umrisse im Grund- und Aufriß kennen, so kann die Gestalt derselben noch nicht daraus erschlossen werden; ja die wahren Umrisse sind noch unbekannt, wenn wir nicht auch die zweite Projektion von ihnen kennen. Auch die Projektionen der Lichtgrenze geben nur einen geringen Anhalt, falls wir nicht über die Natur der Fläche anderweit unterrichtet sind. Um uns die wirkliche Gestalt einer Fläche klar zu machen, müssen wir zu anderen Hilfsmitteln greifen. Wir können etwa ein Kurvensystem auf der Fläche darstellen; hierzu eignen sich besonders Parallelschnitte, wie z. B. die Anwendung der Horizontallinien bei den topographischen Flächen. Immerhin würden auch hier beide Projektionen dieser Kurven, oder bei Horizontalkurven außer den ersten Projektionen die Abstände ihrer Ebenen erforderlich sein. Es erfordert indes eine gewisse Übung, sich an den Horizontalkurven eine deutliche Vorstellung der Fläche zu bilden.

Anders verhält es sich bei der Anwendung von Helligkeitsstufen in der bildlichen Darstellung. Unser Vorstellungsvermögen ist durch die Natur geübt, aus den verschiedenen Graden der Helligkeit einer Oberfläche auf deren Gestaltung zu schließen. Je nach ihrer Lage gegen die Lichtstrahlen erhalten die verschiedenen Stellen der Oberfläche verschiedene Beleuchtung, und aus der Stärke dieser Beleuchtung in jedem einzelnen Punkte kann auf die Neigung seiner Tangentialebene gegen die Lichtstrahlen geschlossen werden. Um die Verhältnisse möglichst einfach zu gestalten, nimmt man parallele Lichtstrahlen an. Schneidet man ein quadratisches Lichtprisma, d. h. die Gesamtheit aller parallelen Lichtstrahlen, die durch eine quadratische Öffnung mit zur Lichtrichtung normaler Ebene fallen, mit verschiedenen Ebenen, so empfangen die Schnittflächen stets die gleiche Lichtmenge. Die Größe dieser Schnittfläche multipliziert mit dem Cosinus ihres Neigungswinkels gegen die Ebene jenes Quadrates ist gleich dem Quadrate. Nimmt man also die Stärke der Beleuchtung proportional zu der Menge des auffallenden Lichtes an, und ist J die Beleuchtungsstärke einer zur Lichtrichtung normalen Ebene, so ist $J \cdot \cos \lambda$ diejenige einer Ebene, deren Normale den Winkel λ mit der Lichtrichtung bildet. In jedem Punkte einer Fläche ist demnach die Stärke der Beleuchtung gleich

$$J \cdot \cos \lambda,$$

wenn λ den Neigungswinkel der Flächennormale gegen die Lichtrichtung bedeutet.

Aus der Stärke der Beleuchtung in einem Flächenpunkte kann zunächst noch nicht die Stellung seiner Tangentialebene im Raume, sondern nur deren Neigung gegen die Lichtrichtung gefolgert werden. Aber aus der Änderung dieser Stärke in der Umgebung dieses Punktes läßt sich auf die Gestaltung der Fläche daselbst schließen. Kennt man also in allen Punkten einer Fläche die Stärke der Beleuchtung, so vermittelt uns dieselbe die Vorstellung ihrer Gestaltung. Bei der bildlichen Darstellung einer Fläche wird man die verschiedenen Helligkeitsgrade durch Abtönen vermittelst verschieden starker Tuschlagen nachzuahmen suchen. Dazu wird es nötig sein, auf der Fläche Kurven zu bestimmen, deren Punkte gleich stark beleuchtet sind, und denen man den Namen Lichtgleichen oder Isophoten beilegt. Es wird unsere Aufgabe in diesem Kapitel sein, für die verschiedenen Flächenfamilien die Lichtgleichen zu bestimmen.

Es ist klar, daß die zunächst gewählten parallelen Lichtstrahlen nur eine Abstufung der Beleuchtung auf dem belichteten Teile der Fläche ergeben würden. Man nimmt nun noch ein Reflexlicht an, dessen Strahlen den direkten Strahlen parallel, aber entgegengesetzt gerichtet und von viel geringerer Stärke sind. Diese Annahme entspricht auch ziemlich den wirklichen Beobachtungen des von der Luft herrührenden Reflexlichtes; von Reflexlichtern, die von belichteten Flächen ausgehen, muß natürlich wegen der Schwierigkeit der Verhältnisse abgesehen werden.

Neben der wahren Beleuchtung einer Fläche, die nur von der Lichtrichtung bedingt ist, wird gelegentlich auch noch die scheinbare Beleuchtung, die gleichzeitig von der Projektionsrichtung abhängt, behandelt. Die Konstruktionen werden jedoch für die scheinbare Beleuchtung schon ziemlich kompliziert, und wir werden deshalb allein die wahre Beleuchtung in Betracht ziehen. Trägt man in dem Bilde die den Helligkeitsstufen der wahren Beleuchtung entsprechenden Farbentöne auf, so macht dasselbe so ziemlich einen der Wirklichkeit entsprechenden plastischen Eindruck, der dem durch die Helligkeitsstufen der scheinbaren Beleuchtung erzielten Effekte wenig nachsteht.

915. Wir gehen von einer Beleuchtung durch parallele Lichtstrahlen aus, die auf jeder zur Lichtrichtung normalen Ebene überall die gleichstarke Beleuchtung J hervorbringt. Außerdem nehmen wir noch Reflexlicht an, dessen Strahlen denen des direkten Lichtes parallel, aber entgegengesetzt gerichtet sind, und das auf einer Normalebene die gleiche Beleuchtungsstärke J erzeugt. Jedes im direkten Lichte liegende Flächenelement besitzt die Helligkeit $J \cdot \cos \lambda$, jedes im Eigenschatten liegende die Helligkeit $\underline{J} \cdot \cos \lambda$.

Jede Lichtgleiche oder Isophote auf einer Fläche ist als der Ort der Punkte definiert, deren Flächennormalen mit der Lichtrichtung den gleichen Winkel bilden. Um nun eine Grundlage zum bequemen Auftragen der Farbentöne auf das Bild mit Hilfe solcher Lichtgleichen zu gewinnen, wird es zweckmäßig sein, auf der Fläche eine Anzahl Lichtgleichen derart zu verzeichnen, daß je zwei benachbarte den nämlichen Helligkeitsunterschied aufweisen. Man wird also zwischen die Punkte der stärksten Beleuchtung J und die Lichtgrenze von der Beleuchtung 0 eine Reihe von Lichtgleichen mit den Lichtstärken $\frac{J}{n}, \frac{2J}{n}, \frac{3J}{n}, \cdots$ eintragen. Wir wählen die Zahl $n = 5$, und da es hierbei nur auf die relativen Lichtstärken ankommt, setzen wir $J = 5$. Wir erhalten alsdann sechs Lichtgleichen entsprechend den Lichtstufen 5, 4, 3, 2, 1 und 0; diese Zahlen mögen zugleich zur Bezeichnung der Lichtgleichen dienen. Im Eigenschatten werden sich ganz ebenso Lichtgleichen mit den Lichtstufen $\underline{5}$, $\underline{4}$, $\underline{3}$, $\underline{2}$, $\underline{1}$ ergeben.

Die Lichtstufe 5 resp. $\underline{5}$ wird nur solchen Punkten der Fläche zukommen, deren Normale mit der Lichtrichtung zusammenfällt; es sind das im allgemeinen nur einzelne Punkte und man bezeichnet sie als Lichtpole. Die Lichtstufe 0 kommt der Grenzkurve zwischen Licht und Eigenschatten auf der Fläche zu.

916. Der Konstruktion der Lichtgleichen für die einzelnen Flächenfamilien schicken wir noch folgende allgemeine Betrachtung voraus. Die Lichtstufe in jedem Flächenpunkte wird durch eine Zahl zwischen 5 und 0 bezeichnet, sie ist gleich $5 \cdot \cos \lambda$, wo λ den Winkel von Normale und Lichtstrahl angiebt. Trägt man demnach auf einem Lichtstrahle eine Strecke von 5 Einheiten, gemessen mit einem beliebigen Maßstabe, auf, so giebt die Länge ihrer senkrechten Projektion auf die Flächennormale, gemessen mit dem gleichen Maße, die bezügliche Lichtstufe an.

Insbesondere gehört ein Flächenpunkt einer der Lichtgleichen 5, 4, 3, 2, 1 oder 0 an, wenn eine zur Lichtrichtung parallele Strecke von 5 Einheiten, senkrecht auf seine Normale projiziert, eine Projektion von 5, 4, 3, 2, 1 oder 0 Einheiten Länge liefert. Diesem Satz kann man auch folgende zweite Form geben. Ein Flächenpunkt gehört einer der Lichtgleichen 5, 4, 3, 2, 1 oder 0 an, wenn eine auf seiner Normale aufgetragene Strecke von 5 Einheiten, senkrecht auf einen Lichtstrahl projiziert, eine Projektion von 5, 4, 3, 2, 1 oder 0 Einheiten Länge ergiebt. Diese beiden Definitionen der Lichtgleichen werden weiterhin bis auf zwei Ausnahmen stets unseren Untersuchungen zu Grunde gelegt werden. Sie liefern die Lichtgleichen sowohl auf dem im Licht, wie auf dem im Eigenschatten liegenden Teile der Fläche. Im letzteren Falle werden die Lichtgleichen ebenso wie die zugehörigen Lichtstufen mit 4, 3, 2, 1 und 0 bezeichnet.

Die Schlagschatten sind bei allen Figuren dieses Kapitels weggelassen, um die Übersichtlichkeit nicht zu beeinträchtigen; die bezüglichen Fragen sind ja schon früher behandelt.

Cylinderflächen.

917. Der gerade Kreiscylinder (Fig. 580). Wir werden dem Lichtstrahle l stets eine solche Lage geben, daß seine beiden Projektionen l' und l'' mit der x-Achse einen Winkel von 45° einschließen. Die dargelegten Konstruktionen werden jedoch in gleicher Weise bei jeder beliebigen Annahme der Lichtrichtung Verwendung finden können; auch wird durch die besondere Annahme keine Vereinfachung der Konstruktion erzielt. Da die Cylinderflächen von ihren Tangentialebenen längs Mantellinien berührt werden, so sind die Lichtgleichen der Cylinderflächen selbst Mantellinien. Man hat also nur auf dem Grundkreis k die Punkte der Lichtgleichen zu zeichnen. Die Flächennormalen in den Punkten dieses Kreises gehen durch seinen Mittelpunkt M.

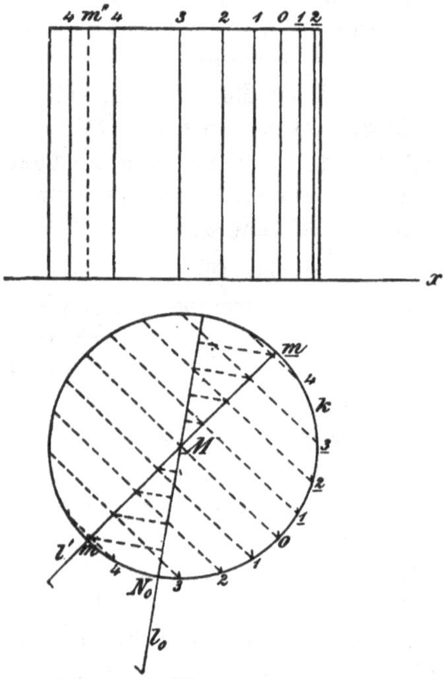

Fig. 580.

Zieht man durch M den Lichtstrahl l, trägt auf ihm die Strecke $MN = r$, dem Radius von k, auf und teilt diese Strecke in fünf gleiche Teile, so schneiden die in diesen Teilpunkten auf l errichteten Normalebenen den Grundkreis k in Punkten der bezüglichen Lichtgleichen. Ist nämlich P ein solcher Punkt auf k, so projiziert sich die Flächennormale $PM = r$ auf den Lichtstrahl l als ein ganzzahliges Vielfaches von $r:5$. Denn diese Projektion wird einerseits von M und andererseits von der durch P senkrecht zu l gelegten Ebene begrenzt. In der Figur ist l um l' in den Grundriß als l_0 umgelegt. Die genannten Normalebenen schneiden die Ebene ll' in Geraden senkrecht zu l und die Grundkreisebene in Geraden senkrecht zu l'. Man teile also MN_0 ($N_0 = k \times l_0$) in fünf gleiche Teile, errichte in den Teilpunkten auf l_0 die Normalen und in ihren Schnittpunkten mit l' die Normalen auf l'; diese schneiden k in den Punkten der gesuchten Lichtgleichen. Die Mantellinie m besitzt die größte Helligkeit, die wenig über 4 liegt. Die Lichtgleichen im Eigenschatten schneiden k in Punkten, die den Endpunkten der bezüglichen Lichtgleichen des beleuchteten Teiles diametral gegenüber liegen. Aus den Lichtgleichen des geraden Kreiscylinders ergeben sich auch diejenigen des geraden Cylinders mit beliebiger Grundkurve. Sie gehen durch die Punkte dieser Grundkurve, deren Tangenten den bezüglichen Tangenten jenes Grundkreises parallel laufen.

918. Der gerade Cylinder in schiefer Lage (Fig. 581). Nach den vorangehenden Erläuterungen haben wir durch den Mittelpunkt M des Grundkreises k einen Lichtstrahl l zu ziehen, auf ihm eine Strecke MN, gleich dem Radius r von k, aufzutragen, diese in fünf gleiche Teile zu teilen und durch jeden der Teilpunkte eine Normalebene zum Lichtstrahl zu legen. Diese Ebenen schneiden dann auf dem Kreise k die Punkte der Lichtgleichen aus. Um die Konstruktion durchzuführen, projizieren wir den Lichtstrahl l senkrecht auf die Ebene des Grundkreises k und nennen diese Projektion p. Errichten wir dann auf dem Lichtstrahle l in einem jener Teilpunkte die in der Ebene lp liegende Normale, und in ihrem Schnittpunkte mit p die in der Grundkreisebene liegende Normale auf p, so schneidet diese k in den Punkten derjenigen Lichtgleichen, die dem gewählten Teilpunkte entsprechen.

Zu diesem Zwecke drehen wir einerseits die Ebene lp und andererseits die Grundkreisebene parallel zum Grundriß. Ist L ein Punkt auf l und die Gerade q durch L normal zu der Ebene von k, d. h. parallel zu den Mantellinien des Cylinders, so liegt p in der Ebene lq. Bestimmen wir nun den Punkt K auf q derart, daß $M''K'' \parallel x$ ist, so können wir die Ebene lq, die auch p enthält, um die Achse MK parallel zum Grundriß drehen. Dabei gelangt L nach L_0, also ist $l_0 = M'L_0$, $q_0 = K'L_0$, und $p_0 = M'P_0$ das von M' auf q_0 gefällte Lot. Drehen wir ferner die Grundkreisebene um den horizontalen Durchmesser a von k parallel zum Grundriß, so geht k in den Kreis k^0 und p in die Gerade $p^0 = M'P^0$ über, wobei P^0 auf q' liegt und $M'P_0 = M'P^0$ ist. Denn P' liegt auf q'

($P_0P' \perp q'$) und $P'P^0$ muß auf a' senkrecht stehen; es muß also P^0 auf q' liegen.

In den gedrehten Ebenen kann man die verlangten Normalen auf l resp. p sofort verzeichnen, da sie als Senkrechte zu l_0 resp. p^0 erscheinen; die Konstruktion gestaltet sich also jetzt wie folgt. Auf l_0 trage man die Strecke $M'N_0$ gleich dem Radius von k^0 auf, ziehe die Senkrechte in N_0 und schneide sie mit p_0 in Q_0; ferner

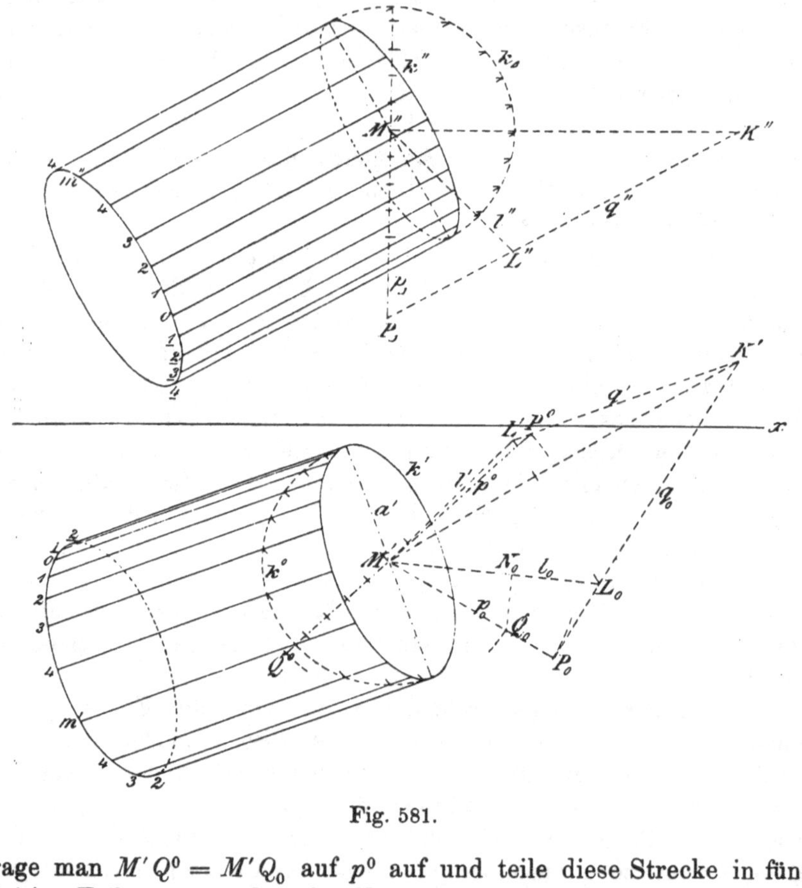

Fig. 581.

trage man $M'Q^0 = M'Q_0$ auf p^0 auf und teile diese Strecke in fünf gleiche Teile, so werden die Normalen in diesen Teilpunkten den Kreis k^0 in den gedrehten Endpunkten der Lichtgleichen schneiden. Eigentlich sollte man $M'N_0$ in fünf Teile teilen, die in den Teilpunkten errichteten Normalen teilen aber auch $M'Q_0 = M'Q^0$ in fünf gleiche Teile. Dreht man zuletzt den Kreis k^0 um a in seine ursprüngliche Lage zurück, so werden die auf k^0 liegenden Endpunkte der Lichtgleichen Kreisbogen beschreiben, ihre ersten Projektionen aber sich auf Senkrechten zu a' bewegen. Da nun die Lichtgleichen des Cylinders Mantellinien sind und ihre ersten Projektionen ebenfalls zu a' senkrecht liegen, so müssen diese Projektionen, entweder direkt oder verlängert, durch die bezüglichen Punkte auf k^0 gehen. Die Mantellinie m weist die größte Helligkeit auf, die etwa in der Mitte zwischen 4 und 5 liegt. Im Eigenschatten findet man die Lichtgrenzen in gleicher Weise.

Zu den zweiten Projektionen der Lichtgleichen gelangt man, indem man die Grundkreisebene parallel zum Aufriß dreht; dadurch geht k in die Lage k_Δ und p in die Lage $p_\Delta = M''P_\Delta$ über, wobei $M''P_\Delta = M'P_0$ ist und P_Δ auf q'' liegt (ganz analog wie P^0 auf q'). Trägt man auf p_Δ die gleichen Teilstrecken wie auf p^0 auf, so schneiden die in ihren Endpunkten errichteten Normalen den Kreis k_Δ in Punkten, durch welche die Aufrisse der Lichtgleichen, oder deren Verlängerungen gehen.

Handelt es sich um die Lichtgleichen eines geraden Cylinders mit beliebiger Basiskurve c, so drehe man c parallel zum Grundriß in die Lage c^0, und bestimme ganz wie vorher die Punkte auf dem Kreise k^0. Zwei Punkte von c^0 und k^0, deren Tangenten parallel laufen, gehören zu zwei Lichtgleichen von gleicher Helligkeit, so daß sich leicht zu den Lichtgleichen des Kreiscylinders die entsprechenden des anderen zeichnen lassen. Man kann auch von den Tangenten in den Punkten von k^0 durch Affinität zu den Tangenten in den bezüglichen Punkten von k' übergehen und darauf die parallelen Tangenten von c' ziehen; durch deren Berührungspunkte gehen dann die ersten Projektionen der betreffenden Lichtgleichen.

919. Der schiefe Kreiscylinder, dessen Grundkreis k in der Grundrißebene liegt. (Fig. 582). Wir benutzen einen geraden Kreiscylinder, dessen Mantellinien zu denen des schiefen Cylinders parallel laufen und dessen Grundkreis d in einer dazu senkrechten Ebene liegt. Für diesen geraden Cylinder können wir ganz wie vorher die Lichtgleichen finden. In der seitlichen Figur ist der Mittelpunkt M von d auf der x-Achse gewählt, durch ihn der Lichtstrahl l gelegt und durch einen Punkt L dieses Strahles eine Parallele q zu den Mantellinien gezogen; ihr erster Spurpunkt sei K. Die Ebene ql steht auf der Ebene von d senkrecht und schneidet sie in einer Geraden p. Legt man sie um KM um, so geht L in L_0, l in $l_0 = ML_0$, q in $q_0 = KL_0$ und p in $p_0 = MP_0$ $(\perp q_0)$ über. Legt man ferner die Grundkreisebene um $a(\perp q')$ um, so nimmt d die Lage d^0 und p die Lage $p^0 = MP^0$ an ($MP_0 = MP^0$, P^0 auf q'). Jetzt errichte man in N_0 auf l_0 eine Senkrechte (MN_0 gleich dem Radius von d), die p_0 in einem Punkte Q_0 schneiden wird, trage $MQ_0 = MQ^0$ auf p^0 auf, teile diese Strecke in fünf gleiche Teile und ziehe in den Teilpunkten die Normalen. Diese schneiden

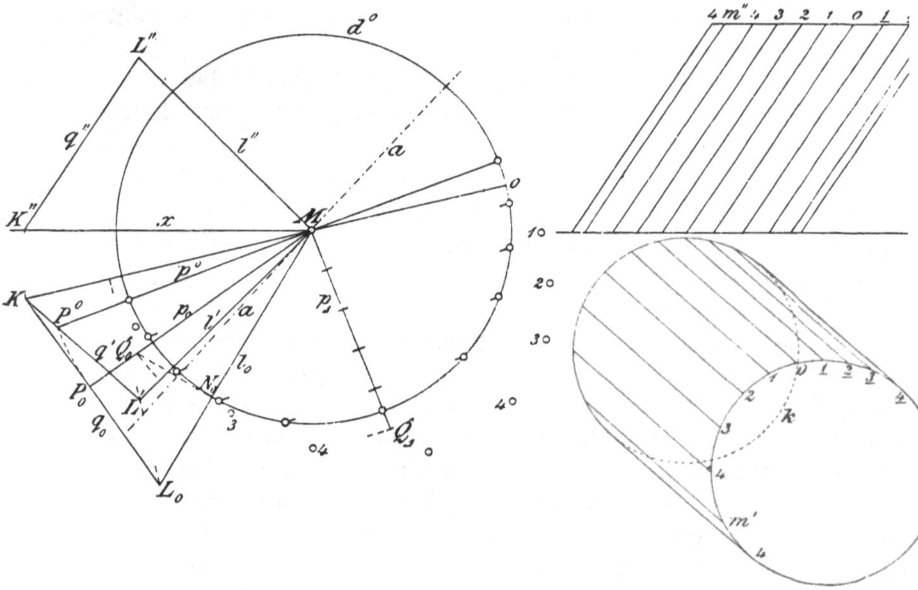

Fig. 582.

dann d^0 in Punkten, die den Endpunkten der Lichtgleichen auf d entsprechen.

Die ersten Spurpunkte der Lichtgleichen des geraden Kreiscylinders liegen auf einer Ellipse s, seiner ersten Spurkurve. Die Kurven d und s sind durch die Mantellinien aufeinander affin bezogen; jede Lichtgleiche trifft d und s in affinen Punkten und auch die Tangenten von d und s in diesen Punkten sind affin. Aus der Affinität von d und s folgt aber auch die Affinität d^0 und s (Affinitätsachse a, affine Punkte K und P^0). Bestimmt man also in der vorher geschilderten Weise für jede Lichtgleiche des geraden Cylinders den zugehörigen Punkt auf d^0 und zieht in ihnen die Tangenten an d^0, dann sind die dazu affinen Geraden die ersten Spurlinien der Ebenen, die den Cylinder längs der betreffenden Lichtgleichen berühren. Zieht man zu diesen Spurlinien die parallelen Tangenten an die Spurkurve k des schiefen Cylinders (k kann eine beliebige

Kurve sein), so sind ihre Berührungspunkte die ersten Spurpunkte der bezüglichen Lichtgleichen desselben.

In der Figur sind nun nicht die umgelegten Endpunkte der Lichtgleichen auf d^0 gezeichnet, sondern die um 90° auf d^0 verschobenen Punkte. Zu diesem Zwecke ist $MQ_0 = MQ_\Delta$ auf p_Δ ($\perp p^0$) aufgetragen; die Normalen in den Teilpunkten dieser Strecke schneiden dann auf d^0 die um 90° verschobenen Punkte aus. Die Radien nach diesen Punkten sind zu den Tangenten in den ursprünglichen, nicht verschobenen Punkten von d^0 parallel. Sucht man zu diesen Radien die affinen Geraden (Affinitätsachse a, affine Punkte K und P^0), so berühren die dazu parallelen Tangenten an die Grundkurve k des schiefen Cylinders dieselbe in den Spurpunkten der Lichtgleichen.

Kegelflächen.

920. Der gerade Kreiskegel (Fig. 583). Auch bei den Kegelflächen bestehen die Lichtgleichen aus Mantellinien, so daß es genügt, ihre Spurpunkte auf der Grundkurve zu bestimmen. S sei die Spitze und k der Grundkreis eines geraden Kreiskegels. Die Flächennormalen in den Punkten von k bilden die Mantellinien eines zweiten Kegels mit dem Grundkreis k und der Spitze N (SN ist die gemeinsame Achse beider Kegel). Zieht man durch N einen Lichtstrahl i ($\parallel l$), trägt auf ihm von N aus die Strecke NJ von der Länge der Mantellinien des Normalenkegels ab, teilt sie in fünf gleiche Teile und errichtet in den Teilpunkten Normalebenen

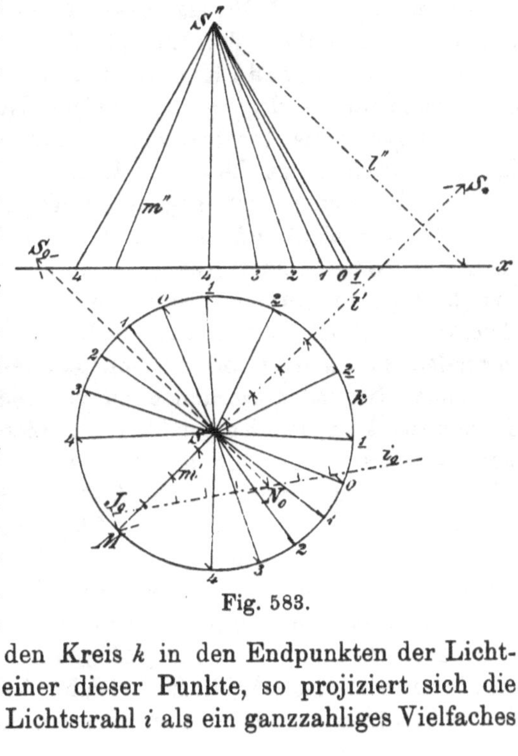

Fig. 583.

auf i, so schneiden diese den Kreis k in den Endpunkten der Lichtgleichen. Ist nämlich P einer dieser Punkte, so projiziert sich die Flächennormle PN auf den Lichtstrahl i als ein ganzzahliges Vielfaches von $NJ:5$. Denn diese Projektion wird von N und der durch P senkrecht zu i gelegten Ebene, also von N und einem der Teilpunkte von NJ begrenzt. Diese Konstruktion liefert sowohl für den belichteten, wie für den im Eigenschatten liegenden Teil der Fläche die Lichtgleichen. Die ersteren erhält man, wenn die Strecke NJ auf i den Lichtstrahlen entgegen, die letzteren, wenn sie ihnen gleich gerichtet ist.

Beim geraden Kreiskegel, dessen Grundkreis k in Π_1 liegt, ergiebt sich hieraus die folgende Konstruktion. Man lege durch S den Lichtstrahl l und bestimme seinen ersten Spurpunkt S_*. Die Vertikalebene durch l lege man um l' um, so daß S nach S_0 gelangt, dann ist S_0M eine umgelegte Mantellinie und N_0M eine umgelegte Flächennormale ($M = k \times l'$, $MN_0 \perp MS_0$). Durch N_0 ziehe man die Gerade i_0 ($\parallel S_0S_*$), trage auf ihr die Strecke $N_0J_0 = N_0M$ auf und teile sie in fünf gleiche Teile. Die vorher erwähnten Normalebenen in den Teilpunkten von NJ, schneiden die Ebene ll' in Senkrechten zu i und die Grundkreisebene in Senkrechten zu l'. Deshalb errichte man in den Teilpunkten von N_0J_0 Normalen und in ihren Schnittpunkten mit l' Normalen auf l', so schneiden diese den Kreis k in den Spurpunkten der Lichtgleichen.

921. Der gerade Kreiskegel in schiefer Lage (Fig. 584). Die allgemeine Darlegung der vorigen Nummer behält auch hier ihre Gültigkeit; die Konstruktion gestaltet sich wie folgt. Man lege durch l und die Kegelachse eine Ebene, welche die Grundkreisebene in einer Geraden p, den gegebenen Kegel in einer Mantellinie SM und den Normalenkegel in einer Mantellinie MN schneidet (SN gemeinsame Achse beider Kegel). Durch N ziehe man eine Parallele i zu l, trage auf ihr die Strecke $NJ = NM$ ab und teile sie in fünf gleiche Teile. In der Ebene ipl ziehe man durch die Teilpunkte die Normalen zu i und in ihren Schnittpunkten mit p die in der Grundkreisebene liegenden Normalen zu p. Die letzteren schneiden den Grundkreis k in den Endpunkten der Lichtgleichen. Bei der Ausführung dieser Konstruktion, dreht man die Ebene lO ($= ipl$) um OK parallel zum Grundriß (K auf l, $O''K'' \parallel x$, $S'S_0 \perp O'K'$, $O'M_0 \perp O'S_0$, $O'M_0 =$ Radius von k, $N_0M_0 \perp M_0S_0$, $N_0J_0 \parallel S_0K'$, $N_0J_0 = N_0M_0$, $J_0Q_0 \parallel N_0R_0 \perp N_0J_0$, Q_0 und R_0 auf p_0). Ferner dreht man die Grundkreisebene um den horizontalen Kreisdurchmesser a parallel zum Grundriß, wobei k in k^0 und $p = OQ$ in $p^0 = O'Q^0$ übergeht ($Q_0Q' \perp O'K'$, $S'Q'$ durch $T = S_0Q_0 \times O'K'$, $Q'Q^0 \perp a'$, $O'Q^0 = O'Q_0$, $O'R^0 = O'R_0$ auf p^0). Hierauf ist R^0Q^0 in fünf gleiche Teile geteilt, dann schneiden die Senkrechten in den Teilpunkten den Kreis k^0 in den den Lichtgleichen zugehörigen Punkten, und es ist nur noch von diesen Punkten auf k^0 zu den affinen Punkten auf k' überzugehen (Affinitätsstrahlen $\perp a'$).

Im Aufriß suche man zunächst T'' auf $O''K''$ und Q'' auf $S''T''$ und drehe dann die Grundkreisebene parallel zum Aufriß; dabei

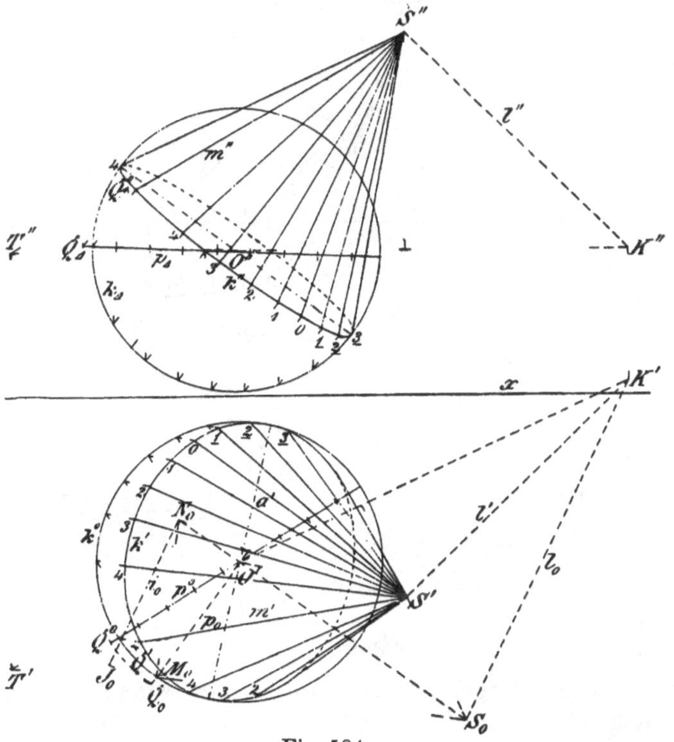

Fig. 584.

geht k in k_Δ und Q in Q_Δ über ($Q''Q_\Delta$ normal zur Drehachse, $O''Q_\Delta = O'Q^0$, $O''R_\Delta = O'R$). Nun teile man wieder $R_\Delta Q_\Delta$ in fünf gleiche Teile und errichte in den Teilpunkten die Normalen, die dann k_Δ in den gedrehten Endpunkten der Lichtgleichen treffen; diese selbst liegen auf k'' und bestimmen sich durch die Affinität von k_Δ und k''.

922. Der schiefe Kreiskegel (Fig. 585). Die Bestimmung der Lichtgleichen beim allgemeinen Kegel erfordert eine wesentlich andere Behandlung als bei den vorausgehenden und folgenden Flächen. Sei S die Spitze, k der in Π_1 liegende Grundkreis des Kegels und l der Lichtstrahl durch die Spitze. Dann betrachten wir Rotationskegel mit der Spitze S und der Kegelachse l. Alle Tangentialebenen eines solchen Kegels sind gegen l gleich geneigt, der Kegel besitzt also in allen Punkten seiner Oberfläche die gleiche Helligkeit. Soll seine Beleuchtungsstärke gleich 5, 4, 3, 2, 1 oder 0 sein, so müssen seine Mantellinien mit l einen Winkel μ einschließen, für den $\sin \mu = 1$, $^4/_5$, $^3/_5$, $^2/_5$, $^1/_5$ oder 0 ist. Denn

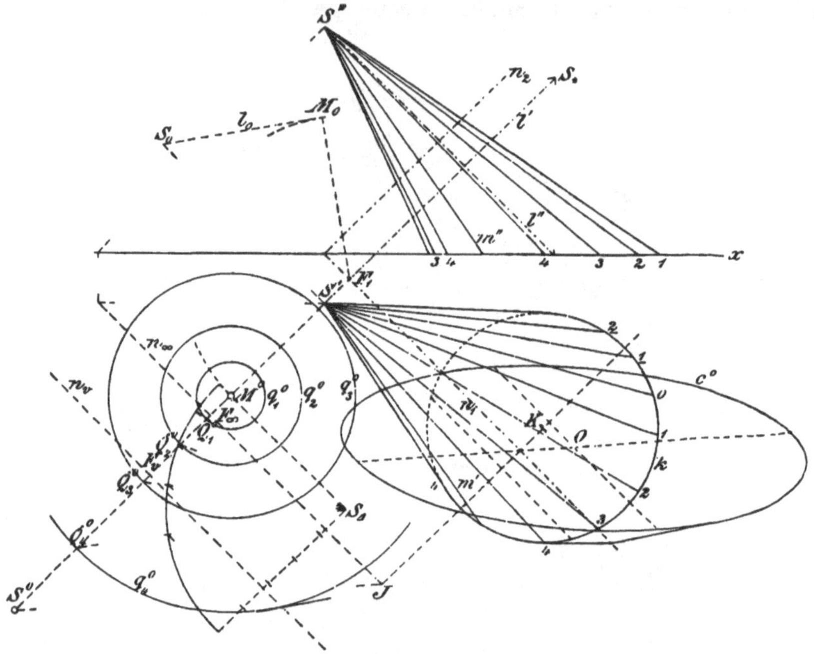

Fig. 585.

alsdann bilden die Kegelnormalen mit l einen Winkel $\lambda = 90^0 - \mu$, woraus sich nach 915 für den Kegel die Lichtstufe $5 \cos \lambda = 5 \sin \mu$ ergiebt. Bestimmen wir jetzt hiernach die 6 **Lichtstufenkegel** mit der Spitze S und der Achse l (der erste fällt mit der Normalebene auf l in S, der letzte mit l zusammen) und suchen die gemeinsamen Tangentialebenen an den gegebenen Kegel und je einen der sechs Lichtstufenkegel, so berühren sie jenen in den Lichtgleichen von der betreffenden Lichtstufe. Zur Konstruktion benutzen wir eine Ebene N (n_1, n_2) normal zum Lichtstrahl, die den gegebenen Kegel in einer Kurve c und jene Lichtstufenkegel in Kreisen q_i ($i = 1, 2, 3, 4$) mit dem Mittelpunkt $M = l \times$ N schneiden. Die gemeinsamen Tangenten an c und je einen dieser Kreise berühren c in Punkten der bezüglichen Lichtgleichen.

Um die Kreise q_i zu gewinnen, lege man durch l eine Vertikalebene und ziehe in ihr durch S Strahlen, die mit l Winkel einschließen, deren Sinus bezüglich gleich 1, $^4/_5$, $^3/_5$, $^2/_5$, $^1/_5$ und 0 sind. Diese Strahlen treffen N in den Punkten ∞, Q_4, Q_3, Q_2, Q_1, M, die den bezüglichen Kreisen angehören (deren erster die unendlich ferne Gerade und deren letzter der Punkt M ist). Bei der Ausführung lege man zunächst l um l' in den Grundriß als $l_0 = S_0 S_*$ um $(S_0 S' = (S' \dashv x))$ und fälle von $F_1 = l' \times n_1$ das Lot $F_1 M_0$ auf l_0, so ist M_0 der um l' umgelegte Punkt M. Sodann lege man die Ebene N um n_1 in den Grundriß um; dabei gelangt M nach M^0 $(F_1 M^0 \perp n_1,\ F_1 M^0 = F_1 M_0)$. Die Radien der Kreise q_i^0 sind $M^0 Q_i^0 = MS \cdot \operatorname{tg} \mu_i$, wenn $\sin \mu_i$ der Reihe nach die Werte 1, $^4/_5$, $^3/_5$, $^2/_5$, $^1/_5$ und 0 annimmt. In der Figur ist $M^0 S_\Delta = M_0 S_0$ parallel zu n_1 gezogen, in S_Δ eine Senkrechte dazu errichtet, auf ihr sind fünf gleiche Teilstrecken aufgetragen und durch den letzten Punkt ist ein Viertelkreis um S_Δ geschlagen. Dieser wird von den Parallelen zu $M^0 S_\Delta$ durch die Teilpunkte in Punkten geschnitten, deren Verbindungslinien mit S_Δ auf $F_1 M^0$ die Punkte Q_{i0} ausschneiden.

Die Schnittkurve c des Kegels mit der Ebene N nimmt beim Umlegen die Lage c^0 an; c^0 und k sind nach 175 perspektiv, und zwar ist n_1 die Achse, n_∞ die Flucht-, n_v die Verschwindungslinie und S^0 das Centrum der Perspektive (n_∞ ist die erste Spur der Parallelebene zu N durch S, $F_\infty = n_\infty \times F_1 M^0$, $S_0 F_\infty \parallel M_0 F_1$, $S^0 F_\infty = S_0 F_\infty$, $S^0 F_v = F_\infty F_1$, n_v durch F_v). Ist c^0 als perspektive Kurve zu k gefunden, so lege man an c^0 und q_i^0 die gemeinsamen Tangenten, die dazu perspektiven Geraden berühren k in den ersten Spurpunkten der Lichtgleichen.

Im vorliegenden Falle, wo k ein Kreis ist, zeichnet man den Kegelschnitt c^0 in folgender Weise. Vom Kreismittelpunkt K fälle man ein Lot auf n_∞ und bestimme die Polare seines Fußpunktes J in Bezug auf k; dieser Sehne und dem zu ihr senkrechten Durchmesser von k entsprechen zwei konjugierte Durchmesser von c^0. Die gemeinsamen Tangenten von c^0 und q_i^0 sind durch Anlegen des Lineals ziemlich genau zu zeichnen; die entsprechenden Geraden schneiden sich mit ihnen auf n_1 und berühren k.

Rotationsflächen.

923. Die Kugel (Fig. 586). Wir ziehen durch den Mittelpunkt O der Kugel einen Lichtstrahl l, dieser trifft die Kugelfläche in den beiden Lichtpolen 5 und 5. Den von den Lichtpolen begrenzten Durchmesser teilen wir in zehn gleiche Teile und errichten die Normalebenen in den Teilpunkten, so schneiden sie die Kugel in den Lichtgleichen. Ist nämlich Q einer der Teilpunkte, p der Kugelkreis in der zugehörigen Normalebene und P ein Punkt desselben, so ist die OQ die senkrechte Projektion der Flächennormalen $OP = r$ (Kugelradius) auf den Lichtstrahl l, sie ist also ein ganzes Vielfaches von $r:5$. In der Figur ist nur der Grundriß gezeichnet.

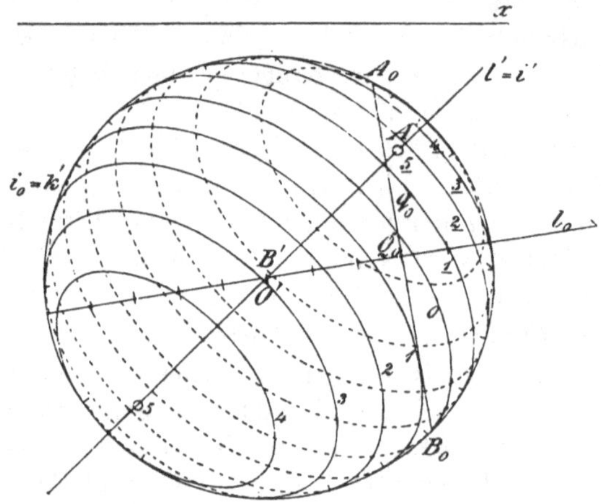

Fig. 586.

Zunächst ist l um den zu l' parallelen Kugeldurchmesser in die Lage l_0 ($\parallel \Pi_1$) gedreht und der Vertikalkreis i in die Lage i_0 ($i' = l'$, $i_0 = k' =$ Umriß); hierauf ist der auf l^0 liegende Durchmesser in zehn gleiche Teile geteilt und in den Teilpunkten sind die Normalen errichtet, z. B. in Q_0 die Normale $q_0 = A_0B_0$ (A_0 und B_0 auf i_0). Dreht man i_0 in die ursprüngliche Lage zurück, so ist AB der Durchmesser eines zur Ebene von i symmetrischen Kugelkreises. Derselbe ist eine Lichtgleiche und projiziert sich als Ellipse mit der kleinen Achse $A'B'$ ($A'B'$ auf l', $A_0A' \parallel B_0B' \perp l'$) und einer großen Achse durch Q_0 von der Länge A_0B_0. Die Ellipse berührt den Umriß k' in zwei Punkten, deren Verbindungslinie im Punkte $l' \times q_0$ auf l' senkrecht steht.

Sind l' und l'' unter 45^0 gegen x geneigt, so sind die Projektionen der Lichtgleichen im Grund- und Aufriß kongruent; der letztere entsteht aus dem ersteren durch Drehung um 90^0 im Sinne der Uhrzeigerbewegung.

924. Bei Bestimmung der Lichtgleichen auf einer beliebigen Rotationsfläche können wir, genau wie früher bei der Bestimmung ihrer Lichtgrenze (527), drei verschiedene Verfahren anwenden, die entweder die Kugel, oder den Kegel, oder den Cylinder zu Hilfe nehmen. Die ersten beiden Verfahren bestimmen die Punkte der Lichtgleichen auf den einzelnen Parallelkreisen, das letzte auf den einzelnen Meridiankurven.

Sei a die zum Aufriß parallele Achse, m der zum Aufriß

parallele Hauptmeridian und p ein beliebiger Parallelkreis der Rotationsfläche; es seien ferner J und K die Schnittpunkte von m und p. Das Kugelverfahren besteht dann in folgendem. Wir wählen eine beliebige Hilfskugel, ziehen den zu a parallelen Durchmesser a_1 und den zum Aufriß parallelen Kugelkreis m_1. An diesen legen wir zwei Tangenten parallel zu den Tangenten von m in J und K und nennen ihre Berührungspunkte J_1 und K_1; durch sie geht ein Kugelkreis p_1, dessen Ebene zu a_1 normal, also zu der Ebene des Parallelkreises p parallel ist. Der Kegel, der die Rotationsfläche längs p berührt, und der die Kugel längs p_1 berührende Kegel sind kongruent und gleichgerichtet, ihre Lichtgleichen von der nämlichen Helligkeit laufen also parallel. Die Lichtgleichen des letzteren Kegels schneiden p_1 in denselben Punkten, wie die Lichtgleichen der Kugel, die Lichtgleichen des ersteren schneiden p in den Punkten, die den bezüglichen Lichtgleichen der Rotationsfläche angehören. Ganz dasselbe gilt auch für die Projektionen im Aufriß. Man zeichne also von der Hilfskugel und ihren Lichtgleichen ein für allemal den Aufriß. Dann ziehe man irgend eine Gerade $p'' \perp a''$, die m'' in zwei Punkten J'' und K'' schneiden wird, lege an m_1'' eine Tangente, die zur Tangente von m'' in J'' parallel läuft, und durch ihren Berührungspunkt J_1'' die Kreissehne $p_1'' = J_1''K_1''$ ($\parallel p''$). Aus ihren Schnittpunkten mit den Projektionen der Lichtgleichen der Kugel gewinnt man die Projektionen der Schnittpunkte des Kreises p mit den Lichtgleichen der Rotationsfläche. Da die Punktreihen auf $J_1''K_1''$ und auf $J''K''$ ähnlich sein müssen, so braucht man die von den Lichtgleichen auf $J_1''K_1''$ ausgeschnittene Punktreihe nur im Verhältnis von $J_1''K_1'' : J''K''$ ähnlich zu vergrößern, oder zu verkleinern und auf $J''K''$ aufzutragen. Die Grundrisse dieser Punkte ergeben sich wie beim Kegelverfahren.

925. Das Kegelverfahren liefert auf den einzelnen Parallelkreisen der Rotationsfläche die Punkte der Lichtgleichen, indem man den Parallelkreis als Grundkreis eines die Fläche berührenden Kegels auffaßt und auf ihm nach 920 und 921 die Punkte der Lichtgleichen konstruiert. Man wähle einen beliebigen Parallelkreis p mit dem zum Aufriß parallelen Durchmesser JK und dem Mittelpunkt O (Fig. 587). Dann zeichne man auf a die Spitze N des Normalenkegels durch p ($K''N''$ ist eine Normale von m''), lege durch sie einen Lichtstrahl l, trage auf ihm die Strecke $NQ = NK = N''K''$ nach beiden Seiten von N aus ab und teile dieselben in je fünf gleiche Teile. Die Normalebenen zu l in diesen Teilpunkten schneiden auf p die Punkte der bezüglichen Lichtgleichen aus. Diese

Normalebenen schneiden aber die Ebene la in Normalen zu l und die Ebene von p in Normalen zu q, wenn q die Schnittlinie der Ebene la mit der Ebene durch p ist. Die Ausführung gestaltet sich demnach wie folgt. Man drehe die Ebene la um a parallel zum Aufriß, in dem man $L'' = l'' \times p''$ nach L_0 dreht, dann deckt sich q_0 mit p''. Ferner trage man $N''Q_0 = N''J''$ auf l_0 auf und ziehe die Senkrechten zu l_0 in Q_0 und N'', die q_0 in R_0 und T_0 schneiden. Jetzt drehe man die Ebene von p parallel zum Aufriß (dabei gelangen q in die Lage $q^0 = O''L^0$, R und T in die Lagen R^0 und T^0 und p in die Lage p^0), teile R^0T^0 in fünf gleiche Teile und errichte in den Teilpunkten die Normalen. Diese schneiden p^0 in Punkten, die auf p'' zurückgelotet, die Aufrisse der auf p liegenden Punkte der gesuchten Lichtgleichen liefern. Trägt man gleich große Teile auch über T^0 hinaus auf und verfährt mit den Teilpunkten wie vorher, so erhält man die Lichtgleichen im Eigenschatten. Für jeden weiteren Parallelkreis

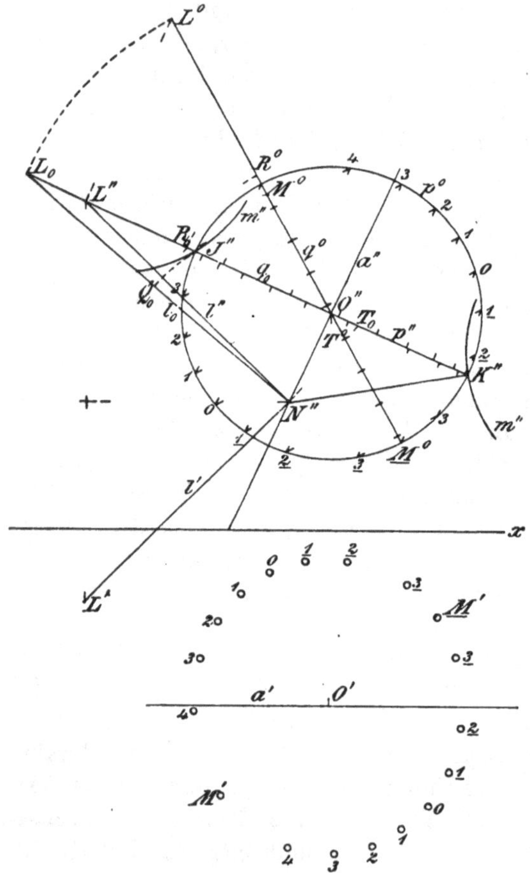

Fig. 587.

fällt die Konstruktion von l_0 und q^0 weg, da die Geraden l_0 und ebenso die Geraden q^0 für alle Parallelkreise die gleiche Richtung haben. In der Figur sind die Zahlen der Lichtstufen nur bei den Punkten auf p^0 bemerkt, auf p'' der Deutlichkeit halber weggelassen. Die Grundrißprojektionen liegen senkrecht unter den bezüglichen

Aufrissen, ihre Abstände von a' sind gleich den Abständen der auf p^0 liegenden gedrehten Punkte von p''. M ist der Punkt größter Helligkeit des beleuchteten Teiles von p, $\underline{M}$ spielt die gleiche Rolle im Eigenschatten.

Ist die Achse der Rotationsfläche vertikal, so vereinfacht sich das Kegelverfahren und es kann ganz genau die Konstruktion von Fig. 583 angewendet werden. Man erhält dann wie dort zunächst im Grundriß die Punkte der Lichtgleichen auf dem bezüglichen Parallelkreise.

926. Das Cylinderverfahren wollen wir zunächst auf eine Rotationsfläche mit vertikaler Achse a anwenden; ihr Umriß sei m (Fig. 588). Um Platz zu ersparen ist in der Figur die Aufrißebene

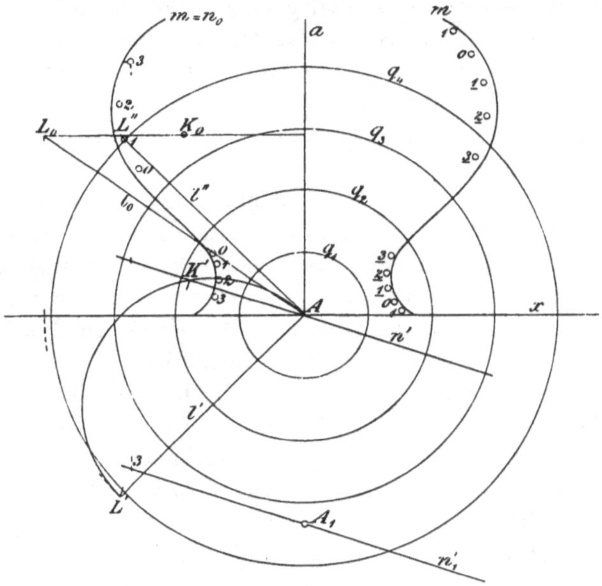

Fig. 588.

durch die Achse gelegt; man hat dann später den Grundriß nur um die Strecke AA_1 zu verschieben, wenn A_1 der erste Spurpunkt der Achse a ist ($A = a \times x$, $AA_1 \perp x$). Wir legen durch A einen Lichtstrahl l, wählen auf ihm einen Punkt L und drehen ihn um a in den Aufriß als L_0 ($L_0L'' \parallel x$, ($L_0 \dashv a) = L'A$), sodann teilen wir L_0A in fünf gleiche Teile und beschreiben um A die Kreise q_1, q_2, q_3, q_4 durch diese Teilpunkte. Es sei nun n eine beliebige Meridiankurve, N ihre Ebene und LK das von L auf N gefällte Lot. Ferner sei i eine beliebige, durch A verlaufende Gerade der Ebene N und KJ das von K auf sie gefällte Lot, so ist AJ die senkrechte Projektion der auf dem Lichtstrahl liegenden Strecke AL auf die Gerade i. Wenn speciell AJ ein ganzes Vielfaches von $AL:5$ ist, gehören die Punkte von n, deren Normalen zu AJ und deren Tangenten somit zu KJ parallel laufen, der bezüglichen Lichtgleiche an. Bei der Ausführung der Konstruktion legen wir N in den Aufriß um, wobei n nach $n_0 = m$ und K nach K_0 gelangt ($L'K' \perp n'$, $(K_0 \dashv a) = K'A$), ziehen von K_0 an die Kreise q_i die Tangenten und zeichnen die parallelen Tangenten an n_0. Ihre Berührungspunkte sind die gedrehten Punkte der Lichtgleichen auf n_0, durch Zurückdrehen der Ebene N erhält man alsdann ihre Grund- und Aufrisse. Ist nämlich J_0 der Berührungspunkt einer von K_0 an q_i gelegten Tangente, so ist AJ_0 ein ganzes Vielfaches von $AL:5$ und gleiches gilt für die entsprechende Strecke AJ in der Ebene N. Diese ist aber zugleich eine Kathete des $\triangle\ LJA$ und somit die Projektion von LA. Hat man einen Punkt P_0 auf n_0 gefunden, so liegt sein Grundriß P' auf n_1' ($n_1' \parallel n'$ und durch A_1, $(P_0 \dashv a) = P'A_1$) und sein Aufriß auf einer Parallelen zu x durch P_0 ($P'P'' \perp x$).

Will man die Punkte der Lichtgleichen auf den Meridiankurven für eine zur Achse a parallele Aufriß- und eine zur Achse schiefgestellte Grundrißebene bestimmen, so führe man eine zu a senkrechte Hilfsprojektionsebene ein und verfahre wie vorher. Aus dem Aufriß und der Hilfsprojektion der einzelnen Punkte erhält man dann in bekannter Weise den Grundriß.

927. Die Ringfläche. In Fig. 589 sind die Lichtgleichen der Ringfläche mit vertikaler Achse dargestellt. Vergleicht man die Lichtgleichen einer beliebigen Rotationsfläche mit vertikaler Achse und die einer Kugel bei der nämlichen Richtung der Lichtstrahlen, so gelten die folgenden Sätze.

α) Die Projektionen der Lichtgleichen von der nämlichen Helligkeit berühren bei beiden Flächen die Umrisse in Punkten mit parallelen Tangenten.

β) Legt man an die Umrisse der zweiten Projektion beider Flächen parallele Tangenten und durch ihre Berührungspunkte Parallele zu x, so schneiden sie die Lichtgleichen in ähnlichen Punktreihen. Speziell schneiden die zu x parallelen Tangenten gleichheller Lichtgleichen die Umrisse beider Flächen in Punkten mit parallelen Tangenten.

γ) Ist A_1 der erste Spurpunkt der Achse der Rotationsfläche und O' die erste Projektion des Kugelmittelpunktes, so entspricht jedem Kreis um A_1 ein Kreis um O' derart, dass ihre Schnittpunkte mit den Projektionen gleichheller Lichtgleichen auf parallelen Radien liegen. Zwei sich derartig entsprechende Kreise sind die Projektionen zweier Kreise der Flächen, welche die zum Aufriß parallelen Meridiankurven derselben in Punkten mit parallelen Tangenten schneiden.

δ) Die Tangenten aus A_1 an die Projektionen der Lichtgleichen der Rotationsfläche und die Tangenten aus O' an die der Lichtgleichen der Kugel sind für je zwei Kurven von derselben Helligkeit parallel.

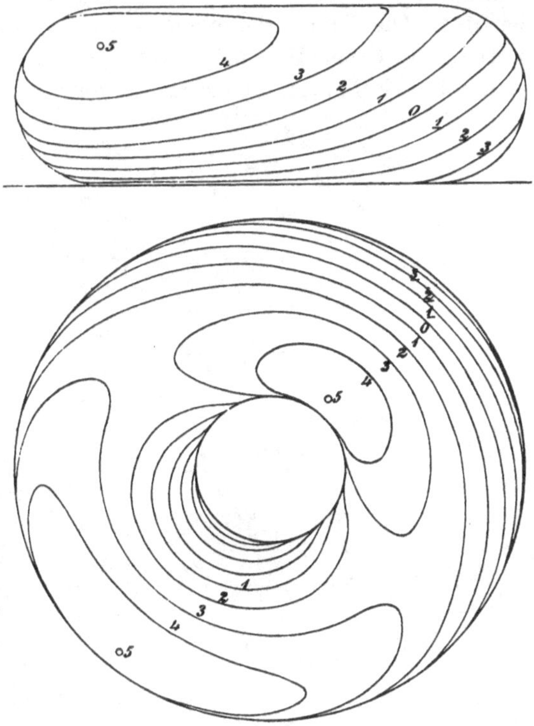

Fig. 589.

ε) Die Parallelkreise der Rotationsfläche durch die Punkte der Meridiankurven, deren Tangenten horizontal sind, sind selbst Lichtgleichen; ihre Helligkeit ist die in den Endpunkten des vertikalen Kugeldurchmessers. Auf der Ringfläche liegen zwei solche Kreise, der höchste und tiefste Parallelkreis, ihre Helligkeit bei der gewählten Lichtwirkung ist $5 : \sqrt{3} = 2{,}88$. Die andern Lichtgleichen können diese Kreise nirgends überschreiten.

ζ) Berühren sich zwei Rotationsflächen längs eines Parallelkreises, so schneiden sich ihre entsprechenden Lichtgleichen auf ihm; oskulieren sie sich dagegen, so berühren sich die entsprechenden Lichtgleichen.

Schraubenflächen.

928. Die Punkte der Lichtgleichen auf den einzelnen Schraubenlinien (Fig. 590). Sei a die vertikale Achse der Schraubenfläche A ihr erster Spurpunkt, s eine Schraubenlinie der Fläche und AS auf a die reduzierte Ganghöhe. Auf s wähle man den

Punkt P, so daß $P'A \parallel x$ ist, und ziehe durch S eine Ebene E parallel zur Tangentialebene des Punktes P. Ist e_1 die erste Spur von E und AQ das auf sie gefällte Lot, so entsteht durch Rotation von SQ um a ein Kegel mit der Spitze S und dem Grundkreis k, der e_1 in Q berührt. Die Tangentialebene der Schraubenfläche in P ist zu der des Kegels in Q parallel, die Flächen besitzen also in beiden Punkten die gleiche Helligkeit. Gelangt P durch Verschraubung um a in

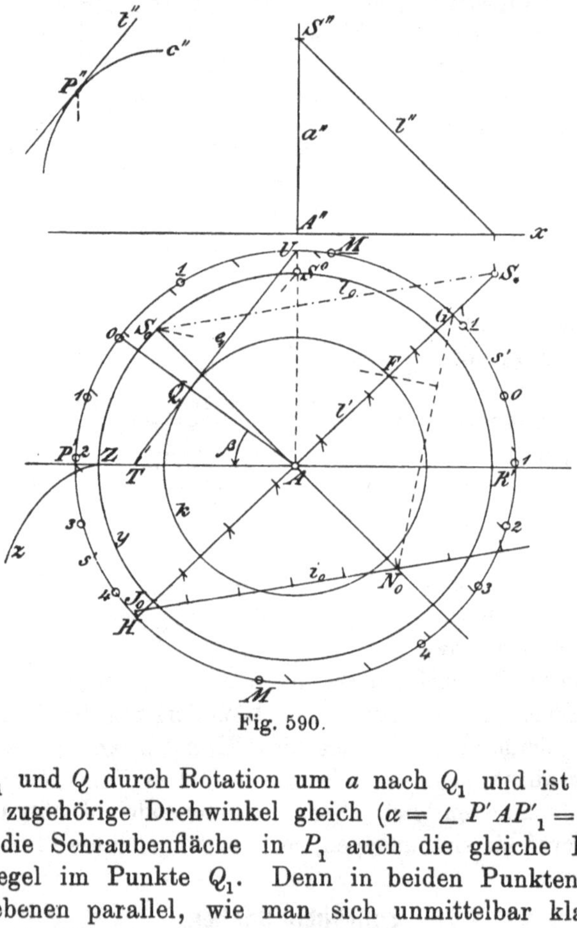

Fig. 590.

die Lage P_1 und Q durch Rotation um a nach Q_1 und ist in beiden Fällen der zugehörige Drehwinkel gleich ($\alpha = \angle P'AP'_1 = \angle QAQ_1$), so besitzt die Schraubenfläche in P_1 auch die gleiche Helligkeit, wie der Kegel im Punkte Q_1. Denn in beiden Punkten sind die Tangentialebenen parallel, wie man sich unmittelbar klar macht, wenn man die Verschraubung in eine Drehung und Parallelverschiebung zerlegt. Schneidet also eine Lichtgleiche des Kegels den Grundkreis k in Q_1, so schneidet die entsprechende Lichtgleiche die Schraubenlinie s in einem Punkte P_1, so daß $\angle P_1'AQ_1 = \angle P'AQ = \beta$ ist. Nun führe man an Stelle des Kegels mit dem

Grundkreis k einen Kegel K mit dem Grundkreis s' ein, dessen Mantellinien denen des andern parallel laufen. Dann schneiden die Lichtgleichen von K den Kreis s' in einer Punktreihe, und diese geht durch Drehung um A um den Winkel $\beta = \angle QAP'$ in der eingezeichneten Pfeilrichtung in eine Punktreihe über, deren Punkte die Projektionen der Schnittpunkte der Schraubenlinie s mit den Lichtgleichen der Schraubenfläche bilden.

Hat man k gefunden und schneidet l' (durch A) die Kreise k und s' in F und G, so ist SF eine Mantellinie des Kegels mit dem Scheitel S und die dazu parallele Mantellinie des Kegels K geht durch G. Zur Bestimmung der Lichtgleichen von K verfahren wir wie in Fig. 583. Wir legen die Vertikalebene durch den Lichtstrahl l um l' um ($AS_0 \perp l'$, AS_0 = reduzierte Ganghöhe, $l_0 = S_0S_*$) und erhalten in N_0 auf S_0A die umgelegte Spitze des Normalenkegels von K ($GN_0 \perp S_0F$). Durch N_0 ziehen wir $i_0 \parallel l_0$, tragen darauf $N_0J_0 = N_0G$ auf, teilen diese Strecke in fünf gleiche Teile, errichten in den Teilpunkten die Normalen und in ihren Schnittpunkten mit l' die Normalen auf l'. Diese Normalen schneiden auf s' eine Punktreihe aus, die wir noch um den Winkel β drehen; die gedrehte Punktreihe ist die erste Projektion der auf der Schraubenlinie s liegenden Punkte der Lichtgleichen.

Die auf dem zu x parallelen Durchmesser liegenden Punkte P' und R' des Kreises s' projizieren sich in den Aufriß als Punkte, die dem Umriß des Kegels K angehören. Dreht man die Punkte P' und R' um A um den Winkel β, so gehen sie in die ersten Projektionen zweier Punkte der Schraubenlinie s über, deren zweite Projektionen auf dem Umriß der Schraubenfläche liegen. Der Durchmesser l' schneidet den Kreis s', als Grundkreis des Kegels K, in den beiden Punkten der größten Helligkeit H und G. Durch Drehung um den Winkel β gehen sie in die ersten Projektionen der beiden auf der Schraubenlinie s liegenden Punkte größter Helligkeit über. Die beiden Ebenen durch die Schraubenachse, von denen die eine auf der Schraubenlinie s die genannten Punkte des Umrisses und die andere die Punkte größter Helligkeit ausschneidet, schließen also den gleichen Winkel ein, wie die Geraden l' und x. Dieses gilt für jede Schraubenlinie der Fläche und wir erschliessen daraus den Satz: Die beiden Kurven des wahren Umrisses der Schraubenfläche und die beiden Maximalkurven m und $\underline{m}$, welche die Schraubenlinien der Fläche in den Punkten größter Helligkeit schneiden, sind kongruent. Die letzteren entstehen aus den ersteren durch Verschraubung um den

$\angle xl' = \angle P'AH$. Es ist natürlich der wahre Umriß gemeint, der bei der Projektion auf die Aufrißebene sich ergiebt; er besteht selbst aus zwei kongruenten Teilen, die bei einer halben Schraubenbewegung ineinander übergehen. Bei der oben geschilderten Konstruktion werden die Grundrisse der vier kongruenten Kurven mit gewonnen.

Nimmt man die Kurve c, deren Verschraubung die Fläche erzeugt, in einer Ebene durch die Achse a an und ist t'' die Tangente im Punkte P'' von c'', so hat die Parallele zu t durch S ihren Spurpunkt in T ($AS^0 = A''S''$, $S^0T \parallel t''$). Ferner ist U auf s' ($UA \perp AP'$) der Spurpunkt einer Geraden SU, die zur Tangente der Schraubenlinie s im Punkte P parallel läuft. Die Ebene SUT ist sonach parallel zur Tangentialebene im Punkte P der Schraubenfläche und $e_1 = UT$ ist ihre erste Spur.

Es gilt noch die zweiten Projektionen der auf der Schraubenlinie s liegenden Punkte zu zeichnen, deren erste Projektionen auf s' man kennt. Zu diesem Zwecke schlage man um A mit dem Radius AS_0, gleich der reduzierten Ganghöhe, einen Kreis y. Dann ist die Differenz der Vertikalabstände zweier Punkte P und P_1 auf s gleich der Länge des Kreisbogens, den die Strahlen AP' und AP_1' auf dem Kreise y begrenzen. Die Länge dieses Kreisbogens bestimmt sich aber mit Hilfe der Evolvente z des Kreises y, die in Z (auf AP') ihren Anfangspunkt hat; diese Kurve z findet bei allen Schraubenlinien die gleiche Verwendung. In dem Schnittpunkte des Strahles AP_1' mit dem Kreise y lege man an diesen die Tangente, auf ihr schneidet die Evolvente z eine Strecke ab gleich der Differenz $(P_1'' \dashv x) - (P'' \dashv x)$.

929. Schraubenfläche mit kreisförmigem Meridianschnitt. In Fig. 591 sind die Lichtgleichen einer Schraubenfläche mit vertikaler Achse a dargestellt, deren Meridianschnitt ein Halbkreis k über einem horizontalen Durchmesser BC ist. Während im Grundriß ein ganzer Schraubengang dargestellt ist, giebt der Aufriß wegen Platzmangel nur einen halben Umgang. Die Lichtgleichen, die beiden Maximalkurven und der Umriß sind nach der Methode der vorigen Nummer bestimmt. Die ersten Projektionen der Lichtgleichen berühren die in Π_1 liegenden Umrißkreise in den Punkten, die den bezüglichen Lichtgleichen der durch die Kreise gelegten vertikalen Cylinder angehören. Die Berührungspunkte der zweiten Projektionen der Lichtgleichen mit dem in Π_2 liegenden Umriß ergeben sich aus den Punkten, in denen die ersten Projektionen der Lichtgleichen von der ersten Projektion des Umrisses geschnitten

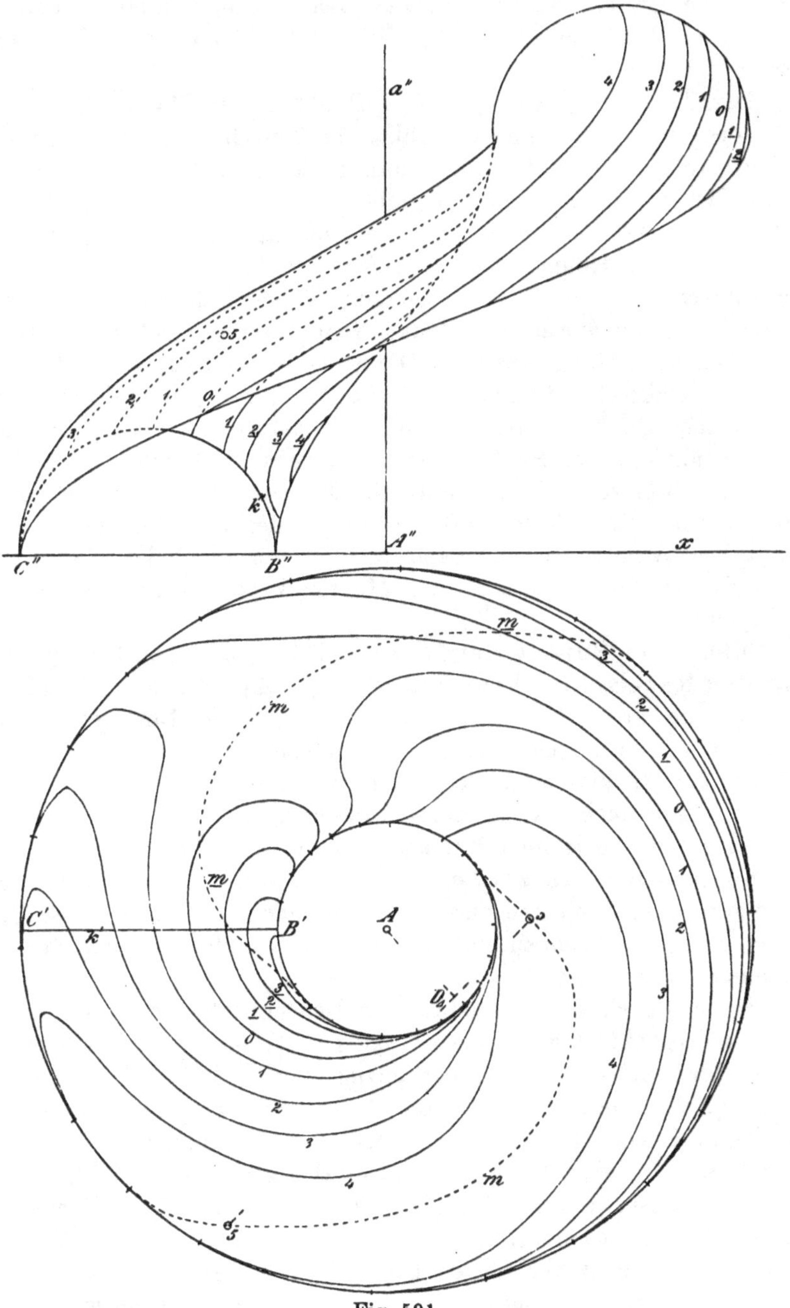

Fig. 591.

wird. Die letztere Kurve geht aus den Maximalkurven m und $\underline{m}$ durch eine Drehung um den $\angle l'x$ im Drehsinne des Uhrzeigers hervor.

Die Tangentialebenen in den Punkten der Maximalkurve m, d. h. des Ortes der hellsten Punkte der einzelnen Schraubenlinien, stehen auf der Vertikalebene durch den Lichtstrahl senkrecht. Unter diesen Tangentialebenen giebt es nun solche, die zur Lichtrichtung normal sind, ihre Berührungspunkte sind Lichtpole der Fläche von der Helligkeit 5. Sei P ein Lichtpol, s die Schraubenlinie durch ihn, und legen wir zur Tangentialebene in P eine Parallelebene Δ durch den Punkt S der Achse, wobei AS gleich der reduzierten Ganghöhe ist. Dann steht ihre Spur d_1 im Punkte D auf l' senkrecht (l durch S, l' durch A, $DS \perp l$) und schneidet s' in einem Punkte E derart, daß SE parallel zur Tangente der Schraubenlinie s im Punkte P ist. Daraus folgt sofort, daß $P'A$ und EA zwei zu einander normale Radien des Kreises s' sind. Drehen wir also AD um 90^0 im Sinne der aufwärts gerichteten Schraubenbewegung in die Lage AD_Δ, dann schneidet die in D_Δ auf AD_Δ errichtete Normale die Maximalkurve m in den beiden Lichtpolen.

930. Die Punkte der Lichtgleichen auf den Erzeugenden der Regelschraubenflächen (Fig. 592). Bei den Schraubenflächen, die durch Verschraubung einer geraden Linie entstehen, kann man neben dem vorher geschilderten Verfahren, das die Punkte der Lichtgleichen auf den einzelnen Schraubenlinien bestimmt, ein einfacheres Verfahren anwenden, das die Punkte dieser Kurven auf den einzelnen Erzeugenden liefert. Dadurch wird auch die Konstruktion der zweiten Projektionen der Lichtgleichen aus ihren ersten Projektionen vereinfacht, da man nur die Aufrisse der Erzeugenden zu zeichnen und auf sie die Punkte aus dem Grundriß heraufzuloten hat.

Sei e die Erzeugende einer Regelschraubenfläche, a ihre vertikale Achse und A deren erster Spurpunkt; sei ferner die Strecke AS auf der Achse gleich der reduzierten Ganghöhe, l der Lichtstrahl durch S und S_* sein erster Spurpunkt. Durch S_* legen wir die Normalebene N zum Lichtstrahl und bestimmen in ihr die Grundkreise q_i der Lichtstufenkegel ganz wie in 922. Die Radien r_i dieser Kreise q_i sind Katheten rechtwinkliger Dreiecke, welche die gemeinsame Kathete SS_* besitzen; ihnen liegen in diesen Dreiecken spitze Winkel gegenüber, deren Sinus die Werte 0, $^1/_5$, $^2/_5$, $^3/_5$, $^4/_5$, oder 1 haben ($r_0 = 0$, $r_5 = \infty$). Jetzt ziehen wir durch

S eine Parallele zur Erzeugenden e, die Π_1 in U und N in V trifft, und legen durch sie die Tangentialebenen an die Lichtstufenkegel. Sei T eine solche Ebene und t_1 durch U ihre erste Spur; sie schneide die erste Spur n_1 von N im Punkte $T = t_1 \times n_1$. Dann berührt die Gerade $VT = \mathsf{T} \times \mathsf{N}$ einen der Kreise q_i. Ist P auf e der Punkt, dessen Tangentialebene zu T parallel ist, so gehört P der Lichtgleiche an, deren Lichtstufe dem von T berührten Kegel entspricht. Es fragt sich also noch, wie man auf der Erzeugenden e den Punkt P bestimmt, dessen Tangentialebene zu T parallel

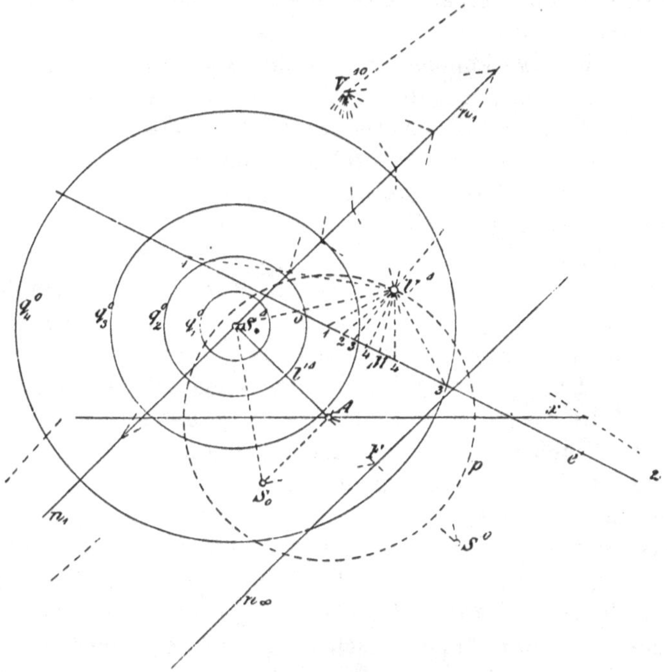

Fig. 592.

ist. Legt man durch S eine Parallele zu der Geraden, die im Punkte P die durch ihn verlaufende Schraubenlinie berührt, so muß ihr erster Spurpunkt G_1 auf t_1 liegen. Nach 600 muß aber $AG_1 \perp AP'$ und $AG_1 = AP'$ sein, und da t_1 durch G_1 geht, muß die Gerade t_1 nach einer Drehung um 90^0 um den Punkt A im Sinne der aufwärts gerichteten Schraubenbewegung durch den gesuchten Punkt P' gehen (vergl. 602).

Demnach ergiebt sich die folgende Konstruktion für die Punkte der Lichtgleichen auf der Erzeugenden e. Auf dem Lichtstrahl l

durch S errichte man in seinem ersten Spurpunkte S_* die Normalebene N und zeichne in ihr die Grundkreise q_i der Lichtstufenkegel, deren Scheitel in S liegen. Sodann ziehe man durch S eine Parallele zur Erzeugenden e und suche ihre Schnittpunkte U und V mit den Ebenen Π_1 und N. Weiter lege man von V die Tangenten an die Kreise q_i und ziehe aus U die Strahlen nach den Schnittpunkten der Tangenten mit der Spur n_1 von N. Dreht man zuletzt noch diesen Strahlbüschel mit dem Scheitel U um 90^0 um den Punkt A im Sinne der aufwärts gerichteten Schraubenbewegung, so schneidet der gedrehte Strahlbüschel die Gerade e' in den ersten Projektionen der gesuchten Punkte.

Es ist nun zweckmäßig, gleich den Lichtstrahl l um 90^0 um die Achse a in dem angegebenen Sinne nach l^Δ zu drehen ($l'^\Delta \perp l'$), in dem Spurpunkt S_*^Δ die Normalebene N^Δ zu errichten und auch die Gerade SUV um 90^0 zu drehen. Dann ist $AU^\Delta \perp e'$ und es liegt U^Δ auf dem Parameterkreis p, und zwar ist derselbe als Grundkreis eines Kegels mit der Spitze S und zu den Erzeugenden parallelen Mantellinien definiert. Legt man aus $V^\Delta = N^\Delta \times SU^\Delta$ die Tangenten an die Kreise in N^Δ, so schneiden die Strahlen aus U^Δ nach den auf n_1^Δ liegenden Punkten dieser Tangenten die Gerade e' in den gesuchten Punkten.

Bei der Durchführung der Konstruktion ist nur noch zu beachten, daß die Ebene N^Δ mit den Kreisen q_i um ihre erste Spur n_1^Δ in die Grundrißebene umzulegen ist. Die Ebenen Π_1 und N^Δ sind durch die Strahlen aus S aufeinander perspektiv bezogen und es sind U^Δ und V^Δ perspektive Punkte. Speziell ist n_∞ die Fluchtlinie (das Bild aller unendlich fernen Punkte) von N^Δ ($AS_0 \perp l'^\Delta$, $AS_0 = AS$, $S_0F \perp S_0S_*^\Delta$, n_∞ durch F, $n_\infty \parallel n_1^\Delta \perp l'^\Delta$). Legt man S um n_∞ nach S^0 um ($FS^0 = FS_0$, $FS^0 \perp n_\infty$), so ist S^0 das Centrum der perspektiven Beziehung zwischen Π_1 und der umgelegten Ebene N^Δ, ihre Achse ist n_1^Δ und ihre Fluchtlinie n_∞ (174 u. flg.). Der umgelegte Punkt $V^{\Delta 0}$ liegt demnach auf dem Strahle S^0U^Δ und bestimmt sich auf diesem, indem man durch U^Δ eine beliebige Gerade zieht und durch ihren Schnittpunkt mit n_1^Δ eine Parallele zu der Verbindungslinie ihres auf n_∞ liegenden Punktes mit S^0 legt. Damit können dann die Tangenten aus $V^{\Delta 0}$ an die Kreise q_i^0 und die Strahlen durch U^Δ gezeichnet werden. M ist der Punkt größter Helligkeit auf e. Derselbe Punkt der Fläche liegt im Licht oder Eigenschatten, je nachdem man die eine oder andere Seite der Schraubenfläche in Betracht zieht.

Ist T eine beliebige Ebene durch S und t_1 ihre erste Spur, so geht die um 90° gedrehte Gerade t_1^{Δ} durch die Projektion P' des Punktes P, dessen Tangentialebene zu T parallel ist. Die erste Projektion der den Punkt P tragenden Erzeugenden ist normal zu der Geraden, die A mit dem Punkte $t_1^{\Delta} \times p$ verbindet. Ist T zum Lichtstrahle normal, so gelangt man zu den Lichtpolen der Fläche; ihre Projektionen liegen auf n_∞, und die ersten Projektionen der die Lichtpole tragenden Erzeugenden sind normal zu den beiden Strahlen, die von A nach den Punkten $n_\infty \times p$ gehen.

931. Die geschlossene, schiefe Regelschraubenfläche. Die Figuren 593*a* und 593*b* stellen zwei halbe Umgänge der geschlossenen, schiefen Regelschraubenfläche mit ihren Lichtgleichen dar, so daß die Lichtgleichen einer jeden Hälfte im Grund- und Aufriß ihre Fortsetzung auf der anderen Hälfte finden. Die Punkte der Lichtgleichen auf den einzelnen Erzeugenden sind nach der vorigen Nummer bestimmt, während die Punkte auf den die Fläche begrenzenden Schraubenlinien nach 928 gefunden sind. Zu den einzelnen Lichtgleichen läßt sich noch folgendes bemerken. Die Tangentialebenen in den Punkten der Schraubenachse sind vertikal; die erste Spur einer solchen Ebene ist zugleich die erste Projektion der in ihr liegenden Erzeugenden. Die Ebenen durch die Schraubenachse mit den Helligkeitsstufen 4, 3, 2, 1 oder 0 sind demnach zu den Tangentialebenen des geraden Kreiscylinders mit den nämlichen Helligkeitsstufen (Fig. 580) parallel. Die Tangenten der ersten Projektionen der Lichtgleichen in dem Spurpunkt A der Schraubenachse sind somit zu den Tangenten des Grundkreises jenes Cylinders in den Punkten von der nämlichen Helligkeit parallel. Zugleich sind jene Tangenten die ersten Projektionen der Erzeugenden, durch deren Achsenpunkt die bezügliche Lichtgleiche hindurchgeht.

Da die Tangentialebenen in den unendlich fernen Punkten der Schraubenfläche parallel sind zu denen des Richtungs- oder Asymptotenkegels, dessen Mantellinien zu den Erzeugenden der Fläche parallel laufen, so geben die Lichtgleichen des Kegels die Richtungen an, in denen die Lichtgleichen der Fläche ins Unendliche verlaufen. Die betreffende Konstruktion läßt erkennen, daß die Lichtgleichen 4, 3, 2 und 1 in je zwei Richtungen ins Unendliche verlaufen. Für die Lichtgleiche 1 geben die eingezeichneten Pfeile die Asymptotenrichtungen an; die ganze Kurve besteht aus einem einzigen, zusammenhängenden Zuge, der zweimal durch's Unendliche geht. Die beiden mit *a* bezeichneten Enden der Lichtgleiche 1 und ebenso die beiden mit *b* bezeichneten Enden hängen zusammen. Ähnlich verhält es sich mit den Lichtgleichen 2, 3 und 4.

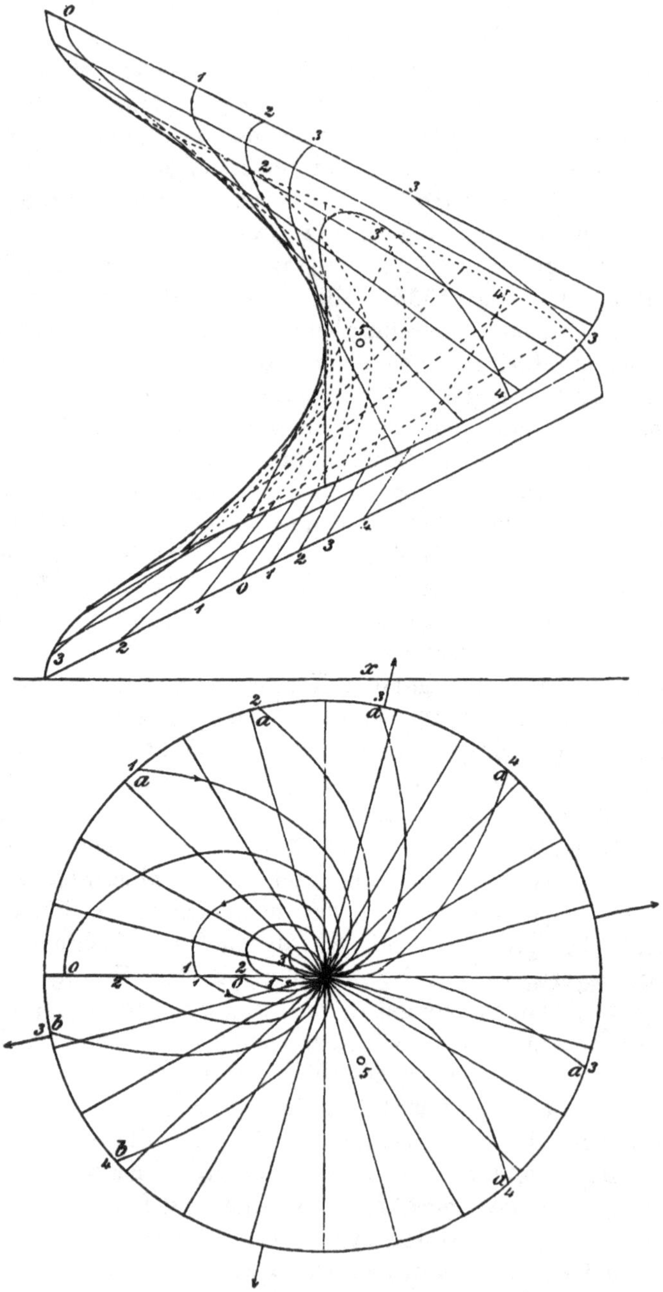

Fig. 593 *a*.

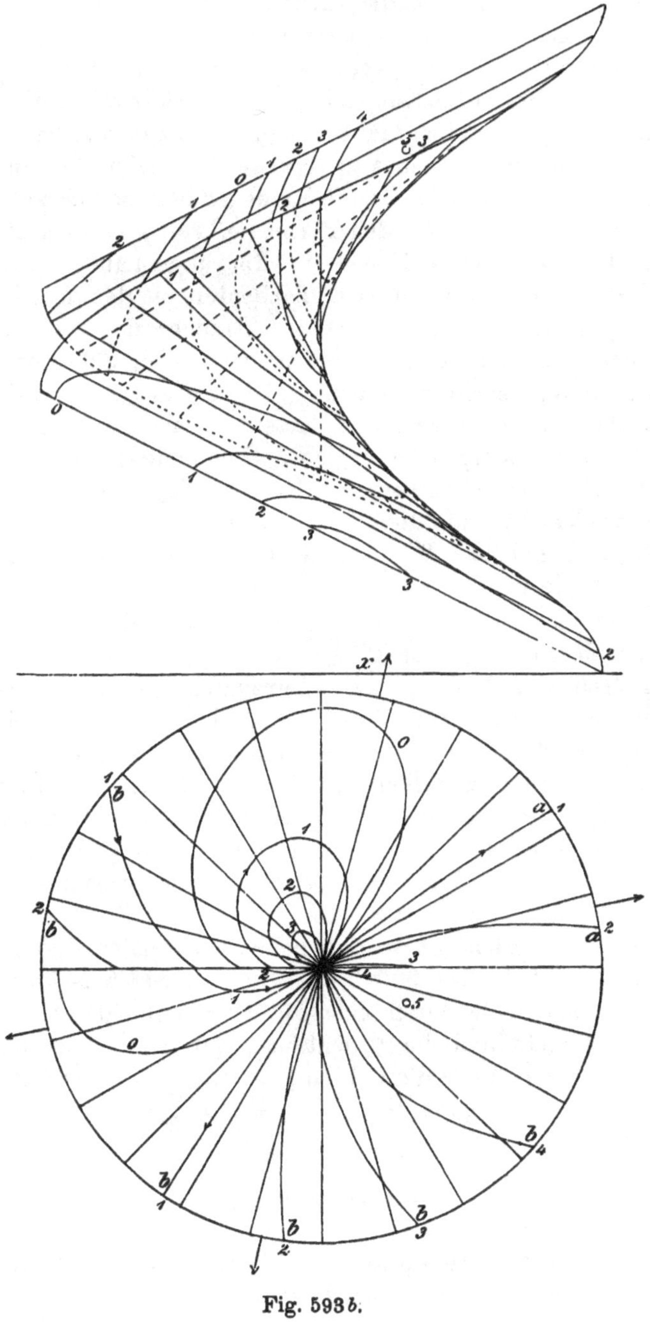

Fig. 593 *b*.

Durchläuft ein Punkt die Lichtgleiche 1 in einem bestimmten Sinne, etwa im Sinne der an die Kurve angefügten Pfeile, so dreht sich die ihn enthaltende Erzeugende nicht immer in dem gleichen Sinne um die Schraubenachse, vielmehr kehrt sie zweimal ihren Drehsinn um. Es giebt unter den Erzeugenden zwei, welche die Lichtgleiche 1 berühren. Um dies zu erkennen, wenden wir uns zu der Figur 592 zurück. Beschreibt die Erzeugende e die Schraubenfläche, so beschreibt der Punkt U^{Δ} den Parameterkreis p und der Punkt $V^{\Delta 0}$ eine zu ihm perspektive Hyperbel. Im allgemeinen giebt es von jedem Punkte der Hyperbel zwei Tangenten an den Kreis $q_1{}^0$, und somit liegen auf der entsprechenden Erzeugenden zwei getrennte Punkte der Lichtgleiche 1. In jedem der beiden Schnittpunkte der Hyperbel mit $q_1{}^0$ existiert jedoch nur eine Tangente, weshalb sich auf den beiden entsprechenden Erzeugenden je ein Berührungspunkt mit der Lichtgleiche ergiebt. Den innerhalb $q_1{}^0$ liegenden Punkten der Hyperbel entsprechen Erzeugende, welche keine Punkte der Lichtgleiche 1 enthalten. In gleicher Weise verhält es sich mit den Lichtgleichen 2, 3 und 4, die ebenfalls je zwei Erzeugende tangieren.

Es muß hierzu noch bemerkt werden, daß die Lichtgleichen in der Nähe der Lichtgleiche 0 jede Erzeugende in zwei getrennten Punkten treffen und aus je zwei getrennten Zügen bestehen. Die Lichtgleiche, deren erste Projektion l' in A berührt, bildet den Übergang zwischen den Lichtgleichen mit und ohne berührende Erzeugende. Ferner zerfallen die in der Nähe der Lichtpole 5 liegenden Lichtgleichen in zwei getrennte Züge, deren jeder zwei Erzeugende tangiert. Es rührt das daher, daß der Grundkreis q_i des zugehörigen Lichtstufenkegels die vorhin genannte Hyperbel viermal schneidet (vergl. 930).

Die Tangentialebenen in den beiden Lichtpolen sind zur Lichtrichtung normal. Nach 930 besitzt die Normalebene im Punkte S von l eine Spur, die durch eine Drehung von 90^0 um A in die Lage n_∞ übergeht und die Projektionen der beiden Lichtpole trägt. Die Erzeugenden durch diese Lichtpole sind zu den Strahlen AY_∞ resp. AZ_∞ normal ($Y_\infty = p \times n_\infty$, $Z_\infty = p \times n_\infty$).

Flächen 2. Grades.

932. Die Lichtgleichen des Ellipsoides (Fig. 594). Um die Lichtgleichen beim Ellipsoid, beim ein- oder zweischaligen Hyperpoloid zu finden, wenn eine der drei Achsen vertikal steht, legen wir Vertikalschnitte durch die vertikale Achse und bestimmen auf ihnen die Punkte der Lichtgleichen. Zu diesem Zwecke benutzen wir die Cylinderflächen, welche die Fläche 2. Grades längs der Vertikalschnitte berühren. Beim Ellipsoid gestaltet sich die Konstruktion in der folgenden Weise. Es seien OA, OB, OC die drei Halbachsen des Ellipsoides; die Grundrißebene enthalte die Ellipse c

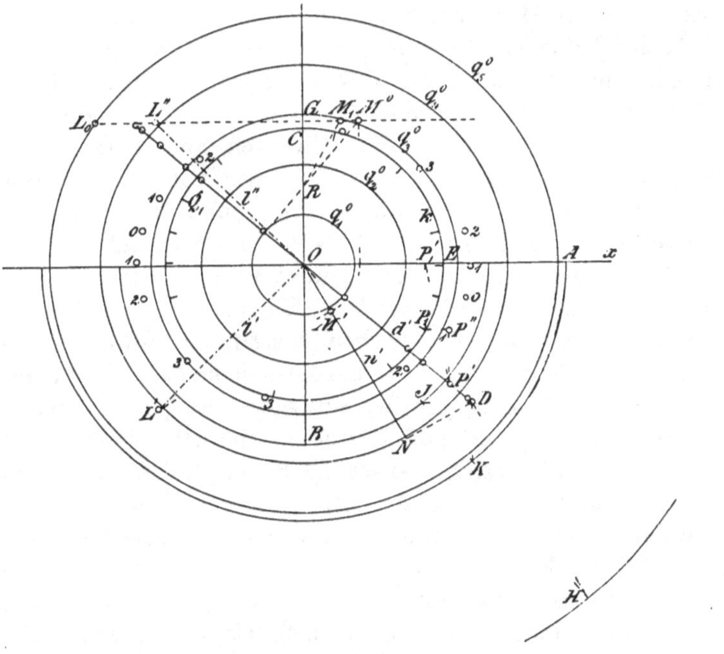

Fig. 594.

mit den Halbachsen OA und OB und die Aufrißebene die Ellipse b mit den Halbachsen OA und OC. Im Grundriß schlage man um O drei Kreise mit den Radien OB, OA und $OB + OA$. Schneidet ein beliebiger Strahl durch O diese drei Kreise in den Punkten J, K und H, so ist OD ein Halbmesser der Ellipse c, wenn $JD \parallel x$ und $KD \perp x$ ist, und DH ist ihre Normale im Punkte D (415). Längs des Vertikalschnittes d mit den Halbachsen OC und OD wird die Fläche von einem Cylinder berührt, dessen Normalschnitt n die Halbachsen OC und ON besitzt, wobei $ON \parallel DH$ und $DN \perp DH$ ist. Denn die Mantellinien dieses Cylinders sind zu DN parallel.

Jetzt gilt es auf der Ellipse n die Punkte der Lichtgleichen des Cylinders zu finden, was ganz wie in 926 Fig. 588 durchgeführt werden kann. Man ziehe den Lichtstrahl l durch O, trage auf ihm eine beliebige Strecke OL auf und fälle auf die Ebene N der Ellipse n das Lot LM. Nun schlage man in der Ebene N um O die Kreise $q_1, \ldots, q_5$, deren Radien gleich $^1/_5$, $^2/_5$, $^3/_5$, $^4/_5$, $^5/_5$ der Strecke OL ($= OL_0$) sind und ziehe aus M die Tangenten an sie, dann berühren die parallelen Tangenten an die Ellipse n diese Kurve in den gesuchten Punkten der Lichtgleichen des Cylinders.

Zur genauen Konstruktion dieser Punkte benutzen wir die Affinität der Ellipsen n, d und des Kreises k, der in der Aufrißebene mit dem Radius OC um O beschrieben ist. Die gemeinsame Affinitätsachse ist OC, während ihre in der Grundrißebene liegenden Halbachsen ON, OD und OE affine Strecken sind. Wir drehen die Ebene N mit den Kreisen q_i um OC in die Aufrißebene, wobei M nach M^0 gelangt ($L''M^0 \parallel x$, $GM^0 = OM'$), und legen aus M^0 die Tangenten an die Kreise q_i^0, z. B. M^0R an q_1^0 (R auf OC). In der affinen Beziehung zwischen der Ellipse n^0 und dem Kreise k entspricht dem Punkte M^0 der Punkt M_1 ($M^0M_1 \parallel x$, $GM_1 : GM^0 = OE : ON$). Den Strahlen aus M^0 entsprechen hierbei die Strahlen aus M_1, z. B. M^0R und M_1R, und den Berührungspunkten der Tangenten von n^0, die zu ersteren parallel sind, die Endpunkte der Kreisdurchmesser von k, die auf letzteren senkrecht stehen. So entsprechen den Endpunkten des zu M_1R senkrechten Durchmessers P_1Q_1 zwei Punkte P_n^0 und Q_n^0 auf n^0, deren Tangenten zu M^0R parallel sind. Folglich entsprechen in der affinen Beziehung zwischen k und n den Punkten P_1 und Q_1 die Punkte P_n und Q_n auf n mit zu MR parallelen Tangenten, d. h. P_n und Q_n gehören der Lichtgleiche 1 des Cylinders an. In der Affinität zwischen n und d entsprechen den Punkten P_n und Q_n von n die Punkte P und Q von d, die auf der Lichtgleiche 1 des Ellipsoides liegen. Die Affinität zwischen k und d leitet direkt von den Punkten P_1, Q_1 zu den Punkten P, Q auf d über ($P_1P_1' \perp x$, $P_1'P' \parallel ED$, P' auf d', $P_1P'' \parallel x$, $P'P'' \perp x$).

Nach der Bestimmung von M_0 und M_1 sind zur Konstruktion der Punkte der Lichtgleichen sonach folgende Schritte zu thun. Man lege aus M^0 die Tangenten an die Kreise q_i^0 und aus M_1 die Strahlen nach ihren Schnittpunkten mit OC. Sodann zeichne man die Durchmesser des Kreises k, welche auf diesen Strahlen senkrecht stehen, und suche zu ihren Endpunkten die entsprechenden Punkte auf d vermöge der Affinität zwischen k und d; diese stellen die Punkte der Lichtgleichen auf d dar.

933. In Fig. 595 sind die Lichtgleichen eines Ellipsoides im Grund- und Aufriß dargestellt, soweit sie sichtbar sind. Da je zwei einander diametral gegenüberliegende Punkte des Ellipsoides parallele Tangentialebenen aufweisen, verwandeln sich die zweiten Projektionen der sichtbaren Lichtgleichen in die der unsichtbaren

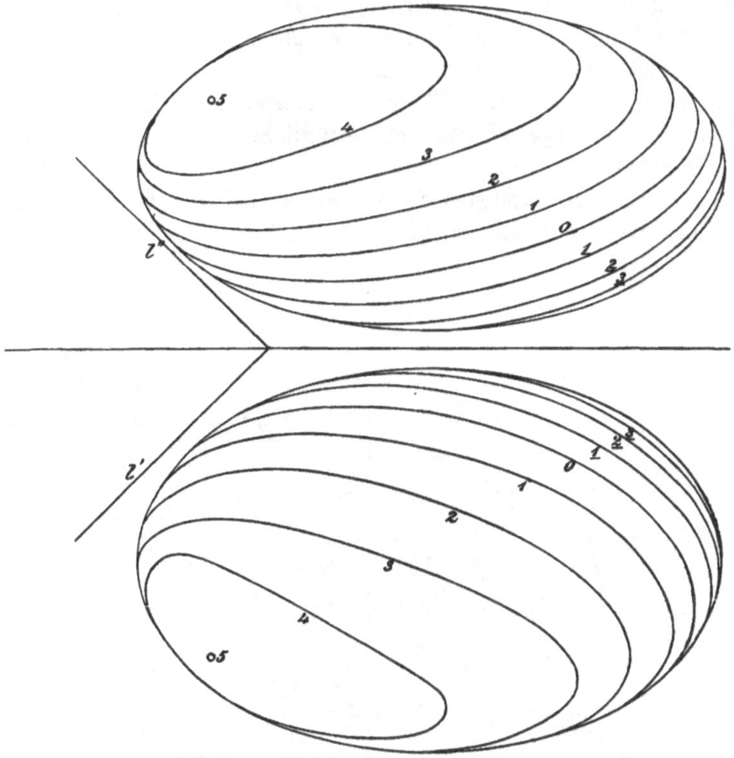

Fig. 595.

durch Drehung des Aufrisses um 180° um den Mittelpunkt des Umrisses. Gleiches gilt für den Grundriß. Die Lichtpole liegen auf demjenigen Schnitt durch die vertikale Achse, dessen konjugierter Durchmesser zu l' normal ist.

Für die Lichtgleichen der Flächen 2. Grades kann noch folgende Definition gegeben werden. Jede Lichtgleiche einer Fläche 2. Grades ist der Ort der Berührungspunkte aller Tangentialebenen, die zu denen eines Lichtstufenkegels von gleicher Helligkeit parallel sind. Jede Lichtgleiche einer Fläche 2. Grades ist von der 4. Ord., d. h. sie wird von jeder Ebene in vier Punkten geschnitten. Jede Ebene schneidet nämlich die Fläche 2. Grades in einem Kegelschnitt und die Tangentialebenen in seinen Punkten umhüllen einen Kegel. Wählt man den Scheitel dieses Kegels zugleich zum Scheitel des Lichtstufenkegels, der der Helligkeit der gesuchten Lichtgleiche entspricht, so besitzen beide Kegel vier gemeinsame Tangentialebenen (die freilich paarweise imaginär werden können); sie berühren die Fläche 2. Grades in vier Punkten der betreffenden Lichtgleiche. Noch mag bemerkt werden, daß die Tangentialebenen in den Punkten jeder Lichtgleiche eine abwickelbare Fläche 4. Klasse umhüllen, die den unendlich fernen Kegelschnitt des bezüglichen Lichtstufenkegels zur Doppelkurve hat (713).

934. Die Lichtgleichen des einschaligen Hyperboloides (Fig. 596). Sei *OC* die vertikale imaginäre Achse und seien *OA*

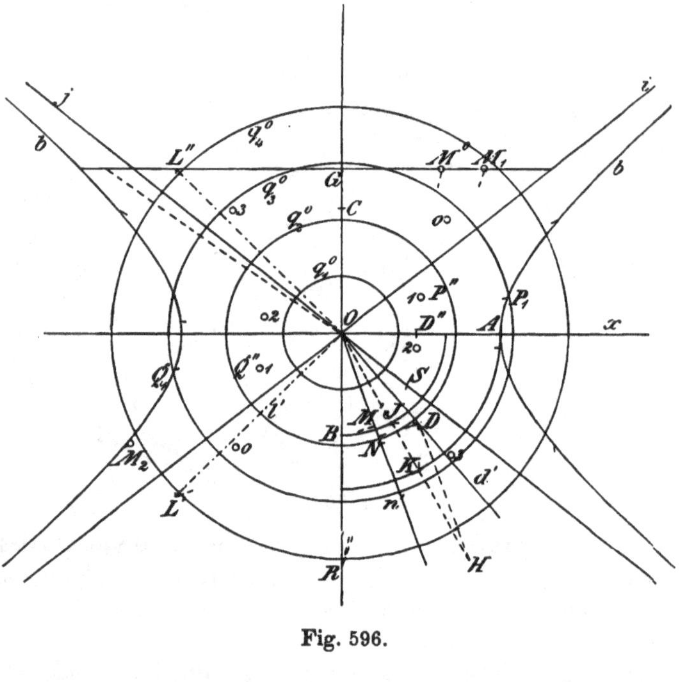

Fig. 596.

und *OB* die horizontalen reellen Achsen. So verfahre man zunächst ganz wie beim Ellipsoid. Man ziehe durch *O* einen beliebigen horizontalen Strahl und bestimme auf ihm drei Punkte *J*, *K*, *H* derart, dass $OJ = OB$, $OK = OA$ und $OH = OB + OA$ ist. Dann ist *OD* ein Halbmesser der Kehlellipse *c* des Hyperboloides, wenn $JD \parallel x$ und $KD \perp x$ ist; zugleich bildet er die reelle Halbachse eines

Vertikalschnittes d, dessen imaginäre Halbachse OC ist. Längs der Hyperbel d wird die Fläche von einem Cylinder berührt, dessen horizontale Mantellinien zu DH senkrecht sind. Sein Normalschnitt n ist eine Hyperbel mit OC als imaginärer und ON als reeller Halbachse ($ON \parallel DH$, $DN \perp DH$). Jetzt trage man auf dem Lichtstrahl durch O eine beliebige Strecke OL auf, fälle das Lot OM auf die Ebene N (durch n) und zeichne in N die Kreise $q_1, q_2, \ldots$, deren Radien $^1/_5, {^2/_5}, \ldots$ der Strecke OL betragen. Weiter ziehe man aus M die Tangenten an die Kreise q_i und hierzu die parallelen Tangenten an die Hyperbel n. Sie berühren dieselbe in Punkten der Lichtgleichen des Cylinders, und vermöge der Affinität zwischen n und d (Affinitätsachse OC) entsprechen ihnen auf d die Punkte der Lichtgleichen des Hyperboloides.

Bei der Durchführung der Konstruktion drehe man die Ebene N mit der Hyperbel n und den Kreisen q_i in den Aufriß, dabei gelangt M nach M^0 ($OM' = GM^0$), und benutze die Affinität zwischen den Hyperbeln n^0 und b (Affinitätsachse OC), wo b den in der Aufrißebene liegenden Hauptschnitt des Hyperboloides bedeutet. Bei dieser affinen Beziehung entspricht dem Punkte M^0 der Punkt M_1 ($GM_1 : GM^0 = OA : ON$, $M^0M_1 \parallel x$). Von M^0 aus ziehe man die Tangenten an die Kreise q_i^0, z. B. M^0R an q_1^0 (R auf OC), und von M_1 aus Strahlen nach den Schnittpunkten dieser Tangenten mit OC, z. B. M_1R. Die Punkte von b, deren Tangenten zu jenen Strahlen durch M_1 parallel sind, sind dann zu den gesuchten Punkten der Lichtgleichen auf d affin und auch affin zu den zweiten Projektionen dieser Punkte auf d'' (Affinitätsachse OC). Um auf b die Punkte zu finden, deren Tangenten zu den Strahlen durch M_1 parallel sind, bestimme man den Punkt M_2 so, daß M_1M_2 der einen Asymptote i von b parallel ist und von der anderen j halbiert wird. Ist nun M_1R ein beliebiger Strahl und wird er von j in S geschnitten, so trägt der zu M_2S parallele Durchmesser die Punkte P_1 und Q_1 von b, deren Tangenten zu M_1R parallel laufen. Denn die zu SM_1 und SM_2 parallelen Durchmesser von b sind konjugiert, da sie, wie leicht ersichtlich, zu den Asymptoten i und j harmonisch liegen. Die zu P_1, Q_1 affinen Punkte P'' und Q'' ($P_1P'' \parallel x$, $P_1A \times P''D''$ auf OC) sind die zweiten Projektionen der auf d liegenden Punkte der Lichtgleiche 1.

Sonach hat man M^0, M_1 und M_2 zu suchen, aus M^0 die Tangenten an die Kreise q_i^0 zu legen, durch M_1 Strahlen nach ihren Schnittpunkten mit OC und durch M_2 Strahlen zu ziehen, die sich mit jenen Strahlen auf j schneiden. Die zu den Strahlen durch M_2

parallelen Durchmesser schneiden dann die Hyperbel b in Punkten, zu denen man noch die affinen Punkte zu zeichnen hat, wobei OC die Achse und A, D'' ein Paar entsprechender Punkte dieser affinen Beziehung sind. Sie stellen die zweiten Projektionen der Schnitt-

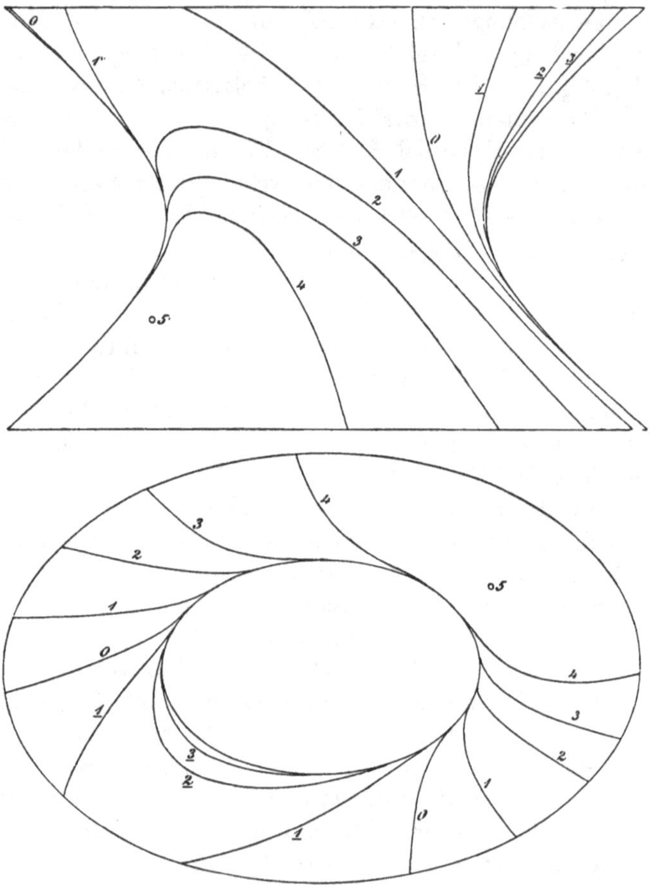

Fig. 597.

punkte der Lichtgleichen des Hyperboloides mit dem Vertikalschnitt d dar, ihre Grundrisse liegen auf der Geraden d'.

In Fig. 597 sind die Lichtgleichen eines einschaligen Hyperboloides, soweit sie sichtbar sind, gezeichnet; die unsichtbaren sind, wie beim Ellipsoide, zu den sichtbaren symmetrisch.

Bei der Konstruktion der Lichtgleichen des zweischaligen Hyperboloides kann ganz wie beim einschaligen verfahren werden.

Es sind dann OA und OB die imaginären Halbachsen einer imaginären Kurve, das ändert jedoch die Konstruktion in keiner Weise. Nur die Hyperbel b hat eine andere Lage, indem OA ihre imaginäre und OC ihre reelle Halbachse ist.

935. Bevor wir die Lichtgleichen auf dem Paraboloide bestimmen, lösen wir folgende Aufgabe. Auf einem Paraboloide den Punkt zu finden, dessen Normale eine gegebene Richtung besitzt. Sei z die vertikal gestellte Achse eines elliptischen Paraboloides und S sein Scheitel, seien ferner a und b die beiden Hauptschnitte und x und y ihre Tangenten im Scheitel. Wir legen dann die Grundrißebene durch xy, die Aufrißebene durch xz und die Seitenrißebene durch yz (Fig. 598). Das Paraboloid kann entweder dadurch erzeugt werden, daß die Parabel a parallel mit sich selbst verschoben wird, während ihr Scheitel auf der Parabel b bleibt, oder dadurch, daß die Parabel b parallel mit sich selbst verschoben wird, während ihr Scheitel auf der Parabel a bleibt. Durch jeden Punkt P der Fläche geht somit eine zu a kongruente Parabel u und eine zu b kongruente Parabel v; der Scheitel der ersteren mag in R auf b, der der letzteren in Q auf a liegen. Die Tangente von u in P ist parallel zur Tangente QQ_1 im Punkte Q von a, wobei Q_1 auf x der Mittelpunkt von SQ' ist; ebenso ist die Tangente von v in P parallel zur Tangente RR_1 im Punkte R von b, wobei R_1 auf y der Mittelpunkt von SR' ist. Die Normale n im Punkte P steht auf den genannten Tangenten senkrecht, also ist $n'' \perp QQ_1$ und $n''' \perp RR_1$, oder falls G und F die Brennpunkte der Parabeln a und b sind, ist $n'' \parallel GQ_1$ und $n''' \parallel FR_1$. Sind also die Richtungen von n'' und n''' gegeben, so

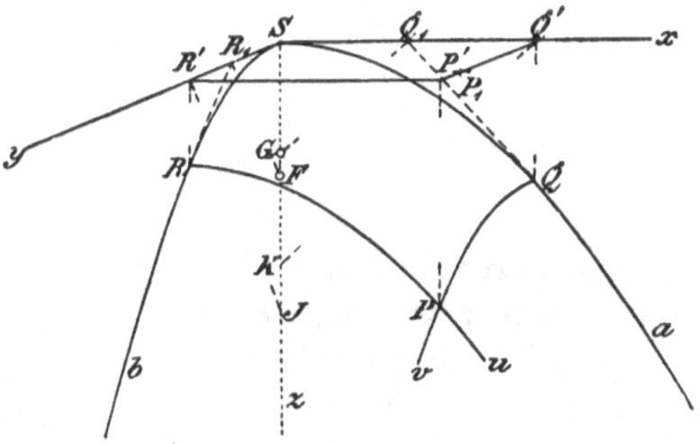

Fig. 598.

trage man auf die z-Achse die doppelten Brennweiten $KS = 2\,GS$ und $JS = 2\,FS$ auf und ziehe $KQ' \parallel n''$ und $JR' \parallel n'''$ (Q' auf x, R' auf y). Dann schneiden sich in P' die Geraden $P'Q'$ ($\parallel y$) und $P'R'$ ($\parallel x$) zugleich ist $P'P = Q'Q + R'R$. Zieht man durch K eine Parallele zu n, so schneidet sie $P'Q'$ in P_1, und es ist $P'Q' : P_1Q' = JS : KS = FS : GS$. Demnach bilden die ersten Projektionen der

Flächenpunkte und die ersten Spurpunkte der zu den Flächennormalen parallelen Strahlen durch K affine Systeme. Dabei ist x die Affinitätsachse, y giebt die Affinitätsrichtung und die Abstände affiner Punkte, wie P' und P_1, von x verhalten sich wie $FS : GS$.

936. Die Lichtgleichen der Paraboloide. Will man die Lichtgleichen des elliptischen Paraboloides finden (Fig. 599), so

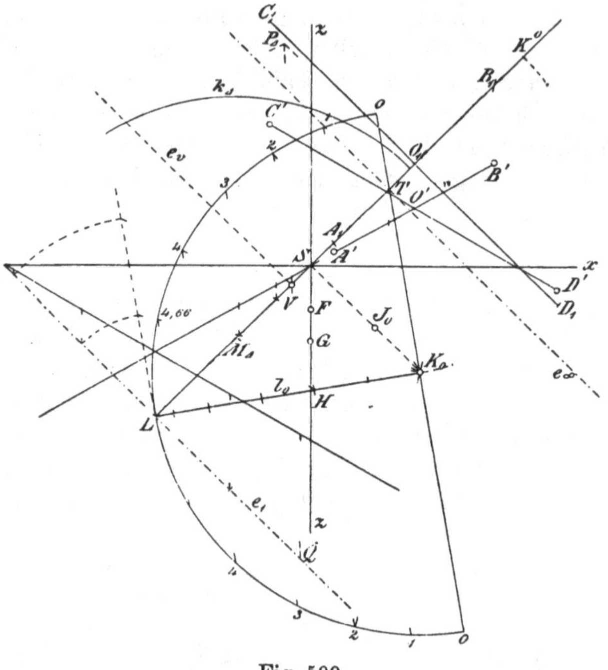

Fig. 599.

lege man durch K einen Lichtstrahl l und in der Vertikalebene $l\,l'$ durch l ziehe man durch K Strahlen, die mit l Winkel einschließen, deren Cosinus die Werte 0, $^1/_5$, $^2/_5$, $^3/_5$, $^4/_5$ und 1 aufweisen. In der Figur ist die Ebene ll' um l' umgelegt, $l_0 = LK_0$ ist der umgelegte Lichtstrahl ($SK_0 = 2\,SG$) und die umgelegten Strahlen durch K gehen durch die Punkte 0, 1, 2, 3, 4, L des Kreises mit dem Radius K_0L. Läßt man die genannten Strahlen durch K um den Lichtstrahl l rotieren, so entstehen Kegel, deren Mantellinien parallel sind zu den Normalen in den Punkten der bezüglichen Lichtgleichen. Nach den Resultaten der vorausgehenden Nummer gilt somit der Satz: Die ersten Projektionen der Lichtgleichen des Paraboloides sind Kegelschnitte; sie sind zu den ersten Spurkurven gewisser Rotationskegel mit dem Scheitel K und der Achse l affin. Die Neigungswinkel der Mantellinien dieser Kegel gegen ihre Achse l gehören den Cosinuswerten 0, $^1/_5$, $^2/_5$, $^3/_5$, $^4/_5$ und 1 zu. Die Achse der erwähnten Affinität ist x, je zwei affine Punkte liegen auf einer Normalen zu x und ihre Abstände von x verhalten sich wie die Brennweiten SF und SG der Hauptparabeln b und a in den Ebenen yz und xz.

Es gilt also die ersten Spurkurven der genannten Rotationskegel zu bestimmen; die affine Umwandlung derselben in die Projektionen der Lichtgleichen bedarf keiner weiteren Erörterung. Der Kegel, dessen Mantellinien den Normalen in den Punkten der Lichtgleiche 2 parallel sind, wird von der Ebene ll' in den beiden Geraden $K2$ geschnitten; auf ihnen liegen die Endpunkte A_1, B_1 der einen Achse seiner ersten Spurkurve s_1 ($l' \times K_0 2 = A_1$, $l' \times K_0 2 = B_1$). Die Kurve s_1 ist eine Hyperbel, deren imaginäre Achse $C_1 D_1$ noch zu finden ist. Die Normalebene E im Punkte L von l schneidet den Kegel in einem Kreise k, den wir als k^0 um e_1 in die Grundrißebene umlegen; sein Mittelpunkt ist L und sein Radius gleich dem 2,5-fachen der Strecke $H2$ ($H2 \perp l'$, $HK_0 = 0{,}4 \cdot LK_0$). Der Kreis k^0 und die Hyperbel s_1 sind perspektiv, e_1 ist die Achse, e_∞ die Flucht-, e_v die Verschwindungslinie und K^0 das Centrum der Perspektive ($l' \times e_\infty = T$, $TK_0 \perp l_0$, $l' \times e_v = V$, $TK^0 = TK_0 = LV$, vergl. 174 u. flg.). Dem Kreise k^0 schreibe man in seinen Schnittpunkten mit l' und e_v ein Vierseit um, seine Diagonalen gehen nach 268 durch V; ist also P^0 eine Ecke des Vierseits, so ist $P^0 V$ eine Diagonale. Das perspektive Bild dieses Vierseits ist ein Vierseit, das der Hyperbel s_1 umschrieben ist und von den Tangenten in den Endpunkten A_1, B_1 ihrer reellen Achse und ihren Asymptoten gebildet wird. Den Diagonalen jenes Vierseites entsprechen die Parallelen zu $A_1 B_1$ durch die Endpunkte C_1 und D_1 der imaginären Achse von s_1. Man suche also P^0, schneide $P^0 V$ mit e_1 in Q, so ist $O_1 C_1 = O_1 D_1 = LQ$; denn die Gerade VQ besitzt das zu l' parallele Bild QD_1. In der Figur ist der Kreis k^0 mit dem Mittelpunkt L und dem Radius $2{,}5 \cdot H2$ ersetzt durch den Kreis k_Δ mit dem Radius $H2$ und dem Mittelpunkt M_Δ ($HM_\Delta \parallel K_0 V$, also $LV = 2{,}5 \cdot M_\Delta V$). Schneiden sich in P_Δ zwei seiner Tangenten, deren Berührungspunkte auf l' und e_v liegen, so deckt sich offenbar $P_\Delta V$ mit $P^0 V$, so daß auch $P_\Delta V$ auf e_1 die Strecke LQ (gleich der halben imaginären Achse von s_1) begrenzt. Die erste Projektion der Lichtgleiche 2 ist eine Hyperbel mit den konjugierten Durchmessern $A'B'$ und $C'D'$ ($A'B'$ durch S, $C'D' \times C_1 D_1$ auf x, $(O_1 \dashv x) : (O' \dashv x) = GS : FS$).

Die übrigen Lichtgleichen gewinnt man in gleicher Weise, e_1 und V behalten immer die gleiche Lage, nur P_Δ resp. P^0 ist für jede Kurve neu zu bestimmen. Die Lichtgleichen 1, 2, 3, 4 projizieren sich im Grundriß als Hyperbeln, die Lichtgleiche 0 als

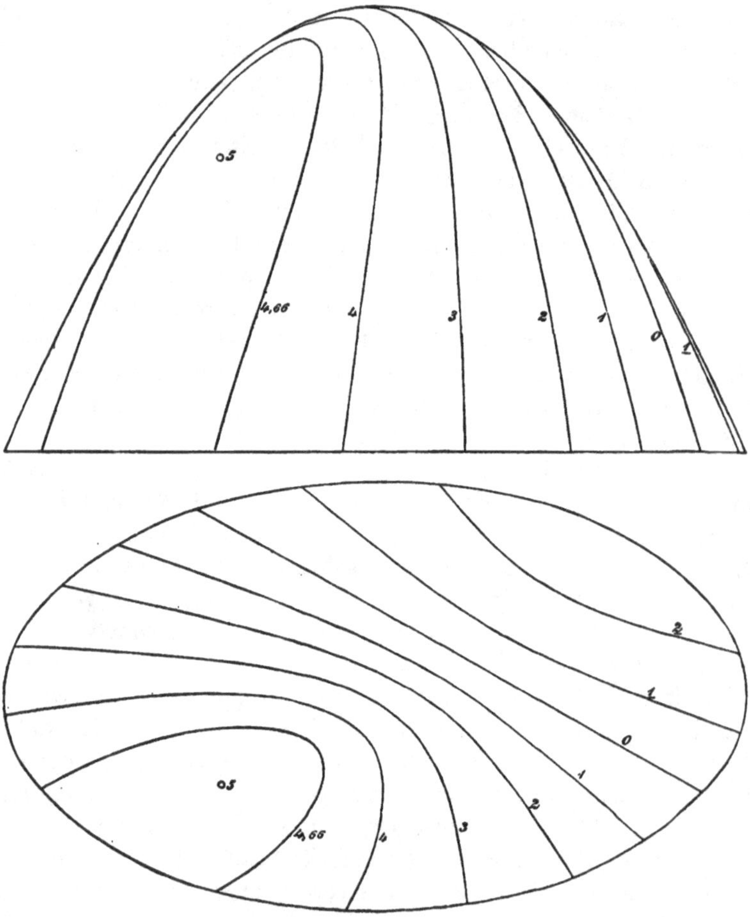

Fig. 600.

Gerade und die Lichtgleichen in der Nähe des Lichtpoles 5 als Ellipsen. In der Figur ist noch die Lichtgleiche mit der Helligkeit 4,66 bestimmt.

Die Projektionen der Lichtgleichen können auch wie folgt konstruiert werden. Um die Projektion der Lichtgleiche 2 zu gewinnen, zeichne man wie vorher A_1, B_1 und die affinen Punkte

A', B'. Ferner trage man auf e_1 die Strecken $LU_1 = LW_1 =$ 2,5 · H 2 = dem Radius des Kreises k auf und suche die affinen Punkte U' und W' auf e', dann sind VU' und VW' zwei Tangenten der gesuchten Kurve und U', V' ihre Berührungspunkte. Die Endpunkte des imaginären Durchmessers $C'D'$ ergeben sich jetzt als die Gleichpunkte einer Involution mit dem Mittelpunkt O'; ein Punktepaar dieser Involution wird von $U'V$ und einer Parallelen zu $A'B'$ durch U' ausgeschnitten. Der imaginäre Durchmesser $C'D'$ ist zur punktweisen Konstruktion der Lichtgleichen nicht nötig, ihre Punkte und Tangenten ergeben sich aus dem Satz vom umschriebenen Vierseit (268).

In Fig. 600 sind die Grund- und Aufrisse der Lichtgleichen des elliptischen Paraboloides eingezeichnet. Die Konstruktion der Lichtgleichen für das hyperbolische Paraboloid ist genau dieselbe wie im Fig. 599, nur liegt dann F oberhalb x. Daraus folgt der Satz: Besitzen ein elliptisches und ein hyperbolisches Paraboloid den gleichen Hauptschnitt a, während der andere Hauptschnitt bei beiden kongruent, aber entgegengesetzt gerichtet ist, so sind die Grundrisse ihrer Lichtgleichen zu einander symmetrisch in Bezug auf a'. Die Aufrisse der entsprechenden Lichtgleichen beider Flächen schneiden auf den Vertikalen Strecken ab, die von a'' halbiert werden.

Regelflächen.

937. Die Lichtgleichen der Regelflächen (Fig. 601). Ist e eine Erzeugende der Regelfläche, so sind alle Ebenen durch e Tangentialebenen; ihre Berührungspunkte auf e bilden eine Punktreihe, die zu dem Büschel der Ebenen projektiv ist (722). Die Konstruktion der Punkte der Lichtgleichen auf der einzelnen Erzeugenden ist der bei der Cylinderfläche ganz analog. Durch einen beliebigen Punkt O der x-Achse ziehen wir einen Lichtstrahl l, wählen auf ihm einen beliebigen Punkt L und legen durch ihn eine Parallele m zu der Erzeugenden e. Nun legen wir durch O eine Normalebene N zu m — ihre zweite Spur n_2 durch O ist senkrecht zu m'' — zeichnen in ihr um O als Mittelpunkt die Kreise $q_1, \ldots, q_5$, deren Radien gleich $1/5$, $2/5$, ..., $5/5$ der Strecke OL sind, und ziehen von $G = m \times$ N die Tangenten an diese Kreise. Die Ebenen durch m und je eine dieser Tangenten besitzen die Helligkeiten 1, 2, ... 5, die Ebene durch m und O die Helligkeit 0. Denn ist t eine solche Tangente und T ihr Berührungspunkt, so ist

OT die Normale der Ebene mt und es ist zugleich OT die senkrechte Projektion von OL auf diese Normale; OT ist aber ein ganzes Vielfaches von $OL:5$. Zu den genannten Ebenen durch m hat man die Parallelebenen durch e zu legen, durch ihre Berührungspunkte

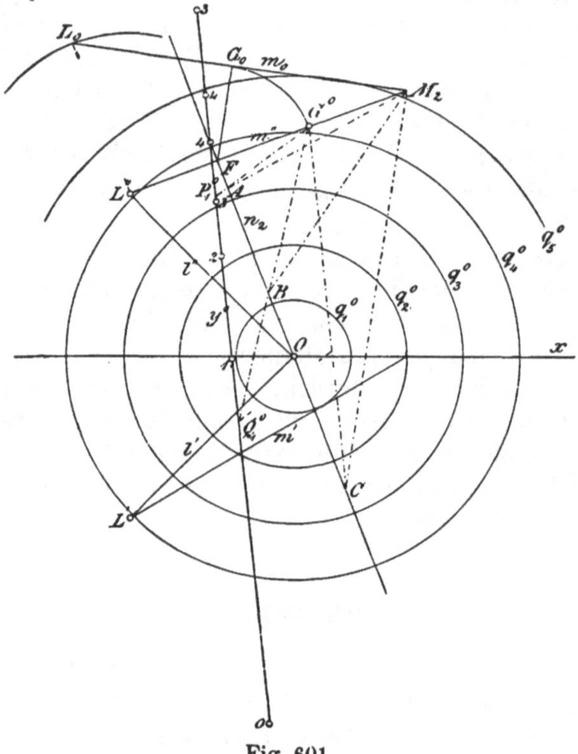

Fig. 601.

gehen dann die bezüglichen Lichtgleichen hindurch. Diese Berührungspunkte wird man jedoch nicht einzeln bestimmen, vielmehr das folgende Verfahren in Anwendung bringen.

Durch die geometrische Definition der Regelfläche sind gewöhnlich in drei Punkten einer jeden Erzeugenden die Tangentialebenen bekannt, oder können leicht angegeben werden. Für die Erzeugende e mögen die Tangentialebenen in P, Q und dem unendlich fernen Punkte R bekannt und ihre zweiten Spurlinien gezeichnet sein. Die Parallelebenen durch m werden zu ihnen parallele Spuren M_2A, M_2B und M_2C besitzen (A, B, C auf n_2) und die Ebene N in den Geraden GA, GB und GC schneiden. Nun ziehen wir in der Ebene N eine Hilfsgerade y parallel zu GC, die

GA und GB in zwei Punkten P_1 und Q_1 schneidet, so daß $P_1Q_1 = P''Q''$ ist. Die Punktreihe (P_1, Q_1, R_1 ...) auf y ist projektiv zu dem Ebenenbüschel $m(P_1, Q_1, R_1 \ldots)$ und auch zu dem Büschel der Parallelebenen durch e, folglich auch zu der Punktreihe $(P, Q, R \ldots)$ ihrer Berührungspunkte, sowie zu der Punktreihe $(P'', Q'', R'' \ldots)$. Die Punktreihen $(P_1, Q_1, R_1, \ldots)$ auf y und $(P'', Q'', R'' \ldots)$ auf e'' sind aber kongruent, denn die drei Punkte P_1, Q_1, R_1 der ersten Reihe können mit den drei Punkten P'', Q'', R'' der zweiten Reihe durch Aufeinanderlegen der Geraden y und e'' zur Deckung gebracht werden (190). Ist also S_1 ein Punkt von y und berührt GS_1 den Kreis q_i, so ist der entsprechende Punkt S'' auf e'' ($P''S'' = P_1S_1$) der Aufriß eines Punktes S auf e, dessen Tangentialebene zu mS_1 parallel ist, d. h. S liegt auf der zum Kreis q_i gehörigen Lichtgleiche. Wir haben also nur aus G die Tangenten an die Kreise q_i zu ziehen, sie schneiden die Gerade y in einer Punktreihe, die kongruent ist zu der zweiten Projektion der Punktreihe, welche die Lichtgleichen auf e ausschneiden; dabei entsprechen sich die Punkte P_1 und P'', sowie Q_1 und Q''.

Bei der Ausführung der Konstruktion legen wir die Ebene N um ihre Spur n_2 in die Aufrißebene um, dann gelangt G nach G^0 ($L''L_0 \perp m''$, $L''L_0 = (L' \dashv x)$, $F = n_2 \times m''$, $FG_0 \perp M_2L_0$, $FG^0 = FG_0$). Ist R ebenfalls im Endlichen gelegen, so lege man P_1 in den Punkt A und ziehe y beliebig durch A; die Punktreihe $(P_1, Q_1, R_1 \ldots)$ auf y und die von dem Strahlbüschel mit dem Scheitel G auf n_2 ausgeschnittene Punktreihe $(A, B, C, \ldots)$ sind dann perspektiv und die erste Reihe ist wieder zu der Reihe auf e'' kongruent.

938. Die Lichtgleichen des Plücker'schen Konoides (Fig. 602*a* und 602*b*). Diese Fläche ist in 733 u. flg. behandelt; wir wählen wie dort die Achse a vertikal und es seien wieder t und t_1 die tiefste und die höchste Erzeugende und T und T_1 ihre Schnittpunkte mit der Achse. Das Konoid sei begrenzt durch eine Kurve s, die auf einer Cylinderfläche mit der Achse a und dem Radius $2r$ liegt. Die Tangentialebene in einem beliebigen Punkte P einer Erzeugenden e schneidet t und t_1 in Punkten, deren Verbindungslinie auf e im Mittelpunkt von EP senkrecht steht ($E = a \times e$) (736). Das vorher geschilderte Verfahren wird jetzt folgende Form annehmen (Fig. 602*a*). Die Bestimmung von O, L und den Kreisen q_i^0 geschieht wie vorher. Durch L' ziehen wir Parallele zu t' und t_1' und schlagen um L' einen Kreis k' mit dem Radius r; dann ziehen wir durch L noch zu einer beliebigen Erzeugenden e die Parallele (diese Parallelen tragen die gleichen Bezeichnungen t', t_1', e'). Die zu e normale Ebene N hat die Spuren n_2 und n_1 ($n_2 \perp x$, $n_1 \perp e'$); wir drehen sie um n_2 in die Aufrißebene, dabei gelangt $G = e \times \mathsf{N}$ nach G^0 ($L''G^0 \parallel x$, $G^0F = G'O$). Die Tangentialebene im unendlich fernen Punkt von e ist horizontal, die ihr entsprechende Gerade durch G^0 ist parallel zu x; die Tangentialebene in E ist vertikal, die ihr entsprechende Gerade durch G^0 ist senkrecht zu x. Legen wir ferner zur Tangentialebene des Punktes $P = e \times s$ ($EP = 2r$) die Parallelebene durch L, so

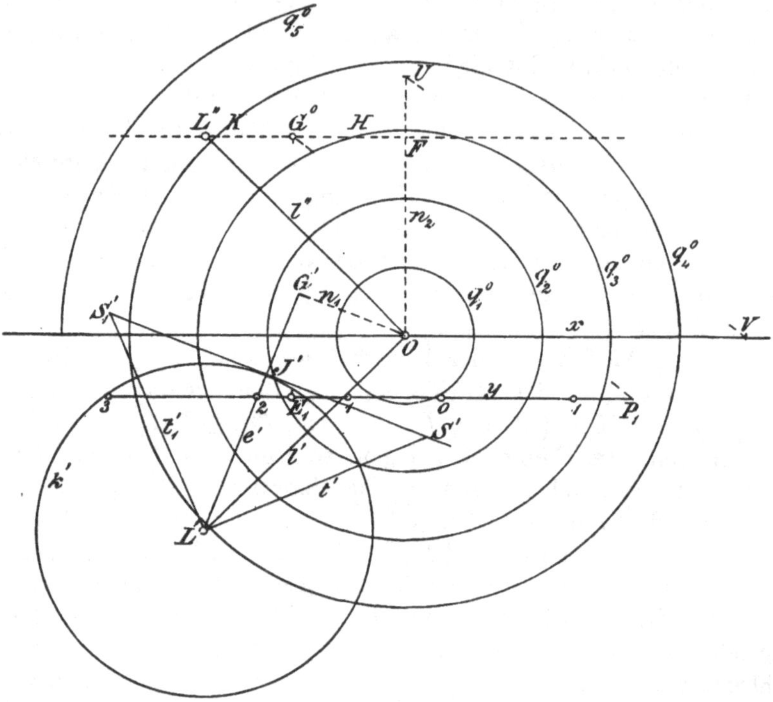

Fig. 602*a*.

schneidet sie t und t_1 in S und S_1, wo $S'S_1'$ den Kreis k' in seinem Schnittpunkt J' mit e' berührt. Ihre Schnittlinie mit N geht, in den Aufriß umgelegt, durch G^0 und ist parallel zu UV ($UO = TT_1$, $UO \perp x$, $VO = S'S_1'$, VO auf x). Jetzt zeichnen wir eine Gerade $y \parallel x$ derart, daß die Strecke $E_1P_1 = EP$ auf ihr durch die Strahlen $G_0E_1 \perp x$ und $G^0P_1 \parallel UV$ ausgeschnitten wird. Die Tangenten aus G^0 an die Kreise q_i^0 schneiden y in einer Punktreihe, die zu der von den Lichtgleichen auf e ausgeschnittenen Punktreihe kongruent ist (E_1 und E entsprechen sich) und natürlich ebenso zu der ersten Projektion dieser Punktreihe.

939. In Fig. 602*b* sind die Lichtgleichen des Plücker'schen Konoides eingezeichnet und es sind dazu folgende Bemerkungen zu machen. Die Lichtgleiche 0, die auch schon in 737 bestimmt wurde, besteht aus einem einzigen Kurvenzug; ihre erste Projektion

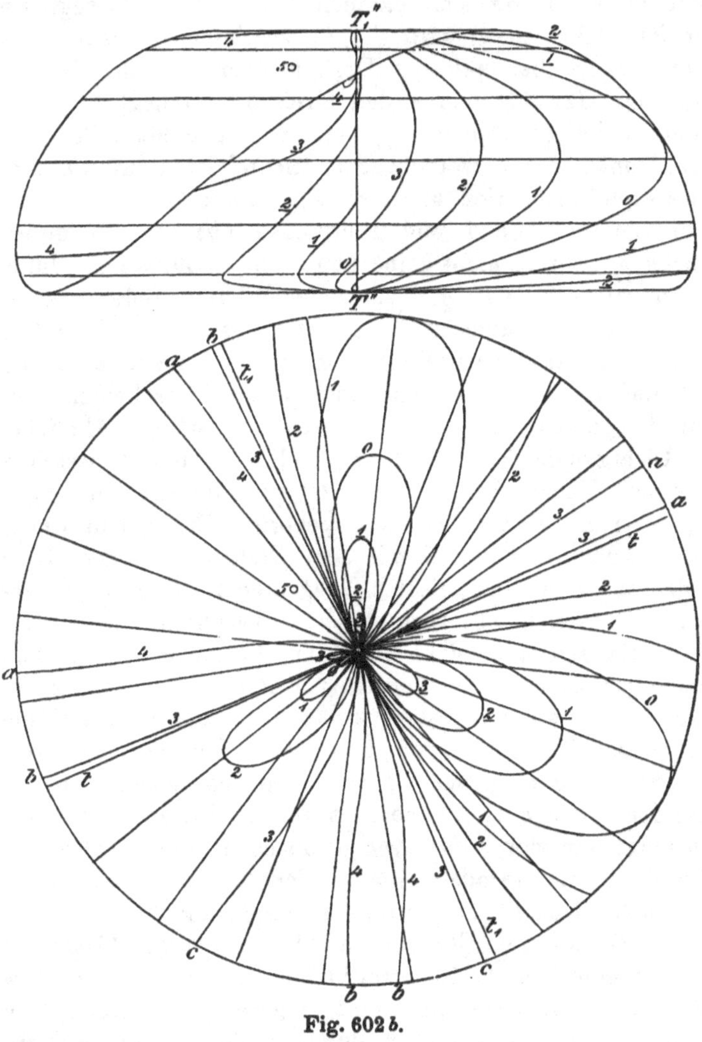

Fig. 602*b*.

besitzt im Spurpunkt *A* der Achse einen dreifachen Punkt mit den Tangenten t', t_1' und l'. Die Erzeugenden t und t_1 sind selbst Lichtgleichen, deren Helligkeit bei der gewählten Lichtrichtung ungefähr der Zahl 2,9 entspricht. Diese Erzeugenden können von keiner Lichtgleiche überschnitten, dagegen müssen sie von allen Lichtgleichen in den Punkten T resp. T_1 berührt werden (siehe unten).

Berührt die Gerade e' durch L' den Kreis q_i^0, so berührt die erste Projektion der entsprechenden Lichtgleiche eine zu e' parallele Tangente in A. Dreht sich nämlich e' um L', so bewegt sich G^0 auf der Parallelen zu x; wird $e' \perp l'$, so nimmt G^0 seine äusserste Lage und kehrt bei weiterer Drehung von e' seine Bewegungsrichtung um. Berührt nun e' den Kreis q_i^0, so liegt G^0 senkrecht über dem Schnittpunkte von q_i^0 mit x und somit fällt der auf e liegende Punkt der entsprechenden Lichtgleiche auf die Achse a und ihre erste Projektion wird von e' berührt.

Die Lichtgleichen 1 und 2 bestehen aus je zwei getrennten Kurvenzügen, denn es giebt keine Lage von G^0, für welche die beiden Tangenten an q_1^0 oder q_2^0 zusammenfallen. Jeder der beiden Kurvenzüge der Lichtgleiche 1 projiziert sich im Grundriß als Kurve mit dem dreifachen Punkte A; beide Kurven berühren daselbst t' und t_1', und außerdem noch je eine der beiden Geraden, die den Tangenten aus L' an q_1^0 parallel laufen. Ähnliches gilt für die Lichtgleiche 2. Die Lichtgleichen 3 und 4 bestehen aus nur je einem Kurvenzuge. Nimmt G^0 eine der beiden Lagen auf q_3^0 an, etwa H, so berührt die zugehörige Erzeugende die Lichtgleiche. Schlägt man um O mit dem Radius FH einen Kreis, so geben die aus L' an ihn gelegten Tangenten die Richtungen der Erzeugenden an, welche die Lichtgleiche 3 berühren; die Berührungspunkte bestimmen sich leicht nach der allgemeinen Methode. Die Projektion der Lichtgleiche 3 besitzt in A einen sechsfachen Punkt, zweimal berührt sie daselbst t', zweimal t_1' und je einmal die Parallelen zu den Tangenten von L' an q_3^0. Die zusammengehörigen Enden sind mit dem gleichen Buchstaben bezeichnet. Die Projektion der Lichtgleiche 4, die ebenfalls von zwei Erzeugenden berührt wird, schickt nur vier reelle Zweige durch A, zwei berühren t_1' und zwei berühren die Geraden, die zu den Tangenten aus L' an q_4^0 parallel sind. Diese Projektion kann die Gerade t' nicht berühren, da der um O mit dem Radius FK (K auf q_4^0) geschlagene Kreis dieselbe schneidet; sie besitzt zwei kleine Schleifen, die jedoch wegen ihrer Kleinheit im Grundriß nicht eingezeichnet werden konnten. An die Lichtgleiche 4 schließen sich weiterhin solche an, die nur zwei reelle Äste durch A schicken, die beide t_1' berühren, während die Lichtgleichen in der Nähe der Lichtpole überhaupt keine reellen Äste durch A senden. Im Aufriß sind die Lichtgleichen nur eingetragen, soweit sie sichtbar sind.

Verschiedene Flächen.

940. Zum Schluß mag noch kurz erläutert werden, wie auch für verschiedene andere Flächenfamilien die Lichtgleichen mit den bereits gewonnenen Hilfsmitteln gefunden werden können. So kann das Cylinderverfahren auf die Schiebungsflächen angewendet werden. Eine solche Fläche entsteht, wenn eine Kurve a parallel zu sich selbst so verschoben wird, daß einer ihrer Punkte P auf einer Kurve b fortrückt. Dann beschreibt jeder Punkt von a eine zu b kongruente Kurve und die Fläche kann auch durch Parallelverschiebung von b erzeugt werden; die Punkte von b beschreiben dann die Kurven a. Die Schiebungsfläche wird längs jeder Kurve a von einer Cylinderfläche berührt, deren Lichtgleichen eventuell mit Anwendung eines Normalschnitttes bestimmt werden können und dann auf a die Punkte der Lichtgleichen der Schiebungsfläche ausschneiden. Eine solche Schiebungsfläche wird z. B. von der Schraubenfläche gebildet, die durch Verschraubung eines Kreises mit zur Schraubenachse normaler Ebene entsteht. Auf dieser Fläche bilden die Kreise das eine System der Parallelkurven, das andere wird von Schraubenlinien gebildet, die zu der vom Kreismittelpunkt bei der Verschraubung beschriebenen Kurve kongruent sind. Insbesondere gehört hierher die gewundene Säule, deren Lichtgleichen auch nach der für die Schraubenflächen dargelegten Methode gefunden werden können.

Das Cylinder- oder Kugelverfahren findet bei den Röhrenflächen Verwendung. Jede Röhrenfläche ist als die Hüllfläche aller Lagen einer bewegten Kugel von unveränderlichem Radius definirt. Spezielle Fälle bilden die Ringfläche und die durch Verschraubung einer Kugel entstehende Fläche. Die Ebenen, die in den einzelnen Punkten der Bahnkurve des Kugelmittelpunktes auf den zugehörigen Tangenten normal stehen, schneiden die Röhrenfläche in kongruenten Kreisen. Auf jedem solchen Kreise erhält man die Punkte der Lichtgleichen, indem man durch den Mittelpunkt einer mit der erzeugenden Kugel gleich großen Kugel einen Parallelschnitt legt und die auf ihm liegenden Lichtgleichenpunkte auf jenen Kreis überträgt. Dabei liegen entsprechende Punkte auf parallelen Durchmessern, was man direkt für die Projektionen verwenden kann. Man kann auch das Cylinderverfahren anwenden, da die Röhrenfläche längs jedes der genannten Kreise von einem geraden Kreiscylinder berührt wird.

Die Hüllflächen einer bewegten Kugel mit veränderlichem Radius, wie z. B. die Cyclide, gestatten die Verwendung des Kegel- oder

Kugelverfahrens zur Bestimmung ihrer Lichtgleichen. Auf einer solchen Fläche liegen ebenfalls unendlich viele Kreise, aber mit wechselndem Radius, und in jedem derselben wird sie von einem Rotationskegel berührt. Die Lichtgleichen dieses Kegels liefern auf dem Berührungskreise Punkte der gesuchten Lichtgleichen der Fläche. Das Kugelverfahren besteht darin, daß man zu jedem Kreis der Fläche einen Kreis auf einer festen Kugel sucht, so daß die zugehörigen Tangentialkegel parallele Mantellinien aufweisen. Die Punkte der Lichtgleichen auf dem Kugelkreis sind dann auf den bezüglichen Kreis der Fläche zu übertragen.

FSC
www.fsc.org
MIX
Papier | Fördert gute Waldnutzung
FSC® C083411

Kolibri 360 GmbH
Ferdinand-Jühlke-Straße 7
99095 Erfurt, Deutschland
produktsicherheit@kolibri360.de